JavaScript 入门经典

（第5版）

[美] Jeremy McPeak
Paul Wilton 著

胡献慧 译

清华大学出版社

北 京

Jeremy McPeak, Paul Wilton

Beginning JavaScript, Fifth Edition

EISBN: 978-1-118-90333-9

Copyright © 2015 by John Wiley & Sons, Inc., Indianapolis, Indiana

All Rights Reserved. This translation published under License.

Trademarks: Wiley, the Wiley logo, Wrox, the Wrox logo, Programmer to Programmer, and related trade dress are trademarks or registered trademarks of John Wiley & Sons, Inc. and/or its affiliates, in the United States and other countries, and may not be used without written permission. JavaScript is a registered trademark of Oracle, Inc. All other trademarks are the property of their respective owners. John Wiley & Sons, Inc., is not associated with any product or vendor mentioned in this book.

北京市版权局著作权合同登记号 图字：01-2015-3020

图书在版编目(CIP)数据

JavaScript 入门经典：第 5 版 / (美) 麦克皮克(McPeak, J.)，(美) 威尔顿(Wilton, P.) 著；胡献慧 译. —北京：清华大学出版社，2016 (2018.9重印)

书名原文：Beginning JavaScript, Fifth Edition

ISBN 978-7-302-41952-5

Ⅰ.①J…　Ⅱ.①麦…②威…③胡…　Ⅲ.①JAVA 语言—程序设计　Ⅳ.①TP312

中国版本图书馆 CIP 数据核字(2015)第 263117 号

责任编辑：王　军　于　平
装帧设计：牛静敏
责任校对：成凤进
责任印制：李红英

出版发行：清华大学出版社
　　　　　网　　　址：http://www.tup.com.cn，http://www.wqbook.com
　　　　　地　　　址：北京清华大学学研大厦 A 座　　　　邮　　　编：100084
　　　　　社 总 机：010-62770175　　　　　　　　　　邮　　　购：010-62786544
　　　　　投稿与读者服务：010-62776969，c-service@tup.tsinghua.edu.cn
　　　　　质 量 反 馈：010-62772015，zhiliang@tup.tsinghua.edu.cn
印 装 者：清华大学印刷厂
经　　销：全国新华书店
开　　本：185mm×260mm　　印　　张：43.5　　字　　数：1059 千字
版　　次：2016 年 1 月第 1 版　　　　　　印　　次：2018 年 9 月第 4 次印刷
定　　价：98.00 元

产品编号：064912-01

译 者 序

JavaScript 是 Web 开发中应用最早、发展最成熟、用户最多的脚本语言。其语法简洁，代码可读性在众多脚本语言中最好，它在使用时不用考虑数据类型，是真正意义上的动态语言。JavaScript 通过提供动态的、个性化交互式内容，来增强静态 Web 应用程序的功能。JavaScript 使访问站点的用户能够享受到更美妙的体验，增强了网站对用户的吸引力。现在，美观的下拉菜单、滚动文字和动态内容已经广泛应用于各种 Web 站点，这一切都是通过 JavaScript 来实现的。

各种主流浏览器都支持 JavaScript，JavaScript 已成为从事 Web 开发的首选脚本语言。数百万计的网页使用 JavaScript 来改进设计、验证表单、检测浏览器以及创建 cookies。JavaScript 可用于 HTML 和 Web，更可广泛用于笔记本电脑、平板电脑和智能手机等设备。

JavaScript 是通向程序设计世界的大门，学习和理解了本书的基础知识，就可以进一步学习更新、更高级的编程技术。读者不必为没有编程经验而担心，因为本书以初学者为核心，全面介绍了使用 JavaScript 进行网站开发的各种技术。在内容编排上由浅入深，让读者循序渐进地掌握编程技术；在内容讲解上结合丰富的图解和形象的比喻，帮助读者理解"晦涩难懂"的技术；在内容形式上附有大量的提示、技巧、说明等栏目，夯实读者编程基础，丰富其编程经验。在每一章的最后还附有习题，以便加深读者对基本概念的理解。

本书对上一版本做了全面更新，使 JavaScript 代码适用于最新版本的 IE、Firefox 和 Safari 浏览器。本书的大部分代码都是跨浏览器兼容的，对于不能跨浏览器兼容的情况，本书会专门指出。

本书适合 JavaScript 的初学者、Web 系统开发人员、对 Ajax 技术感兴趣的人员、网站开发人员、使用 Web 技术进行毕业设计的计算机学员、想了解最新流行的客户端 Web 技术的开发人员，也可以作为各种培训学校、职业学校及大中专院校的教材。

本书全部章节由胡献慧翻译，参与翻译的还有孔祥亮、陈跃华、杜思明、熊晓磊、曹汉鸣、陶晓云、王通、方峻、李小凤、曹晓松、蒋晓冬、邱培强、洪妍、李亮辉、高娟妮、曹小震、陈笑。

对于这本经典之作，译者本着"诚惶诚恐"的态度，在翻译过程中力求"信、达、雅"，但是鉴于译者水平有限，错误和失误在所难免，如有任何意见和建议，请不吝指正。

译　者

作 者 简 介

Jeremy McPeak 是一位自学成才的程序员，他自 1998 年开始开发网站。他编写了
JavaScript 24-Hour Trainer (Wiley 2010)，与他人合著了 *Professional Ajax, 2nd Edition*
(Wiley 2007)。他还在 Tuts+ Code(http://code.tutsplus.com)上发表文章、提供视频教程以
及 JavaScript、C#和 ASP.NET 课程。可以通过 p2p 论坛、其网站(http://www.wdonline.com)
和 Twitter (@jwmcpeak)联系 Jeremy。

Paul Wilton 最初是英国国防部的一位 Visual Basic 应用程序员，之后进入.NET 领域。
他加入了 Internet 开发公司，花 3 年时间帮助创建了 Internet 解决方案。他现在经营自己
的公司，公司很成功，发展也很快，主要开发在线假日房间预订系统。

致　　谢

首先，我要感谢上帝对我的青睐，还要感谢亲爱的读者，没有你们，本书就不可能
面世。我也要感谢我的家庭成员们，容忍我利用周末闲暇时间修订本书。

编写、出版一本书需要许多人的努力，这里不可能提及所有提供帮助的人。但我要
特别感谢 Jim Minatel 和 Robert Elliott 同意本书的开发。感谢 Kelly Talbot 促使本书的写
作走上正轨，感谢编辑团队对文本的修饰，感谢 Russ Mullen 的支持。

—— Jeremy McPeak

首先非常感谢我的搭档 Beci，因为本书已完成，所以我与他一周的见面时间将不超
过 10 分钟。

我还要感谢本书的编辑，他的工作非常高效，使本书得以顺利付印。

感谢 Jim Minatel 使本书有了面世的机会。

还要感谢支持、鼓励我多年写作的所有人，他们的帮助我会铭记在心。

最后，感谢我的德国牧羊犬 Katie，它很好地挡住了挨家挨户销售的人员对我的干扰。

—— Paul Wilton

前　言

JavaScript 是一门脚本语言，它通过提供动态的、个性化的交互式内容，来增强静态 Web 应用程序的功能。JavaScript 使访问站点的用户能够享受到更美妙的体验，增强了网站对用户的吸引力。现在，美观的下拉菜单、滚动的文字和动态内容已经广泛应用于各种网站，这一切都是通过 JavaScript 来实现的。各种主流浏览器都支持 JavaScript，JavaScript 已经成为从事 Web 开发的首选脚本语言。另外，JavaScript 语言也可用于 Web 应用程序之外的其他场合，例如可用于自动化管理任务。

本书旨在介绍使用 JavaScript 进行开发的基础知识，即 JavaScript 的含义，JavaScript 代码是如何运行的，以及使用 JavaScript 能够实现哪些功能等。本书将首先介绍 JavaScript 的基本语法，然后介绍如何创建功能强大的 Web 应用程序。读者不必为没有编程经验而担心，本书将循序渐进地介绍所有相关知识。JavaScript 是通向程序设计世界的大门，学习和理解了本书的基础知识，就可以进一步学习更新、更高级的编程技术。

本书读者对象

为了最好地汲取本书中的知识，读者应该对 HTML 和 CSS 有所了解，并知道如何创建静态的 Web 页面。除此之外，读者不必拥有任何编程经验。

本书同样适合于具有编程经验、且希望学习 Web 程序设计的读者。这些读者可能比较了解计算机知识，但未必掌握 Web 技术。

另外，一些读者具备设计背景，但对计算机知识和 Web 技术不大了解。那么，对于这类读者而言，JavaScript 可以作为一个进入编程和 Web 应用程序开发世界的快捷通道。

对于所有的读者，我都希望本书物有所值。

本书涵盖的内容

本书首先介绍 JavaScript 的含义，以及 JavaScript 的基础语法。然后详细介绍程序设计的基本概念，包括数据、数据类型以及选择语句和循环语句等结构化程序设计的概念。

熟悉这些基础知识之后，本书将介绍 JavaScript 的一个重要概念——对象，讨论如何利用 JavaScript 的内置对象，如函数、日期和字符串等，来管理复杂的数据，简化程序的设计。本书还将介绍如何使用 JavaScript 操作浏览器提供的对象并对浏览器进行探讨。

随后，本书将介绍更高级的主题，例如编写动态操作 Web 页面元素的代码，并在页面上有某行为发生时执行相应的代码。还将介绍如何脚本化表单和其他控件。运用这些知识，就可以创建专业水准的 Web 应用程序,并与用户交互。

之后,本书介绍如何将数据存储到浏览器中并直接与服务器进行通信。还介绍如何为新的 HTML5 媒体元素编写代码,以及如何为这些元素编写自定义的用户界面。

本书还探讨一些省时的 JavaScript 框架,例如 jQuery、Modernizr、Prototype 和 MooTools,了解它们的工作原理,以及它们如何帮助创建复杂而强大的 JavaScript 应用程序。

最后,本书介绍一些常见的语法错误和逻辑错误,还介绍如何找到这些错误,以及如何使用针对 Chrome、Internet Explorer、Firefox、Safari 和 Opera 的 JavaScript 调试器来帮助找出错误。本书还介绍了如何处理漏掉的错误,并确保这些错误不会对应用程序最终用户的体验造成不良影响。

本书介绍的所有新概念都用实例加以说明。通过这些实例可以对所学的 JavaScript 原理进行实践,以巩固所学的知识。

本书末尾有 4 个附录,附录 A 是本书各章末尾习题的答案,其他附录包含内容丰富且极富价值的参考资料。附录 B 是 JavaScript 语言的核心参考,附录 C 是完整的 W3C DOM 核心参考——还包括 HTML DOM 和 DOM Level 2 事件模型的信息,附录 D 是 Latin-1 字符集的十进制和十六进制字符码。

如何使用本书

由于 JavaScript 代码是基于文本的技术,因此要创建 JavaScript 程序,只需一个文本编辑器即可。

另外,为了测试本书中的代码,还需要一个支持较新 JavaScript 版本的浏览器。理想情况下,这意味着最好使用 Chrome、Internet Explorer、Firefox、Safari 和 Opera 的最新版本。本书代码在这些浏览器中进行了详细的测试。不过,本书的代码应该可以在当今的任何 Web 浏览器中工作。对于不能跨浏览器兼容的情况,本书会专门指出。

勘误表

尽管我们已经尽了各种努力来保证文章或代码中不出现错误,但错误总是难免的,如果你在本书中找到了错误,例如拼写错误或代码错误,请告诉我们,我们将非常感激。通过勘误表,可以让其他读者节省时间、避免阅读和学习受挫,当然,这还有助于提供更高质量的书籍。请给 wkservice@vip.163.com 发电子邮件,我们就会检查你的信息,如果是正确的,就把它发送到该书的勘误表页面上,或在后续版本中采用。

要在网站上找到本书的勘误表,可以登录 www.wrox.com,通过 Search 框或书名列表查找本书,然后在本书的细目页面上,单击 Book Errata 链接。在这个页面上可以查看到 Wrox 编辑已提交和粘贴的所有勘误项。完整的图书列表还包括每本书的勘误表,网址是 www.wrox.com/misc-pages/booklist.shtml。

如果读者没有在 Book Errata 页面上找到自己发现的错误,那么请转到页面 http://www.wrox.com/contact/techsupport.shtml,针对你所发现的每一项错误填写表格,并将表格发给我们，我们将对表格内容进行认真审查，如果确实是我们书中的错误，我们将在该书的 Book Errata 页面上标明该错误信息，并在该书的后续版本中改正。

p2p.wrox.com

P2P 邮件列表是为作者和读者之间的讨论而建立的。读者可以在 p2p.wrox.com 上加入 P2P 论坛。该论坛是一个基于 Web 的系统，用于传送与 Wrox 图书相关的信息和相关技术，与其他读者和技术用户交流。该论坛提供了订阅功能，当论坛上有新帖子时，会给你发送你选择的主题。Wrox 作者、编辑和其他业界专家和读者都会在这个论坛上进行讨论。

在 http://p2p.wrox.com 上有许多不同的论坛，帮助读者阅读本书，在读者开发自己的应用程序时，也可以从这个论坛中获益。要加入这个论坛，需执行下面的步骤：

(1) 进入 p2p.wrox.com，单击 Register 链接。

(2) 阅读其内容，单击 Agree 按钮。

(3) 提供加入论坛所需的信息及愿意提供的可选信息，单击 Submit 按钮。

(4) 然后就会收到一封电子邮件，其中的信息描述了如何验证账户，完成加入过程。

> 提示：不加入 P2P 也可以阅读论坛上的信息，但只有加入论坛后，才能发送自己的信息。

加入论坛后，就可以发送新信息，回应其他用户的帖子。可以随时在 Web 上阅读信息。如果希望某个论坛给自己发送新信息，可以在论坛列表中单击该论坛对应的 Subscribe to this Forum 图标。

对于如何使用 Wrox P2P 的更多信息，可阅读 P2P FAQ，了解论坛软件的工作原理，以及许多针对 P2P 和 Wrox 图书的常见问题的解答。要阅读 FAQ，可以单击任意 P2P 页面上的 FAQ 链接。

源代码

学习本书中的示例时，可以手工输入所有的代码，也可以使用本书附带的源代码文件。本书使用的所有源代码都可以从本书合作站点 www.wrox.com 上下载。登录到站点 www.wrox.com，使用 Search 框或书名列表就可以找到本书，接着单击本书细目页面上的 Download Code 链接，就可以获得所有的源代码。

另外，可以登录 www.tupwk.com.cn/downpage，输入中文书名或中文 ISBN 下载源代码。此外，可以登录 http://beginningjs.com 查看本书中的示例。

> 提示：许多图书的书名都很相似，所以通过 ISBN 查找本书是最简单的，本书的英文原版的 ISBN 是 978-1-118-90333-9。

下载了代码后，只需用自己喜欢的解压缩软件对它进行解压缩即可。另外，也可以进入 www.wrox.com/dynamic/books/download.aspx 上的 Wrox 代码下载主页，查看本书和其他 Wrox 图书的所有代码。

目　　录

第 **1** 章

JavaScript 与 Web 概述

本章主要内容:

- 将 JavaScript 添加到 Web 页面
- 引用外部 JavaScript 文件
- 改变 Web 页面的背景色

本章源代码下载(wrox.com):

打开网页 http://www.wiley.com/go/BeginningJavaScript5E,单击 Download Code 选项卡即可下载本章源代码。也可以在 http://beginningjs.com 上查看所有的代码示例和相关的文件。

本章介绍 JavaScript 的含义及功能,以及开发 JavaScript 程序所需的工具。了解这些基础知识之后,本书其余章节将逐步介绍如何使用 JavaScript 为 Web 站点创建功能强大的 Web 应用程序。

实践是最好的学习方式。本书将使用 JavaScript 创建大量实用的示例程序,而本章是该过程的一个起点,将创建第一段 JavaScript 代码。

1.1 JavaScript 简介

本节简要介绍 JavaScript 的含义、发展历程、工作原理以及功能。

1.1.1 JavaScript 的含义

在购买本书之前,你也许已经知道 JavaScript 是一种计算机语言。但是,什么是计算机语言? 简言之,计算机语言就是一系列告诉计算机做某件事的指令。其中,"某件事"可以是各种操作,包括显示文本、移动图片或者请求用户输入信息等。通常,指令(也称为代码)

自上而下地处理。简单而言，计算机阅读编写好的代码，确定要执行的操作，然后执行该操作。处理代码的过程称为"运行代码"或"执行代码"。

在自然语言中，为了冲一杯速溶咖啡，可以写出如下指令或代码：

(1) 将咖啡放入杯中。

(2) 在水壶中加水。

(3) 用水壶烧水。

(4) 如果水已煮沸，则将水倒入咖啡杯，否则继续等水煮沸。

(5) 品尝咖啡。

在执行这些指令时，从第一行(指令 1)开始执行，接着执行第二行(指令 2)，然后是下一行，直到结束。这就是大多数计算机语言的执行方式，JavaScript 亦是如此。但是有时可能需要改变代码执行的流程，甚至跳过某些语句，详见第 3 章。

JavaScript 是一种解释型语言，而不是编译型语言。什么是解释型语言与编译型语言呢？

计算机并不真正理解 JavaScript。计算机需要解释 JavaScript 代码，并将其转换成计算机能理解的机器码。因此，JavaScript 是一种解释型语言。计算机只能理解机器码，机器码实际上是一串二进制数字(即 0 和 1 组成的字符串)。当浏览器遇到 JavaScript 时，就将 JavaScript 代码传递给一个称为"解释器"的程序，解释器将 JavaScript 代码转换为计算机能理解的机器码。这有点类似于请一个翻译将英语翻译为西班牙语。注意，JavaScript 的转换在代码运行时进行，每次运行都需要重复地进行转换。JavaScript 并非唯一的解释型语言，PHP 和 Ruby 也都是解释型语言。

对于编译型语言，代码在程序运行之前转换成机器码，而且这个转换过程只执行一次。程序员使用"编译器"将写好的代码转换成机器码，这些机器码由程序的用户运行。编译型语言包括 C#、Java 等。这有点类似于一个翻译将一份西班牙语文档翻译成英文。除非改变了文档，否则就可以重复使用翻译好的文档，而不必重新翻译。

此处，应该消除一个普遍存在的误解：JavaScript 并非 Java 语言的脚本版。事实上，除了名字中都带有 Java 外，二者并没有任何相同点。而且，JavaScript 比 Java 更容易学习和使用。实际上，JavaScript 是所有语言中最简单的语言，且具有令人叹服的强大功能。

1.1.2 JavaScript 与 Web

本书中的大部分 JavaScript 代码都运行在由浏览器加载的 Web 页面中。创建 Web 页面只需要一个文本编辑器，例如 Windows 记事本。浏览 Web 页面需要一个浏览器，例如 Chrome、Firefox 或者 Internet Explorer(IE)，这些浏览器都内置了 JavaScript 的解释器(通常称为 JavaScript 引擎)。

> 注意：本书中，当提到微软的 Internet Explorer 浏览器时，术语"IE"和"Internet Explorer"可以互换。

实际上，JavaScript 语言最初出现在 Netscape Navigator 2 浏览器中。当时它叫 LiveScript。

然而，由于当时 Java 技术如日中天，Netscape 公司觉得改为 JavaScript 这个名字会更引人注目。随着 JavaScript 的发展，微软公司决定在 Internet Explorer 3 浏览器中加入微软品牌的 JavaScript，即 JScript。

1997 年，JavaScript 由 Ecma International(一个会员制的非盈利组织)标准化且被更名为 ECMAScript。现在的浏览器制造商都以 ECMAScript 为标准，在各自的浏览器中包含了 JavaScript 引擎，但这并不是意味着所有浏览器都必须支持相同的特性。现代浏览器对 JavaScript 的支持比以前更趋于一致，但如你在后续章节中所见，开发者仍需处理一些以前的且在大多数情况下非标准的 JavaScript 实现。

ECMAScript 标准控制着 JavaScript 语言的各个方面，帮助确保不同 JavaScript 版本的相互兼容性。但是，ECMA 为 JavaScript 语言制订标准时，没有规定如何在特定的主机上使用它。这里的"主机(host)"是指主机环境，在本书中就是 Web 浏览器。其他主机环境包括 PDF 文件、Web 服务器等许多其他地方。本书仅讨论该语言在 Web 浏览器上的使用。制订网页标准的组织是 World Wide Web Consortium(W3C)，它不仅为 HTML 和 CSS 制订了标准，还为 JavaScript 在 Web 浏览器上如何与网页交互制订了标准。后面章节将详细介绍这些内容。在学习更高级的内容之前，先讨论 JavaScript 的基本内容。本书的附录列出了 JavaScript 语言及其与 Web 浏览器交互的有用指南。

可以将本书创建的大多数包含 JavaScript 代码的网页存储在硬盘上，并可以将它们直接从硬盘加载到浏览器中，就像加载普通的文件(如文本文件)一样。但是，浏览因特网上的网站时，浏览器却不是这样加载网页的。因特网是一个庞大的计算机互连网络。网站访问是因特网上特定计算机提供的一种专门服务，提供网站访问服务的计算机称为 Web 服务器。

Web 服务器的基本功能是在其硬盘上保存大量的网页。通常，另一台计算机上的浏览器请求一个保存在 Web 服务器上的网页时，Web 服务器将从硬盘载入该网页，并且通过一个称为超文本传输协议(Hypertext Transfer Protocol，HTTP)的专用通信协议，将网页回传给发出请求的计算机。运行 Web 浏览器并发出请求的计算机称为客户机。客户机/服务器的关系有点像顾客与售货员的关系，顾客进入商店并对售货员说："请给我拿某一件东西"。售货员就为顾客提供服务，找到顾客想要的东西并递给顾客。对于 Web 来说，运行 Web 浏览器的客户机就是顾客，而提供所请求网页的 Web 服务器就是售货员。

在 Web 浏览器中输入一个网址时，浏览器如何知道向哪个 Web 服务器请求页面呢？商店有"某市中央大街 45 号"这样的地址，Web 服务器也有地址，但它的地址没有街道名，而是使用 IP(Internet Protocol，因特网协议)地址，IP 地址唯一标识了因特网上的 Web 服务器。IP 地址由句点("."）分隔的 4 组数字组成，例如：127.0.0.1。

如果用户曾在网上冲浪，可能会对上述内容感到不解。因为 Web 站点的名字是 www.somewebsite.com，而不是 IP 地址。实际上，名称 www.somewebsite.com 是实际 IP 地址的一个用户友好名字，是为了便于人们记忆。域名服务器(domain name server)可以将用户友好的名字转换为实际的 IP 地址，域名服务器由因特网服务提供商(Internet service provider，ISP)建立。

1.1.3　JavaScript 的功能

JavaScript 最主要的用途是与用户交互。这是一个相当宽泛的定义，所以下面将"与用户交互"分解为两个类别：用户输入验证与增强。

最初创建 JavaScript 的目的是验证表单的输入信息。例如，如果你有一个表单，用于获取准备在线购物的用户的信用卡信息。在发货之前，你希望确保用户填入了这些信息。有时，还需要检查输入数据的类型是否正确，例如，年龄应输入数值，而不是文本。

由于现代 JavaScript 引擎的不断推进，JavaScript 还可以完成多种任务，而不仅仅是与输入相关的任务。实际上，还可以创建 JavaScript 驱动的高级应用程序，这些应用程序在速度和功能上完全可以和传统的桌面应用程序相媲美。

例如 Google Maps、Google Calendar 甚至功能全面的生产力软件(如微软的 Office Web Apps)。这些应用程序提供了真正的服务。对于大部分这类应用程序而言，JavaScript 仅提供了强大的用户界面，实际的数据处理则是在后台由强大的服务器完成。但即便如此，如果是基于 JavaScript 的处理引擎(这类环境称为 Node)中，仍然可以在服务器上使用 JavaScript。

1.1.4 创建 JavaScript Web 应用程序所需的工具

学习 JavaScript 并不需要购买昂贵的软件，可以在任何 PC 或 Mac 上免费学习它。本节将介绍可用的工具，以及如何获得它们。

1. 开发工具

要为 Web 应用程序编写 JavaScript 代码，仅需要一个简单的文本编辑器，例如 Windows 记事本，或者 Mac OS X 文本编辑器。也可以使用高级的文本编辑器，它们能够给代码行编号、彩显代码，执行搜索和替换操作等，下面列出了其中几个：

- Notepad2 (Windows)：www.flos－freeware.ch/notepad2.html
- WebMatrix (Windows)：www.microsoft.com/web/webmatrix/
- Brackets (跨平台)：brackets.io
- Sublime Text (跨平台)：www.sublimetext.com

Sublime Text 并非免费软件，但它确实有试用版。如果想试用该软件并喜欢它，请支持该应用程序的开发者。

你可能更喜欢 HTML 编辑器，需要在该编辑器编辑 HTML 源代码，并在其中加入 JavaScript 代码。有许多非常优秀的工具专门用于开发 Web 应用程序，例如 Adobe 公司的卓越产品 Dreamweaver。但是，本书将着重介绍 JavaScript 本身，而不是任何特定的开发工具。在学习 JavaScript 基础知识时，手工编写代码往往比依赖开发工具更有收获，在了解超越工具功能范围的更高级的逻辑前，这将有助于提高对基础知识的理解。在深入掌握了 JavaScript 的知识后，就可以使用开发工具了，那样可以节省时间，从而将更多精力投入到高级和有价值的编码上。

掌握了更高级的知识后，会发现使用网页编辑器将更容易完成任务，因为它包含的特性有检查代码的有效性，给重要的 JavaScript 保留字加上色彩，在把页面加载到浏览器上之前更便于浏览页面。还有许多其他非常不错的免费网页编辑器。用 Google 搜索"网页编辑软件"，会得到一个长长的软件列表。

随着所编写的 Web 应用程序复杂程度的提高，你会发现一些有助于找出并改正错误的有用工具。程序员把代码中的错误称为 bug。尽管程序出了问题，但我们会把它们称为“未预料到的额外特性”。非常有用的改正错误的开发工具称为调试器，它可以在代码运行时监控代码中的操作。第 18 章将深入探讨错误和调试器开发工具。

2. Web 浏览器

除了编辑网页的软件之外，还需要浏览器来查看网页。如果预计用户将使用某些类型的浏览器来访问网站，那么最好在这些类型的浏览器下进行 JavaScript 代码开发。如本章后面所述，尽管浏览器大都基于标准，但它们浏览网页和处理 JavaScript 代码的方式并不相同。本书的所有示例都在 Chrome、IE9-11、Firefox 、Safari 和 Opera 中进行了测试。如果某段代码与这些浏览器不兼容，本书就会对这些不兼容的代码的影响作出说明。

如果使用的是 Windows 系统，则肯定安装了 IE。如果未安装，请访问如下网址，以获取最新版本的 IE：windows.microsoft.com/en-us/internet-explorer/download-ie。

可以到 www.google.com/chrome 下载 Chrome，并且可以到 www.getfirefox.com 下载 Firefox。

大多数浏览器都默认启用了 JavaScript 支持，但也可能禁用了浏览器中的这个功能。所以在开始学习下一节的第一批 JavaScript 示例前，应该先检查一下浏览器是否启用了 JavaScript。

为此，需要在 Chrome 中，修改 Content Settings 中的 JavaScript 设置，如图 1-1 所示。通过导航到 chrome://settings/content 或者如下指令可以修改这些设置。

(1) 在菜单中选择 Settings 选项。

(2) 单击 Show advanced settings…链接。

(3) 在 Privacy 下，单击 Content settings…按钮。

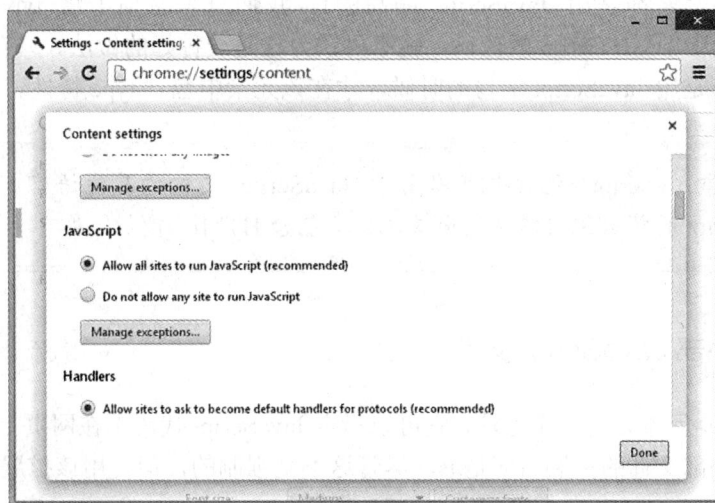

图　1-1

关闭 IE 的脚本功能稍微有点麻烦。从菜单中选择 Internet Options(右上角的齿轮图标)。单击 Security 选项卡，检查 Internet 或 Local intranet 两项是否有自定义安全设置。如果有，就单击 Custom Level 按钮,向下滚动找到 Scripting 一节,将 Active Scripting 设置为 Enable。

最后说明如何在浏览器中打开代码示例。对于本书中的代码,只需要从硬盘上打开代码文件即可。打开代码文件有很多方法,但最简单的方法是双击该文件。

1.2   脚本的使用场合

在网页中添加 JavaScript 代码,与在网页中添加其他任何 HTML 内容一样,也使用标记来标识脚本代码的开始和结束。该标记就是<script/>,它告诉浏览器,在<script/>标记和</script>结束标记之间的文本块并不是要显示的 HTML,而是需要处理的脚本代码。由<script>标记和</script>标记包围的代码块称为脚本块。如下是一个脚本块的示例:

```
<script>
    // JavaScript goes here
</script>
```

从根本上讲,当浏览器发现<script>标记时,它并不会试着向用户显示所包含的文本,而是使用 JavaScript 引擎来运行代码的指令。当然,代码中可能包含指令来修改页面的显示方式或显示内容,但是代码自身永远不会显示给用户。

可将<script/>元素放在 HTML 页面的头部(<head>与</head>标记之间),或放在页面体中(<body>和</body>标记之间)。尽管可将<script/>标记放在其他地方,比如<html>标记之前或者</html>标记之后,但是 Web 标准禁止这样做,这是一种非常糟糕的做法。现在的JavaScript 开发者通常会将<script/>元素直接添加到</body>标记之前。

<script/>元素包含一个 type 特性,该特性告知浏览器元素中所包含的文本的类型是什么。对于 JavaScript 而言,最佳的做法就是省略该特性(浏览器会自动假定任何不包含 type 特性的<script/>元素都是用 JavaScript 编写的)。我们总是习惯于将 type 特性设置为text/javascript,但引入 HTML5 规范后,就不再认为这是一种好的做法。只有当<script/>元素包含的内容不是用 JavaScript 编写的时候,才在该元素中包含 type 特性。

> 注意:<script/>元素也可以用于 JavaScript 之外的其他语言。一些基于JavaScript 的模板化引擎就使用该元素来包含 HTML 片段。

1.2.1   链接外部 JavaScript 文件

使用<script/>元素是另一个方法,它可以指定 JavaScript 代码不在网页上,而在一个单独的文件中。外部文件的扩展名应是.js。尽管这不是强制的,但使用该扩展名便于确定每个文件包含的内容。

为链接到外部 JavaScript 文件上,需要创建前面描述的<script/>元素,并使用其 src 特性指定外部文件的位置。例如,假定创建了一个文件 MyCommonFunctions.js,该文件与网页位于同一个目录下,则为了把该文件链接到网页上,应使用如下<script/>元素:

```
<script src="MyCommonFunctions.js"></script>
```

Web 浏览器会读取这行代码，并把文件的内容作为网页的一部分包含进来。链接外部文件时，不能在<script>开标记和</script>闭标记中放置任何代码。例如，下面的代码是无效的：

```
<script src="MyCommonFunctions.js">
var myVariable;
if ( myVariable == 1 ) {
    // do something
}
</script>
```

重要的是，要注意<script>开标记和</script>闭标记总是相伴而生的。不能使用 XML 中的自闭语法(self-closing syntax)。因此，下面的代码是无效的：

```
<script src="MyCommonFunctions.js" />
```

一般使用<script/>元素加载本地文件(本地文件与网页位于同一台计算机上)。也可以指定文件的网址，从 Web 服务器加载外部文件。例如，如果将 MyCommonFunctions.js 文件加载到域名为 www.mysite.com 的 Web 服务器上，则<script/>元素应如下所示：

```
<script src="http://www.mysite.com/MyCommonFunctions.js"></script>
```

当把一些知名的 JavaScript 库集成到网页中时，链接外部文件是很常见的。保存这些库的服务器就是所谓的内容分发网络(CDN，Content Delivery Networks)。CDN 相对比较安全，但如果外部文件由其他人控制，则链接外部文件时要小心。因为这需要给控制外部文件的人授予控制和修改自己网页的权限，必须确保这些人是值得信任的。

1.2.2　使用外部文件的优点

外部文件的最大优势是促进了代码的重用。假定要编写一些较复杂的 JavaScript 代码，来构建许多页面都需要的一个通用函数。如果内联包含这些代码(布置在网页中，而不使用外部文件)，就需要把这些代码剪切并粘贴到使用它的每个网页上。如果从不需要修改代码，这就非常好。但现实是很可能需要在某个时刻修改或改进代码。如果把代码剪切并粘贴到 30 个不同网页上，就需要在 30 个不同的地方更新它们，这很麻烦！而使用一个外部文件，再把它添加到所有需要它的网页上，就只需要更新一次代码，所有 30 个页面都会立即更新，这就简单多了！

使用外部文件的另一个优点是浏览器会缓存它们，就像在页面之间处理共享的图像一样。如果文件很大，这可以节省下载时间，减少占用的带宽。

1.3　第一个简单的 JavaScript 程序

关于 JavaScript 的话题已经谈了不少，下面开始编写代码，首先编写一个改变网页背景色的简单示例。

| 试一试 | **将页面背景色改成红色** |

下面的简单示例使用 JavaScript 改变了浏览器的背景色。在文本编辑器中，输入下列代码：

```
<!DOCTYPE html>

<html lang="en">
    <head>
        <meta charset="utf-8" />
        <title>Chapter 1, Example 1</title>
    </head>
    <body bgcolor="white">
    <p>Paragraph 1</p>
    <script>
        document.bgColor = "red";
    </script>
    </body>
</html>
```

在硬盘上合适的目录中，将页面保存为 ch1_example1.html，然后在 Web 浏览器中加载该文件。浏览器会显示一个红色页面，且页面的左上角有文本 Paragraph 1。但是，上述代码不是把<body>标记的 bgcolor 属性设置为白色了吗？这是怎么回事呢？

页面包含在<html>和</html>标记之间，其中包含一个<body>元素。在定义<body>开始标记时，使用 bgcolor 属性将页面的背景色设置为白色。

```
<body bgcolor="white">
```

接下来，使用<script>开始标记告诉浏览器，下面的代码是 JavaScript 代码：

```
<script>
```

从这里一直到</script>结束标记的任何内容，浏览器都作为 JavaScript 代码来处理。在这个脚本块中，使用 JavaScript 将文档的背景色设置为红色。

```
document.bgColor = "red";
```

对网页编写脚本时，把页面称为文档。文档有很多属性，比如背景色属性 bgcolor。要引用文档的属性，只需要在 document 后加一个句点和属性名。如果现在对如何使用 document 对象不是很了解，请不要担心，本书后面将深入介绍它。

上面这行代码就是一个 JavaScript 语句示例。标记<script>和</script>之间的每行代码都称为语句。当然，有的语句需要跨越多行。

上面这行代码以分号(;)结束。在 JavaScript 中，分号用于表示语句的结束。实际上，JavaScript 对是否需要分号的要求很宽松，新起一行时，JavaScript 通常可以确定是否应开始一个新代码行。但是，最好在每行代码的结尾都加上分号，单个 JavaScript 语句写在一行上，而不要放在两行或多行上。另外，有时必须包含一个分号，有关这一点详见本书后面的内容。

最后，使用结束标记</script>告诉浏览器，停止将文本解释为 JavaScript，而是解释为HTML：

```
</script>
```

前面解释了代码的运行机制，但没有说明代码的执行顺序。浏览器载入一个网页时，它将遍历整个网页，自上而下地逐一呈现各个标记。这个过程称为解析(parsing)。浏览器自上而下解析页面，首先将遇到<body>标记，并将文档的背景色设置为白色。然后，浏览器继续解析页面，遇到 JavaScript 代码时，就将文档背景色设为红色。

1.4　编写更多的 JavaScript 程序

第一个简单示例只是小试牛刀而已，下面将编写更多的 JavaScript 程序来演示网页的解析过程以及浏览器中显示结果的方式。

试一试　　**执行顺序**

现在扩展上面的示例，演示页面的解析过程。请在文本编辑器中输入如下代码：

```html
<!DOCTYPE html>

<html lang="en">
    <head>
        <meta charset="utf-8" />
        <title>Chapter 1, Example 2</title>
    </head>
    <body bgcolor="white">
        <p>Paragraph 1</p>
        <script>
          // script block 1
          alert("First Script Block");
        </script>
        <p>Paragraph 2</p>
        <script>
          // script block 2
          alert("Second Script Block");
        </script>
        <p>Paragraph 3</p>
    </body>
</html>
```

在硬盘上将文件保存为 ch1_example2.html，然后用浏览器加载它。当载入页面时，首先应该看到第一段的内容，即 Paragraph 1，然后是第一个脚本块显示的消息框。这时，浏览器挂起页面解析过程，等待用户单击 OK 按钮。如图 1-2 所示，页面的背景是白色，这是在<body>标记中设置的，且仅显示第一段。

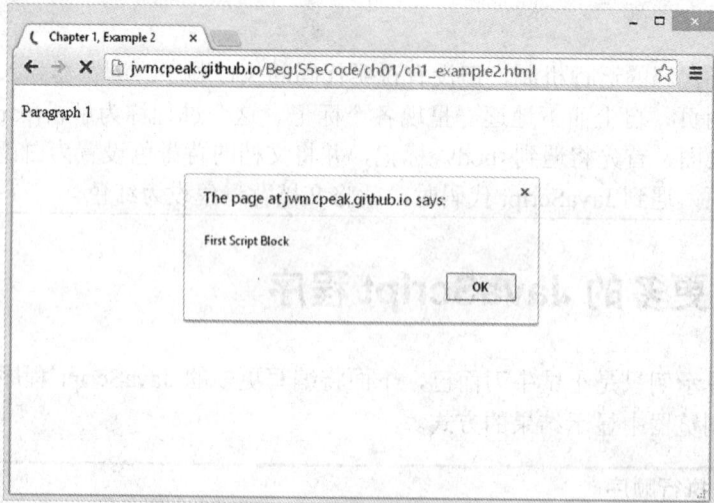

图 1-2

单击 OK 按钮之后，将继续进行解析。浏览器显示第二段，并到达第二个脚本块，它将背景色设置为红色，然后显示另一个消息框，如图 1-3 所示。

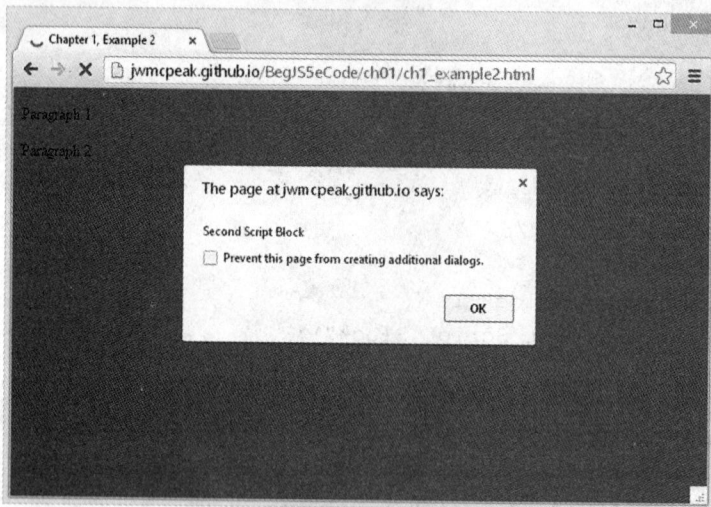

图 1-3

单击 OK 按钮，再次继续解析，显示第三段 Paragraph 3。网页解析完成，如图 1-4 所示。

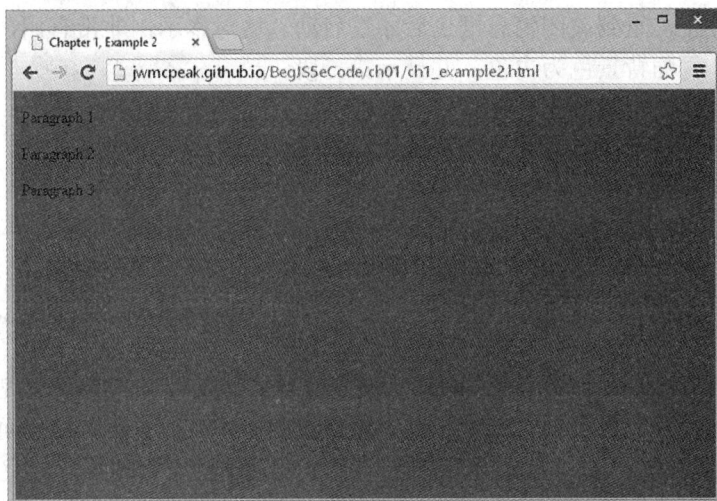

图　1-4

这个网页的第一部分与前一个示例相同。在<body>标记的定义中，将页面背景设为白色。然后在页面上显示 Paragraph 1。

```
<body bgcolor="white">
        <p>Paragraph 1</p>
```

第一个新块包含在第一个脚本块中：

```
<script>
    // script block 1
    alert("First Script Block");
</script>
```

这个脚本块包含两行新代码，第一行代码是：

```
// Script block 1
```

这是一行注释，可酌情添加。浏览器把双斜线(//)之后的任何内容视为注释，对此类内容不作任何处理。注释对程序员是非常有用的，因为注释可以说明代码的作用，用户再次阅读代码时，注释将有助于回顾代码的功能。

第二行代码中的 alert()函数也是一个新语句。在学习 alert()函数之前，先回顾一下函数的概念。

第 4 章将详细介绍函数。现在，只需要将函数视为可以完成某些任务的 JavaScript 代码块。根据了解的数学知识，读者可能已经知道函数的含义：函数提取一些信息，并进行处理，然后返回一个结果。函数简化了程序员的工作，因为程序员只需要关注需要使用哪个函数，而不必关注函数是如何实现的。

确切地讲，alert()函数可以显示一个消息框，以便向用户发送通知或警告信息。在alert()函数的括号中指定消息框中的消息，它称为函数的参数(parameter)。

alert()函数显示的消息框是模态的。这是一个应该掌握的重要概念。其含义是：除非用户单击了 OK 按钮来关闭消息框，否则消息框不会消失。实际上，页面解析过程在使用 alert()

函数的代码处停止，直到关闭消息框之后才重启动。这对本示例非常有用，因为它可以展示解析的结果：页面背景色为白色，并显示第一段。

单击 OK 按钮后，浏览器将继续向下解析页面，遇到如下代码：

```
<p>Paragraph 2</p>
<script>
    // script block 2
    document.bgColor = "red";
    alert("Second Script Block");
</script>
```

现在显示第二段，运行第二个 JavaScript 脚本块。该脚本块的第一行是另一个注释，浏览器会忽略它。第二行就是上一个示例中出现过的脚本代码——它将页面的背景色改成红色。第三行是 alert()函数，它显示第二个消息框。页面解析将被挂起，直到单击 OK 按钮关闭消息框为止。

关闭消息框后，浏览器继续解析接下来的代码，显示第三段，然后网页的解析就结束了。

```
    <p>Paragraph 3</p>
    </body>
</html>
```

这个示例的另一个要点是，通过 HTML 和 JavaScript 设置页面属性的区别，比如设置背景色。通过 HTML 设置属性是一种静态的方法，属性值只设置一次，且不会改变。通过 JavaScript 设置属性可以动态改变属性的值。此处，"动态"是指某些元素的属性值或外观可在代码中改变。

上面的代码仅用于演示。实际上，如果要将页面的背景色设置为红色，只需要使用 CSS 来设置即可(实际上不必使用 bgcolor 属性)。当需要为页面添加某种智能或逻辑时才使用 JavaScript。例如，如果用户的屏幕分辨率过低，则可以使用 JavaScript 调整页面上的内容。

试一试　　在网页中显示结果

最后一个示例将介绍如何使用 JavaScript 把信息直接写到网页上。在输出计算结果或使用 JavaScript 创建的文本时，这很有效，如下一章所述。现在仅使用 JavaScript 把"Hello World！"写入空白页面。

```
<!DOCTYPE html>

<html lang="en">
    <head>
        <meta charset="utf-8" />
        <title>Chapter 1, Example 3</title>
    </head>
    <body>
        <p id="results"></p>
        <script>
```

```
            document.getElementById("results").innerHTML = "Hello World!";
        </script>
    </body>
</html>
```

在硬盘的适当位置把页面保存为 ch1_example3.html，并加载到 Web 浏览器中，页面上就会显示"Hello World!"。虽然使用 HTML 完成这一任务更容易，但这种技术在后面的章节中比较有用。

页面的第一部分和前面的示例相同，但从下面这行代码开始则发生了变化：

```
<p id="results"></p>
```

注意使用 id 属性给<p/>元素指定了一个 id，这个 id 在网页中必须是唯一的，因为 JavaScript 使用它在下面的代码行中标识指定的 HTML 元素：

```
document.getElementById("results").innerHTML = "Hello World!";
```

如果觉得这很复杂，不必担心，后面的章节将详细介绍其工作原理。从根本上讲，这段代码表示"提取 id 为 results 的文档元素，并把该元素中的 HTML 设置为 Hello World!"。

在这个示例中，重要的是访问段落的代码要放在<p/>元素之后，否则，代码就会尝试访问一个不存在的段落，从而抛出一个错误。

1.5 浏览器和兼容性问题简述

在前面的示例中可以看出，在 JavaScript 中，可以使用 document 的 bgcolor 属性来改变网页的 document 背景色。所有的浏览器都支持 document.bgcolor 属性，所以上面的代码在所有浏览器中都能正常运行。也可以说上面的示例是跨浏览器兼容的(cross-browser compatible)。但有时，某个浏览器支持的属性和语言特性，可能另一个浏览器并不支持。甚至有时同一种浏览器的不同版本所支持的属性和语言功能也不尽相同。

开发 JavaScript 网页时，一个令人头痛的问题是不同 Web 浏览器之间存在的差异，它们支持的 HTML 和 CSS 级别不同，JavaScript 引擎的功能也不同。任何浏览器的每个新版本中，都会加入一些令人激动的新特性，以增强对 HTML、CSS 和 JavaScript 的支持。浏览器设计者越来越注重遵循 Ecma 和 W3C 组织制订的 Web 标准。

如果某网站的访问者(用户群)大多使用某种浏览器，就应支持这种浏览器。本书的代码适用于与标准兼容的浏览器，如 Chrome、IE9+、Firefox、Safari 和 Opera。

如果希望使网站达到专业水准，则需要对老版本的浏览器做适当的处理。可以确保代码向后兼容——即仅使用老版本浏览器支持的特性。但是，如果觉得不应仅局限于老版本的浏览器，就需要使页面正常降级。换句话说，尽管页面在老版本的浏览器中不能运行，但应使用户意识不到页面的失败，或者告知用户网站的某些功能与他的浏览器不兼容。否则代码会产生大量的错误消息，在页面上显示一些奇怪的东西，让人一头雾水！

那么，如何使网页正常降级呢？为此，在完全加载或部分加载页面时，可以使用 JavaScript 判断载入页面的是哪种浏览器。利用这个信息，可以决定运行哪些脚本，或者将用户重定向到一个为特定浏览器编写的页面上。后续章节将说明如何确定浏览器支持的功能，并作出适当的处理，使页面可以在尽可能多的浏览器上运行。

1.6　小结

现在，你对 JavaScript 及其功能应该有了初步的概念。本章介绍了以下内容：

- 本章介绍了浏览器解释网页的过程。浏览器逐一解析页面上的元素，将 HTML 标记呈现在页面上，解释和执行 JavaScript 代码。
- 与许多程序设计语言不同，JavaScript 只需要一个文本编辑器(例如 Windows 的记事本)就可以开始创建代码。事实证明，积累了一定的经验后，功能强大的扩展工具就比较物有所值了。
- JavaScript 代码被嵌入网页的 HTML 中，用<script/>元素来标记。与 HTML 一样，脚本也是自上而下逐句解释并执行的。

第 **2** 章

数据类型与变量

本章主要内容：

- 在代码中表示数据
- 在内存中存储数据
- 进行计算
- 转换数据

本章源代码下载(wrox.com)：

打开 http://www.wiley.com/go/BeginningJavaScript5E，单击 Download Code 选项卡即可下载本章源代码。也可以在 http://beginningjs.com 上查看所有的代码示例和相关的文件。

计算机的一项重要功能是处理和显示信息。处理信息指的是计算机按某种方式修改、解释或者过滤信息。例如，在一个在线银行网站上，客户要求提供其银行账户在上个月的支付明细。这时，计算机就获取该信息，过滤掉与上个月的支出无关的信息，最后将相关内容显示在网页上。某些情况下，只需要处理信息，而不必显示；而有时只需要获取信息，而不必处理。例如，在银行环境下，定期付款可以采用电子化处理和转账方式，并不需要人工干预，也不需要显示出来。

在计算机中，信息称为数据。数据有各种类型，比如数值、文本、日期和时间等。本章将详细讨论 JavaScript 如何处理数值和文本等数据。理解数据的处理方式，是理解任何程序设计语言的基础。

本章首先介绍 JavaScript 可以处理的各种数据类型。然后介绍如何将数据保存在计算机的内存中，以便在代码中反复使用。最后讨论如何使用 JavaScript 来操纵和处理数据。

2.1　JavaScript 中的数据类型

数据有各种不同的形式，或者说类型。JavaScript 可以处理一些直接来自现实世界的数据类型，例如数值和文本。其他数据类型有点抽象，但为编程提供了便利，例如对象数据类型，对于该类型的介绍详见第 5 章。

很多编程语言都是强类型语言。在这些语言中，只要使用某段数据，就需要明确指定要处理什么类型的数据，并且数据的使用必须严格遵守其类型的规则。例如，不能将数值和单词加在一起。

而 JavaScript 是一种弱类型语言，对如何使用不同类型的数据并没有严格的要求。处理数据时，常常不需要指定其类型，JavaScript 自己会自动确定它们的类型。另外，同时使用不同类型的数据时，JavaScript 会在后台推断用户尝试执行的操作。

既然 JavaScript 对数据没有严格的要求，为什么还要讨论数据类型？为什么不直接使用数据，而不考虑数据的类型呢？

首先，尽管 JavaScript 擅长推断当前使用的数据类型，但有时它会推断错误，或者至少没有执行用户预期的操作。在这些情况下，就需要明确告诉 JavaScript 数据的类型以及用法。因此，首先需要了解数据类型。

其次，了解数据类型可以让代码高效地使用数据。即使没有显式地指定数据的类型，数据操作及其结果也依赖于所使用的数据的类型。例如，两个数相乘是有意义的，但是两个文本字符串相乘是没有意义的。另外，两个数相加与两个字符串相加是完全不同的，两个数相加得到其和，而两个字符串相加将得到这两个字符串连成的长字符串。

下面简要介绍几种常用的数据类型：数值、文本和布尔类型。然后分析如何使用这些类型。

2.1.1 数值数据

数值数据有如下两种形式：
- **整数**：比如 145。整数可正可负，在 JavaScript 中，整数的取值范围很大：$-2^{53} \sim 2^{53}$。
- **小数**：比如 1.234，也称为浮点数。与整数一样，小数也可正可负，其取值范围也很大。

简言之，除非编写专用于科学计算的应用程序，否则不用关心 JavaScript 中可用数值的范围问题。另外，尽管在存储时，可以区别对待整数和浮点数，但实际上 JavaScript 将它们都视为浮点数。JavaScript 隐藏了其间转换的细节，通常我们不用考虑这个问题。只是将浮点数转换为整数时，需要使用四舍五入方法。本章后面将介绍该方法。

2.1.2 文本数据

包含一个或多个字符的文本称为字符串。把文本放在引号(")中，JavaScript 就会把它处理为文本，而不是代码。比如"Hello World"和"A"都是 JavaScript 可识别的字符串。可以使用单引号，因此，'Hello World'和'A'也是 JavaScript 可识别的字符串。但是，字符串的开头和结束必须使用相同的引号，因此，"A'和'Hello World"是无效的 JavaScript 字符串。

如果字符串中间有一个单引号，比如 Peter O'Toole，就可以用双引号将其括起来，"Peter O'Toole"是 JavaScript 可识别的字符串。但'Peter O'Toole'将产生一个错误。因为 JavaScript

把中间的单引号视为字符串结束符号，认为字符串是 Peter O，但无法识别 Toole'。

还有一个方法可以使 JavaScript 把字符串中间的单引号视为字符串的一部分，而不是字符串的结束符号，即使用反斜线(\)，它在 JavaScript 中有特殊的含义，称为转义字符。反斜线告诉浏览器，其后的下一个字符是文本的一部分，而不是字符串的结束符号。因此，'Peter O\'Toole'也是正确的。

如果要在双引号包含的字符串内部使用双引号，情况如何呢？可以将字符串用单引号括起来，所以'Hello "Paul" '是正确的，而"Hello "Paul" "是错误的。当然"Hello \"Paul\" "也是正确的。

JavaScript 有许多其他的特殊字符，它们不能直接输入，但可以用转义字符和其他字符合在一起，构成一个转义序列。它们与 HTML 的情况类似，例如 HTML 把一行中连续的多个空格忽略，因此用 来表示一个空格。同样在 JavaScript 中，有时不能直接使用字符，而必须使用转义序列。表 2-1 列出了一些有用的转义序列。

表　2-1

转义字符序列	字　符　含　义
\b	退格字符
\f	换页符
\n	换行符
\r	回车符
\t	制表符(Tab)
\'	单引号
\"	双引号
\\	反斜线
\x*NN*	*NN* 是一个十六进制数，标识 Latin-1 字符集中的一个字符

表 2-1 中的最后一行不太直观，它使用字符在 Latin-1 字符集中的编号来表示该字符，而没有使用字符本身表示。例如，如果想在字符串中包含版权符号(©)，就可以使用版权符号(©)在 Latin-1 字符集中的编号来表示："\xA9 Paul Wilton"。

同样，也可以使用 Unicode 转义序列来表示字符，其形式是\u*NNNN*，其中 *NNNN* 代表某字符的 Unicode 编号。例如，使用这种方法表示版权符号(©)，就是转义序列\u00A9。

2.1.3 布尔数据

在日常生活中，我们经常使用"是"与"否"、"正"与"负"、"真"与"假"。"真"与"假"对于数字计算机来说也是基本概念，计算机不理解"或许"的概念，只能理解"真"或"假"。实际上，"是"与"否"的功能非常有用，JavaScript 有它自己的数据类型，即布尔数据类型。布尔类型只有两个值：true 或 false，其中 true 表示"是"，false 表示"否"。

JavaScript 中布尔数据的用途与现实生活类似：都是根据某个问题的答案做出选择。例如，如果问"这本书是关于 JavaScript 的吗？"答案可能是"是"或者"正确"。也可能说：

"如果这本书不是关于 JavaScript 的，就把它放在一边。"这就是布尔逻辑语句(以发明人 George Boole 的名字命名)，它根据某个问题的答案是 true 或 false 来决定是否做某件事。在 JavaScript 中，可以使用这种布尔逻辑，让程序做出决策。第 3 章将详细介绍布尔逻辑。

2.2 变量——存储在内存中的数据

数据可以永久或临时地存储下来。

重要的数据应永久保存，比如用户的银行账户信息。例如，Bloggs 女士从账户中取出 10 美元(或者 10 英镑或 10 欧元)，银行就需要从她的账户中扣除 10 美元，并将新的余额永久存储下来。这样的重要信息一般存储在数据库中。

但是，有时并不需要永久存储数据，而只需要临时保存一下。例如，Bloggs 女士从 BigBank Inc.贷了一笔钱，她想看看还有多少未偿贷款。她进入银行在线贷款页面，单击一个链接，查询自己欠银行多少钱。这个数据永久存储在某个地方。假如 Bloggs 女士采用递增还款法来加快偿还速度，她在网页的文本框中输入递增后的还款额，页面就会显示她的贷款再过多长时间就能还清。这涉及几个复杂的运算，为简便起见，可以使代码分多个阶段计算结果，存储每个阶段的结果，然后计算出最终结果。但是，在计算完成并显示出结果后，就不再需要永久存储各个阶段的结果了。所以，各个阶段的中间结果并不需要使用数据库来存储，而需要使用变量来存储。为什么称之为变量？或许是因为它可以保存会变化的临时数据。

使用变量的另一个好处是：变量保存在计算机的内存中，而持久存储的数据保存在磁盘或磁带上。这意味着变量中数据的存取会快许多。

变量非常适于保存临时数据。变量的生存期有限。用户关闭页面或者移动到新页面时，就会释放变量，除非采取其他措施将变量保存在某个地方。

每个变量都有一个名字，以便在代码的其他地方引用它。变量名必须遵循一些规则。

与许多 JavaScript 代码一样，变量名区分大小写。例如，变量 myVariable 与变量 myvariable 是不同的。即使是精通 JavaScript 的专家，也很容易在这一点上出错。

另外，某些单词或字符不能用作变量名。这些单词称为保留字。保留字是 JavaScript 留给自己用的，例如，var 或者 with。某些字符也不能用在变量名中，例如，&字符和百分号(%)字符。变量名中可以使用数字，但是变量名不能用数字开头。因此，myVariable101 是合法的，而 101myVariable 不合法。下面列出了一些例子。

下面的变量名是不合法的：
- with
- 99variables
- my%Variable
- theGood&theBad

下面的变量名是合法的：
- myVariable99
- myPercent_Variable

- the_Good_and_the_Bad

应该使用某种命名约定给变量命名。例如，变量名应描述变量存储的数据的类型。为变量命名的方法有很多种——它们无所谓对错，只是最好保持变量命名规则的一致性。

现在，大多数 JavaScript 开发者使用的命名约定是给变量指定一个具有描述性的名称。例如，表示某个人的名的变量应该命名为 firstName，他的账号应该命名为 accountNumber。但是，只要变量名有意义并保持命名约定的一致性，使用哪种命名约定并不重要。

2.2.1　创建变量并赋值

在使用变量之前，应该用关键字 var 声明变量。这将告诉计算机保留相应的内存用于存储该变量的数据。例如，要声明一个新变量 myFirstVariable，可以使用如下代码：

```
var myFirstVariable;
```

注意，行尾处的分号并不是变量名的一部分，而表示 JavaScript 语句的结束。该行语句是 JavaScript 语句的一个示例。

声明了变量之后，就可以使用它来保存任何类型的数据。如前所述，许多强类型语言不仅要求声明变量，还要求指定变量存储的数据类型，例如数值或文本。然而，JavaScript 是一种弱类型语言，不需要指定变量所能保存数据的类型。

使用等号(=)将数据放到变量中的过程称为变量赋值。例如，如果要将数值 101 赋给变量 myFirstVariable，可以使用如下代码：

```
myFirstVariable = 101;
```

等号(=)用在为变量赋值时，有一个特殊的名称，通常称为赋值运算符。

试一试　声明变量

下面的例子声明了一个变量，然后将一些数据存储在该变量中，最后访问该变量的数据。变量可以存储任何类型的数据，所存储的数据类型也可以改变。例如，可以先在变量中存储文本，再存储数值，这在 JavaScript 中是毫无问题的。在文本编辑器中输入下列代码，并保存为 ch2_example1.html：

```
<!DOCTYPE html>

<html lang="en">
<head>
    <title>Chapter 2, Example 1</title>
</head>
<body>
    <script>
        var myFirstVariable;

        myFirstVariable = "Hello";
        alert(myFirstVariable);
```

```
        myFirstVariable = 54321;
        alert(myFirstVariable);
    </script>
</body>
</html>
```

一旦将这个文件加载到 Web 浏览器中，就会弹出一个包含 Hello 的警告框，如图 2-1 所示。这是代码中变量 **myFirstVariable** 在此时保存的值。

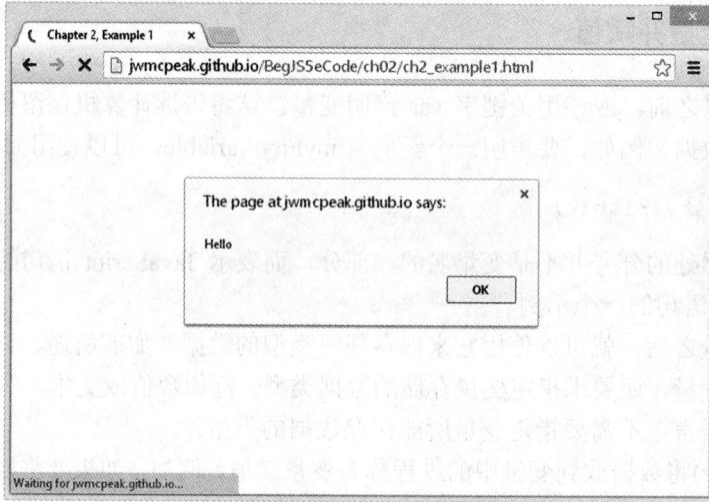

图   2-1

单击 OK 按钮，会弹出另一个包含 54321 的警告框，如图 2-2 所示。这是代码赋给变量 **myFirstVariable** 的新值。

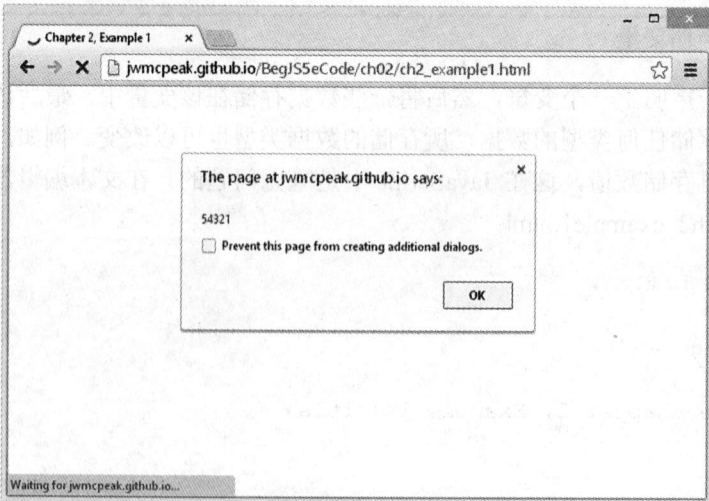

图   2-2

在上面的脚本块中，首先声明了变量：

```
var myFirstVariable;
```

　　此时，这个变量的值是 undefined。这是因为对于 JavaScript 引擎而言，变量声明仅表明变量的存在，并没有保存任何实际的数据。这听起来有点古怪，但是 undefined 是 JavaScript 中的一个基本值，还可以用这个值来进行比较。例如，可以用 undefined 值来检查变量是否包含实际的值，如果变量没有包含任何值，它的值就是 undefined。下面这行代码将一个字符串 Hello 赋给变量 myFirstVariable。

```
myFirstVariable = "Hello";
```

　　此时，变量 myFirstVariable 有了一个字面值(literal)。字面值就是实际的数据，而不是通过计算得到的值或者来自其他变量的值。只要使用了数值字面值或者字符串字面值，就可以用一个包含数值或字符串数据的变量来替代它。例如，下面的代码行在第 1 章介绍的 alert()函数中使用了变量 myFirstVariable。

```
alert(myFirstVariable);
```

　　这行代码将弹出第一个警告框。接着在变量中存储一个新值，这次是一个数值。

```
myFirstVariable = 54321;
```

　　此时 myFirstVariable 原来的值就永远丢失了。用于存储值的内存空间会由 JavaScript 自动释放，这个过程称为"垃圾回收"。当 JavaScript 检测到某个变量的内容不再可用时，例如给变量分配了一个新值，它将执行垃圾回收过程，使被占用的内存恢复为可用状态。如果没有自动垃圾回收机制，计算机的内存将被不断消耗并最终用尽，最后系统将陷入停顿。但是，垃圾回收并不总是那么高效，有可能直到加载新页面时才会执行。

　　为了说明变量 myFirstVariable 存储了新值，可以再次使用 alert()函数显示该变量的新内容。

```
alert(myFirstVariable);
```

2.2.2　用其他变量的值为变量赋值

　　前面介绍了用数值或字符串为变量赋值，还可以用另一个变量中保存的数据为变量赋值？这非常简单，方法与用字面值为变量赋值一样。例如，声明两个变量 myVariable 和 myOtherVariable，并将 myOtherVariable 赋值为 22，代码如下：

```
var myVariable;
var myOtherVariable;
myOtherVariable = 22;
```

　　然后使用下面的代码，将变量 myOtherVariable 的值 22 赋给变量 myVariable：

```
myVariable = myOtherVariable;
```

试一试　　用其他变量的值为变量赋值

　　下面的例子用其他变量的值为当前变量赋值：

(1) 在文本编辑器中输入下列代码，并保存为 ch2_example2.html：

```
<!DOCTYPE html>

<html lang="en">
<head>
    <title>Chapter 2, Example 2</title>
</head>
<body>
    <script>
        var string1 = "Hello";
        var string2 = "Goodbye";

        alert(string1);
        alert(string2);

        string2 = string1;

        alert(string1);
        alert(string2);

        string1 = "Now for something different";

        alert(string1);
        alert(string2);
    </script>
</body>
<html>
```

(2) 在浏览器中加载该页面，会弹出 6 个警告框。

(3) 单击每个警告框中的 OK 按钮，会弹出下一个警告框。前两个警告框分别显示 string1 和 string2 的值——Hello 和 Goodbye。然后将 string1 的值赋给 string2，接下来的两个警告框将显示 string1 和 string2 的值，现在它们都是 Hello。

(4) 最后修改 string1 的值。注意，string2 的值不受影响。最后的两个警告框分别显示 string1 的新值(Now for something different)，以及 string2 的未改变的值(Hello)。

首先在脚本块中声明两个变量，string1 和 string2。注意，在声明的同时对变量进行了赋值。这是一种简便的写法，称为变量的初始化，可减少许多输入量。

```
var string1 = "Hello";
var string2 = "Goodbye";
```

注意，这种简化写法可用于所有数据类型，而不仅仅是字符串。下面两行代码使用 alert() 函数分别显示了两个变量的当前值。

```
alert(string1);
alert(string2);
```

接下来，将 string1 中包含的值赋给 string2。为了验证赋值操作，再次使用 alert()函数来显示两个变量的值。

```
string2 = string1;

alert(string1);
alert(string2);
```

随后，将一个新值赋给 string1：

```
string1 = "Now for something different";
```

此时，变量 string2 保留当前值，这说明将变量 string1 的值赋给了 string2 后，string2 拥有自己的一份数据副本。后续章节中将提到，并不是每个变量都拥有自己的数据副本。但一般来说，基本数据类型(比如文本和数值)在赋值时总是复制副本。而较复杂的数据类型在赋值时会被共享，而不是复制副本，比如第 5 章介绍的对象。例如，将一个变量的值 Hello 赋给另外 5 个变量，则 Hello 将具有原始数据和 5 个独立的数据副本。但是如果变量包含的是对象，而不是字符串，在执行同样的操作时，数据就只有一个副本，这 6 个变量都共享同一个数据。使用其中的一个变量修改对象的数据，则其他 5 个变量的值也会随之改变。

最后使用 alert()函数显示两个变量的当前值。

```
alert(string1);
alert(string2);
```

2.3　使用数据——计算数值及基本字符串操作

前面介绍了如何声明变量，以及如何使用变量来存储信息，但我们还没有用变量来做什么有用的事情——为什么要使用变量？

变量可以临时保存信息，这些信息可用于数学运算、构造文本消息或者处理用户的输入。变量有点类似于普通袖珍计算器上的 "Memory Store(内存存储)" 按钮，可用它做合计操作。例如，先把要支出的费用加起来，再保存在临时内存中。当把收入总和累加起来后，就可以减去刚才保存的支出，得到余额。变量的作用与其类似，可以获取必要的用户输入信息，保存在变量中，然后使用变量来运算。

本节将介绍如何将值存储在变量中，进行数值运算和文本操作。

2.3.1　数值计算

JavaScript 支持各种基本的数学运算，如加、减、乘、除。这些基本数学函数用符号表示：加(+)、减(-)、乘(*)、除(/)。这些符号对给定数值进行某种运算，因此称为运算符。换句话说，它们执行某种运算或操作，并返回一个结果。在可以使用数值或变量的几乎所有地方，都可以使用这些计算的结果。

假如要计算购物清单的总额，可按如下方式计算：

购物总额 = 10 + 5 + 5

或者，可以直接计算总和：

购物总额 = 20

那么，在 JavaScript 中该怎么做呢？实际上很简单，只需要用变量来保存最后的总额：

```
var totalCostOfShopping;
totalCostOfShopping = 10 + 5 + 5;
alert(totalCostOfShopping);
```

首先声明一个变量 totalCostOfShopping，用于保存总额。

第二行的代码为 10+5+5。这是一个表达式。这个表达式的值赋给 totalCostOfShopping
变量时，JavaScript 将自动计算表达式的值(为 20)，并保存在变量中。注意，等号运算符(=)
告诉 JavaScript 将计算结果保存在变量 totalCostOfShopping 中。这通常称为用计算的值为
变量赋值，因此，等号运算符(=)称为赋值运算符。

最后，在警告框中显示变量的值。

减法和乘法运算符的用法与加法运算符类似，除法运算略有不同。

试一试　　数值计算

下面是一个使用除法运算符的例子。

(1) 在文本编辑器中输入以下代码并保存为 ch2_example3.html：

```
<!DOCTYPE html>

<html lang="en">
<head>
    <title>Chapter 2, Example 3</title>
</head>
<body>
    <script>
        var firstNumber = 15;
        var secondNumber = 10;
        var answer;
        answer = 15 / 10;
        alert(answer);

        alert(15 / 10);

        answer = firstNumber / secondNumber;
        alert(answer);
    </script>
</body>
</html>
```

(2) 在 Web 浏览器中加载该文件，将会接连弹出三个警告框，每个警告框都显示值为
1.5。这是三个计算的结果。

(3) 在脚本块中首先声明了三个变量，并为前两个变量赋值。后面要使用这两个值。

```
var firstNumber = 15;
var secondNumber = 10;
var answer;
```

(4) 接下来，将表达式 15/10 的计算结果赋给变量 answer，并在警告框中显示该变量的值。

```
answer = 15 / 10;
alert(answer);
```

这个示例演示了执行计算的一种方式，但实际上很少这样做。

为了说明表达式可以用在任何使用数值或变量的地方，下面将表达式 15/10 的计算结果放在 alert()函数中，直接显示计算结果。

```
alert(15 / 10);
```

最后，用两个变量 firstNumber(值为 15)、secondNumber(值为 10)来做同样的计算。本例将表达式 firstNumber/secondNumber 的计算结果存储在变量 answer 中。为了对代码进行验证，仍然使用 alert()函数来显示变量 answer 的值。

```
answer = firstNumber / secondNumber;
alert(answer);
```

大多数计算都以第三种方式进行，即使用变量(或数值与变量)进行计算，然后将结果保存在另一个变量中。原因是，如果使用字面值(实际值，比如 15/10)进行计算，就可以先计算出表达式的值，而不是让 JavaScript 计算它。例如，不是计算 15/10 的值，而可以直接在代码中写 1.5。毕竟，JavaScript 要做的计算越多，它的速度就越慢，即使一个简单的计算也会稍微加重 JavaScript 的负担。

这样做的另一个好处是代码便于理解。例如，代码中的 69.231 肯定比 1.5 * 45 - 56 / 67 + 2.567 更简单。还可将变量命名为 PricePerKG，使不熟悉代码的人更容易理解代码。

递增和递减运算符

使用数学运算符的运算非常常见，所以它们有自己的运算符。本节介绍递增和递减运算符，它们分别用两个加号(++)和两个减号(--)表示。它们分别把变量的值加 1 和减 1。也可以使用普通的加(+)和减(-)运算符实现这个功能，例如：

```
myVariable = myVariable + 1;
myVariable = myVariable - 1;
```

注意：
可以让变量参与某个表达式的运算，然后将运算结果赋给这个变量。

不过，使用递增和递减运算符，可将上面两行代码简化为：

```
myVariable++;
myVariable--;
```

结果是一样的——myVariable 的值加 1 或减 1——但代码变短了。熟悉了这种语法后，代码会非常简洁，且容易理解。

现在用户可能觉得这两个运算符看起来比较别扭，但第 3 章介绍如何多次执行一段代码时，会发现这两个运算符非常有用，且应用很广泛。实际上，++运算符的应用非常广泛，所以有一门程序设计语言用它来命名——C++，即 C++是给 C 加 1(当然，这只是程序员的一点小幽默)。

可以把++和--放在变量之后，也可以把它们放在变量之前。例如：

```
++myVariable;
--myVariable;
```

当++和--运算符仅作用于某个变量时，把它们放在变量之前还是之后通常是没有区别的。但可能会在表达式中与其他运算符一起使用++或--运算符：

```
myVar = myNumber++ - 20;
```

这行代码从变量 myNumber 中减去 20，然后把 myNumber 变量加 1，最后把得到的结果赋给变量 myVar。如果把++运算符放在变量 myNumber 的前面，则代码如下：

```
myVar = ++myNumber - 20;
```

这行代码先把变量 myNumber 加 1，然后从中减去 20，二者有微妙的差别，但在某些情况下，这个差别却非常重要。例如下面的代码：

```
myNumber = 1;
myVar = (myNumber++ * 10 + 1);
```

变量 myVar 的值是多少？由于++作为后缀放在 myNumber 变量的后面，所以递增操作在计算表达式之后进行。因此，这个等式的含义是：将 myNumber 乘以 10，加上 1，再把 myNumber 加 1。

```
myVar = 1 * 10 + 1 = 11
```

变量 myNumber 加 1 后值为 12，但这个运算在将运算结果 11 赋给变量 myVar 之后执行。再看看下面的代码：

```
myNumber = 1;
myVar = ++myNumber * 10 + 1;
```

这次 myNumber 先加 1，再乘以 10，最后加上 1。

```
myVar = 2 * 10 + 1 = 21
```

人们很容易忽视如此细微的差异，从而造成代码中的错误。所以，应该避免使用这样的语法。

接下来介绍另一个运算符+=。这个运算符用于将某个变量的值加上一个数。例如：

```
myVar += 6;
```

等价于：

```
myVar = myVar + 6;
```

减法和乘法也可以使用类似的运算符，例如：

```
myVar -= 6;
myVar *= 6;
```

等价于：

```
myVar = myVar - 6;
myVar = myVar * 6;
```

2.3.2 运算符的优先级

执行特定功能的符号称为运算符，比如加号(+)把两个数加在一起，减号(-)从一个数中减去另一个数。并非所有运算符的优先级都是相同的，某些运算符具有较高的优先级，会得到优先处理。下面的简单例子说明了这个问题：

```
var myVariable;

myVariable = 1 + 1 * 2;

alert(myVariable);
```

如果输入上面的代码，警告框中显示的变量 myVariable 的值是多少？我们希望先执行1+1=2，然后执行 2*2=4，结果是 4。实际上，警告框中显示的运算结果却是 3。这是怎么回事？难道 JavaScript 加错了？

根据数学知识，就可以知道得到 3 的原因。JavaScript 先执行 1*2=2，再执行加法1+2=3，所以最终结果是 3。

为什么？因为乘法的优先级高于加法。等于运算符(称为赋值运算符)的优先级最低，它总是最后执行。

加法和减法运算符的优先级相同，先执行哪一个？JavaScript 遇到优先级相同的运算符时，将根据运算符出现的顺序，按从左到右的次序执行运算。这也适用于乘法和除法运算符，因为它们也有相同的优先级。

试一试 **华氏度转换为摄氏度**

下面是一个稍微复杂的例子——将华氏温度转换为摄氏温度。在文本编辑器中，输入下面的代码，并保存为 ch2_example4.html。

```
<!DOCTYPE html>

<html lang="en">
<head>
    <title>Chapter 2, Example 4</title>
</head>
<body>
    <script>
```

```
            // Equation is °C = 5/9 (°F - 32).
            var degFahren = prompt("Enter the degrees in Fahrenheit",50);
            var degCent;

            degCent = 5/9 * (degFahren - 32);

            alert(degCent);
        </script>
    </body>
</html>
```

在浏览器中加载该页面，将看到一个如图 2-3 所示的提示框，它要求输入要转换的华氏温度。提示框中已填充了默认值 50。

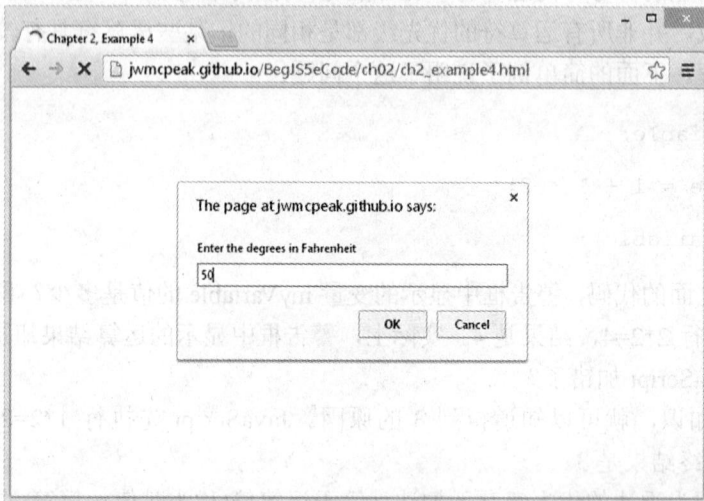

图　2-3

如果使用默认值 50，单击 OK 按钮，弹出的警告框就显示 10，这是华氏 50 度转换成摄氏度的结果。

重载页面，修改提示框中的值，看看会得到什么结果。例如，把值改为 32 并重载页面，这次警告框显示 0。

这仍然是一个较简单的例子。我们并没有检查输入的数据，所以允许把 abc 输入为华氏温度值。后面的 2.5 节"数据类型转换"将介绍如何找出作为数值数据输入的非法字符。

试一试　　IE 的安全问题

把页面加载到 Internet Explorer(IE)中时，可能会看到如图 2-4 所示的安全警告问题，而不显示提示窗口。

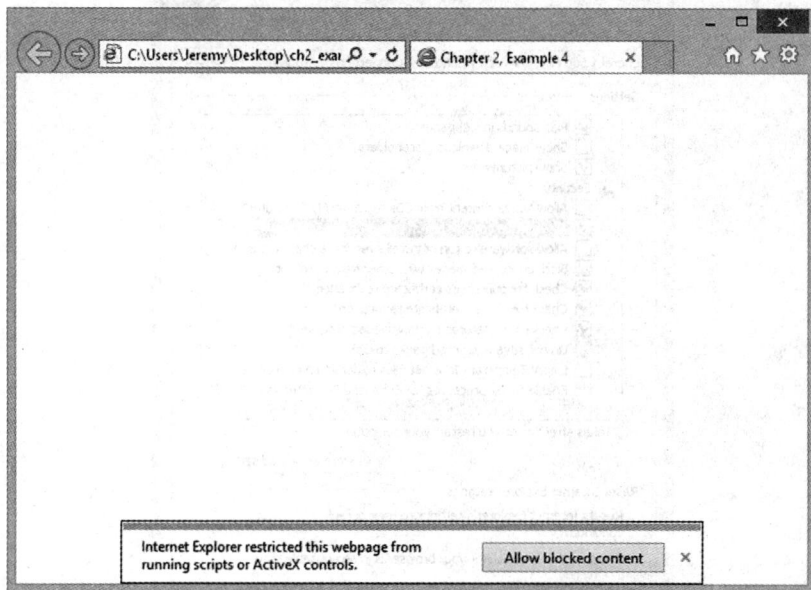

图　2-4

此时，需要修改 IE 的安全设置，步骤如下：

(1) 打开 IE，从 Tools 菜单栏中选择 Internet options 菜单，如图 2-5 所示。

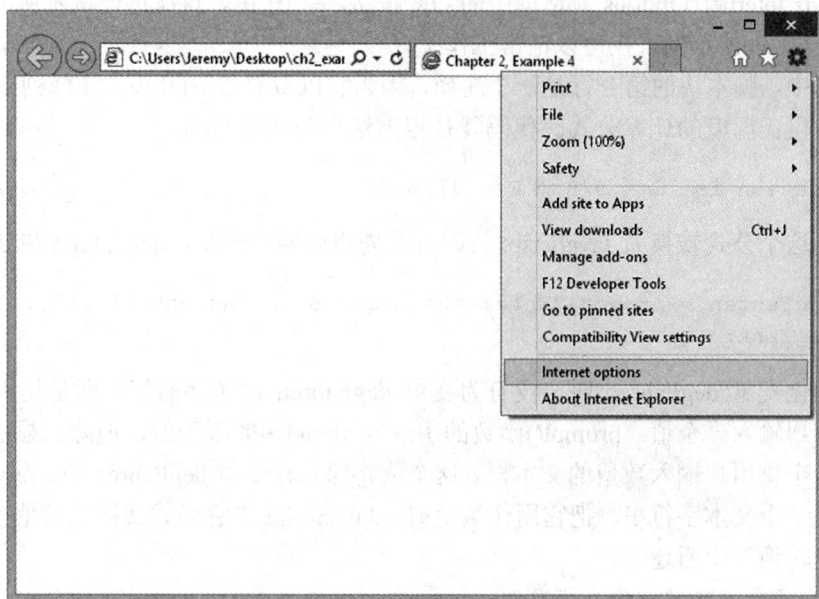

图　2-5

(2) 单击 Advanced 选项卡，向下滚动到 Security 部分。选中 Allow active content to run in files on My Computer 复选框，如图 2-6 所示。

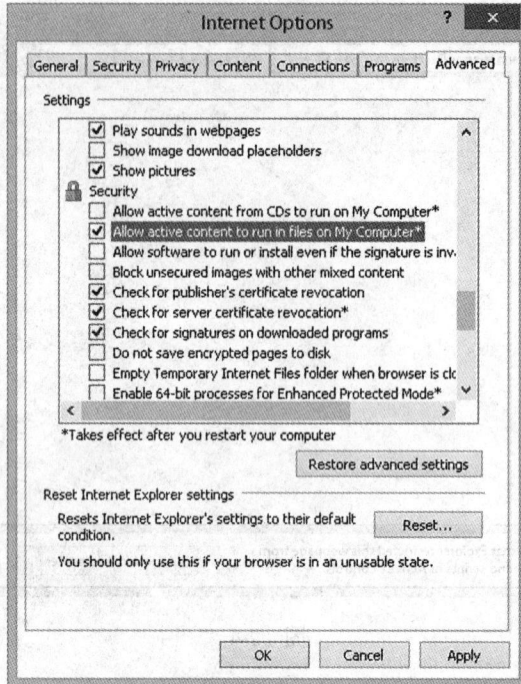

图　2-6

(3) 单击 Internet Options 对话框中的 OK 按钮，关闭 IE。再次试一试示例 4 "华氏度转换为摄氏度"，该示例现在可以正常工作了。

在上例中，脚本块的第一行是一个注释，因为它以双斜线(//)开头。注释列出了将华氏温度转换为摄氏温度的计算公式。代码就是根据这个公式编写的。

```
// Equation is °C = 5/9 (°F - 32).
```

接着将这个公式转换为 JavaScript 代码。首先声明两个变量：degFahren 和 degCent。

```
var degFahren = prompt("Enter the degrees in Fahrenheit",50);
var degCent;
```

在初始化变量 degFahren 时，没有为变量 degFahren 赋予字面值，而是使用 prompt() 函数提示用户输入一个值。prompt()函数的用法与 alert()函数很类似，但除了显示信息外，它还包含一个供用户输入数值的文本框。这个值将保存在变量 degFahren 中。prompt()函数的返回值是一个文本字符串，把它用作数值时，JavaScript 将它隐式转换成数值。如 2.5 节 "数据类型转换" 中所述。

prompt()函数需要如下两个信息：

● 要显示的文本，通常用于提醒用户输入信息。

● 第一次显示提示对话框时，在输入框中包含的默认值。

这两个信息必须按指定的顺序给出，且用逗号分隔。如果在弹出提示对话框时，不需要设置输入框的默认值，则把第二个信息设置为空字符串""。

在上面的代码中，提示信息是"Enter the degrees in Fahrenheit"，输入框中的默认值是 50。

接着，脚本块用 JavaScript 代码表示转换公式，并将计算结果保存在变量 degCent 中。JavaScript 的转换公式与注释中的公式很类似，只是用变量 degFahren 代表华氏温度(℉)，用变量 degCent 代表摄氏温度(℃)。

```
degCent = 5/9 * (degFahren - 32);
```

等号右边的表达式提供了一些重要信息。首先，与数学运算一样，JavaScript 等式也是从左到右地计算，至少基本的算术运算，如+、-等是这样。另外，JavaScript 中的运算与数学运算一样也有优先级。

从左边开始，JavaScript 先计算出 5/9 = 0.5556(近似值)。接着计算乘法，但是等式的最后一项 degFahren - 32 放在括号中。这就提高了最后一项的优先级，所以 JavaScript 先计算 degFahren - 32，再进行乘法运算。例如，假如 degFahren 的值为 50，则 JavaScript 先计算 (degFahren - 32) = (50 - 32) = 18，然后计算乘法 0.5556 * 18，结果约等于 10。

如果未使用括号，代码就会变成：

```
degCent = 5/9 * degFahren - 32;
```

JavaScript 仍然先计算 5/9 = 0.5556(近似值)，但接下来计算乘法，因为乘法运算的优先级比减法高。如果 degFahren 的值为 50，则先计算 5/9 * 50 = 27.7778，再减去 32，得到错误的结果：-4.2221。

最后，在脚本代码块中，使用 alert()函数显示转换结果。

```
alert(degCent);
```

前面简要介绍了 JavaScript 的基本运算。第 5 章将介绍 Math 对象，来实现更复杂的运算。

2.3.3　基本的字符串操作

前一节介绍了文本或字符串数据类型和数值数据。数值数据有相应的运算符，字符串也有类似的运算符。本节介绍一些基本的字符串操作。第 5 章将深入介绍字符串，第 6 章将介绍处理字符串的高级技术。

在 JavaScript 中，经常需要将两个字符串连接成一个字符串，这个过程称为连接 (concatenation)。例如，将两个字符串"Hello "和"Paul"连接成一个字符串"Hello Paul"。怎么实现连接呢？非常简单，使用+运算符。对于数值，+运算符把两个数加在一起，而对于字符串，+运算符将把两个字符串连在一起。

```
var concatString = "Hello " + "Paul";
```

现在，变量 concatString 中存储的字符串是"Hello Paul"。注意，字符串"Hello "的最后一个字符是一个空格，如果忘记输入空格，连接后的字符串将是"HelloPaul"。

试一试　　连接字符串

下面的代码用+运算符来连接字符串。

(1) 输入下列代码，并保存为 ch2_example5.html：

```
<!DOCTYPE html>

<html lang="en">
<head>
    <title>Chapter 2, Example 5</title>
</head>
<body>
    <script>
      var greetingString = "Hello";
      var myName = prompt("Please enter your name", "");
      var concatString;

      document.write(greetingString + " " + myName + "<br/>");

      concatString = greetingString + " " + myName;

      document.write(concatString);
    </script>
</body>
</html>
```

(2) 在 Web 浏览器中加载该文件，将会看到一个提示对话框，要求输入名字。

(3) 输入名字后，单击 OK 按钮，网页上将显示两条问候语和名字。

脚本块先声明了三个变量。把第一个变量 greetingString 设置为字符串值，第二个变量 myName 设置为用户在提示框中输入的内容，第三个变量 concatString 则未作初始化，它在后面的代码中用来保存连接字符串的结果。

```
var greetingString = "Hello";
var myName = prompt("Please enter your name", "");
var concatString;
```

前一章介绍了如何用 document 代表网页，它有许多不同的属性，如 bgColor。还可以用 document 在网页中直接写入文本或 HTML，方法是使用单词 document 后跟一个句点和 write()。document.write() 的使用方式与 alert() 函数一样，也是把要在网页中显示的文本放在 write 后面的括号中。现在不必过于关注 document.write()，因为在后面的章节中将详细介绍它。现在只需要在代码中使用 document.write() 将表达式的结果写在页面上：

```
document.write(greetingString + " " + myName + "<br/>");
```

向页面写入的表达式由变量 greetingString 的值、一个空格(" ")、变量 myName 的值和 HTML 元素
(产生一个换行符)连接而成。例如，如果在提示框中输入 Jeremy，这个表达式的值将是：

```
Hello Jeremy<br/>
```

下一行代码是一个类似的表达式。这次仅连接了变量 greetingString 的值、一个空格

(" ")和变量 myName 的值，并把这个表达式的结果保存在变量 concatString 中。最后使用 document.write()将变量 concatString 的内容输出在页面上。

```
concatString = greetingString + " " + myName;
document.write(concatString);
```

2.3.4　字符串与数值的混合操作

如何在表达式中混合使用文本和数值呢？在前面的温度转换例子中，只显示了数字，而没有说明其含义。可以在数字的前面加上描述文本，来说明其含义，例如："The value converted to degrees centigrade is 10。"

混合使用数值和文本实际上很简单，只需要使用+运算符把它们连接在一起。同时操作数值和字符串时，JavaScript 知道我们不是要进行数值计算，而是想把数值当作字符串，与文本连接在一起。例如，要把文本 My age is 和数值 101 连接在一起，只需要使用如下代码：

```
alert("My age is " + 101);
```

这将弹出一个警告框，显示 My age is 101。

试一试　　**将温度转换为便于阅读的形式**

下面尝试在温度转换的例子中，将字符串和数值连接在一起，输出一些描述信息和转换结果。修改幅度很小，在文本编辑器中加载 ch2_example4.html，修改最后一行代码，并将其保存为 ch2_example6.html：

```
<!DOCTYPE html>

<html lang="en">
<head>
    <title>Chapter 2, Example 6</title>
</head>
<body>
    <script>
        // Equation is °C = 5/9 (°F - 32).
        var degFahren = prompt("Enter the degrees in Fahrenheit",50);
        var degCent;

        degCent = 5/9 * (degFahren - 32);

        alert(degFahren + "\xB0 Fahrenheit is " + degCent + "\xB0 centigrade");
    </script>
</body>
</html>
```

在 Web 浏览器中加载这个页面。在提示框中单击 OK 按钮以提交值 50，结果将如图 2-7 所示。

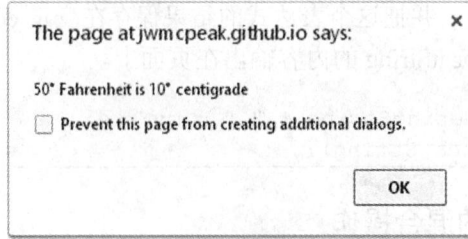

图   2-7

除了下面的代码行之外，本例与 ch2_example4.html 完全相同：

```
alert(degFahren + "\xB0 Fahrenheit is " + degCent + "\xB0 centigrade");
```

因此，我们将仅关注这行代码。可以看到，alert()函数包含一个表达式，下面仔细分析它。

首先是变量 degFahren，它包含数值数据。将它与字符串"\xB0 Fahrenheit is "连接在一起。如果将数值与字符串加在一起，JavaScript 知道应把二者连接起来，而不是计算二者的和，所以自动把包含在变量 degFahren 中的数值转换成字符串。接下来把这个字符串与包含数值数据的变量 degCent 连接起来。JavaScript 也会把变量 degCent 的值转换成字符串。最后加上字符串"\xB0 centigrade"。

另外，转义序列(\xB0)用来在字符串中插入温度字符。前面介绍过，\x*NN* 可用来插入不能直接输入的特殊字符。这里，*NN* 是一个十六进制数，表示 Latin-1 字符集中的字符。当 JavaScript 遇到\xB0 时，它将显示 B0 编码所代表的字符。

使用特殊字符时，注意它们未必跨平台兼容。在 Windows 平台中，\x*NN* 代表某个字符，但在 Mac 或 Unix 系统中，它可能代表另一个字符。

第 5 章将介绍更多的字符串操作技术，例如查找字符串，以及在字符串中插入其他字符。第 6 章还将介绍有关字符串操作的高级技术。

2.4   数据类型转换

如前所述，把数值和字符串加在一起时，JavaScript 将把数值转换成字符串，然后连接它们。JavaScript 通常能酌情正确地转换数据类型。但有时需要显式地转换数据类型。例如，有时需要将字符串转换成数值。特别是当使用表单(form)收集用户数据时。用户输入的任何数据都被视为字符串，即使这些数据包含数值(例如年龄)也被视为字符串。

数据类型的转换是很重要的。考虑下面的情况：使用表单来获取用户输入的两个数字，并计算它们的和。从表单获得的两个数都是字符串，例如"22"和"15"。如果使用"22"+"15"计算这两个数的和，将得到"2215"。因为 JavaScript 认为我们要把两个字符串连起来，而不是求两个数之和。有时顺序不同，结果也会不同。例如：

```
1 + 2 + "abc"
```

得到的字符串是"3abc"，而

```
"abc" + 1 + 2
```

得到的字符串是“abc12”。

本节介绍两个可以将字符串转换为数值的函数：parseInt()和 parseFloat()。

先讨论 parseInt()函数，它将字符串转换成整数。这个函数的名称有点让人疑惑，为什么不是 convertToInt()，而是 parseInt()呢？该函数名来自这个函数的工作方式。它解析字符串的每个字符，检查该字符是不是一个有效的数字。如果是，parseInt()函数将使用这个数字来生成字符串对应的数值。否则，命令就停止转换，并返回之前转换的数值。

例如，对于函数 parseInt("123")，JavaScript 将把字符"123"转换为数值 123。而对于函数 parseInt("123abc")，JavaScript 也将返回数值 123。当 JavaScript 解析到字符 a 时，将认为字符串的数字部分已经结束，并把 123 作为字符串"123abc"的整数部分。

parseFloat()函数的工作机制与 parseInt()类似，只是它返回浮点数，并把小数点视为数值的一部分进行解析。

试一试　　**将字符串转换为数值**

下面是一个使用 parseInt()和 parseFloat()函数的例子。输入如下代码，并保存为 ch2_example7.html：

```html
<!DOCTYPE html>

<html lang="en">
<head>
    <title>Chapter 2, Example 7</title>
</head>
<body>
    <script>
        var myString = "56.02 degrees centigrade";
        var myInt;
        var myFloat;

        document.write("\"" + myString + "\" is " + parseInt(myString, 10) +
            " as an integer" + "<br/>");

        myInt = parseInt(myString, 10);
        document.write("\"" + myString +
            "\" when converted to an integer equals " + myInt + "<br/>");

        myFloat = parseFloat(myString);
        document.write("\"" + myString +
            "\" when converted to a floating point number equals " + myFloat);
    </script>
</body>
</html>
```

在浏览器中加载这个文件，网页上会输出三行信息，如图 2-8 所示。

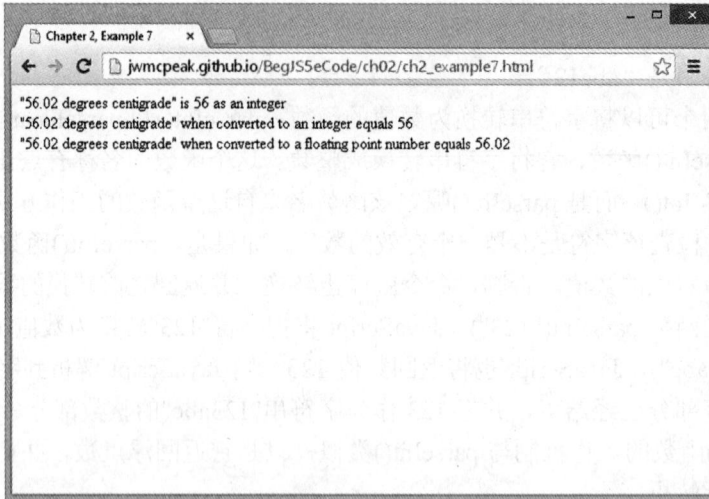

图　2-8

　　脚本块先声明了一些变量，并将变量 myString 声明和初始化为要转换的字符串。也可以直接使用字符串而不是将其存储在变量中，但实际上变量比字面值更常用。本例还声明了变量 myInt 和 myFloat，用于保存转换后的数值。

```
var myString = "56.02 degrees centigrade";
var myInt;
var myFloat;
```

　　接下来，使用字符串连接，在页面上把 myString 转换后的整数值显示在一个易于理解的句子中。注意，使用转义序列\"来显示要转换的字符串两边的双引号。

```
document.write("\"" + myString + "\" is " + parseInt(myString, 10) +
    " as an integer" + "<br/>");
```

　　可以看出，在使用数字或包含数值的变量的地方，都可以使用 parseInt()和 parseFloat()函数。实际上，在这行代码中，JavaScript 引擎做了两个类型转换。首先将变量 myString 转换为整数，因为我们要求对该变量使用 parseInt()函数。接着自动将该整数转换回字符串，以便与其他字符串连接成一个句子。还要注意，在处理整数时，变量 myString 中只有 56 这部分是有效的数字，6 之后的字符是无效的，会被忽略。

　　注意，parseInt()函数的第二个参数是数值 10。该数称作基数，它决定字符串解析为数值的方式。传入数值 10 后，parseInt()函数就采用十进制(Base 10)的形式来转换数值。十进制是常用的数值系统，但也可以使用二进制(Base 2)、十六进制(Base 16)和其他数值系统。例如，parseInt(10，2)表示将数值 10 转换为二进制数，结果为 2。一定要指定基数！如果不指定，JavaScript 就会猜想要使用的数值系统，这样就可能会得到意想不到的结果。

　　然后使用 parseInt()函数对变量 myString 做相同的转换，但这次把结果保存在变量 myInt 中。下面的代码在显示给用户的一些文本中使用该结果。

```
myInt = parseInt(myString, 10);
document.write("\"" + myString +
```

```
    "\" when converted to an integer equals " + myInt + "<br/>");
```

同样，尽管变量 myInt 保存了一个数值，但 JavaScript 解释器知道用+操作字符串和数值时，就表示把变量 myInt 的值转换成字符串，再与其他字符串连接起来，并显示给用户。

最后用 parseFloat()函数把 myString 中的字符串转换为浮点数，并将转换结果保存在变量 myFloat 中。这次小数点是数值的有效部分，因此字符 2 之后的部分将被忽略。然后用 document.write()将结果放在一个易于理解的字符串中，并输出到网页上。

```
myFloat = parseFloat(myString);
document.write("\"" + myString +
    "\" when converted to a floating point number equals " + myFloat);
```

处理不能转换的字符串

某些字符串不能转换成数值，例如不包含任何数字的字符串。如果转换这些字符串，将得到什么结果呢？假定修改前面的例子，使变量 myString 包含不能转换的数据，例如，将如下代码：

```
var myString = "56.02 degrees centigrade";
```

改为

```
var myString = "I'm a name not a number";
```

在浏览器中重载这个页面，将看到如图 2-9 所示的结果。

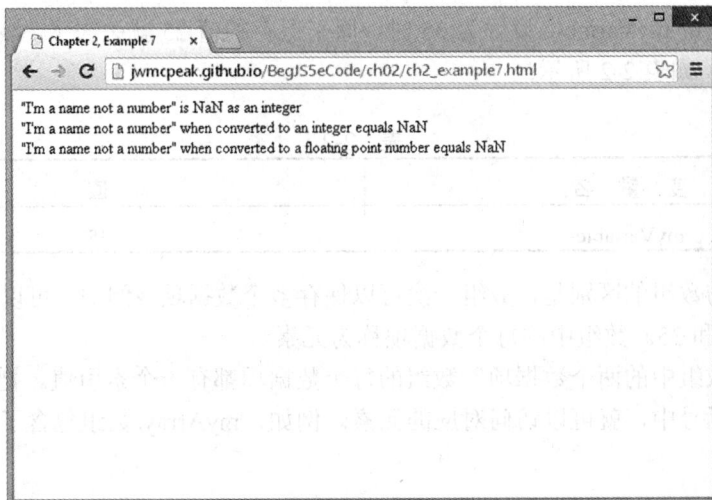

图　2-9

可以看到，转换结果并不是数值，而是 NaN。NaN 就是"Not a Number"，表示该值不是数值。

如果使用 parseInt()函数或 parseFloat()函数处理空字符串，或者不以有效数字开头的字符串，就返回 NaN 值，表示"Not a Number"。

NaN 实际上是 JavaScript 中的一个特殊值。它有自己的函数 isNaN()，来检查某个值是否是 NaN。例如：

```
myVar1 = isNaN("Hello");
```

把值 true 存储在变量 myVar1 中，因为"Hello"不是数值。然而：

```
myVar2 = isNaN("34");
```

把 false 值存储在变量 myVar2 中，因为 isNaN()函数可以把字符串"34"成功地转换为数值。

后面的章节中将介绍如何使用 isNaN()函数来检查将字符串转换为数值时是否成功,事实证明，该函数在处理用户输入时十分有用。

2.5 数组

现在学习一个新概念——数组。数组与普通的变量类似，也可以保存任何类型的数据。但是，数组与变量有一个重要的区别，如下所述。

如前所见，普通的变量一次只能保存一个数据。例如，可将变量 myVariable 设置为 25：

```
myVariable = 25;
```

接着可将它设置为另一个值，比如 35：

```
myVariable = 35;
```

但是，把变量 myVariable 设置为 35 时，原来保存的值 25 就丢失了，变量 myVariable 现在只保存 35，如表 2-2 所示：

表 2-2

变 量 名	值
myVariable	35

普通变量与数组的区别是，数组一次可以保存多个数据项。例如，可以用 myArray 数组同时保存 25 和 35。数组中的每个数据项称为元素。

如何区分数组中的两个数据项？数组的每个数据项都有一个索引值。把索引值放在数组名后面的方括号中，就可以访问对应的元素。例如，myArray 数组包含了 25 和 35，如表 2-3 所示：

表 2-3

元 素 名	值
myArray[0]	25
myArray[1]	35

注意，数组的索引从 0 开始，而不是从 1 开始。人们习惯于将数据的第一项计为 1，第二项计为 2，依此类推。但是计算机从 0 开始计数，并把第一项计为 0，第二项计为 1。这虽然有点令人疑惑，但我们很快就能习惯。

数组是非常有用的，可以根据需要在数组中保存很多数据项(JavaScript 规定，数组最多可以保存 2^{32} 个元素)。另外，不必预先指定数组中可以保存的元素数，当然也可以指定。

那么，如何创建数组呢？这与声明普通的变量略有不同。要创建新数组，需要声明一个变量名，并使用 new 关键字和 Array()函数来说明这是一个新数组。例如，myArray 数组的定义如下：

```
var myArray = new Array();
```

注意，与 JavaScript 中的其他内容一样，代码也是区分大小写的。因此，如果输入 array()而不是 Array()，代码将不能正常工作。第 5 章将介绍 new 运算符。

JavaScript 开发者现在采用如下方式创建数值：

```
var myArray = [];
```

这种方式在创建数组时使用了数组字面值。这在功能上等效于使用 new Array()，但只需要更少的输入量。采用这两种方式创建数组都无所谓对错，不过在本书后面，将使用数组字面值来创建数组。

与普通变量一样，也可以首先声明变量，再将该变量定义成数组，例如：

```
var myArray;
myArray = [];
```

前面介绍了如何声明新数组，但如何在数组中存储数据呢？只需要在定义数组时，把用逗号分隔的数据放在后面的方括号中。例如：

```
var myArray = ["Paul",345,"John",112,"Bob",99];
```

其中，第一个数据项"Paul"保存在索引为 0 的数组中，第二个数据项 345 保存在索引为 1 的数组中，依此类推。换句话说，元素 myArray[0]将包含值"Paul"，元素 myArray[1]将包含值 345，依此类推。

开始创建数组时，并不一定要为数组提供数据。例如，也可以将上面的代码行改写为：

```
var myArray = [];
myArray[0] = "Paul";
myArray[1] = 345;
myArray[2] = "John";
myArray[3] = 112;
myArray[4] = "Bob";
myArray[5] = 99;
```

把数组中的每个元素名称视为一个变量，并对其赋值。下面的"试一试"示例就采用这种方法来声明数组元素的值。

显然,本示例中定义数据项的第一种方法比较简单。但是,有时需要在声明之后修改某个元素存储的数据,此时必须使用第二种方法来定义数组元素的值。

在上面的示例中,在同一数组中可以保存不同类型的数据。在这一点上,JavaScript是非常灵活的。

试一试　　**数组**

下面的例子将创建一个保存一些名字的数组。本例使用上一节介绍的第二种方法,把数据存储在数组中,然后显示给用户。输入以下代码,并保存为 ch2_example8.html。

```html
<!DOCTYPE html>

<html lang="en">
<head>
    <title>Chapter 2, Example 8</title>
</head>
<body>
    <script>
        var myArray = [];
        myArray[0] = "Jeremy";
        myArray[1] = "Paul";
        myArray[2] = "John";

        document.write("myArray[0] = " + myArray[0] + "<br/>");
        document.write("myArray[2] = " + myArray[2] + "<br/>");
        document.write("myArray[1] = " + myArray[1] + "<br/>");

        myArray[1] = "Mike";
        document.write("myArray[1] changed to " + myArray[1]);
    </script>
</body>
</html>
```

在 Web 浏览器中载入这个文件,将看到如图 2-10 所示的网页。

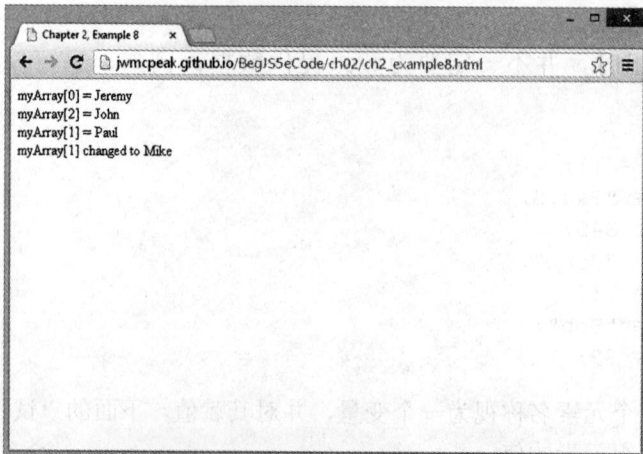

图　2-10

脚本块首先声明一个变量，并将其初始化为一个数组。

```
var myArray = [];
```

定义了数组之后，就可以在数组中保存数据了。每次使用新索引来保存数据时，JavaScript 都会自动创建一个新的存储空间。注意，第一个元素是 myArray[0]。

在数组中依次添加数据，并观察变化。在添加任何数据之前，数组是空的。然后使用下面的代码添加一个数组元素：

```
myArray[0] = "Jeremy";
```

现在数组如表 2-4 所示。

表　2-4

索　　引	存　储　的　值
0	Jeremy

然后，为数组添加索引为 1 的元素：

```
myArray[1] = "Paul";
```

现在数组如表 2-5 所示。

表　2-5

索　　引	存　储　的　值
0	Jeremy
1	Paul

最后，为数组添加索引为 2 的元素：

```
myArray[2] = "John";
```

现在数组如表 2-6 所示。

表　2-6

索　　引	存　储　的　值
0	Jeremy
1	Paul
2	John

接下来，使用一系列 document.write()函数，将数组各元素的值输出到网页上。访问数组元素时，也可以不按索引顺序，如下所示：

```
document.write("myArray[0] = " + myArray[0] + "<br/>");
document.write("myArray[2] = " + myArray[2] + "<br/>");
document.write("myArray[1] = " + myArray[1] + "<br/>");
```

可以将数组中的每个元素都视为标准变量，因而可以用数组元素执行计算、给其他变量或数组赋值。但是，如果访问尚未定义的数组元素，则该元素的值是 undefined。

最后，把数组中第二个元素的值改为"Mike"。也可以改为一个数值，因为和普通变量一样，数组中的任何一个元素都可以保存任意类型的数据。

```
myArray[1] = "Mike";
```

现在数组如表 2-7 所示。

表 2-7

索　　引	存 储 的 值
0	Jeremy
1	Mike
2	John

为了说明前面的修改是有效的，可使用 document.write()显示第二个元素的值：

```
document.write("myArray[1] changed to " + myArray[1]);
```

多维数组

假如要在数组中保存某公司的员工信息，例如姓名、年龄和地址等。创建该数组的一种方法是按顺序保存这些信息。例如，把第一个人的姓名作为数组的第一个元素，其年龄作为第二个元素，其地址作为第三个元素，把第二个人的姓名作为第四个元素，依此类推。这个数组如表 2-8 所示。

表 2-8

索　　引	存 储 的 值
0	Name1
1	Age1
2	Address1
3	Name2
4	Age2
5	Address2
6	Name3
7	Age3
8	Address3

这是可行的，还有一个更简洁的方法：使用多维数组。前面使用的都是一维数组。在一维数组中，元素仅由一个索引值来确定。所以在前面的例子中，Name1 的索引是 0，Age1 的索引是 1，依此类推。

而多维数组的每个元素都有 2 个或多个索引。例如，使用二维数组来保存人员信息，如表 2-9 所示。

表　2-9

索　引	0	1	2
0	Name1	Name2	Name3
1	Age1	Age2	Age3
2	Address1	Address2	Address3

下面的"试一试"示例将介绍如何创建多维数组。

试一试　　**二维数组**

下面的代码说明了在 JavaScript 代码中如何创建多维数组，如何访问该数组的元素。输入以下代码，并保存为 ch2_example9.html。

```
<!DOCTYPE html>

<html lang="en">
<head>
    <title>Chapter 2, Example 9</title>
</head>
<body>
    <script>
        var personnel = [];

        personnel[0] = [];
        personnel[0][0] = "Name0";
        personnel[0][1] = "Age0";
        personnel[0][2] = "Address0";

        personnel[1] = [];
        personnel[1][0] = "Name1";
        personnel[1][1] = "Age1";
        personnel[1][2] = "Address1";

        personnel[2] = [];
        personnel[2][0] = "Name2";
        personnel[2][1] = "Age2";
        personnel[2][2] = "Address2";

        document.write("Name : " + personnel[1][0] + "<br/>");
        document.write("Age : " + personnel[1][1] + "<br/>");
        document.write("Address : " + personnel[1][2]);
    </script>
</body>
</html>
```

在 Web 浏览器中载入这个页面，页面上会有三行输出，分别表示存储在数组元素

personnel[1]中的人的姓名、年龄和地址，如图 2-11 所示。

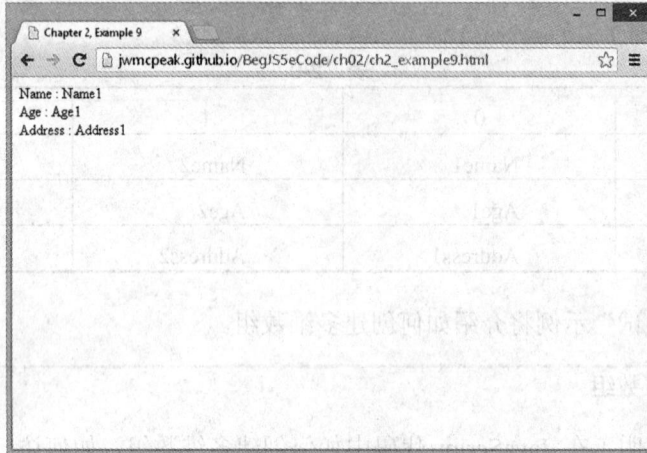

图　2-11

脚本块首先声明一个变量 personnel，并向 JavaScript 说明该变量是一个新数组。

```
var personnel = [];
```

接下来告诉JavaScript，把 personnel 数组中索引为 0 的元素 personnel[0]声明为另一个新数组。

```
personnel[0] = [];
```

这是怎么回事呢？实际上，JavaScript 只支持一维数组，不支持多维数组。但是，JavaScript 允许在一个数组的内部创建另一个数组，从而模拟出多维数组。因此，上面的代码在 personnel 数组中索引为 0 的元素内部创建一个新数组。

下面三行代码将值放在新建的 personnel[0]数组中。这在 JavaScript 中很简单：只需要在数组名 personnel[0]的后面加上放在方括号中的其他索引。第一个索引(0)属于数组 personnel，第二个索引属于数组 personnel[0]。

```
personnel[0][0] = "Name0";
personnel[0][1] = "Age0";
personnel[0][2] = "Address0";
```

执行以上代码之后，数组如表 2-10 所示。

表　2-10

索　引	0
0	Name0
1	Age0
2	Address0

表头中的数字 0 表示数组 personnel，其后左列的数字 0、1、2 就是 personnel 数组内

部的新数组 personnel[0]的索引。

对于第二个人的信息，可以重复该过程，但这次使用数组 personnel 中索引为 1 的元素：

```
personnel[1] = [];
personnel[1][0] = "Name1";
personnel[1][1] = "Age1";
personnel[1][2] = "Address1";
```

现在，数组如表 2-11 所示。

表　2-11

索　引	0	1
0	Name0	Name1
1	Age0	Age1
2	Address0	Address1

下面几行代码创建了第三个人的信息，这次使用数组 personnel 中索引为 2 的元素创建一个新数组。

```
personnel[2] = [];
personnel[2][0] = "Name2";
personnel[2][1] = "Age2";
personnel[2][2] = "Address2";
```

数组如表 2-12 所示。

表　2-12

索　引	0	1	2
0	Name0	Name1	Name2
1	Age0	Age1	Age2
2	Address0	Address1	Address2

至此，多维数组就创建好了。在脚本块的结尾，访问了第二个人的信息(Name1, Age1, Address1)，并使用 document.write()将其显示在页面上。如代码所示，对二维数组的数据的访问与存储它们相同。在可以使用普通变量或一维数组的地方，都可以使用多维数组。

```
document.write("Name : " + personnel[1][0] + "<br/>");
document.write("Age : " + personnel[1][1] + "<br/>");
document.write("Address : " + personnel[1][2]);
```

更改 document.write()命令，以显示第一个人的信息，代码如下所示：

```
document.write("Name : " + personnel[0][0] + "<br/>");
document.write("Age : " + personnel[0][1] + "<br/>");
document.write("Address : " + personnel[0][2]);
```

也可以创建三维数组、四维数组甚至一百维的数组，但是维数越多，数组就越复杂。实际上，超过二维的数组很少使用。下面演示了如何声明和访问五维数组：

```
var myArray = [];
myArray[0] = [];
myArray[0][0] = [];
myArray[0][0][0] = [];
myArray[0][0][0][0] = [];

myArray[0][0][0][0] = "This is getting out of hand";

document.write(myArray[0][0][0][0]);
```

数组就介绍到这里。第 5 章将再次回到数组的主题，并介绍数组的一些更高级的特性。

2.6 小结

本章介绍了有关 JavaScript 数据类型和变量的基础知识，以及如何在操作中使用它们。
主要内容如下：

- JavaScript 支持多种数据类型，如数值、文本和布尔类型。
- 文本用字符串表示，放在引号中，且引号必须是匹配的。使用转义字符可以在字符串中包含不能直接输入的字符。
- 变量是 JavaScript 在内存中保存数据(例如数值或文本)的方式，以便在代码中反复使用它们。
- 变量名不得包含非法字符，如百分号(%)和&，也不能是 JavaScript 的保留字，如with。
- 在给变量赋值之前，必须先向 JavaScript 解释器声明变量的存在。
- JavaScript 有 4 个基本的数学运算符，即加(+)、减(-)、乘(*)、除(/)。为变量赋予计算结果时，使用等号(=)运算符，它又称为赋值运算符。
- 运算符有不同的优先级，所以乘法和除法将先于加法和减法计算。
- +运算符可以把多个字符串连成一个长字符串。用+运算符连接数值和字符串时，JavaScript 将自动把数值转换成字符串。
- 尽管很多时候 JavaScript 都可以自动转换数据类型，但有时需要强制转换类型。parseInt()和 parseFloat()函数可以将字符串转换为数值。对于不能转换的字符串，将返回 NaN。
- 数组是一种特殊的变量类型，可以保存多个数据。通过唯一索引可以插入和访问这些数据。

2.7 习题

在附录 A 中可以找到本章习题的答案。

习题 1：

编写一个 JavaScript 程序，将摄氏温度转换为华氏温度，并将结果保存在一个描述性语句中，输出到页面上。将摄氏温度转换为华氏温度的 JavaScript 等式如下所示：

```
degFahren = 9 / 5 * degCent + 32
```

习题 2：

下面的代码使用 prompt()函数，从用户的输入中获得两个数值，并将这两个值相加后输出到页面中。

```
<!DOCTYPE html>

<html lang="en">
<head>
    <title>Chapter 2, Question 2</title>
</head>
<body>

<script>
    var firstNumber = prompt("Enter the first number","");
    var secondNumber = prompt("Enter the second number","");
    var theTotal = firstNumber + secondNumber;

    document.write(firstNumber + " added to " + secondNumber +
        " equals " + theTotal);
</script>
</body>
</html>
```

但是，如果执行上面的代码，会发现代码不能正常工作。为什么？请修改代码，使之能正常工作。

第 3 章

决策与循环

本章主要内容：

- 比较数字值与字符串值
- 使用 if、else 和 switch 语句做出决策
- 只要条件为真就重复执行代码

本章源代码下载 (wrox.com)：

打开 http://www.wiley.com/go/BeginningJavaScript5E，单击 Download Code 选项卡即可下载本章源代码。也可以在 http://beginningjs.com 上查看所有的代码示例和相关的文件。

前面学习了如何使用 JavaScript 获取用户的输入，并使用该输入进行计算和执行任务，然后将结果输出到网页上。然而，袖珍计算器就能完成这些工作，使用计算机又有什么不同呢？或者说，是什么使计算机具有一定的智能呢？答案是：计算机可以根据所收集的信息做出选择。

如何利用决策语句来帮助创建 Web 站点？第 2 章编写了一些代码，将华氏温度转换为摄氏温度。我们使用 prompt()函数来获得用户输入的华氏温度值。当用户输入有效的数值，如 50 时，代码将正常运行。但是，当用户输入一个无效的华氏温度值，如字符串 aaa 时，代码将无法正常工作。如果在代码中加入一些语句，就可以检查用户的输入是否有效。如果有效，则执行温度转换的计算；如果无效，则通知用户输入是无效的，并提示用户输入有效的数值。

在 JavaScript 中，检查用户输入的有效性是决策语句最常用的场合。但是，决策语句还有其他用途。

本章将介绍在 JavaScript 中决策语句的实现机制，以及如何利用它让代码具有一定的逻辑判断能力。

3.1 决策语句——if 和 switch 语句

所有的程序设计语言都有决策语句,使程序能够根据是否满足某个条件,来执行某个操作。决策语句使编程语言具有一定的智能。

条件就是变量与数据之间的比较,例如:

- *A* 是否大于 *B*?
- *X* 是否等于 *Y*?
- *M* 是否不等于 *N*?

例如,假如变量 today 保存了你在阅读本章时是本周的星期几,上面的条件就是:

变量 today 为 Friday 吗?

所有的问题都只有"是"与"否"这两个答案。即条件是一个布尔值,只能等于 true 或 false。那么如何在代码中使用这个布尔值来做出决定。例如,测试浏览器的版本,看看该条件是否是 true,只有结果是 true 时,才执行特定的代码段。

下面是另一个示例。第 1 章用自然语言作为指令,演示了冲泡速溶咖啡的代码流程。其中一个指令是:

如果水已煮沸,则将水倒入咖啡杯中,否则继续等水煮沸。

这就是一个决策语句的示例。该语句中的条件是"水是否已煮沸?",它只有 true 或 false 两个答案。如果答案是 true,则将水倒入杯中。如果答案不是 true,则继续等水煮沸。

在 JavaScript 中可以使用 if 语句或 switch 语句,根据某个条件的真假来改变程序的执行流。稍后将介绍它们,但在此之前,先介绍定义条件的要素——比较运算符。

3.1.1 比较运算符

如第 2 章所述,数学函数(如加法和减法)用特定的符号表示,如加号(+)、除号(/),称为运算符。另外,使用等号(=)可以将一个值或计算结果赋给变量,等号又称为赋值运算符。

决策语句也有自己的运算符,以测试条件,称为比较运算符。比较运算符与第 2 章中的数学运算符类似,也有左操作数(Left-Hand Side,LHS)和右操作数(Right-Hand Side,RHS),比较就在这两者之间进行。例如,小于运算符(<)就是一个比较运算符。表达式 23 < 45 表示"23 是否小于 45?"。这个表达式的结果为 true,如图 3-1 所示。

图 3-1

其他常用的比较运算符如表 3-1 中所示。

表　3-1

运　算　符	作　　用
==	左操作数是否等于右操作数
<	左操作数是否小于右操作数
>	左操作数是否大于右操作数
<=	左操作数是否小于等于右操作数
>=	左操作数是否大于等于右操作数
!=	左操作数是否不等于右操作数

下一节介绍 if 语句时，将用到这些比较运算符。

1. 优先级

第 2 章提到，运算符有优先级。这也适用于比较运算符。==和!=的优先级最低，其他比较运算符<、>、<=和>=的优先级相同。

所有比较运算符的优先级都比算术运算符(+、-、*、/)低。这意味着，对于表达式 3 * 5 > 2 * 5，先进行乘法运算，再对乘积进行比较。但在这些情况下，把算术运算放在括号中比较安全、清晰，例如(3 * 5) > (2 * 5)。通常最好使用圆括号，来保证优先级的清晰，否则可能得到意想不到的结果。

2. 赋值运算符与比较运算符

有一点要特别注意，赋值运算符(=)非常容易与比较运算符(==)相混淆。=运算符将值赋给变量；而==运算符比较两个变量的值。即使很清楚这一点，也非常容易将比较运算符写成赋值运算符。

3. 将比较结果赋给变量

可将比较的结果存储在变量中，如下面的示例所示：

```
var age = prompt("Enter age:", "");
var isOverSixty = parseInt(age, 10) > 60;
  document.write("Older than 60: " + isOverSixty);
```

这里用 prompt()函数获取用户的年龄。无论用户输入何值，prompt()函数都返回一个字符串，接着使用第 2 章讲过的 parseInt()函数将它转换为一个数值。然后，使用大于运算符(>)判断它是否大于 60。比较的结果(true 或 false)将保存在变量 isOverSixty 中。

如果用户输入 35，最后一行的 document.write()将在页面上输出：

```
Older than 60: false
```

如果用户输入 61，则显示：

```
Older than 60: true
```

3.1.2 if 语句

几乎每个程序都会用到 if 语句。if 语句与它在日常语言中的作用很类似。例如，我们说"如果室内温度超过华氏 80°，就打开空调"。在 JavaScript 中，可以写成如下代码：

```
if (roomTemperature > 80) {
    roomTemperature = roomTemperature - 10;
}
```

代码的含义如图 3-2 所示。

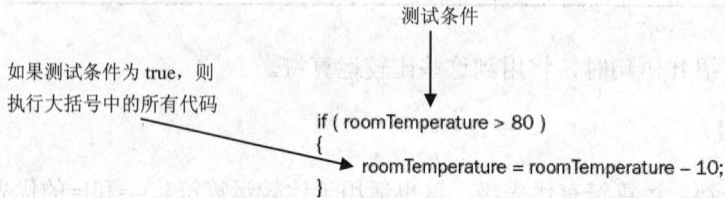

图   3-2

注意，测试条件被置于 if 关键字后的圆括号中。另外，注意这行代码的结尾没有分号。条件为 true 时执行的代码放在其后的大括号中，每行语句都以分号结尾。

大括号在 JavaScript 中有特殊作用，它标记了一个代码块。JavaScript 将代码行放在一个代码块中，表示将其视为代码的同一部分。如果 if 语句的条件为 true，JavaScript 将执行紧随 if 语句之后的下一条语句或代码块。在前面的例子中，代码块中仅有一条语句，所以可将代码写成：

```
if (roomTemperature > 80)
    roomTemperature = roomTemperature - 10;
```

但是如果需要执行多行代码，则应该使用大括号将这些语句标记为一个代码块。例如，修改上面的代码，使之包含三条语句，则必须使用大括号：

```
if (roomTemperature > 80) {
    roomTemperature = roomTemperature - 10;
    alert("It's getting hot in here");
    alert("Air conditioning switched on");
}
```

一个特别易犯的错误是，标记要执行的代码块时忘记使用大括号。当条件为 true 时，仅执行 if 语句之后的第一条语句。而无论测试条件的结果如何，其他代码行总是会执行。为了避免这样的错误，即使只有一条语句，也最好使用大括号。如果养成这样的编程习惯，就不太可能忘记在需要时使用大括号。

试一试   **if 语句**

回到第 2 章中温度转换的例子，添加一些决策功能。

(1) 输入以下代码，并保存为 ch3_example1.html：

```html
<!DOCTYPE html>

<html lang="en">
<head>
    <title>Chapter 3, Example 1</title>
</head>
<body>
    <script>
        var degFahren = parseInt(prompt("Enter the degrees Fahrenheit", 32), 10);
        var degCent = 5/9 * (degFahren - 32);

        document.write(degFahren + "\xB0 Fahrenheit is " + degCent +
          "\xB0 centigrade<br />");

        if (degCent < 0) {
            document.write("That's below the freezing point of water");
        }

        if (degCent == 100)
            document.write("That's the boiling point of water");
    </script>
</body>
</html>
```

(2) 在浏览器中加载该页面,并在提示框中输入 32,作为要转换的华氏温度值。对于华氏 32°,两个 if 语句的条件都不是 true,所以页面上仅有一行输出,如图 3-3 所示。

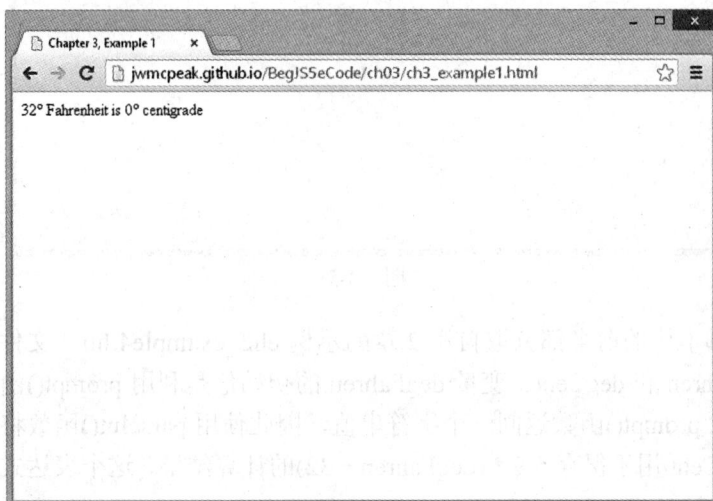

图 3-3

(3) 现在重载该页面,然后输入 31 作为要转换的华氏温度值。这次,页面上有两行输出,如图 3-4 所示。

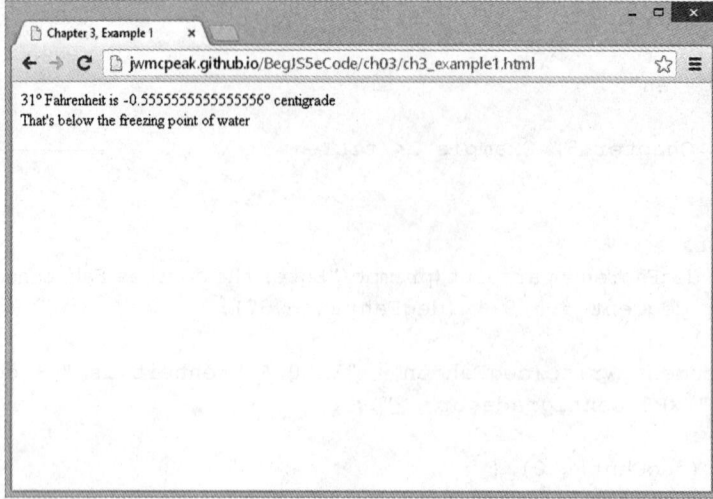

图　3-4

(4) 最后，再次重载该页面，在提示框中输入 212。页面上也有两行输出，如图 3-5 所示。

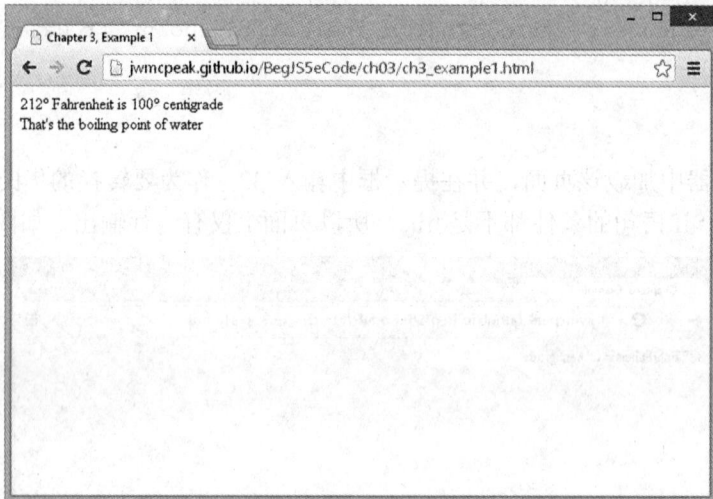

图　3-5

　　该页面中脚本块的前半部分取自第 2 章的示例 ch2_example4.html 文件。我们声明了两个变量 degFahren 和 degCent。变量 degFahren 的初始值是利用 prompt()函数从用户输入中获得的。注意 prompt()函数返回一个字符串值，因此使用 parseInt()函数将它显式转换为数值。变量 degCent 用于保存 5/9 * (degFahren - 32)的计算结果，这个表达式将华氏温度转换为摄氏温度。

```
var degFahren = parseInt(prompt("Enter the degrees Fahrenheit", 32), 10);
var degCent = 5/9 * (degFahren - 32);
```

接下来，将计算结果输出到页面上。

```
document.write(degFahren + "\xB0 Fahrenheit is " + degCent +
   "\xB0 centigrade<br />");
```

下面的两个 if 语句是新增的代码，以下是新增的第一个 if 语句：

```
if (degCent < 0) {
    document.write("That's below the freezing point of water");
}
```

这个 if 语句的条件为："变量 degCent 的值是否小于 0？"。如果答案为 true，则执行大括号中的代码。在本示例中，使用 document.write()向页面输出一个句子；如果答案是 false，则程序跳到右大括号之后的下一行代码。注意，if 语句的大括号内的代码是缩进的，虽然这并不是必需的，但代码缩进是一个值得提倡的编程习惯，可以使代码更易读。

测试这个示例时，先输入 32，因此变量 degFahren 初始化为 32。这样，计算 degCent = 5/9 * (degFahren - 32)后，变量 degCent 的值为 0。所以，条件"变量 degCent 的值是否小于 0？"的结果为 false，因为 degCent 为 0，但不是小于 0。因此跳过大括号中的代码，而不执行。下一个要执行的代码行是第二个 if 语句的条件，我们将稍后讨论。

在提示框中输入 31 时，degFahren 就设置为 31，因此变量 degCent 的值是 - 0.55555555556。现在，if 语句的条件是" - 0.55555555556 小于 0 吗？"这次的答案是 true，所以执行大括号中的代码，即 document.write()语句。

最后，输入 212 时，if 语句会有什么改变？经过计算，变量 degCent 被设置为 100，因此 if 语句的条件是"100 是否小于 0？"，结果为 false，跳过大括号中的代码。

在第二个 if 语句中，条件是"变量 degCent 的值是否等于 100？"：

```
if (degCent == 100)
    document.write("That's the boiling point of water");
```

这个 if 语句没有使用大括号。如果条件为 true，则只执行 if 语句后的第一行代码。如果要在条件为 true 时执行多行代码，则应该加上大括号。

变量 degFahren 的值为 32 时，变量 degCent 的值就是 0。因此，这个 if 语句是"0 是否等于 100？"，显然结果为 false，不执行 if 语句后的代码。同样，变量 degFahren 设置为 31 时，degCent 的值为 - 0.55555555556，" - 0.55555555556 是否等于 100？"结果也是 false，也不执行 if 语句后的代码。

最后，在将 degFahren 设置为 212 时，degCent 是 100。此时，if 语句是"100 是否等于 100？"，结果为 true，所以执行 document.write()语句。

如前所述，包括 JavaScript 专家在内的程序设计人员容易犯下的一个错误是把比较运算符等于(==)写成赋值运算符(=)。例如下面的代码：

```
if (degCent = 100)
    document.write("That's the boiling point of water");
```

条件永远是 true，所以总是执行 if 语句后的代码。更糟糕的是，变量 degCent 被设置为了 100，这是为什么？因为一个等号(=)仅给变量赋值；只有两个等号(==)才执行比较操作。赋值操作总是 true 的原因是，赋值表达式的结果是右操作数的值，即 100，它会隐式地转换为布尔类型，除了 0 和 NaN 之外，其他数值都会转换为 true。

3.1.3 逻辑运算符

前面介绍了如何在 if 语句中使用条件，但是如何使用如下条件："degFahren 是否大于 0，但小于 100？"它要测试两个条件，即不仅要判断 degFahren 是否大于 0，还要判断 degFahren 是否小于 100。

JavaScript 允许使用这样的多个条件。为此，需要学习另外 3 个运算符：逻辑运算符 AND、OR 和 NOT。它们的符号如表 3-2 所示。

表 3-2

逻 辑 运 算	运 算 符
AND(逻辑与)	&&
OR(逻辑或)	||
NOT(逻辑非)	!

注意，AND 和 OR 运算符是两个连续的符号：&& 和||。如果只输入一个符号&或|，其结果会很奇怪，因为单个的 & 或 | 符号是二进制运算的按位运算符。逻辑操作必须使用两个连续的符号：&& 或 ||。

在学完这三个逻辑运算符后，我们将通过一些实例来说明如何在 if 语句中使用它们。如果现在不大清楚逻辑运算符，不用着急，下面将逐一介绍它们，熟悉从 AND 运算符开始。

1. AND

前面介绍过运算符的左操作数和右操作数。它们同样适用于 AND 运算符。只不过，AND 的左操作数和右操作数是布尔值，通常是条件表达式的结果。

AND 运算符非常类似于英语中 and 的概念。例如，在"如果感到很冷，并且(and)带了外衣，就穿上外衣"这个语句中，and 的左操作数是"是否感到很冷"，其结果是 true 或 false。右操作数是"是否带了外衣"，其结果也是 true 或 false。如果左操作数是 true(感到很冷)，并且右操作数也是 true(带了外衣)，则"穿上外衣"。

这非常类似于 JavaScript 中的 AND 运算符。AND 运算符只得到一个结果，就好像把两个数加在一起得到一个结果一样。只不过 AND 运算符处理两个布尔值(左操作数和右操作数)，得到另一个布尔值。如果左操作数和右操作数都是 true，结果就是 true；否则结果就是 false。

表 3-3 是 AND 运算符的真值表，包含了左操作数和右操作数所有可能的情况及其结果。

表 3-3

左 操 作 数	右 操 作 数	结 果
true	true	true
false	true	false
true	false	false
false	false	false

严格地说，表 3-3 是 AND 运算符的真值表。但注意 JavaScript 并不做无用的工作。当左操作数为 false 时，无论右操作数的结果如何，都对最终结果没有影响——最终结果是 false。为了避免浪费时间，当左操作数为 false 时，JavaScript 将不计算右操作数，而直接返回结果 false。

2. OR

OR 运算符也与英语中 or 的概念非常类似。例如，在“如果下雨了，或者(or)下雪了，我就带上雨伞”语句中，只要“下雨了”或者“下雪了”两个条件之一为真，我就带上雨伞。

另外，与 AND 运算符类似，OR 运算符也比较两个布尔值(左操作数和右操作数)，返回另一个布尔值。如果左操作数为 true，或者右操作数为 true，OR 就返回 true；否则返回 false。表 3-4 是 OR 运算符的真值表。

表 3-4

左 操 作 数	右 操 作 数	结 果
true	true	true
false	true	true
true	false	true
false	false	false

与 AND 运算符类似，JavaScript 也会避免执行对最终结果没有影响的操作。如果左操作数为 true，那么右操作数是 true 还是 false 对最终结果没有任何影响——最终结果都是 true。因此，当左操作数为 true 时，JavaScript 将不再计算右操作数，而直接返回 true。实际上最终结果是一样的，唯一的区别在于 JavaScript 得出该结果的方式。但是，这表示不应依赖于 OR 运算符右操作数的执行结果。

3. NOT

在 “如果我感觉不热，我就喝汤”语句中，要测试的条件是“我是否感到热”。结果是 true 或 false。但是，在这个例子中，当结果为 false 时，我将执行操作——喝汤。

然而，JavaScript 仅在条件为 true 时执行代码，所以如果要在条件为 false 时执行代码，就需要把 false 转变为 true(把 true 转变为 false)。这样，JavaScript 就可以在条件为 false 时执行代码。

为此，需要使用 NOT 运算符。这个运算符反转逻辑，它提取一个布尔值，并把它变成另一个布尔值，即把 true 变成 false，把 false 变成 true。有时这称为取反(negation)。

要使用 NOT 运算符，只需要把要反转的条件放在括号中，再在括号前加上!符号，如下所示：

```
if (!(degCent < 100)) {
   // Some code
}
```

仅当条件 degCent < 100 为 false 时，才执行大括号中的代码。

表 3-5 是 NOT 运算符的真值表。

表　3-5

右 操 作 数	逻辑非的结果
true	false
false	true

3.1.4　在 if 语句中使用多个条件

前一节提到如何使用条件"degFahren 是否大于 0，但又小于 100？"，一个办法是使用嵌套的两个 if 语句。嵌套指的是在一个外层 if 语句中，使用一个内层的 if 语句。当且仅当外层的 if 语句的条件为 true 时，才检验内层的 if 语句的条件。

使用嵌套的 if 语句来解决上面的问题，可使用如下代码：

```
if (degCent < 100) {
   if (degCent > 0) {
      document.write("degCent is between 0 and 100");
   }
}
```

这段代码是正确的，但有点长，且不太直观。JavaScript 提供了一个更好的办法——在 if 语句的条件部分使用多个条件。将多个条件使用前面介绍的逻辑运算符连接起来。所以上面的代码可改写为：

```
if (degCent > 0 && degCent < 100) {
   document.write("degCent is between 0 and 100");
}
```

上面的 if 语句首先确定 degCent 是否大于 0。如果是，就接着确定 degCent 是否小于 100。当两个条件都为 true 时，才执行代码 document.write()。

试一试　　**多重条件**

下面的示例演示了使用 AND、OR 和 NOT 运算符的多条件 if 语句。输入下列代码，并保存为 ch3_example2.html：

```
<!DOCTYPE html>

<html lang="en">
<head>
    <title>Chapter 3, Example 2</title>
</head>
<body>
    <script>
```

```
        var myAge = parseInt( prompt("Enter your age", 30), 10 );

        if (myAge >= 0 && myAge <= 10) {
            document.write("myAge is between 0 and 10<br />");
        }

        if ( !(myAge >= 0 && myAge <= 10) ) {
            document.write("myAge is NOT between 0 and 10<br />");
        }

        if ( myAge >= 80 || myAge <= 10 ) {
            document.write("myAge is 80 or above OR 10 or below<br />");
        }

        if ( (myAge >= 30 && myAge <= 39) || (myAge >= 80 && myAge <= 89) ) {
            document.write("myAge is between 30 and 39 or myAge is " +
                    "between 80 and 89");
        }
    </script>
</body>
</html>
```

在浏览器中载入该文件，会弹出一个提示框。输入 30 并按回车键，网页将显示几行文本，如图 3-6 所示。

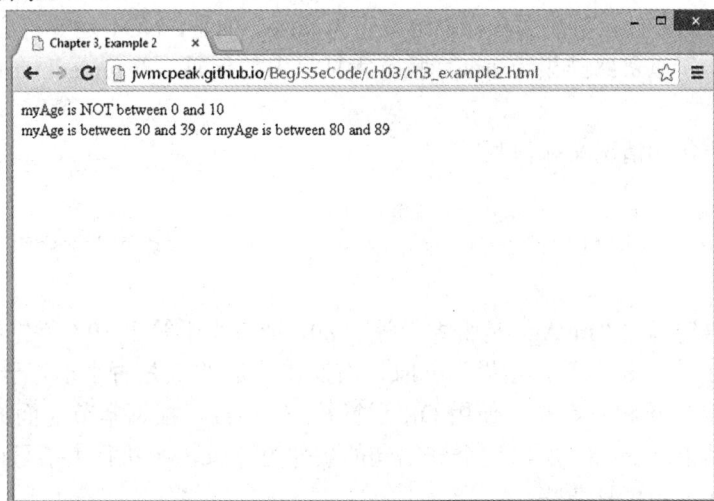

图　3-6

这个脚本块首先定义了变量 myAge，然后把用户在提示框中输入的值转换为数值后赋给 myAge。

```
var myAge = parseInt( prompt("Enter your age", 30), 10 );
```

接下来是 4 个 if 语句，每个 if 语句都使用了多个条件。下面按顺序详细讲解。

计算多个条件的最简单办法，是将它分解成小段，再把各小段的结果合并起来。在这个例子中，输入的值 30 保存在变量 myAge 中。将这个值代入各条件，看看代码是如何工作的。

第一条 if 语句是：

```
if (myAge >= 0 && myAge <= 10) {
    document.write("myAge is between 0 and 10<br />");
}
```

第一条 if 语句确定"myAge 是否在 0 和 10 之间？"先来看看这个条件的左操作数，代入 myAge 的值，则左操作数是"30 是否大于等于 0?"结果为 true。右操作数是"30 是否小于等于 10?"结果为 false。左操作数和右操作数用 AND 运算符&&来连接。根据前面的 AND 真值表，true && false 的结果是 false，所以这个条件的结果为 false，不执行大括号内的代码。

接下来，第二条 if 语句是：

```
if ( !(myAge >= 0 && myAge <= 10) ) {
    document.write("myAge is NOT between 0 and 10<br />");
}
```

第二条 if 语句确定"myAge 是否不在 0 到 10 之间？"这与第一个 if 语句的条件类似，但有一个较小的差异：该条件放在括号中，并在前面加上 NOT 运算符(!)。

计算括号中的条件，与前面一样，结果仍为 false。但是，NOT 运算符会反转结果，将 false 变成 true，所以最终结果为 true，执行大括号中的代码，document.write()向页面输出信息。

第三条 if 语句的情况又如何呢？

```
if ( myAge >= 80 || myAge <= 10 ) {
    document.write("myAge is 80 or above OR 10 or below<br />");
}
```

第三条 if 语句确定"myAge 是否大于等于 80，或者小于等于 10?"先看看左操作数，即"30 是否大于等于 80?"，结果为 false。右操作数是"30 是否小于等于 10?"，结果也是 false。左操作数和右操作数使用 OR 运算符||来连接。根据本节前面的 OR 真值表，false || false 的结果是 false，所以这个 if 语句的条件为 false，不执行大括号内的代码。

最后一条 if 语句稍复杂些：

```
if ( (myAge >= 30 && myAge <= 39) || (myAge >= 80 && myAge <= 89) ) {
    document.write("myAge is between 30 and 39 or myAge is between 80 and 89");
}
```

它确定"myAge 是在 30 到 39 之间，还是在 80 到 89 之间？"将这个条件分解为其各组成部分，包括左操作数、右操作数和 OR 运算符。但是，左操作数和右操作数本身也有各自的左操作数和右操作数，并用 AND 运算符(&&)连接起来。注意，与算术运算一样，用圆括号来表示首先计算条件的哪个部分。

条件的左操作数是(myAge >= 30 && myAge <= 39)。把条件放在圆括号内，就可以确保把它视为一个条件，无论圆括号包含几个条件，都只生成一个结果，即 true 或 false。分解圆括号内的条件，"30 是否大于等于 30？"的结果为 true，"30 是否小于等于 39？"的结果为 true。根据 AND 的真值表，true && true 的结果为 true。

条件的右操作数是(myAge >= 80 && myAge <= 89)。再次分解它。其左操作数是"30 是否大于等于 80？"，结果为 false，右操作数是"30 是否小于等于 89？"，结果为 true。false && true 的结果为 false。

现在，if 语句的条件可以看作(true || false)。根据 OR 的真值表，true || false 的结果为 true。因此执行 if 语句之后大括号中的代码，在页面上输出一行信息。

注意，JavaScript 不会计算不影响最终结果的条件。前面的条件就属于这种情况：计算出左操作数的结果 true 后，右操作数的结果为 true 还是 false 并不重要，因为只要 OR 操作中的一个条件是 true，其结果就是 true。因此，JavaScript 实际上并不计算条件的右操作数。前面计算右操作数仅仅是为了演示。

如上所述，理解或创建多个条件的最简单方法就是将它们分解为最小的逻辑块。根据经验，我们几乎会不假思索地运用这种方法。除非要计算特别复杂的条件。

尽管使用多个条件通常比使用多个 if 语句好，但有时这会使代码难以阅读，不易理解和调试。一个 if 语句可能包含 10 个、20 个甚至 100 多个条件，但是即使一个 if 语句只包含 10 个条件，也难以理解。如果多个条件过于复杂，就应将它们分成较小的逻辑块。

例如，假设要使 myAge 在区间[30,39]、[80,89]或[100,115]时执行一些代码，则语句如下：

```
if ( (myAge >= 30 && myAge <= 39) || (myAge >= 80 && myAge <= 89) ||
    (myAge >= 100 && myAge <= 115) ) {
  document.write("myAge is between 30 and 39 " +
               "or myAge is between 80 " +
               "and 89 or myAge is between 100 and 115");
}
```

这没有什么问题，但是代码较长，难以阅读。对此，可以为区间[100,115]执行的代码创建另一个 if 语句。

3.1.5　else 和 else if

假设某条件为 true 时执行一些代码，该条件为 false 时执行另外一些代码。这可以使用两个 if 语句来实现，如下所示：

```
if (myAge >= 0 && myAge <= 10) {
  document.write("myAge is between 0 and 10");
}

if ( !(myAge >= 0 && myAge <= 10) ) {
  document.write("myAge is NOT between 0 and 10");
}
```

第一条 if 语句测试 myAge 是否在 0 和 10 之间。第二条 if 语句测试变量 myAge 是否不在 0 和 10 之间。JavaScript 提供了更简便的实现方法：else 子句。else 子句的用法与英语类似。例如，"如果下雨了，我就带上雨伞；否则，我就带上太阳帽"。在 JavaScript 中，可以表示为：如果条件为 true，执行一段代码，否则执行另一段代码。使用这种技术可将上面的代码改写为：

```javascript
if (myAge >= 0 && myAge <= 10) {
   document.write("myAge is between 0 and 10");
} else {
   document.write("myAge is NOT between 0 and 10");
}
```

改写后的代码更简洁，也更容易阅读。这也避免 JavaScript 测试一个结果已知的条件。也可以在 else 子句中包含另一个 if 语句，例如：

```javascript
if (myAge >= 0 && myAge <= 10) {
   document.write("myAge is between 0 and 10");
} else if ( (myAge >= 30 && myAge <= 39) || (myAge >= 80 && myAge <= 89) ){
   document.write("myAge is between 30 and 39 " +
                  "or myAge is between 80 and 89");
} else {
   document.write("myAge is NOT between 0 and 10, " +
                  "nor is it between 30 and 39, nor " +
                  "is it between 80 and 89");
}
```

第一个 if 语句检查 myAge 是否在 0 到 10 之间，如果结果为 true 则执行一些代码。如果结果为 false，则 else if 语句将检查 myAge 是否在 30 到 39 之间，或者在 80 到 89 之间，只要其中任一条件成立，则执行另一些代码。如果上述条件都不成立，则执行最后一个 else 子句的代码。

在使用 if 语句和 else if 语句时，应该特别小心，要使用大括号确保 if 语句和 else if 语句在希望的位置开始和结束，且 else 子句与对应的 if 语句正确匹配。下面用一个例子来加以说明，相应代码如下所示：

```javascript
if (myAge >= 0 && myAge <= 10) {
document.write("myAge is between 0 and 10");
if (myAge == 5){
document.write("You're 5 years old");
}
else{
document.write("myAge is NOT between 0 and 10");
}
```

注意没有缩进代码。尽管这对 JavaScript 并不重要，但将使人们难以阅读，而且看不出最后一个 else 语句之前少了右大括号。

正确设置代码的格式，再补上遗漏的大括号后，代码如下所示：

```
if (myAge >= 0 && myAge <= 10) {
  document.write("myAge is between 0 and 10<br />");
  if (myAge == 5) {
    document.write("You're 5 years old");
  }
} else {
  document.write("myAge is NOT between 0 and 10");
}
```

可以看到，代码现在正常运行，也更容易看出哪段代码属于哪个 if 块。

3.1.6　字符串的比较

前面学习了如何把比较运算符用于数值，这些运算符也可以用于字符串。所有可应用于数值的比较运算符也可以应用于字符串，唯一不同的是字符串按字母顺序进行比较，所以有几个注意事项。

下面的代码比较包含字符串"Paul"的变量 myName 与字符串字面量"Paul"：

```
var myName = "Paul";
if (myName == "Paul") {
  alert("myName is Paul");
}
```

JavaScript 如何进行比较？JavaScript 按顺序比较左右两边字符串在同一位置上的字母，看看它们是否相等。只要发现有区别就停止比较，并返回 false。如果依次检查了所有字符，发现每个字符都相同，JavaScript 将返回 true。例如，上面代码中 if 语句的判断条件将返回 true，将执行 if 语句中的代码并弹出一个警告对话框。

但是，JavaScript 中的字符串比较是区分大小写的。因此，"P"与"p"不同。在前面的例子中，如果将变量 myName 改为"paul"，则条件是 false，不执行 if 语句中的代码。

```
var myName = "paul";
if (myName == "Paul"){
  alert("myName is Paul");
}
```

>=、>、<=和<运算符可应用于字符串和数字，而字符串是按字母顺序进行比较的。因此"A" < "B"为 true，因为在字母表中，A 在 B 的前面。另外，JavaScript 中字符串的比较是区分大小写的。因此，虽然"A" < "B"为 true，但"a" < "B"则为 false。因为大写字母总是排在小写字母的前面。实际上，每个字符在 ASCII 和 Unicode 字符集中都有一个编码，大写字母的编码总是小于小写字母的编码。在编写代码时，应该注意这一点。

避免混淆大小写的最简单办法是在比较前，将两个字符串都转换为大写或小写。为此，可以使用 toUpperCase()函数或 toLowerCase()函数，详见第 5 章。

3.1.7　switch 语句

如前所述，使用 if 语句和 else if 语句可以检查多个条件。如果第一个条件无效，则检查第二个，如果无效，则继续检查下一个，依此类推。当比较某个变量与许多可能的值时，有一个更高效的替代方案，即 switch 语句。switch 语句的结构如图 3-7 所示。

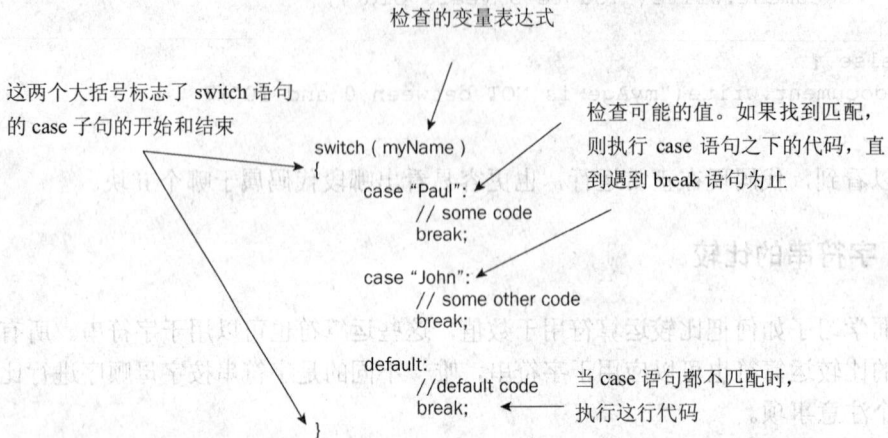

检查的变量表达式

这两个大括号标志了 switch 语句
的 case 子句的开始和结束

检查可能的值。如果找到匹配，
则执行 case 语句之下的代码，直
到遇到 break 语句为止

```
switch ( myName )
{
    case "Paul":
    // some code
    break;

    case "John":
    // some other code
    break;

    default:
    //default code
    break;
}
```

当 case 语句都不匹配时，
执行这行代码

图 3-7

switch 语句就是"将代码切换到条件匹配的分支处"。switch 语句有如下 4 个重要的元素：

- 测试表达式
- case 语句
- break 语句
- default 语句

测试表达式放在 switch 关键字后面的圆括号中。在上面的示例中测试的是变量 myName。实际上，可以在括号中使用任何有效的表达式。

接下来是 case 语句，case 语句检查条件。为了指定 case 语句属于 switch 语句，必须将它们放在测试表达式后面的大括号中。每个 case 语句都指定了一个值，例如"Paul"。接着 case 语句执行类似 if (myName == "Paul")的检查。如果变量 myName 包含"Paul"，则跳到 case "Paul" 语句下的代码，一直执行到 switch 语句的结束。上面的示例只包含了两个 case 语句，但 switch 语句可以包含任意多个 case 语句。

大多数情况下，只希望执行某个 case 语句下的代码块，而不是该 case 语句之后、包含其他 case 语句的所有代码。为此，只需要在执行的代码结尾处添加一个 break 语句，告诉 JavaScript 在此处停止执行，并退出 switch 语句。

最后是 default 语句。顾名思义，它表示其他 case 语句都不匹配时要执行的代码。default 语句是可选的，如果没有要执行的默认代码，就可以省略 default 语句，即所有 case 语句都不匹配时，不执行任何代码。最好包含一个 default 语句，除非绝对肯定包含了所有可能的选项。

试一试　使用 switch 语句

下面是使用 switch 语句的示例，它演示了一个简单的猜谜游戏。输入以下代码，并保存为 ch3_example3.html。

```html
<!DOCTYPE html>

<html lang="en">
<head>
    <title>Chapter 3, Example 3</title>
</head>
<body>
    <script>
        var secretNumber = prompt("Pick a number between 1 and 5:", "");
        secretNumber = parseInt(secretNumber, 10);

        switch (secretNumber) {
            case 1:
                document.write("Too low!");
                break;

            case 2:
                document.write("Too low!");
                break;

            case 3:
                document.write("You guessed the secret number!");
                break;

            case 4:
                document.write("Too high!");
                break;

            case 5:
                document.write("Too high!");
                break;

            default:
                document.write("You did not enter a number between 1 and 5.");
                break;
        }

        document.write("<br />Execution continues here");
    </script>
</body>
</html>
```

在浏览器中加载该文件，并在提示框中输入 1，则结果如图 3-8 所示。

如果输入 3，页面上会输出一个友好的提示信息，说明猜对了，如图 3-9 所示。

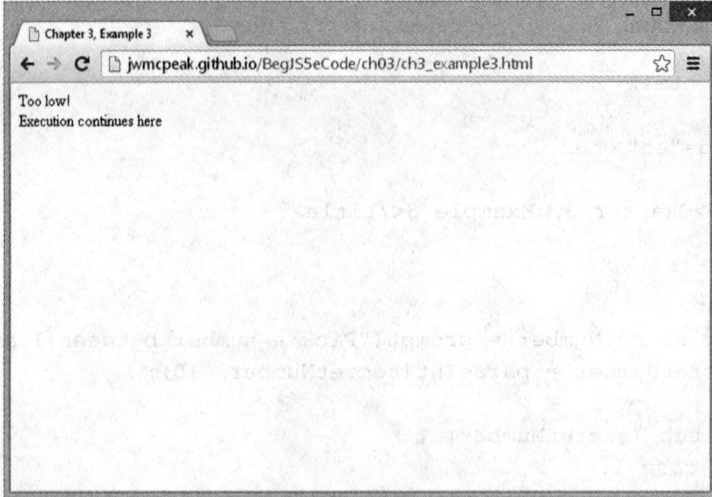

图　3-8

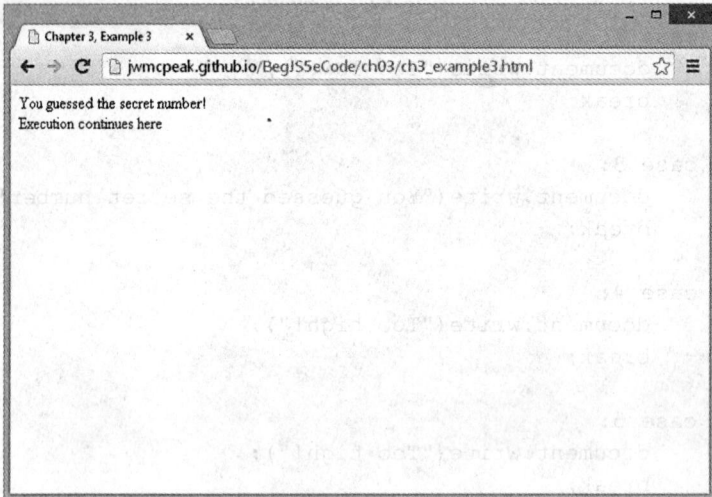

图　3-9

首先声明变量 secretNumber，并将其设置为用户在提示框中输入的值。然后使用 parseInt()函数将 prompt()返回的字符串转换为一个整数。

```
var secretNumber = prompt("Pick a number between 1 and 5:", "");
secretNumber = parseInt(secretNumber, 10);
```

接下来创建 switch 语句的开头部分：

```
switch (secretNumber) {
```

括号中的表达式就是变量 secretNumber，其值就是用于匹配 case 语句的数字。

用大括号声明了包含 case 语句的代码块。每条 case 语句检查一个 1~5 之间的数字，因为这是指定给用户输入的数字。第一条 case 语句仅在页面上输出一个数字太小的提示。

```
case 1:
  document.write("Too low!");
  break;
```

第二条 case 语句用于匹配数字 2，其输出与数字 1 相同。第三条 case 语句告诉用户他猜对了。

```
case 3:
  document.write("You guessed the secret number!");
  break;
```

最后，第四条和第五条 case 语句输出一个提示消息，表明数字太大。

```
case 4:
  document.write("Too high!");
  break;
```

这个例子中需要添加一条 default 语句，因为用户完全可能不管输入的要求，输入一个不在 1~5 之间的数字，甚至输入一个字母。这里添加一个消息，告诉用户出了问题。

```
default:
  document.write("You did not enter a number between 1 and 5.");
  break;
```

default 语句也可用来查找错误。如果 default 语句在不该运行时运行了，则可以很快断定某些 case 语句是错误的。

最后，添加右大括号来表示 switch 语句的结束。接着输出一行信息，表示从哪里继续执行。

```
}
document.write("<br />Execution continues here");
```

注意，每条 case 语句都以 break 语句结尾，以确保代码跳到 switch 语句之后的代码行。如果忘记包含 break 语句，则代码将从匹配的 case 语句开始，执行其后的每个 case 语句。

不同的 case 执行相同的代码

这个示例中的 switch 语句存在一个问题：如果用户输入 1 或 2，执行的代码是相同的；如果输入 4 或 5，执行的代码也是相同的。因此必须重复编码。最好有一种更简单的方法，让 JavaScript 为不同的 case 执行相同的代码。这非常简单，只需要将上面的代码改成：

```
switch (secretNumber) {
    case 1:
    case 2:
      document.write("Too low!");
      break;

    case 3:
      document.write("You guessed the secret number!");
      break;
```

```
case 4:
case 5:
  document.write("Too high!");
  break;

default:
  document.write("You did not enter a number between 1 and 5.");
  break;
}
```

在浏览器中加载该文件，试着输入不同的数字，应该会看到结果与前面代码的结果相同。

这里使用了 switch 语句的一个特性：如果某个 case 语句下的代码未以 break 结尾，则代码会依次执行其后的 case 语句，直到遇到 break 语句，或者 switch 语句结束。

如果值为 1 的 case 语句匹配，JavaScript 将继续执行到 case 2 语句中的 break 语句。这样，就可以高效地为两个 case 执行相同的代码。值为 4 和 5 的 case 语句也采用了相同的办法。

3.2 循环——for 语句和 while 语句

循环指的是当条件为 true 时，反复执行某个代码块。JavaScript 使用两个语句来达到该目的：for 语句和 while 语句。在介绍它们之前，先看看为什么需要重复代码块。

假如我们有一系列数据，表示一年中每个月的平均温度，我们想把它绘制在图上。绘制每个点的代码几乎是完全相同的。所以，不必将代码重复编写 12 次(每次绘制一个点)，而是使用该系列中接下来的数据项，重复执行同一段代码 12 次。此时使用 for 语句比较方便，因为代码的执行次数是已知的。

另一种情况是，需要在某个条件为 true 时(例如用户是否单击了 Start Again 按钮)，重复相同的代码。这时，while 语句最有用。

3.2.1 for 循环

for 语句可以将某段代码重复执行指定的次数，其语法如图 3-10 所示。

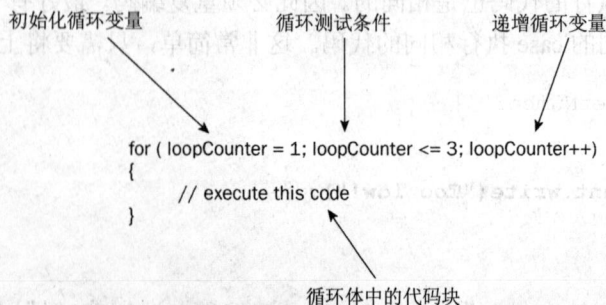

图 3-10

先看看 for 语句的组成，如图 3-10 所示，与 if 和 switch 语句一样，for 语句的逻辑也放在括号中。但其逻辑分为 3 部分，各部分之间用分号分隔。例如，在图 3-10 中，for 语句的逻辑是：

```
(var loopCounter = 1; loopCounter <= 3; loopCounter++)
```

for 语句逻辑的第一部分是其初始化部分。为了跟踪代码循环的次数，需要一个变量来计数。该变量在初始化部分进行初始化。上面的示例声明了 loopCounter，并将其设置为 1。在循环的执行过程中，这个部分只执行一次，而其他部分可能执行多次。如果之前已经声明了该变量，就不需要再声明它了：

```
var loopCounter;
for (loopCounter = 1; loopCounter <= 3; loopCounter++)
```

分号的后面是 for 语句的测试条件部分。只要测试条件为 true，就一直执行 for 语句中的代码。每次执行这些代码后，就测试这个条件。如图 3-10 所示，只要 loopCounter 小于等于 3，就执行代码。循环执行的次数常常称为迭代次数。

最后是 for 循环的递增部分，它用于递增循环测试条件中的变量。在上面的示例中，loopCounter 使用第 2 章介绍的运算符++递增。for 语句的这个部分在每次循环时都执行一遍。尽管它称为递增部分，但也可以递减变量。例如，从数组中的最后一个元素开始向前访问到第一个元素。

只要测试条件为 true，就重复执行 for 语句后面的代码块。这个代码块包含在大括号中。如果条件一直不是 true，即使是第一次测试循环条件，也会跳过 for 循环中的代码，不执行它们。

综上所述，for 循环的工作原理是：

(1) 执行 for 语句的初始化部分。

(2) 检查测试条件，如果为 true，则继续执行；如果为 false，则退出 for 语句。

(3) 执行 for 语句后面的代码块。

(4) 执行 for 语句的递增部分。

(5) 重复第(2 步)到第(4)步，直到测试条件为 false 为止。

试一试　　使用循环语句将一系列华氏温度转换为摄氏温度

下面修改温度转换程序，把一系列保存在数组中的华氏温度值转换为摄氏温度。本例使用 for 语句来遍历数组中的元素。输入下列代码，并保存为 ch3_example4.html。

```html
<!DOCTYPE html>

<html lang="en">
<head>
    <title>Chapter 3, Example 4</title>
</head>
<body>
    <script>
        var degFahren = [212, 32, -459.15];
```

```
        var degCent = [];
        var loopCounter;

        for (loopCounter = 0; loopCounter <= 2; loopCounter++) {
            degCent[loopCounter] = 5/9 * (degFahren[loopCounter] - 32);
        }

        for (loopCounter = 2; loopCounter >= 0; loopCounter—) {
            document.write("Value " + loopCounter +
                        " was " + degFahren[loopCounter] +
                        " degrees Fahrenheit");

            document.write(" which is " + degCent[loopCounter] +
                        " degrees centigrade<br />");
        }
    </script>
</body>
</html>
```

在浏览器中加载该文件，页面上将有 3 行输出，显示了将华氏温度数组中的元素转换为摄氏温度的结果，如图 3-11 所示。

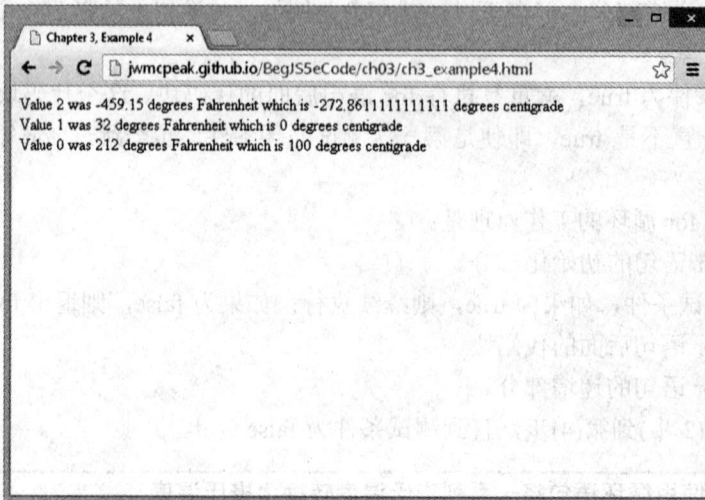

图   3-11

上面的代码首先声明了要使用的变量 degFahren，并将其初始化为包含 3 个值：212、32、- 459.15 的数组。接下来，将变量 degCent 声明为一个空数组。最后，声明了 loopCounter，用于跟踪循环过程中访问的数组下标。

```
var degFahren = [212, 32, -459.15];
var degCent = [];
var loopCounter;
```

接下来是第一个 for 循环：

```
for (loopCounter = 0; loopCounter <= 2; loopCounter++) {
```

```
    degCent[loopCounter] = 5/9 * (degFahren[loopCounter] - 32);
}
```

第一行首先把 loopCounter 初始化为 0。然后检查 for 循环的测试条件 loopCounter <=
2。如果该条件为 true，则第一次执行循环。执行完大括号中的代码后，执行 for 循环的递
增部分 loopCounter++，并再次计算测试条件，如果该条件仍然为 true，则再次执行循环代
码。这个过程将反复进行，直到 for 循环的测试条件变成 false，此时循环结束，接着执行
右大括号之后的第一条语句。

大括号中的代码就是前面示例中的等式，但这次将结果放在了 degCent 数组中，其下
标是 loopCounter 的值。

在第二个 for 循环中，将 degCent 数组包含的结果输出到屏幕上。

```
for (loopCounter = 2; loopCounter >= 0; loopCounter--) {
    document.write("Value " + loopCounter +
                " was " + degFahren[loopCounter] +
                " degrees Fahrenheit");

    document.write(" which is " + degCent[loopCounter] +
                " degrees centigrade<br />");
}
```

这次从 2 到 0 递减计数。变量 loopCounter 初始化为 2，循环条件一直是 true，直到
loopCounter 小于 0 为止。这次通过 loopCounter--，使 loopCounter 递减，而不是递增。另
外，loopCounter 有两个作用：记录循环次数，以及提供数组中的下标位置。

> 注意：上述循环例子中的 loopCounter 都使用了整数。也可以使用分数，
> 但不常用。

3.2.2　for...in 循环

for...in 循环可以遍历数组中的每个元素，而无须知道数组中元素的个数。其含义是：
对于数组中的每个元素，执行一些代码。for...in 循环语句在每次迭代时，会自动确定每个
元素的下标，自动移动到下一个元素上。

```
for (index in arrayName) {
    //some code
}
```

其中，index 是在循环前声明的变量，会用数组中的下一个下标值自动填充它。arrayName
是包含要遍历的数组的变量。

为了便于理解，下面举例说明。定义一个数组，用 3 个值初始化它：

```
var myArray = ["Paul","Paula","Pauline"];
```

使用传统的 for 循环来访问每个元素，则代码如下：

```
for (var loopCounter = 0; loopCounter < 3; loopCounter++) {
    document.write(myArray[loopCounter]);
}
```

如果使用 for...in 循环，则代码如下所示：

```
for (var elementIndex in myArray) {
    document.write(myArray[elementIndex]);
}
```

显然，第二段代码更加简洁明了。两种方法的作用一样，都是循环 3 次。然而，假如增加数组的长度，例如添加元素 myArray[3] = "Philip"，则第一种方法仍只遍历数组的前 3 个元素，而第二种方法会遍历所有 4 个元素。

3.2.3 while 循环

for 循环用于迭代特定的次数，而 while 循环可测试一个条件，在条件为 true 时继续迭代。for 语句在循环次数已知时比较方便，例如，遍历元素个数已知的数组。while 循环在不知道循环次数时比较有效，例如，在遍历温度值数组时，如果数组元素包含的温度值小于 100 时继续循环，就需要使用 while 语句。

while 语句的结构如图 3-12 所示。

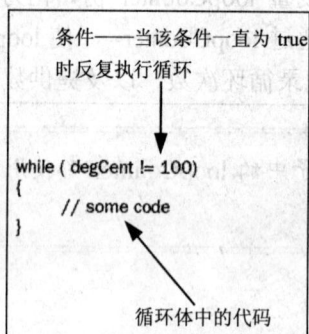

图 3-12

可以看出，while 循环的组成部分比 for 循环少。如果 while 循环的条件为 true，则执行一次大括号中的代码块；然后再次计算条件。如果条件仍然为 true，则再次执行代码块，并再次计算条件，一直继续下去，直到条件变为 false 为止。

注意，如果条件一开始就是 false，while 循环体将永远不会执行。例如：

```
var degCent = 100;

while (degCent != 100) {
    // some code
}
```

如果 degCent 不等于 100，则运行循环。但是，由于 degCent 是 100，条件是 false，所以代码块永远不执行。

通常我们希望循环先执行一次，是否再次执行则取决于循环体中的代码对循环条件中的变量执行的处理，例如：

```
var degCent = [];
degFahren = [34, 123, 212];
var loopCounter = 0;
while (loopCounter < 3) {
    degCent[loopCounter] = 5/9 * (degFahren[loopCounter] - 32);
    loopCounter++;
}
```

只要 loopCounter 小于 3，就执行循环。循环中的代码(loopCounter++;)会递增 loop Counter，最终使 loopCounter < 3 为 false，结束循环。并从 while 语句右大括号之后的第一行代码继续执行。

要注意无限循环(infinite loop)——永远不会结束的循环。假定在上面的代码中忘记加入 loopCounter++;语句，loopCounter 将一直是 0，因此条件(loopCounter < 3)总是 true，则循环将一直继续，直到用户因感到厌烦而关闭浏览器为止。这是一个很容易出现的错误，JavaScript 也不会发出警告。

不只是忘记上述代码行会导致无限循环，代码中的其他错误也可能导致无限循环，例如：

```
var testVariable = 0;
while (testVariable <= 10) {
    alert("Test Variable is " + testVariable);

    testVariable++;

    if (testVariable = 10) {
        alert("The last loop");
    }
}
```

可以看出故意设置的导致无限循环的错误吗？该错误是在 if 语句的条件中，把比较运算符==错误地写成了赋值运算符=，所以尽管有 testVariable++;语句，但在每次循环时，testVariable 都设置为 10。这意味着在每次循环的开始，测试条件总是 true，即 10<=10 成立。添加遗漏的=，改为 if (testVariable==10)，代码就会正常运行。

3.2.4　do...while 循环

在 while 循环中，循环体仅在条件为 true 时执行。如果条件为 false，代码就不执行，而是跳到 while 循环之后的第一条语句。但有时希望不管条件是否为 true，while 循环体中的代码都至少执行一次。甚至有时 while 循环中的代码要在测试 while 语句的条件之前执行。此时应使用 do...while 循环。

下面的例子通过提示框获得用户的年龄。不但要显示提示框，还要检查用户的输入是不是一个数值。

```
var userAge;

do {
  userAge = prompt("Please enter your age","")
} while (isNaN(userAge) == true);
```

循环中的代码行为:

```
userAge = prompt("Please enter your age","")
```

无论 while 语句的条件是 true 还是 false,循环中的代码都会执行。这是因为在执行了一次循环之后才检查条件。如果条件为 true,则再次执行循环;如果条件为 false,则终止循环。

在 while 语句的条件中,使用了 isNaN()函数,来检查变量 userAge 的值是否为 NaN(即非数值)。如果 userAge 是 NaN,则条件返回 true,否则返回 false。在上例中,isNaN()函数用于检查用户是否输入了正确的数据。用户可能输入不真实的年龄,但至少输入的是一个数值。

do...while 语句相当少见,必须使用 do...while 语句的情况很少,所以,除非确实有必要,否则最好避免使用它。

3.2.5 break 和 continue 语句

在前面的 switch 语句中遇到过 break 语句。在 switch 语句中,break 语句的作用是终止代码的执行,跳到 switch 语句右大括号之后的下一行代码。break 语句也可用在 for 循环和 while 循环中,提前退出循环。例如,在温度转换的示例中迭代数组时,遇到一个无效的值,此时希望停止代码的执行,通知用户该数据无效,并退出循环。这是使用 break 语句的一种场合。

下面修改转换一系列华氏温度值的示例(ch3_example4.html),使之在遇到非数字的值时终止循环,并通知用户数据无效:

```
<script>
var degFahren = [212, "string data", -459.67];
var degCent = [];
var loopCounter;

for (loopCounter = 0; loopCounter <= 2; loopCounter++) {
    if (isNaN(degFahren[loopCounter])) {
        alert("Data '" + degFahren[loopCounter] + "' at array index " +
            loopCounter + " is invalid");
        break;
    }
    degCent[loopCounter] = 5/9 * (degFahren[loopCounter] - 32);
}
```

上面的代码修改了数组 degFahren 的初始化,使之包含一个无效的数据。然后,在 for 循环中加入了一个 if 语句,来检查 degFahren 数组中的数据是否不是数值。为此使用了

isNaN()函数。如果括号中的值 degFahren[loopCounter]不是数字，它将返回 true，并通知用户，数组有无效的数据值，然后使用 break 语句来结束 for 语句的循环，代码从 for 语句之后的第一条语句继续执行。

这是 break 语句的作用，那么 continue 语句呢？continue 与 break 类似，也是停止循环的执行，但它不跳出循环，而是启动下一轮循环，重新计算 for 或 while 语句的条件，就像执行到循环代码的最后一行一样。

在 break 示例中，只要一个数据无效，就结束循环。在转换 degFahren 数组中的所有元素时，如果遇到无效的数组元素，最好通知用户，然后继续处理下一个元素；而不是像 break 语句那样退出循环。

```
if (isNaN(degFahren[loopCounter])) {
    alert("Data '" + degFahren[loopCounter] + "' at array index " +
        loopCounter + " is invalid");
    continue;
}
```

上面的代码仅将 break 语句改成了 continue 语句。当遇到无效数据时，将输出一条消息，但第三个值也已转换过来了。

3.3　小结

本章继续介绍了 JavaScript 语言的核心及其语法。

本章的主要内容如下：

- **用 if 和 switch 语句做出决策**。正是做出决策的能力使代码具有"智能"。我们可以根据某个条件为 true 或 false，来决定是否执行某个操作。
- **比较运算符**。比较运算符可比较左操作数与右操作数，返回一个布尔值。主要的比较运算符如下：
  - == 左操作数是否等于右操作数？
  - != 左操作数是否不等于右操作数？
  - <= 左操作数是否小于等于右操作数？
  - >= 左操作数是否大于等于右操作数？
  - < 左操作数是否小于右操作数？
  - > 左操作数是否大于右操作数？
- **if 语句**。使用 if 语句可以在条件为 true 时，执行大括号中的代码。if 语句的测试条件放在括号中。如果这个条件为 true，就执行 if 语句后的代码。
- **else 语句**。如果希望代码在 if 语句为 false 时执行，就可以使用 if 语句之后的 else 语句。
- **逻辑运算符**。可以使用 3 个逻辑运算符 AND(&&)、OR(||)、NOT(!)合并多个条件。
  - 当两边的表达式都是 true 时，AND 运算符返回 true。
  - 当两边的表达式有一个或两个是 true 时，OR 运算符返回 true。
  - NOT 运算符反转表达式的逻辑。

- switch 语句。switch 语句将一系列可能的值与一个表达式的结果进行比较，它类似于多个 if 语句。
- 循环语句：for 语句、for...in 语句、while 语句和 do...while 语句。代码块常常需要执行多次，JavaScript 支持使用循环。
  - for 循环。用于将代码循环执行指定的次数。for 循环包括三部分：初始化、测试条件和递增部分。当测试条件为 true 时，循环会继续。每次循环都执行代码块，接着执行 for 循环的递增部分，然后重新计算测试条件，确定递增的结果是否改变了测试条件的结果。
  - for...in 循环。用于遍历数组，且无须知道数组中元素的个数。JavaScript 将自动实现遍历过程，不会遗漏任何元素。
  - while 循环。用于测试条件为 true 时循环执行代码的场合。while 语句包含一个测试条件和一段测试条件为 true 时执行的代码。如果条件永远不是 true，就始终不执行代码。
  - do...while 循环。类似于 while 循环，但 do...while 循环将先执行一次代码，然后，只要测试条件为 true，就继续执行代码。
- break 和 continue 语句。有时需要提前结束循环，此时应使用 break 语句。一旦遇到 break 语句，就停止执行大括号中的代码块，从右大括号后面的第一条语句开始执行。continue 语句与 break 语句类似，但代码在 continue 语句处停止执行时，并不退出循环，而是继续下一次循环，就好像执行到该次迭代的末尾一样。

3.4 习题

在附录 A 中可以找到本章习题的参考答案。

习题 1：

下面是某个初学者编写的一段代码，这段代码不能正常运行。请指出代码中的错误并改正。

```
var userAge = prompt("Please enter your age");

if (userAge = 0) {;
   alert("So you're a baby!");
} else if ( userAge < 0 | userAge > 200)
   alert("I think you may be lying about your age");
else {
   alert("That's a good age");
}
```

习题 2：

使用 document.write()，输出 12 的乘法表，输出应如下所示：

```
12 * 1 = 12
12 * 2 = 24
12 * 3 = 36
. . .
12 * 11 = 132
12 * 12 = 144
```

第 **4** 章

函数与作用域

本章主要内容

- 创建自定义函数
- 标识、创建和使用全局与局部变量
- 将函数用作值

本章源代码下载(wrox.com)：

打开 http://www.wiley.com/go/BeginningJavaScript5E，单击 Download Code 选项卡即可下载本章源代码。也可以在 http://beginningjs.com 上查看所有的代码示例和相关的文件。

    函数是执行特定任务的单元。以袖珍计算器为例，袖珍计算器可以执行很多基本计算，如加法和减法。它也有一些执行复杂操作的功能键。例如，某些计算器具有计算平方根的功能键，有的计算器甚至提供了统计功能，如计算平均值。大部分复杂操作均由基本数学操作(加、减、乘、除)完成，但步骤很多。但用户只需按一下功能键，并提供数据，功能键就会完成其他工作。

    JavaScript 中的函数类似于袖珍计算器上的功能键：它们封装了执行特定任务的代码块。前面学习了许多完成特定任务的 JavaScript 内置函数，如 parseInt()和 parseFloat()函数将字符串转换为数值；isNaN()函数检查某个值能否转换为数值。某些函数返回数据，如 parseInt()函数返回一个整数。而某些函数只执行某个操作，不返回数据。另外，某些函数需要传入数据，而有的不需要。例如，isNaN()函数需要传入某个数据，它检查这个数据是否为 NaN。需要传入函数的数据称为参数(parameter)。

    本书将学习很多有用的 JavaScript 内置函数。更重要的是，可以创建自己的函数。设计、编写、调试执行某个任务的代码块后，就可以在需要时反复调用它。JavaScript 允许创建自定义函数，这是下一节中要介绍的重点。

4.1　创建自定义函数

创建和使用自定义函数是非常简单的。图 4-1 就是一个自定义函数的例子。

前面介绍过该函数的功能和代码的工作原理，以下是将华氏温度转换为摄氏温度的代码。

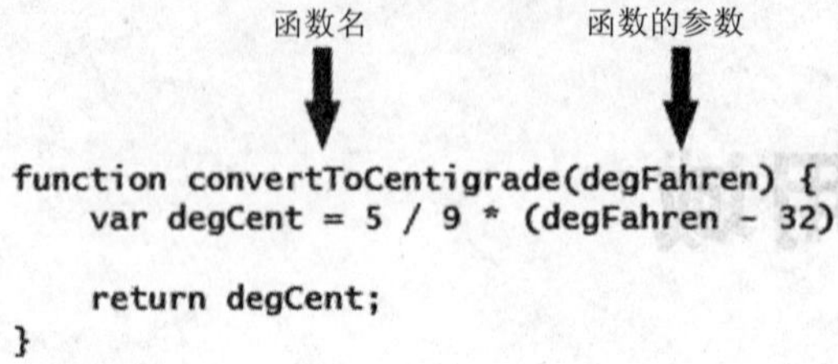

函数名　　　　　　　　　　函数的参数

```
function convertToCentigrade(degFahren) {
    var degCent = 5 / 9 * (degFahren - 32);

    return degCent;
}
```

图 4-1

在 JavaScript 中定义的每个函数必须在该页面上有唯一的名称。函数名紧随于关键字 function 之后。为了让代码易于理解，应使用有意义的函数名，这样，以后在代码中用到这个函数时，就能知道该函数的功能。例如，某个函数把某人的生日和当前日期作为参数，返回该人的年龄，这个函数可以命名为 getAge()。但是，可以使用的函数名是受限制的，这与变量名一样。例如，函数名不能使用 JavaScript 的保留字，因此，函数名不能是 if() 或者 while()。

函数的参数放在函数名后的圆括号中。参数是函数完成其工作所需要的一个数据项，通常情况下，未传入必选参数将导致一个错误。函数可以有 0 个或多个参数，即使函数没有参数，函数名后的圆括号也不能省略。例如，函数定义应具有以下形式：

```
function myNoParamFunction()
```

之后编写调用函数时执行的代码。所有函数代码都必须位于一对大括号中。

通过 return 语句，函数还可以把值返回给调用它的代码。前面的例子返回计算出来的 degCent 变量的值。如果不需要，就可以不返回任何值，但最好始终在函数结尾处包含 return 语句。未显式要求返回值(也就是未使用 return 语句要求返回值)的函数，则返回 undefined。

JavaScript 执行到函数的 return 语句时，会像 for 循环中的 break 语句那样处理——退出函数，并返回 return 关键字之后指定的值。

可以将 JavaScript 代码中的常用函数组成一个函数库。在需要时，就可以复制它们并粘贴到页面中。

创建好自定义函数之后，如何使用它们？前面介绍的代码都是按顺序执行的，而函数只有要求执行时才会执行，这称为调用函数。要调用函数，应在需要调用函数的地方写出函数名，并传入函数所需的参数，参数之间用逗号分隔。例如：

```
myTemp = convertToCentigrade(212);
```

这行代码调用了前面的函数 convertToCentigrade()，并将 212 作为参数传入。该函数的返回值(即 100)保存在变量 myTemp 中。

了解了如何创建自定义函数，下面看看如何传递参数。参数传递有点麻烦，所以下面先创建一个简单函数，该函数只带有一个参数(即用户名)，然后在页面上显示友好的欢迎信息。首先，给函数取一个简短的描述性函数名 writeUserWelcome()，然后定义需要传给函数的参数。该函数只需要一个参数，即用户名。定义参数与定义变量非常类似，其参数名需要遵守与变量名相同的命名规范，所以参数名不能包含空格、特殊字符以及 JavaScript 的保留字。将参数命名为 userName，放在函数名后的圆括号中(注意，这行代码的结尾处没有分号)：

```
function writeUserWelcome(userName)
```

在定义好函数名和参数之后，就可以创建函数体——调用函数时执行的代码。函数的这部分代码放在大括号中：

```
function writeUserWelcome(userName){
    document.write("Welcome to my website " + userName + "<br />");
    document.write("Hope you enjoy it!");
}
```

这段代码非常简单，它用 document.write()方法向网页输出消息。userName 的用法与普通变量完全相同。实际上，最好把参数视为普通变量。调用该函数的 JavaScript 代码指定了该参数的值。

下面看看如何调用该函数：

```
writeUserWelcome("Paul");
```

非常简单，只需要写出要调用的函数名，并在其后的括号中填入传递给每个参数的数据。这个例子只填入了一个数据。执行函数的代码时，函数体中使用的变量 userName 将包含文本"Paul"。

假如要向函数传递两个参数，如何进行修改？首先要修改函数的定义。假定第二个参数包含用户的年龄，并命名为 userAge，因为这可以清楚地表明参数数据的含义。下面是新代码：

```
function writeUserWelcome(userName, userAge) {
    document.write("Welcome to my website" + userName + "<br />");
    document.write("Hope you enjoy it<br />");
    document.write("Your age is " + userAge);
}
```

在函数体中增加一行代码，以便使用所添加的第二个参数。使用如下代码调用这个函数：

```
writeUserWelcome("Paul",31);
```

第二个参数是一个数值，所以不需要放在引号中。这里，userName 参数是"Paul"，第二个参数 userAge 是 31。

　　　创建一个将华氏温度转换为摄氏温度的函数

下面使用函数重写温度转换页面。可以从 ch3_example4.html 中复制并粘贴大部分代码——有变化的代码已高亮显示。完成后将其保存为 ch4_example1.html。

```html
<!DOCTYPE html>

<html lang="en">
<head>
    <title>Chapter 4, Example 1</title>
</head>
<body>
    <script>
        function convertToCentigrade(degFahren) {
            var degCent = 5 / 9 * (degFahren - 32);

            return degCent;
        }


        var degFahren = [212, 32, -459.15];
        var degCent = [];
        var loopCounter;

        for (loopCounter = 0; loopCounter <= 2; loopCounter++) {
            degCent[loopCounter] = convertToCentigrade(degFahren[loopCounter]);
        }

        for (loopCounter = 2; loopCounter >= 0; loopCounter--) {
            document.write("Value " + loopCounter +
                    " was " + degFahren[loopCounter] +
                    " degrees Fahrenheit");

            document.write(" which is " + degCent[loopCounter] +
                    " degrees centigrade<br />");
        }
    </script>
</body>
</html>
```

在浏览器中加载该页面后，应该会看到与 ch3_example4.html 示例完全相同的结果。在脚本代码块的开始声明了函数 convertToCentigrade()，前面已介绍过这个函数。

```javascript
function convertToCentigrade(degFahren) {
    var degCent = 5/9 * (degFahren - 32);

    return degCent;
}
```

如果在一个页面中使用多个独立 script 块，则必须把要定义的函数放在调用它的任何脚本之前，这一点很重要。如果有多个函数，可以把它们放在各自的脚本文件中并在所有其他脚本之前加载。这样就知道在哪里查找所有函数，并且可以确保函数在使用之前就已声明。

我们已经非常熟悉函数中的代码。首先声明一个变量 degCent，然后执行计算，把结果保存在 degCent 中。最后，把 degCent 返回给调用代码。该函数的参数是 degFahren，它提供了计算需要的信息。

在函数声明的代码之后，是页面加载时执行的代码。首先定义需要的变量，然后使用两个循环计算并输出结果。大部分代码与前面相同，但第一个 for 循环除外：

```
for (loopCounter = 0; loopCounter <= 2; loopCounter++) {
    degCent[loopCounter] = convertToCentigrade(degFahren[loopCounter]);
}
```

第一个 for 循环中的代码将 convertToCentigrade()函数的返回值放在 degCent 数组中。

这个示例的代码还有一个微妙之处。在 convertToCentigrade()函数中声明了变量 degCent，在函数定义的后面又把它声明为一个数组。肯定可以这样做吗？

这引出了本章的下一个主题——作用域。

4.2 作用域和生存期

作用域的概念是什么？简言之，作用域是变量或函数的有效范围——哪部分代码可以访问该变量及其包含的数据。对于任何编程语言(尤其是在 JavaScript 中)而言，作用域都是非常重要的，因此，理解 JavaScript 中作用域的工作原理就迫在眉睫。

4.2.1 全局作用域

在网页上，任何在函数之外声明的变量，都可用于该页面的所有脚本，无论该脚本在函数内还是函数外，我们称这种作用域为全局作用域。查看下面的示例：

```
var degFahren = 12;

function convertToCentigrade() {
    var degCent = 5/9 * (degFahren - 32);

    return degCent;
}
```

这段代码中的 degFahren 变量是一个全局变量，因为它是在函数外创建的，所以该变量可以用于页面的任何地方。convertToCentigrade()函数访问了 degFahren 变量，它是华氏温度转换为摄氏温度的计算过程的一部分。

这也意味着全局变量的值可以改变，如下述代码所示：

```
var degFahren = 12;
```

```
function convertToCentigrade() {
    degFahren = 20;
    var degCent = 5/9 * (degFahren - 32);

    return degCent;
}
```

上面突出显示的换行代码将变量 degFahren 的值改为 20，因此原来的值 12 不再用于计算中。这种对值的修改仅在 convertToCentigrade()函数中不可见。degFahren 变量是一个全局变量，因此在使用它的任何地方其值都为 20。

在实际中，应该避免创建全局变量和函数，因为它们很容易和不经意地被修改。使用一些技巧就可以避免使用它们，在本书中将会介绍这方面的内容，这些技巧可以归结为在函数作用域中创建变量和函数。

4.2.2　函数作用域

在函数内部定义的变量只能在该函数内使用，函数外的任何代码都不能访问它。例如，下面的标准函数 convertToCentigrade()：

```
function convertToCentigrade(degFahren) {
    var degCent = 5/9 * (degFahren - 32);

    return degCent;
}
```

degCent 变量在 convertToCentigrade()函数中定义。因此，仅可以在该函数中访问它。这通常被称为函数作用域(functional scope)或局部作用域，degCent 通常被称为局部变量。

函数参数与变量类似，它们也有局部作用域，因此仅在函数内可以访问它们。在前面的 convertToCentigrade()函数中，degFahren 和 degCent 都是局部变量。

当函数中的代码执行完毕，将返回到函数的调用点，此时，函数中定义的变量会有什么变化？下次调用函数时，这些变量的值保持不变吗？

答案是不会！变量不仅有作用域属性(它们是可见的)，还有生存期(lifetime)。函数执行完毕后，该函数中的变量就被释放，其值丢失，除非把某个变量的值返回给调用代码。JavaScript 将时常执行垃圾回收，它将扫描所有代码，检查是否有不再使用的变量。如果有，就释放这些变量，给其他变量腾出空间。

4.2.3　标识符查找

如果为全局变量和局部变量使用同样的变量名会发生什么情况呢？JavaScript 通过标识符查找(identifier lookup)可以处理这种灾难性事件。标识符就是指变量或函数的名称。标识符查找就是指 JavaScript 引擎通过给定的名称来查找变量或函数的过程。考虑如下代码：

```
var degCent = 10;

function convertToCentigrade(degFahren) {
    var degCent = 5/9 * (degFahren - 32);

    return degCent;
}
```

这段代码中包含两个 degCent 变量：其中一个是全局变量，另外一个是 convertTo-Centigrade()函数的局部变量。convertToCentigrade()函数运行时，JavaScript 引擎就创建 degCent 局部变量并将华氏温度转换为摄氏温度的结果赋给它。而全局变量 degCent 的值保持不变，仍然为 10。但 return 语句最后是返回全局变量 degCent 的值呢？还是返回局部变量 degCent 的值呢？

JavaScript 引擎会在当前的作用域级别内进行标识符查找。因此，首先会在 convertToCentigrade()函数的函数作用域内查找名称为 degCent 的变量或函数，它查找到了局部变量 degCent，并将其值作为函数的返回值。

如果在 convertToCentigrade()函数中没有创建 degCent 变量，那么 JavaScript 引擎就会在下一个作用域级别(本例中为全局作用域)查找标识符 degCent。这样，就会找到全局变量 degCent，并将其值作为函数的返回值。

现在你已经明白了作用域的工作原理，回想一下前面"试一试"中"创建将摄氏温度转换为华氏温度的函数"的 Example 1。即使该示例中有两个 degCent 变量，其中一个是全局变量，另外一个是 convertToCentigrade()函数的局部变量，代码的运行也没有出现问题。在 convertToCentigrade()函数中，局部变量 degCent 先于全局变量 degCent 参与运算。在该函数外，局部变量 degCent 不再位于作用域内，因此会使用全局变量 degCent。

虽然为全局变量和局部变量使用同样的标识符完全有效，但强烈建议应该避免这样做。这会给代码增加一些额外的、常常是不必要的复杂且混乱的麻烦，也容易给代码引入一些难以发现和修改的错误。假设在一个函数中，原本想修改全局变量的值却修改了局部变量的值。这将是个错误，如果在其他一些函数中重复这样的错误，找到并修改这些错误就会花掉很多宝贵的时间。

4.3　将函数用作值

JavaScript 是一门功能强大的语言，其中一些功能来自于函数。与其他一些语言不同，JavaScript 中的函数被视为"一等公民(first-class citizens)"，换言之，我们可以像使用其他任何类型的值一样来使用函数。例如，可以将 convertToCentigrade()函数赋给一个变量：

```
function convertToCentigrade(degFahren) {
    var degCent = 5/9 * (degFahren - 32);

    return degCent;
}
```

```
var myFunction = convertToCentigrade;
```

上面的代码将 convertToCentigrade()函数赋给变量 myFunction，但仔细查看一下赋值语句的右边，就会发现 convertToCentigrade 标识符后面的圆括号丢失了。此时，它看起来更像一个变量！

在这个赋值语句中，我们没有执行 convertToCentigrade()，而是引用了实际的函数本身。这说明现在执行同一个函数有两种方式。一种是可以通过执行 convertToCentigrade 来调用它，另外一种是执行 myFunction()，如下所示：

```
var degCent = myFunction(75); // 23.88888889
var degCent2 = convertToCentigrade(75); // 23.88888889
```

这也说明可以将一个函数传递给另一个函数的参数，如下所示：

```
function doSomething(fn) {
    fn("Hello, World");
}

doSomething(alert);
```

这段代码定义了函数 doSomething()，该函数仅有一个参数 fn。在 doSomething()函数中，fn 变量用作函数，可以通过 fn 标识符后跟一对圆括号的方式来执行它。最后一行代码执行 doSomething()函数并将 alert 函数作为参数传递。这行代码执行后，警告框中会显示消息 "Hello，World"。

试一试　　传递函数

下面使用更多的函数重写前面的温度转换程序。可以从 ch4_example1.html 中剪切和粘贴一些代码，但该示例主体部分的代码是新代码。完成后，将其保存为 ch4_example2.html。

```
<!DOCTYPE html>

<html lang="en">
<head>
    <title>Chapter 4, Example 2</title>
</head>
<body>
    <script>
    function toCentigrade(degFahren) {
        var degCent = 5 / 9 * (degFahren - 32);

        document.write(degFahren + " Fahrenheit is " +
                degCent + " Celsius.<br/>");
    }

    function toFahrenheit(degCent) {
        var degFahren = 9 / 5 * degCent + 32;
```

```
         document.write(degCent + " Celsius is " +
                    degFahren + " Fahrenheit.<br/>");
      }

      function convert(converter, temperature) {
         converter(temperature);
      }

      convert(toFahrenheit, 23);
      convert(toCentigrade, 75);
   </script>
</body>
</html>
```

将该页面载入浏览器中后，应该会看到如图 4-2 所示的结果。

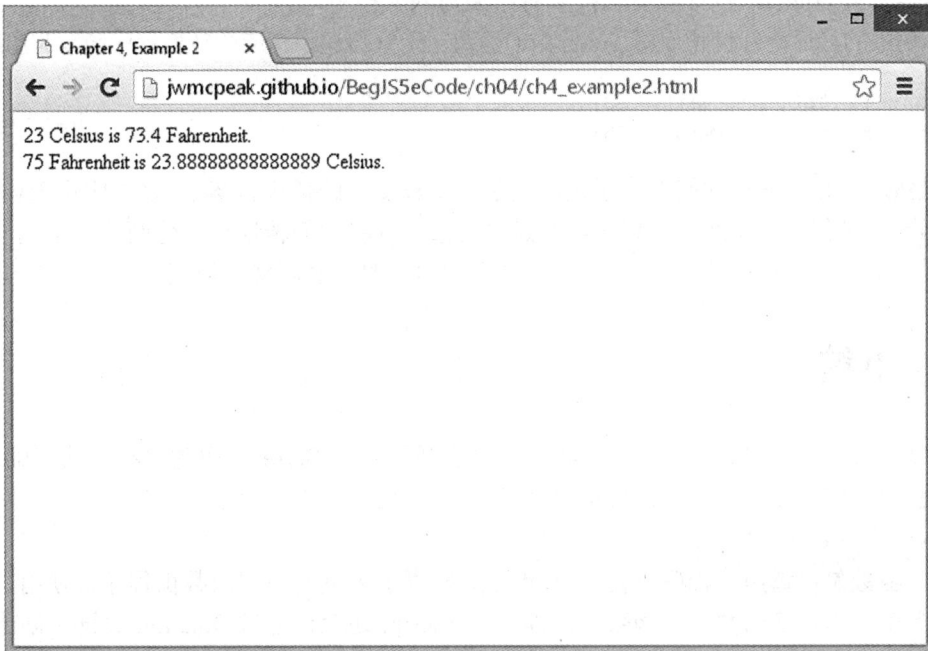

图 4-2

脚本块的顶部是 toCentigrade()函数。该函数有点类似于 ch4_example1.html 中的
convertToCentigrade()函数，但是它不返回转换后的温度值，只是将转换信息写入文档中：

```
function toCentigrade(degFahren) {
   var degCent = 5 / 9 * (degFahren - 32);

   document.write(degFahren + " Fahrenheit is " +
                degCent + " Celsius.<br/>");
}
```

接下来的 toFahrenheit()函数类似于 toCentigrade()函数，但它先将所提供的值转换为华
氏温度值，之后再将转换信息写入文档中：

```
function toFahrenheit(degCent) {
    var degFahren = 9 / 5 * degCent + 32;

    document.write(degCent + " Celsius is " +
                degFahren + " Fahrenheit.<br/>");
}
```

诚然，使用这些函数都不会出现任何问题，但会使该示例很乏味。示例中的第 3 个函数 convert()用于执行 toCentigrade()函数和 toFahrenheit()函数：

```
function convert(converter, temperature) {
    return converter(temperature);
}
```

convert()函数的第一个参数是 converter，它用作函数；第二个参数是 temperature，它被传递给 converter()，执行温度转换并将结果写入文档中。

示例中的最后两行代码使用了 convert()函数，给它传递了相应的转换程序函数和温度值：

```
convert(toFahrenheit, 23);
convert(toCentigrade, 75);
```

虽然对于相对简单的问题本示例给出了一个较复杂的解决方案,但这说明了 JavaScript 中的函数就是值这一事实。可以将函数赋给变量，并将它们传递给其他函数。这是一个相当重要的概念，我们必须理解，在第 10 章介绍事件时将会解释其原因。

4.4 小结

本章介绍了 JavaScript 语言的核心及其语法。所有 JavaScript 代码建立在这些基础之上，在掌握了基本的语法之后，就可以继续学习本书后面的有趣内容了。

本章的主要内容如下：

- **函数是可重用的代码单元。** JavaScript 提供了大量的内置函数供程序员使用，如将字符串转换为数值的函数。此外，JavaScript 还允许通过 function 关键字创建和使用自定义函数。函数可以有 0 个或多个参数，可以根据需要返回一个值。
- **变量的作用域和生存期。** 在函数外部声明的变量是全局变量，在页面的任何地方都可以访问全局变量。在函数内定义的变量是该函数的私有变量，不能在函数外部访问。变量有生存期，其生存长度取决于声明变量的地方。全局变量的生存期就是页面的生存期，页面加载到浏览器中时，全局变量就始终存在。对于在函数内定义的局部变量，它的生存期就是函数的执行期间。函数执行完毕后，就会释放变量，其值将会丢失。如果在后面的代码中再次调用函数，其变量将是空的。
- **标识符查找。** 使用变量或函数时，JavaScript 引擎会遍历标识符查找过程，找到与标识符相关的值。

- 函数是 JavaScript 中的"一等公民"。可以将函数赋给变量并将它们传递给其他函数。

4.5　习题

在附录 A 中可以找到本章习题的参考答案。

习题 1：

修改第 3 章习题 2 的代码，让该函数的参数是乘法表以及起始值和终止值。例如，计算 4 的乘法表，就是从 4*4 开始，一直计算到 4*9。

习题 2：

修改习题 1 的代码，要求用户输入一个数值，然后显示这个数的乘法表。继续要求用户输入，并显示乘法表，直到用户输入-1。另外要进行检查，确保用户输入有效的值，如果用户输入无效，则提示用户重新输入。

第 **5** 章

JavaScript——基于对象的语言

本章主要内容

- 使用 JavaScript 的内置对象处理复杂的数据
- 创建自定义对象来表示复杂的概念和数据
- 定义自定义引用类型

本章源代码下载(wrox.com):

打开 http://www.wiley.com/go/BeginningJavaScript5E，单击 Download Code 选项卡即可下载本章源代码。也可以在 http://beginningjs.com 上查看所有的代码示例和相关的文件。

本章介绍 JavaScript 的一个核心概念——对象。什么是对象？为什么对象很有用？

首先要说明的是，本书一直在使用对象，例如数组就是一种对象。JavaScript 是一种基于对象的语言，因此我们执行的大多数操作都涉及操作对象。只要充分利用对象，JavaScript 的作用范围就会显著扩大。

本章首先介绍对象的含义及其重要性，接着讨论在 JavaScript 中可以使用哪些类型的对象，如何创建和使用它们，以及如何通过使用对象简化许多编程任务。最后详细探讨 JavaScript 提供的一些最有用的对象，以及如何在实际中使用它们。

不仅 JavaScript 语言包含许多对象(也称为 JavaScript 内置对象)，浏览器本身也建模为一个对象集合，供我们使用。下一章将介绍这些对象。

5.1 基于对象的程序设计

"基于对象的编程"的另一种说法是"用对象编程"。但用于编程的这些对象是什么？它们存储在什么地方？如何使用它们以及为什么要使用它们编程？本节就用一般编程术语和 JavaScript 中的专用术语回答这些问题。

5.1.1 对象的含义

为了开始对象的介绍，考虑一下对象在计算机之外的"真实世界"中意味着什么。世界是由事物(即对象)组成的，例如桌子、椅子和轿车等。下面以轿车为例，看看对象究竟是什么。

如何定义轿车？可以说它是一辆四轮驱动的蓝色轿车，还可以指定它的车速。此时，指定的是对象的属性。例如，轿车有一个颜色属性，在本例中其值是蓝色。

如何使用轿车？可以转动点火钥匙、踩油门、按喇叭和换档(即选择 1、2、3、4 档，换为手动档，换为自动档等)。此时在使用对象的方法。

方法有点像函数。有时可能需要给方法使用一些信息，或者给方法传送一个参数，才能使方法工作起来。例如，在使用换档方法时，需要指定换到哪一档。一些方法可能会把一些信息传送回来。例如，量油计方法会显示轿车的剩余油量。

有时使用一个或多个方法会改变对象的一个或多个属性。例如，使用加速计方法会改变轿车的车速属性。有些属性不能改变，例如汽车的外形属性(除非以 100 英里/小时的车速撞向一面砖墙)。

所以，轿车用它的方法和属性集合来定义。在基于对象的编程中，则用对象给真实的事物建模，而对象通过其方法和属性来定义。

5.1.2 JavaScript 中的对象

你现在应对对象的含义——拥有方法和属性的事物——有了基本的了解。那么，在 JavaScript 中如何使用这个概念呢？

前面的章节主要处理的是基本数据类型(也就是使用实际的数据)。此类数据并不复杂，处理起来相当容易。但并非所有信息都像基本数据类型那样简单。下面举例说明。

假定编写一个 Web 应用程序，来显示公共汽车或火车的时间表信息。一旦用户确定了某个旅程，程序就应告诉他该旅程所花费的时间。为此，需要从到达时间中减去出发时间。

但这并不像初看上去那么简单。例如，假定出发时间是 14:53 (即 2:53 p.m.)，到达时间是 15:10(即 3:10 p.m.)。如果让 JavaScript 计算表达式 15.10–14.53，结果就是 0.57，即 57 分钟。但实际的时间差是 17 分钟。对时间使用一般的数学运算符是无效的!

要计算出这个时间差，需要做些什么呢？首先需要把每个时间中的小时数和分钟数分开，接着，为了得到这两个时间的分钟之差，需要检查到达时间的分钟数是否大于出发时间的分钟数。如果是，就可以简单地从到达时间的分钟数中减去出发时间的分钟数。否则，就需要给到达时间的分钟数加上 60，再从到达时间的小时数中减去 1。之后从到达时间的分钟数中减去出发时间的分钟数。接着需要从到达时间的小时数中减去到达时间的小时数，最后把得到的分钟数和小时数合在一起。

只要这两个时间在同一天，上述过程就是有效的，但对于 23:45 和 04:32 这两个时间，上述过程是无效的。

这种计算时间差的方式显然有问题，而且还很复杂。可以采用更简单的方法处理像时间和日期这样较复杂的数据吗？

此时就可以使用对象。可以把出发时间和到达时间定义为 Date 对象，这样它们就拥有各种属性和方法，在需要操作或计算时间时，就可以使用这些属性和方法。例如，使用 getTime()方法可以获得从 1970 年 1 月 1 日 00:00:00 到 Date 对象中的时间的毫秒数。一旦得到了到达时间和出发时间相对于 1970 年 1 月 00:00:00 的毫秒数，就可以对它们执行减法操作，把结果存储在另一个 Date 对象中。为了获得这个时间的小时数和分钟数，只需要使用 Date 对象的 getHours()和 getMinutes()方法。本章稍后会介绍更多这方面的示例。

Date 对象并不是 JavaScript 提供的唯一对象类型，另一个对象类型是第 2 章介绍的 Array 对象，但为了简单起见，当时没有说明它是一个对象。数组是同时存储多项数据的一种方式。

Array 对象的一个属性是 length，它指定了数组包含了多少项数据或多少个元素。Array 对象还包含许多方法，其中一个方法是 sort()，可以使用该方法将数组中的元素按字母顺序排序。

现在我们明白为什么对象在 JavaScript 中非常有用了。前面提到了 Date 和 Array 对象，而 JavaScript 还提供了许多其他类型的对象，这样你就可以利用代码完成更多任务。这些对象包括本章后面详细讨论的 Math 和 String 对象。

5.1.3　使用 JavaScript 对象

明白了 JavaScript 为什么提供对象之后，就需要了解 JavaScript 有哪些对象，以及如何使用它们。

每个 JavaScript 对象都有一组相关属性和方法，可用于操作某种数据。例如，Array 对象包含可以操作数组的方法，以及可以检索数组信息的属性。在大多数情况下，要使用这些方法和属性，需要把数据定义为这些对象中的一个。换言之，需要创建对象。

本节将介绍如何创建对象，以及在创建好对象后如何使用它的属性和方法。

1. 创建对象

要创建各种类型的对象，可使用 new 运算符。如下语句创建了一个 Date 对象：

```
var myDate = new Date();
```

你应该很熟悉该语句的前半部分，即使用 var 关键字定义一个变量 myDate。这个变量使用等号赋值运算符(=)初始化为该语句的右半部分。

该语句的右半部分由两个部分组成。首先是运算符 new，它告诉 JavaScript 我们要创建一个新对象，接着是 Date()，它是 Date 对象的构造函数，它告诉 JavaScript 我们要创建的对象类型。大多数对象都有这样的构造函数。例如，Array 对象的构造函数是 Array()。本书中的唯一例外是 Math 对象，详见本章后面的内容。

因为构造函数是一个函数，所以可以给构造函数传送参数，以给对象添加数据。例如，下面的代码创建了一个 Date 对象，该对象包含的日期数据为"1 Jan 2014"：

```
var myDate = new Date("1 Jan 2014");
```

对象数据在变量中的存储方式与基本数据类型(例如文本和数字)不同。基本数据类型是 JavaScript 中最基本的数据。对于基本数据类型，变量存储数据的实际值。例如：

```
var myNumber = 23;
```

这行代码表示，myNumber 变量存储了数据 23。但赋予对象的变量不存储实际数据，而存储指向保存数据的内存地址的引用。这并不意味着可以获得该内存地址——这只是 JavaScript 在后台管理对象的方式，只有 JavaScript 才了解详情。只要记住，变量引用一个对象时，其含义是变量引用一个内存地址，如下例所示：

```
var myArrayRef = [0, 1, 2];
var mySecondArrayRef = myArrayRef;
myArrayRef[0] = 100;
alert(mySecondArrayRef[0]);
```

上述代码首先把变量 myArrayRef 设置为引用新的数组对象，再把 mySecondArrayRef 设置为这个引用——例如，现在 mySecondArrayRef 设置为引用同一个数组对象。所以把数组的第一个元素设置为 100，如下所示：

```
myArrayRef[0] = 100;
```

再显示在 mySecondArrayRef 中引用的第一个数组元素的内容：

```
alert(mySecondArrayRef[0]);
```

它变成了 100！我们现在知道，这是因为这两个变量引用了同一个数组对象。对于对象来说，变量是对对象的引用，而不是存储在变量中的对象本身。在执行赋值操作时，并没有复制数组对象，而只复制了引用。与下面的代码进行比较：

```
var myVariable = "ABC";
var mySecondVariable = myVariable;
myVariable = "DEF";
alert(mySecondVariable);
```

这个示例处理的是字符串，它与数字一样是基本数据类型。这次把实际值存储在变量中，所以可以编写如下代码：

```
var mySecondVariable = myVariable;
```

mySecondVariable 得到了 myVariable 中数据的副本。所以最后的 alert 仍会把 mySecond Variable 显示为包含"ABC"。

作为本节的小结，可以采用如下基本语法创建 JavaScript 对象：

```
var myVariable = new ConstructorName(optional parameters);
```

2. 使用对象的属性

访问包含在对象属性中的值是非常简单的。只需要写出包含(或引用)对象的变量名，后跟一个句点和对象属性名即可。

　　例如，如果定义了一个包含在 **myArray** 变量中的 Array 对象，就可以使用如下代码访问它的 length 属性：

```
myArray.length
```

　　现在，使用这个属性可以执行什么操作？可以像操作其他任何数据那样使用该属性，并把它存储在变量中：

```
var myVariable = myArray.length;
```

　　或者把它显示给用户：

```
alert(myArray.length);
```

　　在某些情况下，甚至可以修改该属性的值，如下所示：

```
myArray.length = 12;
```

　　但与变量不同，一些属性是只读的——只能从中获取信息，而不能修改属性中包含的信息。

3. 调用对象的方法

　　方法与函数非常类似，因为它们都可以用于执行有用的任务，例如获取某个日期的小时数，或者生成随机数。与函数一样，一些方法有返回值，例如 Date 对象的 getHours()方法，而一些方法仅执行任务，不返回数据，例如 Array 对象的 sort()方法。

　　使用对象的方法与使用其属性非常类似，即把对象的变量名放在最前面，之后是一个句点和方法名。例如，要给 **myArray** 变量中的数组元素排序，可使用以下代码：

```
myArray.sort();
```

　　与函数一样，也可以给一些方法传送参数，这需要把参数放在方法名后面的括号中。但无论方法是否带参数，都必须在方法名之后加上括号，这与函数的做法是一样的。一般说来，可以使用函数的地方，就可以使用对象的方法。

5.1.4　基本数据类型与对象

　　我们现在了解了基本数据(如数字和字符串)与对象数据(例如 Date 和 Array)之间的区别。但如前所述，还有一个 String 对象，它是什么类型？

　　实际上，String、Number 和 Boolean 对象分别对应基本的字符串、数字和布尔值。例如，要创建一个包含文本"I'm a String object"的 String 对象，可以使用如下代码：

```
var myString = new String("I'm a String object");
```

　　与 Array 对象一样，String 对象也有 length 属性。它返回 String 对象中的字符数。例如：

```
var lengthOfString = myString.length;
```

上面的语句把值 19 存储在变量 lengthOfString 中(注意,字符串中的空格也是字符)。

但是,如果声明一个基本的字符串 mySecondString,来保存文本"I'm a primitive string",如下所示:

```
var mySecondString = "I'm a primitive string";
```

该如何知道该字符串中的字符数呢?

JavaScript 可以完成这个任务。前面的章节介绍过,JavaScript 可自动将一种数据类型转换为另一种数据类型。例如,如果把字符串和数值加在一起,如下所示:

```
theResult = "23" + 23;
```

JavaScript 将假定我们要把数值当作字符串,并把两个字符串连接在一起,所以自动把数值转换为文本。变量 theResult 将包含"2323",即把两个 23 连接起来,而不是把两个 23 加起来得到和 46。

这也适用于对象。如果声明一个基本的字符串,并把它视为一个对象,如访问它的某个方法或属性,JavaScript 就知道这个操作会失败,该操作只适用于对象,例如 String 对象。在这个例子中,JavaScript 把普通文本的字符串转换为一个临时的 String 对象,以进行这个操作,完成该操作后就释放该对象。

因此,对于基本的字符串 mySecondString,可以使用 String 对象的 length 属性来获得字符串中的字符数。例如:

```
var lengthOfSecondString = mySecondString.length;
```

这会把数据 22 存储在变量 lengthOfSecondString 中。

这也适用于数值类型与对应的 Number 对象,以及布尔类型与对应的 Boolean 对象。但是这些对象很少使用,所以本书不再进一步讨论。

5.2 JavaScript 的内置对象类型

前面讨论了对象的含义以及如何创建和使用它们。下面看看 JavaScript 内置的一些非常有用的对象,内置对象就是内置于 JavaScript 语言中的对象。

本节不全面介绍所有 JavaScript 内置对象,只讨论比较常用的对象,即 String 对象、Math 对象、Array 对象和 Date 对象。

5.2.1 String 对象

与大多数对象一样,在使用 String 对象之前,必须先创建它。要创建 String 对象,可编写如下语句:

```
var string1 = new String("Hello");
var string2 = new String(123);
var string3 = new String(123.456);
```

但如前所述，也可以声明一个基本字符串，把它用作 String 对象，让 JavaScript 在后台进行对象转换。例如：

```
var string1 = "Hello";
```

只要 JavaScript 能在后台准确地推断出我们要创建什么对象，就可以使用这种方法。如果基本数据类型是字符串，就没有问题，JavaScript 会进行正确的转换。其优点是不需要创建 String 对象，也避免了比较字符串对象的麻烦。在比较字符串对象与基本字符串值时，会比较实际值，但比较两个 String 对象时，比较的是对象引用。

String 对象有大量的方法和属性。本节只介绍一些比较简单的常用方法。第 6 章将介绍一些比较复杂、非常强大、与字符串和正则表达式对象(RegExp)相关的方法。正则表达式是一种按字符模式搜索字符串的强大方法。例如，假如要在字符串"Pauline, Paul, Paula"中查找完整的单词"Paul"，就需要使用正则表达式。但这需要一些技巧，本章不进一步讨论它们——把有趣的东西留在后面体验吧！

对于 String 对象的大部分方法而言，字符串仅是一系列单个字符，与数组类似，每个字符都有一个位置，或索引。第一个位置或索引是 0 而不是 1，这也与数组类似。因此，字符串"Hello World"的各字符位置如表 5-1 所示：

表　5-1

字　符　索　引	0	1	2	3	4	5	6	7	8	9	10
字　　　　符	H	e	l	l	o		W	o	r	l	d

1. length 属性

length 属性返回字符串中的字符数。例如：

```
var myName = "Jeremy";
document.write(myName.length);
```

这行代码向页面输出字符串"Jeremy"的长度，即 6。

2. indexOf()和 lastIndexOf()方法——在一个字符串中查找另一个字符串

indexOf()方法和 lastIndexOf()方法用于查找一个字符串是否包含了另一个字符串。包含在另一个字符串中的字符串通常称为子字符串。仅需要某串信息中的一部分时，就可以使用这两个方法。例如，在"小测试"程序中，用户输入了一个文本答案，就需要检查该字符串是否包含了某些关键字。

indexOf()和 lastIndexOf()方法都带两个参数：
- 需要查找的字符串
- 开始查找的字符位置(可选)

字符位置从 0 开始。如果不包含第二个参数，就从字符串开头开始搜索。

indexOf()和 lastIndexOf()方法的返回值是查找到的子串在字符串中的位置。它也是基于 0 的，因此，如果在字符串开头找到子串，则返回 0。如果没有找到子串，则返回 - 1。

例如，要在字符串"Hello jeremy. How are you Jeremy"中查找子串"Jeremy"，可以使用如下代码：

```
var myString = "Hello jeremy. How are you Jeremy";
var foundAtPosition = myString.indexOf("Jeremy");

alert(foundAtPosition);
```

以上代码将弹出一个消息框，其中包含数值 26，这是"Jeremy"的字符位置。为什么是 26 呢？显然，它是字符串中第二个"Jeremy"出现的位置，而不是第一个"jeremy"出现的位置 6。

这是由于 JavaScript 是区分大小写的，这一点已经反复强调过。JavaScript 对其语法和比较操作进行十分严格的区分大小写。如果输入的是 IndexOf()，而不是 indexOf()，则 JavaScript 会报告错误。同样，"jeremy"与"Jeremy"是不同的。大小写错误非常普遍，即使是编程专家也很容易犯此类错误，所以编程时最好特别注意。

前面介绍了 indexOf()方法，但 lastIndexOf()方法与之有什么区别呢？indexOf()方法从字符串的开头或第二个参数指定的位置开始向后查找，而 lastIndexOf()方法从字符串的结尾或指定的位置向字符串的开头查找。下面修改前面的示例，代码如下：

```
var myString = "Hello Jeremy. How are you Jeremy";

var foundAtPosition = myString.indexOf("Jeremy");
alert(foundAtPosition);

foundAtPosition = myString.lastIndexOf("Jeremy");
alert(foundAtPosition);
```

首先要注意，字符串的值被赋给了变量 myString，现在，两个"Jeremy"实例都以大写字母打头。第一个警告框显示了结果 6，因为这是"Jeremy"首次出现时的位置。第二个警告框显示了结果 26，因为 lastIndexOf()从字符串的结尾开始查找，这样，"Jeremy"首次出现的位置就为 26。

试一试　统计字符串中某个子串的出现次数

这个例子演示了如何使用 indexOf()方法的"起始字符位置"参数，以统计 Wrox 在字符串中的出现次数。

```
<!DOCTYPE html>

<html lang="en">
<head>
    <title>Chapter 5, Example 1</title>
</head>
<body>
    <script>
        var myString = "Welcome to Wrox books. " +
                "The Wrox website is www.wrox.com. " +
```

```
                    "Visit the Wrox website today. Thanks for buying Wrox";

            var foundAtPosition = 0;
            var wroxCount = 0;

            while (foundAtPosition != -1) {
                foundAtPosition = myString.indexOf("Wrox", foundAtPosition);

                if (foundAtPosition != -1) {
                    wroxCount++;
                    foundAtPosition++;
                }
            }

            document.write("There are " + wroxCount + " occurrences of the word
Wrox");
        </script>
    </body>
</html>
```

将这个示例保存为 ch5_example1.html。在浏览器中加载该页面，页面上将显示信息：
There are 4 occurrences of the word Wrox。

在脚本块的顶部，在变量 myString 中建立了一个字符串，后面将在这个字符串中查找
Wrox 的出现次数。还定义了两个变量：wroxCount 和 foundAtPosition，其中前者包含 Wrox
在字符串中出现的次数，后者包含在字符串中找到 Wrox 的当前位置。

接着使用一个 while 循环，只要在字符串中找到 Wrox，即变量 foundAtPosition 不等于
－1，while 语句就继续循环。在 while 循环内使用如下代码：

```
foundAtPosition = myString.indexOf("Wrox", foundAtPosition);
```

这行代码在字符串 myString 中查找下一个 Wrox 子串。如何确保可以找到下一个
Wrox 子串？变量 foundAtPosition 用来给出查找的起始位置，因为它保存了上一次找到子
串 Wrox 的索引位置后面的索引。给变量 foundAtPosition 赋予查找结果，即下一次查找
Wrox 子串的索引位置。

每次找到 Wrox 时(即 foundAtPosition 不是－1)，就递增变量 wroxCount，该变量保存
了找到 Wrox 子串的次数；递增 foundAtPosition，就可以在字符串的下一个位置处继续
查找。

```
if (foundAtPosition != -1) {
    wroxCount++;
    foundAtPosition++;
}
```

最后用 document.write()方法将变量 wroxCount 的值输出到页面上。

第 3 章讨论了无限循环的危险性。在这个例子中也可能出现死循环：假如删除
foundAtPosition++，则每次都从开头位置开始查找，永远找不到下一个 Wrox 子串。

如果将 indexOf()和 lastIndexOf()方法与下一节介绍的 substr()和 substring()方法结合使

用，效果将更好。联合使用这些方法，能够获取字符串中的子串。

3. substr()和 substring()方法——复制字符串的一个子串

substr()和 substring()方法可用来从字符串中提取一个子串，并赋予另一个变量，或者用在表达式中。这两个方法返回的结果相同，都是子串，但它们需要的参数不同。

substring()方法接受两个参数：子串的开始位置和子串中最后一个字符后面的字符位置。第二个参数是可选的，如果不包含它，则子串包含从开始位置到字符串末尾的所有字符。

例如，如果字符串为"JavaScript"，要取出子串"Java"，则可以使用 substring()方法，如下所示：

```
var myString = "JavaScript";
var mySubString = myString.substring(0,4);
alert(mySubString);
```

字符串"JavaScript"的字符位置如表 5-2 中所示：

表 5-2

字 符 位 置	0	1	2	3	4	5	6	7	8	9
字 符	J	a	v	a	S	c	r	i	p	t

与 substring()方法类似，substr()方法也带两个参数。第一个参数是子串中要包含的第一个字符的起始位置。但是，第二个参数是要从长字符串中提取的子串的长度。例如，可以将上面的代码改写为：

```
var myString = "JavaScript";
var mySubString = myString.substr(0,4);
alert(mySubString);
```

与 substring()方法类似，substr()方法的第二个参数是可选的。如果不包含它，则子串包含从开始位置到字符串末尾的所有字符。

> 注意：在浏览器支持 substr()方法之前，对 substring()方法的使用已经很长时间了。在大多数情况下使用的是 substr()方法。

下面结合使用 substr()与 lastIndexOf()方法。在本书后面将介绍如何获取当前所加载网页的文件路径和名称。但是，无法单独获取文件名。例如，如果文件是 http://mywebsite/temp/myfile.html，而需要提取 myfile.html 部分，就可以使用 substr()与 lastIndexOf()方法。

```
var fileName = window.location.href;
fileName = fileName.substr(fileName.lastIndexOf("/") + 1);
document.write("The file name of this page is " + fileName);
```

上面代码的第一行给变量 fileName 赋予当前的文件路径和文件名,如/mywebsite/temp/ myfile.html。现在不理解这行代码不要紧,后面将介绍它。

我们感兴趣的是第二行。这行代码把 lastIndexOf()方法的返回值作为另一个方法的参数,这是正确的,也很有效。fileName.lastIndexOf("/")的作用是查找最后一个斜杠(/)出现的位置,斜杠(/)是文件名之前的最后一个字符。把斜杠出现的位置加 1,是因为不需要包含斜杠字符。接着把这个新值传递给 substr()方法。这里没有使用第二个参数(即长度),因为我们不知道长度是多少。因此 substr()返回从该参数位置开始到字符串末尾的全部字符。

> **注意**:这个例子提取了本地计算机上的页面名称,原因是没有访问 Web 服务器上的页面。但是,请不要误以为仅使用 JavaScript 就可以从 Web 页面上访问本地硬盘上的文件。为了防止用户受到恶意攻击,JavaScript 访问用户系统(如访问文件)的权限十分有限。详见本书后面的内容。

4. toLowerCase()和 toUpperCase()方法——转换大小写

如果想要改变字符串的大小写(例如比较字符串之前,先统一字符串的大小写形式),就可以使用 toLowerCase()和 toUpperCase()方法。不难猜出这两个方法的作用。它们都返回 String 对象中的字符串,但根据所调用的方法不同,分别返回字符串的大写或小写形式,而非字母字符保持不变。

在下面的例子中,通过改变两个字符串的大小写,就可以在比较它们时忽略大小写:

```
var myString = "I Don't Care About Case";

if (myString.toLowerCase() == "i don't care about case") {
    alert("Who cares about case?");
}
```

即使 toLowerCase()和 toUpperCase()不带任何参数,也必须在调用方法时,在方法名之后加上空括号()。

5. charAt()和 charCodeAt()方法——从字符串中选取一个字符

如果想要找出字符串中某个字符的信息,需要使用 charAt()和 charCodeAt()方法。这两个方法也可用于检查用户输入的有效性。第 11 章介绍 HTML 表单时,将详细介绍这方面的内容。

charAt()方法接受一个参数:所选字符在字符串中的索引位置。charAt()方法会返回该字符。字符串中字符的位置从 0 开始,因此,第一个字符的索引是 0,第二个字符的索引是 1,依此类推。

例如,要查找字符串的最后一个字符,可以使用如下代码:

```
var myString = prompt("Enter some text", "Hello World!");
var theLastChar = myString.charAt(myString.length - 1);
```

```
document.write("The last character is " + theLastChar);
```

上面的第一行代码提示用户输入一个字符串,并把这个字符串存储在变量 myString 中。该字符串默认为"Hello World!"。

下一行代码使用 charAt()方法获取字符串的最后一个字符。该字符的索引位置是 (myString.length - 1)。为什么? 以字符串"Hello World!"为例,这个字符串的长度为 12,但最后一个字符的索引为 11,因为索引从 0 开始,所以需要把字符串的长度减去 1,得到最后一个字符的索引。

最后一行代码将字符串的最后一个字符输出到页面上。

charCodeAt()方法的用法与 charAt()方法类似,但它不返回字符本身,而是返回该字符在 Unicode 字符集中的十进制编码。计算机只能理解数字——对于计算机来说,字符串仅是数值数据。当请求文本(而不是数字)时,计算机将根据它对每个数字的内部理解进行转换,并显示对应的字符。

例如,要确定字符串中第一个字符的编码,可使用如下代码:

```
var myString = prompt("Enter some text", "Hello World!");
var theFirstCharCode = myString.charCodeAt(0);
document.write("The first character code is " + theFirstCharCode);
```

上面的代码将在用户提供的字符串中,获取索引位置为 0 的字符的编码,并输出到页面上。

字符是按顺序编码的,例如,字母 A 的编码是 65,B 的编码是 66,依此类推。小写字母从 97 开始,即 a 的编码是 97,b 的编码是 98,依此类推。数字的编码从 48 开始(0 的编码是 48)到 57(9 的编码是 57)。这些信息可用于各种目的,例如下例就利用了它们。

试一试　　检查字符的大小写

下例检查指定字符串的首字符是大写字母、小写字母、数字还是其他字符:

```
<!DOCTYPE html>

<html lang="en">
<head>
    <title>Chapter 5, Example 2</title>
</head>
<body>
    <script>
        function checkCharType(charToCheck) {
            var returnValue = "O";
            var charCode = charToCheck.charCodeAt(0);

            if (charCode >= "A".charCodeAt(0) && charCode <= "Z".charCodeAt(0)) {
                returnValue = "U";
            } else if (charCode >= "a".charCodeAt(0) &&
                    charCode <= "z".charCodeAt(0)) {
                returnValue = "L";
            } else if (charCode >= "0".charCodeAt(0) &&
```

```
                    charCode <= "9".charCodeAt(0)) {
               returnValue = "N";
          }

          return returnValue;
     }

     var myString = prompt("Enter some text", "Hello World!");

     switch (checkCharType(myString)) {
          case "U":
               document.write("First character was upper case");
               break;
          case "L":
               document.write("First character was lower case");
               break;
          case "N":
               document.write("First character was a number");
               break;
          default:
               document.write("First character was not a character or a
number");
     }
   </script>
 </body>
</html>
```

输入上面的代码，并将其保存为 ch5_example2.html。

在浏览器中加载该页面时，将提示用户输入字符串。之后，程序将在页面上显示一条消息，说明所输入的第一个字符的类型——即该字符是大写字母、小写字母、数字或其他字符，如标点符号。

本示例首先定义了一个在页面正文中使用的函数 checkCharType()。该函数首先声明了变量 returnValue，并将它初始化为字符"O"，表示除大写字母、小写字母、数字之外的其他字符。

```
function checkCharType(charToCheck) {
     var returnValue = "O";
```

可以将这个变量用作函数最后的返回值，它表示字符的类型：U 代表大写字母，L 代表小写字母，N 代表数字，O 代表其他字符。

函数的下一行代码使用 charCodeAt()方法获取 charToCheck 中存储的字符串首字符的编码。charToCheck 是该函数唯一的参数。字符编码保存在变量 charCode 中。

```
     var charCode = charToCheck.charCodeAt(0);
```

接下来的代码是一系列 if 语句，用于检查首字符的编码在哪个取值范围内。如果该编码在 A 和 Z 的编码之间，则它是一个大写字母，就给变量 returnValue 赋予 U。如果该编码在 a 和 z 的编码之间，则它是一个小写字母，就给变量 returnValue 赋予 L。如果该编码在 0 和 9 的编码之间，则它是一个数字，就给变量 returnValue 赋予 N。如果它不属于以上任一范围，则变量 returnValue 保持其初始值 O(代表其他字符)。

```
if (charCode >= "A".charCodeAt(0) && charCode <= "Z".charCodeAt(0)) {
    returnValue = "U";
} else if (charCode >= "a".charCodeAt(0) &&
        charCode <= "z".charCodeAt(0)) {
    returnValue = "L";
} else if (charCode >= "0".charCodeAt(0) &&
        charCode <= "9".charCodeAt(0)) {
    returnValue = "N";
}
```

这段代码看起来有点怪异，下面看看 JavaScript 是如何处理的。对于如下语句：

```
"A".charCodeAt(0)
```

这行代码似乎要在字符串字面值上使用 String 对象的一个方法，但字符串字面值与基本字符串一样，仅是字符，而不是一个对象。JavaScript 知道这行代码的含义，并把字符串字面值"A"转换为一个包含"A"的临时 String 对象。之后，JavaScript 在这个后台创建的 String 对象上执行 charCodeAt()方法。执行完毕后，就释放 String 对象。这基本上是下面代码的一种简写形式：

```
var myChar = new String("A");
myChar.charCodeAt(0);
```

无论采用哪种形式，都返回首字符(本字符串中仅有一个字符)的编码。例如"A".charCodeAt(0)返回数字 65。

在函数的最后，将变量 returnValue 返回到调用函数的代码。

```
    return returnValue;
}
```

为什么要使用变量 returnValue，而不直接返回其值呢？例如，可以编写如下代码：

```
if (charCode >= "A".charCodeAt(0) && charCode <= "Z".charCodeAt(0)) {
    return "U";
} else if (charCode >= "a".charCodeAt(0) &&
        charCode <= "z".charCodeAt(0)) {
    return "L";
} else if (charCode >= "0".charCodeAt(0) &&
        charCode <= "9".charCodeAt(0)) {
    return "N";
}

return "O";
```

这段代码可以正常运行，但为什么不采用这种方式呢？这种方式的缺点在于，难以跟踪函数的执行流。在这样的小型函数中，这不是什么大问题，但在较大型的函数中情况就比较棘手。在最初的代码中，总能准确地了解函数在何处停止，即在唯一的 return 语句后停止。而上述函数版本会在到达任何一个 return 语句时结束，因此函数有 4 个可能的停止位置。

　　下面的代码检查函数的运行情况。首先用初始化为"Hello World!"的变量 myString 或用户在提示框中输入的内容作为测试字符串。

```
var myString = prompt("Enter some text", "Hello World!");
```

接下来，switch 语句在比较表达式中使用了前面定义的函数 checkCharType()。根据该函数的返回值，执行某个 case 语句，并将字符的类型显示给用户。

```
switch (checkCharType(myString)) {
   case "U":
      document.write("First character was upper case");
      break;
   case "L":
      document.write("First character was lower case");
      break;
   case "N":
      document.write("First character was a number");
      break;
   default:
      document.write("First character was not a character or a number");
}
```

　　至此，就结束了这个例子，但在继续之前要注意，这仅是一个演示 charCodeAt()函数用法的例子。实际上，可以使用更简洁的代码：

```
if (char >= "A" && char <= "Z")
```

代替例子中使用的代码：

```
if (charCode >= "A".charCodeAt(0) && charCode <= "Z".charCodeAt(0))
```

6. fromCharCode()方法——将字符编码转换为字符串

　　fromCharCode()方法与 charCodeAt()方法正好相反，给它传送一系列用逗号分隔的、表示字符编码的数字，该方法就会把它们转换为一个字符串。

　　但是，fromCharCode()方法有点不寻常，它是一个静态方法——不必创建 String 对象，就可以使用它，它总是可用的。

　　例如，下面的代码将字符串"ABC"保存在变量 myString 中：

```
var myString = String.fromCharCode(65,66,67);
```

　　fromCharCode()方法非常适于与变量一起使用。例如，要创建一个包含字母表中所有大写字母的字符串，可以使用如下代码：

```
var myString = "";
var charCode;

for (charCode = 65; charCode <= 90; charCode++) {
    myString = myString + String.fromCharCode(charCode);
}

document.write(myString);
```

上述代码使用 for 循环依次选择从 A~Z 的每个字符,并连接起来,保存在变量 myString 中。注意,这只是一个例子,在实际编码时,可以采用以下更有效且更节省内存的代码:

```
var myString = "ABCDEFGHIJKLMNOPQRSTUVWXYZ";
```

7. trim()方法——去掉字符串两端的空格

在使用用户提供的数据时,并不能一定能保证用户输入的数据完全正确。因此,最好就一直假定用户的输入不正确,且你的工作就是要纠正这些错误。

纠正错误数据的过程取决于应用程序的具体要求,但通常希望去掉字符串两端的空格。为此,可以使用 String 对象的 trim()方法。该方法返回的是一个去掉了两端空格的新字符串。例如:

```
var name = prompt("Please enter your name");
name = name.trim();

alert("Hello, " + name);
```

上面的代码提示用户输入他们的名字。之后通过 trim()去掉名字左端的空格并在警告框的问候语中显示结果值。如果用户输入的是"   Jim",他最终在警告框中只能看到问候语"Hello,Jim",因为名字前的空格已经被去掉了。

5.2.2 Array 对象

第 2 章介绍了如何创建和使用数组。本章前面提到,数组本质上是一种对象。

除了存储数据外,Array 对象还提供了大量有用的方法和属性,用于操纵数组中的数据,获取诸如数组长度等的信息。

这里不详细讲解 Array 对象的每个属性和方法,而只介绍其中一些常用属性和方法。

1. length 属性——获得数组中元素的个数

length 属性提供了数组中元素的个数。有时数组的长度是已知的,但是有时我们会给数组添加新元素,但无法方便地跟踪已添加元素的数量。

length 属性可以用来确定最后一个数组元素的索引,如下面的代码所示:

```
var names = [];

names[0] = "Paul";
```

```
names[1] = "Jeremy";
names[11] = "Nick";

document.write("The last name is " + names[names.length - 1]);
```

> **注意：** 上面的代码在索引位置为 0、1、11 的元素中插入了数据。数组索引从 0 开始，因此，最后一个元素的索引是 length-1，即 11，而不是 length 属性的值 12。

当某个 JavaScript 方法返回它自己建立的数组时，length 属性也是非常有用的。例如，第 6 章介绍的 String 对象有一个 split()方法，它将文本分为多个段，并将结果放在一个 Array 对象中。因为 JavaScript 创建了这个数组，如果没有 length 属性，就无法确定数组中最后一个元素的索引。

2. push()方法——添加元素

Array 对象包含许多有用的方法，其中可能使用得最多的就是 push()方法。该方法的目的很简单，即给数组添加元素，使用该方法时无须指定索引，如下所示：

```
var names = [];
names.push("Jeremy");
names.push("Paul");
```

push()的用法很简单，只需要将期望的值添加到数组，该值就会推入到数组的末尾。因此，在前面的 names 数组中，"Jeremy" 和 "Paul" 的索引位置分别为 0 和 1。

3. concat()方法——连接数组

如果要把两个单独数组连接在一起，组成一个大数组，就可以使用 Array 对象的 concat()方法。concat()方法返回一个新数组，它由两个数组结合而成：首先是第一个数组的所有元素，接着是第二个数组的所有元素。为此，只需要在第一个数组上使用该方法，并把第二个数组名作为其参数传送。

例如，假定有两个数组 names 和 ages，它们的元素如表 5-3 和表 5-4 所示。

表 5-3

names 数 组			
元 素 索 引	0	1	2
值	Paul	Jeremy	Nick

表 5-4

ages 数组			
元素索引	0	1	2
值	31	30	31

如果使用 names.concat(ages)方法连接它们，将得到如表 5-5 所示的数组。

表 5-5

元素索引	0	1	2	3	4	5
值	Paul	Jeremy	Nick	31	30	31

下面是该示例的代码：

```
var names = [ "Paul", "Jeremy", "Nick" ];
var ages = [ 31, 30, 31 ];

var concatArray = names.concat(ages);
```

也可以使用 names = names.concat(ages)，把两个数组连接为一个数组，但把新数组赋予已有的第一个数组。

如果使用的是 ages.concat(names)，结果会有什么区别呢？结果如表 5-6 所示，首先是 ages 数组的元素，然后是 names 数组的元素。

表 5-6

元素索引	0	1	2	3	4	5
值	31	30	31	Paul	Jeremy	Nick

4. slice()方法——复制数组的一部分

slice()方法可用于复制数组的一部分。使用 slice()方法可以提取出数组的一部分，并将其赋给一个新变量。slice()方法有如下两个参数：

- 欲复制的第一个元素的索引
- 表示所复制的部分末尾的元素索引(可选)

与使用 substring()进行字符串复制类似，起始元素包含在复制的部分中，而结束元素不在其中。另外，如果不包含第二个参数，则复制从起始索引往后的所有元素。

假如有一个如表 5-7 所示的 names 数组：

表 5-7

索引	0	1	2	3	4
值	Paul	Sarah	Jeremy	Adam	Bob

如果要创建一个新数组，它包含 names 数组中索引为 1(Sarah)和 2(Jeremy)的元素，则可以指定起始索引为 1，而结束索引为 3，代码如下所示：

```
var names = [ "Paul", "Sarah", "Jeremy", "Adam", "Bob" ];
var slicedArray = names.slice(1,3);
```

JavaScript 复制数组时，会把新元素复制到新数组中，它们在新数组中的索引是 0 和 1，而不是原来的索引 1 和 2。

在执行 slice()方法后，slicedArray 如表 5-8 所示。

表　5-8

索　　引	0	1
值	Sarah	Jeremy

第一个数组 names 不受 slice()方法的影响。

5. join()方法——将数组转换为单个字符串

join()方法将数组中的所有元素连接起来，并返回为一个字符串。它还允许指定在连接数组元素时插入其间的任意字符。该方法仅有一个参数，即在元素之间插入的字符串。

下面通过示例予以说明。假如把每周的购物清单保存在一个数组中，如表 5-9 所示。

表　5-9

索　　引	0	1	2	3	4
值	Eggs	Milk	Potatoes	Cereal	Banana

现在，使用 document.write()将购物清单输出在页面上，每一项单独占一行，因此每个元素之间需要使用
标记。
标记是一个 HTML 换行标记，即可以将文本分成多行的一个回车符。首先需要声明数组：

```
var myShopping = [ "Eggs", "Milk", "Potatoes", "Cereal", "Banana" ];
```

接着使用 join()方法将数组转换为一个字符串：

```
var myShoppingList = myShopping.join("<br />");
```

现在变量 myShoppingList 包含以下文本：

```
"Eggs<br />Milk<br />Potatoes<br />Cereal<br />Banana"
```

使用 document.write()输出到页面上：

```
document.write(myShoppingList);
```

购物清单将显示在网页上，每项各占一行，如图 5-1 所示。

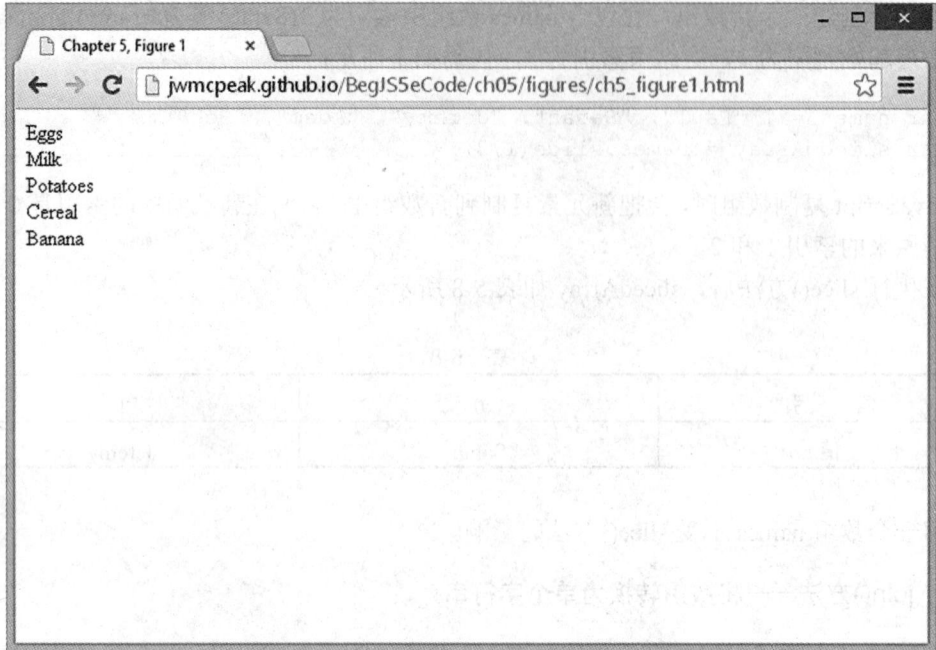

图　5-1

6. sort()方法——对数组排序

如果数组包含类似的数据，例如姓名列表或年龄列表，就可以按字母或数值顺序排列它们。这时使用 sort()方法非常方便。下面的代码定义了数组 names，并使用 names.sort()按字母表的升序顺序来排列它。最后输出排序后的数组。

```
var names = [ "Paul", "Sarah", "Jeremy", "Adam", "Bob" ];

names.sort();

document.write("Now the names again in order <br />");

for (var index = 0; index < names.length; index++) {
    document.write(names[index] + "<br />");
}
```

注意，排序是区分大小写的。因此，Paul 排在 paul 的前面。记住，JavaScript 保存的是字符对应的 Unicode 编码，所以排序基于 Unicode 编码，而不是实际字母。Unicode 编码的顺序与字母表的顺序是相同的。但是，小写字母具有另一个编码序列，且位于大写字母的编码序列之后。因此，会将数组元素 Adam，adam，Zoë，zoë 的顺序排列为 Adam，Zoë，adam，zoë。

注意在 for 语句的循环条件中使用了 Array 对象的 length 属性，而没有插入数组的长度(5)，如下所示：

```
for (var index = 0; index < 5; index++)
```

为什么要这么做？毕竟这个数组有 5 个元素是已知的，但是如果增加了两个元素，改变了数组中元素的个数，会发生什么情况？

```
var names = [ "Paul", "Sarah", "Jeremy", "Adam", "Bob", "Karen", "Steve" ];
```

如果插入了 5，而没有使用 names.length，则循环代码就不会按期望的那样执行，它不会显示后两个元素，除非把 for 循环的条件部分改为 7。而使用 length 属性会很简单，因为如果添加了数组元素，就不必修改其他地方的代码。

前面按升序排列数组元素，但是如果需要按降序排列，该怎么办呢？可以使用 reverse()方法。

7. reverse()方法——反转数组元素的顺序

最后要介绍的是 Array 对象的 reverse()方法，它用于反转数组中元素的顺序，即将数组中靠后的元素放在前面。还是以购物清单为例，如表 5-10 所示：

表 5-10

索　引	0	1	2	3	4
值	Eggs	Milk	Potatoes	Cereal	Banana

如果使用 reverse()方法

```
var myShopping = [ "Eggs", "Milk", "Potatoes", "Cereal", "Banana" ];
myShopping.reverse();
```

则数组中的元素顺序如表 5-11 所示。

表 5-11

索　引	0	1	2	3	4
值	Banana	Cereal	Potatoes	Milk	Eggs

为了证明这一点，使用前面的 join()方法将数组输出到页面上：

```
var myShoppingList = myShopping.join("<br />")
document.write(myShoppingList);
```

试一试　　**对数组元素进行排序**

当与 sort()方法结合使用时，reverse()方法可以把数组按字母或数字反序排列。例如下面的代码：

```
<!DOCTYPE html>

<html lang="en">
<head>
    <title>Chapter 5, Example 3</title>
```

```
</head>
<body>
    <script>
        var myShopping = ["Eggs", "Milk", "Potatoes", "Cereal", "Banana"];

        var ord = prompt("Enter 1 for alphabetical order, " +
                    "and -1 for reverse order", 1);

        if (ord == 1) {
            myShopping.sort();
            document.write(myShopping.join("<br />"));
        } else if (ord == -1) {
            myShopping.sort();
            myShopping.reverse();
            document.write(myShopping.join("<br />"));
        } else {
            document.write("That is not a valid input");
        }
    </script>
</body>
</html>
```

将这个示例保存为 ch5_example3.html。在浏览器中加载该文件，页面将提示用户指定是按升序还是降序排列数组。如果用户输入 1，则数组按升序排列，如果输入 - 1，则数组按降序排列。如果输入了其他值，则页面将提示输入无效。

脚本块顶部定义了包含购物清单的数组 myShopping。接着定义了变量 ord，用于保存用户在提示框中输入的值：

```
var ord = prompt("Enter 1 for alphabetical order, " +
            "and -1 for reverse order", 1);
```

这个值将用在其后 if 语句的条件中。第一个 if 语句将判断 ord 的值是否为 1——即用户是否想按字母顺序排列数组。如果是，则执行下面的代码：

```
myShopping.sort();
document.write(myShopping.join("<br />"));
```

数组排序后，使用 join()方法输出到页面的多个行上。接着，在 else if 语句中，检查 ord 的值是否为 - 1，即用户是否想按字母反序排列数组，如果是，就执行下面的代码：

```
myShopping.sort();
myShopping.reverse();
document.write(myShopping.join("<br />"));
```

给数组排好序后，反转其顺序，接着用 join()方法将数组显示给用户。

最后，如果 ord 的值既不是 1，也不是 - 1，则告知用户输入是无效的。

```
document.write("That is not a valid input");
```

8. indexOf()和 lastIndexOf()方法——查找数组元素

顾名思义，这两个方法的功能类似于 String 对象的 indexOf()和 lastIndexOf()方法——它们返回某元素在数组中的第一个出现位置和最后一个出现位置的索引。考虑下面的代码：

```
var colors = [ "red", "blue", "green", "blue" ];

alert(colors.indexOf("red"));
alert(colors.lastIndexOf("blue"));
```

第一行代码创建了一个数组 colors，该数组有 4 个元素(其中有两个是 blue)。第二行代码向用户返回 0，因为 red 是数组的第一个元素。第三行代码向用户返回值 3，因为 lastIndexOf()方法是从数组的末尾开始查找元素的。

如果在数组中没有找到元素，方法 indexOf()和 lastIndexOf()就返回-1。

9. 迭代数组，但不使用循环

剩余的 5 个方法都称为迭代方法，因为它们会迭代(或循环)数组。另外，这些方法在迭代数组时，会在每个元素上执行用户定义的函数。这些方法使用的函数必须遵循一个规则：该函数必须接受 3 个参数，如下面的代码所示：

```
function functionName(value, index, array) {
    // do something here
}
```

执行这个函数时，JavaScript 会把 3 个参数传送给函数。第一个是元素的值，第二个是元素的索引，最后一个是数组本身。有了这些参数，就可以执行任何需要的有关数组及其元素的操作或比较。

every()、some()和 filter()方法——测试每个元素

先来分析 every()和 some()方法。它们都是测试方法。every()方法测试数组中的所有元素是否通过了函数中的测试。考虑下面的代码：

```
var numbers = [ 1, 2, 3, 4, 5 ];

function isLessThan3(value, index, array) {
    var returnValue = false;

    if (value < 3) {
        returnValue = true;
    }

    return returnValue;
}

alert(numbers.every(isLessThan3));
```

第一行代码创建了一个数组 numbers，其元素包含从 1 到 5 的数字。下一行代码定义了 isLessThan3()函数，它接受 3 个必选参数，确定每个元素的值是否小于 3。最后一行输出 every()测试的结果。因为数组中的值并非都小于 3，所以 every()测试的结果是 false。

将其与 some()方法进行比较。与 every()不同，some()方法仅测试数组中的某些元素是否通过了函数中的测试。仍使用 numbers 数组和 isLessThan3()函数，考虑下面的代码行：

```
alert(numbers.some(isLessThan3));
```

结果是 true，因为数组中的一些元素小于 3。很容易把这两个方法区分开。只有数组中的所有元素都通过了函数中的测试，every()方法才返回 true；而只要数组中的一些元素通过了函数中的测试，some()方法就返回 true。

假定要检索出数组中值小于 3 的元素。已知一些元素满足这个条件，但如何找出并检索出这些元素呢？此时可以使用 filter()方法。

filter()方法对数组中的每个元素执行某函数，如果该函数对某个元素返回 true，就把该元素添加到 filter()方法返回的另一个数组中。分析下面的代码：

```
var numbers = [ 1, 2, 3, 4, 5 ];

function isLessThan3(value, index, array) {
    var returnValue = false;

    if (value < 3) {
        returnValue = true;
    }

    return returnValue;
}

if (numbers.some(isLessThan3)) {
    var result = numbers.filter(isLessThan3);
    alert("These numbers are less than 3: " + result);
}
```

这段代码定义了前面使用的 numbers 数组和 isLessThan3 函数。新代码确定 numbers 数组中的元素是否包含小于 3 的值，如果是，就调用 filter()方法，在一个新数组中放入这些元素。这段代码的结果如图 5-2 所示。

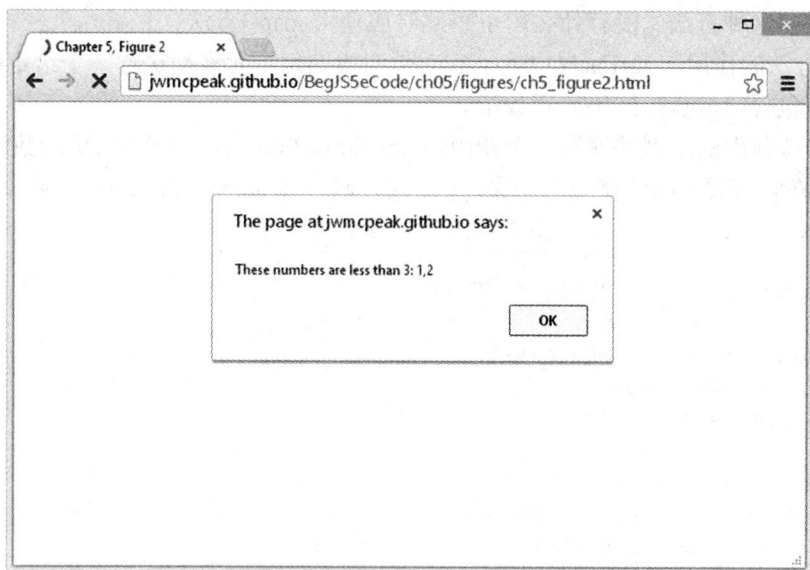

图　5-2

forEach()和 map()方法——操作元素

最后两个方法是 forEach()和 map()。与前面的迭代方法不同，这两个方法不用函数测试数组中的每个元素，而是以某种方式使用数组中的元素执行某类操作。看看下面的代码：

```
var numbers = [ 1, 2, 3, 4, 5 ];

for (var i = 0; i < numbers.length; i++) {
    var result = numbers[i] * 2;
    alert(result);
}
```

程序员经常看到和使用这类代码。它定义了一个数字数组，并迭代它，以便对每个元素执行某种操作。在这个示例中，给每个元素的值加倍，结果显示在一个警告框中。

重写上面的代码以使用 forEach()方法。顾名思义，该方法对数组中的每个元素都执行操作。你所要做的全部就是编写一个函数，为给定的值加倍，把结果输出到警告框中即可，如下所示：

```
var numbers = [ 1, 2, 3, 4, 5 ];

function doubleAndAlert(value, index, array) {
    var result = value * 2;
    alert(result);
}

numbers.forEach(doubleAndAlert);
```

注意，doubleAndAlert()函数不像测试方法那样有返回值，它不能返回任何值，它的唯一作用是对数组中的每个元素执行一个操作。这在某些情况下是有效的，但如果需要存储函数的结果，这种方法就没有什么用了，此时应使用 map()方法。

map()方法的作用与 forEach()类似，它对数组中的每个元素都执行一个给定的函数，但也返回一个包含函数执行结果的新数组。

下面修改前面的示例并编写一个新函数 doubleAndReturn()，该函数仍给数组的元素值加倍，但现在它需要返回该操作的结果，下面的代码将 doubleAndReturn()函数传递给 Array 对象的 map()方法：

```javascript
var numbers = [ 1, 2, 3, 4, 5 ];

function doubleAndReturn(value, index, array) {
    var result = value * 2;
    return result;
}

var doubledNumbers = numbers.map(doubleAndReturn);
alert("The doubled numbers are: " + doubledNumbers);
```

图 5-3 显示了这段代码的执行结果。重要的是要注意 map()方法并没有在警告框中显示原始数组。

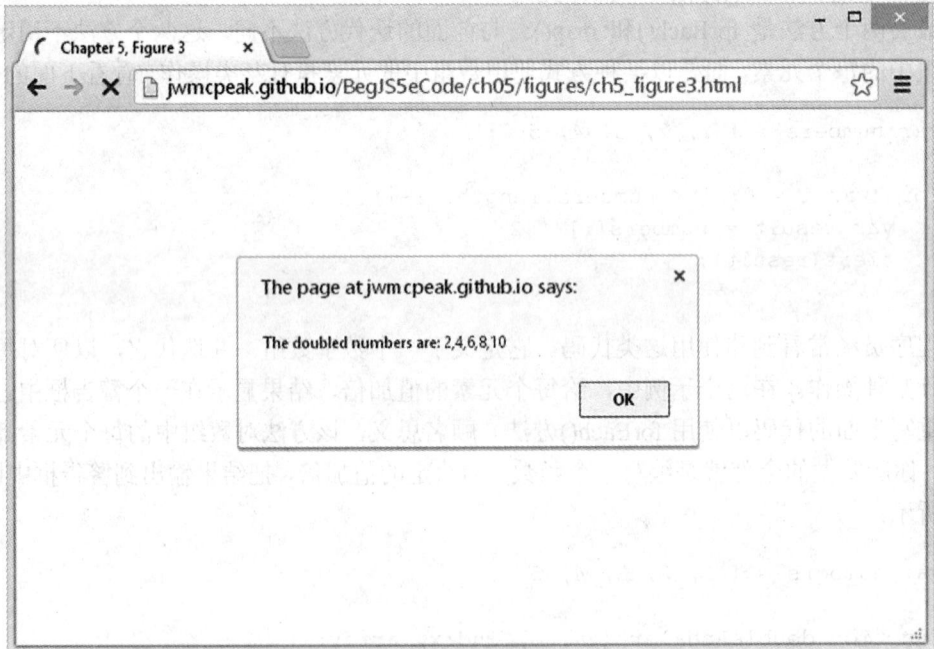

图　5-3

5.2.3　Math 对象

Math 对象提供了大量有效的数学函数和数值操作方法。下面将介绍其中的一些，其余方法的详细描述可以参考 Mozilla Developer Network 的站点：https://developer.mozilla.org/en-US/docs/Web/JavaScript/Reference/Global_Objects/Math。

　　Math 对象有点与众不同，因为 JavaScript 会自动创建它。在使用 Math 对象之前，不需要将变量声明为 Math 对象，也不需要定义新的 Math 对象，所以 Math 对象使用起来很容易。

　　Math 对象的属性包含一些有用的数学常量，如 PI 属性(其值是 3.14159)。可以采用通常的方式访问这些属性，即对象名 Math 后加一个句点(.)，然后写出属性名。例如，要计算圆的面积，可以使用如下代码：

```
var radius = prompt("Give the radius of the circle", "");
var area = Math.PI * radius * radius;
document.write("The area is " + area);
```

　　Math 对象的方法包含一些难以用标准数学运算符(+、-、*、/)完成的操作，甚至包含无法用数学运算符完成的操作。例如，cos()方法返回所传入参数值的余弦。下面将介绍其中的一些方法。

1. abs()方法

　　abs()方法返回所传入参数的绝对值。实际上，它返回该参数的正值。例如，-1 的绝对值是 1，-4 的绝对值是 4。而 1 的绝对值就是 1，因为 1 本来就是正数。

　　例如：下面的代码把数字 101 输出到页面上：

```
var myNumber = -101;
document.write(Math.abs(myNumber));
```

2. min()和 max()方法——查找最大值和最小值

　　假定有两个数字，要确定哪个较大，哪个较小。为此，Math 对象提供了 min()和 max()方法。这两个方法都接受至少两个参数，显然，它们都必须是数字。看看下面的示例代码：

```
var max = Math.max(21,22); // result is 22
var min = Math.min(30.1, 30.2); // result is 30.1
```

　　min()方法返回值最小的数字，max()返回值最大的数字。传送给这两个方法的数字可以是整数或浮点数。

　　注意：min()和 max()方法可以接受多个数字，而不仅仅是两个。

3. 舍入方法

　　Math 对象提供了几个数字舍入方法，每个方法都有各自的用途。

ceil()方法
　　ceil()方法总是把数值向上修整到最接近的最小整数，例如，10.01 向上圆整后为 11，-9.99 向上圆整后为 -9(这是因为 -9 大于 -10)。ceil()方法只有一个参数，即要向上修整的数值。

ceil()的用法与第 2 章介绍的 parseInt()函数不同。parseInt()方法只是截断小数点之后的所有数字,把整数部分保留下来。而 ceil()是向上修整数值。

例如,下面的代码在页面上输出两行,第一行包含数值 102,第二行包含数值 101:

```
var myNumber = 101.01;
document.write(Math.ceil(myNumber) + "<br />");
document.write(parseInt(myNumber, 10));
```

floor()方法

与 ceil()方法类似,floor()方法也是舍去小数点后的数字,返回一个整数。所不同的是,floor()总是向下修整。例如,10.01 向下修整后为 10,而 - 9.99 向下修整后为 - 10。

4. round()方法

round()方法非常类似于 ceil()和 floor(),但它不总是向上修整或向下修整,而是当小数部分大于等于 0.5 时向上修整,小于等于 0.5 时向下修整。

例如:

```
var myNumber = 44.5;
document.write(Math.round(myNumber) + "<br />");

myNumber = 44.49;
document.write(Math.round(myNumber));
```

这段代码在页面上输出数字 45 和 44。

舍入方法的小结

如前所述,ceil()、floor()和 round()方法都是舍去小数点后的数字,返回一个整数。但返回哪个整数取决于所使用的方法:floor()返回最接近的最大整数;ceil()返回最接近的最小整数;而 round()返回最接近的整数。这几个方法可能容易混淆,所以表 5-12 显示了一列数值,以及将这些数值分别传给 parseInt()函数和 ceil()、floor()和 round()方法时的返回值。

表 5-12

参　　数	parseInt()返回	ceil()返回	floor()返回	round()返回
10.25	10	11	10	10
10.75	10	11	10	11
10.5	10	11	10	11
−10.25	−10	−10	−11	−10
−10.75	−10	−10	−11	−11
−10.5	−10	−10	−11	−10

> **注意**：parseInt()是一个 JavaScript 内置函数，而不是 Math 对象的方法，
> 与表中的其他方法不同。

试一试　　**使用舍入方法的计算器**

如果还不清楚这些舍入方法，下面的例子将有助于理解它们。这个计算器先从用户处获得一个数值，然后将该数值分别传入 parseInt()、ceil()、floor()和 round()，并在页面上显示各个方法的结果。

```
<!DOCTYPE html>

<html lang="en">
<head>
    <title>Chapter 5, Example 4</title>
</head>
<body>
    <script>
    var myNumber = prompt("Enter the number to be rounded","");

        document.write("<h3>The number you entered was " + myNumber +
                "</h3>");

        document.write("<p>The rounding results for this number are</p>");
        document.write("<table width='150' border='1'>");
        document.write("<tr><th>Method</th><th>Result</th></tr>");

        document.write("<tr><td>parseInt()</td><td>" +
                parseInt(myNumber, 10) + "</td></tr>");

        document.write("<tr><td>ceil()</td><td>" + Math.ceil(myNumber) +
                "</td></tr>");

        document.write("<tr><td>floor()</td><td>"+ Math.floor(myNumber) +
                "</td></tr>");

        document.write("<tr><td>round()</td><td>" + Math.round(myNumber) +
                "</td></tr>");

        document.write("</table>");
    </script>
</body>
</html>
```

保存为 ch5_example4.html，并在 Web 浏览器中加载它。在提示框中输入一个数值，如 12.354，然后单击 OK 按钮。这个数值将分别传给 parseInt()、ceil()、floor()和 round()，各方法的舍入结果以表格形式显示在页面上，如图 5-4 所示。

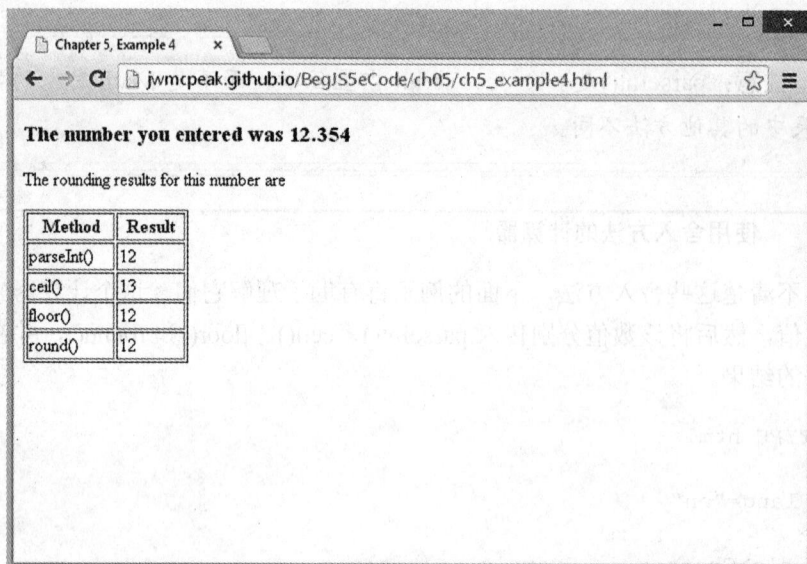

图 5-4

上述代码首先从用户处获取要舍入的数值：

```
var myNumber = prompt("Enter the number to be rounded","");
```

然后输出该数值和一些描述文本：

```
document.write("<h3>The number you entered was " + myNumber + "</h3>");
document.write("<p>The rounding results for this number are</p>");
```

注意，这次包含了一些用于格式化的 HTML 标记——主标题放在<h3>标记中，表格的描述放在段落标记<p>中。

接着创建显示结果的表格：

```
document.write("<table width='150' border='1'>");
document.write("<tr><th>Method</th><th>Result</th></tr>");

document.write("<tr><td>parseInt()</td><td>" +
        parseInt(myNumber, 10) + "</td></tr>");

document.write("<tr><td>ceil()</td><td>" + Math.ceil(myNumber) +
        "</td></tr>");

document.write("<tr><td>floor()</td><td>"+ Math.floor(myNumber) +
        "</td></tr>");

document.write("<tr><td>round()</td><td>" + Math.round(myNumber) +
        "</td></tr>");

document.write("</table>");
```

首先创建表头，然后在单独的一行上显示每个舍入方法的结果。其原则与 Web 页面中的 HTML 相同：必须确保标记的语法是有效的，否则会显示错误的信息或者什么都不显示。

每一行的创建方法都相同，只是使用了不同的舍入方法。第一行显示了 parseInt() 的结果：

```
document.write("<tr><td>parseInt()</td><td>" +
               parseInt(myNumber, 10) + "</td></tr>");
```

在向页面输出的字符串中，首先使用<tr>标记来创建表行，然后使用<td>标记创建一个单元格，并将插入要在该表行上显示其结果的方法名，最后以</td>结束这个单元格。在下一个单元格中放置 parseInt() 函数的实际结果。尽管 parseInt() 返回一个数值，由于把它与一个字符串连接在一起，所以 JavaScript 在连接之前，自动把 parseInt() 返回的数值转换为字符串。这是在后台实现的，我们不需要执行任何操作。最后用</td></tr>结束单元格和表行。

5. random()方法

random()方法返回一个 0～1 之间的随机浮点数，包含 0 但不包括 1。它非常适于显示随机的横幅图像或编写 JavaScript 游戏。

下面说明如何模拟掷骰子的游戏。下列代码将在页面上显示 10 个随机数，单击浏览器的 Refresh 按钮，就将显示另一组随机数：

```
<!DOCTYPE html>

<html lang="en">
<body>
    <script>
      var diceThrow;

      for (var throwCount = 0; throwCount < 10; throwCount++) {
        diceThrow = (Math.floor(Math.random() * 6) + 1);
        document.write(diceThrow + "<br>");
      }
    </script>
</body>
</html>
```

我们希望 diceThrow 在 1～6 之间。random()方法返回一个 0～1(不包含 1)之间的随机浮点数。把这个数值乘以 6，就得到一个 0～6(不包含 6)的随机数，然后加 1，就得到一个 1～7(不包含 7)的随机数。接着用 floor()方法向下修整为最近的整数，便得到一个 1～6(包含 6)的随机整数。

如果想获得 1～100 的随机数，只要修改代码，使 Math.random()乘以 100，而不是乘以 6。

6. pow()方法

pow()方法计算一个数的指定幂。它带两个参数，第一个参数是底数，第二个参数是指数。例如，要求出 2 的 8 次幂，即计算 2 * 2 * 2 * 2 * 2 * 2 * 2 * 2，可以编写 Math.pow(2,8)——结果为 256。一些数学方法在 Web 编程中并不常用，例如 sin()、cos()和 acos()等，除非编写的是科学应用程序，但 pow()方法非常有用。

　　　使用 pow()方法

下面的例子使用 pow()方法编写一个函数，用于固定数字中的小数位数。

```
<!DOCTYPE html>

<html lang="en">
<head>
    <title>Chapter <5, Example 5</title>
</head>
<body>
    <script>
        function fix(fixNumber, decimalPlaces) {
            var div = Math.pow(10, decimalPlaces);
            fixNumber = Math.round(fixNumber * div) / div;
            return fixNumber;
        }

        var number1 = prompt("Enter the number with decimal places you " +
                    "want to fix", "");

        var number2 = prompt("How many decimal places do you want?", "");

        document.write(number1 + " fixed to " + number2 + " decimal places is: ");
        document.write(fix(number1, number2));
    </script>
</body>
</html>
```

将该页面保存为 ch5_example5.html。在浏览器中加载该页面，将会看到两个提示框。在第一个提示框中输入一个要固定小数位数的数字，例如输入 2.2345。在第二个提示框中，输入要固定的小数位数，例如 2。程序把输入的数字变成具有指定小数位数的数，并显示在页面上。如图 5-5 所示，对于本例输入的 2.2345，结果是 2.23。

页面开头定义了 fix()函数。这个函数把其 fixNumber 参数变成小数点后有 decimalPlaces 位的数字。例如，把 34.76459 变成舍入后的 3 位小数的数字，结果是 34.765。

该函数的第一行代码把变量 div 设置为 10 的 decimalPlaces 次幂，decimalPlaces 是指定的小数位数。

```
function fix(fixNumber, decimalPlaces) {
    var div = Math.pow(10,decimalPlaces);
```

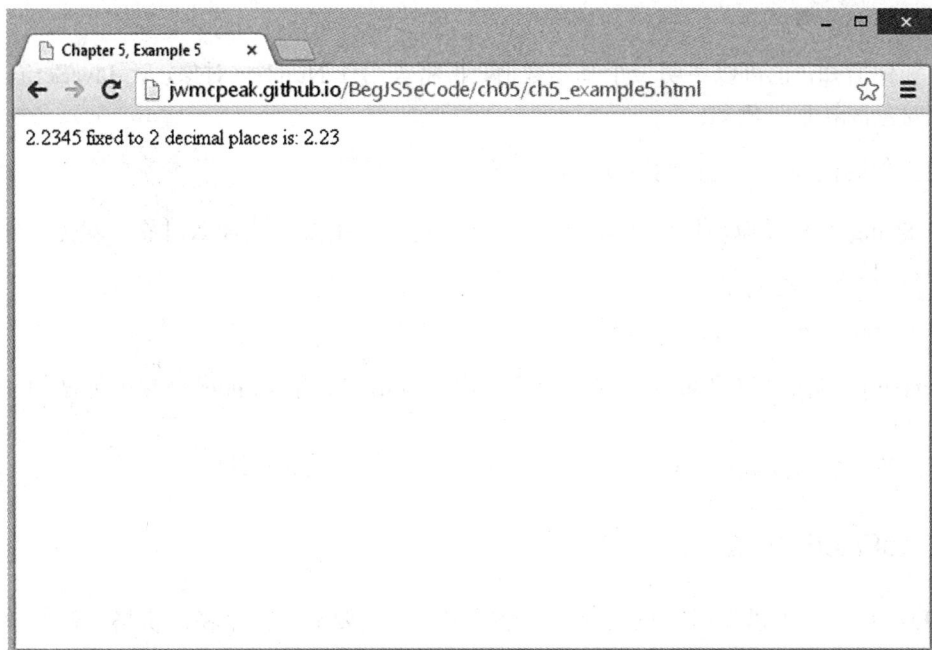

图　5-5

下一行代码计算新的数值：

```
fixNumber = Math.round(fixNumber * div) / div;
```

代码 Math.round(fixNumber * div)的作用是将要转换的数字中的小数点移动到要保留的位数之后。对于 2.2345，如果要保留两位小数，就将它转换为 223.45。然后，Math.round()方法把这个数值舍入为最近的整数(本例是 223)，并去掉多余的小数部分。

然后，把这个整数转换回相应的小数，当然仅有指定的小数位保留下来。为此，需要除以 div，即刚才的乘数。在这个例子中，将 223 除以 100，得到 2.23。这就是将 2.2345 变成有 2 位小数的数字的结果。下面的代码把这个值返回给调用代码。

```
return fixNumber;
}
```

接下来，使用两个提示框获取用户的输入，然后用 document.write()向用户显示在 fix() 函数中处理这些数字的结果。

本示例只是一个演示示例。在下面一节中将介绍 Number 对象的 toFixed()方法，该方法的作用类似于 fix()函数。

5.2.4　Number 对象

与 String 对象类似，只有先创建了 Number 对象，才能使用它。要创建 Number 对象，可以使用如下代码：

```
var firstNumber = new Number(123);
```

```
var secondNumber = new Number('123');
```

但如你所知,也可以声明一个基本数值,再将其用作 Number 对象,让 JavaScript 在后台实现对象的转换。例如:

```
var myNumber = 123.765;
```

与 String 对象类似,只要 JavaScript 能在后台推断出要创建什么对象,就优先使用这个技巧。例如:

```
var myNumber = "123.567";
```

JavaScript 能正确地推断出这是一个字符串。因此,使用 Number 对象的方法的任何尝试都会失败。

下面将介绍 Number 对象的一个最常用的方法——toFixed()方法。

5.2.5 toFixed()方法

toFixed()方法可以在指定点处截断一个数字。假定要显示某个税后价格。假如该价格是 9.99 美元,而营业税是 7.5%,则税后价格是 10.73925 美元。然而,对于货币交易来说这是个很古怪的数值——税后价格的小数位数不应超过两位。下面是一个例子:

```
var itemCost = 9.99;
var itemCostAfterTax = 9.99 * 1.075;

document.write("Item cost is $" + itemCostAfterTax + "<br />");

itemCostAfterTax = itemCostAfterTax.toFixed(2);

document.write("Item cost fixed to 2 decimal places is " +
               "$" + itemCostAfterTax);
```

第一个 document.write()在页面上输出如下信息:

```
Item cost is $10.73925
```

但这并不是我们需要的格式,我们只需要两位小数,所以使用下面的代码:

```
itemCostAfterTax = itemCostAfterTax.toFixed(2);
```

使用 Number 对象的 toFixed()方法,使变量 itemCostAfterTax 中的值保留两位小数。toFixed()方法的唯一参数是要保留的小数位数。于是,下一个 document.write()语句显示:

```
Item cost fixed to 2 decimal places is $10.74
```

为什么结果是 10.74 而不是 10.73 呢?toFixed()方法不仅截去多余的小数位,还会进行四舍五入操作。在本例中,数值是 10.739,向上修整为 10.74。如果数值是 10.732,就向下修整为 10.73。

注意,只能修整小数位数为 0~20 的数字。

5.2.6　Date 对象

在 JavaScript 中，Date 对象用于处理日期和时间。使用 Date 对象可以获取当前的日期和时间，存储自己的日期和时间，计算这些日期，把日期转换为字符串。

Date 对象包含大量方法，但其用法有点难度，所以第 7 章专门介绍 JavaScript 中的日期、时间和计时器。但本节将重点介绍如何创建 Date 对象以及 Date 对象的一些常用方法。

1. 创建 Date 对象

可以使用 4 种方法来声明和初始化 Date 对象。第一种方法仅声明一个新的 Date 对象，而不初始化其值。此时，日期和时间值将设置为运行该脚本的 PC 机的当前日期和时间。

```
var theDate1 = new Date();
```

第二种方法是在定义 Date 对象时，传入从 GMT(格林威治标准时间)1970 年 1 月 1 日 00:00:00 开始所经过的毫秒数。在下面的例子中，日期是 GMT 2000 年 1 月 31 日 00:20:00(午夜后 20 分钟)：

```
var theDate2 = new Date(949278000000);
```

很少使用这种方法来定义 Date 对象，但 JavaScript 实际上使用这种方式来保存日期。提供日期的其他格式仅是为了方便起见。

接下来，可以传入一个表示日期或者日期和时间的字符串。在下面的示例中，传入字符串"31 January 2014"：

```
var theDate3 = new Date("31 January 2014");
```

但是，通常在编写日期时，可以写成"31 Jan 2014"、"Jan 31 2014"，或者其他的有效形式。如果对此有怀疑，就试一试。

如果为美国之外的国际用户编写网页，就需要知道指定日期的不同方式。在英国和其他很多地方，日期的标准格式为"日、月、年"，然而在美国，日期的标准格式为"月、日、年"。如果仅指定数字，就可能出问题，JavaScript 可能把用户定义的"月"理解为"日"。

第四种定义 Date 对象的方法是，初始化时传入用逗号分隔的如下参数：年,月,日,小时,分钟,秒,毫秒，例如：

```
var theDate4 = new Date(2014,0,31,15,35,20,20);
```

> **提示**：当使用声明 Date 对象的第三种或第四种方法指定月份时，特别容易出错。避免这个问题的最简单办法就是总是使用月份的名称，以免造成混乱。

实际上，这个日期是 2014 年 1 月 31 日 15:35:20，20 毫秒，如果忽略时间部分，也可以仅声明日期部分。

注意，在这个示例中，一月用 0 表示，而不是 1，十二月用 11 表示。

2. 获得日期值

保存了日期后，如何获取日期信息呢？可以使用 get 方法，有关 get 方法的汇总如表 5-13 中所示。

表 5-13

方　法	返　回　值
getDate()	月份中的第几天
getDay()	表示星期几的整数，其中，0 表示星期日，1 表示星期一，依此类推
getMonth()	表示月份的整数，其中，0 表示一月，1 表示二月，依此类推
getFullYear()	以 4 位数表示的年份
toDateString()	基于当前时区，返回一个便于人们阅读的完整日期字符串，如"Wed 31 Dec 2003"

例如，要获取 ourDateObj 中的月份，可以使用如下代码：

```
theMonth = myDateObject.getMonth();
```

所有方法都以非常类似的方式工作，并且所有的返回值都基于本地时间，这里，本地时间是运行代码的计算机的本地时间。也可以使用世界标准时间(Universal Time)，以前称为 GMT，参见第 7 章。

试一试　　使用 Date 对象获得当前日期

这个示例使用 get date type 方法，将当前的月、日、年信息输出到网页上：

```
<!DOCTYPE html>

<html lang="en">
<head>
    <title>Chapter 5, Example 6</title>
</head>
<body>
    <script>
        var months = ["January", "February", "March", "April", "May",
                      "June", "July", "August", "September",
                      "October", "November", "December"];

        var dateNow = new Date();
        var yearNow = dateNow.getFullYear();
        var monthNow = months[dateNow.getMonth()];
        var dayNow = dateNow.getDate();
        var daySuffix;

        switch (dayNow) {
```

```
            case 1:
            case 21:
            case 31:
               daySuffix = "st";
               break;
            case 2:
            case 22:
               daySuffix = "nd";
               break;
            case 3:
            case 23:
               daySuffix = "rd";
               break;
            default:
               daySuffix = "th";
               break;
         }

         document.write("It is the " + dayNow + daySuffix + " day ");
         document.write("in the month of " + monthNow);
         document.write(" in the year " + yearNow);
      </script>
   </body>
</html>
```

将以上代码保存为 ch5_example6.html。如果在浏览器中加载该页面，页面将用一个格式正确的语句显示当前日期。

上面的代码首先声明一个数组，并填充一年的各个月份。为什么要这样做呢？因为 Date 对象的方法都不返回月份的名称，而返回以数字表示的月份。但这并不是什么问题，只要声明一个月份数组，并用月份数字作为该数组的索引，就能选择正确的月份名称。

```
var months = ["January", "February", "March", "April", "May", "June", "July",
              "August", "September", "October", "November", "December"];
```

接下来，创建一个新的 Date 对象，但不用自己的值初始化它，这样就可以把它初始化为当前的日期和时间：

```
var dateNow = new Date();
```

然后，把变量 yearNow 设置为 getFullYear()方法的返回值，即当前年份：

```
var yearNow = dateNow.getFullYear();
```

之后，使用 getMonth()返回的索引数，把对应数组元素包含的值填充到 monthNow 变量中。getMonth()方法返回的月份是一个整数值，并且用 0 表示一月，这是一个额外的好处，因为数组的索引也是从 0 开始，所以不需要任何调整，就可以找到正确的数组元素。

```
var monthNow = months[dateNow.getMonth()];
```

最后，把月份中的当前日期赋给变量 dayNow：

```
var dayNow = dateNow.getDate();
```

之后使用第 3 章介绍的 switch 语句，可以非常方便地为日期加上正确的后缀。毕竟，输出"it is the 1st day"的应用程序要比输出"it is the 1 day"看起来更专业。这有点麻烦，因为要添加的后缀依赖于该后缀前面的数字。所以，对于月份中的 1 号、21 号或 31 号，代码如下：

```
switch (dayNow) {
    case 1:
    case 21:
    case 31:
        daySuffix = "st";
        break;
```

对于 2 号、22 号，代码如下：

```
    case 2:
    case 22:
        daySuffix = "nd";
        break;
```

对于 3 号、23 号，代码如下：

```
    case 3:
    case 23:
        daySuffix = "rd";
        break;
```

最后，其他的日期需要在 default 中处理，只需要加上后缀"th"：

```
    default:
        daySuffix = "th";
        break;
}
```

在最后几行代码中，使用 document.write()把信息输出到 HTML 页面上。

3. 设置日期值

要修改 Date 对象中的日期部分，可以使用一组 set 方法，它们与前面介绍的 get 方法相对应，只不过这里是设置日期值，而不是获取日期值。这些 set 方法的汇总如表 5-14 中所示。

表 5-14

方　　法	说　　明
setDate()	月中的某一天作为参数传入，以设置日期
setMonth()	年中的某一月作为整数参数传入，其中，0 表示一月，1 表示二月，依此类推
setFullYear()	把年份设置为作为参数传入的 4 位整数

注意：出于安全方面的考虑，基于 Web 的 JavaScript 无法修改用户计算机上的当前日期和时间。

因此，要将年份设置为 2016，代码如下：

```
myDateObject.setFullYear(2016);
```

将日期和月份设置为 2 月 27 号，代码如下：

```
myDateObject.setDate(27);
myDateObject.setMonth(1);
```

这里要注意，没有与 getDay()方法直接对应的 set 方法。确定年、月、日后，会自动设置星期几。

4. 日期的计算

先看看下面的代码：

```
var myDate = new Date("1 Jan 2010");
myDate.setDate(32);
document.write(myDate);
```

这段代码有错误吗——1 月份并没有 32 号呀？这段代码当然没有什么错误，JavaScript 知道 1 月份并没有 32 号，因此会把日期设置为 1 月 1 号之后的 32 天，即把日期设置为 2 月 1 号。

这也适用于 setMonth()方法。如果设置的值大于 11，则日期将自动滚动到下一年。所以，如果使用 setMonth(12)，日期就设置为下一年的一月。同样，setMonth(13)表示下一年的二月。

如何使用 setDate()方法和 setMonth()方法的这一特性？例如，假定需要确定从现在开始的第 28 天的日期。由于不同的月份有不同的天数，28 天后可能滚动到下一年，因此这并不像乍看起来那么简单。或者至少如果没有 setDate()，这个问题就没有那么简单，完成这个任务的代码如下：

```
var nowDate = new Date();
var currentDay = nowDate.getDate();
nowDate.setDate(currentDay + 28);
```

首先将变量 nowDate 设置为一个不带初始值的 Date 对象，以获取当前系统的日期。第二行代码将月中的当前天数放在变量 currentDay 中。为什么？在使用 setDate()时，如果传入的值大于该月的天数，则该方法将从该月的第 1 天开始，向前计数传入的天数。所以，如果今天是 1 月 15 号，使用 setDate(28)方法，则并不是表示 1 月 15 号之后的 28 天，而是

1 月 1 日之后的 28 天。如果要计算的是当前日期之后的 28 天，就需要给当前的天数加上 28。即使用 setDate(15 + 28)。第三行把日期设置为当前天数加上 28 天。该月的当前天数保存在 currentDay 中，因此给它加上 28，计算当前日期之后的 28 天。

如果想获得当前日期之前第 28 天的日期，只需要使用当前日期减去 28。注意这大多是一个负值。需要将上面代码的第三行修改为：

```
nowDate.setDate(currentDay - 28);
```

setDate()的这个原则也适用于 setMonth()方法。

5. 获得时间值

用于获取时间数据中各个部分的方法，类似于获取日期值的 get 方法。这些方法是：

- getHours()
- getMinutes()
- getSeconds()
- getMilliseconds()
- toTimeString()

这些方法分别返回指定的 Date 对象的小时、分钟、秒、毫秒和整个时间，这里的时间是 24 小时制，即 0 表示午夜，23 表示晚上 11 点。最后一个方法与 toDateString()方法类似，它返回一个易于理解的字符串，只是这里它包含的是时间(例如："13:03:51 UTC")。

试一试　　在网页上输出当前时间

下面的例子把当前时间输出在页面上。

```
<!DOCTYPE html>

<html lang="en">
<head>
    <title>Chapter 5, Example 7</title>
</head>
<body>
    <script>
        var greeting;

        var nowDate = new Date();
        var nowHour = nowDate.getHours();
        var nowMinute = nowDate.getMinutes();
        var nowSecond = nowDate.getSeconds();

        if (nowMinute < 10) {
            nowMinute = "0" + nowMinute;
        }

        if (nowSecond < 10) {
            nowSecond = "0" + nowSecond;
```

```
    }

    if (nowHour < 12) {
       greeting = "Good Morning";
    } else if (nowHour < 17) {
       greeting = "Good Afternoon";
    } else {
       greeting = "Good Evening";
    }

    document.write("<h4>" + greeting + " and welcome to my website</h4>");
    document.write("According to your clock the time is ");
    document.write(nowHour + ":" + nowMinute + ":" + nowSecond);
  </script>
</body>
</html>
```

将这个页面保存为 ch5_example7.html 文件。在 Web 浏览器中加载它时，页面将根据当前的时间显示一条问候语和当前的时间，如图 5-6 所示。

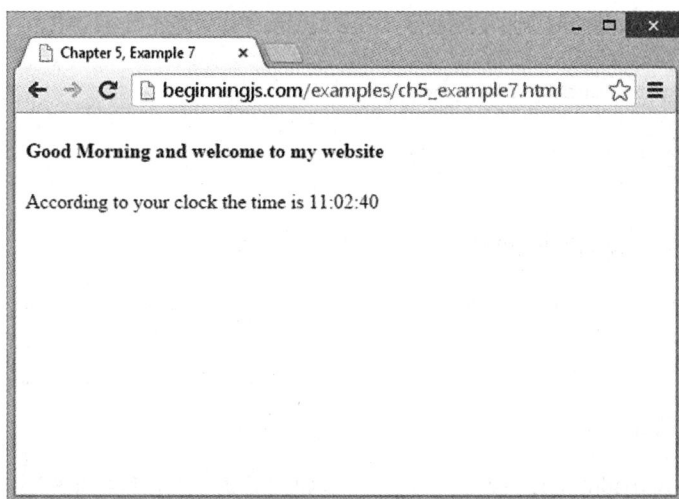

图　5-6

上述代码的前两行声明了两个变量：greeting 和 nowDate：

```
var greeting;
var nowDate = new Date();
```

稍后将使用变量 greeting 来保存网站上的欢迎消息，例如，"Good Morning"、"Good Afternoon"或者"Good Evening"。变量 nowDate 被初始化为一个新的 Date 对象。注意，该 Date 对象的构造函数是空的，因此 JavaScript 在其中存储当前日期和时间。

接下来从 nowDate 中获取当前时间的信息，并将其保存在不同的变量中。可以看到，获取时间数据与获取日期数据是非常类似的，只是使用了不同的方法而已。

```
var nowHour = nowDate.getHours();
var nowMinute = nowDate.getMinutes();
```

```
var nowSecond = nowDate.getSeconds();
```

为什么示例包含下面的代码行呢？

```
if (nowMinute < 10) {
    nowMinute = "0" + nowMinute;
}

if (nowSecond < 10) {
    nowSecond = "0" + nowSecond;
}
```

这段代码仅用于格式化。如果时间为 10 点 9 分，则应显示 10:09，而不是 10:9，但如果使用 getMinutes()方法，就会得到 10:9，没有额外的 0。秒数同样如此。如果仅在计算中使用该数据，则不需要关心格式化问题——这里要考虑格式化，是因为要把执行代码所得的时间插入到网页上。

下面的一系列 if 语句根据一天中的时间，判断创建什么问候语，并显示给用户。

```
if (nowHour < 12) {
    greeting = "Good Morning";
} else if (nowHour < 17) {
    greeting = "Good Afternoon";
} else {
    greeting = "Good Evening";
}
```

最后，将问候语和当前时间显示在页面上：

```
document.write("<h4>" + greeting + " and welcome to my website</h4>");
document.write("According to your clock the time is ");
document.write(nowHour + ":" + nowMinute + ":" + nowSecond);
```

6. 设置时间值

要设置 Date 对象的时间，也可以使用一系列与获取时间对应的方法：

- setHours()
- setMinutes()
- setSeconds()
- setMilliseconds()

这几个方法与设置日期的方法很类似，如果设置的时间参数是不合法的值，则 JavaScript 将向前或向后滚动相应的时间。例如，如果现在是 9:57，把分钟设置为 64，则时间会设置为 10:04——即 9:00 之后的 64 分钟。

如下面的代码所示：

```
var nowDate = new Date();
nowDate.setHours(9);
nowDate.setMinutes(57);
alert(nowDate);
```

```
nowDate.setMinutes(64);
alert(nowDate);
```

首先声明变量 nowDate，给它赋予一个包含当前日期和时间的新的 Date 对象。接下来的两行代码分别把小时设置为 9，把分钟设置为 57。然后用一个警告框显示日期和时间，即 9:57。随后，把分钟设置为 64，并再次使用警告框将日期和时间显示给用户。此时，由于分钟数使小时数向前滚动，因此显示的时间是 10:04。

如果小时数设置为 23 而不是 9，同时将分钟数设置为 64，那么不仅会向前滚动 1 小时，还将向前滚动到下一天。

5.3　创建自定义对象

前面已经介绍了一些 JavaScript 内置对象，但 JavaScript 的真正强大之处在于用户可以创建自己的对象来表示复杂的数据。例如，如果需要在代码中表示某个人，仅需要使用两个变量就可以表示这个人的名和姓，如下所示：

```
var firstName = "John";
var lastName = "Doe";
```

但如果要表示多个人呢？为每个人都创建两个变量将很快导致代码变得笨拙，并且对每个人的每个变量进行跟踪将导致令世界上最优秀的程序员也会头痛的问题。为此，可以为每个人都创建一个对象。每个对象都包含一个人区别于他人的必要信息(如某人的姓和名)。

要创建 JavaScript 对象，只需要使用 new 操作符后接 Object 构造函数即可，如下所示：

```
var johnDoe = new Object();
```

和数组一样，JavaScript 提供了一个字面量语法来表示对象：一对花括号({})。因此，可以重写前面的代码，如下所示：

```
var johnDoe = {};
```

现在，JavaScript 开发人员青睐于这种字面上的语法，以此替代了调用 Object 构造函数。

创建对象后，就可以开始给对象添加一些属性。这类似于变量的创建，只是不再使用 var 关键字。仅使用对象的名称，后跟一个句点以及属性的名称，之后，再给该对象赋予值。例如：

```
johnDoe.firstName = "John";
johnDoe.lastName = "Doe";
```

上面两行代码为 johnDoe 对象创建了 firstName 和 lastName 属性，并分别为它们赋了值。JavaScript 并不会检查这些属性在之前是否就已存在，它只负责创建它们。这种自由为对象创建属性的方式听起来很不错(确实如此)，但也存在一些缺点。最主要的问题在于

JavaScript 并不会告知属性名是否有意外的拼写错误,而只是用错误的属性名创建一个新属性,这样就导致难以追踪存在的错误。所以在创建属性时应该总是要小心谨慎。

也可以用这种方式为方法赋值,只是所赋的是一个函数而不是其他类型的值,如下所示:

```
johnDoe.greet = function() {
    alert("My name is " + this.firstName + " " + this.lastName;
};
```

上面的代码创建了一个名为 greet()的方法,该方法在警告框中会显示一条问候语。这段代码中有以下几个重要点值得注意。

首先,注意在 function 和()之间没有名称。没有名称的函数称为匿名函数(anonymous function)。就其本身而言,匿名函数是一种语法错误,除非将其赋给了一个变量。将匿名函数赋给变量后,该函数的名称就为变量的名称。因此可以执行赋给 johnDoe.greet 的匿名函数,如下所示:

```
johnDoe.greet();
```

其次,注意函数内的 this 的用法:this.firstName 和 this.lastName。在 JavaScript 中,this是一个指向当前变量(在本例中是 johnDoe 变量)的特殊变量。从字面上来讲,它表示"这个对象"。因此可以重写 greet(),如下所示:

```
johnDoe.greet = function() {
    alert("My name is " + johnDoe.firstName + " " + johnDoe.lastName;
};
```

但并不总是使用对象名称来代替 this。在引用方法内的当前对象时使用 this 是首选,而不是使用实际的对象名称。

创建 johnDoe 对象的完整代码如下所示:

```
var johnDoe = {};

johnDoe.firstName = "John";
johnDoe.lastName = "Doe";
johnDoe.greet = function() {
    alert("My name is " + johnDoe.firstName + " " + johnDoe.lastName;
};
```

上面的 JavaScript 代码完全有效,但使用了 4 条语句来创建一个完整的对象。若使用字面量符号法(literal notation)来定义整个对象,可以将这 4 条语句缩减成一条语句。诚然,这条语句看起来有些古怪,但很快就会习惯它:

```
var johnDoe = {
    firstName : "John",
    lastName : "Doe",
    greet : function() {
        alert("My name is " +
        this.firstName + " " +
```

```
        this.lastName;
    }
};
```

下面研究一下这条语句。首先，注意它使用花括号将整个对象置于其中。然后采用属性/方法名称后跟一个冒号和值的方式定义了每个属性和方法。因此 firstName 属性的定义如下所示：

```
firstName : "John"
```

在此没有使用等号(=)。在对象的字面量符号法中，是采用冒号来设置属性的值。

最后，要注意由逗号隔开的每个属性和方法的定义，这非常类似于将数组字面量中各个元素分隔开的方式。

试一试　　使用对象字面量

理解对象字面量十分重要，JavaScript 开发人员可以随意使用它们。下面的示例演示了如何使用函数创建自定义对象：

```
<!DOCTYPE html>

<html lang="en">
<head>
    <title>Chapter 5, Example 8</title>
</head>
<body>
    <script>
        function createPerson(firstName, lastName) {
            return {
                firstName: firstName,
                lastName: lastName,
                getFullName: function() {
                    return this.firstName + " " + this.lastName
                },
                greet: function(person) {
                    alert("Hello, " + person.getFullName() +
                        ". I'm " + this.getFullName());
                }
            };
        }

        var johnDoe = createPerson("John", "Doe");
        var janeDoe = createPerson("Jane", "Doe");

        johnDoe.greet(janeDoe);
    </script>
</body>
</html>
```

将该页面保存为 ch5_example8.html。把该页面加载到 Web 浏览器中后，会显示消息：

135

"Hello, Jane Doe. I'm John Doe"。

首先代码创建了函数 createPerson()，该函数将名和姓作为参数。使用对象字面量符号法，该函数创建了包含名和姓的对象：

```
function createPerson(firstName, lastName) {
    return {
```

创建的第一个属性是 firstName，该属性的值为 firstName 参数的值：

```
        firstName: firstName,
```

接着创建了 lastName 属性，该属性的值为 createPerson()函数的 lastName 参数的值：

```
        lastName: lastName,
```

之后创建了 getFullName()方法。该方法将名和姓返回给调用程序：

```
        getFullName: function() {
            return this.firstName + " " + this.lastName
        },
```

getFullName()方法使用 this 变量来访问这个对象的 firstName 和 lastName 属性。注意，this 变量是访问这些属性的唯一方式，因为该对象没有名称，它是一个匿名对象，之后会返回给调用程序。

这个对象的最后一个方法是 greet()。它接受另一个 person 对象作为参数，并使用它的 getFullName()来问候该对象：

```
        greet: function(person) {
            alert("Hello, " + person.getFullName() +
                ". I'm " + this.getFullName());
        }
    };
}
```

下面的代码创建了两个对象，每个对象表示一个人：

```
var johnDoe = createPerson("John", "Doe");
var janeDoe = createPerson("Jane", "Doe");
```

注意这里缺少 new 关键字。createPerson()不是一个构造函数(随后将介绍如何编写构造函数)，它仅创建并返回一个对象。

最后，John Doe 通过调用 greet()方法并向其传递 janeDoe 对象来问候 Jane Doe：

```
johnDoe.greet(janeDoe);
```

5.4 创建对象的新类型(引用类型)

这一节介绍一些高级内容。这并不是必需的，因此可以跳过这一节，以后再阅读。

如前所述，JavaScript 提供了大量内置于该语言的对象，供我们使用。也可以创建自定义的对象来表示更复杂的数据，不过 JavaScript 也支持用户创建自己的对象类型。例如，可以创建表示个人的对象，但也可以创建表示 Person 对象的对象。

这有点像建好的房子，我们只需要搬进去住即可。但是，如果我们想根据特定的需求来建造自己的房子，该怎么办呢？此时需要让建筑师绘制技术图样和设计图，以提供新房子的模板，建筑施工人员使用设计图来确定如何造房子。

这些与 JavaScript 和对象有什么关系？JavaScript 允许像建筑师那样，根据自己的需求创建特定对象的模板。回顾一下 Person 对象示例，JavaScript 并没有提供内置的 Person 对象，因此必须创建一个。

房屋建筑人员需要建筑师的设计图纸，来确定建造什么房子、房子如何布局等。与此类似，我们需要提供蓝图，告诉 JavaScript 如何构建对象。为此，有时需要使用 ch5_example8.html 中的 createPerson()函数，但仅能创建包含自定义属性和方法的简单对象——并没有创建实际的 Person 对象。

JavaScript 支持引用类型的定义。引用类型实际上是对象的模板，就像建筑师的图纸是建造房子的模板一样。在使用新的对象类型之前，需要先定义对象类型及其方法和属性。一个重要的区别是，在定义引用类型时，不会创建基于该类型的对象。只有使用 new 关键字创建该引用类型的实例时，才会根据蓝图或原型(prototype)创建该类型的对象。

在开始之前，要理清一个重要的区别。许多开发人员把引用类型称为类，并交替使用这两个术语。这在许多基于对象的语言中都是正确的，例如 Java、C#和 C++，但在 JavaScript 中不正确。JavaScript 并不支持正式的类结构，它的下一个版本会提供支持。但该语言完全支持对应的逻辑，即引用类型。

还必须指出，本章前面讨论的内置对象也是引用类型。String、Array、Number、Date 和 Object 都是引用类型，用户创建的对象是这些类型的实例。

引用类型由以下三部分组成：

- 构造函数
- 方法定义
- 属性

构造函数是一个方法，每次根据这个引用类型创建对象时，都会调用构造函数。用某种方式初始化属性或对象时，就可以使用构造函数。即使不向构造函数传递参数，或者构造函数不包含任何代码(其定义为空)，也需要创建一个构造函数。与函数类似，构造函数可以有 0 个或多个参数。

前面创建了表示单个人的对象，下面创建一个简单的引用 Person，它的作用和前面创建的对象一样，只是这些对象是实际的 Person 对象。

1. 定义引用类型

首先需要创建构造函数，如下所示：

```
function Person(firstName, lastName) {
    this.firstName = firstName;
    this.lastName = lastName;
}
```

这段代码似乎只是一个函数。没错，在开始定义属性和方法之前，它就只是一个函数。这与其他编程语言相反，其他编程语言有定义类型的更正式方式。

> 注意：通常，引用类型用一个大写字母定义，这有助于简捷地区分函数和引用类型。

注意该函数中 this 变量的用法。同样，从字面上讲，它表示 "this object(这个对象)"，它是访问所创建对象的唯一方式。因此，要创建 firstName 和 lastName 属性，应编写如下代码：

```
this.firstName = firstName;
this.lastName = lastName;
```

现在需要定义 geFullName()和 greet()方法。也可以在构造函数中定义它们，但基于 Person 的 prototype 来定义它们则更高效，如下所示：

```
Person.prototype.getFullName = function() {
    return this.firstName + " " + this.lastName;
};

Person.prototype.greet = function(person) {
    alert("Hello, " + person.getFullName() +
        ". I'm " + this.getFullName());
};
```

首先要注意的是 Person.prototype。第 4 章中曾提到过函数也是 JavaScript 对象，本章也介绍了对象包含属性和方法。因此，很容易假定函数也包含属性和方法。

每个函数对象都包含 prototype 属性，但该属性仅对构造函数有用。可以将 Person.prototype 属性看成 Person 对象的实际原型。赋给 Person.prototype 的任何属性和方法对于 Person 对象都可用。实际上，它们非常有用——可以共享它们！

所有 Person 的对象或实例都可以共享赋给 Person.prototype.getFullName 和 Person.prototype.greet 的函数。这意味着一个 Person 对象的 getFullName 的函数对象与另一个 Person 对象的 getFullName 的函数对象是完全一样的。可以用如下代码来表示：

```
var areSame = person1.getFullName == person2.getFullName; // true
```

但为什么在构造函数中定义的是 firstName 和 lastName，而不是 Person.prototype？firstName 和 lastName 属性称作实例数据。实例数据对于每个对象或实例都是唯一的。因为 firstName 和 lastName 属性是实例数据，所以在构造函数中定义它们——在所有的对象之间不应该共享它们。

2. 创建和使用引用类型的实例

创建引用类型的实例与创建 JavaScript 内置类型的实例一样：使用 new 关键字。所以，要创建 Person 的一个新实例，可以使用如下代码：

```
var johnDoe = new Person("John", "Doe");
var janeDoe = new Person("Jane", "Doe");
```

与 Date 对象一样，这里创建了两个新对象，并保存在变量 johnDoe 和 janeDoe 中，但这次这两个新对象基于 Person 类型。

> 注意：使用构造函数创建对象时，使用 new 关键字是非常重要的。如果没有使用 new 关键字，虽然浏览器不会抛出错误，但脚本却无法正常工作。此时不会创建新对象，而是给全局 window 对象添加属性。不使用 new 关键字导致的问题难以诊断，所以在使用构造函数创建对象时，一定要指定 new 关键字。

和 ch5_example8.html 中一样使用这两个对象。下面的代码表示 Jane Doe 问候 John Doe：

```
janeDoe.greet(johnDoe);
```

即使是在 Person.prototype 上定义的 getFullName()和 greet()，但仍然可以像调用普通方法一样调用它们。JavaScript 语言非常智能，能够调用 Person.prototype 上的这些方法。

现在还有一个疑问：为什么要定义引用类型来替代自定义的对象呢？这个问题很有价值，ch5_example8.html 中创建的对象与 Person 构造函数中创建的对象其作用都一样：表示单个人。主要的区别在于对象的创建方式。与字面量对象相比，构造函数中的对象通常消耗的计算机内存要少一些。

幸运的是，现在对于这个问题我们不必担心。知道如何创建对象比正确地使用对象通常更重要。因此，应该践行如下两种方法：创建自定义对象和引用类型。

5.5　小结

本章介绍了对象的概念，这些概念对于理解 JavaScript 是至关重要的，对象几乎代表了 JavaScript 的一切。另外，还介绍了 JavaScript 语言用于增强其功能的一些原生引用类型。

本章的主要内容如下：

- JavaScript 基于对象，用对象的概念来表示事物，如字符串、日期和数组等。
- 对象包含属性和方法。例如，Array 对象有 length 属性和 sort()方法。
- 要创建新对象，只需要编写 new ObjectType()。在创建对象时，可以选择初始化对象。
- 要获取或设置对象的属性值，只需要编写 objectName.objectProperty。
- 调用对象的方法与调用函数非常类似。可以传递参数，也可以传回返回值。访问对象的方法与访问属性相同，但即使方法没有参数，也必须在方法名之后加上括号。例如，可以编写 objectName.objectMethod()。

- String 类型为文本提供了大量便捷的方法，如计算文本的长度、在字符串中查找文本以及选择文本的一部分等。
- Math 类型是自动创建的，它提供了大量的数学属性和方法。例如，使用 Math.random()方法可以获得 0～1 之间的随机数。
- Array 类型提供了操作数组的方式。例如，获得数组的长度、排列数组元素的顺序以及合并两个数组等。
- Date 类型提供了保存、计算以及获得日期和时间的方法。
- JavaScript 允许你创建自己的自定义对象，并给对象赋予属性和方法。
- JavaScript 允许使用引用类型来定义自己的对象类型。引用类型可以用于对现实世界中的事物建模，使代码更容易创建和维护，但开始时需要做额外的工作。

5.6 习题

在附录 A 中可以找到本章习题的参考答案。

习题 1:

使用 Date 类型，计算距今 12 个月后的日期，并输出到网页上。

习题 2:

让用户输入一个名字列表，并将名字保存在数组中。继续获取下一个名字，直到用户输入为空为止。然后按升序排列名字顺序，并输出到页面上，每个名字各占一行。

习题 3:

ch5_example8.html 中通过字面量符号使用函数来创建对象。修改该示例，使之使用 Person 数据类型。

第 **6** 章

字符串操作

本章主要内容

- 使用字符串对象的高级方法操作字符串
- 遵循特定的模式匹配子字符串
- 验证信息的有用部分，如电话号码、电子邮件地址和邮政编码

本章源代码下载(wrox.com):

打开 http://www.wiley.com/go/BeginningJavaScript5E，单击 Download Code 选项卡即可下载本章源代码。也可以在 http://beginningjs.com 上查看所有的代码示例和相关的文件。

第 5 章介绍了 String 对象，它是 JavaScript 的内置对象之一。它包括下列属性和方法:

- length——字符串的长度。
- charAt()和 charCodeAt()——返回字符串中指定位置处的字符或字符编码。
- indexOf()和 lastIndexOf()——在一个字符串中查找另一个子串是否存在,如果存在,则返回子串在字符串中的位置。
- substr()和 substring()——返回字符串的一部分。
- toUpperCase()和 toLowerCase()——将字符串转换为大写或小写形式。

本章将学习 String 对象的 4 个新方法，即 split()、match()、replace()和 search()。后 3 个方法提供了非常强大的文本处理功能。但是，要充分利用这些功能，还需要学习一个稍微复杂的主题。

split()、match()、replace()和 search()方法都可以使用正则表达式。在 JavaScript 中，正则表达式封装为 RegExp 对象。正则表达式允许定义字符的模式，用于查找或替换文本。例如，要将字符串中用以括起文本的所有单引号替换为双引号。这看起来很简单——只需要搜索 ' 字符，并替换为 " 字符——但如果字符串是 Bob O'Hara said "Hello"?，则不需要替换 O'Hara 中的单引号。不使用正则表达式也可以进行这个文本替换，但需要的代码比使用正则表达式多两行。

split()、match()、replace()和 search()与正则表达式结合使用，能充分发挥其威力，而这几个方法也可以用于普通文本。下面分析它们如何应用于较简单的文本，以便熟悉这几个方法。

6.1 新的字符串方法

本节介绍 split()、replace()、search()和 match()方法，以及在不使用正则表达式的情况下如何使用它们。

6.1.1 split()方法

String 对象的 split()方法将一个字符串拆分为一个子串数组。在何处拆分字符串由传给该方法的分割参数确定，这个参数可以是一个字符或文本字符串。

例如，要拆分字符串"A,B,C"，得到的数组用逗号之间的字母来填充，代码应如下：

```
var myString = "A,B,C";
var myTextArray = myString.split(",");
```

对于上面的代码，JavaScript 将创建一个具有 3 个元素的数组。第一个元素是从 myString 字符串的开始到第一个逗号之间的字符。第二个元素是第一个逗号与第二个逗号之间的字符。最后，第三个元素是第二个逗号到字符串结束的字符。因此，myTextArray 数组将如下所示：

```
A  B  C
```

如果字符串是"A,B,C,"，则 JavaScript 把它拆分为 4 个元素，最后一个元素包含从最后一个逗号到字符串结束之间的字符，即最后一个元素是一个空字符串，如下所示：

```
A  B  C
```

如果不小心，最后一个元素很容易被忽略掉。

试一试   反转文本的顺序

下面使用 split()方法创建一个短示例，反转<textarea>元素中各行的顺序。

```
<!DOCTYPE html>

<html lang="en">
<head>
    <title>Chapter 6, Example 1</title>
</head>
    <body>
        <script>
            var values = prompt("Please enter a set of comma separated values.",
                "Apples,Oranges,Bananas");
```

```
function splitAndReverseText(csv) {
    var parts = csv.split(",");
    parts.reverse();

    var reversedString = parts.join(",");

    alert(reversedString);
}

splitAndReverseText(values);
    </script>
  </body>
</html>
```

将上面的示例保存为 ch6_example1.html，并在浏览器中加载它。使用提示框中的默认值，单击 OK 按钮，屏幕应如图 6-1 所示。

试着使用其他用逗号隔开的值进一步测试。

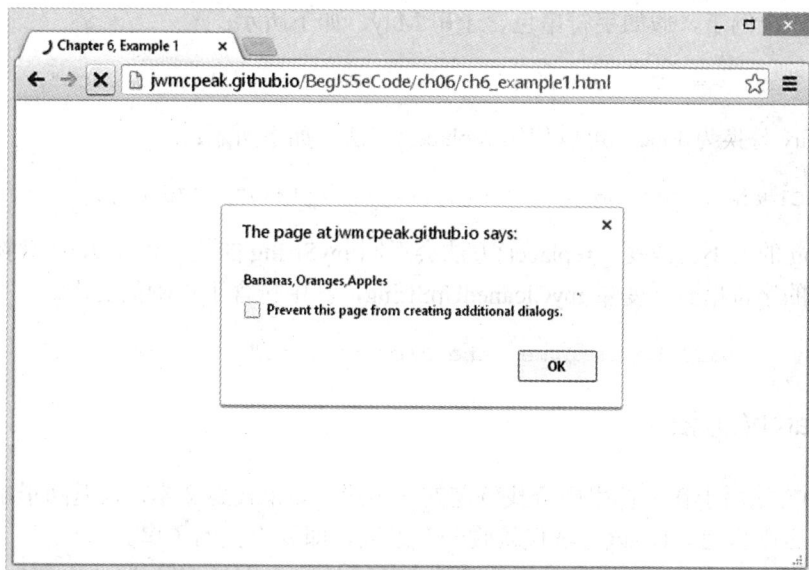

图　6-1

这段代码中起关键作用的是 splitAndReverseText()函数。该函数接受包含一个或多个逗号的字符串值。代码中首先使用 split()方法来拆分 csv 中的值，然后将得到的数组放在 parts 变量中，如下所示：

```
function splitAndReverseText(csv) {
    var parts = csv.split(",");
```

在此将逗号作为分隔符。使用 Array 对象的 reverse()方法来反转数组的字符串部分：

```
    parts.reverse();
```

反转数组后，只需要再简单创建一个新字符串。使用 Array 对象的 join()方法可以很

容易实现这一点:

```
var reversedString = parts.join(",");
```

第 5 章介绍过 join()方法可以将数组转换成字符串,每个元素之间由特定的分隔符隔开。

最后,在警告框中显示这个新的字符串:

```
alert(reversedString);
}
```

学习完正则表达式之后,我们还将再次回顾 split()方法。

6.1.2 replace()方法

replace()方法在字符串中搜索子串,当找到匹配的子串时,就将把匹配的子串替换为指定的第三个子串。

下面是一个例子,假如字符串包含子串 May,如下所示:

```
var myString = "The event will be in May, the 21st of June";
```

要将 May 替换为 June,可以使用 replace()方法,如下所示:

```
Var myCleanedUpString = myString.replace("May", "June");
```

myString 的值不会改变。replace()方法会返回 myString 的值,但用 June 替换了 May,接着把返回的字符串赋予变量 myCleanedUpString,其中包含了正确的文本。

```
"The event will be in June, the 21st of June"
```

6.1.3 search()方法

search()方法用于在字符串中查找特定的文本段。如果找到文本,则返回子串在字符串中的位置,否则返回 - 1。该方法仅接收一个参数,即要查找的子串。

用于纯文本时,search()方法并不比其他方法更好用,例如,前面学过的 indexOf()方法。但是,一旦与正则表达式相结合,search()方法的强大威力就会显现出来。

下面的例子查找 myString 字符串中是否包含 Java 这个单词:

```
var myString = "Beginning JavaScript, Beginning Java, " +
               "Professional JavaScript";

alert(myString.search("Java"));
```

执行上面的代码,弹出的警告对话框中将显示 10,这是 Java 第一次出现时 J 的位置。

6.1.4 match()方法

match()方法与 search()方法非常类似,只是 search()返回找到的子串的位置,而 match()

方法返回一个数组，该数组的每个元素都包含一个找到的匹配子串。

尽管可以对纯文本使用 match()方法，但没有多少意义。例如，下面的代码：

```
var myString = "1997, 1998, 1999, 2000, 2000, 2001, 2002";
myMatchArray = myString.match("2000");
alert(myMatchArray.length);
```

这段代码返回的 **myMatchArray** 包含一个数值为 2000 的元素。如果知道搜索字符串是
2000，则 match()方法毫无意义。

但是，match()方法与正则表达式结合使用，就非常有意义。例如，要在上面的字符串
中查找所有属于 21 世纪的年份——即以 2 开始的年份，则得到的数组包含值 2000、2000、
2001 和 2002，这是非常有用的信息。

6.2 正则表达式

在进一步学习 String 对象的 split()、match()、search()和 replace()方法之前，需要了解
正则表达式和 RegExp 对象。正则表达式是一种定义字符模式的方法，我们可以拆分、查
找或替换字符串中与模式字符匹配的字符。

JavaScript 的正则表达式语法极大地借鉴了另一种脚本语言 Perl 的正则表达式语法。
大多数现代编程语言都支持正则表达式；一些应用程序，如 WebMatrix、Sublime Text 和
Dreamweaver 的 Find 特性允许使用正则表达式。即使在 JavaScript 范围之外，正则表达式
也是很有用的。

在 JavaScript 中，正则表达式是通过 RegExp 对象使用的，RegExp 对象是 JavaScript
中的一个内置对象，与 String、Array 类似。可以通过两种方式创建新的 RegExp 对象。较
简单的办法是采用正则表达式字面量，例如：

```
var myRegExp = /\b'|'\b/;
```

其中，斜杠(/)表示正则表达式的开始和结束。这个特殊的语法告诉 JavaScript，这是一
个正则表达式，就像引号表示字符串的开始和结束一样。现在不必考虑正则表达式的语法
(\b'|'\b)，稍后会详细介绍。

另外，还可以使用 RegExp 对象的构造函数 RegExp()，如下所示：

```
var myRegExp = new RegExp("\\b'|'\\b");
```

这两种指定正则表达式的方法都可行，但前一种方法对于 JavaScript 更简短有效，因
此通常使用它。本章主要使用第一种方法。使用第二种方法的主要原因是它允许在运行期
间(在代码执行时而不是在编写代码时)确定正则表达式。例如，当正则表达式需要以用户
的输入为基础时，第二种方法就非常有用。

熟悉了正则表达式后，再介绍定义它们的第二种方法，即使用 RegExp()构造函数。用
第二种方法创建正则表达式的语法略有不同，所以后面将详细介绍。

尽管我们关注的是如何在 String 对象的 split()、replace()、match()和 search()方法中把

RegExp 对象用作参数,但是 RegExp 对象有自己的方法和属性。例如,其 test()方法可以测试传入的参数字符串是否匹配 RegExp 对象中定义的模式。稍后的一个例子将介绍 test()方法。

6.2.1　简单的正则表达式

使用正则表达式的语法定义模式字符可能会非常复杂。本节将介绍正则表达式模式的基础知识。通过示例来学习是最佳的办法。

下面的例子使用 replace()方法和正则表达式实现一个简单的文本替换。假定有如下字符串:

```
var myString = "Paul, Paula, Pauline, paul, Paul";
```

要将所有的"Paul"替换为"Ringo"。

因此,需要查找的文本模式是简单的 Paul。将它表示为正则表达式,得到如下代码:

```
var myRegExp = /Paul/;
```

如前所述,斜杠字符标记了正则表达式的开始和结束。接下来,将该表达式应用于 replace()方法。

```
myString = myString.replace(myRegExp, "Ringo");
```

replace()方法接收两个参数,第一个是 RegExp 对象,用于定义要查找和替换的模式,第二个是替换文本。

将上面的内容合并到一个例子中,则代码如下所示:

```
<!DOCTYPE html>

<html lang="en">
<head>
    <title>Chapter 6, Figure 2</title>
</head>
<body>
    <script>
        var myString = "Paul, Paula, Pauline, paul, Paul";
        var myRegExp = /Paul/;

        myString = myString.replace(myRegExp, "Ringo");
        alert(myString);
    </script>
</body>
</html>
```

保存并运行这些代码,则屏幕如图 6-2 所示。

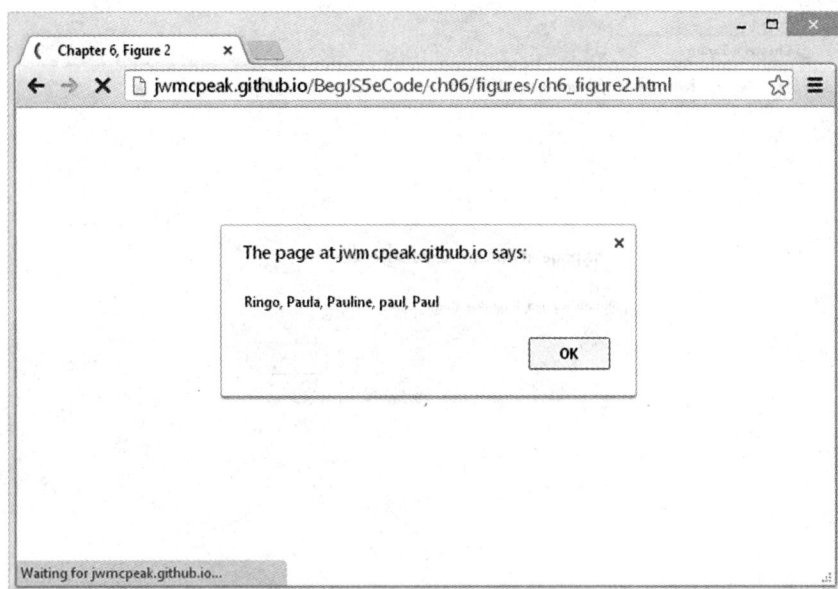

图　6-2

可以看到，字符串中的第一个 Paul 已被替换。但是我们需要替换字符串中的每个 Paul，而字符串末尾的两个 paul 仍然未替换，怎么回事？

RegExp 对象默认仅查找与模式匹配的第一个子串，在本例中即第一个 Paul，然后停止查找。这是 RegExp 对象的一个重要而常见的特性。正则表达式从字符串的一端开始查找，当找到第一个匹配的子串时，就停止查找。

这里需要的是全局查找，即查找所有可能的匹配并进行替换。为此，RegExp 对象有三个可以定义的属性，如表 6-1 中所示。

表　6-1

属 性 字 符	说　　　明
G	全局匹配，查找所有与模式匹配的子串，而不是在找到第一个匹配的子串后就停止
I	模式不区分大小写。例如，将 Paul 与 paul 视为相同的字符模式
M	多行标志。指定特殊字符^和$可以匹配多行文本和字符串的开始和结束

本章后面将介绍这些属性字符的更多内容。

如果修改代码中的 RegExp 对象，如下所示，则执行全局查找，并忽略大小写：

```
var myRegExp = /Paul/gi;
```

现在运行代码，结果如图 6-3 所示。

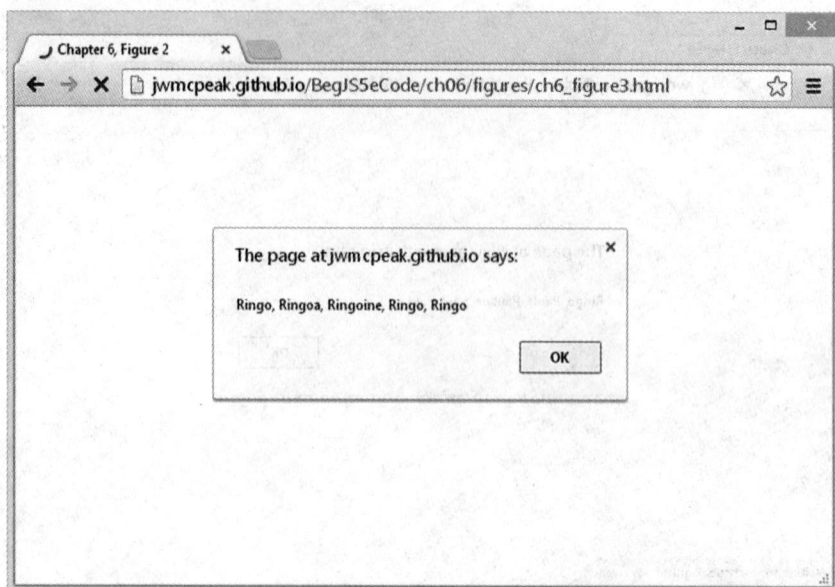

图　6-3

这似乎更糟糕了。正则表达式匹配了在字符串开始和结束位置的 Paul 子串,以及倒数第二个 paul 子串,这与预想的一样,但是,在 Pauline 和 Paula 中的 Paul 子串也被替换了!

RegExp 对象正确完成了其工作。我们要求替换所有匹配 Paul 的子串,结果正是如此。实际上,我们只想替换作为一个单词的 Paul,而不想替换包含在其他单词中的 Paul,例如 Paula。要实现这样的替换,关键在于正确定义字符模式,可以只匹配该模式,不匹配其他子串。下面就定义该字符模式:

(1) 要替换 paul 或 Paul。

(2) 不替换包含在其他单词(例如 Pauline)中的 paul 或 Paul。

如何指定第二个条件?如何知道 Paul 何时会连接到其他字符上,而不是仅连接到空格或标点符号上,或者连接到字符串的开始或结束位置?

要使用正则表达式得到期望的结果,需要借助正则表达式的特殊字符。下一节将介绍这些特殊字符,之后就能解决上面的问题。

6.2.2　正则表达式:特殊字符

本节将介绍三种特殊字符。

1. 文本、数字和标点符号

第一组特殊字符包含字符类(character class)的特殊字符。字符类指数字、字母和空白字符。这些特殊字符如表 6-2 所示。

表　6-2

字　符　类	匹配的字符	示　　例
\d	0～9 的任何数字	\d\d 将匹配 72，但不匹配 aa 或者 7a
\D	任何非数字字符	\D\D\D 匹配 abc，但不匹配 123 或者 8ef
\w	任何单词字符，即 A～Z、a～z、0～9，以及下划线(_)字符	\w\w\w\w 匹配 Ab_2，但不匹配£$%*或者 Ab_@
\W	任何非单词字符	\W 匹配@，但不匹配 a
\s	任何空白字符	\s 与制表符、回车符、换页符和竖杠匹配
\S	任何非空白字符	\S 匹配 A，但不匹配制表符
.	除换行符(\n)之外的任意单个字符	.匹配 a 或者 4，或者@
[...]	匹配位于方括号之内的任何一个字符，[a-z]将匹配在 a～z 范围内的任何字符	[abc]匹配 a、b 或 c，但不匹配任何其他字符
[^...]	匹配除方括号内的字符之外的任何字符	[^abc]将匹配除了 a、b 或 c 之外的任何字符 [^a-z]将匹配除了 a～z 范围之外的任何字符

注意，大小写字符的含义大相径庭，因此在使用正则表达式时要特别注意。

下面看一个例子。要匹配格式为 1-800-888-5474 的电话号码，可使用如下正则表达式：

```
\d-\d\d\d-\d\d\d-\d\d\d\d
```

可以看到，其中有很多重复的字符，这使正则表达式比较冗长。为了进行简化，正则表达式可以定义重复次数，详见本章后面的内容，现在分析另一个例子。

试一试　　检查密码短语中的字母和数字字符

这个完整示例将应用前面学到的正则表达式知识，检查密码短语是否只包含字母和数字字符，不包含标点符号或@、%等符号。

```html
<!DOCTYPE html>

<html lang="en">
<head>
    <title>Chapter 6, Example 2</title>
</head>
<body>
    <script>
        var input = prompt("Please enter a pass phrase.", "");

        function isValid (text) {
            var myRegExp = /[^a-z\d ]/i;
            return !(myRegExp.test(text));
        }
```

```
        if (isValid(input)) {
            alert("Your passphrase contains only valid characters");
        } else {
            alert("Your passphrase contains one or more invalid characters");
        }
    </script>
</body>
</html>
```

将该页面保存为 ch6_example2.html，并在浏览器中加载它。在提示框中仅输入字母、数字和空格，并单击 OK 按钮，则代码将提示该密码短语包含有效的字符。试着在文本框中输入标点符号或特殊字符，如@、^、$等，则程序将提示密码短语无效。

下面先分析 isValid()函数。顾名思义，其作用是检查密码短语的有效性。

```
function isValid(text) {
    var myRegExp = /[^a-z\d ]/i;
    return !(myRegExp.test(text));
}
```

该函数只接收一个参数，即要检查有效性的文本。该函数首先声明一个变量 myRegExp，并把它设置为一个新的正则表达式，这将隐式地创建一个新的 RegExp 对象。

正则表达式本身非常简单，下面先考虑一下要查找的模式。我们要确定密码短语字符串是否包含不属于字母 A～Z、字母 a～z、数字 0～9 或者空格的字符。这是如何转换为正则表达式的呢？

(1) 使用一个带^符号的方括号：

```
[^]
```

这表示要匹配未在方括号中指定的字符。

(2) 添加 a-z，指定从 a 到 z 的任意字符。

```
[^a-z]
```

这样，该正则表达式匹配任何不在 a～z 之间的字符。注意，因为在正则表达式定义的末尾添加了 i，所以该模式不区分大小写。因此，实际上该正则表达式将匹配任何非 A～Z 或 a～z 的字符。

(3) 添加\d，以表示任何数字字符，即 0～9 之间的字符。

```
[^a-z\d]
```

(4) 该正则表达式将匹配任何不在 a～z、A～Z 或者 0～9 之间的字符。我们认为空格是有效的，因此在方括号中添加它：

```
[^a-z\d ]
```

综上所述，该正则表达式将匹配任何非字母、数字或空格的字符。

(5) 在函数的第二行和最后一行，使用 RegExp 对象的 test()方法返回一个值：

```
return !(myRegExp.test(text));
```

RegExp 对象的 test()方法检查所传入的参数字符串，确定正则表达式语法指定的字符是否与字符串中的内容相匹配。如果存在匹配项，则返回 true，否则返回 false。如果该正则表达式找到第一个无效的字符，则返回 true 值，表示这是一个无效的密码短语。但是 isValid()函数在结果无效时返回 true 是不合乎逻辑的。因此，添加 NOT 操作符(!)，将返回的结果取反。

这个仅有两行代码的有效性检查函数使用了正则表达。如果不使用正则表达式，需要增加多少行代码？下面的函数实现了与 isValid()相同的功能，但没有使用正则表达式：

```
function isValid2(text) {
  var returnValue = true;
  var validChars = "abcdefghijklmnopqrstuvwxyz1234567890 ";

  for (var charIndex = 0; charIndex < text.length;charIndex++) {
    if (validChars.indexOf(text.charAt(charIndex).toLowerCase()) < 0) {
      returnValue = false;
      break;
    }
  }
  return returnValue;
}
```

这也许是最简洁的非正则表达式版本了，但仍然比 isValid()函数的代码要多几行。

这个函数的工作原理与正则表达式版本类似。该函数有一个变量 validChars，包含了所有合法字符。然后，在 for 循环中使用 charAt()方法获取密码短语字符串的每个字符，检查相应字符是否存在于 validChars 字符串中。如果不存在，则说明该字符串包含无效字符。

在上例中，函数的非正则表达式版本有 10 行代码。对于更复杂的问题，可能需要 20 行甚至 30 行代码才能解决问题，而正则表达式只需要几行代码就能完成同样的任务。

回到例子中的代码：使用 if...else 语句向用户显示相应的消息。如果短语有效，则使用一个警告框通知用户一切正常：

```
if (isValid(input)) {
    alert("Your passphrase contains only valid characters");
}
```

否则使用另一个警告框告知用户输入的文本无效：

```
else {
    alert("Your passphrase contains one or more invalid characters");
}
```

2. 重复字符

正则表达式包含重复字符，用于指定要匹配多少个后一项或字符。这是非常有用的，例如，指定电话号码中的字符需要重复特定的次数。表 6-3 列出了最常用的重复字符及其含义。

表 6-3

特 殊 字 符	含 义	示 例
{n}	前一项出现 n 次	x{2}与 xx 匹配
{n,}	前一项出现 n 次，或者 n 次以上	x{2,}匹配 xx、xxx、xxxx、xxxxx 等
{n,m}	前一项至少出现 n 次，最多出现 m 次	x{2,4}匹配 xx、xxx 和 xxxx
?	前一项出现 0 次或 1 次	x? 匹配空串或者 x
+	前一项出现 1 次或多次	x+匹配 x、xx、xxx、xxxx、xxxxx 等
*	前一项出现 0 次或多次	x*匹配空串、或者 x、xx、xxx、xxxx 等

前面提到过，要匹配格式为 1-800-888-5474 的电话号码，正则表达式是\d-\d\d\d-\d\d\d-\d\d\d\d。下面看看如何使用重复字符简化它。

这个模式以一个数字开始，后跟一个短横线，因此正则表达式应为：

\d-

接下来是 3 个数字，后跟一个短横线。现在可以使用重复特殊字符了——\d{3}精确匹配 3 个\d，即 3 个数字字符。

\d-\d{3}-

接下来也是 3 个数字，后跟一个短横线。因此，正则表达式如下所示：

\d-\d{3}-\d{3}-

最后是 4 个数字，即\d{4}：

\d-\d{3}-\d{3}-\d{4}

这个正则表达式声明如下：

var myRegExp = /\d-\d{3}-\d{3}-\d{4}/

第一个 / 和最后一个 / 告诉 JavaScript，位于这两个斜杠之间的是正则表达式。JavaScript 将根据这个正则表达式，创建一个 RegExp 对象。

另一个例子是，如果想将字符串 Paul Paula Pauline 中的 Paul 和 Paula 替换成 George，该怎么办？这需要定义一个匹配 Paul 和 Paula 的正则表达式。

先将任务分解一下，要得到 Paul，正则表达式应该是：

Paul

现在还需要匹配 Paula，但如果将表达式定义为 Paula，就无法匹配 Paul。此时应使用特殊字符?，它可将其前的字符定义为可选——即可以出现 1 次或者 0 次。因此，解决方案是：

Paula?

于是，应声明如下正则表达式：

```
var myRegExp = /Paula?/
```

3. 位置字符

第三组特殊字符可以指定匹配从哪里开始或结束，或者哪些字符位于字符模式的某一端。例如，有时模式应位于字符串或文本行的开始位置，有时模式应位于两个单词之间。表 6-4 列出了最常见的位置字符及其含义。

表　6-4

位 置 字 符	描　　　述
^	模式必须位于字符串的开头，如果是多行字符串，模式就位于一行的开头。对于多行文本(即包含回车符的字符串)，在定义正则表达式时，需要使用/myreg ex/m 设置多行标记。注意，该字符仅能用于 IE 5.5 和 NN 6 及其更新版本
$	模式必须位于字符串的结束位置，如果是多行字符串，模式就位于一行的结束位置。对于多行文本(即包含回车符的字符串)，在定义正则表达式时，需要使用/myreg ex/m 设置多行标记。注意，该字符仅能用于 IE 5.5 和 NN 6 及其更新版本
\b	匹配单词分界位置，即单词字符与非单词字符之间的位置
\B	匹配非单词分界位置

例如，如果要确保模式位于一行的开头，可使用如下代码：

```
^myPattern
```

这将与一行开头的 **myPattern** 匹配。

要在一行的结尾匹配该模式，可使用如下代码：

```
myPattern$
```

单词分界字符\b 和\B 容易引起混淆，因为它们不匹配字符，而是匹配字符之间的位置。假定在代码中定义字符串"Hello world!, let's look at boundaries said 007."：

```
var myString = "Hello world!, let's look at boundaries said 007.";
```

为了标识出单词的分界(即单词之间的分隔位置)，可以将分界替换为|字符：

```
var myRegExp = /\b/g;
myString = myString.replace(myRegExp, "|");
alert(myString);
```

上面的代码将所有的单词分界\b 替换为 | ，消息框如图 6-4 所示。

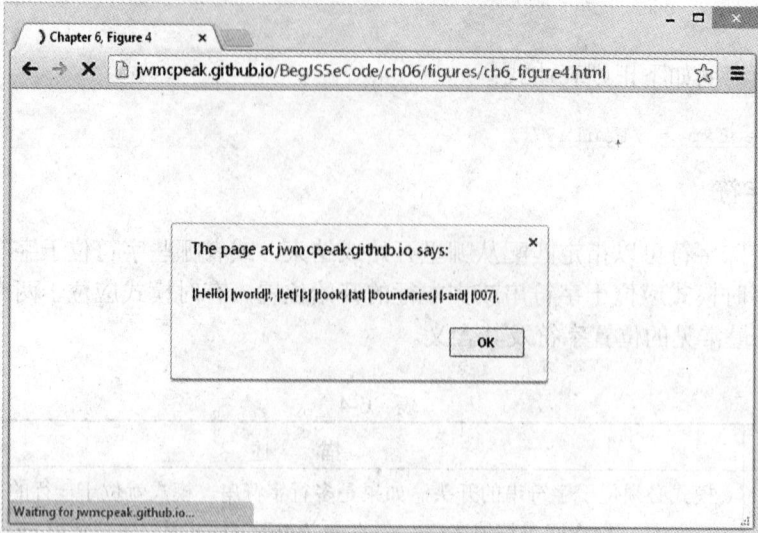

图　6-4

可以看到，任何单词字符(即字母、数字或下划线字符)之间的位置以及任何非单词字符都是单词分界。另外注意，字符串的开始或结束位置与单词字符之间的边界也是单词分界。这个字符串的结尾是一个句号，该句号与字符串的结尾之间是一个非单词分界，因此没有插入 | 字符。

修改这个例子中的正则表达式，以替换所有的非单词分界：

```
var myRegExp = /\B/g;
```

结果如图 6-5 所示。

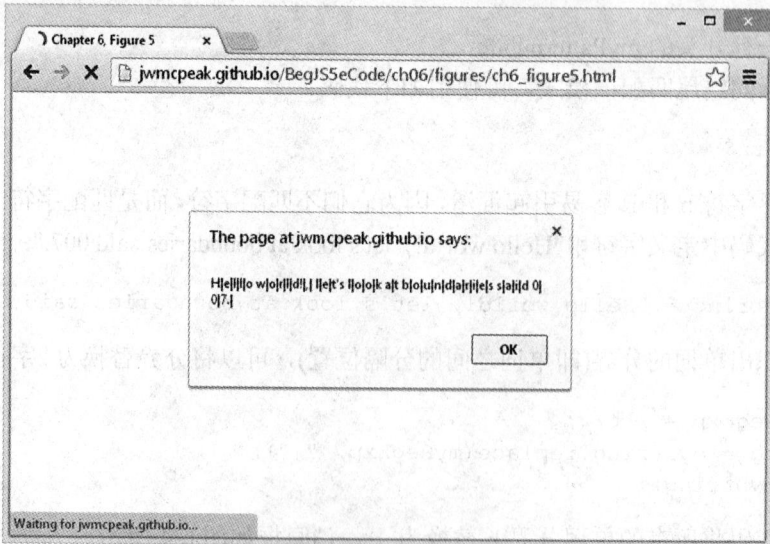

图　6-5

现在，任何字母、数字或下划线与另一个字母、数字或下划线之间的位置都是非单词分界，并替换为 | 字符。另外，两个非单词字符之间的位置，如感叹号和逗号之间的位置，

也是一个非单词分界。这可能使人有点疑惑，但仔细思考确实如此。可是，创建正则表达式时，这一点容易被忽略。

开始学习正则表达式时，有一个例子：

```
<!DOCTYPE html>

<html lang="en">
<head>
    <title>Chapter 6, Figure 2</title>
</head>
<body>
    <script>
        var myString = "Paul, Paula, Pauline, paul, Paul";
        var myRegExp = /Paul/gi;

        myString = myString.replace(myRegExp, "Ringo");
        alert(myString);
    </script>
</body>
</html>
```

该代码将 Paul 或者 paul 的所有实例都替换为 Ringo。

但是，该代码实际上将所有的 Paul 都替换为 Ringo，包括包含在其他单词中的 Paul。

解决这个问题的一个办法是仅替换后跟一个非单词字符的 Paul 子字符串。表示非单词字符的特殊字符是\W，因此，需要将正则表达式修改为：

```
var myRegExp = /Paul\W/gi;
```

结果如图 6-6 所示。

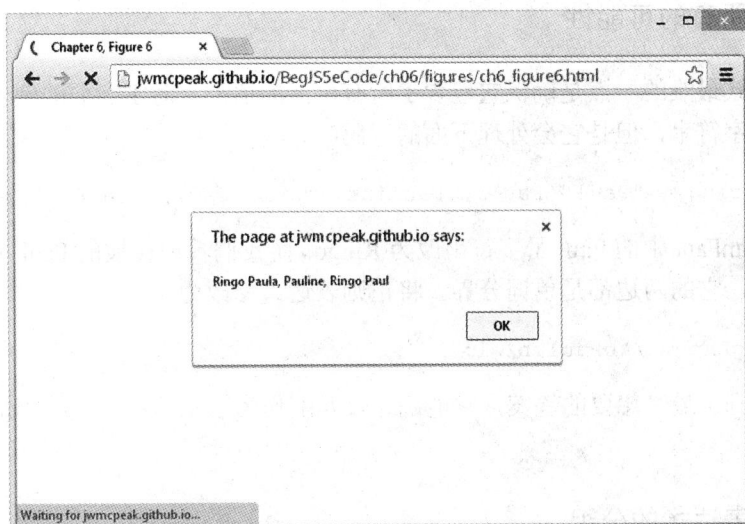

图　6-6

结果比以前好多了，但仍不是希望获得的结果。注意，第 2 个和第 3 个 Paul 子字符串之后的逗号也被替换了，因为它与\W 字符匹配。另外，字符串结尾的 Paul 子字符串仍没有替换，这是因为在最后一个 Paul 的字母 1 后没有任何字符。那么，在最后一个 Paul 的 l 后有什么东西？什么也没有，只是单词字符与非单词字符的分界。其实这正是答案，即正则表达式是 Paul 后跟一个单词分界。输入下面的代码，修改正则表达式：

```
var myRegExp = /Paul\b/gi;
```

现在，得到了需要的结果，如图 6-7 所示。

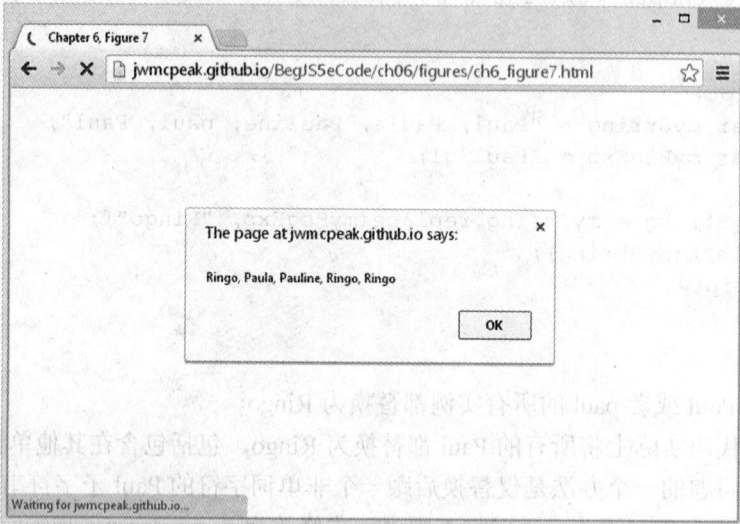

图 6-7

最后，我们获得了正确的答案，完成了这个例子。

6.2.3 包含所有的可能性

正则表达式最难的一点是确保它包含了所有可能的情形。对于上面的例子，正则表达式正确处理了字符串，但是它会处理下面的代码吗？

```
var myString = "Paul, Paula, Pauline, paul, Paul, JeanPaul";
```

在此将 JeanPaul 中的 Paul 子字符串改为 Ringo。而我们希望转换的 Paul 子字符串是一个独立的单词，它的两边都是单词分界。将正则表达式修改为：

```
var myRegExp = /\bPaul\b/gi;
```

这样就得到了最终想要的答案，它能确保仅匹配作为独立单词出现的 Paul 或 paul 子字符串。

6.2.4 正则表达式的分组

在介绍使用 match()、replace()和 search()方法的例子之前，正则表达式的最后一个主题是如何对表达式分组。实际上这非常简单。如果要把多个表达式处理为一个组，只需要将它们放在圆括号中，如/(\d\d)/。正则表达式中的圆括号是把字符模式组合在一起的特殊字符，圆括号本身不是要匹配的字符。

为什么要对正则表达式分组？将字符组合到模式中后，可以对整个字符组应用重复字符，而不是对单个字符应用重复字符。

例如，在 myString 中定义如下字符串：

```
var myString = "JavaScript, VBScript and PHP";
```

如何使用同一个正则表达式匹配 JavaScript 和 VBScript？这两个子字符串的共同之处是它们都是一个完整的单词，且都以 Script 结尾。一个简单的办法是使用圆括号组合模式 Java 和 VB，然后对每一个字符组应用特殊字符?，使模式匹配 Java 或 VB 子字符串出现 0 次或 1 次，且以 Script 子字符串结尾的单词。

```
var myRegExp = /\b(VB)?(Java)?Script\b/gi;
```

分解该表达式，它需要的模式为：

(1) 一个单词分界：\b

(2) 0 个或 1 个 VB 实例：(VB)?

(3) 0 个或 1 个 Java 实例：(Java)?

(4) 字符：Script:Script

(5) 一个单词分界：\b

综上所述，得到：

```
var myString = "JavaScript, VBScript and PHP";
var myRegExp = /\b(VB)?(Java)?Script\b/gi;
myString = myString.replace(myRegExp, "xxxx");
alert(myString);
```

该代码的输出结果如图 6-8 所示。

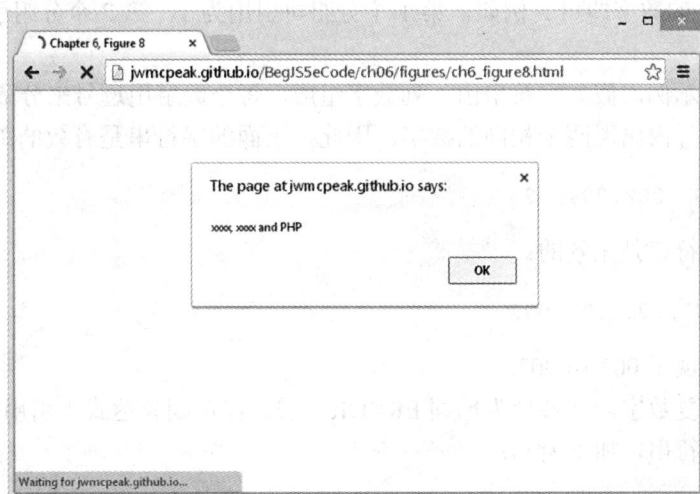

图　6-8

查看前面的特殊重复字符表，注意重复字符应用于其前的项。该项可以是一个字符，也可以是用圆括号括起来的一组字符。

但是，上面定义的正则表达式存在一个潜在问题。该正则表达式不仅匹配 VBScript 和 JavaScript，也匹配 VBJavaScript，显然这并不是我们希望看到的。

为此，需要联合使用分组和特殊字符 |。 | 是"二选一"字符，与 if 语句中的||具有相似的含义，它匹配该字符两边的项中的一个。

重新思考上面的问题。模式需要匹配 VBScript 或 JavaScript。显然它们都有 Script。因此，要定义的模式是以 Java 或 VB 开头，且必须以 Script 结束。

首先，单词必须以单词分界开头：

```
\b
```

接下来，单词应以 VB 或 Java 开头，正则表达式中的 | 提供了"或"的功能，因此，根据正则表达式的语法，应写为：

```
\b(VB|Java)
```

它匹配模式 VB 或 Java。现在可以加上 Script 部分：

```
\b(VB|Java)Script\b
```

最终的代码如下所示：

```
var myString = "JavaScript, VBScript and Perl";
var myRegExp = /\b(VB|Java)Script\b/gi;
myString = myString.replace(myRegExp, "xxxx");
alert(myString);
```

6.2.5 重用字符组

可以在正则表达式中重用通过一组字符指定的模式。要引用前面的字符组，只需要输入 \和表示分组顺序的数字即可。例如，第 1 个分组可引用为\1，第 2 个分组引用为\2，依此类推。

下面看一个示例。假如字符串由一列数字组成，每个数字用逗号来分隔。出于某种原因，不允许在一行内出现两个相同的数字。因此，下面的字符串是有效的：

```
009,007,001,002,004,003
```

但下面的字符串是无效的：

```
007,007,001,002,002,003
```

因为重复出现了 007 和 002。

如何找到重复数字，并替换为单词 ERROR？需要在正则表达式中引用分组。

首先定义字符串，如下所示：

```
var myString = "007,007,001,002,002,003,002,004";
```

现在需要搜索一系列 1 个或多个数字字符。在正则表达式中，\d 表示任意数字字符，+表示前面的字符出现一次或多次。因此，正则表达式应是：

```
\d+
```

我们需要匹配一个数字系列后跟一个逗号，因此，需要添加一个逗号：

```
\d+,
```

该表达式匹配一个数字系列后跟一个逗号。但是如何搜索某个数字系列，后跟一个逗号，之后又是这个数字系列？数字可以是任何一个数字，因此不能在正则表达式中直接添加，例如：

```
\d+,007
```

这个表达式不能处理重复出现的 002。我们需要将第一个数字系列放在一组中，然后可以指定再次匹配这组数字，为此使用\1，它表示：匹配使用圆括号定义的第一组中的字符。综上所述，正则表达式应定义为：

```
(\d+),\1
```

这定义了一个分组，其字符模式是一个或多个数字字符。该分组必须后跟一个逗号，然后是与第一组相同的模式。将这些放在 JavaScript 代码中，如下所示：

```
var myString  = "007,007,001,002,002,003,002,004";
var myRegExp = /(\d+),\1/g;
myString = myString.replace(myRegExp, "ERROR");
alert(myString);
```

警告框将显示如下信息：

```
ERROR,1,ERROR,003,002,004
```

这就结束了对正则表达式语法的简要介绍。由于正则表达式比较复杂，最好先从简单的开始，逐步建立复杂的正则表达式，如前面的例子所示。实际上，大多数正则表达式很难一次写成功。

如果正则表达式看起来仍有点古怪，有点混乱，不必担心。下一节将介绍 String 对象的 split()、replace()、search()和 match()方法，并给出大量的正则表达式语法示例。

6.3　String 对象

使用正则表达式的主要函数是 String 对象的 split()、replace()、search()和 match()方法。前面学习了它们的语法，现在将主要讨论它们与正则表达式的联合使用，同时学习更多有关正则表达式的语法和用途。

6.3.1　split()方法

split()方法可以根据指定为参数的字符拆分字符串。该方法的结果是一个数组，其中的每个元素都包含一个拆分后的子字符串。例如下面的字符串：

```
var myListString = "apple, banana, peach, orange"
```

可以拆分为一个数组，其中的每个元素都包含一种不同的水果，例如：

```
var myFruitArray = myListString.split(", ");
```

但是如何拆分下面的字符串？

```
var myListString = "apple, 0.99, banana, 0.50, peach, 0.25, orange, 0.75";
```

该字符串包含了水果的名称和价格。如何拆分该字符串，只获取水果的名称，而不包含价格？虽然不使用正则表达式也可以完成这个拆分，但那样做需要编写很多行代码。如果使用正则表达式，则可以使用相同的代码，但需要修改 split()方法的参数。

试一试　　**拆分水果字符串**

下面创建一个例子，解决上述问题——拆分字符串，结果只包含水果名称，而不包含价格。

```
<!DOCTYPE html>

<html lang="en">
<head>
    <title>Chapter 6, Example 3</title>
</head>
<body>
    <script>
        var myListString = "apple, 0.99, banana, 0.50, peach, 0.25, orange, 0.75";
        var theRegExp = /[^a-z]+/i;
        var myFruitArray = myListString.split(theRegExp);

        document.write(myFruitArray.join("<br />"));
    </script>
</body>
</html>
```

将该文件保存为 ch6_example3.html，在浏览器中加载它。页面从字符串中输出了 4 种水果的名称，每种水果占一行。

在脚本块中，首先定义一个包含水果名称和价格的字符串：

```
var myListString = "apple, 0.99, banana, 0.50, peach, 0.25, orange, 0.75";
```

如何拆分它，使结果只包含水果的名称？首先我们可能会想到把逗号作为 split()方法的参数，但结果将包含价格。必须考虑的问题是：在所需的项之间有什么？换句话说，在水果名称之间可用于定义拆分操作的是什么？在水果名称之间有各种字符，如逗号、空格、数字、句号、多个数字字符，最后是另一个逗号。这些字符有什么共同点，可以把它们与我们需要的水果名称区分开？它们的共同点是这些字符都不在 a～z 之间。如果使用不在 a～z 之间的一个字符组作为分隔符拆分字符串，就可以得到期望的结果。现在我们知道创建正则表达式所需的信息了。

我们需要的是不在 a～z 范围内的字符，因此，可以使用如下代码开头：

```
[^a-z]
```

^表示：匹配任何未在方括号内指定的字符。这里指定了不匹配的字符范围——a～z 的所有字符。如前所述，该正则表达式只匹配一个字符。但是我们需要的是不在 a～z 范围内的一个或多个字符所组成的一组字符。为此，需要添加重复字符+，这表示：将前面指定的字符或字符组匹配一次或多次。

```
[^a-z]+
```

最终结果如下：

```
var theRegExp = /[^a-z]+/i
```

/ 和 / 字符是正则表达式的开始和结束标记，其 RegExp 对象在变量 theRegExp 中保存为引用。在尾部添加 i，表示匹配忽略大小写。

创建正则表达式的过程可能不太直观，会遇到挫折，但不要灰心。开始时可能需要多次尝试，才能创建正确的正则表达式，但是随着经验的积累，创建正则表达式会变得相当容易。在某些情况下，不使用正则表达式，完成任务会非常困难，甚至不可能完成。

下面的脚本将 RegExp 对象传递给 split()方法，用于确定在何处拆分字符串。

```
var myFruitArray = myListString.split(theRegExp);
```

拆分之后，变量 myFruitArray 将包含一个数组，它的每个元素都包含一种水果的名称，如表 6-5 所示：

表　6-5

数组元素的索引	0	1	2	3
元素的值	apple	banana	peach	orange

然后使用 Array 对象的 join()方法将字符串连接起来，参见第 4 章。

```
document.write(myFruitArray.join("<br />"))
```

6.3.2　replace()方法

前面学习过 replace()方法的语法和用途。不过，replace()方法的独特之处在于它可以根据与正则表达式匹配的分组来替换文本。为此，要使用$符号和分组的序号。正则表达式中的每个分组都给定了一个 1~99 之间的数字，大于 99 的分组是不可访问的。要引用一个分组，可以使用$符号，后跟分组的序号。例如，对于如下代码：

```
var myRegExp = /(\d)(\W)/g;
```

$1 引用分组(\d)，$2 引用分组(\W)。还设置了全局标志 g，以保证替换所有匹配的模式——而不仅仅替换第一个匹配的模式。

下面的例子更清晰地说明了这一点。假定有如下字符串：

```
var myString = "2012, 2013, 2014";
```

如果想通过正则表达式把它改为"the year 2012, the year 2013, the year 2014"，该怎么办？首先，需要写出作为正则表达式的模式，在本例中就是 4 个数字，即：

```
var myRegExp = /\d{4}/g;
```

但是，每一次匹配的年份都是不同的，如何把对应的年份值放在替换字符串中？修改正则表达式，把它放在一个分组中，如下所示：

```
var myRegExp = /(\d{4})/g;
```

现在，就可以在替换字符串中使用序号为 1 的分组了：

```
myString = myString.replace(myRegExp, "the year $1");
```

变量 myString 包含所需的字符串"the year 2012, the year 2013, the year 2014"。

下面的另一个例子要把文本中的单引号替换为双引号。测试字符串如下所示：

```
He then said 'My Name is O'Connerly, yes that's right, O'Connerly'.
```

测试字符串要澄清的一个问题是，只用双引号替换对话内容两边的成对的单引号，而不替换用作撇号的单引号，如单词 that's 中的撇号，或人名中间的单引号，如 O'Connerly。

下面开始定义这个正则表达式。首先，它必须包含一个单引号，如下所示：

```
var myRegExp = /'/;
```

但是，这将替换所有的单引号，不是我们想要的结果。

观察该文本，会发现需要替换的单引号总是位于单词的开头或结尾，即分界。粗略地看，很容易认为是单词分界。但是，不要忘了 ' 是一个非单词字符，因此分界将位于它与另一个非单词字符(如空格)之间。因此，该分界是一个非单词分界，即\B。

因此，需要的字符模式为：一个非单词分界后跟一个单引号，或者是一个单引号后跟一个非单词分界。关键是"或者"，为此，在正则表达式中使用 | 。于是正则表达式如下：

```
var myRegExp = /\B'|'\B/g;
```

它匹配 | 左边的模式，或者 | 右边的模式。为了将所有匹配的单引号替换为双引号，在结尾添加了 g，表示需要进行全局匹配。

　　将单引号替换为双引号

下面的例子使用了前面定义的正则表达式。

```
<!DOCTYPE html>

<html lang="en">
<head>
    <title>Chapter 6, Example 4</title>
</head>
<body>
    <script>
        var text = "He then said 'My Name is O'Connerly, yes " +
                "that's right, O'Connerly'";

        document.write("Original: " + text + "<br/>");

        var myRegExp = /\B'|'\B/g;
        text = text.replace(myRegExp, '"');

        document.write("Corrected: " + text);
    </script>
</body>
</html>
```

将页面保存为 ch6_example4.html。在浏览器中加载该页面，结果如图 6-9 所示。

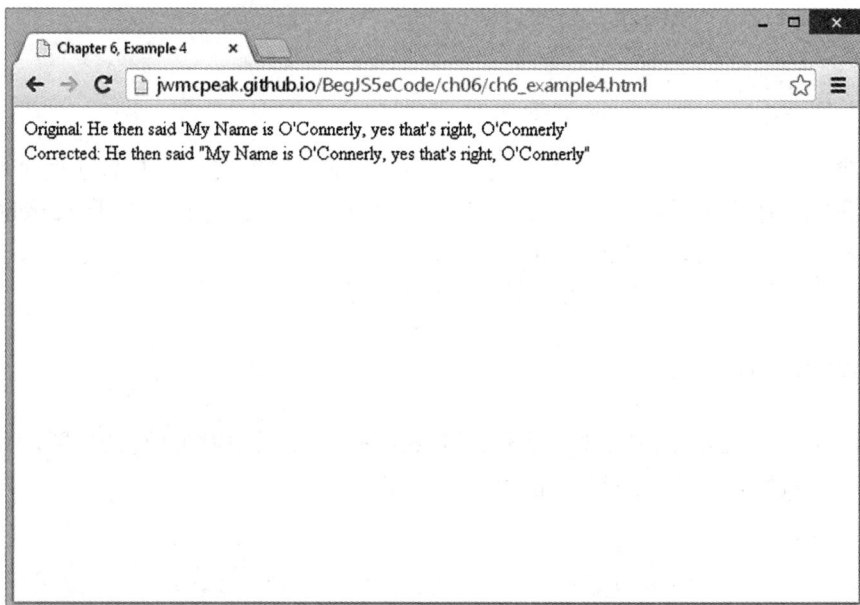

图　6-9

可以看到，使用正则表达式，只使用几行简单的代码就完成了任务。如果不使用正则表达式，则可能需要多达四、五倍的代码。

这段代码的核心就是如下两行代码：

```
var myRegExp = /\B'|'\B/g;
text = text.replace(myRegExp, '"');
```

该代码定义了正则表达式(如前所述)，它匹配一个非单词边界后跟一个单引号，或者一个单引号后跟一个非单词分界。例如，它匹配 'H 或 H' ，但不匹配 O'R，因为 O'R 中的单引号位于两个单词分界之间。请记住，单词分界是在单词开始或结束与一个非单词字符(如空格或者标点符号)之间的位置。

该代码的第二行首先使用 replace()方法进行字符模式搜索和替换，再将 text 变量的值设置为改过的字符串。

6.3.3 search()方法

search()方法可以在字符串中搜索字符模式。如果找到了该模式，则返回找到该模式的字符位置，否则返回 - 1。该方法只接受一个参数，即已创建的 RegExp 对象。

尽管 indexOf()方法足以完成基本的搜索工作，但是要进行更复杂的搜索，如搜索数字模式，或者查找某个边界中的单词，则 search()是一种更强大、更灵活但有时较为复杂的方式。

下面的例子要确定字符串是否包含单词 Java。但是，我们只查找作为独立单词出现的 Java，而不查找包含在另一个单词(如 JavaScript)中的 Java：

```
var myString = "Beginning JavaScript, Beginning Java 2, " +
               "Professional JavaScript";
var myRegExp = /\bJava\b/i;
alert(myString.search(myRegExp));
```

首先定义字符串，然后创建正则表达式。要匹配的字符模式 Java 应位于两个单词分界之间。在正则表达式之后加上 i ，可以在查找时忽略大小写。注意，对于 search()方法，全局匹配标记 g 与此无关，不起作用。

最后一行代码输出定位模式的位置，在本例中是 32。

6.3.4 match()方法

match()方法与 search()方法非常类似，但 search()方法返回找到匹配的位置，而 match()方法返回一个数组，该数组的每个元素包含一个匹配的文本。

例如，如果字符串如下：

```
var myString = "The years were 2012, 2013 and 2014";
```

要从这个字符串中提取出年份，只需要使用 match()方法。要匹配每个年份，应查找位于两个单词分界之间的 4 个数字，它应转换为如下正则表达式：

```
var myRegExp = /\b\d{4}\b/g;
```

我们要匹配所有的年份，因此在最后添加 g，进行全局搜索。

要匹配并存储结果，可以使用 match() 方法进行查找，再将它返回的 Array 对象保存在变量中：

```
var resultsArray = myString.match(myRegExp);
```

为了验证上面的代码，可以编写一些代码，输出数组的每个元素。代码中添加了一个 if 语句，复核结果是否真正包含一个数组。如果未找到匹配串，则返回的数组将包含 null 值——如果变量包含一个不为 null 的值，则 if(resultsArray) 返回 true。

```
if (resultsArray) {
  for (var index = 0; index < resultsArray.length; index++) {
    alert(resultsArray[index]);
  }
}
```

上面的代码将弹出三个警告框，分别包含数字 2012、2013 和 2014。

试一试   拆分 HTML

下面的例子把一个 HTML 字符串拆分为多个部分。例如，将 HTML 代码 <p>Hello </p> 拆分为一个数组，其元素的内容如下所示：

<p>	Hello	</p>

```
<!DOCTYPE html>

<html lang="en">
<head>
    <title>Chapter 6, Example 5</title>
</head>
    <body>
        <div id="output"></div>
        <script>
            var html = "<h2>Hello World!</h2>" +
                "<p>We love JavaScript!</p>";

            var regex = /<[^>]+>|[^<>\r\n]+/g;
            var results = html.match(regex);

            document.getElementById("output").innerText = results.join("\r\n");
        </script>
    </body>
</html>
```

将这个文件保存为 ch6_example5.html。在浏览器中加载该页面，将看到会拆分 HTML 字符串，每个元素的标记都放在文本区域的单独一行上，如图 6-10 所示：

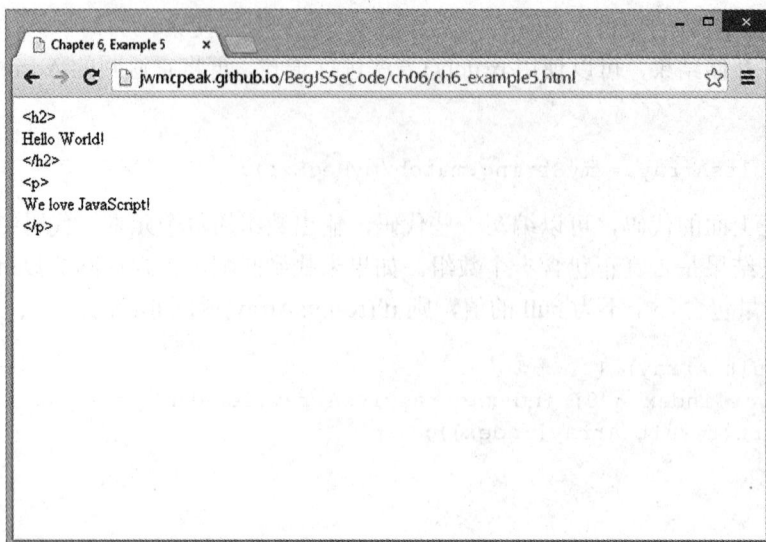

图   6-10

同样，只需要几行代码就可以完成所有工作。首先创建 RegExp 对象，并初始化为正则表达式：

```
var regex = /<[^>\r\n]+>|[^<>\r\n]+/g;
```

下面进行分析，看看要匹配的模式。首先请注意，该模式被一个选择符号"｜"分为两个部分。这意味着要么匹配该符号左边的模式，要么匹配该符号右边的模式。下面分别分析这两个模式。左边的模式为：

● 该模式必须以<开始。
● [^>\r\n]+指定除>、\r(回车)、\n(换行)之外的一个或多个字符。
● >指定该模式必须以>结束。

右边的模式为：

● [^< >\r\n]+指定，该模式是一个或多个除<、>、\r 或者\n 字符之外的字符，这将匹配纯文本。

在正则表达式定义的后面有一个 g，表示这是全局匹配。

因此，正则表达式<[^>\r\n]+>将匹配 HTML 的任何开始或结束标记，如<p>或者</p>。另一个模式[^< >\r\n]+将匹配非开始或结束标记的任何字符模式。

下面的代码将 match()方法返回的 Array 对象赋予变量 results：

```
var results = html.match(regex);
```

其余的代码用拆分后的 HTML 填充<div/>元素：

```
document.getElementById("output").innerText = results.join("\r\n");
```

上述代码中使用了我们还未介绍的特性。实际上，它接收包含 output 的 id 值的元素，即代码体顶部的<div/>元素。innerText 属性用于设置<div/>元素中的文本。后面章节中将更多地介绍相关内容。

　　然后我们使用 Array 对象的 join()方法，将数组的所有元素以\r\n 字符为分隔符，连接成一个字符串。这样，每个 HTML 标记或文本段就放在单独一行上。

6.4　使用 RegExp 对象的构造函数

　　前面在创建 RegExp 对象时，一直用斜杠 / 和 / 来定义正则表达式的开始和结束，如下面的示例所示：

```
var myRegExp = /[a-z]/;
```

　　尽管这通常是首选方式，但前面还提到过，也可以使用构造函数 RegExp()来创建 RegExp 对象。我们大多采用第一种方法。但是在某些情况下，例如，要根据用户的输入来构造正则表达式时，则必须采用第二种方法来创建 RegExp 对象。

　　采用第二种方法，可将上面的正则表达式定义为：

```
var myRegExp = new RegExp("[a-z]");
```

　　这里将正则表达式作为字符串参数传递给构造函数 RegExp()。

　　使用这种方法的一个非常重要的区别是如何使用特殊的正则表达式字符，如\b，这些字符之前都有一个反斜杠。问题是在 JavaScript 字符串中，反斜杠表示一个转义字符。例如，\b 表示退格(backspace)。为了区分\b 是字符串中的转义字符，还是正则表达式中的特殊字符，必须在正则表达式特殊字符之前再加一个反斜杠。因此\b 就变成了\\b，表示正则表达式中匹配单词分界的特殊字符，而不是退格字符。

　　例如，假定使用下面的代码定义 RegExp 对象：

```
var myRegExp = /\b/;
```

　　要使用构造函数 RegExp()声明它，则需要使用下面的代码：

```
var myRegExp = new RegExp("\\b");
```

　　而不能使用如下代码：

```
var myRegExp = new RegExp("\b");
```

　　对于所有正则表达式的特殊字符，如\w、\b、\d 等，当使用构造函数 RegExp()创建它们时，都必须在之前再添加一个反斜杠\。

　　使用/和/方法定义正则表达式时，可以在最后一个 / 之后添加特定的标志 m、g 和 i，分别表示模式的匹配应是多行的、全局的或者忽略大小写的。而使用构造函数 RegExp()时，应该如何设置这些标志？

　　很简单，构造函数 RegExp()的第二个可选参数可以设置相应的标志，以指定全局匹配或者忽略大小写匹配。例如，下面的代码将进行忽略大小写的全局模式匹配：

```
var myRegExp = new RegExp("hello\\b","gi");
```

　　也可以只指定一个标志，例如下面的代码：

```
var myRegExp = new RegExp("hello\\b","i");
```

或者：

```
var myRegExp = new RegExp("hello\\b","g");
```

　　表单验证模块

这个示例将创建一组有效的 JavaScript 函数，使用正则表达式验证如下内容：

- 电话号码
- 邮政编码
- 电子邮件地址

本例的验证仅检查格式，例如，它不能检查电话号码是否实际存在，而只检查它是否有效。

首先是包含输入验证代码的.js 代码文件，注意下面的代码块太宽，本书的篇幅放不下——应确保每个正则表达式都放在一行上。

```
function isValidTelephoneNumber(telephoneNumber) {
    var telRegExp = /^(\+\d{1,3} ?)?(\(\d{1,5}\)|\d{1,5})
        ?\d{3}?\d{0,7}( (x|xtn|ext|extn|pax|pbx|extension)?\.? ?\d{2-5})?$/i;
    return telRegExp.test(telephoneNumber);
}

function isValidPostalCode(postalCode) {
    var pcodeRegExp = /^(\d{5}(-\d{4})?|([a-z][a-z]?\d\d?|[a-z{2}\d[a-z])
        ?\d[a-z][a-z])$/i;
    return pcodeRegExp.test(postalCode);
}

function isValidEmail(emailAddress) {
    var emailRegExp = /^((([^<>()\[\]\\.,;:@"\x00-\x20\x7F]|\\.)+
|("""([^\x0A\x0D"\\]
        |\\\)+"""))@(((([a-z]|#\d+?)([a-z0-9-]|#\d+?)*([a-z0-9]
        |#\d+?)\.)+([a-z]{2,4}))$/i;
    return emailRegExp.test(emailAddress);
}
```

将该文件保存为 ch6_example6.js。

为了测试代码，需要一个简单的页面：

```
<!DOCTYPE html>

<html lang="en">
<head>
    <title>Chapter 6, Example 6</title>
</head>
    <body>
        <script src="ch6_example6.js"></script>
        <script>
```

```
        var phoneNumber = prompt("Please enter a phone number.", "");

        if (isValidTelephoneNumber(phoneNumber)) {
            alert("Valid Phone Number");
        } else {
            alert("Invalid Phone Number");
        }

        var postalCode = prompt("Please enter a postal code.", "");

        if (isValidPostalCode(postalCode)) {
            alert("Valid Postal Code");
        } else {
            alert("Invalid Postal Code");
        }

        var email = prompt("Please enter an email address.", "");

        if (isValidEmail(email)) {
            alert("Valid Email Address");
        } else {
            alert("Invalid Email Address");
        }
    </script>
  </body>
</html>
```

将该页面保存为 ch6_example6.html，并将它加载到浏览器中。浏览器会提示输入一个
电话号码。输入一个有效的电话号码(本例使用+1 (123) 123 4567)，之后在屏幕中会看到一
个说明所输入的电话号码是否有效的消息。

之后，浏览器会提示输入邮政编码和电子邮件地址，然后对输入进行测试。该示例虽
然很简单，但足以测试代码。

实际的代码非常简单，但正则表达式较难创建，下面就详细讨论它们，从电话号码的
验证开始。

6.4.1 验证电话号码

电话号码验证起来比较困难。其问题在于:
- 每个国家的电话号码都不同。
- 有不同的方式输入有效的电话号码(例如，是否添加国家代码或国际代码)。

对于这个正则表达式，不仅需要指定有效的字符，还需要指定数据的格式。例如，下
面的电话号码都是有效的:

+1 (123) 123 4567

+1123123 456

+44 (123) 123 4567

+44 (123) 123 4567 ext 123

+44 20 7893 4567

正则表达式需要进行的验证如表 6-6 所示(用空格隔开是可选的)。

表 6-6

国际号码	"+"后跟 1 到 3 个数字(可选)
本地区号	2~5 个数字,有时带括号(必选)
实际的用户号码	3~10 个数字,有时带空格(必选)
分机号码	2~5 个数字,其前面是 x、xtn、extn、pax、pbx 或 extension,有时带括号

显然,在一些国家中,这是无效的,需要根据客户和合作伙伴所处的位置进行处理。下面的正则表达式相当复杂,也很长,必须放在两行上,但用户应把它输入在一行上:

```
^(\+\d{1,3} ?)?(\(\d{1,5}\)|\d{1,5}) ?\d{3} ?\d{0,7}
( (x|xtn|ext|extn|pax|pbx|extension)?\.? ?\d{2-5})?$
```

需要给它设置不区分大小写的标志和显式的捕获选项。尽管这似乎很复杂,但如果分解开来,这个正则表达式就相当简单。

首先分析匹配国际号码的模式:

```
(\+\d{1,3} ?)?
```

前面匹配过一个加号(\+)后跟 1~3 个数字(\d{1,3})和一个可选空格(?)的模式。由于+字符是一个特殊字符,所以在它的前面加上\字符,指定这是一个实际的+字符。放在括号中的字符表示一组字符。该组字符的右括号后面的?字符表示,允许有一个空格,且整组字符匹配 0 次或 1 次。

接下来是匹配区号的模式:

```
(\(\d{1,5}\)|\d{1,5})
```

这个模式包含在括号中,表示这是一组字符,匹配括号中的 1 到 5 个数字((\d{1,5}))或者仅匹配 1 到 5 个数字(\d{1,5})。由于在正则表达式的语法中,括号字符是特殊字符,而这里需要匹配实际的括号,所以需要在括号字符的前面加上\字符。还要注意使用了竖杠符号(|),它表示"或",即匹配这两个模式中的任意一个。

之后是匹配用户号码:

```
?\d{3,4} ?\d{0,7}
```

> **注意**:在第一个?符号前有一个空格:这个空格和问号表示"匹配 0 个或 1 个空格"。其后是 3 或 4 个数字(\d{3,4})——在美国,始终是 3 个数字,而在英国,则常常是 4 个数字。接着是另一个"0 个或 1 个空格",最后是 0 到 7 个数字(\d{0,7})。

最后添加的部分处理一个可选的分机号码：

```
( (x|xtn|ext|extn|extension)?\.? ?\d{2-5})?
```

这个组是可选的，因为其括号的后面是一个问号。该组本身会检查一个空格，其后是 x、ext、xtn、extn 或 extension，再往后是 0 个或 1 个句点(注意\字符，在正则表达式语法中，.字符是一个特殊字符)、0 个或 1 个空格、2 到 5 个数字。把这 4 个模式放在一起，再加上开头和结尾的语法，就可以构建出整个正则表达式。这个正则表达式从^开始，以$结束。^字符指定模式必须从字符串的开头处匹配，$字符表示模式必须匹配到字符串的结尾。这说明，字符串必须与模式完全匹配，在匹配的字符串前后都不能包含其他任何字符。

解释了正则表达式后，下面再次介绍 ch6_example6.js 中的 isValidTelephoneNumber() 函数，如下所示：

```
function isValidTelephoneNumber(telephoneNumber) {
    var telRegExp = /^(\+\d{1,3} ?)?(\(\d{1,5}\)|\d{1,5}) ?\d{3}
        ?\d{0,7}( (x|xtn|ext|extn|pax|pbx|extension)?\.? ?\d{2-5})?$/i;
    return telRegExp.test( telephoneNumber );
}
```

注意在这个示例中，一定要在表达式定义的结尾添加 i，以设置不区分大小写标志，否则，该正则表达式就不能匹配 ext 部分。还要注意，正则表达式在代码中必须占一行——这里把正则表达式放在 4 行上，是因为本书的宽度有限。

6.4.2　验证邮政编码

刚才验证了世界范围内的电话号码，但验证世界范围内的邮政编码是非常困难的。下面创建的函数仅验证美国和英国的邮政编码。如果需要验证其他国家的邮政编码，就需要修改代码。在一个正则表达式中验证多于一个或两个邮政编码会很难管理，而用一个正则表达式验证一个国家的邮政编码就容易多了。但这里把验证英国和美国的邮政编码的正则表达式合并起来：

```
^(\d{5}(-\d{4})?|[a-z][a-z]?\d\d? ?\d[a-z][a-z])$
```

这个正则表达式实际包含两部分：第一部分验证美国的邮政编码，第二部分验证英国的邮政编码。首先看看第一个部分：

邮政编码可以表示为两种格式：5 个数字(12345)或者 5 个数字后跟一个短划线和 4 个数字(12345-1234)。匹配这个邮政编码的正则表达式如下：

```
\d{5}(-\d{4})?
```

这个正则表达式匹配 5 个数字，后跟一个可选的非捕获组，该组匹配一个短划线后跟 4 个数字。

对于匹配英国邮政编码的正则表达式，也要先考虑其格式。英国邮政编码的格式是一个或两个字母后跟一个或两个数字、一个可选的空格、一个数字和两个字母。另外，伦敦的一些中心邮政编码类似于 SE2V 3ER，在第一部分的最后有一个字母。目前，只有一些邮政编码以 SE、WC 和 W 开头，但这可能有变化。有效的英国邮政编码示例有 CH3 9DR、PR29 1XX、M27 1AE、WC1V 2ER 和 C27 3AH。

因此，需要的模式如下：

```
([a-z][a-z]?\d\d?|[a-z]{2}\d[a-z]) ?\d[a-z][a-z]
```

这两个模式用"|"字符合并起来，表示匹配其中一个模式，并用括号把它们组合起来。接着在模式开头添加"^"字符，在结尾添加"$"字符，确保字符串中的信息只能是邮政编码。尽管邮政编码应是大写，但小写的邮政编码也有效，所以在使用该正则表达式时，也要设置不区分大小写的选项，如下所示：

```
^(\d{5}(-\d{4})?|([a-z][a-z]?\d\d?|[a-z{2}\d[a-z]] ?\d[a-z][a-z]]$
```

为了便于参考，下面再次查看一下 isValidPostalCode()函数：

```
function isValidPostalCode(postalCode) {
    var pcodeRegExp = /^(\d{5}(-\d{4})?|([a-z][a-z]?\d\d?|[a-z{2}\d[a-z])
        ?\d[a-z][a-z])$/i;
    return pcodeRegExp.test( postalCode );
}
```

再次注意，必须将正则表达式放在一行上。

6.4.3 验证电子邮件地址

在使用正则表达式匹配电子邮件地址之前，需要先了解有效的电子邮件地址的类型。例如：

- someone@mailserver.com
- someone@mailserver.info
- someone.something@mailserver.com
- someone.something@subdomain.mailserver.com
- someone@mailserver.co.uk
- someone@subdomain.mailserver.co.uk
- someone.something@mailserver.co.uk
- someone@mailserver.org.uk
- some.one@subdomain.mailserver.org.uk

另外，如果使用 SMTP RFC (http://www.ietf.org/rfc/rfc0821.txt)，电子邮件地址可以是：

- someone@123.113.209.32
- """Paul Wilton"""@somedomain.com

这是一个很长的列表，包含许多需要处理的变体。所以最好先分解它。首先，对于上面的两个电子邮件地址，需要注意两个地方。后两个版本的变形比较大，在下面创建的正则表达式中不予考虑。

其次，需要把电子邮件地址分解为几个单独的部分，先看看@符号后面的部分。

6.4.4 验证域名

由于允许使用 Unicode 域名，因此域名变得越来越复杂。但是电子邮件 RFC 仍不允许使用 Unicode 域名，所以这里仅考虑使用 ASCII 描述一个域的传统定义。域名包含以句点分隔的单词列表，最后一个单词的长度是 2 到 4 个字符。如果国家使用包含 2 个字母的单词来表示，则域名的前面常常至少有两个部分：分组的域(.co, .ac 等)和指定的域名。但是，随着.tv 名称的出现，情况发生了变化。可以把这种域名看作特例，为允许使用的顶级域(TLD)提供该特例，但这会使正则表达式非常大，而仅执行 DNS 查找的效率会比较高。

域名的每个部分都有一些必须遵循的规则。域名可以包含任何字母、数字或者连字符，但必须以字母开头。但有一个例外：在域名的任何地方，都可以使用#后跟一个数字，表示该字母的 ASCII 码，或者 16 位的 Unicode 值。知道了这些，下面就开始建立这个正则表达式，首先是域名部分，假定在代码的后面设置了不区分大小写的标志：

```
([a-z]|#\d+)([a-z0-9-]|#\d+)*([a-z0-9]|#\d+)
```

它把域分成三部分。RFC 没有指定这里可以包含多少个数字，所以我们也没有指定。第一部分只能包含一个 ASCII 字母，第二部分必须包含 0 个或多个字母、数字或连字符，第三部分必须包含字母或数字。顶级域有更多的限制，如下所示：

```
[a-z]{2,4}
```

这表示顶级域可以有 2、3 或 4 个字母。将这些放在一起，最后添加一个句点：

```
^((([a-z]|#\d+?)([a-z0-9-]|#\d+?)*([a-z0-9]|#\d+?)\.)+([a-z]{2,4})$
```

域名应从字符串的开头开始，到字符串的结尾结束。首先要添加一个额外的组，以允许包含一个或多个 name.部分，再在它自己的组中用 2 到 4 个字母的域名结尾。我们还使大多数通配符进行懒惰匹配。由于模式的许多部分是类似的，所以这么做是合理的，否则就需要非常多的回溯。而第二组还使用了一个"贪婪"通配符，它会匹配尽可能多的字符，直到遇到不匹配的字符为止。接着回溯一个位置，尝试第三组的匹配。在利用资源方面，这比懒惰匹配的效率高，因为它可以一直向前尝试匹配。每个名字回溯一次是可以接受的额外处理量。

1. 验证用户的地址

现在可以尝试验证@符号前面的部分。RFC 指定该部分可以包含其代码在 33～126 之间的任意 ASCII 字符。假定仅匹配 ASCII，则可以假定引擎仅需要匹配 128 个字符。本例采用这种假定，排除了如下的情况：

```
[^<>()\[\],;:@"\x00-\x20\x7F]+
```

有了这个假定，就表示只要字符没有包含在方括号中，这个部分允许使用任意多个字符。[,]和\字符必须转义。但 RFC 允许进行其他类型的匹配。

2. 验证完整的地址

阅读了前面的各节后，现在就可以为验证完整的电子邮件地址建立正则表达式了。首先，把前面的正则表达式合并起来，并包含@符号：

```
^([^<>()\[\],;:@"\x00-\x20\x7F]|\\.)+@
```

这很简单。下面是域名部分：

```
^([^<>()\[\],;:@"\x00-\x20\x7F]|\\.)+@(([a-z]|#\d+?)([a-z0-9-]
|#\d+?)*([a-z0-9]|#\d+?)\.)+([a-z]{2,4})$
```

由于本书的宽度有限，只能把该正则表达式放在两行上，但在实际的代码中，它必须单独占一行。

最后，为了便于参考，给出了 isValidEmail()函数：

```
function isValidEmail(emailAddress) {
    var emailRegExp =
        /^(([^<>()\[\]\\.,;:@"\x00-\x20\x7F]|\\.)+|("""([^\x0A\x0D"\\]|
\\\\)+"""))
        @(([a-z]|#\d+?)([a-z0-9-]|#\d+?)*([a-z0-9]|#\d+?)\.)
        +([a-z]{2,4})$/i;
    return emailRegExp.test( emailAddress );
}
```

同样要注意，正则表达式必须放在一行上。

6.5　小结

本章介绍了 String 对象的一些高级方法，以及如何使用正则表达式优化它们的用法。本章的主要内容如下：

- split()方法将一个字符串拆分为一个字符串数组。给该方法传送某个字符串或者正则表达式，以决定在何处拆分。
- replace()方法将一个字符模式替换为第二个参数指定的另一个模式。
- search()方法返回与参数匹配的第一个模式的字符位置。
- match()方法匹配模式，把匹配的文本返回到一个数组中。
- 正则表达式允许定义要匹配的字符模式。根据该模式，可以对字符串进行拆分、查找、文本替换或者匹配。
- 在 JavaScript 中，正则表达式使用 RegExp 对象的形式。可以使用 myRegExp = /myRegularExpression/或 myRegExp = new RegExp("myRegularExpression")创建 RegExp 对象。第二种形式要求，原来前面只有一个\的特殊字符现在需要使用\\。
- 正则表达式末尾的 g 和 i 字符(例如，myRegExp =/Pattern/gi;)可确保进行全局匹配，并忽略大小写。

- 除了定义实际的字符之外，正则表达式还有一些特殊字符，可用于匹配特定的字符组，如数字、单词或非单词字符。
- 可以使用特殊字符来设置模式或字符的重复。另外，还可以指定模式边界必须是什么，例如，在字符串的开始或结束位置进行匹配，或者与单词分界、非单词分界进行匹配。
- 最后，可以定义字符组，该分组可在之后的正则表达式中使用，或者在 replace() 方法中的表达式内使用。

第 7 章将介绍在 JavaScript 中如何使用、处理日期和时间，如何在不同的时区之间转换时间；以及如何创建一个计时器，以便在加载页面后，每隔一段时间就执行一次代码。

6.6　习题

本章习题的参考答案在附录 A 中。

习题 1：

下面的代码解决了什么问题？

```
var myString = "This sentence has has a fault and and we need to fix it."
var myRegExp = /(\b\w+\b) \1/g;
myString = myString.replace(myRegExp,"$1");
```

现在假定修改代码，以创建如下的 RegExp 对象：

```
var myRegExp = new RegExp("(\b\w+\b) \1");
```

为什么这行代码不起作用？该如何修正存在的问题？

习题 2：

请编写一个正则表达式，以查找下述语句中的所有单词 a，并替换为单词 the：

"a dog walked in off a street and ordered a finest beer"

替换之后的语句应为：

"the dog walked in off the street and ordered the finest beer"

习题 3：

假如有一个带有留言板的网站，请编写一个正则表达式，以删除禁用的词汇(可以自己设置禁用的词汇)。

第7章

日期、时间和计时器

本章主要内容

- 从 Date 对象中获取具体的日期和时间信息
- 修改 Date 对象的日期和时间
- 延迟函数的执行
- 定期执行函数

第5章通过 Date 对象讨论了 JavaScript 中日期和时间的概念，学习了 Date 对象的一些属性和方法，包括：

- getDate()、getDay()、getMonth()和 getFullYear()方法可以从 Date 对象中获取相应的日期值。
- setDate()、setMonth()和 setFullYear()方法可以给已有的 Date 对象设置相应的日期值。
- getHours()、getMinutes()、getSeconds()和 getMilliseconds()方法可以从 Date 对象中获取相应的时间值。
- setHours()、setMinutes()、setSeconds()和 setMilliseconds()方法可以给已有的 Date 对象设置相应的时间值。

时间取决于世界上不同的地理位置，第5章未提及这方面的内容。本章将学习日期、时间与世界时(world time)的关系，以修正前面忽略的问题。

例如，假定网站上有一个聊天室，现在希望在某个日期和时间组织一次聊天会。如果网站吸引了其他国家的访客，则简单地将聊天时间定为 15:30 开始就不太合适。因为 15:30 可以是东部标准时间(Eastern Standard Time，EST)、太平洋标准时间(Pacific Standard Time，PST)、英国时间甚或吉隆坡时间。当然，可以说明是 15:30 EST，让访客计算他所在地区的时间，但这并非万全之策，因为澳大利亚和美国都有 EST。如果能自动将该时间转换为访客所在地区的时间，岂不是更好？本章将介绍如何实现此类转换。

除了介绍世界时外，本章还将介绍如何在网页中创建计时器(timer)。使用计时器，可以每隔一定时间就触发一次代码，或者仅执行一次代码(例如在页面加载后的 5 秒)。本章将介绍如何使用计时器在网页上创建一个实时时钟。在 Web 应用程序中，计时器还可以用来创建动画或者特效，后面章节中将介绍这样的 Web 应用程序。

7.1 世界时

"现在"这个概念的含义是指世界上每个地方在此刻的同一时间。但是，此刻的时间用数字来表示，在不同的地方，该数字是不同的。因此需要一个标准数字来表示不同地点的同一时间。这就是协调世界时(Coordinated Universal Time，UTC)，该标准于 1964 年执行，是国际性的民用和科学计时的基础。它的前身是格林尼治标准时间(Greenwich Mean Time，GMT)，实际上 UTC 时间 0:00 是伦敦格林尼治的午夜。

表 7-1 显示了 UTC 时间 0:00 时世界各地的本地时间。

表 7-1

圣弗朗西斯科	纽约(EST)	伦敦格林尼治	德国柏林	日本东京
下午 4:00	下午 7:00	0:00 (午夜)	上午 1:00	上午 9:00

注意：表 7-1 给出的是各地的冬季时间——夏令时未考虑在内。

JavaScript 中的 Date 对象提供了许多方法以支持 UTC 时间，它们类似于前面介绍的方法。对于每个 set 或 get 类型的日期时间方法，都有一个相应的 UTC 方法。例如，setHours() 设置 Date 对象本地时间的小时值，setUTCHours()方法设置 UTC 时间的小时值。下一节将详细介绍这些方法。

另外，Date 对象还有 3 个方法也涉及世界时。

根据 UTC 或本地时间，toUTCString()方法和 toLocaleString()方法把 Date 对象中保存的日期和时间返回为一个字符串。大部分现代浏览器都支持 toLocaleTimeString()、toTimeString()、toLocaleDateString()和 toDateString()等方法。

如果只想计算当前本地时间与 UTC 时间的差值，可以使用 getTimezoneOffset()方法。如果时区在 UTC 之后，如美国，该方法就返回一个正数。如果当前时区在 UTC 之前，如澳大利亚或日本，该方法就返回一个负数。

试一试 **Date 对象的世界时方法**

下面的代码使用了 toLocaleString()、toUTCString()、getTimezoneOffset()、toLocaleTimeString()、toTimeString()、toLocaleDateString()和 toDateString()方法，并将它们的值输出到页面上。

```
<!DOCTYPE html>

<html lang="en">
<head>
    <title>Chapter 7, Example 1</title>
</head>
<body>
    <script>
        var localTime = new Date();

        var html = "<p>UTC Time is " + localTime.toUTCString() + "</p>";
        html += "Local Time is " + localTime.toLocaleString() + "</p>";

        html += "<p>Time Zone Offset is " +
                localTime.getTimezoneOffset() + "</p>";

        html += "<p>Using toLocalTimeString() gives: " +
                localTime.toLocaleTimeString() + "</p>";

        html += "<p>Using toTimeString() gives: " +
                localTime.toTimeString() + "</p>";

        html += "<p>Using toLocaleDateString() gives: " +
                localTime.toLocaleDateString() + "</p>";

        html += "<p>Using toDateString() gives: : " +
                localTime.toDateString() + "</p>";

        document.write(html);
    </script>
</body>
</html>
```

将其保存为 ch7_example1.html，并加载到浏览器中。当然，结果取决于计算机所设置的时区，但在此浏览器中的页面应如图 7-1 所示。

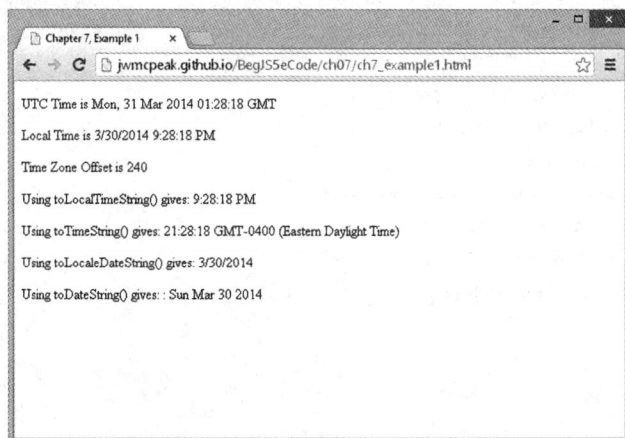

图　7-1

当前计算机的时间是美国东部夏令时间(例如，纽约)2014 年 3 月 30 日下午 09:28:318。代码是怎样运行的？在页面顶部的脚本块中，代码如下：

```
var localTime = new Date();
```

该代码创建了一个新的 Date 对象，并根据客户端计算机的时钟初始化为当前日期和时间。注意，Date 对象只保存了自 UTC 时间 1970 年 1 月 1 日午夜到客户端计算机时钟的日期时间的毫秒数。

在脚本块的其余代码中，得到了各个时间日期函数的结果。结果存储在 html 变量中，并显示在页面上。

下面的代码将 toUTCString()方法返回的字符串存储在 html 变量中：

```
var html = "<p>UTC Time is " + localTime.toUTCString() + "</p>";
```

它把 Date 对象 localTime 中的日期和时间转换为对应的 UTC 日期和时间。

接着，下面的代码在字符串中存储了本地日期和时间值：

```
html += "Local Time is " + localTime.toLocaleString() + "</p>";
```

这个时间仅基于用户计算机的时钟，该方法返回的字符串可能是夏令时(如果计算机时钟调整为夏令时)。

接下来的代码在字符串中存储了本地时间与 UTC 时间之间的差值(以分钟为单位)：

```
html += "<p>Time Zone Offset is " + localTime.getTimezoneOffset() + "</p>";
```

在图 7-1 中可以看到，纽约时间与 UTC 时间之差是 240 分钟，即 4 小时。但是在前面的表格中，纽约时间比 UTC 时间晚 5 小时，这是怎么回事呢？

纽约在 3 月 30 日使用了夏令时。当 UTC 时间为 0:00 时，夏令时的纽约时间为下午 8:00；冬令时的纽约时间为下午 7:00。因此，在夏天，getTimezoneOffset()方法返回的值是 240 分钟，而在冬天，getTimezoneOffset()方法返回的值是 300 分钟。

为了说明这些，请对比图 7-1 和图 7-2。在图 7-2 中，计算机时钟的日期提前到 12 月，此时是冬天，没有使用夏令时。

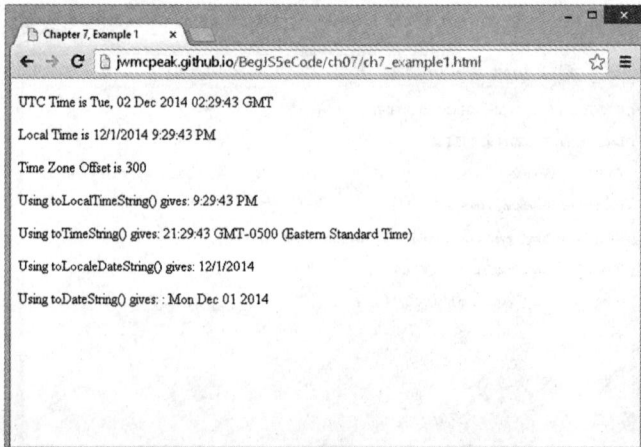

图　7-2

下面两个方法是 toLocaleTimeString()方法和 toTimeString()方法，如下所示：

```
html += "<p>Using toLocalTimeString() gives: " +
    localTime.toLocaleTimeString() + "</p>";

html += "<p>Using toTimeString() gives: " +
    localTime.toTimeString() + "</p>";
```

这些方法仅显示 Date 对象中保存的日期/时间的时间部分。toLocaleTimeString()方法显示用户在其计算机上指定的时间。第二个方法显示了时间部分和对应的时区(在本例中，EST 表示美国东部标准时间)。

最后两个方法显示日期/时间的日期部分。toLocaleDateString()方法按用户在其计算机上设定的格式显示日期。在 Windows 操作系统中，可以在计算机控制面板的"区域和语言"选项中设置。但是，由于该方法依赖用户计算机的设置，因此日期的格式因计算机而异。toDateString()方法使用标准格式显示用户计算机上的当前日期。

当然，这个例子取决于用户计算机是否正确设置了时钟，很多用户的本地时区设置可能是错误的，因此并不能保证结果完全正确。

设置和获取 Date 对象的 UTC 日期/时间

在创建新的 Date 对象时，可以将其初始化为一个值，或者让 JavaScript 将它设置为当前的日期和时间。无论采用哪种方法，JavaScript 都假定我们设置的是本地的时间值。如果要指定 UTC 时间，则需要使用 setUTC 类型的方法，例如 setUTCHours()。

下面的 7 个方法用于设置 UTC 日期和时间：

- setUTCDate()
- setUTCFullYear()
- setUTCHours()
- setUTCMilliseconds()
- setUTCMinutes()
- setUTCMonth()
- setUTCSeconds()

这些方法的名称说明了其功能。下面是一个设置 UTC 时间的简单例子。

试一试　　设置 UTC 日期和时间

下面介绍一个简单示例。打开文本编辑器并输入如下代码：

```
<!DOCTYPE html>

<html lang="en">
<head>
    <title>Chapter 7, Example 2</title>
</head>
<body>
```

```
        <script>
            var myDate = new Date();
            myDate.setUTCHours(12);
            myDate.setUTCMinutes(0);
            myDate.setUTCSeconds(0);

            var html = "<p>" + myDate.toUTCString() + "</p>";
            html += "<p>" + myDate.toLocaleString() + "</p>";

            document.write(html);
        </script>
    </body>
</html>
```

将其保存为 ch7_example2.html 文件。在浏览器中加载它,网页上的显示结果应如图 7-3 所示,其中显示的日期取决于当前的日期和计算机所在的时区。

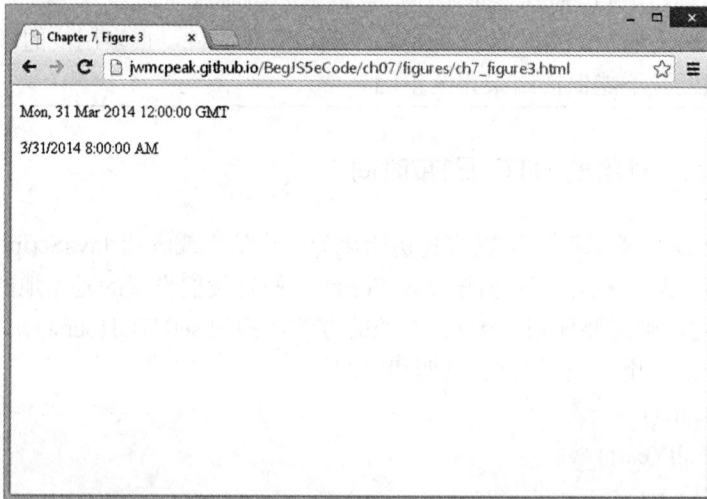

图 7-3

修改计算机上的时区和年份,以查看在不同时区和使用夏时制时页面的变化。在 Windows 中,可以打开控制面板,双击"日期/时间"图标进行设置。

那么,这个例子是如何工作的?首先声明了一个变量 myDate,并将其设置为一个新的 Date 对象。由于未将该 Date 对象设置为任何值,因此它包含当前日期和时间。

接着,使用 setUTC 方法设置小时、分钟和秒,使时间为 12:00:00 UTC(注意是中午,而不是午夜)。

接下来,将 myDate 的值输出为一个 UTC 字符串,会得到 12:00:00 和当天的日期。而将 Date 对象的值输出为本地字符串时,将得到当天的日期和一个将 UTC 时间 12:00:00 转换为本地时间的值。当然,本地时间的值与计算机时区相关。例如,由于夏令时的缘故,在夏季,UTC 时间 12:00:00 是纽约时间 08:00:00,而在冬季是纽约时间 07:00:00。在英国,UTC 时间 12:00:00 的冬季时间是 12:00:00,而夏季时间是 13:00:00。

与设置 UTC 的日期/时间类似,获取 UTC 的日期/时间具有相应的函数,但使用的是

getUTC 类型的方法。例如，使用 getUTCHours()，而不是 setUTCHours()。

- getUTCDate()
- getUTCDay()
- getUTCFullYear()
- getUTCHours()
- getUTCMilliseconds()
- getUTCMinutes()
- getUTCMonth()
- getUTCSeconds()
- toISOString()

注意，其中有一个额外的方法 getUTCDay()。它的工作方式与 getDay()方法相同，它返回一个表示星期几的数字，其中 0 表示星期日，6 表示星期六。由于星期几通过日期的年、月、日来确定，因此没有 setUTCDay()方法。

toISOString()方法在 JavaScript 中是一个相对较新的方法，它以 ISO 格式字符串的形式返回日期和时间，格式如下：

```
YYYY-MM-DDTHH:mm:ss.sssZ
```

ISO 格式通过字面量字符 T 将日期和时间分隔开，因此 YYYY-MM-DD 是日期格式，HH:mm:ss.sss 是时间格式。末尾的 Z 表示 UTC 时区。2014 年 3 月 30 日下午 3:10 UTC 的 ISO 格式字符串如下所示：

```
2014-03-30T15:10:00Z
```

在第 11 章介绍这些格式时，将再次介绍有关日期和时间的知识，以构建时间转换器。

7.2　网页中的计时器

可以创建两类计时器，即一次性计时器和定期触发的计时器。一次性计时器仅在指定的时间后触发一次，而第二种计时器每隔一定的时间就触发一次。下面两节将详细讨论这两种计时器。

只要在合理的限制内，就可以设置任意多个计时器，并在代码的任何地方启动计时器，例如当用户单击按钮时启动计时器。计时器常用于创建动画元素和定期变化的横幅广告图片，或者在网页中显示变化的时间。

7.2.1　一次性计时器

设置一次性计时器非常简单：只需要使用 setTimeout()方法。

```
var timerId = setTimeout(yourFunction, millisecondsDelay)
```

setTimeout()方法接收两个参数，第一个是要执行的 JavaScript 代码，第二个是执行代码之前延迟的毫秒(即千分之一秒)数。

该方法返回一个整数,即该计时器的唯一 ID。如果后来想要停止计时器的启动,就可以使用该 ID 告诉 JavaScript 指的是哪个计时器。

试一试　　**延迟消息**

下面的示例设置了一个在页面加载 3 秒后触发的计时器:

```
<!DOCTYPE html>

<html lang="en">
<head>
    <title>Chapter 7, Example 3</title>
</head>
    <body>
        <script>
            function doThisLater() {
                alert("Time's up!");
            }

            setTimeout(doThisLater, 3000);
        </script>
    </body>
</html>
```

将这个文件保存为 ch7_example3.html,并在浏览器中加载它。

在浏览器执行页面体中的 JavaScript 代码 3 秒后,该页面将弹出一个消息框。下面首先介绍 doThisLater()函数的代码:

```
function doThisLater() {
    alert("Time's up!");
}
```

调用 doThisLater()函数仅会显示警告框中的消息。可以使用 setTimeout()方法来延迟该函数的调用:

```
setTimeout(doThisLater, 3000);
```

注意 doThisLater()是如何传递给 setTimeout()的——省略了圆括号。在此并不希望调用 doThisLater(),而只是想引用该函数对象。

第二个参数告知 JavaScript 在 3000 毫秒或 3 秒后执行 doThisLater()。

值得注意的是,设置计时器并不会停止脚本的继续执行。计时器将在后台运行,并在到时间后触发。同时,页面像往常一样运行,在启动计时器的倒计时后,脚本将立即运行。因此,上面的例子会在执行完设置计时器的代码后,立即显示一个说明计时器已设置的警告框。

但是,如何在计时器触发前停止计时器的执行?

要清除计时器，可以使用 clearTimeout()方法。该方法仅接收一个参数，即 setTimeout() 方法返回的唯一的计时器 ID。

　　停止计时器

下面的示例修改了前面的例子，以提供一个按钮，当单击该按钮时将停止计时器的执行。

```
<!DOCTYPE html>

<html lang="en">
<head>
    <title>Chapter 7, Example 4</title>
</head>
    <body>
        <script>
            function doThisLater() {
                alert("Time's up!");
            }

            var timerId = setTimeout(doThisLater, 3000);

            clearTimeout(timerId);
        </script>
    </body>
</html>
```

保存为 ch7_example4.html，并在浏览器中加载该文件。消息框中将不会显示 "Time's up!"消息，因为示例中调用了 clearTimeout()函数并在超时到期之前清除了 ID 为 timerID 的计时器。

7.2.2　创建定期触发的计时器

setInterval()和 clearInterval()方法的工作方式与 setTimeout()和 clearTimeout()方法的非常类似，但它们会定期触发计时器，而不是仅触发一次。

setInterval()方法的参数与 setTimeout()方法的相同，但第二个参数不是计时器触发前的时间，而是计时器的触发间隔，该间隔以毫秒为单位。

例如，要设置一个每隔 5 秒就触发一次 myFunction()函数的计时器，可以使用如下代码：

```
var myTimerID = setInterval(myFunction,5000);
```

与 setTimeout()类似，setInterval()方法也返回唯一的计时器 ID，如果要清除该计时器，可以使用该 ID 调用 clearInterval()。clearInterval()与 clearTimeout()的工作方式相同。因此，要停止前面代码中启动的计时器，可以使用如下代码：

```
clearInterval(myTimerID);
```

本示例中编写的页面显示当前的日期和时间。该示例不是很令人兴奋，因此我们将使它每秒钟更新一次：

```
<!DOCTYPE html>

<html lang="en">
<head>
    <title>Chapter 7, Example 5</title>
</head>
    <body>
        <div id="output"></div>
        <script>
            function updateTime() {
                document.getElementById("output").innerHTML = new Date();
            }

            setInterval(updateTime, 1000);
        </script>
    </body>
</html>
```

保存该文件为 ch7_ example5.html，并在浏览器中加载它。

<div /> 元素是该页面的主体部分，其 id 属性的值为 output：

```
<div id="output"></div>
```

更新后的日期和时间将显示在<div />元素中，且是通过 updateTime()函数更新的：

```
function updateTime() {
    document.getElementById("output").innerText = new Date();
}
```

updateTime()函数使用 document.getElementById()方法获取前面提及的<div />元素的内容，并通过 innerText 属性将该元素的文本设置为一个新的 Date 对象。当浏览器显示该对象时，JavaScript 会将它转换为人类可读的字符串，其中包含日期和时间。

要修改日期和时间，可以使用 setInterval()函数，将对 updateTime()函数的引用作为参数传递给它，并设置它每秒(1000 毫秒)执行一次。这样转而就会更新<div />元素中的文本，每隔 1 秒就显示当前的日期和时间。

至此，就完成了本例和计时器的介绍。在后面的章节中将会用到 setInterval()和 clearInterval()函数。

7.3　小结

本章首先介绍了国际标准时间，即协调世界时(Coordinated Universal Time，UTC)。然后讨论了在网页中如何创建计时器。

本章主要内容如下：

- 可以使用 Date 对象设置和获取 UTC 时间，其方式与设置或获取本地时间类似，例如使用 setUTCHours()方法和 getUTCHours()方法。使用相应的 UTC 类型的方法，可以设置或获取 UTC 时间的年、月、分钟或秒等。
- 在国际时间转换中，getTimezoneOffset()方法是非常有用的一个工具，它返回用户本地时间与 UTC 相差的分钟数。该方法的一个缺陷是假定了用户在计算机上正确设置了用户所在的时区。否则，getTimezoneOffset()就会失效。如果用户的时钟设置不正确，则其他日期和时间的方法也是无效的。
- setTimeout()方法可以启动计时器，该计时器仅在指定的毫秒数过后触发一次。setTimeout()方法接受两个参数，第一个是要执行的函数，第二个是代码执行前的延迟时间。该方法返回计时器的唯一 ID，如果以后要引用这个计时器，就可以使用这个 ID。例如，要在计时器触发之前将其停止，可以使用该 ID 调用 clearTimeout()方法。
- 要创建定期触发的计时器，可以使用 setInterval()方法，它的工作方式与 setTimeout()相同，只是计时器总是会定期触发，除非用户退出了页面，或者调用了 clearInterval()方法。

第 8 章将讨论 Web 浏览器本身，重点讨论在 JavaScript 编程中各种可用的浏览器对象。浏览器对象主要用于创建功能强大的 Web 页面。

7.4　习题

在附录 A 中可以找到本章习题的参考答案。

习题 1：

创建一个页面，以获取用户的生日信息。然后根据用户的生日，计算出她生日那天是星期几。

习题 2：

创建一个类似于本章"试一试：一个计数时钟"中的 Example 5 的页面，使该页面仅显示时、分钟和秒。

第**8**章

浏览器程序设计

本章主要内容

- 使用浏览器的内置窗口对象
- 将浏览器发送给 URL
- 处理载入页面的图像
- 获取浏览器的当前地理位置
- 检测用户的浏览器

本章源代码下载(wrox.com)：

打开网页 http://www.wiley.com/go/BeginningJavaScript5E，单击 Download Code 选项卡即可下载本章源代码。也可以在 http://beginningjs.com 上查看所有的代码示例和相关的文件。

前面几章讨论了核心 JavaScript 语言，介绍了如何使用变量和数据、在这些数据上执行操作、在代码中作出判断、循环执行同一段代码，以及编写自定义函数。我们了解到 JavaScript 是一种基于对象的语言，并且知道如何使用 JavaScript 的内置对象。然而，我们不仅对该语言本身感兴趣，还希望学习如何编写 Web 浏览器的脚本。具备这种能力后，就可以开始创建更富有感染力的网页。

不仅 JavaScript 是基于对象的，而且浏览器也是由对象组成的。JavaScript 在浏览器中运行时，可以访问浏览器的对象，其方式与使用 JavaScript 的内置对象一样。那么，浏览器提供了哪些对象呢？

浏览器提供了许多对象。例如，window 对象对应浏览器的窗口。前面已经使用过这个对象的两个方法，即 alert()和 prompt()方法。为了简便起见，前面把它们称为函数，但它们实际上都是浏览器的 window 对象的方法。

浏览器提供的另一个对象是页面本身，用 document 对象表示。前面也使用过该对象的方法和属性。前面章节中曾使用 document 对象的 write()方法向页面写入信息。

还有许多其他对象可表示页面上写入的 HTML。例如，每个<img/>元素都对应一个 img

对象，用于在文档中插入一幅图像。

浏览器为 JavaScript 提供的对象集合通常称为浏览器对象模型(Browser Object Model，BOM)。

> 注意：另一种常见的术语是文档对象模型(Document Object Model，DOM)。本书使用术语 DOM 表示 W3C 的标准文档对象模型，详见第 9 章。

JavaScript 的这些附加功能都存在一个潜在的弊端：BOM 没有标准的实现方式(虽然曾试图使用 HTML5 规范)。可以使用哪个对象集合高度依赖于当前使用的浏览器的类型和版本。一些对象可以在某些浏览器上使用，但不能在其他浏览器上使用，另一些对象在不同的浏览器上有不同的属性和方法。幸运的是，浏览器的编写者一般不修改浏览器的 BOM，因为这么做会降低交互操作性。这意味着，如果仅使用 BOM 的核心功能(所有浏览器都有的对象)，那么代码能更好地在不同的浏览器和版本中正常运行。本章介绍 BOM 的核心功能，在 JavaScript 中仅使用这些核心功能，可以完成大量工作。

8.1 浏览器对象简介

本节介绍对所有浏览器都适用的 BOM 对象。

第 5 章提到，JavaScript 有许多可访问和使用的内置对象。大多数对象都需要我们自己创建，例如 String 和 Date 对象，而其他某些对象，如 Math 对象，则无须创建，在页面开始加载时就可以直接使用。

JavaScript 在页面中运行时，可以访问大量由 Web 浏览器提供的其他对象。与 Math 对象类似，会自动创建这些对象，不需要显式地创建它们。如前所述，对象及其方法、属性和事件都已在 BOM 中映射好。

BOM 非常庞大，但是初学者只需要使用 BOM 中不到 10%的对象、方法和属性。本章首先介绍 BOM 中较常用的部分，如图 8-1 所示。从某种程度上说，BOM 的这些部分是所有浏览器通用的。后面的章节以本章为基础，学完本书之后，读者就能使用 BOM 来工作了。

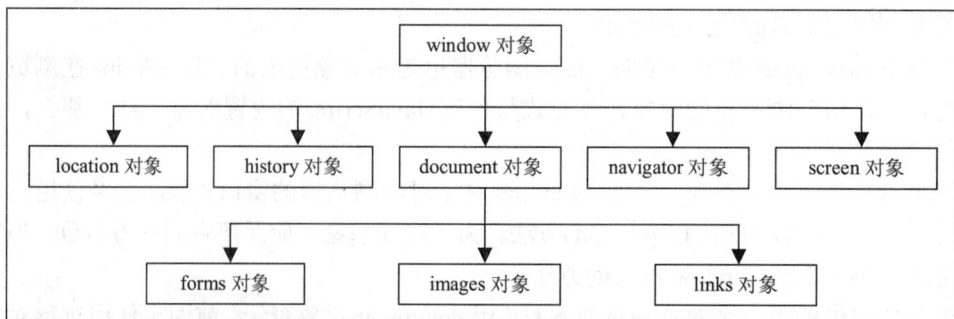

图 8-1

BOM 有一个层次结构。在层级的顶端是 window 对象，它表示浏览器的框架以及与其相关的所有内容，如滚动条和导航栏图标等。

页面包含在窗口框架中。在 BOM 中，页面用 document 对象表示。window 对象和 document 对象如图 8-2 所示。

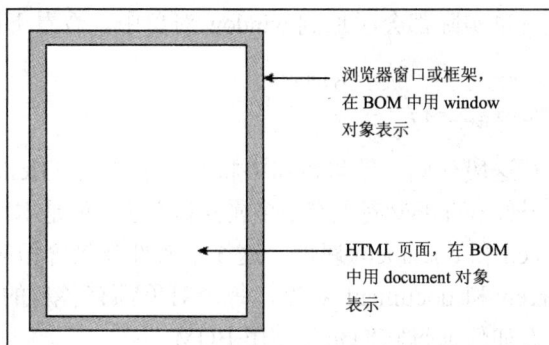

图 8-2

下面逐一详细介绍这些 BOM 对象。

8.1.1 window 对象

window 对象代表浏览器的框架或窗口，其中包含了网页。在某种程度上，该对象也表示浏览器本身，它包含大量属性，因为这些属性不适合放在其他地方。例如，通过 window 对象的属性，可以确定正在运行什么浏览器、用户访问过的页面、浏览器窗口的大小和用户屏幕的大小等。还可以使用 window 对象来访问或修改浏览器状态栏中的文本、修改加载的页面甚至打开新窗口。

window 对象是一个全局对象，因此不需要使用其名称来访问其属性和方法。实际上，全局函数和全局变量(可以在页面的任何位置访问)都创建为该全局对象的属性。例如，从本书一开始就使用的 alert()函数是 window 对象的 alert()方法。尽管前面使用如下代码：

```
alert("Hello!");
```

下述代码的效果与其完全相同：

```
window.alert("Hello!");
```

由于 window 对象是全局对象，因此使用第一个语句是完全正确的。

window 对象的某些属性也是对象。所有浏览器通用的对象包括 document、navigator、history、screen 和 location。document 对象表示页面；history 对象包含用户访问页面的历史信息；navigator 对象包含浏览器的信息；screen 对象包含客户端显示能力的信息；location 对象包含当前页面的位置信息。本章后面将分别介绍这几个重要的对象。

此时在 Web 页面中值得注意的是，所使用的函数名或变量名不能与 BOM 对象及其属性和方法的名称相冲突。如果相冲突，虽然可能不会得到任何错误，但会得到意想不到的结果。例如，下面的代码声明了一个名为 history 的变量，并试图使用 window 对象的 history

属性返回到前一个页面。这是不可行的，因为 history 变量的值已被更改为另一个值：

```
var history = "Hello, BOM!";
window.history.back(); // error; string objects don't have a back() method
```

对于这种情况，需要使用不同的变量名称。之所以发生这种情况，是因为在全局作用域中定义的任何函数或变量实际都会添加到 window 对象中。看看下面这段示例代码：

```
var myVariable = "Hello, World!";
alert(window.myVariable);
```

如果在浏览器中执行这段代码，警告窗口中将会显示消息"Hello，World"。

与所有 BOM 对象一样，window 对象有很多属性和方法。但是本章重点介绍其 history、location、navigator、screen 和 document 属性。这 5 个属性都包含相应的对象，即 history、location、navigator、screen 和 document 对象，每个对象都有各自的属性和方法。下面将依次学习这些对象，看看如何通过它们充分使用 BOM。

8.1.2 history 对象

history 对象跟踪用户访问的每个页面。这个页面列表常称为浏览器的历史栈(history stack)。它允许用户单击浏览器的 Back 或 Forward 按钮，来重新访问页面。通过 window 对象的 history 属性可以访问 history 对象。

与 JavaScript 内置的 Array 类型类似，history 对象也有 length 属性。使用它可以获得历史栈中的页面数量。

history 对象有 back()和 forward()方法。调用它们时，浏览器当前加载的页面位置就变成用户访问过的前一个页面或后一个页面。

history 对象还有 go()方法。它带一个参数，该参数指定在历史栈中前进或后退几个页面。例如，如果想返回上一个页面之前的页面，可以使用如下代码：

```
history.go(-2);
```

要前移 3 个页面，可以使用如下代码：

```
history.go(3);.
```

注意，go(-1)等价于 back()，而 go(1)等价于 forward()。

8.1.3 location 对象

location 对象包含大量有关当前页面位置的有用信息。它不仅包含了页面的统一资源定位器(Uniform Resource Locator，URL)，还包含保存该页面的服务器、连接服务器的端口号及所使用的协议。通过 location 对象的 href、hostname、port 和 protocol 属性，就可以获得这些信息。但这些信息与页面的访问位置相关：是从服务器上加载页面，还是直接从本地硬盘上加载页面(如前面的示例)。

除了获得当前页面的位置之外，还可以使用 location 对象的方法来改变当前页面的位置，或者刷新当前页面。

可以采用两种方式导航到另一个页面。一是将 location 对象的 href 属性设置为指向另一个页面，二是使用 location 对象的 replace()方法。这两种方式的效果相同，页面都改变了位置。但是它们的区别在于：replace()方法将从历史栈中移除当前页面，代之以新页面；而使用 href 属性仅把新页面加在历史栈的顶部。这意味着如果使用了 replace()方法，用户单击浏览器中的 Back 按钮，将无法返回到最初加载的页面。但如果使用 href 属性，则用户可以正常使用 Back 按钮。

例如，要用新页面 myPage.html 替换当前页面，使用 replace()方法的代码如下：

```
location.replace("myPage.html");
```

这行代码将加载 myPage.html，并用 myPage.html 替换历史栈中的所有当前页面。

如果要加载新页面，并把它添加到历史栈的顶部，则可以使用 href 属性：

```
location.href = "myPage.html";
```

当前加载的页面会添加到历史栈中。在这两种情况下，表达式的前面都加上了 window，但由于 window 对象是全局的，因此也可以将代码改写为：

```
location.replace("myPage.html");
location.href = "myPage.html";
```

8.1.4　navigator 对象

navigator 对象是 window 对象的一个属性，可用于所有浏览器。该名称更具有历史性而不是描述性。更恰当的名称是"浏览器对象"，因为 navigator 对象包含浏览器和运行浏览器的操作系统的大量信息。

navigator 对象最常见的用途是处理浏览器之间的差异。使用其属性，可以确定用户的浏览器、浏览器的版本和操作系统。接着可以操作这些信息，确保代码仅在支持它的浏览器中运行。这种技术称为"浏览器嗅探(browser sniffing)"，虽然该技术很有用，但也存在一些限制。

一种替代浏览器嗅探的技术是"特性检测(feature detection)"，这种技术可以检测浏览器是否支持某个特定的特性。本章后面将专门讨论浏览器嗅探和特性检测，所以这里不再讨论。

geolocation 对象

HTML5 规范中为 navigator 对象新增了 geolocation 属性。它的作用十分简单：让开发人员获得并利用设备和计算机的位置。这似乎是一个令人害怕的提议，但用户必须给予开发人员权限，这样他们才有权获取并使用这些信息。

geolocation 对象的核心部分就是它的 getCurrentPosition()方法。调用该方法时，必须向它传递一个回调函数(callback function)，在 getCurrentPosition()方法的工作成功完成后就会执行这个回调函数。在第 4 章介绍过函数可以用作值，可以将其赋给变量并将它们传递给另一个函数，这里提到的"另一个函数"指的就是我们要处理的 getCurrentPosition()方法。如下所示：

```
function success(position) {
    alert("I have you now!");
}

navigator.geolocation.getCurrentPosition(success);
```

上面代码中的 success()函数就是回调函数，当 navigator.geolocation.getCurrentPosition()确定计算机或设备的位置时，就会执行这个回调函数。success()函数的参数 position 是一个对象，其中包含 Earthly 位置和计算机或设备的海拔高度，可以通过 position 对象的 coords 属性获得这些信息，如下所示：

```
function success(position) {
    var latitude = position.coords.latitude;
    var longitude = position.coords.longitude;
    var altitude = position.coords.altitude;
    var speed = position.coords.speed;
}
```

latitude、longitude 和 altitude 属性各自的含义很明了，它们只是一些分别表示设备或计算机纬度、经度和海拔高度的数字值。speed 属性用于获得设备/计算机的速度(单位为米/秒)，更准确地说是速率。

如果需要获得多个这样的值，可以将 position.coords 赋给某个变量，之后再使用该变量获得位置值。例如：

```
function success(position) {
    var crds = position.coords;

    var latitude = crds.latitude;
    var longitude = crds.longitude;
    var altitude = crds.altitude;
    var speed = crds.speed;
}
```

这样可以减少代码的输入量，从而也减少了代码的规模，使下载速度变得更快一些。

getCurrentPosition()方法的第二个参数是另外一个回调函数，当发生错误时就会执行这个回调函数。

```
function geoError(errorObj) {
    alert("Uh oh, something went wrong");
}

navigator.geolocation.getCurrentPosition(success, geoError);
```

错误回调函数仅带有一个参数，表示 getCurrentPosition()方法运行失败的原因。它是一个包含两个属性的对象。第一个属性 code 是一个表示失败原因的数值。表 8-1 中列出了这些可能的值及其含义：

表　8-1

值	说　　明
1	页面无权限获取设备/计算机的位置
2	发生了内部错误
3	在获取设备/计算机的位置前，所允许的时间已到

第二个属性为 message，表示描述错误的人类可读的消息。

试一试　　**使用 geolocation 对象**

本示例使用 geolocation 对象获取设备/计算机的经度和纬度：

```
<!DOCTYPE html>

<html lang="en">
<head>
    <title>Chapter 8, Example 1</title>
</head>
    <body>
        <script>
            function geoSuccess(position) {
                var coords = position.coords;
                var latitude = coords.latitude;
                var longitude = coords.longitude;

                var message = "You're at " + latitude + ", " + longitude

                alert(message);
            }

            function geoError(errorObj) {
                alert(errorObj.message);
            }

            navigator.geolocation.getCurrentPosition(geoSuccess, geoError);
        </script>
    </body>
</html>
```

保存该页面为 ch8_example1.html 并载入浏览器中。

页面要求用户同意获取其地理位置信息。因此首先会看到一个提示，要求用户允许或拒绝获取这些信息的页面权限。每个浏览器会以不同的形式显示这个请求，图 8-3 显示了 Chrome 的请求。

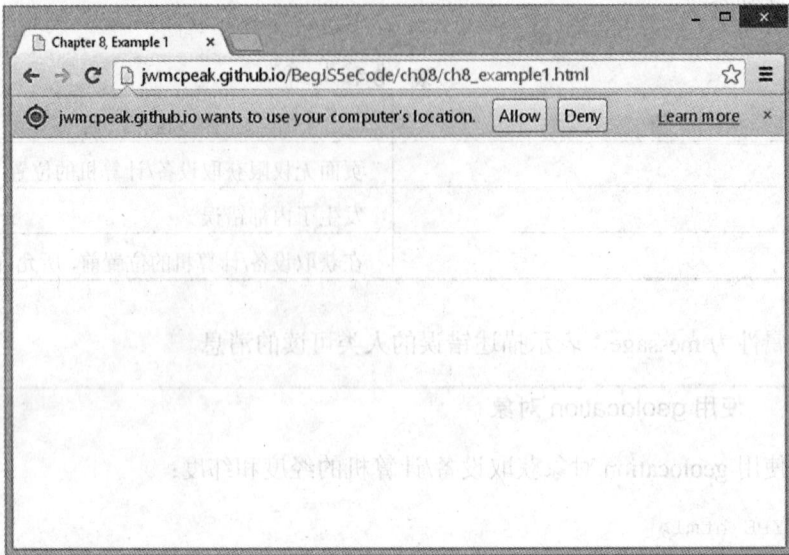

图 8-3

如果允许页面访问位置，就会在警告框中看到所显示的设备或计算机的经度和纬度。
如果选择拒绝页面访问，就会看到类似图 8-4 中所示的消息。

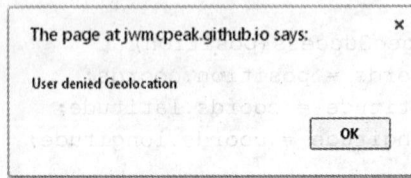

图 8-4

该页面的两个函数实现前面提到的功能。第一个函数 geoSuccess()是一个回调函数，
当浏览器成功获取设备/计算机的位置时会执行该函数：

```
function geoSuccess(position) {
    var coords = position.coords;
    var latitude = coords.latitude;
    var longitude = coords.longitude;
```

该函数中的第一个语句将 position.coords 存储在 coords 变量中，这样通过少数几个按
键就可以访问位置信息。第二个和第三个语句分别获取经度和纬度信息。

获取经度和纬度信息后，再将这些信息组合到一起并显示给用户：

```
    var message = "You're at " + latitude + ", " + longitude

    alert(message);
}
```

如果拒绝页面访问位置信息，或者如果浏览器不能获取位置信息，就执行 geoError()

回调函数：

```
function geoError(errorObj) {
    alert(errorObj.message);
}
```

这个简单的函数仅使用错误对象的 message 属性，将 getCurrentPosition()方法失败的原因告知用户。

8.1.5　screen 对象

window 对象的 screen 对象属性包含了大量有关客户机显示能力的信息。其属性包括 height 和 width，分别表示屏幕的垂直和水平尺寸，单位为像素。

后面的一个例子将使用 screen 对象的另一个属性 colorDepth，它表示客户机屏幕使用的色彩位数。

8.1.6　document 对象

与 window 对象一样，document 对象可能是 BOM 中最重要和最常用的对象之一。通过这个对象，可以访问到页面上的 HTML 元素及其属性和方法。

本章重点介绍所有浏览器通用的属性和方法。有关 document 对象的高级操作的信息，请参见第 9 章。

document 对象有很多关联的属性，它们也是类似于数组的结构，称为集合。主要的集合有 forms、images 和 links。IE 还支持其他很多集合属性，如 all 集合属性，它是页面上用对象表示的所有元素的数组。然而，本章重点学习使用具有跨浏览器支持功能的对象，这样网页就不会局限于一种浏览器。

稍后将介绍 images 和 links 集合。第三个集合 forms 是第 11 章(讨论 Web 浏览器中的表单)的一个主题。下面先看一个简明扼要的例子，说明如何使用 document 对象的方法和属性。

8.1.7　使用 document 对象

前面遇到过 document 对象的一些属性和方法，如 write()方法和 bgColor 属性。

试一试　**根据用户屏幕的色彩深度设置颜色**

这个例子根据用户屏幕支持的色彩位数来设置页面的背景色。屏幕支持的色彩位数称为色彩深度。如果用户的显示器仅支持黑白两色，则将背景色设置为鲜红色就毫无意义。使用 JavaScript，可以将背景色设置为用户实际可见的颜色。

```
<!DOCTYPE html>

<html lang="en">
<head>
```

```
        <title>Chapter 8, Example 2</title>
    </head>
    <body>
        <script>
            var colorDepth = window.screen.colorDepth;

            switch (colorDepth) {
                case 1:
                case 4:
                    document.bgColor = "white";
                    break;
                case 8:
                case 15:
                case 16:
                    document.bgColor = "blue";
                    break;
                case 24:
                case 32:
                    document.bgColor = "skyblue";
                    break;
                default:
                    document.bgColor = "white";
            }

            document.write("Your screen supports " + colorDepth +
                    "bit color");
        </script>
    </body>
</html>
```

将该页面保存为 ch8_example2.html。在浏览器中加载它时，页面的背景色将由当前的屏幕色彩深度决定。另外，页面上的一条消息会指出当前的色彩深度是多少。

可以通过改变屏幕支持的色彩深度来测试上面的代码。刷新浏览器，就能看到刚才的修改给页面的背景色带来的变化。

> 注意：在 Firefox、Safari 和 Chrome 浏览器上，只有关闭并重启浏览器，才能看到上述代码的效果。

如前所述，window 对象包含 screen 对象属性。screen 对象的一个属性是 colorDepth，它返回 1、4、8、15、16、24 或 32。这表示赋予屏幕上每个像素的位数(像素仅是构成屏幕的很多个点中的一个)。要确定屏幕有多少种颜色，只需要计算 2 的 colorDepth 次方。例如，colorDepth 为 1，表示只有两种颜色；而 colorDepth 为 8，表示有 256 种颜色。目前大部分屏幕的色彩深度都至少是 8，通常是 24 或 32。

脚本块的第一个任务是根据用户实际可见的色彩数来设置页面的背景色。为此使用了一个庞大的 switch 语句。switch 语句检查的条件是 colorDepth 变量的值，在此该变量被设置为 window.screen.colorDepth：

```
var colorDepth = window.screen.colorDepth;

switch (colorDepth) {
```

不需要为每个 colorDepth 设置不同的颜色，因为对于一般的 Web 应用来说，许多颜色都是相近的。而应给不同但相近的 colorDepth 值设置相同的背景色。当 colorDepth 为 1 或 4 时，把背景设置为白色。为此声明了 case 1:语句，但是未给出任何代码。如果 colorDepth 匹配该 case 语句，则执行流会进入后面的 case 4:语句，把背景色设置为白色。接着调用 break 语句，这样就不检查该 case 语句之后的其他条件。

```
case 1:
case 4:
    document.bgColor = "white";
    break;
```

colorDepth 为 8、15 或 16 时，将背景设为蓝色，代码如下所示：

```
case 8:
case 15:
case 16:
    document.bgColor = "blue";
    break;
```

最后，colorDepth 为 24 或 32 时，将背景设为天蓝色：

```
case 24:
case 32:
    document.bgColor = "skyblue";
    break;
```

用 default 语句结束 switch 语句，处理不匹配前面 case 语句的其他情况。在这个 default 语句中，再次把背景设为白色。

```
default:
    document.bgColor = "white";
}
```

接下来的脚本使用 document 对象的 write()方法，前面的例子多次使用过该方法。这里用它在页面上输出当前设置的色彩深度位数，代码如下所示：

```
document.write("Your screen supports " + colorDepth +
            "bit color")
```

本书的例子一直在使用 document 对象。第 1 章使用它的 bgColor 属性来改变页面的背景色，并且在多个例子中使用它的 write()方法，向页面输出 HTML 和文本。

下面看看 document 对象的几个稍复杂的属性。这几个属性的共同点是它们都包含集合。首先介绍的是一个集合，它包含页面上每幅图像对应的对象。

8.1.8 images 集合

可以使用以下标记在 HTML 页面中插入一幅图像：

```
<img alt="USA" name="myImage" src="usa.gif" />
```

浏览器通过创建一个 img 对象 myImage，使这个图像可以通过 JavaScript 来操作。实际上，页面上的每幅图像都有一个对应的 img 对象。

页面上的每个 img 对象都保存在 images 集合中，该集合是 document 对象的一个属性。这个集合以及其他集合的用法与数组的用法相同。页面上的第一幅图像在 document.images[0]元素中，第二幅图像在 document.images[1]中，依此类推。

如有必要，可以指定一个变量来引用 images 集合中的 img 对象，以使代码更容易输入和阅读。例如，下面的代码给变量 myImage2 赋予索引位置为 1 的 img 对象的引用：

```
var myImage2 = document.images[1];
```

现在就可以在代码中使用 myImage2 来代替 document.images[1]，两者的效果相同。

由于 document.images 属性是一个集合，因此它也拥有类似于 JavaScript 内置类型 Array 的属性，如 length 属性。例如，通过代码 document.images.length 可以获得页面包含的图像数量。

试一试　　**选择图像**

img 对象有许多非常有用的属性。其中最重要的是 src 属性。改变它就可以改变所加载的图像。下面的例子演示了这个过程。

```
<!DOCTYPE html>

<html lang="en">
<head>
    <title>Chapter 8, Example 3</title>
</head>
<body>
<img src="" width="200" height="150" alt="My Image" />
<script>
    var myImages = [
        "usa.gif",
        "canada.gif",
        "jamaica.gif",
        "mexico.gif"
    ];

    var imgIndex = prompt("Enter a number from 0 to 3", "");

    document.images[0].src = myImages[imgIndex];
</script>
```

```
</body>
</html>
```

保存该示例为 ch8_example3.html。另外还需要 4 个图像文件：usa.gif、canada.gif、jamaica.gif 和 mexico.gif。可以自行创建这些图像，也可以从本书的代码下载中获得。

在浏览器中加载该页面时，弹出的提示框要求输入一个 0~3 的数字。根据所输入的数字，将显示不同的图像。

页面顶部是 HTML<img/>元素。注意，src 属性是空的：

```
<img src="" width="200" height="150" alt="My Image" />
```

接下来的脚本块用于决定显示哪幅图像。第一行定义了一个包含图像源列表的数组。这个例子把图像与 HTML 文件放在同一个目录中，因此没有指定路径。否则，务必输入完整的路径，例如 C:\myImages\mexico.gif。

接着，要求用户输入一个 0~3 的数字，用作数组的索引，以访问 myImages 数组中的图像源。

```
var imgIndex = prompt("Enter a number from 0 to 3","");
```

最后，将 img 对象的 src 属性设置为 myImages 数组元素(其索引号由用户提供)的源文本。

```
document.images[0].src = myImages[imgIndex];
```

注意，编写 document.images[0]时，会访问存储在 images 集合中的 img 对象。它的索引位置为 0，因为它是页面上的第一幅(也是唯一的)图像。

8.1.9　links 集合

对于每个有 href 属性的超链接元素<a/>，浏览器都会创建一个 a 对象。a 对象最重要的属性是 href，它对应该标记的 href 属性。使用该属性，可以确定该链接指向何处，在页面加载完后，还可以修改它。

就像前面的 img 对象包含在 images 集合中那样，页面上所有 a 对象的集合都包含在 links 集合中。

8.2　确定用户的浏览器

Internet 上充斥着各种操作系统和各种版本的浏览器，每种浏览器都有自己的 BOM 和独有的特性。因此，保证页面在所有浏览器上正常运行是非常重要的，或者至少可以正常退出，例如显示一个消息建议用户升级浏览器。

有两种方法可以测试浏览器是否可以执行代码：特性检测和浏览器嗅探。它们的最终目标类似，测试给定的浏览器是否执行代码，但它们用于不同的目的。

8.2.1 特性检测

并非所有的浏览器都支持相同的特性(虽然当前一些现代的浏览器在这方面已很出色)。当提到"特性"时,并非指多页面浏览、下载管理器等,而是指对于 JavaScript 开发人员而言可以在代码中访问和使用的特性。

特性检测是指检测浏览器是否支持某个给定特性的过程,该方法是浏览器检测的首选方法。使用该方法时,需要做少许维护工作,所有实现(或不实现)特定特性的浏览器都使用这种方法来检测代码的执行。

例如,所有现代浏览器都支持 navigator.geolocation,可以在页面中使用它且不会出现任何问题。但使用 IE 8 浏览器将会出现脚本错误,因为 IE 8 不支持 geolocation 属性。

这是一种很常见的问题,甚至最新版本的浏览器也不总是支持同样的特性,不过使用特性检测可以避免这类问题。模式很简单:首先检查特性是否存在,如果存在,就使用该特性。因此,使用一个 if 语句即可实现,如下所示:

```
if (navigator.geolocation) {
    // use geolocation
}
```

这段代码将 navigator.geolocation 用作 if 语句的条件。尽管 if 语句的条件值应被设为 true 或 false,但 JavaScript 可以将任何值当作 true 或 false。我们称这些值为 truthy 和 falsey。它们并不是真正的布尔值,但用在条件语句中时,其结果就为 true 或 false 了。

以下值为 falsey:

- 0
- ""(一个空字符串)
- null
- undefined
- [](一个空数组)
- false

除了上面的值,其他值都为 truthy。

在不支持 geolocation 的浏览器中,navigator.geolocation 为 undefined,因此值为 falsey。

这有些令人困惑,也给代码增加了歧义性。因此,一些 JavaScript 开发人员尽量避免使用 truthy/falsey 语句,而是选择使用 typeof 运算符,如下所示:

```
if (typeof navigator.geolocation != "undefined") {
    // use geolocation
}
```

typeof 运算符返回一个说明值或对象类型的字符串。上面这段代码中的 typeof 运算符用于 navigator.geolocation 上。在支持 geolocation 的浏览器中,类型为"object",而在不支持 geolocation 其他浏览器中,类型则为"undefined"。

对于任何对象或值都可以使用 typeof 运算符。表 8-2 中给出了 typeof 可能返回的值:

表 8-2

语 句	结 果
typeof() 1	数字
typeof() "hello"	字符串
typeof() true	布尔值
typeof() [](或任何数组)	对象
typeof() {}(或任何对象)	对象
typeof() undefined	未定义
typeof() null	对象

试一试   使用特性检测

本示例修改了 ch8_example1.html，确保页面在不支持 geolocation 的浏览器中也能运行。

```html
<!DOCTYPE html>

<html lang="en">
<head>
    <title>Chapter 8, Example 4</title>
</head>
    <body>
        <script>
            function geoSuccess(position) {
                var coords = position.coords;
                var latitude = coords.latitude;
                var longitude = coords.longitude;

                var message = "You're at " + latitude + ", " + longitude

                alert(message);
            }

            function geoError(errorObj) {
                alert(errorObj.message);
            }

            if (typeof navigator.geolocation != "undefined") {
                navigator.geolocation.getCurrentPosition(geoSuccess, geoError);
            } else {
                alert("This page uses geolocation, and your " +
                    "browser doesn't support it.");
            }
        </script>
    </body>
</html>
```

保存该示例为 ch8_example4.html。

本示例中最大的区别在于 JavaScript 代码底部的 if...else 语句：

```
if (typeof navigator.geolocation != "undefined") {
    navigator.geolocation.getCurrentPosition(geoSuccess, geoError);
} else {
    alert("This page uses geolocation, and your " +
        "browser doesn't support it.");
}
```

本示例在 navigator.geolocation 上使用 typeof 运算符来确定浏览器是否支持 geolocation 特性。如果支持，则调用 getCurrentPosition()方法。

如果浏览器不支持 geolocation，代码就会向用户显示一条消息，说明浏览器不支持这个必要的特性。在不能确保浏览器支持 geolocation 特性的情况下，如果试图使用它，则会出现错误。

特性检测方法特别有用，使用该方法可以将支持或不支持特性的浏览器分离开来。浏览器制造商并非都很完美，有时他们发布的浏览器版本具有唯一且古怪的功能。这样，就需要区分单个浏览器，使用特性检测就可以很好地实现这一点。

8.2.2　浏览器嗅探

首先，重申一点：在大多数情况下，我们希望使用的是特性检测方法。浏览器嗅探方法具有许多缺陷，其中之一就是少数浏览器可能宣称自己是某主流浏览器。另外一个问题是浏览器嗅探依赖于浏览器的 userAgent 字符串(user-agent string)，该字符串用于标识浏览器，且浏览器制造商可以在不同的版本之间进行大幅度的修改，在本章后面将会看到这样的示例。仅当针对其有古怪行为的单个浏览器时，才使用本节介绍的浏览器嗅探技术。

navigator 对象的 appName 属性和 userAgent 属性在标识浏览器方面很有用。appName 属性将返回浏览器的模型，如对 IE 返回 Microsoft Internet Explorer，对 Firefox、Chrome 和 Safari 返回 Netscape。

userAgent 属性返回一个包含多段信息的字符串，如浏览器的版本、操作系统和浏览器模型。但是，这个属性的返回值因浏览器而异，因此使用它时要备加小心。例如，浏览器的版本被嵌入在该字符串的不同位置。

试一试　　不同浏览器的检测和处理

下面的例子将创建一个页面，并使用前面提到的属性来检测客户浏览器的类型及版本。根据客户浏览器的不同，页面可以执行不同的操作。

```
<!DOCTYPE html>

<html lang="en">
<head>
    <title>Chapter 8, Example 5</title>
```

```
</head>
<body>
   <script>
      function getBrowserName() {
         var lsBrowser = navigator.userAgent;

         if (lsBrowser.indexOf("MSIE") >= 0) {
            return "MSIE";
         } else if (lsBrowser.indexOf("Firefox") >= 0) {
            return "Firefox";
         } else if (lsBrowser.indexOf("Chrome") >= 0) {
            return "Chrome";
         } else if (lsBrowser.indexOf("Safari") >= 0) {
            return "Safari";
         } else if (lsBrowser.indexOf("Opera") >= 0) {
            return "Opera";
         } else {
            return "UNKNOWN";
         }
      }

      function getBrowserVersion() {
         var ua = navigator.userAgent;
         var browser = getBrowserName();
         var findIndex = ua.indexOf(browser) + browser.length + 1;
         var browserVersion = parseFloat(
            ua.substring(findIndex, findIndex + 3));

         return browserVersion;
      }

      var browserName = getBrowserName();
      var browserVersion = getBrowserVersion();

      if (browserName == "MSIE") {
         if (browserVersion < 9) {
            document.write("Your version of IE is too old");
         } else {
            document.write("Your version of IE is fully supported");
         }
      } else if (browserName == "Firefox") {
         document.write("Firefox is fully supported");
      } else if (browserName == "Safari") {
         document.write("Safari is fully supported");
      } else if (browserName == "Chrome") {
         document.write("Chrome is fully supported");
      } else if (browserName == "Opera") {
         document.write("Opera is fully supported");
      } else {
         document.write("Sorry this browser version is not supported");
```

```
        }
    </script>
</body>
</html>
```

将这个脚本保存为 ch8_example5.html。

如果浏览器是 Firefox、IE9 或 10、Safari、Chrome 或者 Opera，则脚本会显示一条消息，告诉用户该页面支持当前的浏览器。如果是早期版本的 IE，则消息显示页面不支持该浏览器的版本。

如果浏览器不属于上述几种类型(包括 IE11+)，则消息显示页面不支持当前的浏览器。

页面顶部的脚本块定义了两个重要的函数。getBrowserName()函数确定浏览器的名称，getBrowserVersion()函数确定浏览器的版本。

浏览器检测代码的关键在于 navigator.userAgent 属性的返回值。下面是几个当前浏览器的 userAgent 字符串示例：

(1) `Mozilla/5.0 (Windows NT 6.3; WOW64; Trident/7.0; .NET4.0E; .NET4.0C; .NET CLR 3.5.30729; .NET CLR 2.0.50727; .NET CLR 3.0.30729; rv:11.0) like Gecko`

(2) `Mozilla/5.0 (compatible; MSIE 10.0; Windows NT 6.3; WOW64; Trident/7.0; .NET4.0E; .NET4.0C; .NET CLR 3.5.30729; .NET CLR 2.0.50727; .NET CLR 3.0.30729)`

(3) `Mozilla/5.0 (Windows NT 6.3; WOW64) AppleWebKit/537.36 (KHTML, like Gecko) Chrome/34.0.1847.131 Safari/537.36`

(4) `Mozilla/5.0 (Windows NT 6.3; WOW64; rv:32.0) Gecko/20100101 Firefox/32.0`

这里给出了每个 userAgent 字符串的编号。仔细观察每一行，很容易猜出它们对应的浏览器：

(1) Microsoft IE11

(2) Microsoft IE10

(3) Chrome 34.0.1847.131

(4) Firefox 32

根据这些信息，先看看第一个函数 getBrowserName()。首先获得浏览器的名称，将 navigator.userAgent 的值保存在变量 lsBrowser 中：

```
function getBrowserName() {
    var lsBrowser = navigator.userAgent;
```

这个属性返回的字符串通常很长，有时其功能也略有区别。但是，通过检测是否存在某些关键字，如 MSIE 或 Firefox，通常就可以确定浏览器的名称。首先分析下面的代码行：

```
    if (lsBrowser.indexOf("MSIE") >= 0) {
        return "MSIE";
    }
```

这段代码查找 lsBrowser 字符串中的 MSIE。如果这个子字符串的 indexOf 值大于等于 0，则表示找到了 MSIE，因此将返回值设置为 MSIE。

接下来的 else if 子句完成相同的功能，只不过这次查找的是 Firefox。

```
else if (lsBrowser.indexOf("Firefox") >= 0) {
    return "Firefox";
}
```

其他三个 if 语句的原理与此相同，分别查找 Chrome、Safari 和 Opera。如果还需要查找其他类型的浏览器，应在这里增加相应的 if 语句。只需要观察 navigator.userAgent 返回的字符串，查找浏览器名称或者唯一标识浏览器的子串。

如果任何 if 语句都不匹配，则返回 UNKNOWN 作为浏览器的名称。

```
else {
    return "UNKNOWN";
}
```

下面看看最后一个函数 getBrowserVersion()。

在 userAgent 字符串中，浏览器的版本信息通常紧跟在浏览器名称之后。因此，在这个函数中，首先要确定当前使用的浏览器。声明 browser 变量，使用刚才编写的 getBrowserName()函数，把它初始化为浏览器的名称。

```
function getBrowserVersion() {
    var ua = navigator.userAgent;
    var browser = getBrowserName();
```

如果浏览器是 MSIE(Internet Explorer)，则需要再次使用 userAgent 属性。在 IE 下，userAgent 属性总是包含 MSIE，后跟浏览器的版本号。因此，只需要查找关键字 MSIE，然后获取其后的版本号。

将 findIndex 设置为浏览器名称的字符位置加上该名称的长度，再加 1。这样做可确保获得该名称后且在版本号之前的字符。browserVersion 设置为版本号的浮点值，该值是用 substring()方法获得的。这个方法选择的字符从 findIndex 开始，结束位置为 findIndex+3。这样就只选择了表示版本号的 3 个字符。

```
var findIndex = ua.indexOf(browser) + browser.length + 1;
var browserVersion = parseFloat(ua.substring(findIndex, findIndex + 3));
```

看看前面的 userAgent 字符串，会发现 IE10 的 userAgent 如下所示：

```
Mozilla/5.0 (compatible; MSIE 10.0; Windows NT 6.3; WOW64; Trident/7.0)
```

所以 findIndex 设置为浏览器名称后的数字 10 的字符索引，browserVersion 设置为从数字 10 开始的 3 个字符，即浏览器的版本号 10.0。

在该函数的最后，把 browserVersion 返回给调用代码，如下所示：

```
    return browserVersion;
}
```

前面是支持函数的定义，但如何使用它们呢？下面的代码获得了浏览器的名称和版本信息，并使用这些信息过滤用户当前运行的浏览器。

```
var browserName = getBrowserName();
```

```
var browserVersion = getBrowserVersion();

if (browserName == "MSIE") {
    if (browserVersion < 9) {
        document.write("Your version of Internet Explorer is too old");
    } else {
        document.write("Your version of Internet Explorer is fully supported");
    }
}
```

在上面的代码中，第一个 if 语句检查用户是否有 IE。如果有，则接着检查其版本号是否低于 9。如果是，则提示用户浏览器的版本太低。如果 IE 的版本是 9，则告诉用户，其浏览器会得到全面支持。在 IE11 中运行这段代码则会出错，稍后将介绍其原因。

对 Firefox、Chrome、Safari 和 Opera 执行相同的操作。本例没有检查这些浏览器的版本，如果需要，也可以予以检查。

```
else if (browserName == "Firefox") {
    document.write("Firefox is fully supported");
} else if (browserName == "Safari") {
    document.write("Safari is fully supported");
} else if (browserName == "Chrome") {
    document.write("Chrome is fully supported");
} else if (browserName == "Opera") {
    document.write("Opera is fully supported");
} else {
    document.write("Sorry this browser version is not supported.");
}
```

if 语句的最后部分是 else 语句，它涵盖其他所有的浏览器，告诉用户页面不支持当前的浏览器。

如果在 IE11 中运行这个页面，则会显示消息 Sorry this browser version is not supported。乍一看，这是一个错误，但查看一下 IE11 的 userAgent 字符串：

```
Mozilla/5.0 (Windows NT 6.3; WOW64; Trident/7.0; rv:11.0) like Gecko
```

虽然这里没有提到 MSIE，但对于那些精通浏览器制造商代码的人而言，我们知道 Trident 是 Microsoft 的渲染引擎且版本号为 11.0。虽然在版本 11.0 中 Microsoft 对 userAgent 字符串的修改给出了一个很好的理由，但这只是为了宣扬其观点：除针对单个浏览器外，不能依赖于浏览器嗅探技术。

8.3 小结

本章介绍了不少内容，为进一步学习更有效、更高级的内容打好了基础，例如与页面和表单的交互、用户输入的处理等。

- 浏览器是 JavaScript 运行的环境，也是本章的重点。与 JavaScript 有内置对象类似，Web 浏览器也有内置对象。Web 浏览器中的这些对象以层次方式组织起来，称为浏览器对象模型(Browser Object Model，BOM)，它其实是浏览器对象的映射。使用 BOM，可以查看浏览器中的每个对象及其属性、方法和事件。

- 第一个主要对象是 window，它位于 BOM 层次结构的顶端。window 对象包含一些重要的子对象，如 location 对象、navigator 对象、history 对象、screen 对象以及 document 对象。

- location 对象包含了当前页面的位置信息，如文件名、包含页面的服务器和所使用的协议。这些信息都是 location 对象的属性。某些属性是只读的，而另一些属性是可读写的，如 href 属性不仅可以用来找到页面的位置，还可以修改它，从而将页面导航到一个新位置。

- history 对象记录了自用户打开浏览器以来访问的所有页面。有时页面不会记录下来(如使用 location 对象的 replace()方法来导航时，就不会记录加载的页面)。可以在浏览器的历史栈中向前向后移动，查看用户访问了哪些页面。

- navigator 对象表示浏览器自身，它包含了浏览器的类型、版本号和用户的操作系统等有用信息。这些信息可用于编写页面，处理类型不同甚至不兼容的浏览器。

- screen 对象包含用户计算机显示能力的信息。

- document 对象是最重要的对象之一。它是页面的对象表示，包含了页面上的所有元素，这些元素也用对象表示。不同浏览器在这方面的差异特别突出，但浏览器之间的相似性允许我们编写跨浏览器的代码。

- document 对象包含三个实际上是集合的属性，即 links、images 和 forms 集合。它们分别包含页面上由<a/>、<img/>和<form/>元素创建的所有对象，也可以通过这些集合访问这些元素。

- images 集合包含了页面上用于每个<img/>元素的 img 对象。即使在页面加载后，仍可以修改图像的属性。例如，可以在单击某幅图像时改变该图像。使用 images 集合的规则同样也适用于 links 集合。

- 最后介绍了如何检查用户的浏览器类型，以确保用户可以在不会导致错误的旧版浏览器中使用新特性。本章还介绍了如何使用 navigator 对象的 appName 属性和 userAgent 属性来嗅探浏览器，并且也提到了所检测到的信息也可能是不可靠的。

以上就是本章介绍的全部内容。第 9 章将介绍令人更加激动的文档对象模型，通过这种技术，可以访问和处理页面上的元素。

8.4 习题

在附录 A 中可以找到本章习题的参考答案。

习题 1：

创建两个页面：legacy.html 和 modern.html。每个页面都包含一个标题，以说明当前加载的是哪个页面。例如：

```
<h2>Welcome to the Legacy page. You need to upgrade!</h2>
```

使用特性检测和 location 对象，将不支持地理位置信息的浏览器定向到 legacy.html 页面，将支持地理位置信息的浏览器定向到 modern.html 页面。

习题 2：

修改"试一试：选择图像"中的 Example 3，使它随机显示这 4 幅图像之一。提示：请参考第 5 章的相关内容和 Math.random()方法。

第9章

编写 DOM 脚本

本章主要内容

- 查找页面上的元素
- 向页面动态地创建和插入元素
- 导航网页，从一个元素移动到另一个元素
- 元素加载到页面上后，修改其样式
- 操作元素的位置，给元素制作动画

本章源代码下载(wrox.com)：

打开网页 http://www.wiley.com/go/BeginningJavaScript5E，单击 Download Code 选项卡即可下载本章源代码。也可以在 http://beginningjs.com 上查看所有的代码示例和相关的文件。

JavaScript 在 Web 开发中的主要作用是与用户交互，在网页上添加某种行为。JavaScript 允许在网页加载到浏览器中后，完全改变网页的所有方面，JavaScript 在网页上提供这个功能的基础是文档对象模型(Document Object Model，DOM)，这是网页的树状表示方法。

DOM 是 W3C 提出的最被人误解的标准之一。W3C 的一组开发人员提出了浏览器制造商和 Web 开发人员应遵循的标准。DOM 为开发人员提供了一种表示网页中的所有元素的方式，以便在 JavaScript 中通过一组通用的属性和方法来访问。这里的"所有元素"是网页中的任意元素。通过 JavaScript 修改相应的 DOM 属性，就能修改页面中的图形、表格、表单、样式，甚至文本自身。

DOM 模型不应与第 8 章介绍的浏览器对象模型(Browser Object Model，BOM)混淆。稍后将详细介绍两者的区别。目前可以将 BOM 视为一个代表浏览器各种特性的依赖浏览器的对象，包括浏览器的按钮、URL 地址栏、标题栏、浏览器窗口控件以及网页的各部分。而 DOM 仅处理浏览器窗口或网页(即 HTML 文档)中的内容，于是，任何浏览器都可以使用完全相同的代码来访问和操作文档的内容。简而言之，BOM 可以访问浏览器以及文档

的某些部分，而 DOM 可以访问文档中的任何元素，但仅限于文档本身。

DOM 的伟大之处在于它与浏览器和平台无关。这意味着开发人员可以使用 JavaScript 代码动态更新页面，这些代码在任何兼容 DOM 的浏览器上都能正常运行，无须做任何修改。无须为不同的浏览器编写不同的代码，也无须在编写代码时担心兼容问题。

DOM 将页面的内容表示为通用的树结构，实现了这种无关性。在 BOM 中访问某个对象时，需要查找与该浏览器部分相关的属性。而 DOM 只需要在页面的树型结构中导航到与浏览器无关的节点或属性上。稍后将讨论这个结构。

但为了使用 DOM 标准，开发人员需要完全实现该标准的浏览器，但没有任何浏览器能 100%地实现该标准。更糟的是，任何一种浏览器都没有实现其他浏览器支持的所有特性，但不要被这个吓跑。所有现代浏览器都支持 DOM 标准提出的许多特性。

为了对 DOM 标准有一个真实的了解，需要简要了解一下 DOM 标准与其他现存的 Web 标准之间的关系。我们还将介绍 DOM 标准为什么会有多个版本，为什么标准也存在一定的差异。了解了这些关系后，就可以使用 JavaScript 导航 DOM，在多个浏览器上动态修改网页的内容。相关内容如下：

- HTML 和 ECMAScript 标准
- DOM 标准
- 操作 DOM
- 编写跨浏览器的 JavaScript

> 注意：本章的示例将围绕 DOM 编写(但有几处例外)，因此现代浏览器（IE 9+、Chrome、Firefox、Opera 和 Safari 3）都支持它们，旧浏览器（IE 8 及以下版本、Chrome 的早期版本和类似的早期浏览器）可能支持它们，也可能不支持。

9.1 Web 标准

Tim Berners-Lee 在 1991 年创建 HTML 时，只是想利用这个技术，通过一组标签为他的全局超文本项目(称为 World Wide Web)标记科学文献。没想到，20 世纪 90 年代中期，这个技术成为两大商业软件巨头厮杀的战场。HTML 是元语言 SGML(Standard Generalized Markup Language，标准的通用标记语言)的一种简单的派生形式。SGML 在学术机构应用了数十年，其目的是把文档和创建文档的结构一起保存起来。HTML 依赖于超文本传输协议(HyperText Transfer Protocol，HTTP)，在资源和查看者之间来回传递文档(例如，在服务器和客户端计算机之间)。这两种技术构成了 Web 的基础，到了 20 世纪 90 年代初期，人们很快发现，需要建立某种规范，以确保 HTML 和 HTTP 有通用的实现方式，这样才能在世界范围内进行通信。

在 1994 年，Tim 创立了万维网联盟(World Wide Web Consortium，W3C)，该组织致力于对 Web 技术演变进行管理。它有 3 个主要目标：

- 提供通用的访问技术，让任何人都能使用 Web
- 开发相应的软件环境，允许用户利用 Web
- 指导 Web 的发展，考虑由 Web 引发的法律、社会和经济问题

Web 技术规范的每个新版本成为标准之前，必须经过 W3C 严格的审核。HTML 和 HTTP 规范都接受了这个审核，对这些规范的每一组更新都会产生标准的一个新版本。在成为完全可操作的标准之前，每个标准都必须经过草案、备选建议、推荐标准等阶段。在该过程的每个阶段，W3C 联盟的成员都将投票表决哪些方面需要改进，甚至决定是否完全取消该标准，从头再来。

这种创建标准格式的方法似乎非常痛苦、费力，并不像人们想象的是做尖端技术革命的先锋。实际上，20 世纪 90 年代中期，很多软件公司感到这一过程太过漫长，因此决定自己实现一些革新，再提交给标准化组织进行审批。Netscape 率先在其浏览器中引入了新的元素，如<font />元素，以增强网页内容的表现力。这些元素大受欢迎，因此 Netscape 添加了大量元素，允许用户修改网页的显示外观和样式。实际上，JavaScript 本身就是 Netscape 的一个革新。

Microsoft 加入这场战争时，通过 IE 的最初两个版本来追赶 Netscape。但是，当 1996 年发布 Internet Explorer 3 时，为与 Netscape 抗衡，Microsoft 建立起一套大致相当的特性，可以添加自己的浏览器专用元素。Web 浏览器迅速分化为 IE 和 Netscape 两极，在一种浏览器中能够显示的页面在另一种浏览器中经常无法显示。问题在于，Microsoft 凭借在软件市场上无与伦比的强大地位，免费发放 IE，而 Netscape 仍需要销售其浏览器，因为它负担不起免费发布其旗舰产品。为了保持自己的竞争地位，Netscape 需要提供新的特性，使用户宁愿花钱购买它的浏览器，也不使用免费的 Microsoft 浏览器。

这两个公司发布 4.0 版本的浏览器时，竞争达到了白热化程度，这个版本的浏览器引入了动态页面的功能。遗憾的是，Netscape 通过<layer />元素来实现该功能，而 Microsoft 选择通过脚本语言的属性和方法来实现。W3C 需要坚持其立场，因为它的三个主要目标之一已经做出了让步：通用的访问技术。如果用户必须使用指定厂商的浏览器才能访问特定的页面，访问技术如何通用化？W3C 决定使用已有的标准 HTML 元素和层叠样式表，Microsoft 的解决方案部分采用了这两项技术。结果，Microsoft 在浏览器大战中取得了统治地位，并且从未拱手让出这个统治地位。Microsoft 的 IE 仍是目前使用最广泛的浏览器，但 Chrome 与 Firefox 已经蚕食了它的不少市场份额。

HTML 4.01 是一个相对稳定的 HTML 标准，其中包含大量特性，任何浏览器厂商都需要很长时间才能完全实现该标准，于是人们转而关注 Web 的其他领域。20 世纪 90 年代后期，引入了一批新标准来控制 HTML 的呈现方式(样式表)和 HTML 在脚本中的表示方式 (DOM)。还建立了其他标准，如可扩展标记语言(Extensible Markup Language，XML)提供了一种以保留其结构的方式来表示数据的通用格式。

W3C 网站(www.w3.org)提供了大量处于创建各个阶段的标准。并不是每个标准都与我们有关，并不是每个我们关心的标准都能在该网站上找到，但是，绝大多数我们关心的标准都能在该网站中找到。

下面将简要介绍与 JavaScript 有关的标准和技术，了解它们的相关背景。某些技术我们可能并不熟悉，但是至少应该知道存在这些技术。

9.1.1 HTML

HTML 标准由 W3C 维护。这个标准看起来相当简单，每一版本都似乎只引入了几个新元素。但实际上，由于浏览器厂商的竞争，使标准内容的制定变得异常复杂。HTML 1.0 和 2.0 很简单，其定义文档很小。但当 W3C 讨论 HTML 3.0 版时，所讨论的许多新功能已经被新扩展取代，例如<applet />和<style />元素取代了 3.0 版本浏览器的 appletstyle。因此，HTML 3.0 版本被取消，一个新版本 3.2 成为标准。

但是，应浏览器厂商的要求引入 HTML 3.2 的大量新特性偏离了 HTML 的本质，因为 HTML 本质上仅用来定义结构。源自<font />元素的新特性就偏离这个宗旨，在 HTML 中添加了不必要的外观特性。随着样式表技术的引入，这些外观特性就是多余的。因此，在 3.0 版本的浏览器中，有 3 种不同的方法定义某项文本的样式。哪种方法是正确的？如果同时使用这三种方法，文本最终使用哪个样式？HTML 4.0 标准处理了这些问题，指出了将在下一版本的标准中废弃(删除)的大量元素。HTML 4.0 是目前为止最庞大的版本，包含了链接到样式表和 DOM 的特性，还增加了用于有视觉障碍的人员及受忽视的弱势群体的特性。

2004 年，W3C 关注 XHTML 2.0 规范，许多(也许是大多数)Web 开发团体都认为，该规范指向 Web 的错误方向。所以另一个团体 Web Hypertext Application Technology Working Group (Web 超文本应用技术工作组，WHATWG)开始建立 HTML5。2009 年，W3C 正式废弃了 XHTML 2.0，W3C 和 WHATWG 目前一起开发 HTML5。

HTML5 引入了许多新特性，首先是标识页面导航、页眉、页脚的新元素<nav />, <header />和<footer />，还增加了<audio />和<video />元素来代替<object />。HTML5 也删除了<font />和<center />等单纯用于表示的元素，HTML5 还定义了对拖放操作、定位、存储等的内置支持。

> 注意：HTML5 规范还未完全完成，但其中的许多特性已经完成。因此，目前的现代浏览器实现了它的许多特性。要阅读实际的规范，可以访问 W3C 网站 http://www.w3.org/TR/html5/或 WHATWG 当前标准 http://html.spec.whatwg.org/multipage/。

9.1.2 ECMAScript

JavaScript 的发展历程类似于 HTML。它最初在 NetscapeNavigator 中使用，后来被添加到 IE 中。JavaScript 的 IE 版本被命名为 Jscript，与 Netscape Navigator 中的 JavaScript 非常相似。但是很快，这两种实现方式之间就产生了差异，为这两种浏览器编写脚本时必须关注这些差异。

奇怪的是，欧洲计算机制造商协会(European Computer Manufacturers Association，ECMA)为 JavaScript 提出了一个标准规范。直到 JavaScript 发布了几个版本后，才开始制定 JavaScript 的标准。HTML 一开始就是由 W3C 联盟制定的，而 JavaScript 是一个私有产品。这是 JavaScript 标准由另一个标准化组织管理的原因。Microsoft 和 Netscape 都同意使用 ECMA 作为标准传播媒介/论坛，因为 ECMA 能够快速地追踪相关标准，而且保持中立。选择 ECMAScript 这个名称是为了不偏向任何厂商，而且 JavaScript 中的 Java 是 Sun 公司许可 Netscape 使用的商标。ECMA-262 标准所制订的规范大致等价于 JavaScript 1.1 规范。

但是，ECMAScript 标准仅包含 JavaScript 的核心特性，如数值、字符串和布尔等基本数据类型，Date、Array、Math 等内置对象，for、while 循环语句，以及 if、else 条件语句。该标准没有包含客户端对象或集合，如 window、document、forms、links 和 images。因此，JavaScript 和 Jscript 都遵循该标准时，这个标准有助于使核心编程任务具备兼容性，但无助于使客户端对象的脚本编程在主流浏览器之间具备兼容性。仍存在一些不兼容的问题。

现在所有的 JavaScript 实现方案都遵循当前的 ECMAScript 标准，即 2009 年 12 月发布的 ECMAScript 5。

尽管 Microsoft 与 Netscape 在 JavaScript 的实现方案上存在不少差异，但是它们非常接近，可以视为同一种语言。显然，标准在浏览器的实现方案上提供了统一的语言，尽管 JavaScript 仍然存在类似 HTML 的特性竞争，但是程度大大降低了。

下面介绍 DOM。

9.2　文档对象模型

如前所述，文档对象模型(DOM)是一种独立于浏览器类型来表示文档的方法。它允许开发人员通过一组通用的对象、属性、方法和事件来访问文档，并通过脚本动态修改网页内容。

注意，浏览器厂商通常会对 DOM 做少量的改变。因此，为了确保开发人员不与某一实现方案冲突，W3C 以 DOM 标准的形式提供了一组可用于所有浏览器的通用对象、属性和方法。

9.2.1　DOM 标准

前面一直没有讨论 DOM 标准，有一个特殊的原因：它不是最容易理解的标准。支持一组通用的属性和方法是一项非常复杂的任务，而 DOM 标准分为不同的级别和部分，以处理不同的领域。标准的不同级别都是完成该标准的不同阶段。

1. 0 级(Level 0)

0 级有点名不符实，因为并没有真正的 0 级标准。这个术语实际上表示"旧方式"——DOM 标准出台之前，浏览器厂商实现的方法。0 级属性是指访问属性和方法的一种较线性的符号。例如，一般使用如下代码访问表单中的一项：

```
document.forms[0].elements[1].value = "button1";
```

本章不打算介绍这类属性和方法，因为它们已经被新方法取代。

2. 1 级(Level 1)

1 级是标准的第一个版本，它分为两部分：一部分被定义为核心(包含适用于 XML 和 HTML 的对象、属性和方法)；另一部分被定义为 HTML(HTML 专用的对象、属性和方法)。第一部分处理如何导航和操纵文档的结构，这部分的对象、属性和方法都是非常抽象的。第二部分只处理 HTML，提供了对应于所有 HTML 元素的一组对象。本章主要讨论 1 级标准的第二部分。

2000 年，人们对 1 级标准进行了修订和补充，尽管这使 1 级标准还处于草案阶段，并没有达到完全的 W3C 推荐阶段。

3. 2 级(Level 2)

2 级标准已经完成，许多属性、方法和事件都已由现代浏览器实现。其中的一些部分为核心和 HTML 专用属性及事件增加了事件和样式表规范(还提供了视图和遍历范围的部分，但本书不包含这些内容，更多信息请访问 http://www.w3.org/TR/2000/PR-DOM-Level-2-Views-20000927/和 http://www.w3.org/TR/2000/PR-DOM-Level-2-Traversal-Range-20000927/)。

4. 3 级(Level 3)

3 级标准于 2004 年达到推荐状态，它试图解决在 2 级标准的事件模型中依然存在的许多复杂问题，并添加了对 XML 特性的支持，例如内容模型，以及允许将 DOM 保存为 XML 文档。

5. 4 级(Level 4)

2014 年 5 月，DOM 4 级达到了候选推荐状态。它用几个独立的组件加固了 DOM 3 级。编写本书时，还没有哪个现代浏览器支持 DOM 4 级，但将来会有变化。

6. 浏览器对标准的支持

虽然任何浏览器都不会百分之百地遵循某个标准，因此不能保证 DOM 标准中所有的对象、属性和方法可用于给定版本的浏览器。但是所有现代浏览器都能很好地支持 DOM 标准，必须多加考虑的浏览器只有 IE8 及以下版本。

DOM 标准中的许多内容直到最近才被阐明，只有最新版本的浏览器才添加了对大量 DOM 特性的支持。因此，本章的例子仅能在最新版本的 IE、Chrome、Firefox、Opera 和 Safari 中运行。尽管跨浏览器的脚本编程是切合实际的目标，但完全不支持向后兼容。

尽管仍然没有完全实现标准，但是阐明了应如何实现某个属性或方法，为所有的浏览器厂商提供了一个指导，使它们在浏览器的以后版本中朝着统一的规范前进。DOM 并没有引入任何新的 HTML 元素或样式表属性，来达到其目标。DOM 的思想是使用现有的技术，并且常常是主流浏览器中的已有属性和方法。

9.2.2　DOM 与 BOM 的区别

如前所述，文档对象模型(DOM)和浏览器对象模型(BOM)之间存在两个主要的区别。

但是，有时 BOM 会放在 DOM 名称的下面，使这个问题变得更复杂了。在查阅这个主题的资料时应注意这一点。

- 首先，DOM 仅包含 Web 页面的文档，而 BOM 提供了浏览器各个领域的脚本编程访问，包括按钮、标题栏以及页面的某些部分。
- 其次，BOM 专用于某个浏览器。浏览器是不能标准化的，因为它们必须提供有竞争力的特性。因此，需要另一组属性、方法甚至对象，才能使用 JavaScript 操作它们。

9.2.3　将 HTML 文档表示为树型结构

由于 HTML 是标准化的，因此网页只能包含 HTML 语言支持的特性，如表单、表格和图片等，且需要一种通用的方法，来访问这些特性。此时就可以使用 DOM，它提供了 HTML 文档的统一表达方式，即将整个 HTML 文档/网页表示为树型结构。

实际上，可以将任何 HTML 表示为树型结构。唯一的前提条件是 HTML 文档应是结构良好的。不同的浏览器或多或少地允许包含一些错误，如未关闭的标记，或者 HTML 表单控件未包含在<form />元素中；但是，要精确地表达 HTML 文档的结构，就必须总是能预计文档的结构。通过 DOM 访问元素的能力，取决于将页面表示为层次结构的能力。

1. 树型结构

如果不熟悉树型结构的概念，不用担心。树型结构只是表示层次结构的一种图表方式。

考虑一个包含几章的图书例子。只需要略微搜索一下，就可以找到第 543 页的第 3 行。如果这本书的新版本包含额外的章节，再按相同的指令搜索，就可能无法找到相同的内容。但是，如果把指令改为“查找静物画一章、水彩画一节、定位光源一段的内容”，即使新版图书添加了额外的章节，仍能找到指定的内容，只是需要耗费的精力比第一次查找略多。

图书的变化不是特别快，但是网页的信息可能每天、甚至每小时都在变化。此时，第二组指令比第一组更常用。同样的原则也适用于 DOM。以层次方式导航 DOM 比使用完全线性的方式更有意义。将 DOM 视为一棵树，就很容易以这种方式导航页面。想想如何定位计算机中的文件。文件/文件夹管理器（Windows 中的 Windows 资源管理器，Mac OS 中的 Finder 等）创建了文件夹的树型结构，通过这个树型结构，就可以进入特定文件夹，定位文件，而不是按字母顺序来查找。

创建树型结构的规则非常简单。树的顶层是文档和包含页面中所有其他元素的元素，文档就是根节点。节点只是树中的一个点，表示某个元素、元素的属性或特性，甚或元素包含的文本。根节点包含了所有的其他节点，如 DTD 声明以及根元素(包含所有其他元素的 HTML 或 XML 元素)。在 HTML 文档中，根元素应总是<html/>元素。在根元素之下，是根元素包含的 HTML 元素。HTML 页面一般在<html/>元素中包含<head/>和<body/>元素。这些元素表示为根元素节点下的节点，而根元素节点本身在树顶部的根节点之下，如图 9-1 所示。

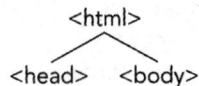

图　9-1

代表<head/>和<body/>元素的两个节点是子节点，它们上面的<html/>元素节点是父节点。由于<head/>和<body/>元素都是<html/>元素的子节点，所以它们位于父节点<html/>元素下的同一层。<head/>和<body/>元素又包含其他子节点/HTML 元素，这些子节点位于<head/>和<body/>节点的下一层。所以，子节点也可以是父节点。另一个元素中的一组HTML 元素构成了树型结构中同一层上的另一个子节点。清晰说明这些结构的最简单方式是列举一个例子。

2. HTML 页面示例

考虑如下所示的基本 HTML 页面：

```
<!DOCTYPE html>

<html lang="en">
<head>
</head>
<body>
    <h1>My Heading</h1>
    <p>This is some text in a paragraph.</p>
</body>
</html>
```

<html/>元素包含<head/>和<body/>两个元素，<body/>元素包含一个<h1/>元素和一个<p/>元素。<h1/>元素又包含文本 My Heading。到达不包含其他内容的一项时，如文本、图片或者元素，树结构就在该节点终止。这种节点称为叶节点。<p/>节点包含一段文本，文本也是文档中的一个节点。这个页面可表达为如图 9-2 所示的树型结构。

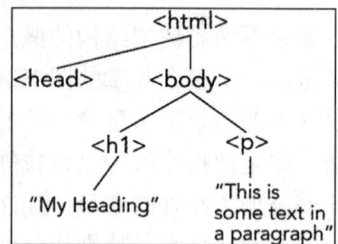

图 9-2

非常简单。这个例子太简单，下面是一个稍复杂的例子，它包含了一个表格。

```
<!DOCTYPE html>

<html lang="en">
<head>
    <title>This is a test page</title>
</head>
<body>
  <span>Below is a table</span>
  <table>
    <tr>
       <td>Row 1 Cell 1</td>
       <td>Row 1 Cell 2</td>
    </tr>
  </table>
</body>
```

```
</html>
```

这个例子没有不寻常的内容；文档包含一个表格，该表格有两行，每行有两个单元格。可以用树型结构表示该页面的层次结构(例如，<html/>元素包含<head/>和<body/>元素，<head/>元素又包含了一个<title/>元素)，如图 9-3 所示。

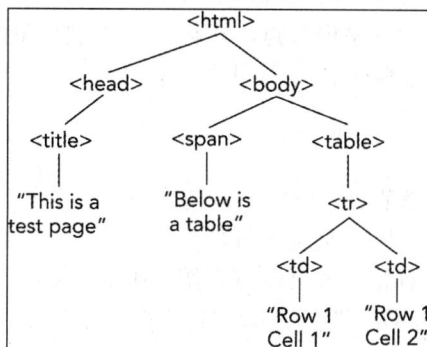

图　9-3

树的顶层非常简单，<html/>元素包含<head/>和<body/>元素。<head/>元素又包含一个<title/>元素，该<title/>元素又包含一些文本。该文本节点是一个结束了分支的子节点(叶节点)。下面看看另一个节点，即<body/>元素节点，沿着这个分支向下浏览。<body/>元素包含两个元素<span/>和<table/>。<span/>元素仅包含文本，是叶节点。而<table/>元素包含两个<tr/>表行元素，每个<tr/>表行元素又包含两个<td/>表单元格元素，每个<td/>单元格都包含文本，这是树的底层。现在这棵树是 HTML 代码的完整表达。

9.2.4　DOM 核心对象

前面的介绍都是理论知识，下面进入实践阶段。

DOM 提供了一组具体的对象、属性和方法，通过 JavaScript 可以访问它们，以便浏览 DOM 的树型结构。下面先介绍 DOM 中的对象集，它们表示树中的节点(如元素、属性或文本)。

1. 基本的 DOM 对象

表 9-1 中的三个对象称为基本的 DOM 对象。

表 9-1　基本的 DOM 对象

对　　象	说　　明
Node	文档中的每个节点都有自己的 Node 对象
NodeList	这是 Node 对象的列表
NamedNodeMap	允许按名称(而不是按索引)访问所有 Node 对象

这是 DOM 与 BOM 的不同之处。BOM 对象的名称与浏览器的特定部分相关，如 window

对象、forms 和 images 集合。如前所述，要将网页视为一棵树并在其中导航，就必须使之抽象化。无须事先知道页面的结构，所有的东西最终都只是一个节点。从一个 HTML 元素移到另一个 HTML 元素，或者从元素移到元素属性上，就是从一个节点移到另一个节点。这也意味着，可以添加、替换或移除网页的各个部分，而不会影响整个页面的结构，因为我们只是改变了节点。因此有 3 个晦涩难懂的对象用于表示树型结构。

如前所述，树型结构的顶部是根节点，它包含了 DTD 和根元素。因此要表示文档，仅有这三个对象是不够的。实际上，有不同的对象表示树中不同类型的节点。

2. 高级 DOM 对象

DOM 中的所有东西都是节点，所以节点肯定有各种类型。节点是元素、属性还是纯文本？Node 对象有不同的子对象，来表示每种类型的节点。表 9-2 完整列出了可通过 DOM 访问的所有不同的节点类型对象。本书没有介绍其中的许多节点对象，因为它们更适用于 XML 文档，而不是 HTML 文档。但应注意三种主要的节点类型，即元素、属性和文本。

表 9-2　可以通过 DOM 访问的所有不同的节点类型对象

对　　象	说　　明
Document	文档的根节点
DocumentType	XML 文档的 DTD 或模式类型
DocumentFragment	文档部分的临时存储空间
EntityReference	XML 文档中的实体引用
Element	文档中的一个元素
Attr	文档中元素的一个属性
ProcessingInstruction	处理指令
Comment	XML 文档或 HTML 文档中的注释
Text	构成元素子节点的纯文本
CDATASection	XML 文档中的 CDATA 部分
Entity	DTD 中未解析的实体
Notation	DTD 中声明的记号

本章不介绍其中的大多数对象。

这些对象都继承了 Node 对象的所有属性和方法，还包含自己的一些方法和属性。下一节将介绍一些例子。

9.2.5　DOM 对象及其属性和方法

如果要讨论 DOM 中所有对象的属性和方法，将需要半本书的篇幅。本书只关注三个对象 Node、Element 和 Document。通过这三个对象，就可以创建、修改和导航树型结构。另外，本书也不研究这些对象的每个属性和方法，只讨论最常用的属性和方法，使用它们实现指定的功能。

> **注意**：附录 C 较为全面地介绍了 DOM 及其对象和属性。

1. Document 对象及其方法

Document 引用类型提供了各种属性和方法，非常有助于编写 DOM 的脚本。其方法允许查找单个元素或元素组，创建新元素、属性和文本节点。任何 DOM 编写脚本人员都应了解这些方法和属性，因为它们非常常用。

Document 对象的方法可能是最重要的。尽管我们有许多工具，但只有 Document 对象的方法可以在页面上查找、创建和删除元素。

查找一个或多个元素

假定有一个 HTML 网页，如何在页面的脚本中找到特定的元素？Document 引用类型提供了表 9-3 中所示的方法来完成这个任务。

表 9-3　查找一个或多个元素

document 对象的方法	说　　明
getElementById(idValue)	根据所提供的元素的 id 值，返回对该元素的引用(节点)
getElementsByTagName(tagName)	根据参数中提供的标记，返回对一组元素的引用(节点列表)
querySelector(cssSelector)	返回与给定 CSS 选择器匹配的第一个元素的引用(节点)
querySelectorAll(cssSelector)	返回与给定 CSS 选择器匹配的一组元素的引用(节点列表)

第一个方法 getElementById()要求确保在页面中快速访问的每个元素都使用 id 属性，否则该方法返回 null(表示缺失或未知的值)。在第一个例子中给元素中添加 id 属性。

```
<!DOCTYPE html>

<html lang="en">
<head>
</head>
<body>
    <h1 id="heading1">My Heading</h1>
    <p id="paragraph1">This is some text in a paragraph.</p>
</body>
</html>
```

现在，可以使用 getElementById()方法，返回一个对页面上带 id 属性的任意 HTML 元素的引用。例如，如果在突出显示的部分添加如下代码，就可以找到并引用<h1/>元素。

```
<!DOCTYPE html>

<html lang="en">
<head>
```

```
</head>
<body>
    <h1 id="heading1">My Heading</h1>
    <p id="paragraph1">This is some text in a paragraph.</p>
    <script>
        alert(document.getElementById("heading1"));
    </script>
</body>
</html>
```

图 9-4 显示在 Firefox 中运行这段代码的结果。

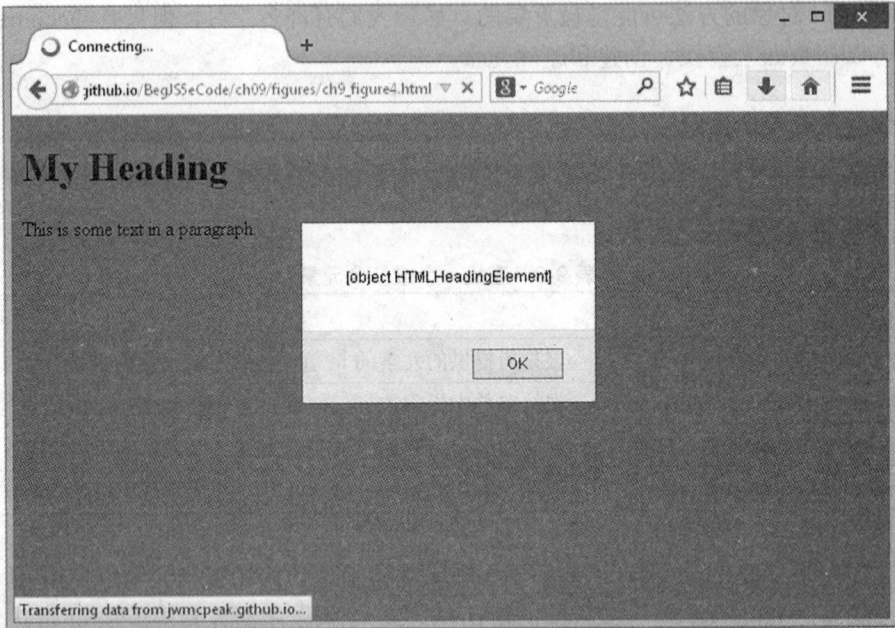

图 9-4

> 注意：HTMLHeadingElement 是 HTML DOM 的一个对象。所有 HTML 元素在 DOM 中都有一个对应的引用类型。HTML DOM 的更多对象参见附录 C。

除了\<h1/>或\<h1 id="heading1">之外，也许读者认为代码将返回某个内容，但实际上只返回了对\<h1/>元素的一个引用。这个\<h1/>元素引用是非常有用的，可用于修改\<h1/>元素的属性，如通过 style 对象修改字号或颜色。

```
<!DOCTYPE html>

<html lang="en">
<head>
```

```
</head>
<body>
   <h1 id="heading1">My Heading</h1>
   <p id="paragraph1">This is some text in a paragraph.</p>

   <script>
      var h1Element = document.getElementById("heading1");
      h1Element.style.color = "red";
   </script>
</body>
</html>
```

如果在浏览器中进行显示，就会发现，可以直接在脚本中修改<h1/>元素的属性，这里将文本改为红色。

> 提示：style 对象指向元素的样式属性，它允许修改赋予元素的 CSS 样式。参见本章后面介绍的 style 对象。

第二个方法 getElementsByTagName()的工作方式相同，但顾名思义，它可以返回多个元素。在包含表格的 HTML 文档示例中，代码使用这个方法返回表单元格(<td/>)，就将得到一个包含全部 4 个单元格的节点列表。该方法仍只返回一个对象，但是该对象是一个元素集合。注意集合是类似于数组的结构，所以应指定集合中特定元素的索引号。可以使用方括号来指定，另一种方法是使用 NodeList 对象的 item()方法：

```
<!DOCTYPE html>

<html lang="en">
<head>
   <title>This is a test page</title>
</head>
<body>
  <span>Below is a table</span>
  <table>
    <tr>
      <td>Row 1 Cell 1</td>
      <td>Row 1 Cell 2</td>
    </tr>
  </table>
  <script>
    var tdElement = document.getElementsByTagName("td").item(0);
    tdElement.style.color = "red";
  </script>
</body>
</html>
```

如果运行这个例子，再次使用 style 对象，就会修改表格中第一个单元格的内容的样式。

如果要以这种方式修改所有单元格的颜色，就应遍历节点列表，如下所示：

```
<script>
    var tdElements = document.getElementsByTagName("td");
    var length = tdElements.length;

    for (var i = 0; i < length; i++) {
        tdElements[i].style.color = "red";
    }
</script>
```

getElementsByTagName()方法的一个注意事项是它的参数是放在引号中的元素名，没有包含通常围绕着标记的尖括号。

第三个方法 querySelector()用于获取匹配所提供 CSS 选择器的第一个元素。它可以方便地获取没有 id 属性的元素（如果元素有 id 属性，就可以使用 getElementById()）。

例如下面的 HTML：

```
<p class="sub-title">This is a <span>special</span> paragraph element
    that contains <span>some text</span></p>.
```

使用 querySelector()方法，可以使用如下代码获取这个 HTML 中的第一个<span/>元素：

```
var firstSpan = document.querySelector(".sub-title span");
```

所提供的 CSS 选择器匹配包含在父元素中、CSS 类为 sub-title 的所有<span/>元素。HTML 包含两个这样的<span/>元素，但 querySelector()只返回第一个包含文本 special 的<span/>元素。与前面的例子一样，可以使用 style 属性修改元素的文本颜色：

```
<script>
    var firstSpan = document.querySelector(".sub-title span");
    firstSpan.style.color = "red";
</script>
```

如果希望获取这个 HTML 中的所有<span/>元素，应使用第四个方法 querySelectorAll()：

```
var spans = document.querySelectorAll(".sub-title span");
```

与 getElementsByTagName()示例相同，可以使用循环，修改 spans 节点列表包含的所有元素：

```
<script>
    var spans = document.querySelectorAll(".sub-title span");
    var length = spans.length;

    for (var i = 0; i < length; i++) {
        spans[i].style.color = "red";
    }
</script>
```

> 注意：querySelector()和 querySelectorAll()方法其实没有包含在 DOM 标准中，而是在 W3C 的 Selectors API 中定义，这是 DOM 3 级用于巩固 DOM 4 级而添加的一个组件。也可以在 Element 对象上使用这些方法。

创建元素和文本

Document 对象还提供了一些创建元素和文本的方法，如表 9-4 所示。

表 9-4

Document 对象的方法	说　明
createElement(elementName)	使用指定的标记名创建一个元素节点，返回所创建的元素
createTextNode(text)	创建并返回包含所提供文本的文本节点

下面的代码演示了这些方法的用法：

```
var pElement = document.createElement("p");
var text = document.createTextNode("This is some text.");
```

这段代码创建了一个<p/>元素，并把其引用保存在 pElement 变量中。接着创建一个包含文本 "This is some text." 的文本节点，并将其引用保存在 text 变量中。

但仅创建节点是不够的，还必须把它们添加到文档中。下面就讨论这个过程。

Document 对象的属性：获取文档的根元素

现在我们知道如何引用页面上的某个元素，但是如何访问整个树型结构呢？树型结构包含页面上所有的元素和节点，并将它们放在一个层次结构中。如果要引用这个结构，需要使用 document 对象的一个特殊属性，该属性返回文档的最外层元素。在 HTML 中，它应总是<html/>元素。返回这个元素的属性是 documentElement，如表 9-5 所示。

表 9-5

Document 对象的属性	说　明
documentElement	返回对文档最外层元素的引用(即根元素，如<html/>)

可以按下例中的方式使用 documentElement。对于简单的 HTML 页面，可以把整个 DOM 传送给一个变量，如下所示：

```
<!DOCTYPE html>

<html lang="en">
<head>
    <title></title>
</head>
```

```
<body>
    <h1 id="heading1">My Heading</h1>
    <p id="paragraph1">This is some text in a paragraph</p>
    <script>
        var container = document.documentElement;
    </script>
</body>
</html>
```

变量 container 现在包含根元素<html/>。documentElement 属性以对象的形式返回对这个元素的引用，确切地讲是 Element 对象。Element 对象有自己的属性和方法。如果想使用它们，可以通过变量名后跟属性名或方法名进行引用：

```
container.elementObjectProperty
```

幸运的是，Element 对象仅有一个属性。

2. Element 对象

Element 对象非常简单，与 Node 对象(稍后介绍)相比尤其如此，它只有几个成员(属性和方法)，如表 9-6 所示。

表 9-6

成 员 名	说 明
tagName	获取元素的标记名称
getAttribute()	获取属性的值
setAttribute()	用指定的值设置属性
removeAttribute()	从元素中删除指定的属性及其值

获取元素的标记名称：tagName 属性
Element 对象的唯一属性 tagName 返回对元素的标记名称的引用。

在前面的例子中，变量 container 包含元素<html/>。添加以下突出显示的代码，以使用 tagName 属性。

```
<!DOCTYPE html>

<html lang="en">
<head>
    <title></title>
</head>
<body>
    <h1 id="heading1">My Heading</h1>
    <p id="paragraph1">This is some text in a paragraph</p>
    <script>
```

```
        var container = document.documentElement;
        alert(container.tagName);
    </script>
</body>
</html>
```

这段代码证明，变量 container 保存了最外层的元素，其他元素都包含在该元素中，如图 9-5 所示。

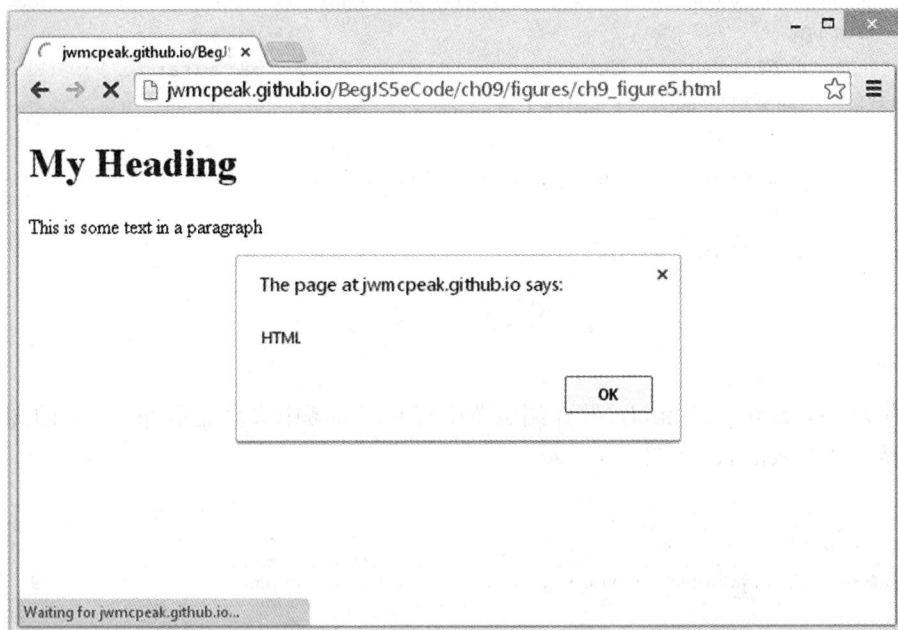

图　9-5

Element 对象的方法：获取和设置属性

如果要设置元素中除 style 之外的其他属性，应使用 Element 对象专用于 DOM 的方法。

可以用于返回和修改 HTML 元素属性的内容的 3 个方法是 getAttribute()、setAttribute() 和 removeAttribute()，如表 9-7 所示。

表　9-7

Element 对象的方法	说　　明
getAttribute(attributeName)	返回所提供的属性的值；如果该属性不存在，就返回 null 或空字符串
setAttribute(attributeName,value)	设置属性的值
removeAttribute(attributeName)	删除属性的值，代之以默认值

下面简要介绍这些方法的工作方式。

试一试　　处理属性

打开文本编辑器，输入如下代码：

```
<!DOCTYPE html>

<html lang="en">
<head>
    <title>Chapter 9, Example 1</title>
</head>
<body>
    <p id="paragraph1">This is some text.</p>
    <script>
        var pElement = document.getElementById("paragraph1");
        pElement.setAttribute("align", "center");

        alert(pElement.getAttribute("align"));

        pElement.removeAttribute("align");
    </script>
</body>
</html>
```

保存为 ch9_example1.html，并在浏览器中打开。屏幕中央会显示<p/>元素的文本，警告框则显示文本 center，如图 9-6 所示。

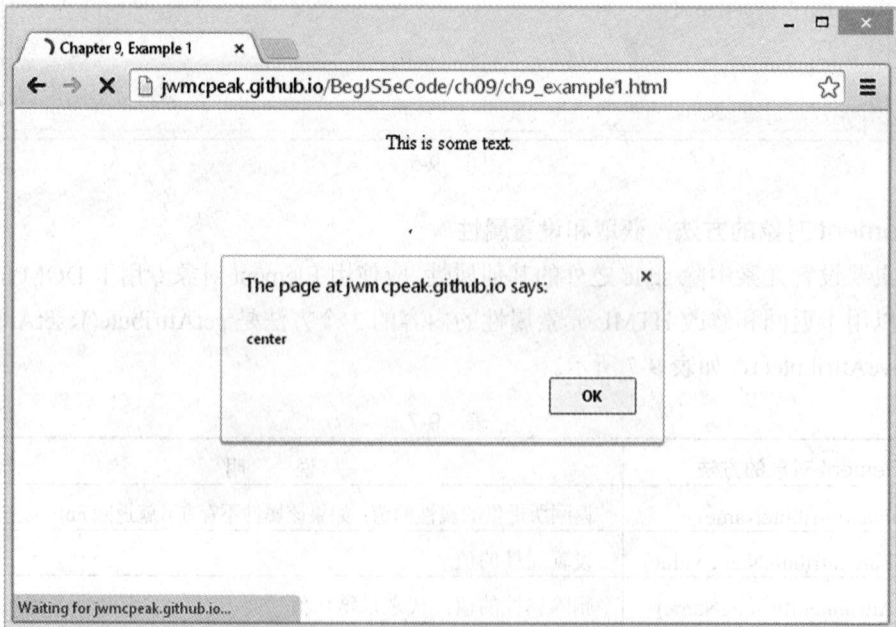

图　9-6

单击 OK 按钮，文本就会左对齐，如图 9-7 所示。

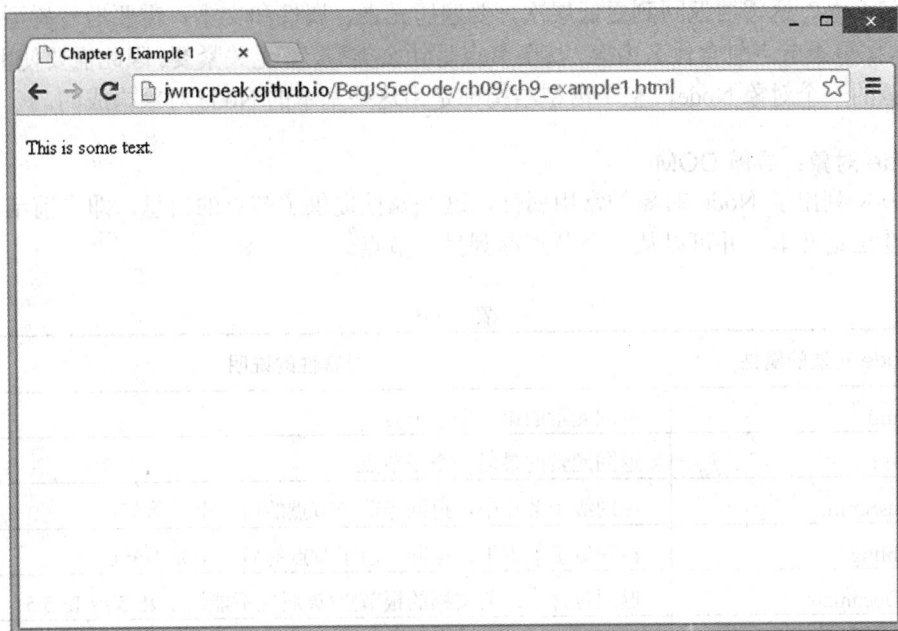

图　9-7

这个 HTML 页面包含 id 值为 paragraph1 的一个<p/>元素。在 JavaScript 代码中使用 getElementById()方法通过这个值查找元素节点，把其引用存储在 pElement 变量中。

```
var pElement = document.getElementById("paragraph1");
```

有了元素的引用后，就使用 setAttribute()方法把 align 属性设置为 center。

```
pElement.setAttribute("align", "center");
```

这行代码的结果是把文本移到浏览器窗口的中心位置。

接着使用 getAttribute()方法获取 align 属性的值，并在警告框中显示它。

```
alert(pElement.getAttribute("align"));
```

这行代码在警告框中显示值 center。

最后，使用 removeAttribute()方法删除 align 属性，使文本左对齐。

> 注意：严格来讲，align 属性已被废弃，但还可以使用它，因为它是有效的，而且非常容易在网页上演示效果。

3. Node 对象

从网页中获取了元素后，如果要在页面中一个元素一个元素或一个属性一个属性地访问，该怎么办？这需要返回到更低层次。要遍历元素、属性和文本，需要沿着树型结构的节点移动。至于节点包含什么内容，甚至节点是什么类型，都无关紧要。因此需要使用 DOM 核心规范的一个对象 Node，整个树型结构都是由这些基本的 Node 对象构成的。

Node 对象：导航 DOM

表 9-8 列出了 Node 对象的常用属性，这些属性提供了节点的信息，即当前节点是元素、属性还是文本，并可以从一个节点移到另一节点。

<p align="center">表　9-8</p>

Node 对象的属性	对属性的说明
firstChild	返回元素的第一个子节点
lastChild	返回元素的最后一个子节点
previousSibling	在同级子节点中，返回当前子节点的前一个兄弟节点
nextSibling	在同级子节点中，返回当前子节点的后一个兄弟节点
ownerDocument	返回包含节点的文档的根节点(该属性不能用于 IE 5 或 IE 5.5)
parentNode	返回树型结构中包含当前节点的元素
nodeName	返回节点的名称
nodeType	返回一个数字，表示节点的类型
nodeValue	以纯文本格式获取或设置节点的值

下面简要介绍这些属性的用法。考虑下面的例子：

```
<!DOCTYPE html>

<html lang="en">
<head>
    <title></title>
</head>
<body>
    <h1 id="heading1">My Heading</h1>
    <p id="paragraph1">This is some text in a paragraph</p>

    <script>
        var h1Element = document.getElementById("heading1");
        h1Element.style.color = "red";
    </script>
</body>
</html>
```

现在，可以使用 h1Element 浏览树型结构，进行必要的更改。下面的代码把 h1Element 作为起点，查找<p/>元素，并修改其文本颜色。

```
<!DOCTYPE html>
```

```
<html lang="en">
<head>
    <title></title>
</head>
<body>
    <h1 id="heading1">My Heading</h1>
    <p id="paragraph1">This is some text in a paragraph</p>
    <script>
        var h1Element = document.getElementById("heading1");
        h1Element.style.color = "red";

        var pElement;

        if (h1Element.nextSibling.nodeType == 1) {
            pElement = h1Element.nextSibling;
        } else {
            pElement = h1Element.nextSibling.nextSibling;
        }
        pElement.style.color = "red";
    </script>
</body>
</html>
```

这段代码演示了 IE 旧版本的 DOM 和其他浏览器中的 DOM 之间的一个根本区别。现代浏览器的 DOM 把 DOM 树中的所有东西都看作节点，包括元素之间的空白。而 IE 旧版本会去除不必要的空白。上一个示例中的<p/>元素与<h1/>元素同级，所以要定位<p/>元素，需要检查下一个同级元素的 nodeType 属性。元素的节点类型是 1，文本节点的类型是 3。如果 nextSibling 的 nodeType 是 1，就把这个同级节点的引用赋予 pElement。否则，就获取 h1Element 同级节点(空白文本节点)的下一个同级节点(<p/>元素)。

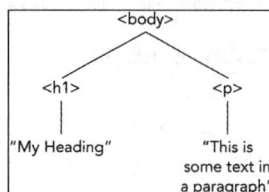

图　9-8

实际上，属性结构的导航如图 9-8 所示。

相同的原则也适用于反向导航。修改代码，从<p/>元素导航到<h1/>元素。

```
<!DOCTYPE html>

<html lang="en">
<head>
    <title></title>
</head>
<body>
    <h1 id="heading1">My Heading</h1>
    <p id="paragraph1">This is some text in a paragraph</p>
    <script>
        var pElement = document.getElementById("paragraph1");
        pElement.style.color = "red";
```

```
        var h1Element;

        if (pElement.previousSibling.nodeType == 1) {
            h1Element = pElement.previousSibling;
        } else {
            h1Element = pElement.previousSibling.previousSibling;
        }
        h1Element.style.color = "red";
    </script>
</body>
</html>
```

这里的过程正好相反：首先把<p/>元素的 id 属性传送给 getElementById()方法，找到
<p/>元素，再把返回的元素引用保存到 pElement 变量中。然后查找正确的上一个同级节点，
这样代码可以在所有浏览器上工作，并把文本颜色改成红色。

试一试   使用 DOM 导航 HTML 文档

前面一直没有真正地导航 HTML 文档，只是使用 document.getElementById()方法返回
一个元素，再从该元素导航到其他节点。现在，使用 document 对象的 documentElement 属
性，真正地导航 HTML 文档。从树的顶部开始，向下导航到各个子节点，获取相应的元素，
接着使用前面的方法访问这些元素的子节点，修改属性。

在文本编辑器中输入下面的代码：

```
<!DOCTYPE html>

<html lang="en">
<head>
    <title>Chapter 9, Example 2</title>
</head>
<body>
    <h1 id="heading1">My Heading</h1>
    <p id="paragraph1">This is some text in a paragraph</p>

<script>
    var htmlElement; // htmlElement stores reference to <html>
    var headElement; // headingElement stores reference to <head>
    var bodyElement; // bodyElement stores reference to <body>
    var h1Element; // h1Element stores reference to <h1>
    var pElement; // pElement stores reference to <p>

    htmlElement = document.documentElement;
    headElement = htmlElement.firstChild;

    alert(headElement.tagName);
```

```
    if (headElement.nextSibling.nodeType == 3) {
        bodyElement = headElement.nextSibling.nextSibling;
    } else {
        bodyElement = headElement.nextSibling;
    }

    alert(bodyElement.tagName);

    if (bodyElement.firstChild.nodeType == 3) {
        h1Element = bodyElement.firstChild.nextSibling;
    } else {
        h1Element = bodyElement.firstChild;
    }

    alert(h1Element.tagName);
    h1Element.style.fontFamily = "Arial";

    if (h1Element.nextSibling.nodeType == 3) {
        pElement = h1Element.nextSibling.nextSibling;
    } else {
        pElement = h1Element.nextSibling;
    }

    alert(pElement.tagName);
    pElement.style.fontFamily = "Arial";

    if (pElement.previousSibling.nodeType == 3) {
        h1Element = pElement.previousSibling.previousSibling;
    } else {
        h1Element = pElement.previousSibling;
    }

    h1Element.style.fontFamily = "Courier";
    </script>
</body>
</html>
```

将其保存为 ch9_example2.html 文件。在浏览器中打开该页面，在弹出的每个消息框中单击 OK 按钮，最后的页面如图 9-9 所示。但 IE 在打开、关闭了所有的警告框后才显示样式的变化。

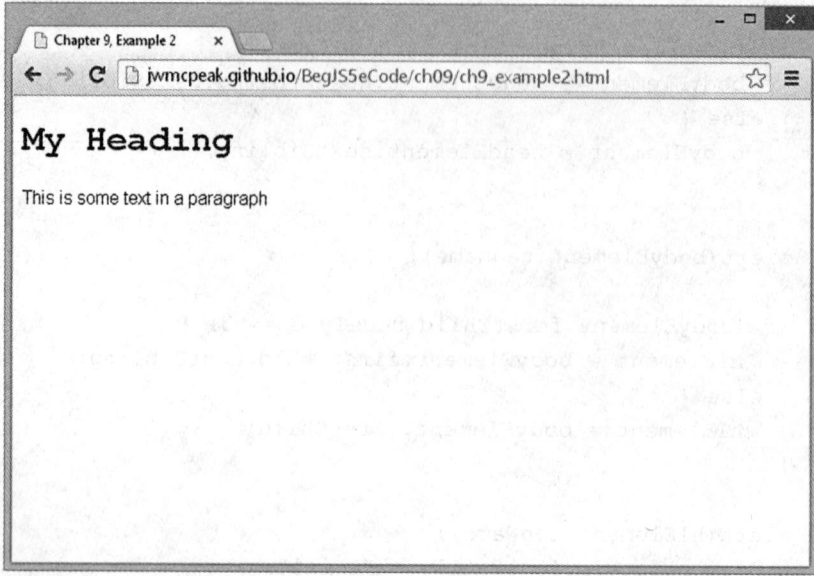

图　9-9

　　上面的代码添加了几个警告框，来说明当前位于树型结构的哪一部分，使这个例子的执行过程非常清晰。另外，将变量命名为各自的元素名，以便清楚地说明每个变量保存的内容(也可以简单地将变量命名为 a、b、c、d 和 e，因此不一定要遵循这个命名约定)。

　　脚本块的顶部用 documentElement 属性来获取整个文档。

```
var htmlElement = document.documentElement;
```

　　根元素是<html/>，因此第一个变量命名为 htmlElement。在树中可以看到，<html/>元素有两个子节点：一个包含<head/>元素；另一个包含<body/>元素。首先移动到<head/>元素。为此使用 Node 对象的 firstChild 属性，它包含<html/>元素。使用第一个警告框证明，这是正确的：

```
alert(headingElement.tagName);
```

　　<body/>元素是<head/>元素的下一个同级元素，所以创建一个变量，用于保存从<head/>元素导航的下一个同级元素。

```
if (headingElement.nextSibling.nodeType == 3) {
    bodyElement = headingElement.nextSibling.nextSibling;
} else {
    bodyElement = headingElement.nextSibling;
}

alert(bodyElement.tagName);
```

　　上面的代码检查 headingElement.nextSibling 节点的 nodeType 属性。如果它返回 3(文本节点的 nodeType 是 3)，则将 bodyElement 设置为 headingElement.nextSibling.nextSibling；否则，设置为 headingElement.nextSibling。

使用警告框证明，目前位于<body/>元素上。

```
alert(bodyElement.tagName);
```

本页面中的<body/>元素也有两个子元素<h1/>和<p/>。使用 firstChild 属性导航到<h1/>元素。这里为兼容标准的浏览器检查该子节点是否是空白的。接着用警告框证明，目前位于<h1/>。

```
if (bodyElement.firstChild.nodeType == 3) {
    h1Element = bodyElement.firstChild.nextSibling;
} else {
    h1Element = bodyElement.firstChild;
}

alert(h1Element.tagName);
```

在显示第三个警告框后，修改第一个元素的样式，把字体设置为 Arial。

```
h1Element.style.fontFamily = "Arial";
```

接着使用 nextSibling 属性导航到<p/>元素，再次检查空白。

```
if (h1Element.nextSibling.nodeType == 3) {
    pElement = h1Element.nextSibling.nextSibling;
} else {
    pElement = h1Element.nextSibling;
}

alert(pElement.tagName);
```

将<p/>元素的字体也设置为 Arial。

```
pElement.style.fontFamily = "Arial";
```

最后使用 previousSibling 属性返回树型结构的<h1/>元素，这次将字体设置为 Courier。

```
if (pElement.previousSibling.nodeType == 3) {
    h1Element = pElement.previousSibling.previousSibling;
} else {
    h1Element = pElement.previousSibling;
}

h1Element.style.fontFamily = "Courier";
```

这是一个非常容易的例子，因为使用了前面创建的树型结构，本例还说明了 DOM 如何高效地创建了这个层次结构，并可以使用脚本在其中移动。

4. Node 对象的方法

Node 对象的属性可以导航 DOM，而其方法提供了完全不同的功能：在 DOM 中同加和删除节点，从根本上改变了 HTML 文档的结构。表 9-9 列出了这些方法。

表　9-9

Node 对象的方法	说　　明
appendChild(newNode)	将一个新 node 对象添加到子节点列表的末尾；该方法返回追加的节点
cloneNode(cloneChildren)	返回当前节点的一个副本；该方法的参数是一个布尔值，如果该值为 true，则克隆当前节点及其所有的子节点；如果该值为 false，则仅克隆当前节点，而不包含其子节点
hasChildNodes()	如果节点有子节点，则返回 true，否则返回 false
insertBefore(newNode, referenceNode)	在 referenceNode 指定的节点前，插入一个 node 对象，返回新插入的节点
removeChild(childNode)	从 node 对象的子节点列表中，删除一个子节点，并返回删除的节点

试一试　　使用 DOM 方法创建 HTML 元素和文本

下面将创建一个仅包含段落<p/>和标题<h1/>元素的网页，但不是使用 HTML 创建，而是使用 DOM 属性和方法把这些元素添加到网页中。打开文本编辑器，输入以下代码：

```html
<!DOCTYPE html>

<html lang="en">
<head>
    <title>Chapter 9, Example 3</title>
</head>
<body>
    <script>
        var newText = document.createTextNode("My Heading");
        var newElem = document.createElement("h1");

        newElem.appendChild(newText);
        document.body.appendChild(newElem);

        newText = document.createTextNode("This is some text in a
paragraph");
        newElem = document.createElement("p");

        newElem.appendChild(newText);
        document.body.appendChild(newElem);
    </script>
</body>
</html>
```

将这个页面保存为 **ch9_example3.html** 页面，并在浏览器中打开它，如图 9-10 所示。

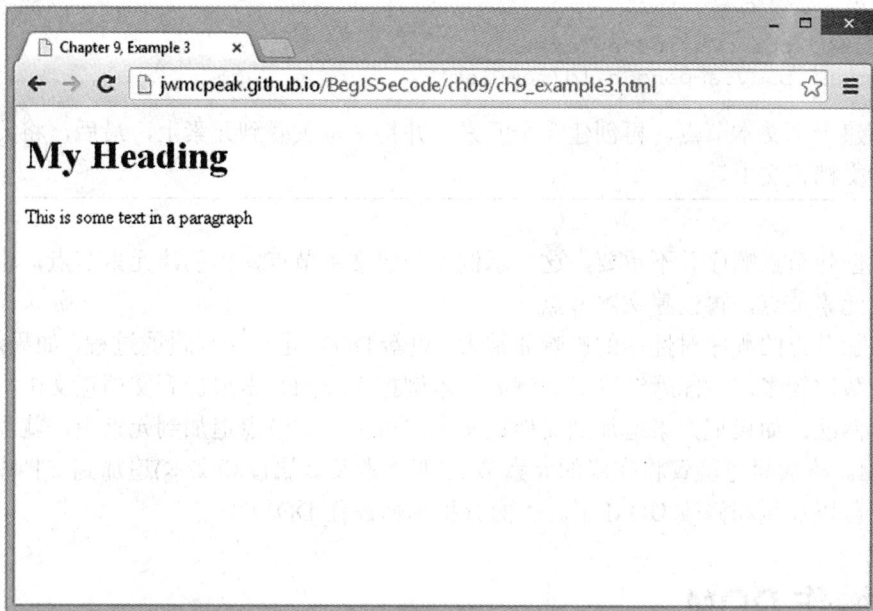

图　9-10

结构看起来很乏味。其实使用 HTML 可以更简单地完成这个页面。但这不重要。本例说明，可以在 JavaScript 中使用 DOM 的属性和方法，插入这些元素。脚本块的前两行代码定义了变量，并将它们初始化为要插入页面的文本和 HTML 元素。

```
var newText = document.createTextNode("My Heading");
var newElem = document.createElement("h1");
```

从树的底层开始，通过 createTextNode()方法创建一个文本节点，然后使用 createElement()方法创建一个 HTML 标题。

到目前为止，这两个变量是完全相互独立的，文本节点和<h1>元素是毫无关联的。下一行代码把文本节点关联到 HTML 元素上。通过变量名 newElem 引用前面创建的 HTML 元素，然后使用节点的 appendChild()方法，将前面创建的变量 newText 的内容作为参数传入。

```
newElem.appendChild(newText);
```

下面总结一下。首先创建一个文本节点，并保存在变量 newText 中。然后创建一个<h1>元素，并保存在变量 newElem 中。接着把文本节点追加为<h1>元素的子节点。现在仍然存在一个问题：我们创建了一个包含值的元素，但是该元素仍不在文档中。还需要将前面创建的所有内容关联到文档正文上。同样，只需使用 document.body 的 appendChild()方法，但这次将 newElem(也是一个 Node 对象)作为参数传入。

```
document.body.appendChild(newElem);
```

代码的第一部分就完成了。接下来，只需要按同样的办法处理<p/>元素。

```
newText = document.createTextNode("This is some text in a paragraph");
newElem = document.createElement("p");
```

```
newElem.appendChild(newText);
document.body.appendChild(newElem);
```

先创建一个文本节点，再创建一个元素，并将文本关联到元素上，最后，将元素和文本关联到文档正文上。

注意创建节点顺序并不重要。这个示例先创建文本节点，再创建元素节点，也可以酌情先创建元素节点，再创建文本节点。

但追加节点的顺序对性能的影响非常大。更新 DOM 是一个昂贵的过程，如果对 DOM 的改动次数比较多，性能就会降低。例如，本例把完成的元素追加到文档正文中，仅更新了 DOM 两次。如果把元素追加到文档正文中，再把文本节点追加到元素中，就需要更新 4 次 DOM。一般尽可能仅将完成的元素节点(即元素及其属性和文本)追加到文档中。

现在可以导航和修改 DOM 了。下面分析如何操作 DOM 节点。

9.3　操作 DOM

DHTML 是浏览器加载 HTML 页面后，操纵该页面的技术。前面学习了基本 DOM 对象的属性和方法，了解到如何通过 JavaScript 遍历 DOM。

第 9.2 节列举了操作 DOM 的一些示例，主要演示了如何更改包含在元素中的文本颜色和字体。本节将扩展这些知识。

9.3.1　访问元素

如第 9.2 节所述，DOM 包含了查找和访问 HTML 元素所需的工具；getElementById() 方法使用得很频繁，并通过示例说明了如何在页面中查找特定的元素。

给 DOM 编写脚本时，常常需要确定要操作什么元素。找到这些元素的最简单方法是使用 getElementById()、querySelector()和 querySelectorAll()方法。如果元素有 id 属性，就使用 getElementById()方法，因为它是在页面中查找元素的最快方式。否则，就需要使用 querySelector()和 querySelectorAll()方法。

9.3.2　改变元素的外观

DOM 最常见的操作是改变元素的外观。这种改变可以使网站的访客获得交互式体验，甚至可以向用户提示重要的信息或者需要执行某种操作。改变页面元素的外观，主要指的是改变 HTML 元素的 CSS 属性。在 JavaScript 中，这有两种途径：
- 使用 style 属性改变各个 CSS 属性
- 修改元素的 class 属性值

1. 使用 style 属性

要修改特定的 CSS 属性，必须使用 style 属性。所有浏览器都实现了这个对象，该对象直接映射到元素的 style 属性。style 对象包含 CSS 属性，使用该对象，可以修改浏览器支持的任何 CSS 属性。前面介绍过 style 属性的用法。这里简单复习一下：

```
element.style.cssProperty = value;
```

CSS 属性名通常匹配 CSS 样式表使用的名称；因此，要改变元素的文本颜色，可使用 color 属性，如下面的代码所示：

```
var divAdvert = document.getElementById("divAdvert");
divAdvert.style.color = "blue";
```

但是，有时属性名与其在 CSS 文件中的名称略有不同。包含连字符(-)的 CSS 属性就是这个例外的好例子。对于这些属性，需要去掉连字符，并把连字符后的第一个字母改成大写。下面的代码演示了其错误和正确做法：

```
divAdvert.style.background-color = "gray";  // wrong

divAdvert.style.backgroundColor = "gray";  // correct
```

也可以使用 style 对象来获取以前声明的样式。但是，如果要获取的 style 属性没有用 style 属性(即内联样式) 或 style 对象设置，则不能获取属性的值。下面的 HTML 包含一个样式表和<div/>元素：

```
<style>
#divAdvert {
    background-color: gray;
}
</style>

<div id="divAdvert" style="color: green">I am an advertisement.</div>
```

当浏览器呈现这个元素时，会显示灰底绿字。如果使用 style 对象获取 background-color 和 color 属性的值，将获得以下混合效果：

```
var divAdvert = document.getElementById("divAdvert");
alert(divAdvert.style.backgroundColor);  // alerts an empty string
alert(divAdvert.style.color);  // alerts green
```

之所以得到这些结果，是由于 style 对象直接映射到元素的 style 属性上。如果在<style/>块中设置样式声明，或在外部样式表中声明，则不能通过 style 对象来获取该属性的值。

试一试　　使用 style 对象

下面的简单例子使用 style 对象来更改一些文本的外观。输入如下代码：

```
<!DOCTYPE html>

<html lang="en">
<head>
    <title>Chapter 9, Example 4</title>
    <style>
        #divAdvert {
            font: 12pt arial;
        }
    </style>

</head>
<body>
    <div id="divAdvert">
        Here is an advertisement.
    </div>

    <script>
        var divAdvert = document.getElementById("divAdvert");
        divAdvert.style.fontStyle = "italic";
        divAdvert.style.textDecoration = "underline";
    </script>

</body>
</html>
```

将其保存为 ch9_example4.html 文件。在浏览器中运行它时，页面将显示一行带下划线的斜体文本，如图 9-11 所示。

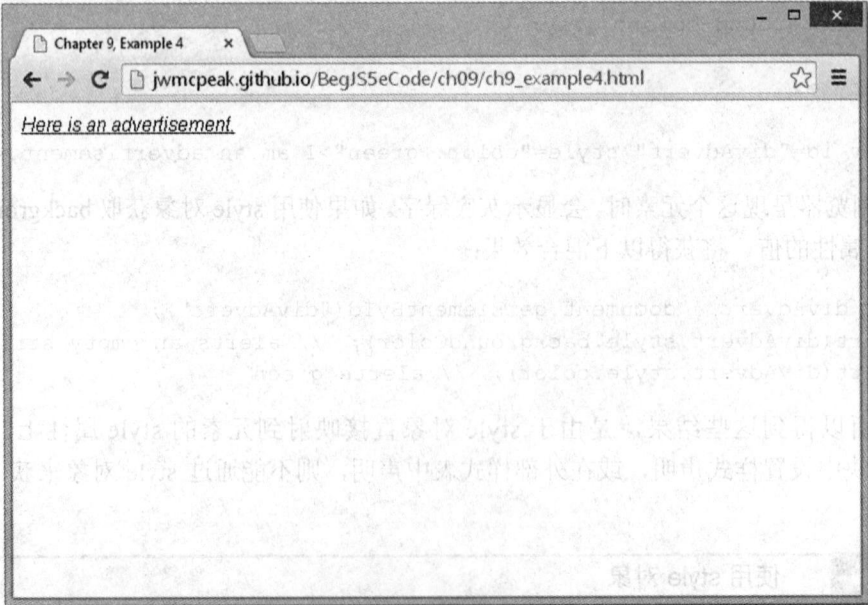

图 9-11

在页面正文中创建了一个 id 为 divAdvert 的\<div/\>元素，\<script/\>元素在\<div/\>的后面，它包含如下 JavaScript 代码：

```
var divAdvert = document.getElementById("divAdvert");
divAdvert.style.fontStyle = "italic";
divAdvert.style.textDecoration = "underline";
```

在处理\<div/\>元素前，必须先获取它。为此，只需使用 getElementById()方法。有了这个元素后，就可以修改它的样式。首先，用 fontStyle 属性把文本改为斜体，接着将 textDecoration 属性修改为 underline，给文本加上下划线。

在使用 getElementById()获得\<div/\>元素之前，把\<div id="divAdvert"/\>元素加载到浏览器中是非常重要的。这就是\<script/\>元素在\<div id="divAdvert"/\>后面的原因。浏览器加载并执行 JavaScript 代码时，\<div/\>元素就被加载到 DOM 中。

2. 修改 class 属性

使用元素的 class 属性可以把 CSS 类赋予元素。在 DOM 中，该属性通过 className 属性来使用，可以通过 JavaScript 修改 className 属性，为元素应用另一个样式规则。

```
element.className = sNewClassName;
```

使用 className 属性来修改元素样式具有两个优点。

- 减少了需要编写的 JavaScript 代码量，这是大家都希望的。
- 可将样式信息从 JavaScript 文件中提取出来，放在它所属的 CSS 文件中。这样，对样式规则的任何修改都更容易，因为无须打开多个文件，修改它们。

试一试　　使用 className 属性

打开前面的 ch9_examp4.htm，进行一些修改：

```
-transitional.dtd¡±>
<!DOCTYPE html>

<html lang="en">
<head>
    <title>Chapter 9, Example 5</title>
    <style>
        #divAdvert {
            font: 12pt arial;
        }

        .new-style {
            font-style: italic;
            text-decoration: underline;
        }
    </style>

</head>
```

```
<body>
    <div id="divAdvert">
        Here is an advertisement.
    </div>
    <script>
        var divAdvert = document.getElementById("divAdvert");
        divAdvert.className = "new-style";
    </script>

</body>
</html>
```

将其保存为 ch9_example5.html 文件。

ch9_example4.html 和 ch9_example5.html 有两个重要区别。第一个是添加了一个 CSS 类 new-style:

```
.newStyle {
font-style: italic;
text-decoration: underline;
}
```

这个类包含的样式声明指定了带下划线的斜体文本。

第二个修改是 JavaScript 代码本身。

```
    var divAdvert = document.getElementById("divAdvert");
    divAdvert.className = "new-style";
}
```

第一个语句使用 getElementById()方法获取<div/>元素。第二个语句将 className 属性改成 newStyle。这样，divAdvert 元素将采用新的样式规则，浏览器就会改变其显示方式。

> 注意：尽管这里没有演示，但 HTML 的 class 属性和 className 属性都可以包含多个 CSS 类名。第 16 章将更详细地讨论类名。

9.3.3 定位和移动内容

改变元素的外观是 DOM 脚本编程的一个重要模式，在很多脚本中都能看到这种模式。DOM 脚本编程不仅能改变元素在页面上的显示方式，还可以通过 JavaScript 改变元素的位置。

使用 JavaScript 移动内容与使用 style 对象一样简单。使用 position 属性来改变所需位置的类型，使用 left 和 top 属性可以定位元素。

```
var divAdvert = document.getElementById("divAdvert");

divAdvert.style.position = "absolute";
```

```
divAdvert.style.left = "100px"; // set the left position
divAdvert.style.top = "100px";  // set the right position
```

这段代码首先获取 divAdvert 元素，然后将该元素的 position 设置为绝对位置，把元素移动到距离左边界和上边界各 100 像素的地方。注意，需要在位置值后加上 px。必须在设置位置值时指定单位，否则，浏览器将无法定位该元素。

> **注意**：定位元素需要使用绝对或相对位置。

9.3.4　示例：动态广告

最有创意的 DOM 脚本编程应用是连续改变页面上的内容。可以创建各种动画。例如，可以使文本元素或图片淡入和淡出页面，创建擦除动画(使元素就像是在页面上被擦掉一样)，或者使元素在页面上移动以创建动画效果。

动画可以使重要信息更引人注目，易于被浏览者发现，或者让页面显得很酷。使用 JavaScript 创建的动画遵循与其他类型的动画同样的原理，即每次都按顺序使元素发生微小的变化，直到动画结束。本质上，任何动画都包含 3 个要素：

(1) 起始状态。

(2) 向最终目标运动。

(3) 结束状态，停止动画。

本节介绍的连续改变一个绝对定位的元素也是如此。首先，使用 CSS 将元素定位在起始位置，然后执行动画，直至到达终点，此时结束动画。

本节将介绍如何创建在起点和终点之间来回移动的动画内容。为此，需要一个重要的信息：内容的当前位置。

1. 确定内容的当前位置

现代浏览器中的 DOM 提供了 HTML 元素对象的 offsetTop 和 offsetLeft 属性。这两个属性返回元素相对于父元素的偏移量，其中，offsetTop 表示 top 偏移量，offsetLeft 表示 left 偏移量。这两个属性的返回值都是数值，因此，很容易检查元素在动画中的当前位置。例如：

```
var endPointX = 394;

if (element.offsetLeft < endPointX) {
   //  continue animation
}
```

上面的代码指定终点(在本例中是 394)，并将其赋给变量 endPointX。接下来检查元素的 offsetLeft 值当前是否小于终点的相应值。如果是，则继续移动该元素。这个示例将引出移动内容的下一个主题：实现动画效果。

2. 实现动画效果

为了实现动画效果，必须修改 style 对象的 top 和 left 属性，使之快速地递增。可以周期性地执行函数，直到动画结束。为此，需要用到 window 对象的 setTimeout()或 setInterval()方法之一。本例使用 setInterval()方法，以周期性地移动元素。

试一试　　　**创建动画**

下面的页面把一个元素从页面的右边移动左边。打开文本编辑器，输入如下代码：

```
<!DOCTYPE html>

<html lang="en">
<head>
    <title>Chapter 9, Example 6</title>
    <style>
        #divAdvert {
            position: absolute;
            font: 12px Arial;
            top: 4px;
            left: 0px;
        }
    </style>
</head>
<body>
    <div id="divAdvert">
        Here is an advertisement.
    </div>

    <script>
    var switchDirection = false;

    function doAnimation() {
        var divAdvert = document.getElementById("divAdvert");
        var currentLeft = divAdvert.offsetLeft;
        var newLocation;

        if (!switchDirection) {
            newLocation = currentLeft + 2;

            if (currentLeft >= 400) {
                switchDirection = true;
            }
        } else {
            newLocation = currentLeft - 2;

            if (currentLeft <= 0) {
                switchDirection = false;
            }
        }
```

```
            divAdvert.style.left = newLocation + "px";
        }

        setInterval(doAnimation, 10);
    </script>

</body>
</html>
```

将这个页面保存为 ch9_example7.html，在浏览器中加载它。加载页面后，内容应从浏览器窗口的左边开始显示，然后向右移动。当该元素移动到距离浏览器左边 400 像素的位置时，将改变方向，开始向左返回。这个动画会连续执行，因此该元素将在两点(0 和 400)之间来回移动。

在页面正文中是一个<div/>元素，其 id 为 divAdvert。所以可以使用 getElementById() 方法获取它，这是要连续改变的元素。

```
<div id="divAdvert">
    Here is an advertisement.
</div>
```

这个元素没有 style 属性，因为所有样式信息都在页面顶部的样式表中。在样式表中，定义了该<div/>元素的起点。元素应先从左向右移动，且从浏览器的左边界开始移动。

```
#divAdvert {
    position: absolute;
    font: 12pt arial;
    top: 4px;
    left: 0px;
}
```

第一个样式声明以绝对方式定位元素。第二个样式声明指定字体为 12pt Arial。接下来的样式声明将元素定位在距离浏览器窗口上边界 4 个像素的位置，这样文本较容易阅读。最后一行使用 left 属性把 divAdvert 元素定位在紧靠着浏览器窗口的左边界。

在脚本块中定义了一个全局变量 switchDirection：

```
var switchDirection = false;
```

这个变量将跟踪内容当前移动的方向。如果 switchDirection 为 false，则内容从左向右移动，这是默认值。如果 switchDirection 为 true，则内容从右向左移动。

在脚本块中，接下来是 doAnimation()函数，它实现了动画效果。

```
function doAnimation() {
    var divAdvert = document.getElementById("divAdvert");
    var currentLeft = divAdvert.offsetLeft;
    var newLocation;
```

首先使用 getElementById()方法获取 divAdvert 元素，再获取 offsetLeft 属性，并将其值

赋予变量 currentLeft。这个变量用来检查元素的当前位置。接着创建 newLocation 变量，它保存了新的 left 位置，但在给它赋值之前，需要了解内容的移动方向。

```
if (!switchDirection) {
newLocation = currentLeft + 2;

    if (currentLeft >= 400) {
        switchDirection = true;
    }
}
```

首先检查 switchDirection 变量，以判断当前的移动方向。如果该变量是 false，内容将从左向右移动。因此，将 newLocation 设置为内容当前的位置+2，即将内容向右移动两个像素。

接着检查内容的 left 位置是否达到 400 像素。如果是，则需要切换内容的移动方向。为此，只需将 switchDirection 改为 true。在下次运行 doAnimation()时，内容将开始从右向左移动。

内容从右向左移动的代码与从左向右移动的代码非常类似，但有几个重要区别。

```
else {
newLocation = currentLeft - 2;

    if (currentLeft <= 0) {
        switchDirection = false;
    }
}
```

第一个区别在于赋给 newLocation 的值，不是给内容的当前位置加上 2，而是减去 2，即把内容向左移动 2 个像素。接着检查 currentLeft 是否小于等于 0。如果是，则从右向左移动已经到达了终点，需要将 switchDirection 设置为 false，再次切换内容移动的方向。

最后，设置内容的新位置：

```
divAdvert.style.left = newLocation + "px";
}
```

函数的最后一行代码将元素的 left 属性设置为 newLocation 变量的值加上字符串 px。

要运行该动画，需要使用 setInterval()方法连续执行 doAnimation()。下面的代码每隔 10 毫秒运行一次 doAnimation()：

```
setInterval(doAnimation, 10);
```

以这样的速度，浏览网站的用户更容易看到元素的移动。如果要加快或减慢动画的速度，只需修改 setInterval()的第二个参数，改变 setInterval()函数调用 doAnimation()的频率。

前面介绍了 DOM 结构，它把 HTML 文档表示为树型结构。可以通过 DOM 对象(Node 对象)及其属性，导航 DOM 对象的不同部分，我们还改变了对象的属性，以便改变网页的内容。还有一个重要的 DOM 主题未讨论：事件模型。

9.4 小结

本章似乎偏离了 JavaScript 的主题，但对了解和掌握 DOM 在 JavaScript 中的地位和重要性是必不可少的。

本章包含以下内容：

- 首先简要介绍了两个重要标准——HTML 和 ECMAScript，并讨论了它们的关系。这些标准的共同目标是为编写 HTML 网页提供指导。这些规则又促进了 DOM 的发展，如果网页的编写遵循这些标准，就可以使用脚本来访问和操作网页上的任何元素。
- 深入介绍了 DOM，DOM 提供了一种独立于浏览器的方式，以访问页面上的元素，解决了旧浏览器中存在的一些问题。DOM 将 HTML 文档表示为树型结构，可以沿着该树型结构导航到不同的元素上，并使用所提供的方法和属性访问页面中的不同部分。
- DOM 允许在页面加载到浏览器中后修改页面。可以利用各种用户界面技巧，给页面添加一些亮点。
- 本章介绍了如何使用 style 和 className 属性来改变标记的样式。
- 还介绍了一个基本的动画，使文本在两点之间来回移动。

9.5 习题

附录 A 中给出了这些练习题的答案。

习题 1：

下面的 HTML 代码创建了一个表格。请使用 JavaScript 和核心 DOM 对象重建该表格，并生成 HTML。在所有可用的浏览器中测试代码，确保代码正常工作。提示：为所编写的每行代码添加注释，以说明当前元素在树型结构中的位置。再为页面中的每个元素创建一个变量(例如，为 9 个 TD 单元格创建 9 个变量，而不是只创建一个变量)。

```
<table>
  <tr>
     <td>Car</td>
     <td>Top Speed</td>
     <td>Price</td>
  </tr>
  <tr>
     <td>Chevrolet</td>
     <td>120mph</td>
     <td>$10,000</td>
  </tr>
  <tr>
     <td>Pontiac</td>
```

```
        <td>140mph</td>
        <td>$20,000</td>
    </tr>
</table>
```

习题 2:

修改第 9.3.4 节中的 ch9_example6.html,用一个全局变量 direction 控制每个方向的移动量,删除 switchDirection 变量,修改代码,使用新变量 direction 确定动画何时改变方向。

第10章

事件

本章主要内容

- 把代码连接到事件上，以响应用户操作
- 编写与标准兼容的、事件驱动的代码
- 为 IE 的旧版本编写事件代码
- 处理与标准兼容的事件模型和旧事件模型之间的区别
- 用 HTML5 内置的拖放功能拖放内容
- 操作元素的位置，建立这些元素的动画

本章源代码下载(wrox.com)：

打开 http://www.wiley.com/go/BeginningJavaScript5E，单击 Download Code 选项卡即可下载本章源代码。也可以在 http://beginningjs.com 上查看所有的代码示例和相关的文件。

JavaScript 无疑是一个有效的 Web 编程工具。前面介绍了如何在页面中动态创建、删除和操作 HTML，在后面的章节中，将学习如何处理用户输入，把数据发送给服务器。

这些功能在目前的 Web 编程中非常重要，但我们要学习和使用的最重要的概念是事件。简言之，在现实世界中，事件就是发生的事情。例如，电话铃响了，就是一个事件。如果是朋友或同事打来的，通常我们就会接电话。

在编程中，事件非常类似于打电话。页面上发生了某个操作，而该事件正是我们期待的，就可以响应它。例如，用户单击页面、按下键盘上的一个键，或者把鼠标指针移过某段文本时，都会发生事件。另一个常用事件是页面的 load 事件，当页面完全加载到浏览器中时，窗口将引发(或触发)一个通知。

我们为什么对事件感兴趣呢？

例如，用户单击网页上的任意位置时，我们希望弹出一个菜单。假定可以编写一个弹出菜单的函数，那么如何确定何时弹出菜单？换句话说，何时调用这个函数？这需要以某种方法捕获用户单击文档的事件，并且确保该事件发生时，调用上述函数。

为此，需要使用事件处理程序(event handler)或监听器(listener)，并把它关联到事件发生时要执行的代码上。这就提供了在事件发生时捕获事件并执行相应代码的方式。在代码中加入事件处理程序称为"将代码连接到事件"。这有点像设置闹钟——当某个事件发生时，使闹钟振铃。对于闹钟来说，事件就是到达某一时间点。

10.1　事件的类型

Web 开发，尤其是涉及 JavaScript 时，主要是事件驱动的，这表示程序流由事件控制。换言之，JavaScript 代码的大部分通常只在事件发生时执行，而且可以监听许多事件。

下面看看如何与网页交互。在计算机或笔记本电脑上，在页面上移动鼠标，也许选择文本，以复制、粘贴到笔记程序，就肯定要单击某个项目(例如链接)。在触摸式设备上，就是轻触页面上的选项。在所有支持 Web 的设备上，填充表单时，都要按下键盘上的键。几乎所有操作都会触发事件，在许多情况下，都要编写代码，响应其中的一些事件。

下面是可以监听和响应的事件类型列表：
- **鼠标事件**：用户用鼠标执行某个操作时，例如移动光标，单击、双击、拖动等，就会发生鼠标事件。
- **键盘事件**：按下或释放键盘上的键时，就会发生键盘事件。这些事件常常与表单一起使用，但每次用户按下或释放一个键时，就会发生键盘事件。
- **进度事件**：这些事件比较一般，在对象的不同阶段发生，例如文档加载时。
- **表单事件**：表单上的某个内容改变时发生。
- **突变事件**：修改 DOM 节点时发生。
- **触摸事件**：用户轻触感应器时发生。
- **错误事件**：出错时发生。

最常见的基于用户的事件是鼠标事件。用户与其计算机交互的主要方式是使用鼠标，但随着越来越多的人拥有触屏设备，这种情况开始发生变化。

本章的重点是学习如何监听事件，主要是监听鼠标事件。下一章使用一些键盘事件与表单交互。

10.2　将代码连接到事件

浏览器出现了相当长的时间，监听事件的方式也不断地演变。但即使 JavaScript 团体看到了许多变化，监听事件的旧方法仍获得支持，在某些情况下仍有效。

第 5 章介绍了通过属性和方法来定义对象。对象还有与之相关的事件。前面没有提到事件，因为 JavaScript 的内置对象没有这些事件。但是，浏览器对象模型(BOM)和文档对象模型(DOM)对象有相关的事件。

可以用三种方式将代码连接到事件：
- 指定 HTML 属性
- 指定对象的特定属性

- 调用对象的特定方法

1. 通过 HTML 属性处理事件

下面创建一个简单的 HTML 页面，该页面用元素<a/>创建了一个超链接。与这个元素关联的是 a 对象。a 对象的一个事件是 click，当用户单击超链接时，将触发 click 事件。打开文本浏览器，输入如下代码：

```
<!DOCTYPE html>

<html lang="en">
<head>
    <title>Connecting Events Using HTML Attributes</title>
</head>
<body>
    <a href="somepage.html">Click Me</a>
</body>
</html>
```

显然，这个页面只有一个超链接。单击它，将导航到另一个页面 somepage.htm(尚未创建)。目前还没有给链接添加事件处理程序。

如前所述，要将事件连接到代码，一个方法是直接将事件添加到捕获了该事件的元素对象的开始标记上。在本例中，该事件是<a/>元素定义的 a 对象的 click 事件。一旦单击了这个链接，就需要捕获该事件，并连接到代码上。因此，需要给<a>开始标记添加事件处理程序 onclick，作为一个属性，该属性的值设置为事件触发时要执行的代码。

重写<a>开标记：

```
    <a href="somepage.html" onclick="alert('You clicked?')">Click Me</a>
```

这段代码为<a>开始标记的定义添加了 onclick="alert('You Clicked?')"。此时，单击链接时，将显示一个警告框。之后，超链接才会执行通常的功能，进入 href 属性定义的页面。

如果只有一行代码连接到事件处理程序上，这就是可行的。但如果单击链接时，要执行多行代码，该怎么办呢？

只需要定义要执行的函数，并在 onclick 代码中调用它即可。请看下面的代码：

```
<!DOCTYPE html>

<html lang="en">
<head>
    <title>Connecting Events Using HTML Attributes</title>
</head>
<body>
    <a href="somepage.html" onclick="return linkClick()">Click Me</a>
    <script>
      function linkClick()         {
          alert("You Clicked?");
          return true;
      }
```

```
        </script>
    </body>
    </html>
```

在脚本块中，创建了一个标准函数。现在 onclick 属性连接到调用 linkClick()函数的代码上。因此，当用户单击超链接时，就执行这个函数。

这个函数返回一个值，本例返回 true。此外，在定义 onclick 属性时，在函数名前使用 return 语句，返回了该函数的返回值，这是为什么呢？

由 onclick="return linkClick()"返回的值由 JavaScript 用来决定是否执行链接的正常操作，即进入一个新页面。如果返回 true，则继续执行该操作，进入 somepage.html。如果返回 false，则不执行正常的事件链(即进入 somepage.html)，即取消与事件关联的操作。尝试修改函数，如下所示：

```
function linkClick() {
    alert("This link is going nowhere");
    return false;
}
```

现在，会显示一个消息，而不会尝试进入 somepage.html。

> **注意**：并不是所有的对象及其事件都使用返回值，因此有时返回值是多余的。

某些事件并不直接链接到用户的操作上。例如，window 对象的 load 事件在页面加载时触发，unload 事件在页面卸载(用户关闭浏览器，或者转向另一个页面)时触发。

window 对象的事件处理程序实际上放在<body>开标记中。例如，要为 load 和 unload 事件添加事件处理程序，可以使用如下代码：

```
<body onload="myOnLoadfunction()"onunload="myOnUnloadFunction()">
```

试一试　**用 HTML 属性事件处理程序显示随机图片**

在这个例子中，要连接到一个图片的 click 事件上，随机改变加载到页面上的图片。打开编辑器，输入如下代码：

```
<!DOCTYPE html>

<html lang="en">
<head>
    <title>Chapter 10: Example 1</title>
</head>
<body>
    <img src="usa.gif" onclick="changeImg(this)" />
    <img src="mexico.gif" onclick="changeImg(this)" />
```

```
<script>
    var myImages = [
        "usa.gif",
        "canada.gif",
        "jamaica.gif",
        "mexico.gif"
    ];

    function changeImg(that) {
        var newImgNumber = Math.round(Math.random() * 3);

        while (that.src.indexOf(myImages[newImgNumber]) != -1) {
            newImgNumber = Math.round(Math.random() * 3);
        }

        that.src = myImages[newImgNumber];
    }
</script>
</body>
</html>
```

将该页面保存为 ch10_example1.html。本例需要 4 个图片文件，可以自己创建，也可以从本书的代码下载中获得。

在浏览器中加载该页面，页面如图 10-1 所示：

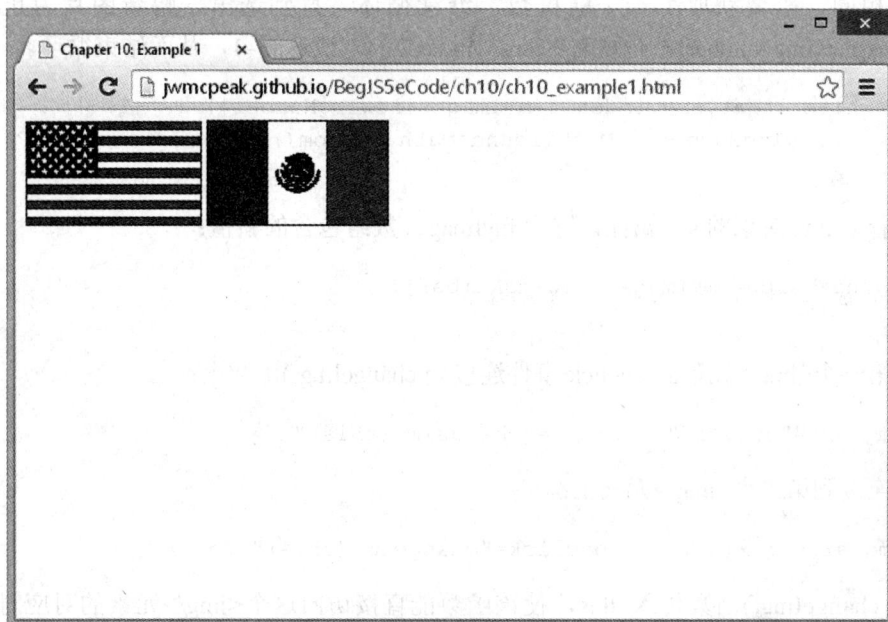

图 10-1

如果单击一幅图片，它就会变成另一幅随机选取的图片。

在页面顶部，脚本块的第一行定义了一个页面级变量，它是一个包含图片源列表的数组。

```
var myImages = [
    "usa.gif",
    "canada.gif",
    "jamaica.gif",
    "mexico.gif"
];
```

接着定义了 changeImg()函数,该函数会连接到页面上定义的<img/>元素的 onclick 事件处理程序上。这里给两个图片的 onclick 事件处理程序使用了同一个函数,实际上,可以将任意多个事件处理程序连接到同一个函数。这个函数接受一个参数 that,称之为 that,是因为要把 this 关键字传送给该函数,以便即刻访问所单击的 img 对象。可以给这个参数指定其他名称,但在该参数引用 this 时,大多数开发人员都使用 that 作为其名称。

函数的第一行把变量 newImgNumber 设置为一个 0~3 的随机整数:

```
function changeImg(that) {
    var newImgNumber = Math.round(Math.random() * 3);
```

Math.random()方法提供了一个 0~1 之间的随机数,再乘以 3,就得到一个 0~3 之间的随机数。然后,使用 Math.round()把它舍入为最近的整数(即 0、1、2 或 3)。这个整数用作从 myImages 数组中所选图片 src 的索引。

接下来是一个 while 循环,其作用是确保不会选择当前的图片。如果 myImages[newImgNumber]包含的字符串是当前图片的 src 属性,则表示选中的图片与当前的图片相同,需要获取另一个随机数。继续循环,直到选出一幅新图片为止,此时 myImages[newImgNumber]不是现有的 src,indexOf()方法返回–1,从而结束循环。

```
while (that.src.indexOf(myImages[newImgNumber]) != -1) {
    newImgNumber = Math.round(Math.random() * 3);
}
```

接着把 img 对象的 src 属性设置为 myImages 数组包含的新值:

```
that.src = myImages[newImgNumber];
}
```

把第一个<img/>元素的 onclick 事件连接到 changeImg()函数上:

```
<img src="usa.gif" onclick="changeImg(this)" />
```

再连接到第二个<img/>元素上:

```
<img src="mexico.gif" onclick="changeImg(this)" />
```

向 changeImg()函数传入 this,使该函数能直接访问这个<img/>元素的对应对象。给 HTML 元素的属性事件处理程序传入 this 时,该元素的对应对象就会传入函数。这是在 JavaScript 代码中访问元素的对象的一种简洁方式。

这个示例把 this 作为参数传递给函数,以处理元素的 click 事件。这是访问接收事件的元素的一种简单便捷的方式，但可以传递的有效对象有很多；Event 对象包含关于事件的所有信息。

传递 Event 对象是非常简单的，仅传递 event，而不传递 this。例如，在下面的代码中，<p/>元素会触发 dblclick 事件：

```
<p ondblclick="handle(event)">Paragraph</p>

<script>
function handle(e) {
    alert(e.type);
}
</script>
```

注意，event 传递给 ondblclick 属性中的 handle()函数。这个 event 变量是特殊的，因为它没有定义，而是一个仅用于事件处理程序的参数，通过 HTML 属性连接。在事件触发时，它传递当前 event 对象的引用。

如果运行前面的例子，就会显示哪种事件触发了事件处理函数。这在前面的例子中是很明显的，但如果包含下面额外的代码，这 3 个元素都可以触发函数：

```
<p ondblclick="handle(event)">Paragraph</p>
<h1 onclick="handle(event)">Heading 1</h1>
<span onmouseover="handle(event)">Special Text</span>

<script>
function handle(e) {
    alert(e.type);
}
</script>
```

这使代码更有用。一般情况下，可以使用相当少的事件处理程序处理任意多个事件，可以使用事件属性作为过滤器，确定发生了何种事件，哪个 HTML 元素触发了它，这样就可以用不同的方式处理每个事件。

在下面的示例中，将说明如何根据返回的事件类型，执行不同的操作：

```
<p ondblclick="handle(event)">Paragraph</p>
<h1 onclick="handle(event)">Heading 1</h1>
<span onmouseover="handle(event)">Special Text</span>

<script>
function handle(e) {
    if (e.type == "mouseover") {
        alert("You moved over the Special Text");
    }
}
</script>
```

这段代码使用 type 属性确定发生了何种事件。如果用户在<span/>元素上移动鼠标指针，alert 框就会说明发生了何种事件。

本章后面将详细介绍 Event 对象。但现在要知道它有一个属性 target，是事件的目标，即接收事件的元素对象。有了这个信息，就可以重写 ch10_example1.html，使用更通用的 Event 对象。

用对象属性事件处理程序和 Event 对象显示随机图片

这个例子重写 ch10_example1.html，以使用 Event 对象替代 this。输入如下代码：

```html
<!DOCTYPE html>

<html lang="en">
<head>
    <title>Chapter 10: Example 2</title>
</head>
<body>
    <img src="usa.gif" onclick="changeImg(event)" />
    <img src="mexico.gif" onclick="changeImg(event)" />

    <script>
        var myImages = [
            "usa.gif",
            "canada.gif",
            "jamaica.gif",
            "mexico.gif"
        ];

        function changeImg(e) {
            var el = e.target;
            var newImgNumber = Math.round(Math.random() * 3);

            while (el.src.indexOf(myImages[newImgNumber]) != -1) {
                newImgNumber = Math.round(Math.random() * 3);
            }

            el.src = myImages[newImgNumber];
        }
    </script>
</body>
</html>
```

把页面保存为 ch10_example2.html。将页面加载到浏览器中，得到的页面与 ch10_example1.html 类似。单击一个图片，就会显示另一个随机图片。

这个页面的代码几乎与 ch10_example1.html 相同。这个新版本仅有几个变化。

前两个变化在<img/>元素的 onclick 事件处理程序中。这个例子没有把 this 传递给 changeImg()，而是传递了 event。

```
function changeImg(e) {
```

参数名现在是 e，表示事件。注意这个参数使用什么名称并不重要，但一般惯例是使用 e。

浏览器调用这个函数时，会把 Event 对象传递为 e 参数，使用 e.target 就可以检索接收事件的 img 元素。

```
var el = e.target;
```

把这个对象赋予一个变量 el (element 的简写)，再在 while 循环中使用它：

```
while (el.src.indexOf(myImages[newImgNumber]) != -1) {
    newImgNumber = Math.round(Math.random() * 3);
}
```

在函数的最后一行，也使用它指定其 src 属性：

```
el.src = myImages[newImgNumber];
```

对 changeImg() 的修改很小，虽然它需要多一点的代码，但用途很多，如本章后面所述。

使用 HTML 属性事件处理程序，很容易把 JavaScript 代码连接到元素的事件上，但它们也有一些缺点：

- HTML 和 JavaScript 混合在一起，因此很难维护、查找、修改错误。
- 不修改 HTML，就不能修改事件处理程序。
- 只能为 HTML 代码中出现的元素建立事件处理程序，不能为动态创建的元素(例如使用 document.createElement() 创建的元素)建立事件处理程序。

但这些问题可以使用对象的事件处理程序属性来解决。

2. 通过对象属性处理事件

这种方法首先需要定义事件发生时执行的函数。然后，把对象的事件处理程序属性设置为前面定义的函数。

下面举例说明。打开编辑器，输入如下代码：

```
<!DOCTYPE html>

<html lang="en">
<head>
    <title>Chapter 10, Example 3</title>
</head>
<body>
    <a id="someLink" href="somepage.html">
        Click Me
    </a>
    <script>
        function linkClick() {
            alert("This link is going nowhere");
            return false;
        }

        document.getElementById("someLink").onclick = linkClick;
```

```
    </script>
</body>
</html>
```

保存为 ch10_example3.html。

首先，有了<a/>元素，我们就连接到该对象的事件代码上。注意在标记的属性中没有事件处理程序或函数，但有了 id 属性。这样就很容易使用 getElementById()方法找到文档中的元素。

接着定义函数 linkClick()，与以前定义的函数基本相同，也可以返回一个值，表示是否要执行对象的正常操作。

在对象的事件和脚本最后一行的函数之间建立连接，如下所示：

```
document.getElementById("someLink").onclick = linkClick;
```

如上一章所述，getElementById()方法查找给定 id 的元素，返回 a 对象。这个对象的 onclick 属性设置为引用前面定义的函数，这会在对象的事件处理程序和前面定义的函数之间建立连接。注意在函数名后面没有添加圆括号。这里是将 linkClick 函数对象赋予元素的 onclick 属性，不是执行 linkClick()，将其返回值赋予 onclick。

再看看 ch10_example2.html。使用 onclick 属性监听 click 事件时，就完全控制了调用 changeImg()的方式；只要调用该函数，给它传递 event 对象即可。

但现在这是一个问题。再看看 onclick 属性的设置语句：

```
document.getElementById("someLink").onclick = linkClick;
```

我们不再控制事件处理函数的执行方式,浏览器会自动执行它。那么,如何获得对 Event 的引用？触发事件，执行事件处理程序时，浏览器会自动给处理函数传递 Event 对象。

试一试　　用对象属性事件处理程序显示随机图片

这个例子重写了 ch10_example2.html，以使用 img 对象的 onclick 属性。输入如下代码：

```html
<!DOCTYPE html>

<html lang="en">
<head>
    <title>Chapter 10: Example 4</title>
</head>
<body>
    <img id="img0" src="usa.gif" />
    <img id="img1" src="mexico.gif" />

    <script>
        var myImages = [
            "usa.gif",
            "canada.gif",
            "jamaica.gif",
            "mexico.gif"
        ];
```

```
    function changeImg(e) {
        var el = e.target;
        var newImgNumber = Math.round(Math.random() * 3);

        while (el.src.indexOf(myImages[newImgNumber]) != -1) {
            newImgNumber = Math.round(Math.random() * 3);
        }

        el.src = myImages[newImgNumber];
    }

    document.getElementById("img0").onclick = changeImg;
    document.getElementById("img1").onclick = changeImg;
    </script>
</body>
</html>
```

页面保存为 ch10_example4.html。把页面加载到浏览器中，得到的页面类似于 ch10_example2.html。单击一个图片，就会显示另一个随机图片。

这个页面的代码与 ch10_example2.html 几乎相同。第一个变化在<img>标记中。它们不再有 onclick 属性，而有 id 属性。第一个图片的 id 是 img0，第二个是 img1。这些元素有 id，所以可以在 JavaScript 代码中引用它们。

另一个变化是 JavaScript 代码的最后两行：

```
document.getElementById("img0").onclick = changeImg;
document.getElementById("img1").onclick = changeImg;
```

使用 document.getElementById()从 DOM 中检索两个 img 对象，指定其 onclick 属性，再建立 changeImg()函数，来处理两个 img 对象的 click 事件。

删除事件处理程序是很简单的，只要把 null 赋予事件处理程序属性即可，如下：

```
img1.onclick = null;
```

指定 null，就会重写属性包含的以前值，这会引入这类事件处理程序的主要问题：只能指定一个函数，来处理给定的事件。例如：

```
img2.onclick = functionOne;
img2.onclick = functionTwo;
```

这段代码的第一行把函数 functionOne()赋予元素的 onclick 属性。但第二行指定一个新值，重写了 img2.onclick 的值。所以用户单击 img2 时，只执行 functionTwo()。如果这就是需要的，该行为就很好。但我们常常希望在单击 img2 时执行 functionOne()和 functionTwo()。为此应使用标准的 DOM 事件模型。

10.3　标准事件模型

前面一直使用非标准的技术来监听事件，它们在每个浏览器中都有效，但这个功能仅用于向后兼容。不能保证它们在未来的浏览器版本中也有效。

首先回顾一下历史。20 世纪 90 年代后期的两个主流浏览器是 Internet Explorer 4 和 Netscape 4——第一场浏览器大战。两个浏览器厂商实现了完全不同的 DOM 和事件模型，把 Web 分为两大阵营——仅支持 Netscape 的网站和仅支持 IE 的网站。很少有开发人员选择进行易受挫的跨浏览器开发。

显然，这种森严的壁垒和受挫感催生了一种标准。所以 W3C 引入了 DOM 标准，它演变为 DOM 2 级标准时，包含了一个标准的事件模型。

DOM 标准定义了一个对象 EventTarget，其作用是定义一种标准的方式，为目标上的事件添加和删除监听器。DOM 中的每个元素节点都是一个 EventTarget，还可以动态地为给定元素添加和删除事件监听器。

DOM 标准还描述了一个 Event 对象，该对象提供了触发事件的元素信息，并允许在脚本中获取该元素。它提供了一组规则，以标准的方式确定何种元素生成事件、生成何种类型的事件，以及何时何地触发事件。如果要在脚本中使用 Event 对象，则必须将它作为参数，传入与事件处理程序关联的函数。

> 注意：IE 的旧版本(8 和更低版本)没有实现 DOM 事件模型，本节的代码仅能用于现代浏览器：IE 9+、Chrome、Firefox、Safari 和 Opera 等。

把代码连接到事件上——标准方式

EventTarget 对象定义了两个方法，来添加和删除事件监听器(EventTarget 是一个元素)。第一个方法 addEventListener()在所调用的目标上注册一个事件监听器。在目标/元素对象上调用它，如下例所示。输入如下代码：

```
<!DOCTYPE html>

<html lang="en">
<head>
    <title>Chapter 10, Example 5</title>
</head>
<body>
    <a id="someLink" href="somepage.html">
        Click Me
    </a>
    <script>
        var link = document.getElementById("someLink");
```

```
        link.addEventListener("click", function (e) {
            alert("This link is going nowhere");

            e.preventDefault();
        });
    </script>
</body>
</html>
```

保存为 ch10_example5.html。这个例子重建了 ch10_example3.html，但使用标准事件模型应用程序接口(API)，该 API 是一组对象、属性和方法，用于注册事件监听器，防止发生链接的默认操作。

第一行 JavaScript 检索 id 为 someLink 的元素，存储在 link 变量中。接着调用 addEventListener()方法，给它传递两个参数。第一个参数是没有前缀"on"的事件名。在这个例子中，为 click 事件注册事件监听器。

第二个参数是事件发生时执行的函数。前面的代码使用一个匿名函数，这是后面常用的模式，但传递一个声明好的函数会更有效，如下：

```
function linkClick() {
    alert("This link is going nowhere");
    e.preventDefault();
}

link.addEventListener("click", linkClick);
```

使用声明好的函数，允许为多个事件监听器重用它，如下一个练习所示。但首先注意，linkClick()不再返回 false，而是在 Event 对象上调用 preventDefault()方法。这是禁止发生默认操作的标准方式。

试一试 **用标准事件处理程序显示随机图片**

这个例子重写 ch10_example4.html，以使用标准 DOM 事件模型。输入如下代码：

```
<!DOCTYPE html>

<html lang="en">
<head>
    <title>Chapter 10: Example 6</title>
</head>
<body>
    <img id="img0" src="usa.gif" />
    <img id="img1" src="mexico.gif" />

    <script>
    var myImages = [
        "usa.gif",
        "canada.gif",
        "jamaica.gif",
```

```
            "mexico.gif"
        ];

        function changeImg(e) {
            var el = e.target;
            var newImgNumber = Math.round(Math.random() * 3);

            while (el.src.indexOf(myImages[newImgNumber]) != -1) {
                newImgNumber = Math.round(Math.random() * 3);
            }

            el.src = myImages[newImgNumber];
        }

        document.getElementById("img0").addEventListener("click", changeImg);
        document.getElementById("img1").addEventListener("click", changeImg);
    </script>
</body>
</html>
```

把页面保存为 ch10_example6.html。将页面加载到浏览器中，会看到与前面示例类似的页面。单击一个图片，就会显示另一个随机图片。

对 ch10_example4.html 的唯一修改是最后两行 JavaScript 代码：

```
document.getElementById("img0").addEventListener("click", changeImg);
document.getElementById("img1").addEventListener("click", changeImg);
```

不使用每个元素对象的 onclick 属性，而是通过 addEventListener()注册 click 事件处理程序。

使用声明好的函数，还可以通过 removeEventListener()方法注销事件监听器：

```
elementObj.removeEventListener("click", elementObjClick);
```

删除事件监听器时，必须提供与调用 addEventListener()时相同的信息，这不仅包括同名的事件，还包括传递给 addEventListener()的同一个函数对象。

标准 DOM 事件模型的优点是，可以为一个元素的一个事件注册多个事件监听器。在需要用不同、不相关的函数监听元素上的同一个事件时，这是非常有用的。为此，只需调用 addEventListener()需要的次数，如下：

```
elementObj.addEventListener("click", handlerOne);
elementObj.addEventListener("click", handlerTwo);
elementObj.addEventListener("click", handlerThree);
```

这段代码为 elementObj 引用的元素上的 click 事件注册了 3 个监听器。这些监听器按照它们注册的顺序执行，所以，单击 elementObj，会先执行 handlerOne()，再执行 handlerTwo()，最后执行 handlerThree()。

添加和删除多个事件监听器

这个例子给一个元素注册多个事件监听器，再在满足条件时删除这些监听器。输入如下代码：

```
<!DOCTYPE html>

<html lang="en">
<head>
    <title>Chapter 10: Example 7</title>
</head>
<body>
    <img id="img0" src="usa.gif" />
    <div id="status"></div>

    <script>
        var myImages = [
            "usa.gif",
            "canada.gif",
            "jamaica.gif",
            "mexico.gif"
        ];

        function changeImg(e) {
            var el = e.target;
            var newImgNumber = Math.round(Math.random() * 3);

            while (el.src.indexOf(myImages[newImgNumber]) != -1) {
                newImgNumber = Math.round(Math.random() * 3);
            }

            el.src = myImages[newImgNumber];
        }

        function updateStatus(e) {
            var el = e.target;
            var status = document.getElementById("status");

            status.innerHTML = "The image changed to " + el.src;

            if (el.src.indexOf("mexico") > -1) {
                el.removeEventListener("click", changeImg);
                el.removeEventListener("click", updateStatus);
            }
        }

        var imgObj = document.getElementById("img0");

        imgObj.addEventListener("click", changeImg);
```

263

```
        imgObj.addEventListener("click", updateStatus);
    </script>
</body>
</html>
```

把页面保存为 ch10_example7.html。将页面加载到浏览器中，会显示带一个图片的页面。单击该图片，就会显示另一个随机图片。<div/>元素的文本也会变为包含新图片的 URL，如图 10-2 所示。

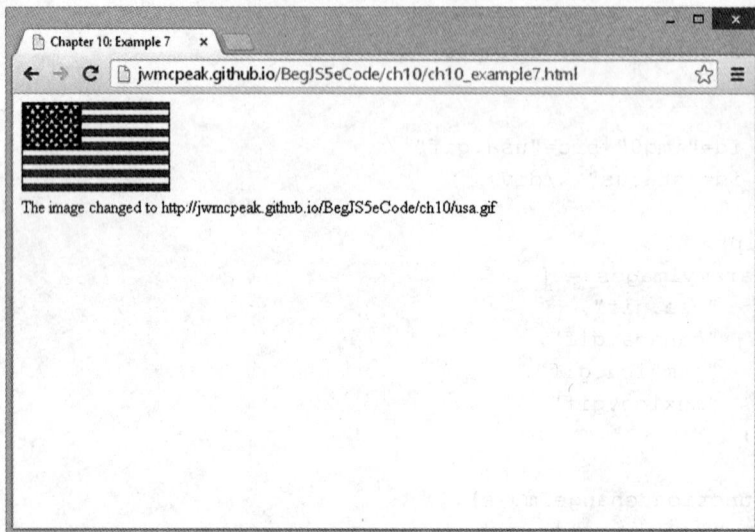

图　10-2

这段代码令人想起前面几个例子，所以下面仅关注不同的地方。首先，HTML：

```
<img id="img0" src="usa.gif" />
<div id="status"></div>
```

这段 HTML 没有定义两个图片元素，而是定义了一个 id 为 img0 的<img/>元素和一个 id 为 status 的<div/>元素。用户单击图片时，<div/>元素的内容就会改变。

这里有一个新函数 updateStatus()，其作用是更新<div id="status"/>中的文本。这个函数的前两行代码获得对事件目标(图片)和<div/>元素的引用：

```
function updateStatus(e) {
    var el = e.target;
    var status = document.getElementById("status");
```

下一行代码改变 status 元素的文本：

```
    status.innerHTML = "The image changed to " + el.src;
```

元素对象有 innerHTML 属性，用于把元素的内容设置为赋予它的任意值。在这段代码中，<div/>元素的内容改为包含当前在浏览器中显示的图片的 URL。

为了增加变数，如果浏览器中显示了墨西哥国旗，下面几行代码就删除图片的 click 事件监听器：

```
    if (el.src.indexOf("mexico") > -1) {
        el.removeEventListener("click", changeImg);
        el.removeEventListener("click", updateStatus);
    }
}
```

if 语句在图片的 src 上使用 indexOf()方法，确定当前是否显示了墨西哥国旗。如果显示了，就使用 removeEventListener()删除图片的两个事件监听器。目前还没有讨论注册这些 click 事件监听器的代码，但传递给 removeEventListener() 的信息与传递给 addEventListener()的信息相同，如果不相同，就不会删除事件监听器。

最后的代码建立了事件监听器：

```
var imgObj = document.getElementById("img0");

imgObj.addEventListener("click", changeImg);
imgObj.addEventListener("click", updateStatus);
```

第一行检索<img id="img0" />元素，而注册 click 事件处理程序时，要调用 addEventListener()，并给事件传递 click，以及两个函数 changeImg()和 updateStatus()。

一定要记住，在单个元素上注册多个事件处理程序时，监听函数按照注册它们的顺序执行。在这个例子中，先用 changeImg()注册一个监听器，再用 updateStatus()注册一个监听器，这很理想，因为我们需要的状态是新显示图片的 URL。如果 updateStatus()在 changeImg()之前注册，状态就会在图片更新之前更新，显示不正确的信息。

使用事件数据

标准给出了 Event 对象的几个属性，这些属性提供了事件的相关信息：在哪个元素上发生了事件，发生了什么类型的事件，在何时发生等。这些都是 Event 对象提供的数据。表 10-1 列出了规范中指定的属性。

表　10-1

Event 对象的属性	说　　明
bubbles	表示是否允许事件冒泡(即控制权从事件目标开始,沿着层次结构从一个元素向上传递给另一个元素)
cancelable	表示是否可以取消事件的默认行为
currentTarget	事件在 DOM 中传递时，指定事件的当前目标
defaultPrevented	表示在事件上是否调用 preventDefault()
eventPhase	表示事件当前处于事件流的哪个阶段
target	该属性表示引发事件的元素；在 DOM 事件模型中，文本节点也可能是事件目标
timestamp	表示事件发生的时间
type	表示事件的名称

另外，DOM 事件模型还引入了一个 MouseEvent 对象，专门用来处理鼠标引发的事件。

这是非常有用的，因为我们可能需要事件的更详细信息，如指针的位置(像素)，或者鼠标来自哪个元素，表 10-2 列出了 MouseEvent 对象的一些属性。

表　10-2

MouseEvent 对象的属性	描　　述
altKey	表示事件发生时，是否按下 Alt 键
button	表示按下鼠标的哪一个按钮
clientX	表示事件发生时，鼠标指针在浏览器窗口中的水平坐标
clientY	表示事件发生时，鼠标指针在浏览器窗口中的垂直坐标
ctrlKey	表示事件发生时，是否按下 Ctrl 键
metaKey	表示事件发生时，是否按下 meta 键
relatedTarget	用于标识第二个事件目标。对于 mouseover 事件，该属性表示鼠标指针退出的元素；对于 mouseout 事件，该属性表示鼠标指针进入的元素
screenX	表示事件发生时，鼠标指针相对于屏幕坐标原点的水平坐标
screenY	表示事件发生时，鼠标指针相对于屏幕坐标原点的垂直坐标
shiftKey	表示事件发生时，是否按下 Shift 键

尽管任何事件都可能创建 Event 对象，但是只有一组选定的事件才能生成 MouseEvent 对象。如果产生了 MouseEvent 事件，就可以访问 Event 和 MouseEvent 对象的属性。对于非鼠标事件，则表 10-2 中的 MouseEvent 对象属性均不可用。下列的鼠标事件可以创建 MouseEvent 对象。

- **click 事件**：当指针位于某个元素或文本上时，单击(按下并释放)鼠标将触发 click 事件。
- **mousedown 事件**：当指针位于某个元素或文本上时，按下鼠标将触发 mousedown 事件。
- **mouseup 事件**：当指针位于某个元素或文本上时，释放鼠标键将触发 mouseup 事件。
- **mouseover 事件**：指针移入某个元素或文本时，将触发 mouseover 事件。
- **mousemove 事件**：当指针位于某个元素或文本上时，移动指针将触发 mousemove 事件。
- **mouseout 事件**：指针从某个元素或文本上移出时，将触发 mouseout 事件。

与 MouseEvent 不同，当前的 DOM 规范没有为与键盘相关的事件定义 KeyboardEvent 对象(但下一个版本 DOM level 3 定义了它)。但是使用表 10-3 列出的属性仍可以访问与键盘相关的事件。

表　10-3

KeyboardEvent 对象的属性	说　　明
altKey	表示事件发生时是否按下 Alt 键
charCode	用于 keypress 事件。键的 Unicode 引用号
ctrlKey	表示事件发生时是否按下 Ctrl 键

(续表)

KeyboardEvent 对象的属性	说　明
keyCode	依赖系统和浏览器的数码，表示按下的键
metaKey	表示事件发生时是否按下 meta 键
shiftKey	表示事件发生时是否按下 Shift 键

试一试　　使用 DOM 事件模型

下面的例子使用了 MouseEvent 对象的一些属性。

打开文本编辑器，输入如下代码：

```html
<!DOCTYPE html>

<html lang="en">
<head>
    <title>Chapter 10: Example 8</title>
    <style>
        .underline {
            color: red;
            text-decoration: underline;
        }
    </style>


</head>
<body>
    <p>This is paragraph 1.</p>
    <p>This is paragraph 2.</p>
    <p>This is paragraph 3.</p>

    <script>
        function handleEvent(e) {
            var target = e.target;
            var type = e.type;

            if (target.tagName == "P") {
                if (type == "mouseover") {
                    target.className = "underline";
                } else if (type == "mouseout") {
                    target.className = "";
                }
            }

            if (type == "click") {
                alert("You clicked the mouse button at the X:"
                    + e.clientX + " and Y:" + e.clientY + " coordinates");
            }
```

```
    }

    document.addEventListener("mouseover", handleEvent);
    document.addEventListener("mouseout", handleEvent);
    document.addEventListener("click", handleEvent);
</script>

</body>
</html>
```

保存为 ch10_example8.html，并在浏览器中运行。把鼠标移动到一个段落上，段落文本的颜色就会变成红色，并加上了下划线。单击页面的任意位置，会看到如图 10-3 所示的警告框。

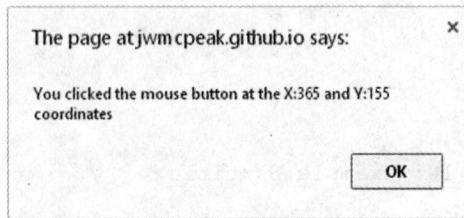

The page at jwmcpeak.github.io says:

You clicked the mouse button at the X:365 and Y:155 coordinates

OK

图　10-3

单击 OK 按钮，把指针移动到浏览器窗口中，再次单击，会显示另一个结果。

这个例子与事件处理行为是一致的：浏览器等待事件的到来，每次触发事件时，浏览器将调用相应的函数。之后浏览器继续等待事件的发生，直到用户退出了浏览器或者关闭了该网页。在本例中，为 document 对象上的 mouseover、mouseout 和 click 事件指定了事件处理程序。

```
document.addEventListener("mouseover", handleEvent);
document.addEventListener("mouseout", handleEvent);
document.addEventListener("click", handleEvent);
```

一个函数 handleEvent()处理这 3 个事件。

只要触发了上述事件，都将执行 handleClick()函数，生成一个新的 MouseEvent 对象。记住，MouseEvent 对象允许访问 MouseEvent 对象的属性，以及 Event 对象的属性。本例使用这些属性。

handleClick()函数将接收该 MouseEvent 对象，并将它赋给引用 e。

```
function handleEvent(e) {
    var target = e.target;
    var type = e.type;

    if (target.tagName == "P") {
```

在该函数中，首先分别用 target 和 type 事件属性初始化 target 和 type 变量。这些变量都便于访问信息。接着检查事件目标(引发事件的元素)的 tagName 是否是 P。如果该目标是一个段落元素，则需要使用 type 变量查找的下一个信息是事件的类型。

```
        if (type == "mouseover") {
            target.className = "underline";
        } else if (type == "mouseout") {
            target.className = "";
        }
    }
```

如果事件是 mouseover，就把段落的 CSS 类指定为页面样式表中定义的 underline 类。如果事件类型是 mouseout，则清除元素的 className 属性，把文本恢复为初始样式。只有触发事件的元素是段落元素，才执行这个改变样式的代码。

接着，函数再次检查 type 变量，确定用户是否单击了鼠标。

```
    if (type == "click") {
        alert("You clicked the mouse button at the X:"
            + e.clientX + " and Y:" + e.clientY + " coordinates");
    }
```

如果用户在页面的某个地方单击了，就使用 alert()方法在屏幕上显示 MouseEvent 对象的 clientX 和 clientY 属性值。

每次生成一个事件时，都会改写并重建提供给这个函数的 MouseEvent 对象。所以下次单击鼠标或移动指针时，都会创建一个新的 MouseEvent 对象，其中包含鼠标 x 和 y 的位置坐标，和触发事件的元素信息。

下面看另一个例子。

试一试　　粗糙的选项卡

这个例子使用 mouseover、mouseout 和 click 事件编写一个功能全面、但有缺陷的选项卡。打开文本编辑器，输入如下代码：

```
<!DOCTYPE html>

<html lang="en">
<head>
    <title>Chapter 10: Example 9</title>
    <style>
        .tabStrip {
            background-color: #E4E2D5;
            padding: 3px;
            height: 22px;
        }

        .tabStrip div {
            float: left;
            font: 14px arial;
            cursor: pointer;
        }
```

```
        .tabStrip-tab {
            padding: 3px;
        }

        .tabStrip-tab-hover {
            border: 1px solid #316AC5;
            background-color: #C1D2EE;
            padding: 2px;
        }

        .tabStrip-tab-click {
            border: 1px solid #facc5a;
            background-color: #f9e391;
            padding: 2px;
        }
    </style>
</head>
<body>
    <div class="tabStrip">
        <div data-tab-number="1" class="tabStrip-tab">Tab 1</div>
        <div data-tab-number="2" class="tabStrip-tab">Tab 2</div>
        <div data-tab-number="3" class="tabStrip-tab">Tab 3</div>
    </div>
    <div id="descContainer"></div>

    <script>
        function handleEvent(e) {
            var target = e.target;

            switch (e.type) {
                case "mouseover":
                    if (target.className == "tabStrip-tab") {
                        target.className = "tabStrip-tab-hover";
                    }
                    break;
                case "mouseout":
                    if (target.className == "tabStrip-tab-hover") {
                        target.className = "tabStrip-tab";
                    }
                    break;
                case "click":
                    if (target.className == "tabStrip-tab-hover") {
                        target.className = "tabStrip-tab-click";
                        var num = target.getAttribute("data-tab-number");

                        showDescription(num);
                    }
                    break;
            }
        }
```

```
        function showDescription(num) {
            var text = "Description for Tab " + num;

            descContainer.innerHTML = text;
        }

        document.addEventListener("mouseover", handleEvent);
        document.addEventListener("mouseout", handleEvent);
        document.addEventListener("click", handleEvent);
    </script>
</body>
</html>
```

把这个文件保存为 ch10_example9.html。在浏览器中打开它，把鼠标指针移动到一个
选项卡上时，其样式改为蓝色背景，带有深蓝色边框。单击一个选项卡时，其样式改为淡
橘色背景，带有深橘色边框。另外，单击选项卡时，文本会添加到页面上。例如，单击选
项卡 3 会把文本"Description for Tab 3"添加到页面上。

先看看页面体及其样式的 HTML：

```
<div class="tabStrip">
    <div data-tab-number="1" class="tabStrip-tab">Tab 1</div>
    <div data-tab-number="2" class="tabStrip-tab">Tab 2</div>
    <div data-tab-number="3" class="tabStrip-tab">Tab 3</div>
</div>
<div id="descContainer"></div>
```

第一个<div/>元素的 CSS 类型是 tabStrip，它包含的 3 个<div/>元素表示 3 个选项卡。
每个选项卡<div/>元素都把一个数值赋予其 data-tab-number 属性，把 CSS 类型指定为
tabStrip-tab。

选项卡<div/>元素有一个 id 为 descContainer 的同级<div/>元素，它不包含任何子元素，
也没有关联的 CSS 类。

在这个例子中，选项卡使用灰色背景，与页面的其余部分分开。

```
.tabStrip {
    background-color: #E4E2D5;
    padding: 3px;
    height: 22px;
}
```

高度设置为 28 像素(高度+顶部空隙和底部空隙)。这个高度和空隙使选项卡<div/>元素
在选项卡控件中垂直居中。

选项卡用几个 CSS 规则定义了它们在浏览器中的显示方式，因为它们有 3 个状态：正
常、悬停和单击。尽管有这 3 个状态，它们仍是选项卡，所以拥有一些共同的可视化特性。
第一条规则指定了这些共享属性。

```
.tabStrip div {
    float: left;
```

```
    font: 14px arial;
    cursor: pointer;
}
```

选择器告诉浏览器，把这些属性应用于选项卡控件中的所有<div/>元素。这些元素设置为浮于左边，使它们具备内嵌外观(<div/>是块元素，默认显示在新的一行上)。

下一个规则是 tabStrip-tab 类，定义了正常状态。

```
.tabStrip-tab {
    padding: 3px;
}
```

这个规则给元素的所有边都添加了 3 个像素的空隙。接着是悬停状态，由 tabStrip-tab-hover 类定义:

```
.tabStrip-tab-hover {
    border: 1px solid #316AC5;
    background-color: #C1D2EE;
    padding: 2px;
}
```

这个规则把空隙减为 2 个像素，增加了一个 1 像素宽的边框，并把背景色改为浅蓝色。边框与空隙类似，会使元素变大。添加边框的同时减小空隙，会使处于悬停状态的元素与正常状态有相同的高度和宽度。

最后一个规则声明了 tabStrip-tab-click 类:

```
.tabStrip-tab-click {
    border: 1px solid #facc5a;
    background-color: #f9e391;
    padding: 2px;
}
```

这个类类似于 hover 类，唯一的区别是它使用暗橙色的边框颜色和浅橙色的背景色。

下面看看执行程序的 JavaScript 代码。这些代码包含 handleEvent()函数，它注册为文档对象的 mouseover、mouseout 和 click 事件监听器:

```
document.addEventListener("mouseover", handleEvent);
document.addEventListener("mouseout", handleEvent);
document.addEventListener("click", handleEvent);
```

函数首先声明一个变量 target，它用事件对象的 target 属性初始化:

```
function handleEvent(e) {
    var target = e.target;
```

现在需要确定发生了何种事件，并对 DOM 做相应的改变。switch 语句在这里工作得很好，事件对象的 type 属性用作 switch 表达式:

```
    switch (e.type) {
        case "mouseover":
```

```
        if (target.className == "tabStrip-tab") {
            target.className = "tabStrip-tab-hover";
        }
        break;
```

首先，检查 mouseover 事件。如果引发事件的元素的类名是 tabStrip-tab，处于正常状态的选项卡就把元素的 className 属性改为 tabStrip-tab-hover。这样，选项卡现在就处于悬停状态。

如果发生了 mouseout 事件，还需要修改 DOM：

```
    case "mouseout":
        if (target.className == "tabStrip-tab-hover") {
            target.className = "tabStrip-tab";
        }
        break;
```

只有鼠标指针指向的选项卡处于悬停状态时，这段代码才把选项卡的 className 属性改为 tabStrip‐tab(正常状态)。

需要使用的最后一个事件是 click，所以现在用下面的代码检查它：

```
    case "click":
        if (target.className == "tabStrip-tab-hover") {
            target.className = "tabStrip-tab-click";
```

这段代码把选项卡元素的 className 改为 tabStrip-tab-click，使之处于单击状态。

接着，需要把选项卡的描述添加到页面中，开始这个过程时，应从<div/>元素的 data-tab-number 属性中获得选项卡的号码。使用 getAttribute()方法可以得到这个值：

```
            var num = target.getAttribute("data-tab-number");

            showDescription(num);
        }
        break;
    }
}
```

有了选项卡的号码，就把它传递给 showDescription()函数：

```
function showDescription(num) {
    var descContainer = document.getElementById("descContainer");
```

选项卡的描述添加到 id 为 descContainer 的<div/>元素中，如这段代码所示，先使用 getElementById()方法获取该元素。

描述是由这个函数动态创建的，所以现在需要建立描述文本，在 descContainer 元素中显示文本。首先，为选项卡创建一个包含描述的字符串。在这个例子中，描述很简单，只包含选项卡的号码：

```
    var text = "Description for Tab " + num;
```

接着使用 innerHTML 属性，把文本添加到描述元素中：

```
descContainer.innerHTML = text;
}
```

困扰 Web 的一个问题是现代浏览器之间缺乏兼容性。目前的现代浏览器很好地实现了标准 DOM，但旧浏览器，尤其是 IE8 及以下版本，仅部分支持 DOM 标准。尽管这些旧浏览器缺乏 DOM 标准的支持，我们仍可以使用旧 IE 的事件模型获得给定事件的这些有效信息。

10.4 旧版本 IE 中的事件处理

旧 IE 的事件模型使用全局的 event 对象(是 window 对象的一个属性)，这个对象存在于每个打开的浏览器窗口中。每次用户引发事件时，浏览器都会更新 event 对象，它提供的信息类似于标准的 DOM Event 对象。

> 注意：显然，本节的信息适用于 IE8 及以下版本，这里把这些旧浏览器称为 "旧 IE"。IE9 及以后版本实现了标准 DOM 事件模型。幸好，每过一年，旧 IE 的使用都会减少。

访问 event 对象

由于 event 对象是 window 的一个属性，因此易于访问。

```
<p ondblclick="handle()">Paragraph</p>

<script>
function handle() {
    alert(event.type);
}
</script>
```

这段代码使用 handle()函数处理<p/>元素的 dblclick 事件。该函数执行时，会获取使 handle()函数执行的事件的类型。由于 event 对象是全局的，所以不需要像 DOM 事件模型那样，把该对象传送给处理函数。还要注意与 window 对象的其他属性一样，不需要在 event 对象的前面加上 window 前缀。

> 注意：即使不必把 event 传递给事件处理程序，仍需要这么做，以支持旧 IE 和现代浏览器。

使用对象属性，通过 JavaScript 指定事件处理程序时，这个规则也适用。

```
<p id="p">Paragraph</p>
<h1 id="h1">Heading 1</h1>
<span id="span">Special Text</span>

<script>
function handle() {
    if (event.type == "mouseover") {
        alert("You moved over the Special Text");
    }
}

document.getElementById("p").ondblclick = handle;
document.getElementById("h1").onclick = handle;
document.getElementById("span").onmouseover = handle;
</script>
```

旧 IE 不支持 addEventListener()和 removeEventListener()，但实现了两个类似的方法：attachEvent()和 detachEvent()。使用旧 IE 的事件 API 重写示例 5：

```
<!DOCTYPE html>

<html lang="en">
<head>
    <title>Chapter 10, Example 10</title>
</head>
<body>
    <a id="someLink" href="somepage.html">
        Click Me
    </a>
    <script>
        var link = document.getElementById("someLink");

        function linkClick(e) {
            alert("This link is going nowhere");

            e.returnValue = false;
        }

        link.attachEvent("onclick", linkClick);
    </script>
</body>
</html>
```

保存为 ch10_example10.html。

下面先看看对 attachEvent() 的调用。整个模式与 addEventListener() 相同(也与 removeEventListener()相同)；传递要监听的事件和事件发生时要执行的函数。但注意在这段代码中，事件名有前缀 "on "。

第二个参数是事件发生时要执行的函数。但注意，linkClick()函数定义了一个参数 e。用 attachEvent()注册事件处理程序时，旧 IE 会把 event 对象传递给处理函数。

还要注意 linkClick()不返回 false，或调用 preventDefault()。相反，旧 IE 的 event 对象有一个 returnValue 属性，把它设置为 false，会得到相同的结果。

使用事件数据

可以看出，IE 的 event 对象提供的属性不同于 DOM 标准的 Event 和 MouseEvent 对象，尽管它们提供的数据类似。

表 10-4 列出了 IE 的 event 对象的一些属性。

表 10-4

event 对象的属性	说　明
altKey	表示事件发生时，是否按下 Alt 键
button	表示按下鼠标的哪一个按钮
cancelBubble	获取或设置当前事件是否应沿着事件处理程序的层次结构向上冒泡
clientX	表示事件发生时，鼠标指针在浏览器窗口中的水平坐标
clientY	表示事件发生时，鼠标指针在浏览器窗口中的垂直坐标
ctrlKey	表示事件发生时，是否按下 Ctrl 键
fromElement	获取鼠标指针退出的元素对象
keyCode	获取与引发事件的键相关的 Unicode 键码
returnValue	获取或设置事件的返回值
screenX	表示事件发生时，在浏览器窗口中鼠标指针相对于屏幕坐标原点的水平坐标
screenY	表示事件发生时，在浏览器窗口中鼠标指针相对于屏幕坐标原点的垂直坐标
shiftKey	表示事件发生时，是否按下 Shift 键
srcElement	获取引发事件的元素对象
toElement	获取鼠标指针进入的元素对象
type	获取事件的名称

再看看前面的一些例子，使它们可以在旧 IE 下工作。

试一试　　在旧 IE 中添加和删除多个事件处理程序

这个例子重写 ch10_example7.html，以使用旧 IE 的 attachEvent()和 detachEvent()方法。输入如下代码：

```
<!DOCTYPE html>

<html lang="en">
<head>
    <title>Chapter 10: Example 11</title>
</head>
<body>
    <img id="img0" src="usa.gif" />
```

```
    <div id="status"></div>

<script>
    var myImages = [
        "usa.gif",
        "canada.gif",
        "jamaica.gif",
        "mexico.gif"
    ];

    function changeImg(e) {
        var el = e.srcElement;
        var newImgNumber = Math.round(Math.random() * 3);

        while (el.src.indexOf(myImages[newImgNumber]) != -1) {
            newImgNumber = Math.round(Math.random() * 3);
        }

        el.src = myImages[newImgNumber];
    }

    function updateStatus(e) {
        var el = e.srcElement;
        var status = document.getElementById("status");

        status.innerHTML = "The image changed to " + el.src;

        if (el.src.indexOf("mexico") > -1) {
            el.detachEvent("onclick", changeImg);
            el.detachEvent("onclick", updateStatus);
        }
    }

    var imgObj = document.getElementById("img0");

    imgObj.attachEvent("onclick", updateStatus);
    imgObj.attachEvent("onclick", changeImg);
</script>
</body>
</html>
```

把页面保存为 ch10_example11.html。将页面加载到浏览器中，结果与 ch10_example7.html 相同。单击图片，会显示另一张随机图片，<div/>元素的文本改为包含新图片的 URL。

下面看看代码，它们大都与 ch10_example7.html 相同。第一个较大的区别是为图片对象注册事件处理程序的方式。这里没有使用 addEventListener()，而使用了旧 IE 的 attachEvent() 方法：

```
        imgObj.attachEvent("onclick", updateStatus);
        imgObj.attachEvent("onclick", changeImg);
```

这里还有一个较大的区别。与标准的 addEventListener()不同，用 attachEvent()注册的处理程序以相反的顺序执行。所以，先用 changeImg()函数注册处理程序，再用 updateStatus()函数注册。

下一个变化在 changeImg()函数的第一个语句中。这里要获取接收事件的元素，旧 IE 的 event 对象用 srcElement 属性提供了这个信息：

```
function changeImg(e) {
    var el = e.srcElement;
```

函数的其余部分都没有变化。

在 updateStatus()函数中要执行相同的修改，所以也把第一个语句改为使用旧 IE 的 srcElement 属性：

```
function updateStatus(e) {
    var el = e.srcElement;
```

获取状态元素，设置其 innerHTML 属性后，就要在显示墨西哥国旗的情况下删除事件处理程序。为此使用 detachEvent()方法：

```
if (el.src.indexOf("mexico") > -1) {
    el.detachEvent("onclick", changeImg);
    el.detachEvent("onclick", updateStatus);
}
```

这里，调用 detachEvent()的顺序并不重要，它只是从元素中删除事件处理程序。

下面重写示例 8，以使用旧 IE 的事件模型。

试一试　　使用 IE 事件模型

这个示例使用旧 IE 的事件模型。打开文本编辑器，输入如下代码。可以从 ch10_example8.html 中复制并粘贴页面正文和样式表中的元素。

```
<!DOCTYPE html>

<html lang="en">
<head>
    <title>Chapter 10: Example 12</title>
    <style>
.underline {
        color: red;
        text-decoration: underline;
    }
    </style>
</head>
<body>
    <p>This is paragraph 1.</p>
    <p>This is paragraph 2.</p>
    <p>This is paragraph 3.</p>
```

```
<script>
    function handleEvent(e) {
        var target = e.srcElement;
        var type = e.type;

        if (target.tagName == "P") {
            if (type == "mouseover") {
                target.className = "underline";
            } else if (type == "mouseout") {
                target.className = "";
            }
        }

        if (type == "click") {
            alert("You clicked the mouse button at the X:"
                + e.clientX + " and Y:" + e.clientY + " coordinates");
        }
    }

    document.attachEvent("onmouseover", handleEvent);
    document.attachEvent("onmouseout", handleEvent);
    document.attachEvent("onclick", handleEvent);
</script>
</body>
</html>
```

保存为 ch10_example12.html，并加载到旧 IE 中。其外观和操作方式与示例 8 类似：把鼠标指针移动到某段落文本上时，该文本会改为红色，并加上下划线。鼠标指针退出该段落时，文本会恢复原来的状态。单击鼠标，会显示一个警告框，列出单击鼠标时鼠标指针的坐标。

这段代码使用 handleEvent()函数来处理 document 对象上的 mouseover、mouseout 和 click 事件。

```
document.attachEvent("onmouseover", handleEvent);
document.attachEvent("onmouseout", handleEvent);
document.attachEvent("onclick", handleEvent);
```

引发某个事件时，浏览器会更新 event 对象，调用 handleEvent()函数。

```
function handleEvent(e) {
    var target = e.srcElement;
    var type = e.type;
```

首先，要获得事件的目标(在旧 IE 中就是源对象)，所以用 event 对象的 srcElement 属性初始化 target 变量，用 event 对象的 type 属性初始化 type 变量。

接着，检查事件目标的 tagName 属性是否为 P。如果是，就使用 type 变量确定事件的类型。

```
      if (target.tagName == "P") {
          if (type == "mouseover") {
              target.className = "underline";
          } else if (type == "mouseout") {
              target.className = "";
          }
      }
```

对于 mouseover 事件，把段落的 CSS 类改为 underline。如果事件类型是 mouseout，就把元素的 className 属性设置为空字符串——把文本恢复为原来的样式。

在继续之前，注意这些事件的名称：mouseover 和 mouseout。与标准的 DOM 一样，旧 IE 的 type 属性返回没有"on"前缀的事件名。所以，尽管用 onmouseover、onmouseout 和 onclick 注册事件处理程序，type 属性仍会分别返回 mouseover、mouseout 和 click。

如果单击了鼠标按钮，下一段代码就显示鼠标指针的位置。

```
      if (type == "click") {
          alert("You clicked the mouse button at the X:"
              + e.clientX + " and Y:" + e.clientY + " coordinates");
      }
  }
```

比较示例 8 和 12，注意它们的两个主要区别是事件处理程序的注册方式，以及获取引发事件的元素的方式。标准 DOM 事件模型和 IE 的事件模型在其他方面是相同的。

下面通过旧 IE 实现示例 9。

试一试　　**用于旧 IE 的粗略选项卡**

这个例子重写 ch10_example9.html，以使用旧 IE 的事件模型。打开文本编辑器，输入如下代码，或者复制 ch10_example9.html，修改突显的代码行：

```
<!DOCTYPE html>

<html lang="en">
<head>
    <title>Chapter 10: Example 13</title>
    <style>
        .tabStrip {
            background-color: #E4E2D5;
            padding: 3px;
            height: 22px;
        }

        .tabStrip div {
            float: left;
            font: 14px arial;
            cursor: pointer;
        }
```

```
        .tabStrip-tab {
            padding: 3px;
        }

        .tabStrip-tab-hover {
            border: 1px solid #316AC5;
            background-color: #C1D2EE;
            padding: 2px;
        }

        .tabStrip-tab-click {
            border: 1px solid #facc5a;
            background-color: #f9e391;
            padding: 2px;
        }
    </style>
</head>
<body>
    <div class="tabStrip">
        <div data-tab-number="1" class="tabStrip-tab">Tab 1</div>
        <div data-tab-number="2" class="tabStrip-tab">Tab 2</div>
        <div data-tab-number="3" class="tabStrip-tab">Tab 3</div>
    </div>
    <div id="descContainer"></div>

    <script>
        function handleEvent(e) {
            var target = e.srcElement;

            switch (e.type) {
                case "mouseover":
                    if (target.className == "tabStrip-tab") {
                        target.className = "tabStrip-tab-hover";
                    }
                    break;
                case "mouseout":
                    if (target.className == "tabStrip-tab-hover") {
                        target.className = "tabStrip-tab";
                    }
                    break;
                case "click":
                    if (target.className == "tabStrip-tab-hover") {
                        target.className = "tabStrip-tab-click";
                        var num = target.getAttribute("data-tab-number");

                        showDescription(num);
                    }
                    break;
            }
```

```
    }

    function showDescription(num) {
        var text = "Description for Tab " + num;

        descContainer.innerHTML = text;
    }

    document.attachEvent("onmouseover", handleEvent);
    document.attachEvent("onmouseout", handleEvent);
    document.attachEvent("onclick", handleEvent);
</script>
</body>
</html>
```

把这个文件保存为 ch10_example13.html。在浏览器中打开,结果与 ch10_example9.html
相同。把鼠标指针移动到一个选项卡上,其样式就改为蓝色背景,深蓝色边框。单击一个
选项卡,其样式会再次改变,并把选项卡的描述添加到页面上。

在这个版本的选项卡中,有 4 个不同的地方。前三个是注册事件处理程序的方式:

```
document.attachEvent("onmouseover", handleEvent);
document.attachEvent("onmouseout", handleEvent);
document.attachEvent("onclick", handleEvent);
```

这里没有使用 addEventListener(),而使用旧 IE 的 attachEvent()方法注册事件处理程序。
最后一个改变是 handleEvent()的第一个语句:

```
    function handleEvent(e) {
        var target = e.srcElement;
```

与前面的例子一样,这里也使用 event 对象的 srcElement 属性获取事件目标。函数的
其余部分没有改变。

下一节学习如何处理两个事件模型之间的根本区别,并编写跨浏览器的 DHTML 代码。

10.5 编写跨浏览器的代码

前面编写了多个示例的两个版本,一个用于与标准兼容的浏览器,一个用于旧 IE。实
际上,创建网站的几个版本并不是最佳实践方式,编写跨浏览器的网页版本要容易得多。
本节将使用 DOM、标准 DOM 事件模型和旧 IE 事件模型编写一个跨浏览器的版本。

跨浏览器 JavaScript 的难点是创建一个统一的 API,隐藏处理不同浏览器实现的复杂
性。例如,要注册新的事件监听器,需要做三件事:
- 检查浏览器是否支持标准的 DOM 事件模型。
- 如果支持,就使用 addEventListener()。
- 否则,使用 attachEvent()。

使用功能检测技术(参见第 8 章),很容易确定浏览器是否支持 addEventListener()。只

需要检查 addEventListener()是否存在，如下：

```
if (typeof addEventListener != "undefined") {
    // use addEventListener()
} else {
    // use attachEvent()
}
```

编写跨浏览器的 JavaScript 时，总是希望先检查标准的兼容性，因为一些浏览器可能支持这两个选项。例如，IE9 和 IE10 就支持 addEventListener() 和 attachEvent()。如果检查 attachEvent()，但没有检查 addEventListener()，如下：

```
// wrong! Do not do!
if (typeof attachEvent != "undefined") {
    // use attachEvent
} else {
    // use addEventListener
}
```

IE9 和 IE10 会使用 attachEvent()，而不是 addEventListener()。attachEvent()会执行与 addEventListener()不同的操作，应尽可能避免这种情况。另外，我们总是希望使用与标准兼容的代码，因为这可以保证代码能用于每个与标准兼容的浏览器。

前面的示例使用 typeof 运算符确定 addEventListener()方法是否定义，但可以把 addEventListener 用作 truth 或 false 值，来简化代码，如下：

```
if (addEventListener) {
    // use addEventListener()
} else {
    // use attachEvent()
}
```

无论是使用 typeof 运算符还是 truth/false 值，都会得到相同的结果。只要记住，编写代码时要保持一致。如果使用 typeof，就把它用于所有功能检测代码。

现在就可以编写如下函数：

```
function addListener(obj, type, fn) {
    if (obj.addEventListener) {
        obj.addEventListener(type, fn)
    } else {
        obj.attachEvent("on" + type, fn);
    }
}
```

下面分解代码。这里定义了函数 addListener()，它有 3 个参数：注册事件监听器的对象、事件类型和触发事件时要执行的函数：

```
function addListener(obj, type, fn) {
```

在这个函数中，首先检查给定的对象是否有 addEventListener()方法：

```
    if (obj.addEventListener) {
        obj.addEventListener(type, fn)
    }
```

如果 addEventListener()存在,就调用它,传递 type 和 fn 参数。但如果 addEventListener()不存在，就调用 attachEvent():

```
    else {
        obj.attachEvent("on" + type, fn);
    }
}
```

这里给 type 变量包含的值添加了 on,这样,就可以给 addListener()函数传递事件的标准名称,例如 Click,它在与标准兼容的浏览器和旧 IE 中都有效。

要使用这个函数,应按如下方式调用它:

```
addListener(elementObj, "click", eventHandler);
```

假定 elementObj 是一个元素对象,eventHandler()是一个函数,就可以给与标准兼容的浏览器和旧 IE 成功注册事件监听器/处理程序。

根据 addListener()函数使用的模式,可以编写一个事件实用对象,简化编写跨浏览器、事件驱动的代码。事件实用对象应提供添加和删除监听器,并获得事件目标的功能。

试一试　　**跨浏览器的事件实用工具**

这个例子要使用一个实用工具,简化编写跨浏览器的代码。打开文本编辑器,输入如下代码:

```
var evt = {
    addListener: function(obj, type, fn) {
        if (obj.addEventListener) {
            obj.addEventListener(type, fn);
        } else {
            obj.attachEvent("on" + type, fn);
        }
    },
    removeListener: function(obj, type, fn) {
        if (obj.removeEventListener) {
            obj.removeEventListener(type, fn);
        } else {
            obj.detachEvent("on" + type, fn);
        }
    },
    getTarget: function(e) {
        if (e.target) {
            return e.target;
        }

        return e.srcElement;
```

```
    },
    preventDefault: function(e) {
        if (e.preventDefault) {
            e.preventDefault();
        } else {
            e.returnValue = false;
        }
    }
};
```

保存为 event - utility.js。

使用对象字面量记号，创建对象 evt，其作用是简化跨浏览器代码的编写。

```
var evt = {
```

这里编写的第一个方法是 addListener()，它与前面编写的 addListener()函数完全相同：

```
addListener: function(obj, type, fn) {
    if (obj.addEventListener) {
        obj.addEventListener(type, fn);
    } else {
        obj.attachEvent("on" + type, fn);
    }
},
```

如果浏览器支持 addEventListener()，就使用该方法注册事件监听器。否则，浏览器会调用 attachEvent()。

下一个方法是 removeListener()，顾名思义，它删除以前添加到对象上的监听器：

```
removeListener: function(obj, type, fn) {
    if (obj.removeEventListener) {
        obj.removeEventListener(type, fn);
    } else {
        obj.detachEvent("on" + type, fn);
    }
},
```

这些代码与 addListener()几乎相同，只是有几处改动。首先，检查给定的对象是否有 removeEventListener()方法，如果有，就调用 removeEventListener()。否则，将假定浏览器是旧 IE，调用 detachEvent()。

第三个方法 getTarget()负责从事件对象中获得事件目标：

```
getTarget: function(e) {
    if (e.target) {
        return e.target;
    }

    return e.srcElement;
}
};
```

它遵循与 addListener()和 removeListener()相同的模式，也使用 target 属性作为 truth/false 值，来确定浏览器是否支持标准 API。如果支持 target，就返回它。否则，函数就返回 srcElement 包含的元素对象。

最后一个方法是 preventDefault()，其作用是禁止执行事件的默认操作(假设存在该操作)。它首先确定所提供的事件对象是否有 preventDefault()方法，来判断是否与标准兼容。如果兼容，就调用该方法，否则就把事件对象的 returnValue 返回为 false。

在继续之前，一定要认识到，这个事件实用工具基于如下假设：如果浏览器不支持标准的事件模型，就一定是旧 IE。尽管这是一个安全的假设，但并不 100%正确。一些旧的移动浏览器不支持标准事件模型，也不支持旧 IE 的事件模型。但是，Windows、Android 和 iOS 移动设备继续拥有市场份额，这些非兼容的旧移动浏览器会逐渐从市场上消失。在大多数情况下，忽略它们是安全的。

有了这个实用工具，来简化编写跨浏览器、事件驱动的代码，下面再看看前面的示例，使之可以使用。

首先修改示例 10。下面是修改过的代码：

```html
<!DOCTYPE html>

<html lang="en">
<head>
    <title>Chapter 10, Example 14</title>
</head>
<body>
    <a id="someLink" href="somepage.html">
        Click Me
    </a>

    <script src="event-utility.js"></script>
    <script>
        var link = document.getElementById("someLink");

        function linkClick(e) {
            alert("This link is going nowhere");

            evt.preventDefault(e);
        }

        evt.addListener(link, "click", linkClick);
    </script>
</body>
</html>
```

保存为 ch10_example14.html。

突显的代码是唯一的改动。首先，包含 event-utility.js。这个例子中的代码假定，该文件在 ch10_example14.html 所在的目录下：

```
<script src="event-utility.js"></script>
```

然后使用 evt.addListener()注册事件监听器:

```
evt.addListener(link, "click", linkClick);
```

给它传递要注册监听器的元素对象、要监听的事件名以及事件发生时要执行的函数。

最后一个改动是 linkClick()函数。要禁止浏览器导航到 somepage.html,应调用事件实用工具的 preventDefault()方法,给它传递事件对象。现在单击链接,浏览器就会显示相同的页面。

试一试　　添加和删除多个事件处理程序

这个例子重写 ch10_example11.html,使用事件实用工具对象,添加和删除事件监听器/处理程序。可以从头开始编写,也可以复制并粘贴 ch10_example11.html。突显的代码表示本例进行的修改。

```
<!DOCTYPE html>

<html lang="en">
<head>
    <title>Chapter 10: Example 15</title>
</head>
<body>
    <img id="img0" src="usa.gif" />
    <div id="status"></div>

    <script src="event-utility.js"></script>
    <script>
        var myImages = [
            "usa.gif",
            "canada.gif",
            "jamaica.gif",
            "mexico.gif"
        ];

        function changeImg(e) {
            var el = evt.getTarget(e);
            var newImgNumber = Math.round(Math.random() * 3);

            while (el.src.indexOf(myImages[newImgNumber]) != -1) {
                newImgNumber = Math.round(Math.random() * 3);
            }

            el.src = myImages[newImgNumber];
        }

        function updateStatus(e) {
            var el = evt.getTarget(e);
            var status = document.getElementById("status");
```

```
            status.innerHTML = "The image changed to " + el.src;

            if (el.src.indexOf("mexico") > -1) {
                evt.removeListener(el, "click", changeImg);
                evt.removeListener(el, "click", updateStatus);
            }
        }

        var imgObj = document.getElementById("img0");

        evt.addListener(imgObj, "click", changeImg);
        evt.addListener(imgObj, "click", updateStatus);
    </script>
</body>
</html>
```

把页面保存为 ch10_example15.html，加载到浏览器中，其行为类似于 ch10_example11.html。单击图片，会显示另一张随机图片，<div/>元素的文本改为包含新图片的 URL。

我们已经见过这些代码了，所以仅考虑相关的改动。首先要包含 event-utility.js 文件。

下一个改动是给图片对象注册事件监听器的方式。使用事件实用工具的 addListener() 方法，给它传递图片对象、事件名和函数：

```
evt.addListener(imgObj, "click", changeImg);
evt.addListener(imgObj, "click", updateStatus);
```

在 changeImg() 和 updateStatus()函数中，第一行改为获取事件目标，以使用新的 getTarget()方法：

```
var el = evt.getTarget(e);
```

接着在 updateStatus()中，修改 if 语句中的代码，以使用新的 removeListener()方法：

```
if (el.src.indexOf("mexico") > -1) {
    evt.removeListener(el, "click", changeImg);
    evt.removeListener(el, "click", updateStatus);
}
```

但是这个新版本有一个问题：在旧 IE 中，事件监听器以相反的顺序执行。这是一个问题，但要在本章的最后更正。

接着重写示例 12，以使用新的 evt 对象。

试一试　　**使用不同浏览器的事件模型**

这个例子使用事件实用工具重写 ch10_example12.html。打开文本浏览器，输入如下代码。也可以复制粘贴 ch10_example12.html 页面体和样式表中的元素。

```html
<!DOCTYPE html>

<html lang="en">
<head>
    <title>Chapter 10: Example 16</title>
    <style>
        .underline {
            color: red;
            text-decoration: underline;
        }
    </style>
</head>
<body>
    <p>This is paragraph 1.</p>
    <p>This is paragraph 2.</p>
    <p>This is paragraph 3.</p>

    <script src="event-utility.js"></script>
    <script>
        function handleEvent(e) {
            var target = evt.getTarget(e);
            var type = e.type;

            if (target.tagName == "P") {
                if (type == "mouseover") {
                    target.className = "underline";
                } else if (type == "mouseout") {
                    target.className = "";
                }
            }

            if (type == "click") {
                alert("You clicked the mouse button at the X:"
                    + e.clientX + " and Y:" + e.clientY + " coordinates");
            }
        }

        evt.addListener(document, "mouseover", handleEvent);
        evt.addListener(document, "mouseout", handleEvent);
        evt.addListener(document, "click", handleEvent);
    </script>
</body>
</html>
```

保存为 ch10_example16.html，加载到不同的浏览器中(如果有访问权，最好是与标准兼容的浏览器和旧 IE)。它的外观和执行方式与 ch10_example12.html 相同。把鼠标指针移动到段落上，段落文本就改为红色，且带有下划线。鼠标指针离开段落时，段落文本返回最初的状态。单击鼠标，会显示一个警告框，说明单击鼠标时指针的坐标。

这些代码大都没有改变，只有 5 行代码有改动。首先要使用<script/>元素包含

event-utility.js 文件：

```
<script src="event-utility.js"></script>
```

接着使用 evt.addListener()方法注册 mouseover、mouseout 和 click 事件监听器：

```
evt.addListener(document, "mouseover", handleEvent);
evt.addListener(document, "mouseout", handleEvent);
evt.addListener(document, "click", handleEvent);
```

最后，修改 handleEvent()函数的第一行：

```
function handleEvent(e) {
    var target = evt.getTarget(e);
```

不使用任何浏览器专用的代码，而使用 evt.getTarget()获取接收事件的元素对象：

下面修改 ch10_example13.html，以使用 evt 对象。

试一试　　**用于所有浏览器的粗略选项卡**

这个例子使用跨浏览器的事件实用工具重写 ch10_example13.html。打开文本浏览器，
输入如下代码，或者复制 ch10_example13.html，修改突显的代码：

```
<!DOCTYPE html>

<html lang="en">
<head>
    <title>Chapter 10: Example 17</title>
    <style>
        .tabStrip {
            background-color: #E4E2D5;
            padding: 3px;
            height: 22px;
        }

        .tabStrip div {
            float: left;
            font: 14px arial;
            cursor: pointer;
        }

        .tabStrip-tab {
            padding: 3px;
        }

        .tabStrip-tab-hover {
            border: 1px solid #316AC5;
            background-color: #C1D2EE;
            padding: 2px;
        }
```

```
    .tabStrip-tab-click {
        border: 1px solid #facc5a;
        background-color: #f9e391;
        padding: 2px;
    }
    </style>
</head>
<body>
    <div class="tabStrip">
        <div data-tab-number="1" class="tabStrip-tab">Tab 1</div>
        <div data-tab-number="2" class="tabStrip-tab">Tab 2</div>
        <div data-tab-number="3" class="tabStrip-tab">Tab 3</div>
    </div>
    <div id="descContainer"></div>

    <script src="event-utility.js"></script>
    <script>
        function handleEvent(e) {
            var target = evt.getTarget(e);

            switch (e.type) {
                case "mouseover":
                    if (target.className == "tabStrip-tab") {
                        target.className = "tabStrip-tab-hover";
                    }
                    break;
                case "mouseout":
                    if (target.className == "tabStrip-tab-hover") {
                        target.className = "tabStrip-tab";
                    }
                    break;
                case "click":
                    if (target.className == "tabStrip-tab-hover") {
                        target.className = "tabStrip-tab-click";
                        var num = target.getAttribute("data-tab-number");

                        showDescription(num);
                    }
                    break;
            }
        }

        function showDescription(num) {
            var descContainer = document.getElementById("descContainer");

            var text = "Description for Tab " + num;

            descContainer.innerHTML = text;
        }
```

```
            evt.addListener(document, "mouseover", handleEvent);
            evt.addListener(document, "mouseout", handleEvent);
            evt.addListener(document, "click", handleEvent);
        </script>
    </body>
</html>
```

这个文件保存为 ch10_example17.html，在多个浏览器中打开，其工作过程与示例 13 完全相同。

代码大都没有改变，这个新版本仅修改了 5 行代码。与前两个示例一样，也需要包含带有 evt 对象的文件：

```
<script src="event-utility.js"></script>
```

接着使用 evt 对象的 addListener()方法，在 document 对象上注册 click、mouseover 和 mouseout 事件的事件监听器：

```
evt.addListener(document, "mouseover", handleEvent);
evt.addListener(document, "mouseout", handleEvent);
evt.addListener(document, "click", handleEvent);
```

最后，修改 handleEvent()函数的第一行：

```
function handleEvent(e) {
    var target = evt.getTarget(e);
```

不直接使用标准或旧 IE 的 target 和 srcElement 属性，而使用 evt.getTarget()获取接受事件的元素对象。

每一年，跨浏览器 JavaScript 的重要性都会降低，因为旧 IE 逐渐失去市场份额。IE8 目前是最流行的旧 IE 版本，使用该浏览器的人数在减少。是否需要支持旧 IE，取决于目标受众，我们只能确定是否需要为支持它而付出努力。

前面几节有许多重复，但理解事件及其工作方式在 JavaScript 开发中至关重要。我们编写的许多代码都用于响应页面中发生的事件。

另外，浏览器实现新功能时，会添加更多的事件，例如，新的 HTML5 拖放 API。

10.6　内置拖放操作

在网页上拖放对象是 JavaScript 开发的圣杯，我们一直使用的系统、计算机/设备的操作系统总是提供这个功能。

但是，在 Web 开发中，真正的拖放操作很难实现，尽管有些 JavaScript 库接近了该目标。它们允许在网页上拖放元素，但受到浏览器功能的限制，有的浏览器没有该功能。与从操作系统中拖放的对象交互是不可能的。

但 HTML5 改变了这一切。有了 HTML5 的拖放 API，支持 HTML5 的浏览器就可以在网页中使用真正的拖放功能。不仅可以通过拖放操作，在页面上移动元素，API 还允许拖放操作系统的对象，例如可以把文件拖放到页面上。

> 注意：内置的拖放操作仅得到 IE10+、Chrome、Firefox、Opera 和 Safari 的支持。

10.6.1　使内容可以拖动

HTML5 很容易创建可拖动的内容。只需要给元素添加 draggable 属性，把它设置为 true，就告诉浏览器，该元素可用于拖放：

```
<div draggable="true">Draggable Content</div>
```

在大多数浏览器中，图片、链接和所选的文本都默认为可拖动。图 10-4 显示在 Chrome 中拖动所选的文本。

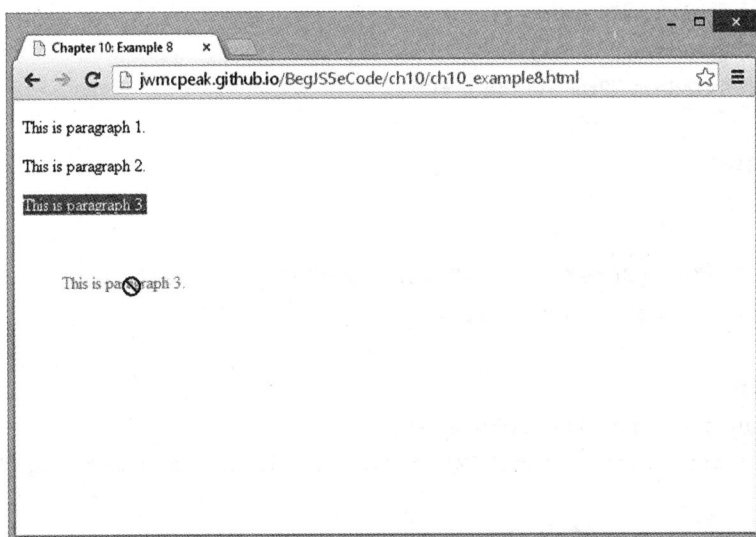

图　10-4

3 个事件与拖动的源(即被拖动的元素)相关。表 10-5 列出了它们。

表 10-5　拖动源事件

拖动源事件	说　明
dragstart	开始拖动时在元素上触发。从文件系统中拖动一个对象时，不会触发该事件
drag	拖动对象的过程中一直触发
dragend	拖动操作结束时触发，无论是否释放了该对象。从文件系统中拖动一个对象时，不会触发该事件

要执行拖放操作，唯一需要监听的事件是 dragstart，但这并不意味着 drag 和 dragend 事件没有用。它们可用于添加额外的功能，或提供可视化线索，以提高用户的体验。

10.6.2 创建释放目标

如果拖动对象，就需要一个地方来放置它，即释放目标。没有特定的属性或 HTML 表示某元素是释放目标，而可以在用作释放目标的元素上监听一个或多个事件。

其中一个是 dragenter 事件，拖动对象时，该事件在鼠标指针进入目标时触发。例如：

```
<!DOCTYPE html>

<html lang="en">
<head>
    <title>Chapter 10: Example 18</title>
    <style>
        .drop-zone {
            width: 300px;
            padding: 20px;
            border: 2px dashed #000;
        }
    </style>
</head>
<body>
    <div id="dropZone" class="drop-zone">Drop Zone!</div>
    <div id="dropStatus"></div>

    <script>
        function handleDragEnter(e) {
            dropStatus.innerHTML = "You're dragging something!";
        }

        var dropZone = document.getElementById("dropZone");
        var dropStatus = document.getElementById("dropStatus");

        dropZone.addEventListener("dragenter", handleDragEnter);
    </script>
</body>
</html>
```

这个文件保存为 ch10_example18.html，打开，结果如图 10-5 所示。

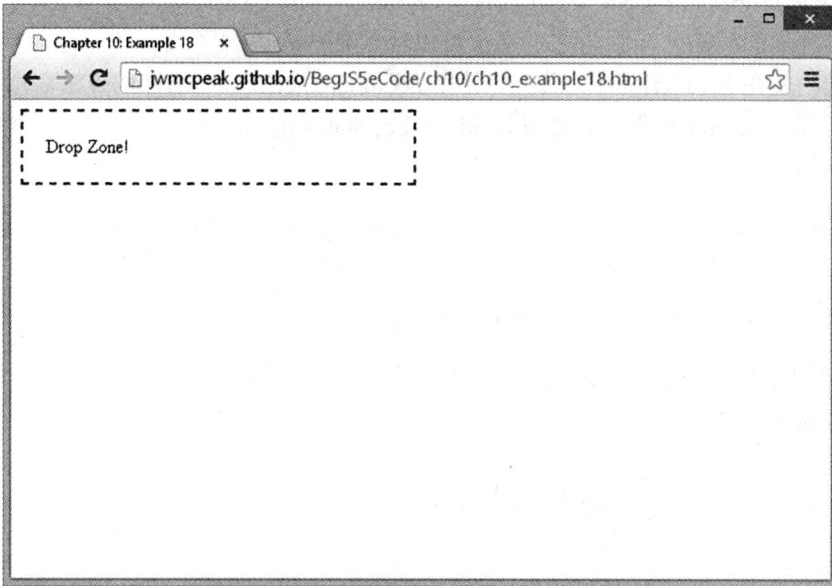

图　10-5

可以把任何内容释放到目标上，可以是所选的文本、计算机上的一个文件等。鼠标指针进入目标时，会看到文本 You're dragging something!出现在页面上。图 10-6 显示了被拖放的文本位于 Chrome 的释放区域中。

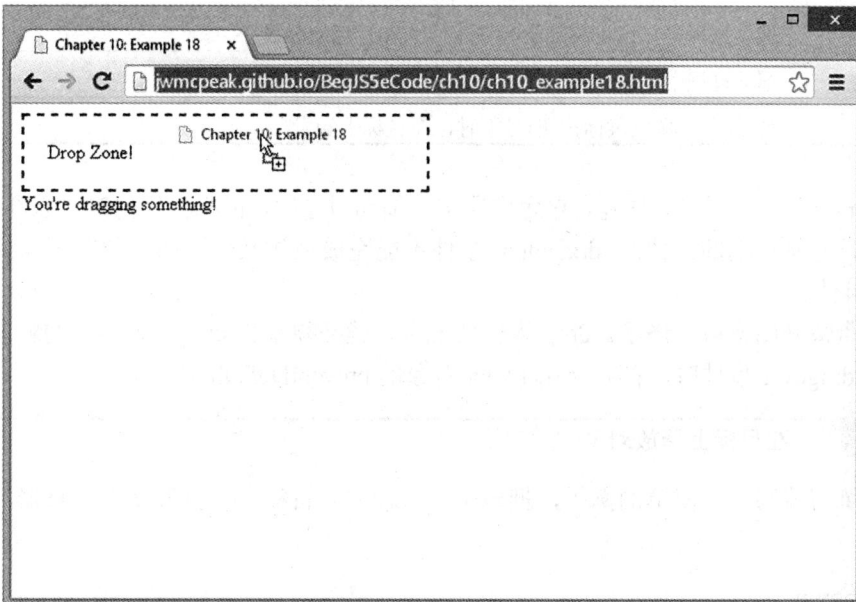

图　10-6

在这个页面中，<div/>元素用作释放区域：

```
<div id="dropZone" class="drop-zone">Drop Zone!</div>
```

295

它的 id 是 dropZone，CSS 类型是 drop‐zone。从功能的角度来看，CSS 并不重要，但它提高了可视化的简洁度，因为它定义了可以释放某些内容的区域。

重要的内容在 JavaScript 中。首先，使用 document.getElementById()方法获取释放目标元素，监听其 dragenter 事件。还要获取 id 为 dropStatus 的<div/>元素，使用它在拖动过程中显示状态消息：

```
var dropZone = document.getElementById("dropZone");
var dropStatus = document.getElementById("dropStatus");

dropZone.addEventListener("dragenter", handleDragEnter);
```

这个事件仅在拖动某个内容、且鼠标指针进入目标时，才触发。此时，执行 handleDragEnter()函数：

```
function handleDragEnter(e) {
    dropStatus.innerHTML = "You're dragging something!";
}
```

这个简单的函数把状态元素的内容改为 You're dragging something!。dragenter 事件是可以在目标元素上监听的 4 个事件之一。表 10-6 列出了这些事件。

<p align="center">表 10-6　拖动源事件</p>

拖动源事件	说　明
dragenter	拖动过程中，鼠标第一次移入目标元素时触发
dragover	拖动过程中，鼠标移动到元素上时，在目标上触发
dragleave	拖动过程中，鼠标离开目标时，在目标上触发
drop	释放(用户释放鼠标按钮)对象时，在目标上触发

dragenter 事件很重要，毕竟，它允许确定在拖动对象时，鼠标指针何时进入释放区域。但实际上，它是可选的。使用 dragenter 事件不能完成拖放操作，而必须监听释放区域的 dragover 事件。

现在事情开始变得古怪了。drop 事件要触发，就必须禁止 dragover 事件的触发。所以每次监听 dragover 事件时，都要调用 Event 对象的 preventDefault()。

试一试　　**在目标上释放对象**

这个练习编写一个简单的例子，把一个元素拖放到目标上。打开文本编辑器，输入如下代码：

```
<!DOCTYPE html>

<html lang="en">
<head>
    <title>Chapter 10: Example 19</title>
    <style>
```

```
    .box {
        width: 100px;
        height: 100px;
    }

    .red {
        background-color: red;
    }

    .drop-zone {
        width: 300px;
        padding: 20px;
        border: 2px dashed #000;
    }
    </style>
</head>
<body>
    <div draggable="true" class="box red"></div>
    <div id="dropZone" class="drop-zone">Drop Zone!</div>
    <div id="dropStatus"></div>

    <script>
        function dragDropHandler(e) {
            e.preventDefault();

            if (e.type == "dragover") {
                dropStatus.innerHTML = "You're dragging over the drop zone!";
            } else {
                dropStatus.innerHTML = "You dropped something!";
            }
        }

        var dropZone = document.getElementById("dropZone");
        var dropStatus = document.getElementById("dropStatus");

        dropZone.addEventListener("dragover", dragDropHandler);
        dropZone.addEventListener("drop", dragDropHandler);
    </script>
</body>
</html>
```

这个文件保存为 ch10_example19.html，打开，网页应如图 10-7 所示。

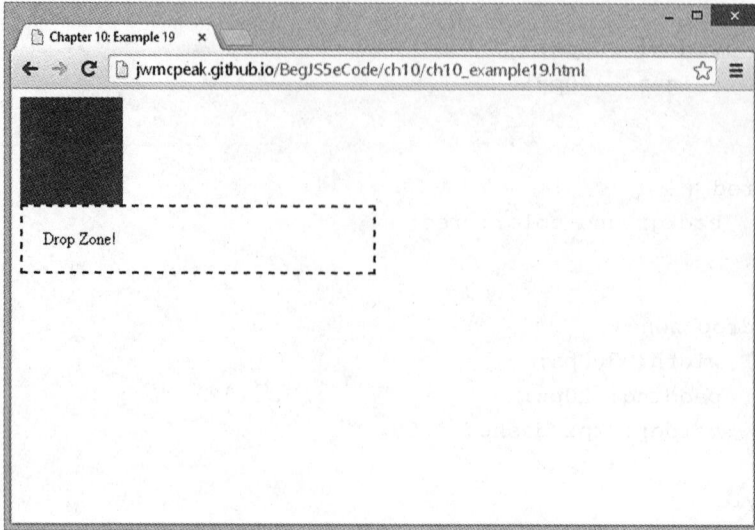

图　10-7

把红框拖到目标元素上,状态元素的文本就改为 You're dragging over the drop zone!。把元素放在释放区域,状态文本就改为 You dropped something!。

但有一个例外:Firefox 不允许拖动红框,但允许放置来自其他源的对象(例如文本、文件系统上的文件等)。后面会解释原因。

这个示例的 CSS 定义了 3 个类,前面提到了 drop-zone 类,而 box 和 red 类非常简单:

```
.box {
    width: 100px;
    height: 100px;
}
.red {
    background-color: red;
}
```

box 类把元素的 width 和 height 属性设置为 100 像素,red 给元素指定红色的背景色。这些都是随机值,只是给可拖动的元素提供一些可视性。

接着是 HTML。在这个 HTML 文档中,唯一的新元素是可拖动的<div/>元素:

```
<div draggable="true" class="box red"></div>
```

为了使之可拖动,把 draggable 属性设置为 true,应用 CSS 类 box 和 red 可简化拖放操作。

但与示例 18 一样,好东西在 JavaScript 中。首先,给 dropZone 的 dragover 和 drop 事件注册监听器:

```
dropZone.addEventListener("dragover", dragDropHandler);
dropZone.addEventListener("drop", dragDropHandler);
```

下面看看 dragDropHandler()函数。第一行调用 Event 对象的 preventDefault()方法:

```
function dragDropHandler(e) {
    e.preventDefault();
```

这很重要，有两个原因。首先，dragover 的默认行为必须禁止，才能触发 drop 事件(这很重要)。

其次，释放对象时，浏览器会执行一些操作。换言之，drop 事件有一个默认行为，但具体执行的操作取决于浏览器和释放的对象。下面是一些示例：

- 对于文件或图片，大多数浏览器都尝试打开它们。
- 释放 URL 可能使浏览器导航到该 URL。
- 在 Firefox 中，释放元素会使浏览器导航到元素的 id 属性值上。

因此，在大多数情况下，要禁止 drop 事件的默认行为。

禁止默认行为后，dragDropHandler()函数就根据事件的类型改变 dropStatus 元素的内容：

```
if (e.type == "dragover") {
    dropStatus.innerHTML = "You're dragging over the drop zone!";
} else {
    dropStatus.innerHTML = "You dropped something!";
}
}
```

对于 dragover 事件，它仅说明当前拖动到目标元素上，否则，函数就知道用户释放了某个内容，并发出通知。

可惜，内置的拖放操作在所有现代浏览器中的行为并不完全相同。drop 事件在前述部分浏览器中的默认行为仅是 JavaScript 开发人员必须考虑的一个问题。

示例 19 不能在 Firefox 中工作。JavaScript 开发人员可以处理不一致的实现，但 Firefox 的拖放实现方式无论正确与否，在这方面都有一定的意义。拖动红色框时，并没有告诉浏览器要传输什么内容。

10.6.3 传输数据

拖放操作就是传递数据。例如，把一个文件从文件系统的一个文件夹拖放到另一个文件夹时，就是在这两个文件夹之间传递数据(文件)。文本从一个应用程序拖放到另一个应用程序时，就是在两个应用程序之间传递文本数据。

在浏览器中拖放操作采用类似的概念。开始拖动时，需要告诉浏览器我们打算传递什么数据，释放对象时，需要指定如何把数据从源传递到目的地。

拖放规范定义了 DataTransfer 对象，用于存储在拖放操作中被拖动的数据。使用 Event 对象的 dataTransfer 属性可以访问这个对象。在 dragstart 事件处理程序中用 DataTransfer 对象的 setData()方法设置数据，在 drop 事件处理程序中使用 getData()方法读取数据。

为了使示例 19 在 Firefox 中工作，需要处理 dragstart 事件，使用 DataTransfer 对象的 setData()方法。下面添加了必要的代码：

```
<!DOCTYPE html>

<html lang="en">
<head>
    <title>Chapter 10: Example 20</title>
    <style>
        .box {
            width: 100px;
            height: 100px;
        }

        .red {
            background-color: red;
        }

        .drop-zone {
            width: 300px;
            padding: 20px;
            border: 2px dashed #000;
        }
    </style>
</head>
<body>
    <div draggable="true" class="box red"></div>
    <div id="dropZone" class="drop-zone">Drop Zone!</div>
    <div id="dropStatus"></div>

    <script>
        function dragStartHandler(e) {
            e.dataTransfer.setData("text", "Drag and Drop!");
        }

        function dragDropHandler(e) {
            e.preventDefault();

            if (e.type == "dragover") {
                dropStatus.innerHTML = "You're dragging over the " +
                                "drop zone!";
            } else {
                dropStatus.innerHTML = e.dataTransfer.getData("text");
            }
        }

        var dragBox = document.querySelector("[draggable]");
        var dropZone = document.getElementById("dropZone");
        var dropStatus = document.getElementById("dropStatus");

        dragBox.addEventListener("dragstart", dragStartHandler);
        dropZone.addEventListener("dragover", dragDropHandler);
        dropZone.addEventListener("drop", dragDropHandler);
```

```
    </script>
</body>
</html>
```

这个文件保存为 ch10_example20.html，在 Firefox 中打开它。现在把红框拖到目标上，它的行为在所有浏览器(包括 Firefox)中都类似于 ch10_example19.html。

下面仅关注新代码行。首先，使用 document.querySelector()，传递"[draggable]"属性选择器，在 dragBox 变量中存储可拖动的框：

```
    var dragBox = document.querySelector("[draggable]");
```

接着为 dragBox 对象的 dragstart 事件注册事件监听器：

```
    dragBox.addEventListener("dragstart", dragStartHandler);
```

在 dragBox 对象上开始拖动操作时，执行 dragStartHandler()函数。这个函数使用 DataTransfer 对象的 setData()方法，为拖放操作存储数据：

```
    function dragStartHandler(e) {
        e.dataTransfer.setData("text", "Drag and Drop!");
    }
```

setData()函数带两个参数：要存储的数据类型和实际的数据。所有浏览器都支持的唯一数据类型是"text"和"url"，因此，这个函数存储文本数据 Drag and Drop!。

> 注意：大多数浏览器都支持其他数据类型，例如 MIME 类型(例如 text/plain、text/html 等)，但 IE10 和 IE11 仅支持 text 和 url。

最后一个新的/修改过的代码行在 dragDropHandler()函数中。在触发 drop 事件时，不在状态元素中显示随机字符串值，而是使用 getData()方法从 dataTransfer 对象中获取数据。

```
    dropStatus.innerHTML = e.dataTransfer.getData("text");
```

getData()方法只带一个参数：调用 setData()时使用的数据类型。因此，这段代码获取 Drag and Drop!的值，把它用作状态元素的内部 HTML。

试一试　完整的拖放操作

这个例子将应用内置拖放功能，编写一个页面，在两个释放目标之间拖放元素。
打开文本编辑器，输入如下代码：

```
<!DOCTYPE html>

<html lang="en">
<head>
    <title>Chapter 10: Example 21</title>
    <style>
        [data-drop-target] {
```

```
            height: 400px;
            width: 200px;
            margin: 2px;
            background-color: gainsboro;
            float: left;
        }

        .drag-enter {
            border: 2px dashed #000;
        }

        .box {
            width: 200px;
            height: 200px;
        }

        .navy {
            background-color: navy;
        }

        .red {
            background-color: red;
        }
    </style>
</head>
<body>
    <div data-drop-target="true">
        <div id="box1" draggable="true" class="box navy"></div>
        <div id="box2" draggable="true" class="box red"></div>
    </div>
    <div data-drop-target="true"></div>

    <script>
        function handleDragStart(e) {
            e.dataTransfer.setData("text", this.id);
        }

        function handleDragEnterLeave(e) {
            if (e.type == "dragenter") {
                this.className = "drag-enter";
            } else {
                this.className = "";
            }
        }

        function handleOverDrop(e) {
            e.preventDefault();
            if (e.type != "drop") {
                return;
            }
```

```
        var draggedId = e.dataTransfer.getData("text");
        var draggedEl = document.getElementById(draggedId);

        if (draggedEl.parentNode == this) {
            return;
        }
        draggedEl.parentNode.removeChild(draggedEl);
        this.appendChild(draggedEl);
        this.className = "";
    }
    var draggable = document.querySelectorAll("[draggable]");
    var targets = document.querySelectorAll("[data-drop-target]");

    for (var i = 0; i < draggable.length; i++) {
        draggable[i].addEventListener("dragstart", handleDragStart);
    }

    for (i = 0; i < targets.length; i++) {
        targets[i].addEventListener("dragover", handleOverDrop);
        targets[i].addEventListener("drop", handleOverDrop);
        targets[i].addEventListener("dragenter", handleDragEnterLeave);
        targets[i].addEventListener("dragleave", handleDragEnterLeave);
    }
</script>
</body>
</html>
```

这个文件保存为 ch10_example21.html，在现代浏览器中打开，显示的页面包含两列。在左边，蓝框位于红框的上部，右边是一个纯灰色矩形，如图 10-8 所示。

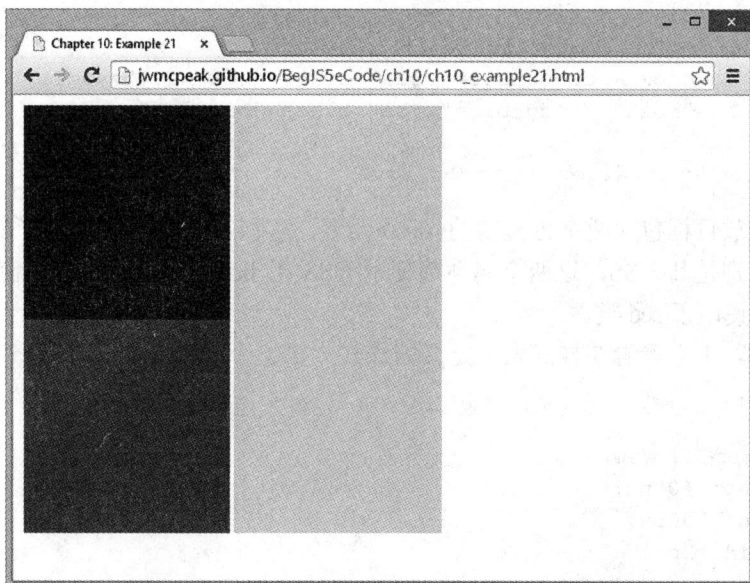

图　10-8

灰色区域是释放目标,蓝框和红框是可拖动的对象。把蓝框拖动到空的释放目标上,目标周围会显示一个虚线边框,如图 10-9 所示。

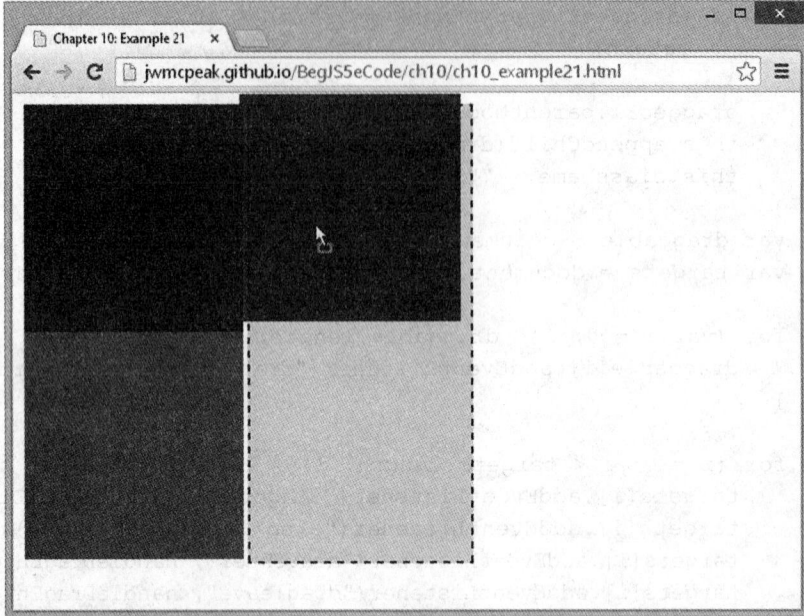

图 10-9

把蓝框释放到该目标上,它就从左边的目标移动到右边。现在在两个释放目标之间拖动方框,看看完整的效果。

下面看看 HTML。这个例子中的释放目标是 data-drop-target 属性设置为 true 的元素。该例子包含两个释放目标,很容易添加更多的释放目标:

```html
<div data-drop-target="true">
    <div id="box1" draggable="true" class="box navy"></div>
    <div id="box2" draggable="true" class="box red"></div>
</div>
<div data-drop-target="true"></div>
```

第一个释放目标包含两个可拖动的<div/>元素,它们都有 id 属性。除了其 id 值之外,它们唯一的区别是其 CSS,这两个属性都使用 CSS 类 box,但其中一个还使用了 CSS 类 navy,另一个使用了 red 类。

提到 CSS,下面看看在样式表中定义的样式。第一个规则适用于有 data-drop-target 属性的所有元素:

```css
[data-drop-target] {
    height: 400px;
    width: 200px;
    margin: 2px;
    background-color: gainsboro;
    float: left;
}
```

　　height 和 width 设置为可同时容纳两个可拖动的方框。两个像素的页边距在释放目标元素之间提供了足够的空间，在视觉上很容易分开它们。背景色使它们很容易与页面的背景区分开，它们也悬停在左边。

　　下一个规则也适用于释放目标：

```
.drag-enter {
    border: 2px dashed #000;
}
```

　　drag-enter 类用作可视化线索。把对象拖动到释放目标元素上时，这个 drag-enter 类就应用于该元素。这对于完成拖放操作是不必要的，但可以提高用户的体验。

　　最后一组 CSS 规则用于可拖动的元素：

```
.box {
    width: 200px;
    height: 200px;
}

.navy {
    background-color: navy;
}

.red {
    background-color: red;
}
```

　　每个可拖动的元素都使用 box 类设置其高度和宽度。navy、red 和 box 类一起使用，给元素分别指定深蓝色或红色背景。

　　与 JavaScript 一样，也是先获取两组元素——可拖动的元素和释放目标元素：

```
var draggable = document.querySelectorAll("[draggable]");
var targets = document.querySelectorAll("[data-drop-target]");
```

　　所以使用 document.querySelectorAll()方法，用各自的[draggable]和[data-drop-target] CSS 选择器获取两组元素，把它们赋予 draggable 和 targets 变量。

　　接着，在 draggable 元素上注册 dragstart 事件监听器：

```
for (var i = 0; i < draggable.length; i++) {
    draggable[i].addEventListener("dragstart", handleDragStart);
}
```

　　使用 for 循环，迭代 draggable 集合，在每个可拖动的对象上调用 addEventListener()方法，把 dragstart 传递为事件，handleDragStart()函数对象传递为处理程序。

　　接着在目标元素上使用类似的过程：

```
for (i = 0; i < targets.length; i++) {
    targets[i].addEventListener("dragover", handleOverDrop);
    targets[i].addEventListener("drop", handleOverDrop);
    targets[i].addEventListener("dragenter", handleDragEnterLeave);
```

```
targets[i].addEventListener("dragleave", handleDragEnterLeave);
}
```

使用另一个 for 循环，迭代 targets 集合，为 dragover、drop、dragenter 和 dragleave 事件注册事件处理程序。使用两个函数处理这 4 个事件：handleOverDrop()函数处理 dragover 和 drop 事件，handleDragEnterLeave()处理 dragenter 和 dragleave 事件。

第一个函数 handleDragStart()只包含一行代码：

```
function handleDragStart(e) {
    e.dataTransfer.setData("text", this.id);
}
```

其作用很简单：存储可拖动元素的 id。注意在 this.id 中使用的 this。注册事件监听器时，处理函数在触发了事件的元素对象内部执行。在本例中，dragstart 事件在一个可拖动元素上触发；所以 this 引用该元素。换言之，this 就是 e.target。

下一个函数是 handleDragEnterLeave()，如前所述，它在释放目标上触发 dragenter 和 dragleave 事件时执行。

```
function handleDragEnterLeave(e) {
    if (e.type == "dragenter") {
        this.className = "drag-enter";
    } else {
        this.className = "";
    }
}
```

这个函数的第一行检查所发生事件的类型。如果事件是 dragenter，释放目标元素的 CSS 类就设置为 drag-enter(注意使用了 this，而不是 e.target——输入会方便得多)。如果事件不是 dragenter，元素的 CSS 类就设置为空字符串，因此删除 drag-enter 类。

最后一个函数 handleOverDrop()实现了拖放操作。它处理 dragover 和 drop 事件，因此应禁止执行默认操作。于是，该函数的第一行调用 e.preventDefault()：

```
function handleOverDrop(e) {
    e.preventDefault();
```

这就是处理 dragover 事件所需要的所有代码。如果事件不是 drop，函数就退出：

```
    if (e.type != "drop") {
        return;
    }
```

如果事件是 drop，函数就继续从 DataTransfer 对象中获取可拖动元素的 id：

```
    var draggedId = e.dataTransfer.getData("text");
    var draggedEl = document.getElementById(draggedId);
```

使用这个 id,通过 document.getElementById()获取可拖动元素的对象,存储在 draggedEl 变量中。

释放一个可拖动的方框时，有两个选项：可以把它释放到当前的目标上，也可以把它释放在另一个目标上。如果放在当前位置上，就只需要重置目标的 CSS 类，这很容易检查，只要使用元素的 parentNode 属性：

```
if (draggedEl.parentNode == this) {
    this.className = "";
    return;
}
```

如果被拖动元素的父节点是目标释放区域，就把 className 属性设置为空字符串，使用 return 语句退出函数。否则，就把被拖动元素的节点从旧的父节点/释放目标移动到新的父节点/释放目标：

```
draggedEl.parentNode.removeChild(draggedEl);

this.appendChild(draggedEl);
```

可以看出，这是一个简单的过程。要从当前的父节点中删除可拖动的元素，应获取其 parentNode，调用 removeChild()方法。removeChild()方法不删除节点，仅删除元素，这样就可以把它添加到 DOM 的另一个节点上。

把被拖动元素从一个释放目标移动到另一个释放目标后，拖放操作就完成了，把释放目标元素的 CSS 类设置为空字符串：

```
this.className = "";
```

这就重置了释放目标，让用户清晰地看到拖放操作完成了。

网页是一个交互式环境。用户忙着单击、输入、拖放和其他操作。同样，事件对 web 开发人员而言非常重要。事件不仅是我们响应和与用户交互的方式，事件还允许在页面中发生特定的事情时执行代码。后面的章节将介绍这方面的示例，并使用事件响应对象的操作，而不是用户的操作。

10.7　小结

本章讨论了许多内容，但读者现在应掌握了如何在浏览器中使用和处理 web 中当前使用的事件，甚至知道标准 DOM 事件模型和旧 IE 事件模型的区别，编写了一个事件实用工具，大大简化了跨浏览器 JavaScript 的编写。

本章的要点如下：

- HTML 元素有事件、方法和属性。在 JavaScript 中使用事件处理程序处理这些事件，事件连接到代码上，这些代码在事件发生时执行。可使用的事件取决于当前处理的对象。
- 使用元素的 on 属性，可以把函数连接到元素的事件处理程序上。这么做会混合 HTML 和 JavaScript，在大多数情况下，应避免使用这种方法。

- 使用对象的 on 属性可以处理事件，这个方法比 HTML 属性更好，但仍有自己的问题。
- 标准 DOM 事件模型得到所有现代浏览器的支持，提供了把代码连接到事件上的最佳方式。
- 学习了标准的 Event 对象，它提供了所发生事件的大量信息，包括事件的类型，和接收事件的元素。
- 学习了旧 IE 的专用事件模型，如何用 attachEvent()连接事件，如何访问旧 IE 的 event 对象。
- 标准 DOM 事件模型和旧 IE 事件模型有一些区别。我们学习了关键区别，编写了一个简单的跨浏览器事件实用工具。
- 一些事件有在事件触发时执行的默认操作，使用标准 Event 对象的 preventDefault()方法，和旧 IE 的 returnValue 属性，可以禁止执行这些操作。
- 现代浏览器支持内置的拖放操作，可以编写代码，利用这个新功能。
- 在一些情况下，例如对于 document 对象，把事件处理程序连接到代码上的第二种方式是必不可少的。把对象中与事件处理程序同名的属性设置为自定义函数，会得到相同的效果，就好像把事件处理程序用作属性一样。
- 在一些情况下，从事件函数返回的值允许取消与事件相关的操作。例如，要禁止单击一个链接就跳到一个页面上的操作，可以从事件处理程序的代码中返回 false。

这就是本章的内容。下一章将介绍表单脚本，可以给页面添加各种控件，帮助收集用户的信息。

10.8 习题

习题答案在附录 A 中。

1. 给事件实用对象添加一个方法 isOldIE()，它返回一个布尔值，表示浏览器是否是旧 IE。

2. 示例 15 展示了标准兼容浏览器和旧 IE 之间的某些不一致的行为。事件处理程序的执行顺序与旧 IE 相反。修改这个例子，使用新的 isOldIE()方法，以便为旧 IE 和标准兼容浏览器编写专用的代码(提示：addListener()方法要调用 4 次)。

3. 示例 17 编写了跨浏览器的选项卡，但注意，它的行为很古怪。基本理念是成立的，但单击另一个选项卡时，以前的选项卡仍是活动的。修改脚本，让选项卡一次只有一个是活动的。

HTML 表单：与用户交互

本章主要内容

- 给文本、密码、文本区和隐藏的表单控件编写脚本
- 为选择、复选框、单选按钮表单控件编写代码
- 使用 JavaScript 与新的 HTML5 表单控件交互

本章源代码下载(wrox.com)：

打开 http://www.wiley.com/go/BeginningJavaScript5E，单击 Download Code 选项卡即可下载本章源代码。你也可以在 http://beginningjs.com 上查看所有的代码示例和相关的文件。

如果网页不能与用户交互，或者不能获取用户的信息，如文本、数字或日期，这样的网页就无聊至极！幸运的是，JavaScript 提供了这些功能。我们可以在网页上使用这些信息，或者将它们传送给 Web 服务器，在服务器中对数据进行处理，如有必要，还可以将数据保存到数据库中。本章重点介绍如何在 Web 浏览器中使用这些信息，这称为"客户端处理"。

我们习惯于使用各种用户界面元素。例如，每个操作系统都有大量的标准元素，如按钮、列表、下拉列表框、单选按钮和复选框。这些元素是用户与应用程序交互的方式。在网页中也可以包含许多这类元素，而且非常简单。在页面上使用了某个元素，如按钮时，还可以将代码连接到该元素的事件。例如，单击按钮时，可以触发一个自定义的 JavaScript 函数。

所有用于交互操作的 HTML 元素都应放在 HTML 表单中。下面先讨论 HTML 表单，以及在 JavaScript 中如何与表单交互。

11.1　HTML 表单

通常情况下，表单提供了一种把 HTML 交互元素组合起来的方式。例如，表单包含的

元素允许用户输入在网站上注册的数据，另一个表单包含的元素允许用户查询汽车的保险报价。一个页面可以包含多个独立的表单。我们不必关心页面是否包含多个表单，除非要向 Web 服务器提交信息——注意，一次只能提交页面中一个表单的信息。

要创建表单，可使用<form>和</form>标记来声明表单的开始和结束位置。<form/>元素包含很多属性，如 action 属性可确定把表单提交到什么地方；method 属性可确定如何提交信息；target 属性可确定将表单的响应加载到哪个框架上。

客户端脚本编程通常不需要给服务器提交信息，所以不需要上述属性。现在，在<form/>元素中唯一要设置的属性是 name，以便引用表单。

要创建空表单，需要的标记如下所示：

```
<form name="myForm">
</form>
```

这些标记创建了一个 HtmlFormElement 对象，用来访问这个表单。访问这个对象有两种方法：

第一，可以直接使用名称(本例是 document.myForm)访问该对象。也可以通过 document 对象的 forms 集合属性来访问这个对象。注意，第 8 章讨论了 document 对象的 images 集合，可以像使用其他数组那样操作该集合。这也适用于 forms 集合，只不过集合中的每个元素不是包含 HtmlImageElement 对象，而是包含 HtmlFormElement(简称为 Form)对象。例如，如果这是页面上的第一个表单，则可以使用 document.forms[0]来引用它。

> 注意：当然，也可以使用 document.getElementById()和 document.query-Selector()方法访问表单。

<form/>元素的许多属性都可以作为 HtmlFormElement 对象的属性访问。特别是，该对象的 name 属性镜像<form/>元素的 name 属性。

试一试　　forms 集合

下面的例子使用 forms 集合依次访问 3 个 Form 对象，并在消息框中显示其 name 属性值。打开文本编辑器，输入如下代码：

```
<!DOCTYPE html>

<html lang="en">
<head>
    <title>Chapter 11: Example 1</title>
</head>
<body>
    <form action="" name="form1">
        <p>
            This is inside form1.
        </p>
    </form>
```

```
<form action="" name="form2">
    <p>
        This is inside form2
    </p>
</form>
<form action="" name="form3">
    <p>
        This is inside form3
    </p>
</form>
<script>
    var numberForms = document.forms.length;
    for (var index = 0; index < numberForms; index++) {
        alert(document.forms[index].name);
    }
</script>
</body>
</html>
```

保存为 ch11_example1.html。在浏览器中加载该页面时，警告框会显示第一个表单的名称。单击 OK 按钮，就显示下一个表单的名称，第三次单击 OK 按钮，会显示第 3 个和最后一个表单的名称。

在页面体中定义了三个表单。每个表单都指定了名称，并包含了一段文本。

在 JavaScript 代码中迭代 forms 集合。与其他任意 JavaScript 数组类似，forms 集合有 length 属性，可用于确定需要循环的次数。实际上，表单的数量是已知的，因此可以直接写出该次数。但是，这个示例使用了 length 属性，是因为这样便于给集合添加元素，而无须修改代码。推广这种编码方法是应遵循的一个最佳实践。

该代码首先确定 forms 数组中 Form 对象的数量，并将其保存在变量 numberForms 中。

```
var numberForms = document.forms.length;
```

接着定义了 for 循环。

```
for (var formIndex = 0; formIndex < numberForms; formIndex++) {
    alert(document.forms[formIndex].name);
}
```

数组的索引从 0 开始，因此循环应需要从 0 到 numberForms-1。将变量 index 初始化为 0，把 for 循环的条件设置为 index < numberForms。

在 for 循环的代码中，把表单的索引 index 传给 document.forms[]，以获得 forms 集合中该索引对应的 Form 对象。要访问 Form 对象的 name 属性，可以加上句点和属性名 name。

11.2　传统 Form 对象的属性和方法

HTML 表单中的常用控件(稍后详细介绍)也有对应的对象。访问这些对象的一种方式

是使用 Form 对象的 elements 属性，elements 属性也是集合，它包含表单中对应于 HTML
交互元素的所有对象，除了很少用到的<input type="image"/>元素之外。如后面所述，这个
属性非常适用于遍历表单中的每个元素。例如，在提交表单之前，可以遍历每个元素，以
便检查它们是否包含有效的数据。

Form 对象的 elements 属性是一个集合，因此它也有 length 属性，用于确定表单中的元
素数量。Form 对象也有 length 属性，它也用以提供表单中的元素个数。这两个属性是等效
的，使用哪一个都可以。但 myForm.length 比 myForm.elements.length 短，输入的字符少，
代码也更简短。

将表单中的数据提交给服务器时，通常会用到 Submit 按钮(稍后介绍)。Form 对象也有
submit()方法，它的作用与 Submit 按钮类似。

> 注意：使用 submit()方法提交表单时，不会触发 Form 对象的 submit 事件，
> 也不会调用 submit 事件监听器。

第 10 章介绍过，可以决定事件的正常操作是继续执行还是取消。例如，如果在超链
接的 click 事件处理程序中调用 preventDefault()，就取消该链接的导航操作。这个原则也适
用于 Form 对象的 submit 事件。用户提交表单时，将触发该事件。调用 preventDefault()，
则取消提交操作。因此，submit 事件处理程序的代码非常适用于进行表单验证——即检查
用户在表单中输入的数据是否有效。例如，假如要求用户输入年龄，但用户输入了 mind your
own business，就可以发现这是文本，而不是有效的数字，并禁止用户继续操作。

另一个常见的控件是本章后面介绍的 Reset 按钮。Form 对象也有 reset()方法，该方法
将清空表单，或者还原默认值(如果有)。

创建空表单似乎没有什么意义，下面讨论在表单中提供交互功能的 HTML 元素。

11.2.1 表单中的 HTML 元素

<form/>元素中大约有 10 个常见元素。图 11-1～图 11-4 按类型显示了最常见的元素。
图中给出了每个类型名称，并在圆括号中给出了创建它所需的 HTML，注意这不是完整的
HTML，而只是其中的一部分。新的 HTML5 表单控件没有列出，本章后面会介绍它们。

可以看出，大部分表单元素都通过<input/>元素创建。<input/>元素的一个属性是 type，
该属性决定了<input/>元素创建哪种表单元素。这个属性的值可以是 button(创建按钮)和
text(创建文本框)。

网页中的每个表单元素都可用作对象。与其他对象类似，每个元素的对象都有各自的
属性、方法和事件。接下来将依次介绍每个表单元素，以及如何使用它的属性、方法和事
件。但在此之前，先讨论表单元素对象共有的属性和方法。

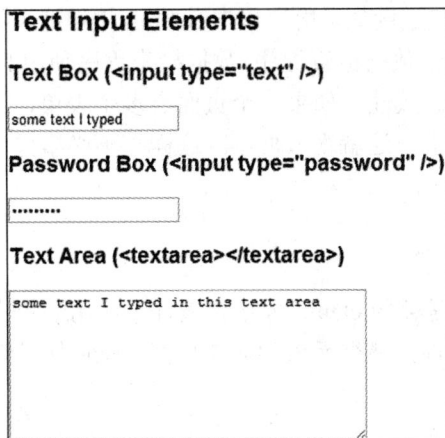

图　11-1

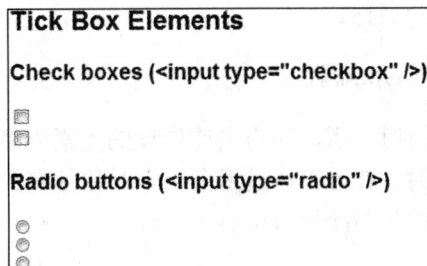

图　11-2

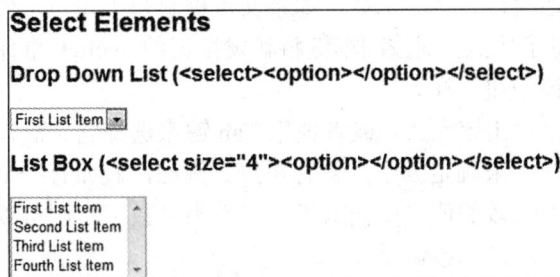

图　11-3

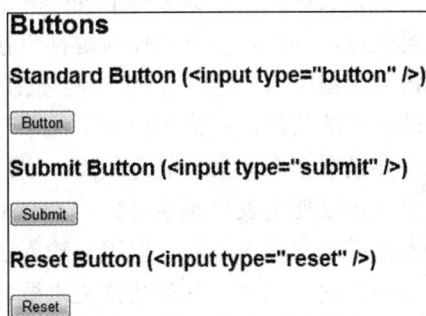

图　11-4

11.2.2　共有的属性和方法

大多数表单元素都是通过<input/>元素创建的,所以所有的表单元素都共享几个属性和方法。下面介绍其中的几个。

1. name 属性

所有表单元素的对象都有 name 属性。在脚本中,可以使用这个属性的值来引用元素。另外,如果把表单中的信息提交给服务器,元素的 name 属性将与表单元素的值一起发送,以告知服务器该值与哪个元素相关。

2. value 属性

大多数表单元素对象都有 value 属性,它返回元素的值。例如,文本框的 value 属性返回用户在文本框中输入的文本。另外,设置 value 属性的值可以把文本放在文本框中。但是,每个元素的 value 属性的用法都是特定的,所以应根据每个元素确定该属性的含义。

3. form 属性

所有表单元素对象都有 form 属性,它返回包含当前元素的 Form 对象。用通用的例程

313

检查表单中数据的有效性时，就可以使用这个属性。例如，用户单击 Submit 按钮时，可以把 Submit 按钮的 form 属性引用的 Form 对象传送给数据检查程序，数据检查程序使用 Form 对象遍历表单中的每个元素，检查元素中数据的有效性。如果一个页面有多个表单，或者将通用的数据检查程序剪切并粘贴到不同的页面上，这就很方便——这样，不必事先知道表单的名称。

4. type 属性

有时，需要知道当前处理的元素类型，特别是使用 elements 集合属性来遍历表单中的元素时，就可以通过每个元素对象都有的 type 属性，获得元素的对象信息。type 属性返回元素的类型(例如 button 或 text)。

5. focus()和 blur()方法

所有表单元素对象都有 focus()和 blur()方法。焦点(focus)是一个新概念。如果一个元素获得焦点，则用户按下的任何键都直接传递给该元素。例如，如果文本框获得了焦点，就在该文本框中输入值。另外，如果按钮获得了焦点，则按回车键将触发按钮的 onclick 事件处理程序的代码，就像用户用鼠标单击了该按钮一样。

要设置哪个元素当前有焦点，用户可以单击该元素，或者使用 Tab 键来选择它。而程序员也可以使用表单元素对象的 focus()方法，来确定哪个元素有焦点。例如，假如有一个文本框供用户输入年龄，但用户输入了一个无效的值，如输入了字母而不是数字，则可以提示用户输入无效，并返回该文本框，以便用户修改错误。

Blur(最好称为失去焦点(lost focus))与 focus 相反。如果要把用户的焦点从某个表单元素上移出，则可以使用 blur()方法。在某个表单元素上使用该方法时，该方法通常会把焦点转移到包含该表单的页面上。

除了 focus()和 blur()方法以外，所有的表单元素对象还有 onfocus 和 onblur 事件处理程序。根据用户的操作或 focus()和 blur()方法，当元素获得或失去焦点时，将触发这两个事件处理程序。onblur 事件处理程序非常适于检查刚失去焦点的元素数据的有效性。如果数据无效，就可以将焦点设置回该元素，并提示用户输入数据错误的原因。

> 注意：submit()方法的执行方式与 focus()和 blur()不同，因为 submit()方法不会触发 submit 事件。

在 focus 或 blur 事件监听器代码中使用 focus()和 blur()方法时，要格外小心，以免出现死循环。例如，考虑两个元素，它们的 focus 事件把焦点传送给另一个元素。如果一个元素获得了焦点，其 focus 事件就把焦点传送给第二个元素，第二个元素的 focus 事件又把焦点传送回第一个元素，唯一的退出方式是关闭浏览器。用户可不希望出现这种情况。

如果某字段或其他字段依赖于用户输入，则使用 focus()和 blur()方法把焦点设置回有问题的字段时也要小心。例如，假定有两个文本框，一个文本框要求用户输入城市，另一个文本框要求用户输入州。再假定要检查州文本框的输入，以确保指定的城市在该州中。

如果州不包含该城市，就把焦点设置回州文本框，以便用户修改州名。但是，如果用户输入的城市是错误的，而州是正确的，就不能返回城市文本框，改正错误了。

11.2.3　按钮元素

下面从标准的按钮元素开始，因为按钮最常用，且相当简单。创建按钮的 HTML 元素是<input/>。例如，要创建显示 Click Me 的按钮 myButton，<input/>元素应如下所示：

```
<input type="button" name="myButton" value="Click Me" />
```

type 属性设置为 button，value 属性设置为要在按钮上显示的文本。可以关闭 value 属性，但这样会得到一个无文本的按钮，用户只能猜测该按钮的用途。

这个元素创建了一个关联的 HTMLInputElement 对象(实际上，所有的<input/>元素都会创建 HTMLInputElement 对象)，在本例中是 myButton 对象。这个对象拥有前面介绍的所有公共属性和方法，包括 value 属性。这个属性允许使用 JavaScript 改变按钮上的文本，但常常不需要这么做。真正需要关注的是按钮的 click 事件。

连接按钮的 click 事件的方式，与连接其他元素的 click 事件一样。只需要定义一个要在单击按钮时执行的函数(如 buttonClick())，再使用 addEventListener()方法注册 click 事件监听器。

试一试　　计算按钮的单击次数

下面的示例使用前面介绍的方法，记录按钮的单击频率。

```
<!DOCTYPE html>

<html lang="en">
<head>
    <title>Chapter 11: Example 2</title>
</head>
<body>
    <form action="" name="form1">
        <input type="button" name="myButton" value="Button clicked 0 times" />
    </form>

    <script>
        var myButton = document.form1.myButton;
        var numberOfClicks = 0;

        function myButtonClick() {
            numberOfClicks++;
            myButton.value = "Button clicked " + numberOfClicks + " times";
        }

        myButton.addEventListener("click", myButtonClick);
    </script>
</body>
```

```
</html>
```

将这个页面保存为 ch11_example2.html。如果在浏览器中加载这个页面，将看到按钮上的文本显示为"Button clicked 0 times"。如果重复单击该按钮，按钮上的文本就会显示按钮的单击次数。

脚本块首先定义了两个全局变量 myButton 和 numberOfClicks。myButton 包含对<input/>元素对象的引用，在 numberOfClicks 中记录按钮的单击次数，并使用该信息更新按钮上的文本。

脚本块中的另一段代码是 myButtonClick()函数的定义。这个函数处理<input/>元素的 click 事件：

```
myButton.addEventListener("click", myButtonClick);
```

这个元素是按钮元素 myButton，包含在表单 form1 中：

```
<form action="" name="form1">
    <input type="button" name="myButton" value="Button clicked 0 times" />
</form>
```

下面详细分析 myButtonClick()函数。首先该函数给 numberOfClicks 变量的值加 1。

```
function myButtonClick() {
    numberOfClicks++;
```

接着使用 Button 对象的 value 属性更新按钮上的文本：

```
    myButton.value = "Button clicked " + numberOfClicks + " times";
}
```

本例的函数专用于这个表单和按钮，而不是可用于其他情况的通用函数。因此，本例的代码直接使用 myButton 变量引用按钮。

试一试　　mouseup 和 mousedown 事件

Button 对象支持两个不常用的事件，即 mousedown 事件和 mouseup 事件。下面的例子演示了这两个事件的用法：

```
<!DOCTYPE html>

<html lang="en">
<head>
    <title>Chapter 11: Example 3</title>
</head>
<body>
    <form action="" name="form1">
        <input type="button" name="myButton" value="Mouse goes up" />
    </form>
```

```
    <script>
        var myButton = document.form1.myButton;

        function myButtonMouseup() {
            myButton.value = "Mouse Goes Up";
        }

        function myButtonMousedown() {
            myButton.value = "Mouse Goes Down";
        }

        myButton.addEventListener("mousedown", myButtonMousedown);
        myButton.addEventListener("mouseup", myButtonMouseup);
    </script>
</body>
</html>
```

将这个页面保存为 ch11_example3.html，并加载到浏览器中。如果用鼠标左键单击按钮并按住不放，按钮上的文本就变为 Mouse Goes Down。只要释放鼠标左键，该文本就变为 Mouse Goes Up。

在页面正文中，在 form1 表单中定义了一个 myButton 按钮：

```
<form action="" name="form1">
    <input type="button" name="myButton" value="Mouse goes up" />
</form>
```

JavaScript 代码从文档中获取这个 Button 对象，存储在 myButton 变量中，再为 mouseup 和 mousedown 事件注册事件监听器。

myButtonMouseup()和 myButtonMousedown()函数分别处理这些事件。每个函数仅包含一行代码，该代码使用 Button 对象的 value 属性改变按钮上显示的文本。

注意，仅在鼠标指针位于当前元素上时才触发 mouseup 和 mousedown 事件。例如，如果单击并按住鼠标左键移过按钮，再在按钮的外部释放鼠标左键，就不会触发 mouseup 事件，按钮上的文本也不会改变。此时会触发 document 对象的 mouseup 事件(假定给它连接了代码)。

与其他的表单元素对象一样，Button 对象也有 focus 和 blur 事件，但它们在按钮的上下文中很少使用。

另外两个按钮类型是 Submit 和 Reset。这两种按钮的定义与标准按钮类似，但<input>标记的 type 属性设置为 submit 或 reset，而不是 button。例如，下面的代码创建了如图 11-4 所示的 Submit 和 Reset 按钮：

```
<input type="submit" value="Submit" name="submit1" />
<input type="reset" value="Reset" name="reset1" />
```

这两个按钮有特定的用途，且不需要编写脚本。

单击 Submit 按钮时，按钮所在表单中的数据将自动提交给服务器，无须编写任何脚本。

单击 Reset 按钮时，会清空按钮所在表单中的所有元素，并重置为其默认值(即页面首次加载时的元素值)。

Submit 和 Reset 按钮有对应的 Submit 和 Reset 对象，它们的属性、方法和事件与标准 Button 对象相同。

11.2.4　文本元素

标准的文本元素允许用户输入单行文本。这些信息可以用在 JavaScript 代码中，也可以提交给服务器，以便在服务器端进行处理。

1. 文本框

与按钮一样，文本框也用<input/>元素创建，但 type 属性要设置为 text。也可以选择不包含 value 属性，但如果包含它，这个值就会在页面加载时显示在文本框中。

在下面的例子中，<input/>元素有另外两个属性 size 和 maxlength。size 属性确定文本框的字符宽度，maxlength 确定用户在文本框中可以输入的最大字符数。这两个属性都是可选的，都使用由浏览器确定的默认值。

例如，要创建一个 10 字符宽、最长 15 个字符、初始值为 Hello World 的文本框，可以使用如下所示的<input/>元素：

```
<input type="text" name="myTextBox" size="10" maxlength="15" value="Hello
World" />
```

这个元素创建的 Text 对象有一个 value 属性，可用于在脚本中设置或读取文本框中的文本。除了前面讨论的共有属性和方法之外，Text 对象还有 select()方法，它可以选择或加亮文本框中的所有文本。如果用户输入了无效的值，就可以把焦点设置到文本框上，并选择其中的文本。这会把用户的光标放在修改数据的正确位置上，并使用户非常清楚地了解无效的数据在哪里。Text 对象的 value 属性总是返回字符串数据类型，即使输入了数字字符，也是如此。如果把该属性值用作数字，JavaScript 一般会自动把它从字符串类型转换为数字类型，但并不总是进行转换。例如，如果所执行的操作对字符串而言是有效的，JavaScript 就不执行转换。如果表单上有两个文本框，要把它们返回的值相加，JavaScript 就会连接这两个值，而不是相加，所以 1 加 1 得到 11，而不是 2。要修正这个错误，需要使用 parseInt()、parseFloat()或 Number()把这两个值转换为数字。但如果对两个值相减，这是仅对数字有效的操作，JavaScript 就会认为，这是只能对数字进行的操作，所以把值转换为数字类型。因此 1 减 1 得 0，而无须使用 parseInt()或 parseFloat()。这是一个很难查找的错误，所以最好养成显式转换数据类型的习惯，以免以后出问题。

除了共有的事件，如 focus 和 blur 外，Text 对象还有 change、select、keydown、keypress 和 keyup 事件。

用户选择文本框中的文本时，将触发 select 事件。

最有用的是 change 事件，当且仅当文本框失去焦点时的值不同于它获得焦点时的值，才触发该事件。因此，该事件可以仅在文本框的值发生了变化时才检查其有效性。

使用<input/>元素的 readonly 属性或 Text 对象的 readOnly 属性，可以防止修改文本框的内容。

```
<input type="text" name="txtReadonly" value="Look but don't change"
  readonly="readonly">
```

顾名思义，用户按一个键时，触发 keypress 事件；用户按下键时，触发 keydown 事件，按下的键被释放时，触发 keyup 事件。

试一试　　**包含验证功能的简单表单**

下面的例子综合运用了按钮和文本框。这个例子有一个简单的表单，它包含两个文本框和一个按钮。第一个文本框供用户输入名字，第二个文本框输入年龄。然后进行多项有效性检查。当年龄文本框失去焦点时，检查年龄是否有效。但是，单击按钮时，仅检查名字和年龄文本框是否为空。这个例子不能在 Firefox 中正常运行，稍后讨论。

```
<!DOCTYPE html>

<html lang="en">
<head>
    <title>Chapter 11: Example 4</title>
</head>
<body>
    <form action="" name="form1">
        Please enter the following details:
        <p>
            Name:
            <input type="text" name="txtName" />
        </p>
        <p>
            Age:
            <input type="text" name="txtAge" size="3" maxlength="3" />
        </p>
        <p>
            <input type="button" value="Check details" name="btnCheckForm">
        </p>
    </form>

    <script>
        var myForm = document.form1;

        function btnCheckFormClick(e) {
            var txtName = myForm.txtName;
            var txtAge = myForm.txtAge;

            if (txtAge.value == "" || txtName.value == "") {
```

```
        alert("Please complete all of the form");

        if (txtName.value == "") {
            txtName.focus();
        } else {
            txtAge.focus();
        }
    } else {
        alert("Thanks for completing the form " + txtName.value);
    }
}

function txtAgeBlur(e) {
    var target = e.target;

    if (isNaN(target.value)) {
        alert("Please enter a valid age");
        target.focus();
        target.select();
    }
}

function txtNameChange(e) {
    alert("Hi " + e.target.value);
}

myForm.txtName.addEventListener("change", txtNameChange);
myForm.txtAge.addEventListener("blur", txtAgeBlur);
myForm.btnCheckForm.addEventListener("click", btnCheckFormClick);
    </script>
</body>
</html>
```

输入上面的文本后，保存为 ch11_example4.html。在 Web 浏览器中加载该文件。

在如图 11-5 所示的文本框中，输入名字。退出该文本框时，窗口底部的状态栏会显示 Hi yourname。

在年龄文本框中输入一个无效的值，如 aaaa，尝试退出该文本框，代码将提示出错，并返回该文本框，以改正错误。

最后，单击 Check Details 按钮，检查两个文本框是否输入了值。如果其中一个为空，就显示一条消息，提示完成这个表单的填写，并返回输入为空的文本框。

如果正确填写了两个文本框，则显示一条感谢消息，如图 11-5 所示。

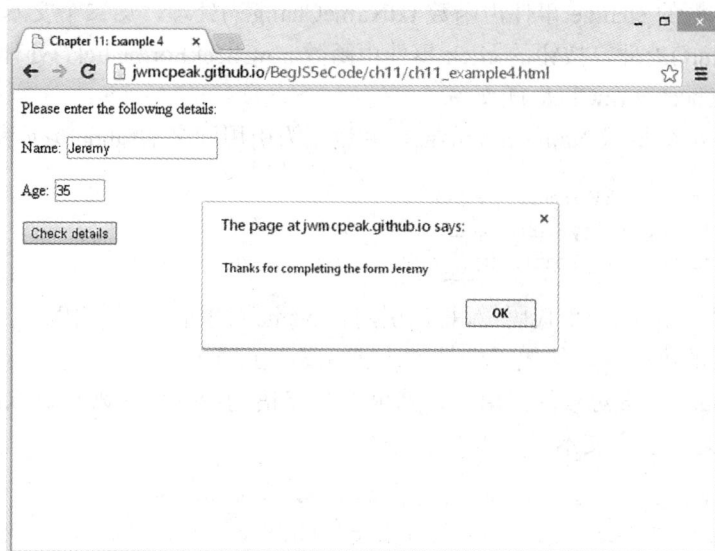

图 11-5

在页面正文中，创建了定义 form1 表单的 HTML 元素。在这个表单中，创建了三个表单元素 txtName、txtAge 和 btnCheckForm。

```
<form action="" name="form1">
    Please enter the following details:
    <p>
        Name:
        <input type="text" name="txtName" />
    </p>
    <p>
        Age:
        <input type="text" name="txtAge" size="3" maxlength="3" />
    </p>
    <p>
        <input type="button" value="Check details"
                name="btnCheckForm">
    </p>
</form>
```

对于第二个文本框 txtAge，在<input/>元素中包含了 size 和 maxlength 属性。size 属性设置为 3，以提示用户在年龄文本框中能输入的位数；将 maxlength 属性设置为 3，以确保用户不会输入过大的年龄值。

在这些元素上注册各个事件的监听器：

```
var myForm = document.form1;

myForm.txtName.addEventListener("change", txtNameChange);
myForm.txtAge.addEventListener("blur", txtAgeBlur);
myForm.btnCheckForm.addEventListener("click", btnCheckFormClick);
```

第一个文本框的 change 事件由函数 txtNameChange()处理，第二个文本框的 blur 事件由函数 txtAgeBlur()处理，按钮的 click 事件由函数 btnCheckFormClick()处理。下面依次讨论它们，从 btnCheckFormClick()开始。

首先定义两个变量 txtName 和 txtAge，并设置为引用同名的<input/>元素：

```
function btnCheckFormClick(e) {
    var txtName = myForm.txtName;
    var txtAge = myForm.txtAge;
```

这些变量很方便,减少了代码量,每次引用 txtName 对象时,无须输入 myForm.txtName。所以提高了代码的可读性，使代码更易于调试，减少了输入量。

获得了<input/>元素对象的引用后，就可以在 if 语句中使用它来检查 txtAge 文本框或 txtName 文本框是否包含文本。

```
    if (txtAge.value == "" || txtName.value == "") {
        alert("Please complete all of the form");

        if (txtName.value == "") {
            txtName.focus();
        } else {
            txtAge.focus();
        }
    }
```

如果未填全表单，就警告用户。接下来在内层的 if 语句中，检查哪个文本框未填写，并把焦点设置回未填写的文本框。这样，用户就可以直接开始填写它，而无须自己把焦点移动到该文本框上。这也告诉用户，程序要求填写哪个文本框。为了避免使用户感到疑惑，确保用页面上的文本指出哪些字段是必填的。

如果外层的 if 语句发现表单已填全，就向用户显示一条感谢消息。

```
    else {
        alert("Thanks for completing the form " + txtName.value);
    }
}
```

在这种情况下，常常是将表单提交给服务器，而不是显示一条感谢消息。为此，可以使用 Form 对象的 submit()方法，或者使用标准的 Submit 按钮。

第二个函数是 txtAgeBlur()，它处理 txtAge 文本框的 blur 事件。这个函数的作用是检查用户在年龄文本框中输入的字符串是否由数字字符组成：

```
function txtAgeBlur(e) {
    var target = e.target;
```

该函数的开头获取事件的目标(txtAge 文本框)，并存储在 target 变量中。可以使用 myForm.txtAge 引用相同的 txtAge 文本框,但使用 Event 对象的 target 属性更好。txtAgeBlur() 函数仅处理接受 blur 事件的元素。使用 Event 对象的 target 属性，可以建立一个不依赖任何外部变量，如 myForm，的通用函数，输入量也更少。

接下来的 if 语句检查 txtAge 文本框中的输入能否转换为数值。为此使用了 isNaN()函数。如果 txtAge 文本框中的值不能转换为数值，则提示用户输入无效，并使用 focus()方法将焦点设置回该文本框。另外，这次使用 Text 对象的 select()方法来加亮文本。这样用户将很清楚需要修改什么地方，并且用户可以改正错误，而无须先删除文本。

```
if (isNaN(target.value)) {
    alert("Please enter a valid age");
    target.focus();
    target.select();
    }
}
```

可以进一步检查文本框中的数值是否确实是有效年龄——例如，191 或 255 都不是有效年龄。为此，只需要添加另一个 if 语句进行检查。

这个函数处理 txtAge 文本框的 blur 事件，为什么不使用 change 事件？因为 change 事件仅在文本框的值发生了改变时，才复查该值。而在文本框获得焦点之前和失去焦点之后，如果文本框为空，change 事件就不会触发。但最好在提交表单之前检查表单是否填全，因为某些用户可能不按顺序填写表单。

最后一个函数用于 txtName 文本框的 change 事件，它仅用于演示 change 事件。

```
function txtNameChange(e) {
    alert("Hi " + e.target.value);
}
```

当焦点移出名字文本框，且其内容有了改变时，将触发 change 事件。这时，提取事件目标(还是使用 target 属性)的值，并放在警告框中，显示"Hi yourname"。

2. Firefox 和 blur 事件的问题

如果上面的例子在 Firefox 中运行，在名字文本框中输入名字，在年龄文本框中输入一个无效的年龄，如 abc，然后单击 Check Form 按钮，该示例就会失败。在其他浏览器中，如果年龄无效，会触发 blur 事件，并显示一个警告框，但按钮的 click 事件不会触发。但是在 Firefox 中，这两个事件都会触发，导致年龄无效警告框被"感谢完成表单"警告框遮住。

另外，如果输入一个无效的年龄，然后切换到另一个程序，"年龄无效"警告框将会显示出来，这会让用户感到迷惑。用户可能会在另一个程序中了解详情。

尽管这是一个很好的例子，但并不能用于实际。一个较好的选项是在最后提交表单时检查表单，而不是在用户输入数据时检查。也可以在用户输入数据时检查，但不使用警告框显示错误。而是在输入错误的控件旁显示红色警告，以提示用户输入无效。然后代码在提交表单时检查数据。

3. 密码文本框

使用密码框的唯一目的就是用户在页面上输入密码时，隐藏输入的密码字符，以防别人窥探到用户的密码。但是，这种保护仅仅是做个样子。发送给服务器时，密码中的文本以明文发送——没有加密或隐藏文本(除非页面通过与服务器的安全连接来传送)。

密码框的定义与文本框相同,只是 type 属性要设置为 password。

```
<input name="password1" type="password" />
```

这个表单元素创建一个<input/>元素对象,其属性、方法和事件与 Text 对象相同。

4. 隐藏文本框

隐藏文本框可以像普通文本框那样保存文本和数字,不同之处在于隐藏文本框对用户来说是不可见的。隐藏的元素?听起来与不可见的图画一样,但实际上却非常有用。

要定义一个隐藏文本框,可以使用如下 HTML:

```
<input type="hidden" name="myHiddenElement" />
```

隐藏文本框会创建一个<input/>元素对象。与其他任何对象一样,可以在 JavaScript 中操作它。但只能在其 HTML 定义中或通过 JavaScript 设置隐藏文本框的值。与一般的文本框一样,用户提交表单时,隐藏文本框的值会提交给服务器。

隐藏文本框有什么作用呢?假如需要从用户处获得很多信息,但是为了避免页面充斥着各种元素,看起来像是航天飞机的控制面板,应通过多个页面来获取信息。问题在于,如何保存前面页面中输入的内容?很简单——只需要将这些信息保存在隐藏文本框中。接着,在最终页面上,将所有信息提交给服务器——其中的一些信息是隐藏的。

11.2.5　textarea 元素

<textarea/>元素允许输入多行文本。除此之外,它与文本框元素非常类似。

但与文本框不同,<textarea/>元素有自己的标记<textarea>,创建的是 HTMLTextAreaElement 对象。它另有两个属性:cols 和 rows。cols 属性定义了文本区域的字符宽度;rows 属性定义了文本区域的字符行数。设置该元素中的文本时,应将文本放在开闭标记之间,而不是使用 value 属性。所以,如果需要一个<textarea/>元素,其宽度为 40个字符、高度为 20 行,第一行为 Hello World,第二行为 Line 2,可定义为如下代码:

```
<textarea name="myTextArea" cols="40" rows="20">Hello World
Line 2
</textarea>
```

<textarea/>元素的另一个属性是 wrap,它确定了用户输入到行末时如何处理。其默认值是 soft,所以用户在行末处不需要按下回车键,但这因浏览器而异。要打开自动换行功能,可以使用 soft 或 hard 这两个值。对于客户端处理而言,这两个值的作用相同:打开自动换行功能。但在进行服务器端处理时,这两个值的区别是:提交表单时传送给服务器的信息不同。

如果 wrap 属性设置为 soft,就打开自动换行功能,客户端会进行自动换行,但回车符不会传送给服务器,而只传送文本。如果 wrap 属性设置为 hard,则由自动换行产生的所有回车符都转换为硬回车符,就好像用户按下了回车键一样,这些回车符也会发送给服务

器。另外要注意，回车符由运行浏览器的操作系统确定，例如，Windows 上的回车符是\r\n，UNIX、类似 UNIX 的系统和 Mac OS X 上的回车符是\n。要关闭客户端的自动换行功能，可把 wrap 设置为 off。

> 注意：\n 是通用的换行符。如果格式化原始的文本输出，需要一个换行符，\n 可用于所有操作系统上的所有浏览器。

<textarea/>元素创建的 textarea 对象与前面介绍的 text 对象拥有相同的属性、方法和事件。但是，文本区域没有 maxlength 属性。注意，虽然<textarea/>元素没有 value 属性，但是 textarea 对象有 value 属性，它仅返回<textarea>和</textarea>标记之间的文本。<textarea/>元素对象支持的事件包括 keydown、keypress、keyup 和 change 事件处理程序。

试一试　　事件观察

为了演示 keydown、keypress、keyup 和 change 事件的工作过程，特别是这些事件的触发顺序，下面创建一个例子来了解触发的事件。

```
<!DOCTYPE html>

<html lang="en">
<head>
    <title>Chapter 11: Example 5</title>
</head>
<body>
    <form action="" name="form1">
        <textarea rows="15" cols="40" name="textarea1"></textarea>

        <textarea rows="15" cols="40" name="textarea2"></textarea>
        <br />
        <input type="button" value="Clear event textarea" name="button1" />
    </form>

    <script>
        var myForm = document.form1;
        var textArea1 = myForm.textarea1;
        var textArea2 = myForm.textarea2;
        var btnClear = myForm.button1;

        function displayEvent(e) {
            var message = textArea2.value;
            message = message + e.type + "\n";
            textArea2.value = message;
        }

        function clearEventLog(e) {
            textArea2.value = "";
```

```
        }

        textArea1.addEventListener("change", displayEvent);
        textArea1.addEventListener("keydown", displayEvent);
        textArea1.addEventListener("keypress", displayEvent);
        textArea1.addEventListener("keyup", displayEvent);
        btnClear.addEventListener("click", clearEventLog);
    </script>
</body>
</html>
```

将这个页面保存为 ch11_example5.html。在浏览器中加载该页面，并在第一个文本区域框中输入任意字符，观察页面的变化。在第二个文本区域框中会列出触发的事件(keydown、keypress 和 keyup)，如图 11-6 所示。单击第一个文本区域框的外部，会触发 change 事件。

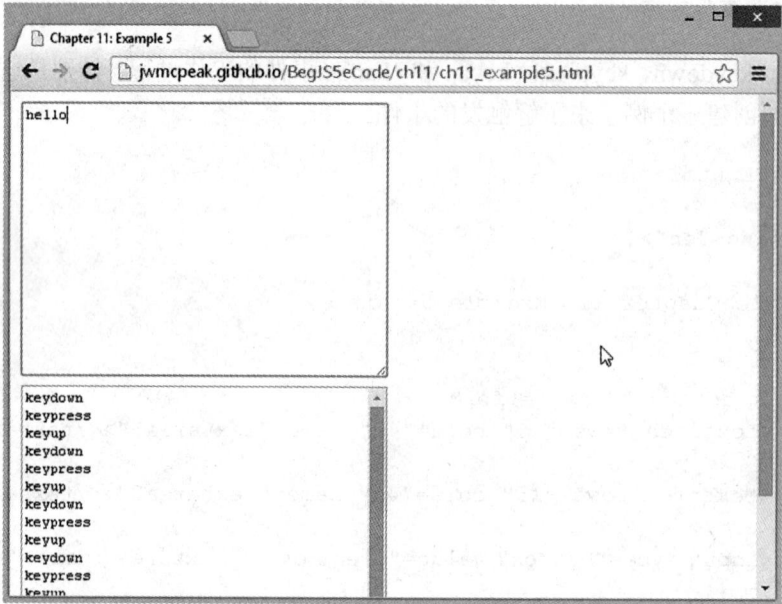

图   11-6

通过该例子来观察触发了什么事件和事件的触发时间。

在页面正文的 form1 表单中，定义了两个文本区域和一个按钮。我们将监视第一个文本区域的事件。

```
<form action="" name="form1">
    <textarea rows="15" cols="40" name="textarea1"></textarea>
```

接下来的空文本区域与第一个文本区域大小相同。

```
    <textarea rows="15" cols="40" name="textarea2"></textarea>
```

最后是按钮元素：

```
       <input type="button" value="Clear event textarea" name="button1" />
</form>
```

在 JavaScript 代码中给 textarea1 和 button1 元素注册事件监听器。但首先需要从文档中获取这些元素对象。为此使用表单层次结构：

```
var myForm = document.form1;
var textArea1 = myForm.textarea1;
var textArea2 = myForm.textarea2;
var btnClear = myForm.button1;
```

首先创建 myForm 变量，来包含<form/>元素对象，再使用该变量获取其他表单元素。有了元素对象后，只需要调用 addEventListener()方法注册事件监听器：

```
textArea1.addEventListener("change", displayEvent);
textArea1.addEventListener("keydown", displayEvent);
textArea1.addEventListener("keypress", displayEvent);
textArea1.addEventListener("keyup", displayEvent);
btnClear.addEventListener("click", clearEventLog);
```

在第一个<textarea/>元素 textArea1 上，监听 change、keydown、keypress 和 keyup 事件，displayEvent()函数用作处理程序。对于按钮，使用 clearEventLog()函数监听 click 事件。

clearEventLog()函数最简单，所以先看看它：

```
function clearEventLog(e) {
    textArea2.value = "";
}
```

clearEventLog()的作用是清空第二个<textarea/>元素的内容，为此，把<textarea/>元素的 value 属性设置为空字符串("")。

下面看看 displayEvent()函数。它把触发的事件名追加到第二个文本区域已包含的文本后面。

```
function displayEvent(e) {
    var message = textArea2.value;
    message = message + e.type + "\n";
```

首先获得<textarea/>元素的值，存储在 message 变量中。再把事件名和换行符追加到消息中。把每个事件名单独放在一行，会使消息更容易阅读和理解。

最后，把新消息赋予文本区域的 value 属性：

```
    textArea2.value = message;
}
```

11.2.6　复选框和单选按钮

将复选框和单选按钮放在一起讨论，因为它们的对象有相同的属性、方法和事件。复选框允许用户选中它或者取消选中状态。这类似于问卷调查中的"请选择合适的选项"。

单选按钮基本上是一组一次只能选择一项的复选框。当然，它们的外观不同，其分组性质也意味着它们要分别处理。

创建复选框和单选按钮需要我们熟悉的<input/>元素。其 type 属性设置为"checkbox"或"radio"，以确定创建复选框还是单选按钮。要在页面加载时选中某个复选框或单选按钮，只需要在<input>标记中插入属性 checked，并给它赋值 checked。如果要设置默认选项，这种方法就很方便。例如，网页上常见的表单"如果你需要我们的邮件，请选中该复选框"通常是默认选中的，强制用户取消它们。要创建一个已选中的复选框，<input>标记如下所示：

```
<input type="checkbox" name="chkDVD" checked="checked" value="DVD" />
```

要创建一个选中的单选按钮，<input>标记应如下所示：

```
<input type="radio" name="radCPUSpeed" checked="checked" value="1 GHz" />
```

前面提到，单选按钮是分组的元素。实际上，页面上只放置一个单选按钮是没有意义的，因为用户将无法选择其他选项。

要创建一组单选按钮，只需要给每个单选按钮指定相同的 name，这会创建一个使用该名称的单选按钮数组，使用其索引可以访问该数组，就像访问普通的数组那样。

例如，要创建一个包含三个单选按钮的组，可使用如下的 HTML：

```
<input type="radio" name="radCPUSpeed" checked="checked" value="800 mhz" />
<input type="radio" name="radCPUSpeed" value="1 ghz" />
<input type="radio" name="radCPUSpeed" value="1.5 ghz" />
```

可以在表单上放置任意多个单选按钮组，只要为每个组定义唯一的名称即可。注意，一个组中只能使用一个 checked 属性，因为只能选中组中的一个单选按钮。如果在多个单选按钮中使用了 checked 属性，则只有最后一个单选按钮被选中。

复选框和单选按钮元素的 value 属性与前面介绍的元素不同。该属性与用户和元素的交互无关，因为它是在 HTML 或 JavaScript 中预定义的。无论是否选中复选框或单选按钮，它都返回相同的值。

每个复选框都有一个对应的 Checkbox 对象，组中的每个单选按钮都有一个独立的 Radio 对象。如前所述，单选按钮有相同的名称，所以可以访问组中的每个 Radio 对象，方法是把单选按钮组当作数组，该数组名就是组中单选按钮的名称。与数组一样，该数组也有 length 属性，它指定了组中的单选按钮数量。

> **注意**：实际上没有 Checkbox 和 Radio 对象。<input />元素创建的是 HtmlInputElement 类型的对象。但为了简洁起见，本文使用 Checkbox 和 Radio，以便于理解。

为了确定用户是选中了某复选框，还是取消了该复选框，需要使用 Checkbox 对象的 checked 属性。如果复选框当前被选中，该属性就返回 true，否则返回 false。

　　单选按钮则稍有区别。因为同名的单选按钮组合在一起，所以需要依次测试每个 Radio 对象，看看它是否被选中。组中只能选中一个单选按钮，所以如果选中组中的另一个单选按钮，以前选中的单选按钮就会取消选中，新的单选按钮处于选中状态。

　　Checkbox 和 Radio 都有 click、focus 和 blur 事件，它们的操作与其他元素相同，而且它们还可用于取消默认操作，例如单击复选框或单选按钮。

　　给复选框和单选按钮编写脚本常常会自动给代码添加额外的内容——循环，因为处理的是多个几乎相同的元素。下面的例子说明了这一点。

试一试　　**复选框和单选按钮**

　　下面的例子使用了前面讨论的所有属性、方法和事件。这个例子是一个简单的表单，它允许用户建立计算机系统。也许它可以用在电子商务网站中，以便完全根据客户指定的配置来销售计算机。

```html
<!DOCTYPE html>

<html lang="en">
<head>
    <title>Chapter 11: Example 6</title>
</head>
<body>
    <form action="" name="form1">
        <p>
            Tick all of the components you want included on your computer
        </p>
        <p>
            <label for="chkDVD">DVD-ROM</label>
            <input type="checkbox" id="chkDVD" name="chkDVD" value="DVD-ROM" />
        </p>
        <p>
            <label for="chkBluRay">Blu-ray</label>
            <input type="checkbox" id="chkBluRay" name="chkBluRay"
                value="Blu-ray" />
        </p>

        <p>
            Select the processor speed you require
        </p>
        <p>
            <input type="radio" name="radCpuSpeed" checked="checked"
                value="3.2 ghz" />
            <label>3.2 GHz</label>

            <input type="radio" name="radCpuSpeed" value="3.7 ghz" />
            <label>3.7 GHz</label>

            <input type="radio" name="radCpuSpeed" value="4.0 ghz" />
            <label>4.0 GHz</label>
```

```
        </p>

        <input type="button" value="Check form" name="btnCheck" />
    </form>

    <script>
        var myForm = document.form1;

        function getSelectedSpeedValue() {
            var radios = myForm.radCpuSpeed;

            for (var index = 0; index < radios.length; index++) {
                if (radios[index].checked) {
                    return radios[index].value;
                }
            }

            return "";
        }

        function findIndexOfSpeed(radio) {
            var radios = myForm.radCpuSpeed;

            for (var index = 0; index < radios.length; index++) {
                if (radios[index] == radio) {
                    return index;
                }
            }

            return -1;
        }

        function radCpuSpeedClick(e) {
            var radIndex = findIndexOfSpeed(e.target);

            if (radIndex == 1) {
                e.preventDefault();
                alert("Sorry that processor speed is currently unavailable");

                // to fix an issue with IE
                myForm.radCpuSpeed[0].checked = true;
            }
        }

        function btnCheckClick() {
            var numberOfControls = myForm.length;
            var compSpec = "Your chosen processor speed is ";
            compSpec = compSpec + getSelectedSpeedValue();
            compSpec = compSpec + "\nWith the following additional
            components:\n";
```

```
        for (var index = 0; index < numberOfControls; index++) {
            var element = myForm[index];
            if (element.type == "checkbox") {
                if (element.checked) {
                    compSpec = compSpec + element.value + "\n";
                }
            }
        }

        alert(compSpec);
    }

    for (var index = 0; index < myForm.radCpuSpeed.length; index++) {
        myForm.radCpuSpeed[index].addEventListener("click",
        radCpuSpeedClick);
    }

    myForm.btnCheck.addEventListener("click", btnCheckClick);
    </script>
</body>
</html>
```

将该页面保存为 ch11_example6.html，并在 Web 浏览器中加载它。表单如图 11-7 所示。

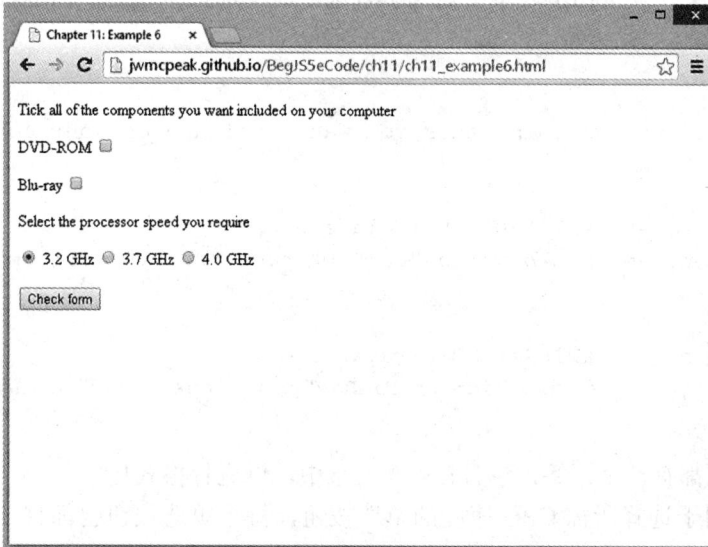

图　11-7

选择一些复选框，修改处理器的速度，然后单击 Check Form 按钮。页面将会弹出一个消息框，其中列出所选的配件和处理器的速度。例如，如果选择了 DVD-ROM、速度为 4.0 GHz 的处理器，则消息框如图 11-8 所示。

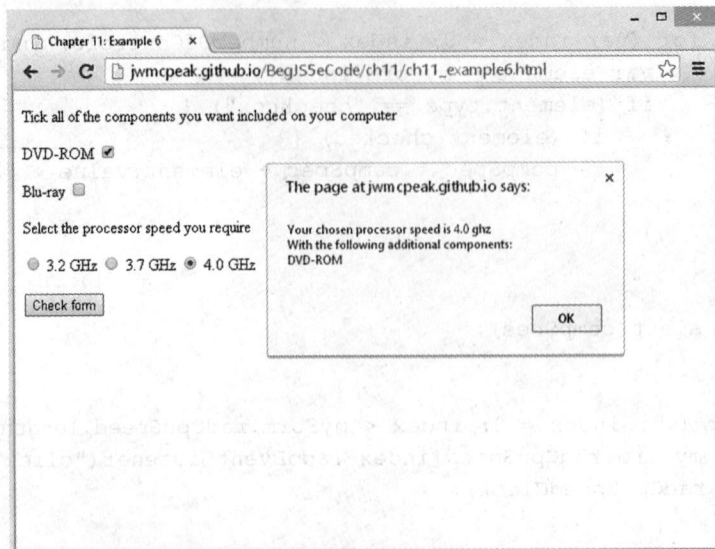

图   11-8

注意，3.7 GHz 的处理器脱销，因此如果尝试选择它，弹出的消息框会说明该处理器脱销，并且 3.7 GHz 处理器的单选按钮将不会选中。用户退出该消息框时，会恢复以前的设置。

在页面正文上，在 form1 表单中定义了复选框、单选按钮和一个标准按钮。首先看看复选框。

```
<p>
    Tick all of the components you want included on your computer
</p>
<p>
    <label for="chkDVD">DVD-ROM</label>
    <input type="checkbox" id="chkDVD" name="chkDVD" value="DVD-ROM" />
</p>
<p>
    <label for="chkBluRay">Blu-ray</label>
    <input type="checkbox" id="chkBluRay" name="chkBluRay" value="Blu-ray" />
</p>
```

每个复选框都有一个标签，包含在<p/>元素中，以进行格式化。

接下来是用于选择所需 CPU 速度的单选按钮，每个单选按钮也都有一个标签，但与复选框不同，这些单选按钮包含在一个<p/>元素中：

```
<p>
Select the processor speed you require
</p>
<p>
    <input type="radio" name="radCpuSpeed" checked="checked"
            value="3.2 ghz" />
    <label>3.2 GHz</label>
```

```
<input type="radio" name="radCpuSpeed" value="3.7 ghz" />
<label>3.7 GHz</label>

<input type="radio" name="radCpuSpeed" value="4.0 ghz" />
<label>4.0 GHz</label>
</p>
```

单选按钮组名称为 radCpuSpeed。其中，默认选中第一个单选按钮，因为在其<input/>元素的定义中包含 checked 属性。最好默认选中一个单选按钮，因为如果没有选中某个单选按钮，用户也没有选择一项，提交表单时就不会为该组提交值。

之后是完成表单的标准按钮：

```
<input type="button" value="Check form" name="btnCheck" />
```

在继续之前，注意为了使 JavaScript 代码更简单，可以使用每个单选按钮和标准按钮上的 onclick 属性。但如第 10 章所述，应尽量避免使用该属性，因为这样会把 HTML 和 JavaScript 代码混合在一起。

使用两个函数 btnCheckClick() 和 radCpuSpeedClick()处理标准按钮和单选按钮的 click 事件。在介绍过这些函数前，首先需要在各自的元素上注册 click 事件监听器。与前面的示例一样，先创建一个变量 myForm，引用文档中的表单：

```
var myForm = document.form1;
```

现在，在单选按钮上注册 click 事件监听器。可惜，没有指定"使用这个函数处理所有单选按钮的 click 事件"的命令。所以必须在每个 Radio 对象上调用 addEventListener()。这不像看上去那么困难，使用 for 循环即可：

```
for (var index = 0; index < myForm.radCpuSpeed.length; index++) {
    myForm.radCpuSpeed[index].addEventListener("click", radCpuSpeedClick);
}
```

这个 for 循环相当简单，但 myForm.radCpuSpeed 略微复杂。这里给 radCpuSpeed 单选按钮组使用集合。集合中的每个元素都包含一个对象，这里有 3 个 Radio 对象。因此，遍历 radCpuSpeed 单选按钮组中的 Radio 对象，获得给定索引的 Radio 对象，调用其 addEventListener()方法。

给表单的标准按钮注册事件监听器：

```
myForm.btnCheck.addEventListener("click", btnCheckClick);
```

现在看看 radCpuSpeedClick()函数，单击单选按钮时会执行该函数。这个函数首先需要在 radCpuSpeed 单选按钮组中找到事件目标的索引：

```
function radCpuSpeedClick(e) {
    var radIndex = findIndexOfSpeed(e.target);
```

为此调用了 findIndexOfSpeed()辅助函数，后面介绍这个函数。这里只需要知道，该函数在 myForm.radCpuSpeed 集合中查找所提供 Radio 对象的索引。

单击单选按钮的默认操作是选中该单选按钮。如果禁止执行默认操作，就不选中单选按钮。为了演示上述情况，下一行使用了 if 语句。如果单选按钮的索引值是 1(即用户选中了 3.7 GHz 的处理器)，就告诉用户该处理器已脱销，调用 Event 对象的 preventDefault()方法，取消单击操作。

```
if (radIndex == 1) {
    e.preventDefault();
    alert("Sorry that processor speed is currently unavailable");
```

如前所述，取消单击操作，就不选中单选按钮。在这种情况下，所有的浏览器(除 IE 之外)会再次选中以前选中的单选按钮。而 IE 会取消单选按钮组中选中的选项。为了更正这个错误，重置单选按钮组：

```
    // to fix an issue with IE
    myForm.radCpuSpeed[0].checked = true;
    }
}
```

再次使用 myForm.radCpuSpeed 集合，获得索引为 0 的 Radio 对象，把其 checked 属性设置为 true。下面看看 findIndexOfSpeed()辅助方法。它把 Radio 对象作为参数接受，搜索 myForm.radCpuSpeed 集合中给定的 Radio 对象。

该函数的第一行创建一个变量 radios，以包含对 myForm.radCpuSpeed 集合的引用。这会简化代码的输入和阅读：

```
function findIndexOfSpeed(radio) {
    var radios = myForm.radCpuSpeed;
```

接着遍历 radios 集合，确定集合中的 Radio 对象是否是 radio 变量中的 Radio 对象：

```
for (var index = 0; index < radios.length; index++) {
    if (radios[index] == radio) {
        return index;
    }
}

return -1;
}
```

如果找到匹配，就返回 index 变量的值。如果循环退出时没有找到匹配，就返回-1。这个操作与 String 对象的 indexOf()方法一致。一致是非常好的！

下一个函数 btnCheckClick()在触发标准按钮的 click 事件时执行。在实际的电子商务中，该按钮将检查表单，并将表单提交给服务器进行处理。这里仅使用该表单显示一个消息框，来确认用户选中的复选框。

首先声明函数中使用的两个本地变量。变量 numberOfControls 设置为表单的 length 属性，即表单中的元素个数。compSpec 变量用于建立要在消息框中显示的字符串。

```
function btnCheckClick() {
```

```
var numberOfControls = myForm.length;
var compSpec = "Your chosen processor speed is ";
```

下面的代码把用户选中的单选按钮值添加到消息字符串中：

```
compSpec = compSpec + findSelectedSpeedValue();
compSpec = compSpec + "\nWith the following additional components:\n";
```

这里使用了另一个辅助函数 getSelectedSpeedValue()。顾名思义，它获取所选 Radio 对象的值。代码在后面讨论。

接下来遍历表单的元素：

```
for (var index = 0; index < numberOfControls; index++) {
    var element = myForm[index];
    if (element.type == "checkbox") {
        if (element.checked) {
            compSpec = compSpec + element.value + "\n";
        }
    }
}

alert(compSpec);
}
```

这段代码使用 myForm[controlIndex] 遍历表单上的每个元素，返回一个对索引为 controlIndex 的元素对象的引用。

在这个示例中，把 element 变量设置为对 form1 集合中索引为 controlIndex 的对象的引用，以便于速记。现在，要使用该对象的属性或方法，只需输入 element、一个句点以及方法或属性名，使代码更便于阅读和调试，输入也更精简。

本例只想看看选中了哪些复选框，所以使用每个 HTML 表单元素对象都有的 type 属性，来确定当前处理的元素是什么类型。如果 type 是 checkbox，就继续检查它是否被选中。如果是，就把其值追加到 compSpec 中的消息字符串末尾。如果不是复选框，就可以安全地忽略它。

最后使用 alert() 方法来显示消息字符串的内容。

最后一个函数是 getSelectedSpeedValue()，它没有任何参数，但可以使该函数通用化，接受一组 Radio 对象参数。这么做可以在多个项目中重用该函数。

为了返回实际的代码，该函数的第一个语句创建 radios 变量，以包含对 myForm.radCpuSpeed 集合的引用：

```
function getSelectedSpeedValue() {
    var radios = myForm.radCpuSpeed;
```

接着查找选中的 Radio 对象，获取其值。为此可以使用另一个 for 循环：

```
for (var index = 0; index < radios.length; index++) {
    if (radios[index].checked) {
        return radios[index].value;
```

```
        }
    }

    return "";
}
```

其逻辑很简单: 遍历 radios 集合, 检查每个 Radio 对象的 checked 属性。如果它是 true, 就返回该 Radio 对象的值。但如果循环退出时没有找到选中的 Radio 对象, 就返回空字符串。

11.2.7 选择框

尽管下拉列表和列表框看上去大不相同, 但实际上二者都是由<select>标记创建的, 严格地讲, 它们都是选择元素。选择元素在列表中有供用户选择的一项或多项, 每一项都是由<select>开闭标记中的一个或多个<Option/>元素定义的。

<select/>元素的 size 属性用来指定用户能够直接看到的选项数。

例如, 要创建一个包含 7 项、其中 5 项直接可见的列表框, 则 HTML 如下所示:

```
<select name="theDay" size="5">
    <option value="0" selected="selected">Monday</option>
    <option value="1">Tuesday</option>
    <option value="2">Wednesday</option>
    <option value="3">Thursday</option>
    <option value="4">Friday</option>
    <option value="5">Saturday</option>
    <option value="6">Sunday</option>
</select>
```

注意, Monday 的<Option/>元素还包含了属性 selected, 它使该选项在页面加载时被默认选中。上面把选项的值定义为数字, 但实际上文本也是有效的。

如果想定义下拉列表框, 只需要将<select/>元素的 size 属性设置为 1, 上面的列表框马上就变成下拉列表框。

如果允许用户从列表中一次选择多项, 只需要在<select/>定义中添加 multiple 属性。

<select/>元素会创建一个 HTMLSelectElement 对象(简称为 Select)。这个对象有一个集合属性 Options, 它由 HtmlOptionElement 对象组成, 每个 HtmlOptionElement 对象(简称为 Option)都对应<select/>元素中的一个<Option/>元素。例如, 在前面的例子中, 如果<select/>元素位于 theForm 表单中, 则下面的代码:

```
document.theForm.theDay.options[0]
```

可访问为 Monday 创建的选项。

如何确定用户选择了哪些选项? 很简单, 使用 Select 对象的 selectedIndex 属性。使用这个属性返回的索引值和 Options 集合就可以访问选中的选项。

Option 对象还有 index、text 和 value 属性。index 属性返回选项在 Options 集合中的索引位置, text 属性是列表中显示的内容, value 属性是为选项定义的值。如果提交表单, value

属性会传送给服务器。

如果要确定所选元素包含的选项数，可以使用 Select 对象的 length 属性或 options 集合属性。

下面分析如何遍历上述选择框的 options：

```
var theDayElement = document.theForm.theDay;
document.write("There are " + theDayElement.length + "options<br />");

for (var index = 0; index < theDayElement.length; index++) {
    document.write("Option text is " +
        theDayElement.options[index].text);
    document.write(" and its value is ");
    document.write(theDayElement.options[index].value);
    document.write("<br />");
}
```

首先把变量 theDayElement 设置为引用 Select 对象。然后在页面上输出选项的个数，本例是 7。

接着用一个 for 循环遍历 options 集合，显示每个选项的文本，如 Monday、Tuesday 等，以及每个选项的值，如 0、1 等。如果基于上面的代码来创建页面，则页面必须放在<select/>元素的定义后。

也可以在页面加载完后，给选择元素添加选项，如下所述。

1. 添加和删除选项

要在选择元素中添加新选项，只需要使用 new 运算符创建新的 Option 对象，再把它插入到 Select 对象的 options 集合中的空索引位置上。

创建新的 Option 对象时，要传入两个参数：第一个是要在列表框中显示的文本，第二个是赋予该选项的值。

```
var myNewOption = new Option("TheText","TheValue");
```

然后把该 Option 对象赋给一个空的数组元素，例如：

```
theDayElement.options[0] = myNewOption;
```

如果要移除一个选项，只需将 options 集合中的该选项设置为 null。例如，要移除刚才插入的选项，可使用如下代码：

```
theDayElement.options[0] = null;
```

从 options 集合中移除 Option 对象时，options 集合会重新排序，每个排在被移除项之后的选项的索引将自动减 1。

在某个索引位置上插入新选项时，注意它会覆盖原来位于该索引位置上的 Option 对象。

试一试　　添加和移除列表选项

下面使用前面的星期列表示例来演示如何添加和移除列表选项。

```
<!DOCTYPE html>

<html lang="en">
<head>
    <title>Chapter 11: Example 7</title>
</head>
<body>
    <form action="" name="theForm">
        <select name="theDay" size="5">
            <option value="0" selected="selected">Monday</option>
            <option value="1">Tuesday</option>
            <option value="2">Wednesday</option>
            <option value="3">Thursday</option>
            <option value="4">Friday</option>
            <option value="5">Saturday</option>
            <option value="6">Sunday</option>
        </select>
        <br />
        <input type="button" value="Remove Wednesday" name="btnRemoveWed" />
        <input type="button" value="Add Wednesday" name="btnAddWed" />
        <br />
    </form>

    <script>
        var theForm = document.theForm;

        function btnRemoveWedClick() {
            var options = theForm.theDay.options;

            if (options[2].text == "Wednesday") {
                options[2] = null;
            } else {
                alert("There is no Wednesday here!");
            }
        }

        function btnAddWedClick() {
            var options = theForm.theDay.options;

            if (options[2].text != "Wednesday") {
                var lastOption = new Option();
                options[options.length] = lastOption;

                for (var index = options.length - 1; index > 2; index--) {
                    var currentOption = options[index];
                    var previousOption = options[index - 1];

                    currentOption.text = previousOption.text;
                    currentOption.value = previousOption.value;
                }
```

```
            var option = new Option("Wednesday", 2);
            options[2] = option;
        } else {
            alert("Do you want to have TWO Wednesdays?");
        }
    }

    theForm.btnRemoveWed.addEventListener("click", btnRemoveWedClick);
    theForm.btnAddWed.addEventListener("click", btnAddWedClick);
    </script>
</body>
</html>
```

保存为 ch11_example7.html。如果在浏览器中加载该文件，表单将如图 11-9 所示。
单击 Remove Wednesday 按钮，列表中的 Wednesday 将消失。单击 Add Wednesday 按钮，
会把该项添加回来。如果试图添加第二个 Wednesday，或者试图移除不存在的 Wednesday，
警告框将会给出无法操作的提示。

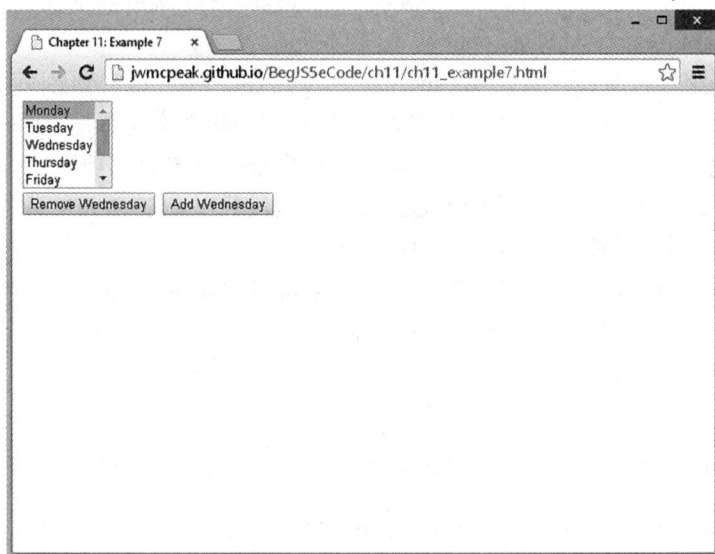

图　11-9

在页面正文中定义了一个表单 form1，其中的<select/>元素包含了前面示例中的星期选
项。该表单还包含两个按钮，如下所示：

```
<input type="button" value="Remove Wednesday" name="btnRemoveWed" />
<input type="button" value="Add Wednesday" name="btnAddWed" />
```

单击这两个按钮时，要执行 JavaScript 代码，因此需要给每个按钮注册 click 事件监听
器。为了更简单一些，首先创建一个变量 theForm，它包含<form/>元素对象：

```
var theForm = document.theForm;
```

这个变量用于访问各个按钮,注册其 click 事件监听器:

```
theForm.btnRemoveWed.addEventListener("click", btnRemoveWedClick);
theForm.btnAddWed.addEventListener("click", btnAddWedClick);
```

"remove" 按钮执行 btnRemoveWedClick()函数,"add" 按钮执行 btnAddWedClick() 函数。下面分别来看看这两个函数。

第一个函数 btnRemoveWedClick()移除 Wednesday 选项。

```
function btnRemoveWedClick() {
    var options = theForm.theDay.options;

    if (options[2].text == "Wednesday") {
        options[2] = null;
    } else {
        alert("There is no Wednesday here!");
    }
}
```

该函数首先创建一个变量,以包含 Option 元素集合,这样就可以重复引用 option 集合, 无须输入 document.theForm.theDay.options 或任何变体。

接着进行完整性检查:只有在 Wednesday 选项存在的情况下,才能移除它。为此,要 检查集合中的第三项(索引为 2,因为数组索引从 0 开始)的文本是否是 "Wednesday"。如 果是,就可以把该选项设置为 null,以移除它。如果集合中的第三项不是 Wednesday,就 向用户发送消息,指出没有要移除的 Wednesday。这段代码在 if 语句的条件中使用了 text 属性,也可以使用 value 属性,二者没有区别。

下面是 btnAddWedClick()函数,顾名思义,它可以添加 Wednesday 选项。这比移除该 选项的代码复杂。首先创建另一个变量 options,以包含 Option 对象的集合,接着使用 if 语句来确认并不存在 Wednesday 选项。

```
function btnAddWedClick() {
    var options = theForm.theDay.options;

    if (options[2].text != "Wednesday") {
        var lastOption = new Option();
        options[options.length] = lastOption;

        for (var index = options.length - 1; index > 2; index--) {
            var currentOption = options[index];
            var previousOption = options[index - 1];

            currentOption.text = previousOption.text;
            currentOption.value = previousOption.value;
        }
```

如果没有 Wednesday 选项,则还需要为新的 Wednesday 选项的插入腾出位置。

目前有 6 个选项(最后一个选项的索引是 5),所以接着用变量名 lastOption 创建一个新选项，并把它赋予集合末尾的元素。这个新元素用 options 集合的 length 属性指定其索引位置 6，这个位置以前没有内容。接着把从 Thursday 到 Sunday 的每个对象的 text 和 value 属性赋予集合中索引值比当前对象大 1 的对象，在 options 数组的索引位置 2 处腾出空间，以便在其中插入 Wednesday。这是使用 if 语句中的 for 循环完成的。

接着向 Option 构造函数传入文本"Wednesday"和值 2，创建了一个新的 Option 对象。将这个 Option 对象插入 options 集合中索引为 2 的位置，它就马上出现在选择框中。

```
var option = new Option("Wednesday", 2);
options[2] = option;
}
```

最后，如果 if 语句中的条件是 false，就警告用户，指出列表中已有一个 Wednesday 选项。

```
else {
    alert("Do you want to have TWO Wednesdays?");
}
}
```

这个示例可在所有的浏览器中工作，所有的现代浏览器都提供了更便于添加和移除选项的其他方法。

2. 用标准方法添加新选项

我们关注的 Select 对象有其他的 add()和 remove()方法，用于添加和删除选项，简化了编码工作。

在添加选项之前，需要先创建它。为此可以使用 new 运算符。

Select 对象的 add()方法可以插入已建好的 Option 对象，它接受两个参数。第一个参数是要添加的 Option 对象，第二个参数是要放在新 Option 对象之前的 Option 对象。但在 IE7(或 IE8 的非标准模式)下，第二个参数是要添加选项的索引位置。在所有浏览器中，第二个参数都可以是 null，此时，新 Option 对象添加到 options 集合的末尾。

add()方法不会覆盖索引位置上已有的 Option 对象，而是向后移动集合中 Option 对象的位置，以腾出空间。这基本上与 btnAddWedClick()函数中使用 for 循环实现的功能相同。

使用 add()方法，可将 ch11_example7.html 例子中的 btnAddWedClick()函数改为：

```
function btnAddWedClick() {
    var days = theForm.theDay;
    var options = days.options;

    if (options[2].text != "Wednesday") {
        var option = new Option("Wednesday", 2);
        var thursdayOption = options[2];

        try {
            days.add(option, thursdayOption);
        }
```

```
        catch (error) {
            days.add(option, 2);
        }
    } else {
        alert("Do you want to have TWO Wednesdays?");
    }
}
```

在 IE7(或 IE8 的非标准模式)中,如果把 Option 对象传送为第二个参数,浏览器会抛出一个错误。所以使用 try...catch 语句捕获该错误,并给第二个参数传送一个数字,如上述代码所示。

Select 对象的 remove()方法只接受一个参数,即要删除的选项的索引。删除一个选项后,集合中该选项之后的所有选项都会向前移动,以填补删除选项后的空白。

使用 remove()方法,可以将 ch11_example7.html 例子中的 btnRemoveWedClick()函数改写为:

```
function btnRemoveWedClick() {
    var days = theForm.theDay;

    if (days.options[2].text == "Wednesday") {
        days.remove(2);
    } else {
        alert("There is no Wednesday here!");
    }
}
```

修改前面的例子,并保存为 ch11_example8.html。然后在浏览器中加载它,效果与上一个例子完全相同。

3. 选择元素的事件

选择元素有 3 个事件:blur、focus 和 change。前面介绍过它们。对于文本框元素,当焦点移出文本框,且文本框的内容发生了改变时,就触发 change 事件。但是对于选择元素,用户改变了列表中选择的选项时,将触发 change 事件。

试一试　　世界时间转换器

下面的示例使用了 change 事件。世界时间转换器示例可以计算不同国家的时间:

```
<!DOCTYPE html>

<html lang="en">
<head>
    <title>Chapter 11: Example 9</title>
</head>
<body>
    <div>Local Time is <span id="spanLocalTime"></span></div>
    <div id="divCityTime"></div>
```

```html
<form name="form1">
    <select size="5" name="lstCity">
        <option value="60" selected>Berlin
        <option value="330">Bombay
        <option value="0">London
        <option value="180">Moscow
        <option value="-300">New York
        <option value="60">Paris
        <option value="-480">San Francisco
        <option value="600">Sydney
    </select>
    <p>
        <input type="checkbox" id="chkDst" name="chkDst" />

        <label for="chkDst">Adjust city time for Daylight Savings</label>
    </p>
</form>


<script>
    var myForm = document.form1;

    function updateTimeZone() {
        var lstCity = myForm.lstCity;
        var selectedOption = lstCity.options[lstCity.selectedIndex];
        var offset = selectedOption.value;
        var selectedCity = selectedOption.text;

        var dstAdjust = 0;

        if (myForm.chkDst.checked) {
            dstAdjust = 60;
        }

        updateOutput(selectedCity, offset, dstAdjust);
    }

    function updateOutput(selectedCity, offset, dstAdjust) {
        var now = new Date();

        document.getElementById("spanLocalTime")
            .innerHTML = now.toLocaleString();

        now.setMinutes(now.getMinutes() + now.getTimezoneOffset() +
            parseInt(offset, 10) + dstAdjust);

        var resultsText = selectedCity + " time is " +
            now.toLocaleString();

        document.getElementById("divCityTime").innerHTML = resultsText;
```

```
            }

            myForm.lstCity.addEventListener("change", updateTimeZone);
            myForm.chkDst.addEventListener("click", updateTimeZone);

            updateTimeZone();
        </script>
    </body>
</html>
```

保存为 ch11＿example9.html。在浏览器中打开该页面。

表单布局如图 11-10 所示。只要用户单击了列表中的一个城市，其当地时间和所选城市的对应时间就会显示出来。在图 11-10 的例子中，当地时区设置为美国的中央标准时间，所选的城市是柏林，且选中了夏时制复选框。

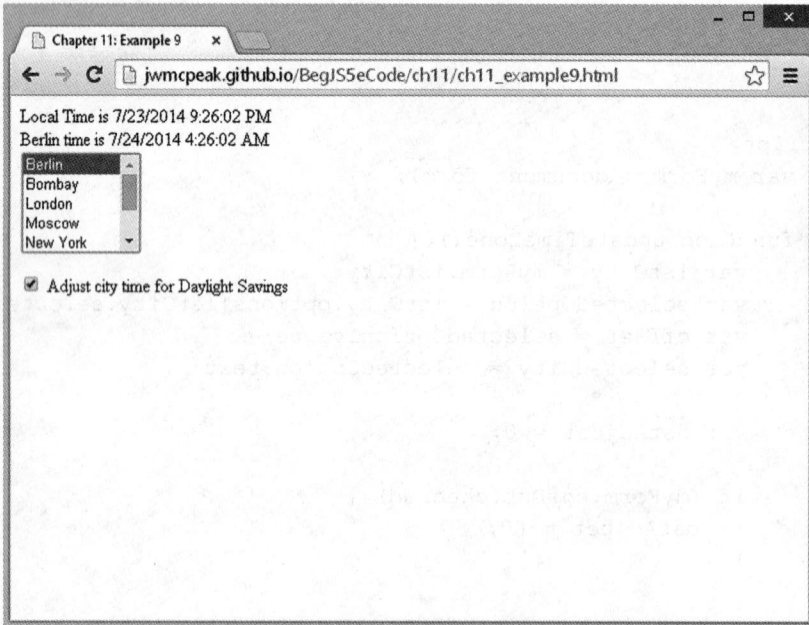

图　11-10

注意，这仅是一个例子，不是非常安全的页面，因为夏时制会带来一些问题。一些地方没有夏时制，一些地方在一年中的固定时段里有夏时制，而还有一些地方有夏时制，但在一年的不同时段里执行。因此很难准确地预测某国何时使用夏时制。要解决这个问题，这里给用户添加了一个复选框，如果从列表中选择的城市使用夏时制，用户就选中这个复选框(假定把该城市的时间向前拨快一小时)。

另外，一些用户可能没有正确指定其区域设置——这个问题没有简单的解决方法。
在这个页面体中有一对<div/>元素用于输出：

```
<div>Local Time is <span id="spanLocalTime"></span></div>
<div id="divCityTime"></div>
```

还有一个表单，其中使用<select>元素定义了一个列表框：

```
<select size="5" name="lstCity">
    <option value="60" selected>Berlin
    <option value="330">Bombay
    <option value="0">London
    <option value="180">Moscow
    <option value="-300">New York
    <option value="60">Paris
    <option value="-480">San Francisco
    <option value="600">Sydney
</select>
```

每个选项都在列表框中显示城市名，其值设置为该城市所在的时区(冬时制)与 UTC 相差的分钟数。所以伦敦使用 UTC，其值是 0，而巴黎比 UTC 早一小时，其值是 60(即 60分钟)。纽约比 UTC 晚 5 小时，其值是-300。

还有一个带相关标签的复选框：

```
<p>
    <input type="checkbox" id="chkDst" name="chkDst" />

    <label for="chkDst">Adjust city time for Daylight Savings</label>
</p>
```

选中这个复选框，会给城市的计算时间添加 1 小时。

下面注册<select/>元素的 change 事件监听器和复选框的 click 事件监听器，以调用 updateTimeZone()函数。与以前的版本一样，也是创建一个全局变量，以便于访问<form/>元素对象：

```
var myForm = document.form1;
```

接着注册事件监听器：

```
myForm.lstCity.addEventListener("change", updateTimeZone);
myForm.chkDst.addEventListener("click", updateTimeZone);
```

函数 updateTimeZone()没有更新什么内容，而是收集信息，启动更新过程：

```
function updateTimeZone() {
    var lstCity = myForm.lstCity;
```

这个函数的前 4 个语句创建了 4 个变量。第一个变量 lstCity 包含对<select/>元素对象的引用。创建这个变量是为了方便操作——即创建第二个变量 selectedOption：

```
    var selectedOption = lstCity.options[lstCity.selectedIndex];
```

使用 lstCity 对象的 Options 属性及其 selectedIndex 属性，来检索 selectedOption 变量，现在有了 selectedOption，就很容易获得与该选项相关的信息：

```
    var offset = selectedOption.value;
    var selectedCity = selectedOption.text;
```

接着要确定用户是否选中了"夏时制"复选框：

```
var dstAdjust = 0;

if (myForm.chkDst.checked) {
    dstAdjust = 60;
}
```

dstAdjust 变量初始化为 0。如果选中了复选框，就把 dstAdjust 改为包含值 60。这个值表示 60 分钟。显然，时间转换计算处理分钟值。

在 updateTimeZone()的最后，调用 updateTime()函数，给它传递 selectedCity、offset 和 dstAdjust 变量包含的值：

```
    updateTime(selectedCity, offset, dstAdjust);
}
```

在 updateTime()函数中，要把所选城市的当地时间和对应时间写入输出元素。

该函数一开始就创建了一个新的 Date 对象，它存储在变量 now 中。Date 对象初始化为当地时间：

```
function updateOutput(selectedCity, offset, dstAdjust) {
    var now = new Date();
```

接着把当地时间输出到 id 为 spanLocalTime 的<span/>元素中：

```
    document.getElementById("spanLocalTime").innerHTML = now.toLocaleString();
```

使用 Date 对象的 toLocaleString()方法，把日期和时间格式化为本地格式。

如第 7 章所述，如果 Date 对象各个部分(例如小时、分钟、秒)的值设置为超过其正常范围，JavaScript 就会相应地调整日期、小时或分钟。例如，如果小时设置为 36，JavaScript 就把小时改为 12，给 Date 对象存储的日期加上一天。下面的代码就使用了这个功能：

```
    now.setMinutes(now.getMinutes() + now.getTimezoneOffset() +
        parseInt(offset, 10) + dstAdjust);
```

下面分析该行代码，看看它是如何工作的。假定用户在纽约，当地的夏时制时间是 5:11，我们希望知道柏林的时间。这行代码如何进行计算？

首先，要获得当地时间的分钟数。当地时间是 5:11，所以 now.getMinutes()返回 11。接着使用 now.getTimezeOffset()计算用户的当地时间和 UTC 时间之差(单位是分钟)，假定用户在纽约，纽约的夏时制时间与 UTC 相差 4 小时，所以结果是 240 分钟。

然后计算所选城市的标准冬时制时间与 UTC 时间之差的整数值，存储在 offset 中。这里使用了 parseInt()，因为在这种情况下，JavaScript 会混淆，以为我们希望把两个字符串连接起来，而不是把它们当作数字，将它们加起来。注意，offset 是从 HTML 元素的值中获得的，而 HTML 元素的值是字符串，即使它们包含的字符是数字，也是如此。因为本例需要确定柏林的时间，该时间与 UTC 时间相差 60 分钟，所以这个值是 60。

最后添加 dstAdjust 的值。因为现在是夏天，而柏林使用夏时制，所以这个值是 60。

所以结果如下：

```
11 + 240 + 60 + 60 = 371
```

因此，now.setMinutes()把分钟数设置为 371。显然，371 超过了分钟数的范围，所以
JavaScript 认为这表示在 5:00 之后的 6 小时 11 分钟，即 11:11——我们需要的柏林时间。

最后，updateTime()函数创建 resultsText 变量，把结果写入 divCityTime：

```
var resultsText = selectedCity + " time is " +
    now.toLocaleString();

document.getElementById("divCityTime").innerHTML = resultsText;
}
```

11.3　HTML5 表单对象的属性和方法

HTML4 在 1997 年完成，直到 2012 年，Web 团体才看到 HTML5 的推出。毋庸置疑，
HTML 在引入 HTML5 之前没有显著的更新。所以 15 年来，Web 开发人员一直在使用令
开发人员和用户都很不满意的表单控件。幸好，HTML5 改变了这一切。

本章前面响应了各种表单控件的 change、click、focus、blur 和 keypress 事件。这些
事件都可以联合使用，以响应任何用户输入，但需要大量额外的代码。

较好的解决方案是使用 HTML5 引入的 input 事件。这个新事件在元素值改变时触发。
这表示，可以在<form/>对象上监听 input 事件，在任意字段更新时处理其数据。

input 事件的目标是改变的元素。本章后面会使用 input 事件。

11.3.1　新的输入类型

HTML5 为<input/>元素引入了一些新类型，表 11-1 列出了这些类型及其描述，说明了
其输出(已知的控件的 value)。在任何情况下，value 都是一个字符串对象。

表 11-1　新类型

类　　型	说　　明	值
color	指定颜色的控件。value 是十六进制格式的颜色	数字的十六进制值(#ff00ff)
date	用于输入日期(年、月、日)	yyyy-mm-dd 格 式 的 日 期(2014-07-14)
datetime	允许输入基于 UTC 的日期和时间	还不支持
email	编辑电子邮件地址的字段，其值会自动验证	输入字段的文本(甚至是无效的电子邮件)
month	输入月份和年份的控件，没有时区	yyyy-mm 格式的日期(2014-07)
number	创建用于数字输入的控件，但不禁止输入 alpha 字符	数值数据输入这个字段,如果输入的不是数字，就是一个空字符串

(续表)

类　　型	说　　明	值
range	为不精确的数值输入创建一个内置滑块	滑块的值
search	单行文本输入控件	文本输入这个字段,且删除换行符
tel	为电话号码项创建控件	文本输入这个字段,且删除换行符
time	允许输入时间,但没有设置时区	24 小时格式的时间(15:37 表示 03:37PM)
url	编辑绝对 URL 的控件	文本输入这个字段,且删除换行符和前导/拖尾空白
week	为输入日期创建一个控件,该日期包括一个星期-年份数字和一个星期数字,没有设置时区	年份数字和星期数字(2014-W29)

　　可惜,一些新的输入类型并没有得到所有浏览器的支持,一些类型只得到几个浏览器的支持。许多得到支持的输入类型在不同的浏览器上会出现不一致。简言之,如果计划使用这些新的输入类型,应确保在所有现代浏览器中测试页面。

　　HTML5 还给<input/>元素带来了几个新属性,这些属性都可以作为元素对象的属性来访问。表 11-2 列出了其中一些属性。

表 11-2　新属性

类　　型	说　　明
autocomplete	指定控件的值可以由浏览器自动填好
autofocus	确定页面加载时控件是否应有焦点
form	相关表单的 ID。如果指定,控件就可以放在文档的任意位置。如果未指定,控件就只能放在表单上
maxLength	指定用户可以为 text、email、search、password、tel 和 url 类型输入的最大字符数
pattern	一个正则表达式,可以根据该正则表达式检查控件的值
placeholder	给用户显示一个提示,说明在字段中可以输入什么内容
required	指定在提交表单之前用户必须给字段填入值

　　除了这些属性之外,HTML5 还为 range 类型指定了 3 个独特的属性:
- min:滑块的最小值
- max:滑块的最大值
- step:值的递增量

试一试　　新输入类型

　　下面是 number 和 range 输入类型,以及 input 事件的示例。打开文本编辑器,输入如下代码:

```
<!DOCTYPE html>

<html lang="en">
<head>
    <title>Chapter 11: Example 10</title>
</head>
<body>
    <form name="form1">
        <p>
            <label for="minValue">Min: </label>
            <input type="number" id="minValue" name="minValue" />
        </p>
        <p>
            <label for="maxValue">Max: </label>
            <input type="number" id="maxValue" name="maxValue" />
        </p>
        <p>
            <label for="stepValue">Step: </label>
            <input type="number" id="stepValue" name="stepValue" />
        </p>
        <p>
            <input type="range" id="slider" name="slider" />
        </p>
    </form>
    <div id="output"></div>

    <script>
        var myForm = document.form1;
        var output = document.getElementById("output");

        function formInputChange() {
            var slider = myForm.slider;

            slider.min = parseFloat(myForm.minValue.value);
            slider.max = parseFloat(myForm.maxValue.value);
            slider.step = parseFloat(myForm.stepValue.value);

            output.innerHTML = slider.value;
        }

        myForm.addEventListener("input", formInputChange);
    </script>
</body>
</html>
```

把这个文件保存为 ch11_example10.html。

在现代浏览器中打开这个页面，就会看到 3 个文本框和一个滑块。3 个文本框可以输入滑块的最小值、最大值和步长。给所有表单字段提供输入，就会更新滑块的 min、max 和 step 属性，并在<div/>元素中显示滑块的 value。

有一个例外：在 IE 中，改变滑块的值，不会触发 input 事件。下面先看看表单的 HTML：

```
<form name="form1">
    <p>
        <label for="minValue">Min: </label>
        <input type="number" id="minValue" name="minValue" />
    </p>
    <p>
        <label for="maxValue">Max: </label>
        <input type="number" id="maxValue" name="maxValue" />
    </p>
    <p>
        <label for="stepValue">Step: </label>
        <input type="number" id="stepValue" name="stepValue" />
    </p>
```

首先是 3 个 number 类型的<input/>元素。其作用是允许指定第 4 个<input/>元素的最小值、最大值和步长：

```
    <p>
        <input type="range" id="slider" name="slider" />
    </p>
</form>
```

这是一个 range 类型的<input/>元素，除了 type、id 和 name 之外没有其他属性。

表单的外部有一个 id 为 output 的<div/>元素：

```
<div id="output"></div>
```

在表单中输入数据时，这个<div/>元素的内容随 range <input/>元素值的改变而改变。

下面是 JavaScript。前两行 JavaScript 代码进入 DOM，获得两个元素的引用：

```
var myForm = document.form1;
var output = document.getElementById("output");
```

第一个是对<form/>元素的引用，第二个是<div id="output"/>元素。

为了使这个示例工作，要监听 myForm 对象的 input 事件。所以调用 myForm.addEventListener()，注册监听器：

```
myForm.addEventListener("input", formInputChange);
```

formInputChange()函数在 input 事件触发时执行。在该函数的第一行代码中，创建了一个变量 slider，来保存 range <input/>元素：

```
function formInputChange() {
    var slider = myForm.slider;
```

这是为了方便，因为这个函数的每个语句都以某种方式引用 slider 元素。

接着用表单中输入的数据修改滑块的 min、max 和 step 属性：

```
    slider.min = parseFloat(myForm.minValue.value);
```

```
slider.max = parseFloat(myForm.maxValue.value);
slider.step = parseFloat(myForm.stepValue.value);
```

  \<input/>元素的 value 是字符串数据，即使字符串包含数字，也是如此。因此，需要把字符串转换为数值。这里应使用 parseFloat()函数，因为对于 range 的 min、max 和 step 属性，浮点数是有效的值。

  最后，显示 slider 的值：

```
output.innerHTML = slider.value;
}
```

11.3.2　新元素

  HTML5 还引入了 3 个新表单控件：
- \<output/>用于显示计算结果。
- \<meter/>是值的图形化显示。
- \<progress/>表示任务的已完成进度。

  \<output/>元素更像是传统的表单控件，因为它必须关联到表单上，它可以放在表单中，也可以提供表单的 id 作为其 form 属性的值。

  但\<meter/>和\<progress/>元素没有这个要求。它们可以显示在文档的任何地方，无需任何表单关联。

1. \<output/>元素

  \<output/>元素表示某个计算或用户操作的结果。这个元素没有关联任何图形或样式，它只显示文本(但可以通过 CSS 应用样式)。

  \<output/>元素的核心是其 value 属性。与传统的表单控件一样，value 属性允许获得和设置控件的值，可视化地设置 value，会更新控件，显示赋予该属性的值。但与传统表单控件不同，\<output/>元素没有 value 特性。该元素的值用开闭\<ouput>标记之间的文本节点表示。例如：

```
<output name="result" id="result" for="field1 field2">10</output>
```

  IE11 及其以前版本并不正式支持\<output/>元素，设置 value 属性会出错。仍使用\<output/>元素，用 innerHTML 设置其"值"，可以绕过这个问题。但这种方式不标准，不建议使用。

  最后，\<output/>元素应与显示计算结果的字段关联起来，为此可以使用熟悉的 for 属性。在前面的 HTML 中，\<output/>元素关联到 field1 和 field2 上。

试一试　　使用\<output/>元素

  在这个练习中，修改示例 10，使用\<output/>元素显示 range 的值。可以复制、粘贴示例 10，修改突显的代码：

```
<!DOCTYPE html>
```

```html
<html lang="en">
<head>
    <title>Chapter 11: Example 11</title>
</head>
<body>
    <form id="form1" name="form1">
        <p>
            <label for="minValue">Min: </label>
            <input type="number" id="minValue" name="minValue" />
        </p>
        <p>
            <label for="maxValue">Max: </label>
            <input type="number" id="maxValue" name="maxValue" />
        </p>
        <p>
            <label for="stepValue">Step: </label>
            <input type="number" id="stepValue" name="stepValue" />
        </p>
        <p>
            <input type="range" id="slider" name="slider" />
        </p>
    </form>
    <output id="result" name="result" form="form1" for="slider"></output>

    <script>
        var myForm = document.form1;
        var output = myForm.result;

        function formInputChange() {
            var slider = myForm.slider;

            slider.min = parseFloat(myForm.minValue.value);
            slider.max = parseFloat(myForm.maxValue.value);
            slider.step = parseFloat(myForm.stepValue.value);

            result.value = slider.value;
        }

        myForm.addEventListener("input", formInputChange);
    </script>
</body>
</html>
```

把这个文件保存为 ch11_example11.html。

因为使用标准的<output/>代码，所以需要在 Chrome、Firefox 或 Opera 中打开这个页面。

下面仅关注已修改的代码。首先，给<form/>元素添加 id 属性：

```html
<form id="form1" name="form1">
```

添加这个属性是必须的，因为<output/>元素是在表单外部定义的：

```
<output id="result" name="result" form="form1" for="slider"></output>
```

定义<output/>元素时，要把其 id 和 name 属性设置为 result，form 属性设置为 form1，for 属性设置为 slider。对于这个例子，后者不是绝对必须的，但存在 for 属性，所以可以编写语义标记。把 for 设置为 slider，自己和阅读代码的其他人就知道，<output/>元素显示与 range 字段相关的值。

下一个改变是第二行 JavaScript 代码。不是检索<div/>元素，而是获得新<output/>元素的引用：

```
var output = myForm.result;
```

注意代码 myForm.result。尽管<output/>元素不在表单中，但它仍关联到表单中，因为使用了 for 属性。因此，可以按层次访问 Form 对象，以引用<output/>元素。

最后一个改变是 formInputChange()函数的最后一个语句：

```
result.value = slider.value;
```

把<output/>元素的 value 属性设置为 slider 的值；因此，会更新页面上显示的信息。

2. <meter/>和<progress/>元素

如前所述，<meter/>和<progress/>表单控件都很独特，因为它们可以用于页面的任意位置。它们不一定在表单内部使用，将它们称为表单控件似乎有些奇怪——它们甚至不接受用户输入。尽管如此，它们仍归类为表单控件。

乍看之下，这些元素很相似，但实际上它们用于两个不同的目的，有不同的属性集。

<meter/>元素用于图形化地显示指定范围内的某个值。例如，车辆引擎的 RPM、CPU 的热量或磁盘使用指示器都是使用<meter/>元素的绝佳示例。

<meter/>元素包括开闭标记，可以指定<meter/>的 low、optimum 和 high 部分。这些范围会影响<meter/>元素的颜色(主要用于语义目的)。也可以设置可能值的 min 和 max，以及<meter/>的 value 值：

```
<meter min="0" max="150" low="40" optimum="75"
       high="100" value="80">80 Units of Something</meter>
```

这 6 个特性映射同名的属性。如果浏览器不支持<meter/>元素，就在浏览器中显示开闭标记之间的文本。

> **注意**：IE9、IE10 和 IE11 不支持<meter/>元素。

<progress/>元素表示任务的完成进度。与前述的新元素一样，它也包含开闭标记：

```
<progress max="100" value="40">40% done with what you're doing</progress>
```

它的 max 特性映射到元素对象的 max 属性，控件的值包含在 value 特性/属性中。与
<meter/>一样，如果浏览器不支持<progress/>元素，就显示开闭标记之间的文本。

试一试   <meter/>和<progress/>元素

下面在示例中使用<meter/>和<progress/>元素。打开文本编辑器，输入如下代码：

```
<!DOCTYPE html>

<html lang="en">
<head>
    <title>Chapter 11: Example 12</title>
</head>
<body>
    <h2>Highway Speed Tracker</h2>
    <form id="form1" name="form1">
        <p>
            <label for="driverName">Driver Name: </label>
            <input type="text" id="driverName" name="driverName" />
        </p>
        <p>
            <label for="speed">Speed (Miles/Hour): </label>
            <input type="number" id="speed" name="speed" />
            <meter id="speedMeter" value="0" low="55" optimum="75"
                high="90" max="120"></meter>
        </p>
        <p>
            <label for="vehicle">Vehicle Type: </label>
            <input type="text" id="vehicle" name="vehicle" />
        </p>
    </form>
    <p>
        Form Completion Progress:
        <progress id="completionProgress" max="3" value="0"></progress>
    </p>

    <script>
        var myForm = document.form1;
        var completionProgress = document.getElementById("completionProgress");
        var speedMeter = document.getElementById("speedMeter");

        function countFieldData() {
            var count = 0;

            for (var index = 0; index < myForm.length; index++) {
                var element = myForm[index];

                if (element.value) {
                    count++;
                }
```

```
        }

        return count;
    }

    function formInputChange() {
        completionProgress.value = countFieldData();

        speedMeter.value = myForm.speed.value;
    }

    myForm.addEventListener("input", formInputChange);
</script>
</body>
</html>
```

保存为 ch11_example12.html。在浏览器(包括 IE，这个示例可以在 IE9、IE10 和 IE11
上工作)上打开页面，显示的表单包含 3 个字段：司机的姓名、车速和车辆类型。在填充表
单时，注意会发生几件事。

首先，表单下面的进度条改变了值。这表示填充表单的进度。所有字段都有了值后，
就完成了！其次，Speed 字段旁边的 meter 元素更新了，可视化地表示该字段中的数据。

下面看看 HTML。在页面体中，定义的表单包含 3 个<input/>元素，第一个是用于司
机姓名的普通文本框：

```
<form id="form1" name="form1">
    <p>
        <label for="driverName">Driver Name: </label>
        <input type="text" id="driverName" name="driverName" />
    </p>
```

下一个字段是数字字段，用于输入车速：

```
    <p>
        <label for="speed">Speed (Miles/Hour): </label>
        <input type="number" id="speed" name="speed" />
        <meter id="speedMeter" value="0" low="55" optimum="75"
            high="90" max="120"></meter>
    </p>
```

这里也定义了一个 id 为 speedMeter 的<meter/>元素。这个<meter/>用于可视化地表示
公路行驶速度(英里/小时)。在这种情况下，55MPH 较低，75MPH 是最适宜的/标准速度，
90MPH 较高。这个<meter/>可以显示的最大值是 120。

最后一个字段是用于司机车辆的另一个文本框：

```
    <p>
        <label for="vehicle">Vehicle Type: </label>
        <input type="text" id="vehicle" name="vehicle" />
    </p>
```

在表单的后面，定义一个<progress/>元素：

```
<p>
    Form Completion Progress:
    <progress id="completionProgress" max="3" value="0"></progress>
</p>
```

这是跟踪用户填写表单的进度。它的 id 是 completionProgress，最大值是 3，因为它包含 3 个字段。

当然，HTML 本身不是很有趣；所以下面看看 JavaScript。第一次从文档中检索 3 个元素：<form/>、<progress/>和<meter/>。

```
var myForm = document.form1;
var completionProgress = document.getElementById("completionProgress");
var speedMeter = document.getElementById("speedMeter");
```

要检索<progress/>和<meter/>元素，应使用 document.getElementById()，因为尽管这两个元素是表单控件，但不能通过表单层次结构访问它们(这可能有点令人迷惑)。

表单的 input 事件为这个例子提供了功能，所以注册其监听器：

```
myForm.addEventListener("input", formInputChange);
```

formInputChange()函数相当简单：更新<progress/>和<meter/>元素的值：

```
function formInputChange() {
    completionProgress.value = countFieldData();

    speedMeter.value = myForm.speed.value;
}
```

speedMeter 的值来自于表单的 speed 字段，但需要多做一些工作，来设置 completionProgress 的值。

创建一个辅助函数 countFieldData()，其工作很简单：检查表单中的元素，确定它们是否有值。没有非常安全的方法，来确定用户是否完成了表单，但这适合于本例。

首先，定义一个计数器变量，计算多少个字段有值。这个变量称为 count：

```
function countFieldData() {
    var count = 0;
```

现在需要检查表单上每个元素的 value 属性。可以明确地给这个表单编写代码，或者采用更常见的方法，迭代表单的元素。下面采用第二种方法：

```
    for (var index = 0; index < myForm.length; index++) {
        var element = myForm[index];

        if (element.value) {
            count++;
        }
    }
```

使用 for 循环，迭代 myForm 对象/集合，检索每个表单控件，确定它是否有值。如果元素有值，就递增 count 变量。

退出循环后，返回 count 变量的值：

```
    return count;
}
```

11.4　小结

本章介绍了如何在 JavaScript 中添加用户界面元素，以便与用户交互，获取用户输入的信息。下面是本章内容的小结：

- 在页面上，HTML 表单用于放置构成界面的元素。
- 每个 HTML 表单都把一组 HTML 元素组合在一起。把表单提交给服务器进行处理时，该表单中的所有数据都将发送给服务器。一个页面可以包含多个表单，但是只有一个表单的信息能发送给服务器。
- 表单用开始标记<form>和结束标记</form>来创建。表单中包含的所有元素都放在<form>开闭标记之间。<form/>元素有各种特性，对于客户端脚本编程来说，最重要的是 name 特性。可以通过表单的 name 特性或 ID 特性来访问表单。
- 每个<form>元素都将创建一个 Form 对象，它包含在 document 对象中。要访问 myForm 表单，只需要使用 document.myForm 即可。document 对象还有 forms 属性，它是一个包含文档中所有表单的集合。页面中的第一个表单是 document.forms[0]，第二个表单是 document.forms[1]，依此类推。forms 属性的 length 属性 (document.forms.length)表示页面上的表单数。
- 讨论了表单后，本章介绍了可放在表单中的各种 HTML 元素，如何创建它们以及如何在 JavaScript 中使用它们。
- 与表单元素关联的对象有许多通用的属性、方法和事件。这些对象都有 name 属性，该属性可用于在 JavaScript 中引用对象。这些对象也都有 form 属性，该属性是对包含该元素的 Form 对象的引用。type 属性返回一个表示元素类型的文本字符串，类型包括 text、button 和 radio。
- 每个表单元素对象都有 focus()和 blur()方法，以及 focus 和 blur 事件。当用户选中了某元素，或者使用了它的 focus()方法，使该元素成为表单中的激活元素，就称为该元素获得了焦点。但一旦元素获得了焦点，就触发其 focus 事件。把另一个元素设置为当前激活元素时，前一个元素就失去了焦点(blur)，这是因为用户选中了另一个元素，或者使用了 blur()方法，此时会触发 blur 事件。如果小心使用，focus 和 blur 的触发可以用于检查用户输入数据的有效性。
- 所有元素都返回一个值，它是赋予该元素的字符串数据。该值的含义取决于元素，对于文本框，它是文本框中的值，对于按钮，它是显示在按钮上的文本。
- 讨论了元素的通用特性后，就从按钮元素开始，依次讨论了常用的元素。

- 按钮元素的作用是供用户单击，这个单击会触发执行用户编写的一些脚本。连接到按钮的 click 事件上，就可以捕获这个单击。创建按钮时，应使用<input/>元素，并将 type 属性设置为 button。其 value 属性确定了在按钮上显示的文字。按钮的两个变体是 submit 和 reset 按钮。除了用作按钮之外，它们还提供了不连接到代码上的特殊功能。submit 按钮可自动把表单提交给服务器，reset 按钮可清除表单的内容，把表单恢复到加载页面时的默认状态。

- 文本元素允许用户输入单行的纯文本。要创建文本框，只需要使用<input/>元素，并将 type 特性设置为 text。通过<input/>元素的 maxlength 和 size 特性，可以分别设置文本框允许输入的字符数和文本框宽度。文本框有一个关联对象 Text，以及 select 和 change 事件。当用户选择了框中的文本时，将触发 select 事件。如果文本框失去焦点，且其内容自文本框获得焦点以来发生了变化，则触发 change 事件。change 事件的触发可用于检查用户输入的数据。如果输入的值无效，例如在需要数字时输入了字母，就提示用户，并使用户返回文本框，以改正错误。密码框是文本框的一种变体，它与文本框几乎完全相同，只是将输入的值隐藏起来，并显示为星号。另外，文本框还有 keydown、keypress 和 keyup 事件。

- 接下来讨论的是 textarea 元素，它与文本框类似，但允许输入多行文本。这个元素用开始标记<textarea>和结束标记</textarea>创建，文本框的宽度和高度分别由 cols 和 rows 特性确定，且以字符为单位。wrap 特性指定文本在到达行末时是否自动换行，以及把内容提交给服务器时是否发送换行符。如果没有设置 wrap 特性，或者将其设置为 off，就不自动换行。如果设置为 soft，就在客户端自动换行，但换行符不发送给服务器。如果设置为 hard，就在客户端自动换行，且把换行符发送给服务器。关联的 Textarea 对象与 Text 对象拥有相同的属性、事件和方法。

- 复选框和单选按钮元素是一起讨论的。它们基本上是同类元素，只不过单选按钮是一种组合元素，即组中一次只能选择一个单选按钮。如果选择另一个单选按钮，就取消对上一个单选按钮的选择。复选框和单选按钮都是用<input/>元素创建的，其 type 特性分别设置为 checkbox 和 radio。如果在<input>标记中加入了 checked，则页面加载时就选中该元素。用相同的名称创建多个单选按钮，就会创建一个单选按钮组。单选按钮的名称实际上引用一个数组，该数组中的每个元素是在表单的该单选按钮组中定义的单选按钮。这些元素有关联的对象 Checkbox 和 Radio。使用这些对象的 checked 属性，可以确定某复选框或单选按钮当前是否选中。这两个对象都有 click 事件，以及通用事件 focus 和 blur。

- 之后讨论的元素是列表框和下拉列表框，它们实际上是相同的选择元素，其 size 属性决定了它是列表框还是下拉列表。<select>标记用于创建这些元素，其 size 属性确定一次可以看到几个选项。如果 size 属性为 1，就创建下拉列表框，而不是列表框。选择元素的每个选项都用<option/>元素创建，或者以后通过 Select 对象的 options 集合属性添加，options 集合是一个类似于数组的结构，包含了该元素的所有 Option 对象。但是，在页面加载后添加元素在旧 IE 和兼容标准的浏览器中略有区别。Select 对象的 selectedIndex 属性指定选中了哪个选项，接着可以使用该值来访问 options 集合中的对应对象，使用 Option 对象的 value 属性。Option 对象也有

text 和 index 属性，text 是列表中显示的文本，index 是该选项在 Select 对象的 options 集合属性中的位置。可以遍历 options 集合，通过 Select 对象的 length 属性确定其长度。Select 对象具有 change 事件，用户在列表中选择另一项时，将触发该事件。

● 最后介绍了 HTML5 的新元素、输入类型和 inout 事件，讨论了如何编写 JavaScript 代码，来操作<output/>、<meter/>和<progress/>元素，使用户在表单中输入数据时修改其输出。

下一章将讨论 JSON(JavaScript Object Notation)，这种数据格式可以把 JavaScript 对象和数组存储为字符串数据。

11.5　习题

本章习题的参考答案在附录 A 中。

习题 1：

使用第 2 章中温度转换例子的代码，创建一个用户界面，并将其连接到已有的代码上，以便用户输入一个华氏温度值，并转换为摄氏温度。

习题 2：

创建一个用户界面，以允许用户根据自己的爱好挑选计算机系统，其原则类似于在 Internet 上销售计算机的电子商务网站。例如，允许用户选择处理器的类型、速度、内存和硬盘容量，并添加 DVD-ROM、声卡等附件。用户改变其选择时，系统的价格应自动更新，并通过使用警告框或更新文本框的内容，来通知用户指定的系统的价格。

第12章

JSON

本章源代码下载(wrox.com):

打开网页 http://www.wiley.com/go/BeginningJavaScript5E, 单击 Download Code 选项卡即可下载本章源代码。也可以在 http://beginningjs.com 上查看所有的代码示例和相关的文件。

现在应把 Web 页面看成一个程序。毕竟, 它包含传统程序的所有要素。它有用户界面, 可以用 JavaScript 处理数据。但传统程序可以完成更多工作: 它们可以存储数据, 也可以把数据传递给其他计算机和系统。下面的章节将学习如何在 Web 页面中完成这些工作——这都是因为可以使用 JavaScript。

如后面所述, 对象和数组不能仅存储起来, 还需要串行化它们。串行化是把对象转换为其字符串表示的过程。串行化了对象后, 该对象的字符串表示就可以存储在更永久的存储设备中, 或者传递给另一台计算机。

串行化仅转换对象的结构和相关信息——在串行化的对象中只有属性。一旦需要在 JavaScript 中处理该对象, 就可以反串行化, 把它转换回原来的 JavaScript 对象。

Web 开发人员最常用的串行化格式称为 JavaScript Object Notation(JSON)。它是 JavaScript 语言的一个子集; 易于阅读、简洁, 最重要的是, 它易于串行化和反串行化。

Web 并不总是使用 JSON 串行化 JavaScript 对象。所以在介绍 JSON 格式之前, 先看看 Web 开发人员以前使用的格式。

12.1 XML

Web 开发社团一度将 XML 用于几乎所有东西。Web 服务使用它与其他 Web 服务和其他计算机交流,JavaScript 开发人员使用它与 Web 应用程序的服务器通信。

XML 是一种易于人类阅读的语言,因为它采用声明性语法。人类不一定需要阅读 XML 数据,但可以阅读、破译 XML 是很有用的。考虑下面的 XML 文档:

```
<person>
    <firstName>John</firstName>
    <lastName>Doe</lastName>
    <age>30</age>
</person>
```

这个文档很简单,这些 XML 表示一个名为 John Doe、年龄 30 岁的人。在生成上述 XML 格式的数据时,可以捕获、修改应用程序中可能的错误。

XML 也便于机器阅读,开发人员开始使用它时,它就是一个已知的商品。每种现代编程语言都有阅读、解析、创建 XML 格式数据的工具和功能,所以使用 XML 在计算机系统和应用程序之间通信似乎很不错。

但 XML 有其缺点。其一是,XML 的声明性语法给数据添加了许多额外的东西。再看看描述 John Doe 这个人的 XML:

```
<person>
    <firstName>John</firstName>
    <lastName>Doe</lastName>
    <age>30</age>
</person>
```

这个简单的 XML 有 101 个字节。就目前的标准而言,这并不多,但它仅是一个例子。这个信息由计算机通过互联网发送到另一台计算机。

首先,<person>开始和结束标记包含了实际数据。当然,外部的<person/>元素用于组织数据,但它有 17 个字节——占整个负载的 16%。其他格式也采用某种格式组织文档的实际信息(姓名),但其尺寸较小。

接着的开始和结束标记包含了姓和名。自然,需要某种方式组织数据,但这个 XML 使用了 55 个字节来指明姓名和年龄。

XML 的另一个问题是阅读、解析和生成 XML 数据所需的代码。大多数现代编程语言可以处理 XML,但需要许多代码——对于特定的 XML 格式,常常需要重写这些代码。例如,下面的代码可用于阅读前面的 XML,把它解析到一个 person 对象中:

```
var personElement = document.querySelector("person");
var firstName = personElement.querySelector("firstName").innerHTML;
```

```
var lastName = personElement.querySelector("lastName").innerHTML;
var age = personElement.querySelector("age").innerHTML;

var person = {
    firstName : firstName,
    lastName: lastName,
    age: age
};
```

这段代码采用一种简单的方法解析 John Doe XML。它首先使用 document.querySelector()
检索<person/>元素，接着检索<firstName/>、<lastName/>和<age/>元素，把各自的内容存储
在 firstName、lastName 和 age 变量中。最后创建 person 对象，给其属性指定对应的数据。
这段代码并不复杂，但它不适用于带有不同元素名和结构的 XML 格式数据。自然，结构
更复杂的文档需要更多的代码。

　　而把 XML 解析为 JavaScript 对象仅完成了一半工作。在把数据从 JavaScript 发送给服
务器之前，还必须串行化 JavaScript 对象。把 JavaScript 对象串行化为 XML 格式数据并不
容易。与解析一样，相同的代码常常不适用于不同的数据结构。另外，开发人员还必须确
保他们生成的 XML 数据是格式良好的。

　　2007 和 2008 年，Web 社团采用了另一种数据格式来存储和传输 JavaScript 数据。

12.2　JSON

　　2006 年，Douglas Crockford 编写了 JavaScript Object Notation 规范。JSON 是 JavaScript
语言的一个子集，它使用 JavaScript 的几个语法模式来组织、构造数据。另外，JSON 能很
好地表示对象及其数据(它做得非常好，所以其他语言也使用 JSON)。很容易把 JSON 解析
为 JavaScript 对象，也很容易把对象串行化为 JSON。在目前的现代浏览器中，这只需要一
行代码！

　　如后面所述，JSON 看起来很像 JavaScript 的对象和数组字面量。很容易把 JSON 和
JavaScript 混为一谈，但理解两者的区别是很重要的。JavaScript 是一种编程语言，JSON 是
一种数据格式。

　　JSON 可以表示 3 种数据：简单值、对象和数组。

12.2.1　简单值

　　JSON 可以表示简单值，例如字符串、数字、布尔值和 null。例如，下面的代码是有效
的 JSON：

```
"JavaScript"
```

这个 JSON 表示字符串"JavaScript"，它看起来就像是普通的 JavaScript 字符串。但
JavaScript 和 JSON 中的字符串有一个重要区别：JSON 字符串必须使用双引号，因此下面

的 JSON 无效。

```
'JavaScript'
```

数字数据表示为数字字面量，如下所示：

```
10
```

这是有效的 JSON，表示数字 10。同样，布尔值和 null 看起来也像是 JavaScript 字面量：

```
true

null
```

12.2.2　对象

JSON 中的对象用类似于 JavaScript 的对象字面量记号来表示。例如，下面是一个 JavaScript 对象，它表示与前面相同的人：

```
var person = {
    firstName: "John",
    lastName: "Doe",
    age: 30
};
```

这个对象的 JSON 表示也类似。下面是用 JSON 表示的相同对象：

```
{
    "firstName": "John",
    "lastName": "Doe",
    "age": 30
}
```

这个对象的 JavaScript 和 JSON 表示有几个显著的区别。第一，JSON 没有 person 变量名。注意，JSON 是一种数据格式，而不是语言，它没有变量、函数或方法。它仅定义对象的结构和数据。

第二个区别是对象的属性名。注意，它们放在双引号中。在 JSON 中，对象的属性名是字符串，属性值遵循上一节指定的规则。字符串"John"和"Doe"使用双引号，数字 30 表示为字面量值。

最后一个区别是在右花括号后面没有分号。这不是 JavaScript 语句，因此不需要分号。这个 JSON 数据结构的大小是 69 字节，相当于对应 XML 的 101 字节的 68%。

与 JavaScript 对象一样，JSON 对象也可以很简单或很复杂。表示 John Doe 的数据结构相当简单，加上其地址后，就会提高其复杂性：

```
{
    "firstName": "John",
```

```
    "lastName": "Doe",
    "age": 30,
    "address": {
        "numberAndStreet": "123 Someplace",
        "city": "Somewhere",
        "state": "Elsewhere"
    }
}
```

这给主对象添加了一个 address 属性，其值是另一个包含 John 邮件地址的对象。

12.2.3　数组

与对象一样，JSON 中的数组也类似于 JavaScript 的数组字面量记号。下面的代码是
JavaScript 中的一个数组字面量：

```
var values = ["John", 30, false, null];
```

这个数组在 JSON 中如下所示：

```
["John", 30, false, null]
```

还要注意 JSON 数组没有 values 变量，也没有最后的分号。与对象一样，数组也不仅
仅包含简单值，还可以包含复杂对象：

```
[
    {
        "firstName": "John",
        "lastName": "Doe",
        "age": 30,
        "address": {
            "numberAndStreet": "123 Someplace",
            "city": "Somewhere",
            "state": "Elsewhere"
        }
    },
    {
        "firstName": "Jane",
        "lastName": "Doe",
        "age": 28,
        "address": {
            "numberAndStreet": "246 Someplace",
            "city": "Somewhere",
            "state": "Elsewhere"
        }
    }
]
```

这个 JSON 数组包含几个表示人员及其地址的对象。第一个是熟悉的 John Doe，第二

个是其妹妹 Jane，她住在街边。JSON 数据结构可以很简单，也可以很复杂。

12.2.4 串行化为 JSON

很容易把 JavaScript 对象串行化为 JSON。JavaScript 有一个 JSON 对象，可用于解析 JSON 数据，串行化 JavaScript 对象。所有主流浏览器都支持这个 JSON 对象。旧浏览器(如 IE7 及其以前版本)可使用 Crockford 的 JSON 实现方式(https://github.com/douglascrockford/ JSON-js)获得相同的结果。

要把 JavaScript 对象串行化为 JSON，应使用 JSON 对象的 stringify()方法，它接受任 何值、对象或数组，并把它串行化为 JSON。例如：

```
var person = {
    firstName: "John",
    lastName: "Doe",
    age: 30
};

var json = JSON.stringify(person);
```

这段代码使用 JSON.stringify()串行化 person 对象，存储在 json 变量中。
得到的 JSON 格式数据如下所示：

```
{"firstName":"John","lastName":"Doe","age":30}
```

删除了所有不必要的空白，负载被优化了，之后就可以把它发送给 Web 服务器或存储 在其他地方。

12.2.5 解析 JSON

把 JSON 解析为 JavaScript 对象是很简单的。JSON 对象的 parse()方法可以解析 JSON， 返回得到的对象。使用前面代码中的 json 变量：

```
var johnDoe = JSON.parse(json);
```

这行代码解析 json 中包含的 JSON 文本，把得到的对象存储在 johnDoe 变量中。这有 一个优点：可以立即使用 johnDoe，访问其属性。例如：

```
var fullName = johnDoe.firstName + " " + johnDoe.lastName;
```

开发人员喜欢 JSON 就没有什么奇怪了。它很容易使用！

需要存储对象时，可以使用 JSON，但当前使用的 API 仅允许存储文本。第 10 章会提 到，内置的拖放 API 有一个 dataTransfer 对象，可用于在拖放操作中处理数据。但它不允 许存储对象，只能存储文本。JSON 是文本，所以可以在拖动操作的开头串行化 JavaScript 对象，在释放事件触发时解析 JSON。

试一试　在拖放操作中使用 JSON

这个示例使用 ch10_example21.html 作为基础。可以复制并粘贴该示例中的代码，进行如下突显的修改。也可以打开文本编辑器，输入如下代码：

```html
<!DOCTYPE html>

<html lang="en">
<head>
    <title>Chapter 12: Example 1</title>
    <style>
        [data-drop-target] {
            height: 400px;
            width: 200px;
            margin: 2px;
            background-color: gainsboro;
            float: left;
        }

        .drag-enter {
            border: 2px dashed #000;
        }

        .box {
            width: 200px;
            height: 200px;
        }

        .navy {
            background-color: navy;
        }

        .red {
            background-color: red;
        }
    </style>
</head>
<body>
    <div data-drop-target="true">
        <div id="box1" draggable="true" class="box navy"></div>
        <div id="box2" draggable="true" class="box red"></div>
    </div>
    <div data-drop-target="true"></div>

    <script>
        function handleDragStart(e) {
            var data = {
                elementId: this.id,
                message: "You moved an element!"
```

367

```
    };

    e.dataTransfer.setData("text", JSON.stringify(data));
}

function handleDragEnterLeave(e) {
    if (e.type == "dragenter") {
        this.className = "drag-enter";
    } else {
        this.className = "";
    }
}

function handleOverDrop(e) {
    e.preventDefault();

    if (e.type != "drop") {
        return;
    }

    var json = e.dataTransfer.getData("text");
    var data = JSON.parse(json);

    var draggedEl = document.getElementById(data.elementId);

    if (draggedEl.parentNode == this) {
        this.className = "";
        return;
    }

    draggedEl.parentNode.removeChild(draggedEl);

    this.appendChild(draggedEl);
    this.className = "";

    alert(data.message);
}

var draggable = document.querySelectorAll("[draggable]");
var targets = document.querySelectorAll("[data-drop-target]");

for (var i = 0; i < draggable.length; i++) {
    draggable[i].addEventListener("dragstart", handleDragStart);
}

for (i = 0; i < targets.length; i++) {
    targets[i].addEventListener("dragover", handleOverDrop);
    targets[i].addEventListener("drop", handleOverDrop);
    targets[i].addEventListener("dragenter", handleDragEnterLeave);
    targets[i].addEventListener("dragleave", handleDragEnterLeave);
```

```
    }
  </script>
</body>
</html>
```

将这个文件保存为 ch12_example1.html。

只需要进行几个修改，就可以使这个例子不同于 ch10_example21.html。第一个修改在 handleDragStart()函数中：

```
function handleDragStart(e) {
  var data = {
    elementId: this.id,
    message: "You moved an element!"
  };
```

新代码创建了 data 对象。它的 elementId 属性包含元素的 id 值，message 属性包含随机文本。在拖放操作传输数据时，要使用这个对象。所以必须串行化它：

```
  e.dataTransfer.setData("text", JSON.stringify(data));
}
```

调用 JSON.stringify()方法即可串行化它，得到的 JSON 文本设置为传输的数据。

剩下的修改在 handleOverDrop()函数中。其前几行是相同的：

```
function handleOverDrop(e) {
  e.preventDefault();

  if (e.type != "drop") {
    return;
  }
```

但下面两行是新增的：

```
  var json = e.dataTransfer.getData("text");
  var data = JSON.parse(json);
```

用 getData()方法检索传输的数据，存储在 json 变量中。接着把 JSON 解析为一个 JavaScript 对象，存储在 data 变量中。需要从文档中检索拖动的元素对象，所以使用 data.elementId，并传递给 document.getElementById()：

```
  var draggedEl = document.getElementById(data.elementId);

  if (draggedEl.parentNode == this) {
    this.className = "";
    return;
  }

  draggedEl.parentNode.removeChild(draggedEl);

  this.appendChild(draggedEl);
```

```
    this.className = "";
```

从父对象中删除拖动的元素并追加到释放目标上后，就访问 data 对象，给用户显示其 message：

```
    alert(data.message);
}
```

这个使用 JSON 存储对象数据的技术在许多场合都有效。第 13 章将使用这个技术把对象数据直接存储在浏览器中。

12.3   小结

本章介绍了 JSON，这是存储和传输对象、数组和简单值的文本格式。下面看看本章讨论的内容：

- 串行化是把对象和值转换为其字符串表示的过程。
- Web 以前使用 XML 存储和传输 JavaScript 数据，但目前采用 JSON 格式。
- JSON 不是 JavaScript，而是 JavaScript 的一个子集。它们的语法是类似的，但两者有重要的区别。其中之一是，JSON 没有变量或函数，它只是一个数据格式。
- JSON 字符串必须放在双引号中。使用单引号会导致错误。
- 数字、布尔值和 null 在 JSON 中显示为字面量值。
- JSON 对象看起来非常类似于 JavaScript 对象字面量，但其属性是字符串，也没有尾部的分号。
- JSON 数组几乎与 JavaScript 数组字面量完全相同，但没有尾部的分号。
- 使用 JSON 对象的 stringify() 方法可以串行化对象、数组和值。
- 使用 JSON.parse() 可以把 JSON 文本解析为 JavaScript 对象或值。

第 13 章介绍如何使用本地存储器和 cookie 存储数据，并用于浏览器。

12.4   习题

在附录 A 中可以找到本章习题的参考答案。

习题 1：

Example 1 中修改单个消息的代码不太好。修改这些代码，从三个可能的消息中随机选择并显示一个消息。

第13章

数 据 存 储

本章主要内容

- 使用 cookie 和 Web 存储功能可以在用户的计算机上存储数据
- 创建 cookie 非常简单，但读取它较复杂
- 使用 Web 存储功能很容易

本章源代码下载(wrox.com)：

打开网页 http://www.wiley.com/go/BeginningJavaScript5E，单击 Download Code 选项卡即可下载本章源代码。也可以在 http://beginningjs.com 上查看所有的代码示例和相关的文件。

Web 站点程序员的一个目标是使用户访问网站的过程尽可能轻松愉悦。显然，精心设计的页面和易于导航的布局是该目标的核心，但这还远远不够。必须进一步了解用户，使用从用户处获得的信息，使网站实现个性化。

例如，用户第一次访问网站时已经注册了用户名，当他再次访问网站时，就可以用他的名字问候他，欢迎他再次访问网站。还有其他更好的网站示例，如 Amazon(亚马逊)网站的"一点即购(one-click purchasing)"系统。已知用户的购买信息后，如信用卡号和投递地址，就允许用户浏览书籍，然后单击即可购买，从而极大地增加了用户的购买可能性。另外，还可以根据用户以前的购买信息和浏览模式，为用户购书提供建议。

这种个性化需要在用户两次访问网站之间，将用户的信息保存起来。出于浏览器的安全性限制，从 Web 应用程序中访问用户本地文件系统是有许多限制的。但是，Web 站点的开发人员可以使用 cookie，将少量信息保存在用户本地硬盘的指定空间中。在浏览器中，则使用 HTML5 的 Web 存储功能。

13.1 烘焙第一个 cookie

cookie 的关键在于 document 对象的 cookie 属性。使用这个属性，可以在 JavaScript 代码中创建 cookie，访问 cookie 中的数据。

要设置 cookie，可以将 document.cookie 设置为 cookie 字符串。本章随后将详细介绍 cookie 字符串的构成，现在先创建一个简单的 cookie 例子，看看信息保存在用户计算机的什么地方。

13.1.1 新鲜出炉的 cookie

下面的代码设置了一个 cookie，其 UserName 设置为 Paul，到期时间为 2020 年 12 月 28 日。

```
<!DOCTYPE html>

<html lang="en">
<head>
   <title>Fresh-Baked Cookie</title>
   <script>
      document.cookie =
         "UserName=Paul;expires=Tue, 28 Dec 2020 00:00:00;";
   </script>
</head>
<body>
   <p>This page just created a cookie</p>
</body>

</html>
```

将该页面保存为 freshbakedcookie.html。在学习 cookie 字符串时会讨论上面代码的工作方式，现在先讨论创建 cookie 时会发生什么。

不使用代码时，查看 cookie 的方式随所使用的浏览器而异。

1. 在 IE 中查看 cookie

本节介绍如何查看 IE 保存在计算机中的 cookie。之后，加载前面通过 cookie 创建的页面，看看效果如何。步骤如下：

(1) 首先打开 IE。本章的例子使用 IE 11，如果使用的是 IE 的早期版本，则屏幕图和菜单将略有差异。

(2) 在查看 cookie 前，先清除浏览器的 Internet 临时文件夹，以便查看浏览器保存的 cookie。单击 Gear 图标，选择 Internet Options 菜单项，如图 13-1 所示。

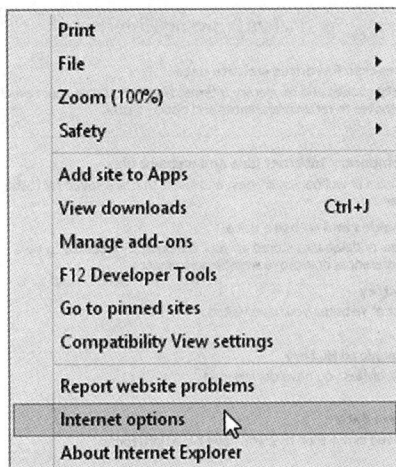

图　13-1

选择了这个选项后，将打开 Internet Options 对话框，如图 13-2 所示。

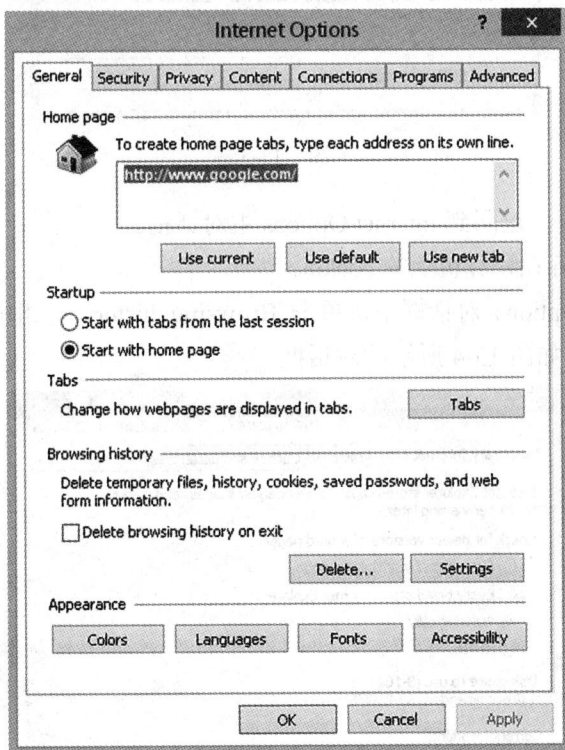

图　13-2

(3) 单击 Browsing history 下的 Delete 按钮，打开另一个对话框，如图 13-3 所示。

(4) 确保仅选中 Temporary Internet files and website files 和 Cookies and website data 旁边的复选框，再单击 Delete 按钮，现在就有了一个非常干净的缓存，以便于查看新创建的 cookie。

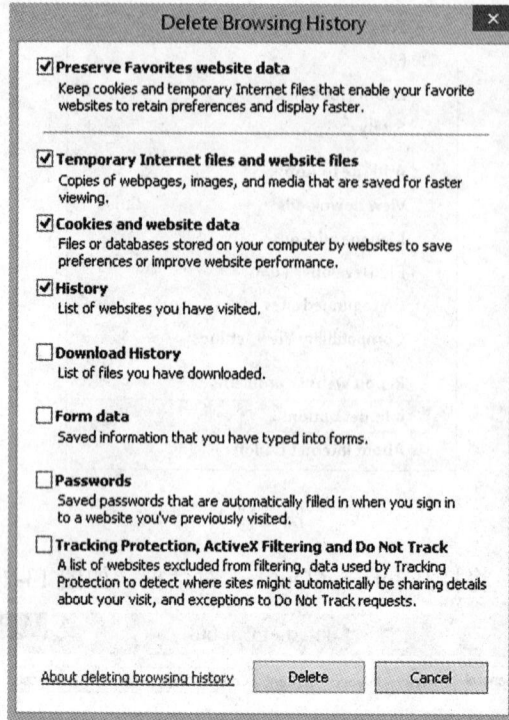

图　13-3

(5) 关闭该对话框，返回到 Internet Options 主对话框。

现在看看当前保存在计算机上的 cookie。

(6) 在 Internet Options 对话框中，单击 Browsing history 分组中 Delete 按钮旁边的 Settings 按钮，将打开如图 13-4 所示的对话框。

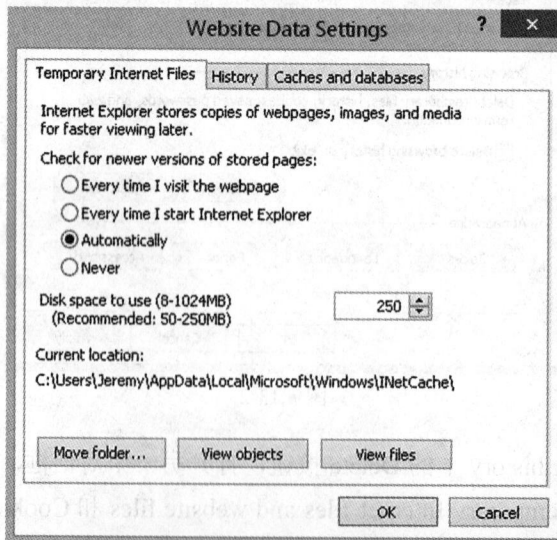

图　13-4

(7) 单击 View files 按钮，将会列出计算机上所有的临时页面和 cookie 文件。如果按前面的步骤删除了所有的 Internet 临时文件，就不显示临时页面，如图 13-5 所示。

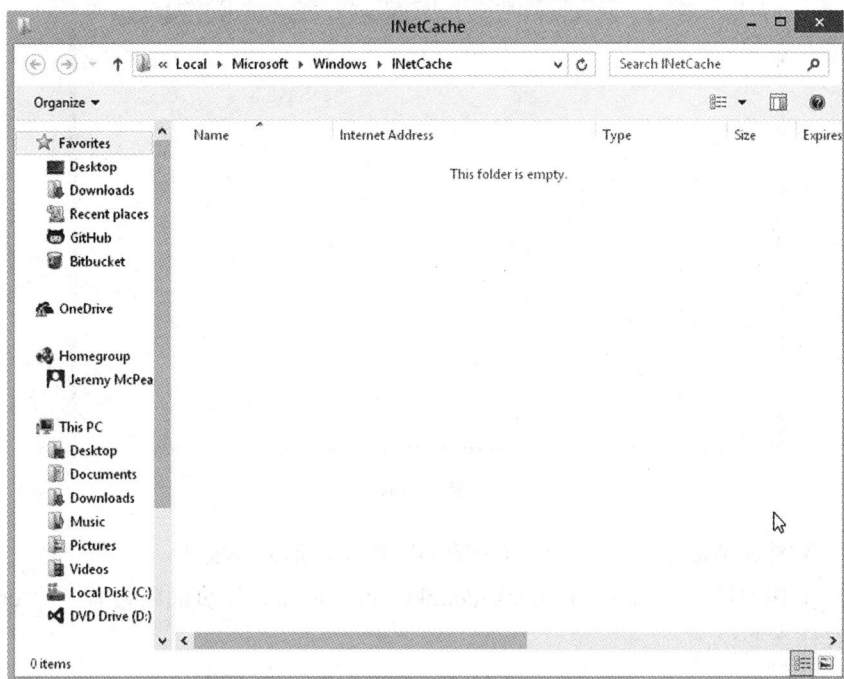

图　13-5

实际的 cookie、其名称和值将因计算机的操作系统而异。

双击 cookie 文件可以查看其中的内容。注意系统将警告打开文本文件可能存在潜在的安全风险，但打开 cookie 文件是非常安全的，因为它们是简单的文本文件。图 13-6 中显示了由 Google 搜索引擎设置的名为 google 的 cookie 文件所包含的内容。

可以看出，cookie 只是一个普通的文本文件。每个网站或域名都有一个自己的文本文件，以保存该站点的所有 cookie。本例仅给 google.com 保存了一个 cookie。类似 amazon.com 这样的域肯定设置了许多 cookie。

在图 13-6 中，可以看到 cookie 的详细信息。例如，该 cookie 的名称为 PREF，它的值为一个字符序列，但该字符序列很难理解，只对 Google 网站有意义。它由域 google.com 设置，且与根目录/相关。cookie 的内容看起来是一些混乱的字符，但是无须担心。在学习如何编写 cookie 时，会发现无须采用这种格式设置 cookie 的信息。

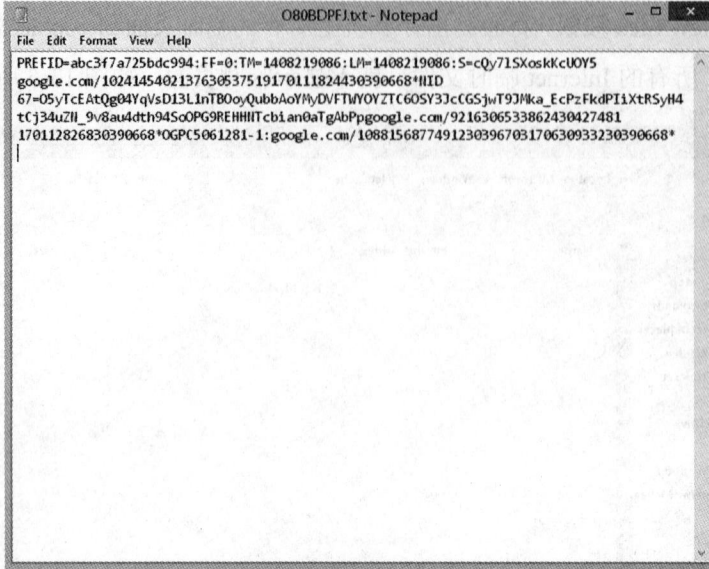

图　13-6

之后，关闭 cookie，并单击对话框中的 OK 按钮，返回浏览器。

现在，在 IE 浏览器中加载 freshbakedcookie.html 页面。该页面将设置一个 cookie。下面看看这有什么变化：

(1) 选择 Tools | Internet Options，返回 Internet Options 对话框。

(2) 单击 Settings 按钮。

(3) 单击 View files 按钮，计算机将显示如图 13-7 所示的信息。

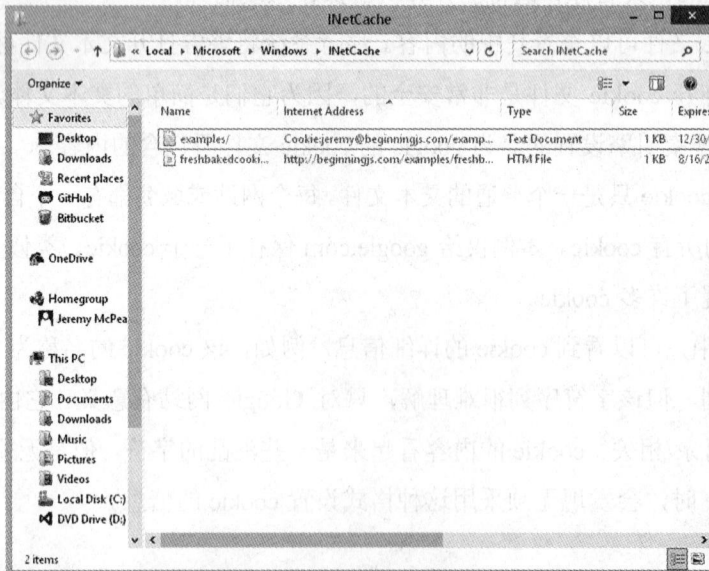

图　13-7

如果从计算机上加载 HTML 文件，cookie 就通过本地硬盘而不是服务器上的一个网页创建，因此其域名设置为网页所在的目录名。显然，这仅仅是出于演示的目的。实际上，用户将通过 Internet 访问网站中的页面，而不是从本地硬盘上加载页面。Internet 地址将基于 freshbakedcookie.html 文件所在的目录。另外，该 cookie 在 2020 年 12 月 28 日过期，这是创建 cookie 时设置的。双击该 cookie，查看内容，其内容将如图 13-8 所示。

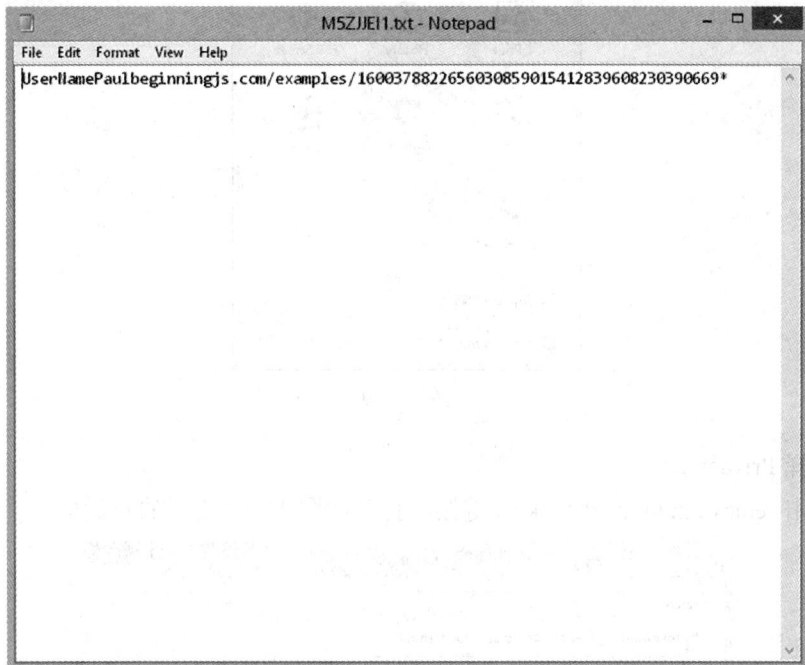

图　13-8

在图 13-8 的左上角可以看到该 cookie 的名称 UserName、值 Paul、目录信息，还有过期时间，但其形式不易辨认。注意，有时在查看 cookie 文件之前，需要先关闭浏览器，再重新打开。

2. 在 Firefox 中查看 cookie

cookie 不在浏览器之间共享。因此，在使用 IE 访问某个网站时保存的 cookie 不能用于 Firefox，反之亦然。本节的示例使用 Firefox 31。

Firefox 保存 cookie 的地方与 IE 完全不同，查看 cookie 内容的方法也与 IE 不同。要查看 Firefox 中的 cookie，需要执行以下步骤：

(1) 单击 Hamburger 图标，选择 Options，如图 13-9 所示。

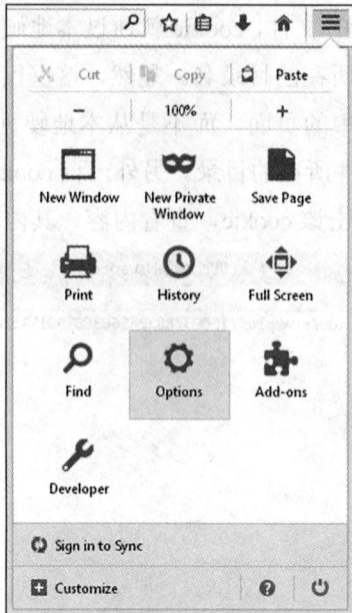

图　13-9

(2) 选择 Privacy 选项。

(3) 单击 remove individual cookies 链接，打开如图 13-10 所示的对话框。

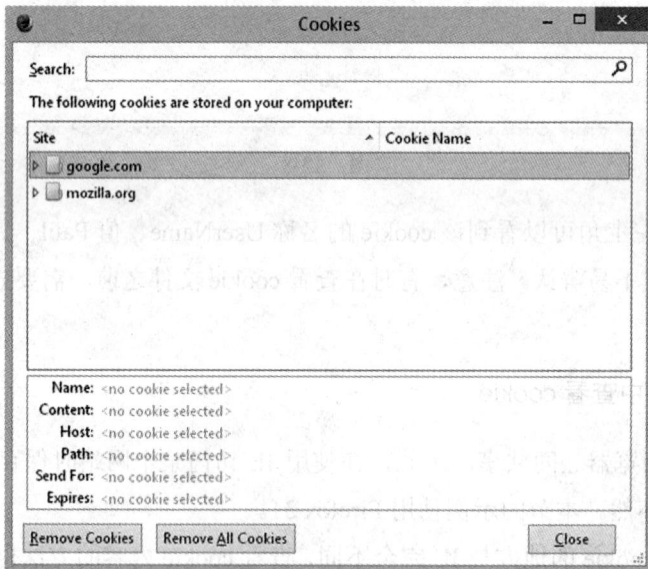

图　13-10

(4) 单击 Close 按钮返回浏览器，并加载 freshbakedcookie.html。

(5) 重复上面的步骤，打开 cookie 管理器，会发现名为 UserName 的 cookie 已添加进来。如果该 cookie 是从 PC 的文件中加载的，而不是通过 Internet 访问的，它的 Web 地址就为空。展开的 cookie 信息如图 13-11 所示。

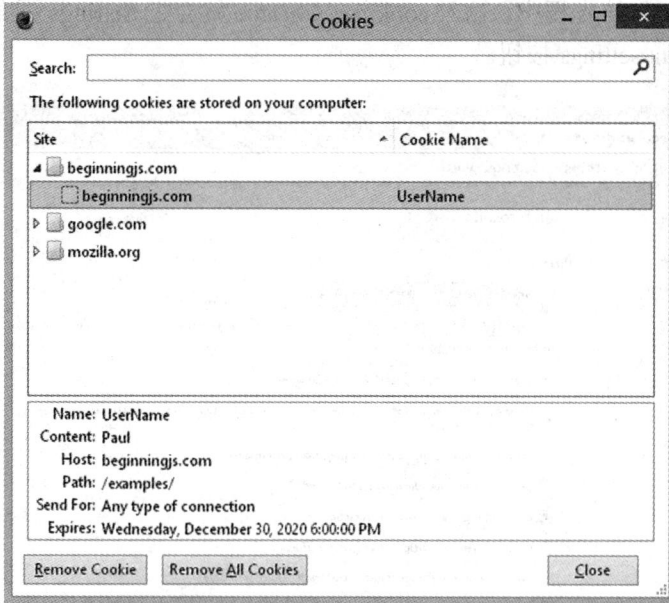

图　13-11

注意，cookie 管理器底部的按钮可以删除选中的 cookie 或保存的所有 cookie。

3. 在 Chrome 中查看 cookie

对于 cookie，Chrome 与 Firefox 有点类似，因为也是通过浏览器查看和管理它们：

(1) 单击 Hamburger 图标，选择 Settings，如图 13-12 所示。

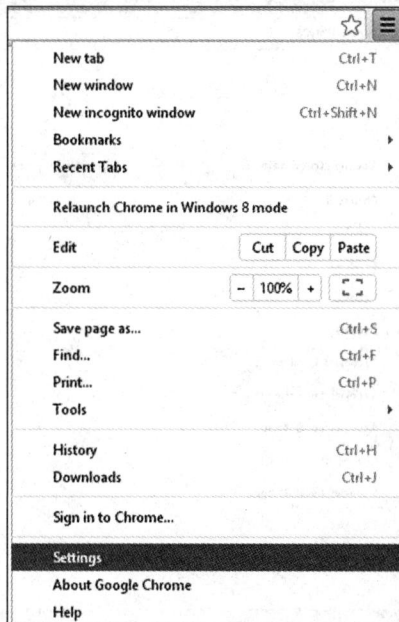

图　13-12

(2) 在 Search settings 框中，输入 cookies，Chrome 就会把 Settings 页面改为如图 13-13 所示。单击 Content settings 按钮。

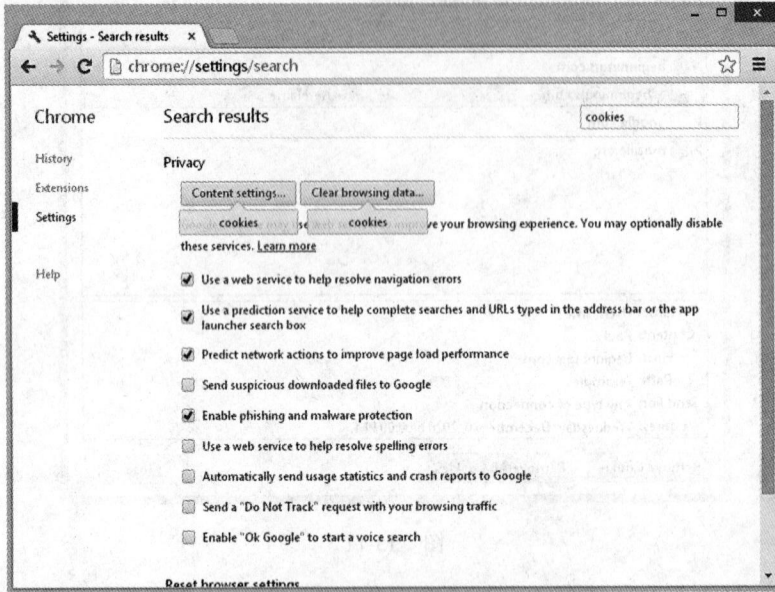

图　13-13

(3) 在 Content settings 窗口中，单击 All cookies and site data…按钮，显示一个新窗口，以管理 cookie，如图 13-14 所示。

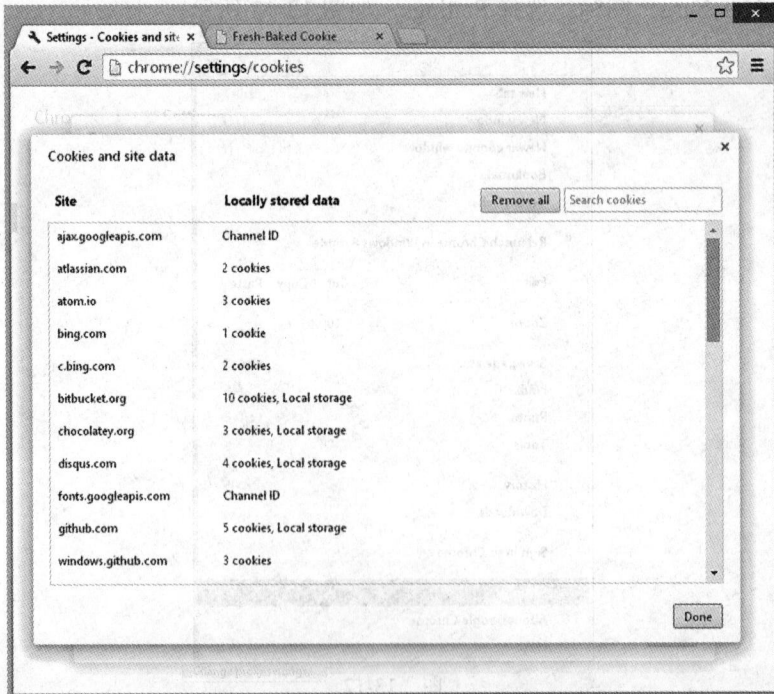

图　13-14

(4) 在新选项卡或窗口中加载 freshbakedcookie.html。

(5) 返回 Settings 页面，单击 Refresh 图标，就会出现新 cookie 的项，如图 13-15 所示。

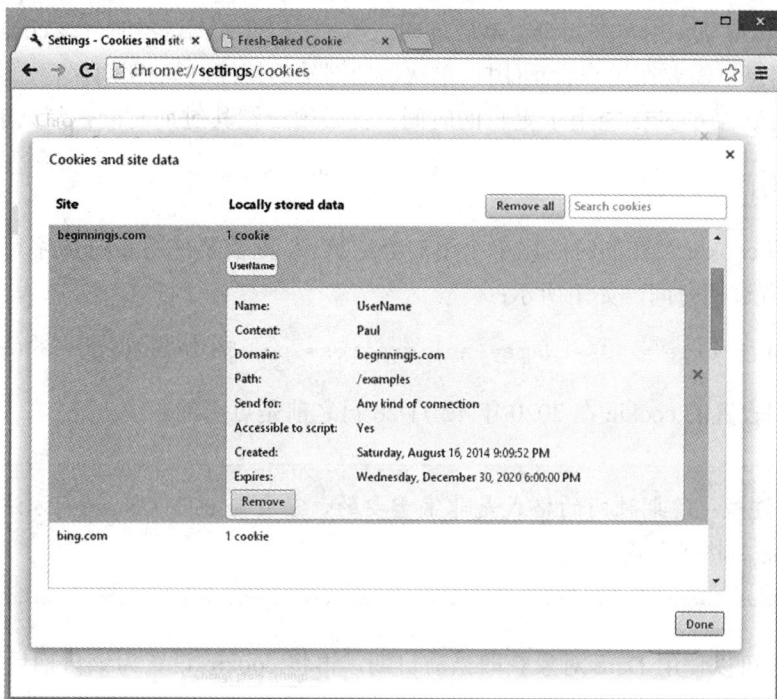

图   13-15

知道如何手动查看 cookie 之后，下面分析如何使用代码创建和读取 cookie。首先分析
构成 cookie 字符串的各个部分。

13.1.2   cookie 字符串

创建 cookie 时，可以设置 6 个部分：name(名称)、value(值)、expires(过期时间)、path(路
径)、domain(域)和 secure(安全性)，后 4 个是可选的。下面逐一介绍它们。

1. 名称和值

cookie 字符串的第一部分包含 cookie 的名称和值。名称用来引用 cookie，值是 cookie
的信息部分。

cookie 字符串的这个名称/值对是必选的。如果不存储名称或值，则 cookie 是无效的，
因为保存信息是使用 cookie 的目的。应确保这个部分在 cookie 字符串的开头。

cookie 的值是一个基本字符串，但如果要保存的是数值数据，则该字符串也可以保存
数字字符。如果保存文本，则某些字符(如分号)就不能存储在该值中，除非使用了特殊的
编码，稍后介绍。对于分号来说，这是因为它们在 cookie 字符串中用作不同部分的分隔符。

下面的代码设置了一个 cookie，其名称为 UserName，值为 Paul：

```
document.cookie = "UserName=Paul;";
```

这个 cookie 的生存期很短，生存期是 cookie 中的信息持续存在的时间。如果没有设置过期时间，cookie 就在用户关闭浏览器后过期。下次用户打开浏览器时，该 cookie 便不复存在了。如果信息只需要在用户会话(用户单次访问网站的持续时间)期间保存，这就很合适。但是，如果要确保 cookie 能用于更长的时间，就必须设置其过期时间，参见下面的内容。

2. 过期时间

如果希望 cookie 存在的时间比单个用户会话更长，则需要使用 cookie 字符串的第二部分 expires 设置过期时间，如下所示：

```
document.cookie = "UserName=Paul;expires=Tue, 28 Dec 2020 00:00:00 GMT; ";
```

上述代码设置的 cookie 在 2020 年 12 月 28 日之前是可用的。

> 注意：过期时间的格式是非常重要的，它应与 toUTCString()方法给出的 cookie 的格式相同。

实际上，可以使用 Date 对象获取当前日期，再将 cookie 设置为该日期后的 3 或 6 个月过期。否则，就需要在 2020 年 12 月 28 日重写页面。

例如，可以编写下面的代码：

```
var expire = new Date();
expire.setMonth(expire.getMonth() + 6);
document.cookie = "UserName=Paul;expires=" + expire.toUTCString() + ";";
```

上面的代码创建了一个新 cookie，其名称为 UserName，值为 Paul，在当前日期后的 6个月过期。注意，其他因素可能导致 cookie 在过期日期之前就失效，例如用户删除了 cookie，或者达到 cookie 数量的上限。

3. 路径

在 99%的情况下，都仅需要设置 cookie 的 name、value 和 expires 部分。但是，有时需要设置其余三个部分，如本节介绍的 path 部分。最后两个部分 domain 和 secure 用于高级用户，超出了本书的范围，但是为了完整起见，将简要介绍它们。

我们习惯使用硬盘上的目录。我们将硬盘划分为这些目录，而不是将所有东西放在一起。例如，可以将字处理文件放在 My Documents 目录中、把图像文件放在 My Images 目录中等。目录还可以细分为子目录，所以在 My Images 目录下可能有 My Family 和 My Holiday 子目录。

Web 服务器也采用与此相同的原理。Web 服务器常常将整个网站合理地划分为不同的目录，而不是放在一个 Web 目录中。例如，如果访问 Wrox 网站 www.wrox.com，然后单击一个书籍分类，则所浏览的页面的路径是 www.wrox.com/Books/。

这很有意思，但这与 cookie 有什么关系？

问题在于，cookie 不仅特定于某个 Web 域，如 www.wrox.com，还特定于该域中的具体路径。例如，如果 www.wrox.com/Books/中的页面设置了一个 cookie，那么只有该目录或其子目录中的页面才能读取和修改这个 cookie。如果 www.wrox.com/academic/下的页面试图读取这个 cookie，则会失败。为什么要对 cookie 进行这样的限制？

下面以免费 Web 空间为例。Web 上的很多公司允许申请免费的 Web 空间。通常，每个申请 Web 空间的人的站点都在同一个域中。例如，Bob 的网站是 www.freespace.com/members/bob/，Belinda 的网站是 www.freespace.com/members/belinda。如果无论 cookie 的路径是什么，都可以检索和修改 cookie，那么由 Bob 网站设置的任何 cookie 都可以由 Belinda 查看，反之亦然。显然，任何用户都不希望如此。这不仅是一个安全问题，而且如果用户并不相互了解，这两个站点都有一个名为 MyHotCookie 的 cookie，那么它们设置或读取同一个 cookie 时，就会产生问题。免费 Web 空间提供者常常有许多用户，所以可能造成混乱。

既然 cookie 是特定于某一路径的，如果想通过服务器上的两个不同的路径访问某一cookie，该怎么办？例如 www.mywebsite.com/mystore/有一个联机商店，该商店还细分为两个子目录/Books 和/Games。假如结账页面位于 www.mywebsite.com/mystore/Checkout 目录中，那么/Books 和/Games 目录中设置的 cookie 无法互访，也不能由/Checkout 目录中的页面访问。要解决这个问题，可以只在/mystore 目录中设置 cookie，这样 cookie 就能被/mystore 目录及其所有的子目录读取。或者，可以使用 cookie 字符串的 path 属性，指定 cookie 的路径是/mystore，无论 cookie 是在/Books、Games 还是在/Checkout 子目录中设置，都是如此。

例如，使用下面的代码：

```
document.cookie = "UserName=Paul;expires=Tue, 28 Dec 2020 00:00:00" +
";path=/mystore;";
```

即使 cookie 由/Books 目录中的页面设置，仍能由/mystore 目录及其子目录中的页面访问，如/Checkout 和/Games。

如果要指定 cookie 可用于设置它的域的所有子目录，则可以使用/字符指定根目录的路径：

```
document.cookie = "UserName=Paul;expires=Tue, 28 Dec 2020 00:00:00;path=/;";
```

现在，该 cookie 可供设置它的域上的所有目录访问。如果该域包含许多站点，则最好不要这样设置，否则其中的网站就可以访问其他网站的 cookie 信息。

注意，尽管 Windows 计算机不区分目录名的大小写，但是其他操作系统会区分。例如，如果网站在基于 Unix 或 Linux 的服务器上，则 path 属性是区分大小写的。

4. 域

cookie 字符串的第 4 部分是域，域的例子有 wrox.com、beginningjs.com 等。与 cookie 字符串的路径部分类似，域部分的设置也是可选的，而且域似乎并不常用。

默认情况下，cookie 仅用于设置它的域上的页面。例如，假设第一个网站运行在域为 mypersonalwebsite.mydomain.com 的 服 务 器 上 ， 第 二 个 网 站 运 行 在 mybusinessweb site.mydomain.com 上，则一个网站上设置的 cookie 不能由另一个域名下的页面访问，反之亦然。在大多数情况下，这正是我们所需要的。但如果不是这样，就可以使用 cookie 字符串的 domain 部分指定，cookie 可用于指定域的所有子目录。例如，下述代码设置的 cookie 可由两个子域共享：

```
document.cookie = "UserName=Paul;expires=Tue, 28 Dec 2020 00:00:00;path=/" +
";domain=mydomain.com;";
```

注意，域必须相同：不能共享 www.mydomain.com 和 www.someoneelsesdomain.com。

5. 安全性

cookie 字符串的最后一部分是 secure。这只是一个布尔值，如果它设置为 true，则 cookie 仅发送给尝试使用安全通道检索它的 Web 服务器。默认值 false 表示，总是发送 cookie，而不考虑安全性。这仅应用于用 SSL(Secure Sockets Layer，安全套接字层)建立服务器的情况。

13.2 创建 cookie

为简单起见，下面编写一个函数，以便更加轻松地创建新的 cookie 并设置某些属性。这是第一个有效的函数，后面将创建许多这样有用的函数，并添加到一个独立的.js 文件中，以便更容易在将来的项目中重用其中的代码。下面先看看函数的代码，再使用它创建一个示例。首先创建一个文件 cookiefunctions.js，添加如下代码：

```
function setCookie(name, value, path, expires) {
    value = escape(value);

    if (!expires) {
        var now = new Date();
        now.setMonth(now.getMonth() + 6);
        expires = now.toUTCString();
    }

    if (path) {
        path = ";Path=" + path;
    }

    document.cookie = name + "=" + value + ";expires=" + expires + path;
}
```

cookie 字符串的 domain 和 secure 部分很少用到，因此该函数仅设置 cookie 的 name、value、expires 和 path 部分。如果不想设置路径或过期日期，只需要给这两个参数传送空字符串。如果未指定路径，则使用当前目录及其子目录。如果未设置过期日期，则假定过期时间为自创建之日起 6 个月。

函数的第一行引入了一个新的函数 escape()。

```
value = escape(value);
```

前面设置 cookie 的值时，提到过不能直接使用某些字符，如分号(这也适用于 cookie 的名称)。要解决这个问题，可以使用内置的 escape()函数和 unescape()函数。escape()函数将非字母或数字字符转换为 Latin-1 字符集中对应的十六进制编码，并加上%字符前缀。

例如，空格的十六进制编码为 20，分号的十六进制编码为 3B。因此，下述代码的输出结果如图 13-16 所示。

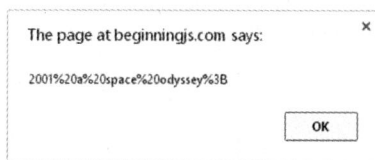

The page at beginningjs.com says:

2001%20a%20space%20odyssey%3B

OK

图 13-16

```
alert(escape("2001 a space odyssey;"));
```

可以看到，每个空格都转换为%20，其中的%指出这是一个转义或特殊字符，而不是实际的字符，20 表示该字符的 ASCII 值。分号转换为%3B。

如后面所述，读取 cookie 的值时，可以使用 unescape()函数将转义的字符转换为普通文本。

回到 setCookie()函数上，接下来是一个 if 语句。

```
if (!expires) {
    var now = new Date();
    now.setMonth(now.getMonth() + 6);
    expires = now.toUTCString();
}
```

这些代码用于处理 expires 参数不包含有效值(该参数被忽略或传递空字符串"")的情形。在很多情况下，cookie 的存在时间都应长于创建它的会话，因此 expires 的默认值设置为当前日期后的 6 个月。

接下来，如果给函数的 path 参数传递一个值，则需要在创建 cookie 时添加这个值。只需要在 path 参数值前添加"path="。

```
if (path) {
    path = ";Path=" + path;
}
```

最后一行代码将 name、value、expires 和 path 部分连接起来，创建 cookie。

```
document.cookie = name + "=" + value + ";expires=" + expires + path;
```

每当需要创建新的 cookie 时，就可以使用 setCookie()函数。因为它更容易设置 cookie，而无须记住要设置的各个部分。更重要的是，它还可以将过期时间默认设置为当前日期后的 6 个月。

例如，要使用该函数设置一个 expires 和 path 为默认值的 cookie，只需要使用如下代码：

```
setCookie("cookieName","cookieValue");
```

试一试 　使用 setCookie()函数

下面的简单例子使用 setCookie()函数设置 3 个名为 Name、Age 和 FirstVisit 的 cookie。然后显示 document.cookie 属性的内容，看看其效果。

打开文本编辑器，输入如下代码：

```html
<!DOCTYPE html>

<html lang="en">
<head>
    <title>Chapter 13: Example 1</title>
</head>
<body>
    <script src="cookiefunctions.js"></script>
    <script>
        setCookie("Name", "Bob");
        setCookie("Age", "101");
        setCookie("FirstVisit", "10 May 2007");

        alert(document.cookie);
    </script>
</body>
</html>
```

保存为 ch13_example1.html，并在浏览器中加载。

所显示的警告框如图 13-17 所示。注意，3 个 cookie 都显示为名称/值对，并用分号来分隔，但是没有显示过期日期。路径参数即使设置了，也不会显示出来。还显示了前面示例中的名为 UserName 的 cookie。

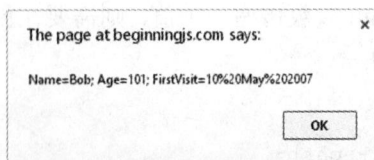

图　13-17

前面介绍了 setCookie()函数的工作原理，因此只需要分析使用函数创建 3 个新 cookie 的三行代码。

```
setCookie("Name", "Bob");
setCookie("Age", "101");
setCookie("FirstVisit", "10 May 2007");
```

这非常简单。第一个参数是 cookie 的名称(稍后介绍如何根据 cookie 的名称来获取其值)。注意，cookie 的名称应只使用字母和数字字符，没有空格、标点符号或者特殊字符。尽管 cookie 的名称可以使用这些字符，但使用它们会比较复杂，最好避免使用。第二个参数是 cookie 的值。第三个参数是路径，第四个参数是 cookie 的过期时间。

例如，在使用 setCookie()函数的第一行代码中，所设置的 cookie 的名称是 Name，其值是 Bob。没有设置 path 和 expires 部分，因此忽略这些参数。

余下的两行代码分别创建了名为 Age 和 FirstVisit 的 cookie，其值分别设置为 101 和 10 May 2007。

如果要设置路径和过期时间，该如何修改代码？

假如希望路径是/MyStore，过期时间为 1 年后，则可使用下面的 setCookie()函数：

```
var expires = new Date();
expires.setMonth(expires.getMonth() + 12);
setCookie("Name","Bob","/MyStore", expires.toUTCString());
```

首先创建一个新的 Date 对象，但没有给构造函数传送参数，将该对象初始化为当前日期。下一行代码给该日期加上 12 个月。接下来，使用 setCookie()函数设置 cookie 时，将"/MyStore"作为路径传送，expires.toUTCString()作为过期时间传送。

创建了一个名为 Name 且值为 Bob 的 cookie 后，如何修改该 cookie 的值？为此，只需要再次设置 cookie，但使用新值。例如，要将名为 Name 的 cookie 的值从 Bob 改为 Bobby，可以使用如下代码：

```
setCookie("Name","Bobby");
```

如何删除已有的 cookie？很简单，只需要修改 cookie 的值，并将其过期时间设置为过去的时间，使该 cookie 过期即可。例如下面的代码：

```
setCookie("Name","","","Mon, 1 Jan 1990 00:00:00");
```

13.3 获取 cookie 的值

前面的例子使用了 document.cookie 属性来获取一个字符串，其中包含已设置的 cookie 的信息。但这个字符串有两个局限性。

- 用名称/值对检索 cookie,并用分号作为分隔符。无法获得 cookie 的 expires、path、domain 和 secure 部分,也不能检索它们。
- cookie 属性仅允许获取为某一路径和 Web 服务器(当它们驻留在 Web 服务器上时)设置的所有 cookie。例如,无法直接获取名为 Age 的 cookie 的值。为此,必须使用前面章节学过的字符串处理技术,从返回的字符串中截取需要的信息。

可以通过多种方法获取单个 cookie 的值,下面使用的方法适用于所有支持 cookie 的浏览器。需要将下面的函数添加到 cookiefunctions.js 文件中:

```
function getCookieValue(name) {
    var value = document.cookie;
    var cookieStartsAt = value.indexOf(" " + name + "=");

    if (cookieStartsAt == -1) {
        cookieStartsAt = value.indexOf(name + "=");
    }

    if (cookieStartsAt == -1) {
        value = null;
    } else {
        cookieStartsAt = value.indexOf("=", cookieStartsAt) + 1;

        var cookieEndsAt = value.indexOf(";", cookieStartsAt);

        if (cookieEndsAt == -1) {
            cookieEndsAt = value.length;
        }

        value = unescape(value.substring(cookieStartsAt,
            cookieEndsAt));
    }

    return value;
}
```

该函数的第一个任务是获取 document.cookie 字符串,并保存在变量 value 中。

```
var value = document.cookie;
```

接下来,在 value 字符串中查找其名称作为参数传入的 cookie 的位置。这里使用 String 对象的 indexOf()方法查找此信息,代码如下所示:

```
var cookieStartsAt = value.indexOf(" " + name + "=");
```

该方法返回找到的 cookie 的字符位置,如果未找到 cookie,则返回-1,表示不存在这个 cookie。我们查找" "+ name +"=",以免在无意间查找包含所需名称的 cookie 名称或值。例如,如果 cookie 的名称是 xFoo、Foo 和 yFoo,则查找前面不包含空格的 Foo,会先匹配 xFoo,但这并不是我们需要的 cookie。

如果 cookieStartsAt 是-1，则表示该 cookie 不存在，或者该 cookie 位于 cookie 字符串的开头，这时该 cookie 名称前也不包含空格。为确定是哪一种情况，需要再进行一次查找，这次的查找不包含空格：

```
if (cookieStartsAt == -1) {
    cookieStartsAt = value.indexOf(name + "=");
}
```

在接下来的 if 语句中，检查是否找到 cookie。如果没有找到，则将 value 变量设置为 null。

```
if (cookieStartsAt == -1) {
    value = null;
}
```

如果找到 cookie，则在 else 语句中，从 document.cookie 字符串中截取该 cookie 的值。为此，需要找到该 cookie 的值部分的开头和结尾。其开头是 cookie 名称及等号(=)后的下一个字符位置。因此，在下面的代码中，indexOf()方法从 cookie 名称/值对的起始字符开始搜索，查找字符串中跟在 cookie 名称后面的等号。

```
else {
 cookieStartsAt = value.indexOf("=", cookieStartsAt) + 1;
```

然后，给这个值加 1，以获取该 cookie 值的开始位置。

该 cookie 值的结束位置要么到下一个分号，要么到字符串的结尾。下面的代码从 cookieStartsAt 索引开始搜索分号。

```
var cookieEndsAt = value.indexOf(";", cookieStartsAt);
```

如果这是字符串中的最后一个 cookie，就搜索不到分号，变量 cookieEndsAt 将为-1。此时，该 cookie 值的结尾一定是字符串的结尾，因此可将 cookieEndsAt 变量设置为字符串的长度。

```
if (cookieEndsAt == -1) {
    cookieEndsAt = value.length;
}
```

接着使用 substring()方法从主字符串中截取 cookie 的值。由于使用 escape()函数编码了字符串，因此需要使用 unescape()函数进行解码，以获得实际的值。

```
value = unescape(value.substring(cookieStartsAt,
    cookieEndsAt));
```

最后将该 cookie 的值返回给调用函数。

```
return value;
```

有新内容吗

知道如何创建和获取 cookie 后，就在一个示例中使用这些知识，检查自用户上次访问网站之后，网站是否有变化。

该例子将创建两个页面。第一个页面是该网站的主页面，第二个页面包含了网站更新和新增内容。只有以前用户访问过第二个页面(即存在一个 cookie)，但自从该页面更新以来用户还没有访问过，才在第一个页面上显示对第二个页面的链接。

下面创建第一个页面。

```html
<!DOCTYPE html>

<html lang="en">
<head>
    <title>Chapter 13: Example 2a</title>
</head>
<body>
    <h1>Welcome to Example 2a</h1>

    <div id="whatsNew"></div>

    <script src="cookiefunctions.js"></script>
    <script>
        var lastUpdated = new Date("Tue, 28 Dec 2020");
        var lastVisit = getCookieValue("LastVisit");

        if (lastVisit) {
            lastVisit = new Date(lastVisit);

            if (lastVisit < lastUpdated) {
                document.getElementById("whatsNew").innerHTML =
                    "<a href='ch13_example2b.html'>What's New?</a>";
            }
        }

        var now = new Date();
        setCookie("LastVisit", now.toUTCString());
    </script>
</body>
</html>
```

将这个页面保存为 ch13_example2a.html。注意它包含前面创建的两个函数 setCookie()和 getCookieValue()。

接下来，创建一个简单的页面，作为 What's New 链接指向的页面。

```html
<!DOCTYPE html>

<html lang="en">
```

```
<head>
    <title>Chapter 13: Example 2b</title>
</head>
<body>
    <h1>Welcome to Example 2b</h1>

    <h3>Here's what's new!</h3>
</body>
</html>
```

将该页面保存为 ch13_example2b.html。

在浏览器中加载 ch13_example2a.html。第一次访问主页时，页面上仅有一个标题 Welcome to Example 2a。显然，实际的网站会有更多的内容，但是就本例来说，这已经足够了。但是，刷新该页面后会看到如图 13-18 所示的页面。

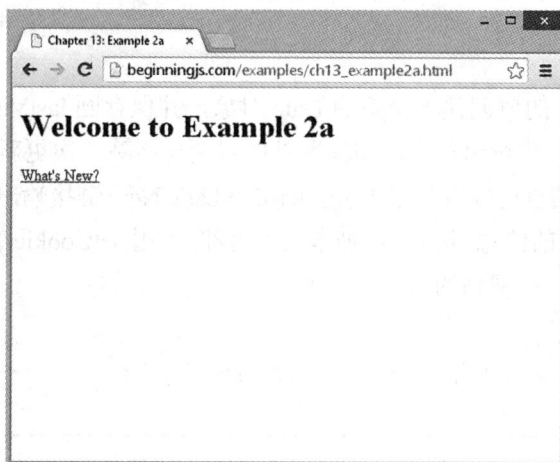

图   13-18

如果单击链接，则会进入 ch13_example2b.html 页面，其中包含了自上次访问站点后添加到网站的所有内容。显然，在加载和刷新该页面之间，站点内容并没有什么改变。为了进行测试，将变量 lastUpdated 中站点上次更新的日期设置为将来的某个日期(即 2020 年 12 月 28 日)。

ch13_example2b.html 页面只是一个没有脚本的简单 HTML 页面，因此只需要看看 ch13_example2a.html 页面。在脚本块中，声明了变量 lastUpdated。

```
var lastUpdated = new Date("Tue, 28 Dec 2020");
```

只要站点发生了改变，这个变量就需要更新。目前将它设置为 2020 年 12 月 28 日，只是为了确保在刷新页面时显示 What's New 链接。对于实际页面的另一个更好的办法是使用 document.lastModified 属性，它返回上次修改页面的日期。

接着，使用 getCookieValue()函数从名为 LastVisit 的 cookie 中获取上次用户访问站点的日期。

```
var lastVisit = getCookieValue("LastVisit");
```

如果 lastVisit 为 falsy,则表示用户从未访问过站点,或者自上一次访问该站点以来,已超过了 6 个月,cookie 已经过期。对于这两种情况,都不显示 What's New 链接。因为用户是第一次访问站点,或者最近 6 个月站点的变化太大,不能用 What's New 页面来显示。

如果 lastVisit 有一个值,就需要检查自站点上次更新以来,该用户是否访问过网站。如果未访问过,则把该用户导航到显示新内容的页面上,如下面的 if 语句所示。

```
if (lastVisit) {
    lastVisit = new Date(lastVisit);

    if (lastVisit < lastUpdated) {
        document.getElementById("whatsNew").innerHTML =
            "<a href='ch13_example2b.html'>What's New?</a>";
    }
}
```

首先根据 lastVisit 的值创建一个新的 Date 对象,并保存回 lastVisit 变量。接下来,在内层 if 语句的条件中,比较用户上次访问网站的日期与网站上次更新的日期。如果自上次用户访问网站以来,站点已经发生了改变,则将 What's New 链接输出到页面上,这样用户便可单击它,查看更新的信息。最后,在脚本块的尾部,使用 setCookie()函数将名为 LastVisit 的 cookie 重置为本次访问网站的日期和时间。

```
var now = new Date();
setCookie("LastVisit", nowDate.toUTCString());
```

13.4 cookie 的局限性

使用 cookie 时,应注意以下一些局限性。

13.4.1 用户可能禁用 cookie

第一个局限性是,尽管所有的现代浏览器都支持 cookie,但用户可能禁用了它们。在 Firefox 中,可以选择 Options 菜单,再选择 Privacy 选项卡和 Cookies 选项卡,来禁用 cookie。在 IE 中,可选择 Gear 菜单下的 Internet Options,选择 Privacy 选项卡,然后拖动滚动条,来设置使用 cookie 的级别。在 Chrome 中,可选择 Gear 菜单下的 Settings 选项,搜索 cookie,单击 Content settings。大多数用户都默认启用会话 cookie。会话 cookie 是仅在用户浏览网站期间存在的 cookie,用户关闭浏览器后,该 cookie 就被清除。通常还启用更持久的 cookie。但是,第三方 cookie(来自第三方站点)通常是禁用的,它们用于跟踪用户对不同网站的访问,因此人们对这种 cookie 侵犯隐私的关注比较多。

禁用 cookie 时,前面用于创建 cookie 和获取 cookie 值的函数不会出错,但是所获取

cookie 的值将为 null，因此需要确保代码能够处理这种情况。

可以在禁用 cookie 时设置一个默认动作。例如在前面的例子中，如果禁用了 cookie，就不显示 What's New 链接。

另外，也可以在页面上放置一条消息，告诉用户该网站需要 cookie 才能运行。

另一个策略是主动检查是否启用了 cookie。如果未启用，则采取相应的应对措施，例如将用户重定向到一个不需要使用 cookie 的简化页面。那么，如何检查是否启用了 cookie 呢？

下面的脚本设置了一个测试 cookie，之后再获取它的值。如果其值为 null，则说明禁用了 cookie。

```
setCookie("TestCookie","Yes");
if (!getCookieValue("TestCookie")) {
    alert("This website requires cookies to function");
}
```

13.4.2　数字和信息的限制

第二个局限性是，能够在用户计算机上为某个网站设置的 cookie 的数量是有限的，每个 cookie 能够保存的信息也是有限的。在早期的浏览器中，最多只能为每个域保存 20 个 cookie，每个 cookie 的名称/值对不得超过 4096 个字符(4KB)。另一个要点是，所有的浏览器都设置了能保存的 cookie 总数上限。到达这个限制时，无论是否过期，都会删除一些旧的 cookie。一些现代浏览器支持的 cookie 总数为 50 个，但这个数字在不同的浏览器上不尽相同。

为了突破 cookie 总数的限制，可以在一个 cookie 中保存多条信息。下面的例子使用了多个 cookie。

```
setCookie("Name", "Karen")
setCookie("Age", "44");
setCookie("LastVisit", "10 Jan 2001");
```

可以将这些信息合并到一个 cookie 中，各条信息用分号分隔开。

```
setCookie("UserDetails", "Karen;44;10 Jan 2001");
```

由于 setCookie()函数转义了 cookie 的值，因此 cookie 值中分隔数据的分号不会与分隔 cookie 中各部分的分号混淆。使用 getCookieValue()函数取回该 cookie 的值时，只需要将它拆分为各组成部分，但是需要记住各个部分的存储顺序。

```
var cookieValues = getCookieValue("UserDetails");
cookieValues = cookieValues.split(";");
alert("Name = " + cookieValues[0]);
alert("Age = " + cookieValues[1]);
alert("Last Visit = " + cookieValues[2]);
```

这样，就可以获得三条信息，同时还有 19 个 cookie 可供使用。但这种方法并不理想，本章后面学习如何使用新技术存储数据。

13.5 cookie 的安全性和 IE

根据 World Wide Web Consortium(W3C)的 P3P 建议，IE 6 给 cookie 引入了新的安全策略。P3P 的基本目标是确保 cookie 不用来收集用户浏览习惯的私人信息。在 IE 中，可以选择 Gear │ Internet Options，再选择 Privacy 选项卡，查看与 cookie 有关的隐私级别设置(如图 13-19 所示)。必须在高级别与低级别之间找到一个平衡点，使网站不至于无法正常工作，也不至于用户的浏览习惯和隐私数据被跟踪记录。

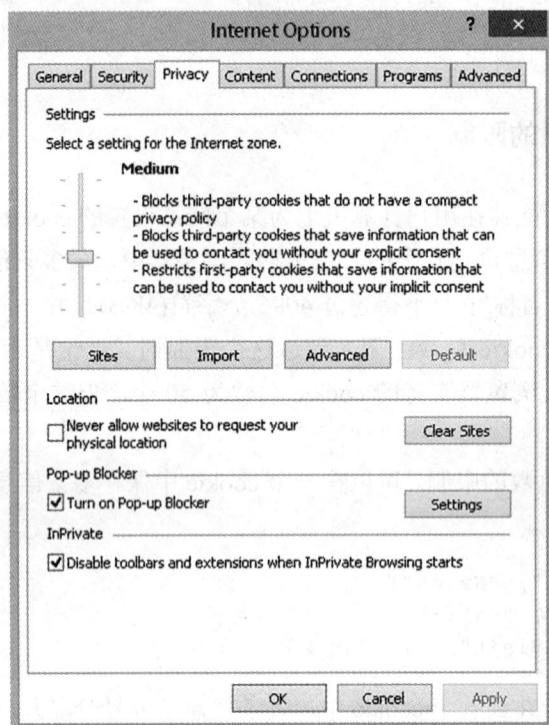

图   13-19

通常情况下，会话 cookie——仅在用户浏览站点期间存在的 cookie——是默认可用的。一旦用户关闭了浏览器，会话便告结束。但是，如果我们希望 cookie 存在的时间比用户访问网站的时间更长，就需要创建一个符合 P3P 建议的隐私策略。这似乎很复杂，策略的细节也的确很复杂。因为这种复杂性，P3P 实现方式很少。但许多小组在努力，以便于人们使用 P3P。

13.6 Web 存储

cookie 是 Web 开发人员可用于在用户计算机上存储数据的有效工具。但是 cookie 是设计用于另一时期、另一 Web 的工具。尽管它们用于特定的目的(工作得也很好)，但其局限性使之不适用于现代 JavaScript 开发：

- 第一个问题是应用程序编程接口(API)。要编写和读取 cookie，应使用 document.cookie 属性。编写 cookie 是相当简单的，但读取特定的 cookie 需要许多代码。它需要编写两个辅助函数，以便于编写和读取 cookie，但理想情况下，不应编写这些函数。
- cookie 不是一个浏览器功能，而是 HTTP 的一个功能。另外，浏览器在每次请求时都把它们发送给服务器。这对服务器上运行的应用程序有效，但对运行在浏览器上的 JavaScript 不必要。
- 浏览器限制了它存储的 cookie 数量和尺寸。如前所述，每个域都可以有 20~50 个 cookie，每个 cookie 都不能超过 4KB。
- cookie 在服务器和浏览器之间共享。如果服务器应用程序需要 30 个 cookie(120KB) 才能工作，则至少要留给自己 20 个 cookie(80KB)。不能使用更多的 cookie。
- cookie 会过期。尽管可以设置和维护过期日期，以进行控制，但没有过期日期会更简单。

HTML5 引入了一个新功能—— Web 存储，解决了前述的 cookie 问题。自引入这个功能后，Web 存储就移出了 HTML5 规范，独立出来。它包含两个组件：会话存储和本地存储。会话存储是临时的，用户关闭浏览器时会清除(就像没有过期日期的 cookie)。但在大多数情况下，都需要存储数据，在不同访问之间使用，这就是本地存储的作用。Web 存储的其他功能是：

- 放在浏览器上，不传递给服务器。这是给 JavaScript 开发人员使用的存储。
- 提供大得多的存储空间。在 Chrome 和 Firefox 中，每个域都有 5MB。IE 支持 10MB。
- 在本地存储中的数据从来不会过期，除非开发人员或用户删除了它。

> 注意：本节的重点是本地存储，但可以把这些概念应用于会话存储。

Web 存储中的数据与一个独特的名称相关。在技术术语中，这个名称是"键"，与键相关的数据称为值。键及其值统称为键/值对。

使用 localStorage 对象可以访问本地存储(会话存储使用 sessionStorage 访问)，很便于设置、获取和删除数据。

13.6.1 设置数据

localStorage 对象有一个方法 setItem()，其作用是设置与给定键相关的值。它的使用非常简单，如下所示：

```
localStorage.setItem("userName", "Paul");
```

传递给 setItem()的第一个参数是键；第二个参数是与该键相关的值。在这行代码中，Paul 的值保存在本地存储中，与键 userName 相关。

还可以使用更传统的 object.propertyName 语法设置数据，如下所示：

```
localStorage.userName = "Paul";
```

这行代码的结果与前面的 setItem()示例相同，Paul 设置为键 userName 的值。

如果结果相同，为什么要使用 setItem()？答案是：除非键是无效的 JavaScript 标识符，否则就不必使用 setItem()。例如，假定要使用 user name 键，就不可能把它用作属性名：

```
localStorage.user name = "Paul"; // invalid!
```

但通过 setItem()方法可以把"user name "用作键：

```
localStorage.setItem("user name", "Paul");
```

在大多数情况下，都不使用 setItem()，但如果需要，就可以使用它。

13.6.2 获取数据

从本地存储中检索数据与设置它一样简单。使用 getItem()方法，提供要获取其值的键即可：

```
var name = localStorage.getItem("userName");
```

这行代码使用 getItem()方法，检索与"userName"键相关的值，并赋予 name 变量。在上一节的示例中，name 包含"Paul"。

如果键是一个有效的标识符，也可以把键用作 localStorage 的属性：

```
var name = localStorage.userName;
```

这行代码也获得了 Paul 值，并赋予 name 变量。

注意：键是区分大小写的。如果使用 object.propertyName 语法，这就很明显，该规则也适用于 setItem()和 getItem()。例如：

```
localStorage.setItem("userName", "Paul");

var name = localStorage.getItem("UserName"); // null
```

这行代码用 Paul 值设置键 userName，然后用键 UserName 检索值。因为 UserName 使用了大写字母 U，所以 UserName 和 userName 是不同的键。我们没有给 UserName 设置值，所以 getItem()返回 null。

13.6.3 删除数据

最终，需要删除保存在本地存储中的一些数据，使用 removeItem()方法就可以做到。只需要提供要删除的键，键/值对就会从本地存储中删除。例如：

```
localStorage.removeItem("userName");
```

这行代码从本地存储中删除了 userName/Paul 键/值对。如果键是一个有效的 JavaScript 标识符，也可以使用 object.propertyName 语法完成这个操作，如下所示：

```
localStorage.userName = null;
```

这里把 null 值赋予 userName 键/属性，因此从本地存储中删除了该键/值对。

如果目标是删除本地存储中的所有键和值，可以使用 clear()方法，如下所示：

```
localStorage.clear(); // no more key/value pairs
```

13.6.4 把数据存储为字符串

一定要注意，Web 存储是一个只包含字符串的数据存储。这表示，键及其值只能是字符串。如果尝试存储其他类型的值(例如数字)或对象，它们就会转换为字符串，存储为字符串。例如，假定希望在本地存储中保存用户的年龄，代码如下所示：

```
localStorage.age = 35;
```

这会创建一个键/值对 age/35。但 35 转换为字符串，之后保存到本地存储中。因此，检索与 age 键相关的值时，会得到字符串 35。

```
var age = localStorage.age;

alert(typeof age); // string
```

这表示，要在数学计算中使用 age，就需要把它转换为数字。很容易做到这一点：

```
var age = parseInt(localStorage.age, 10);
```

但复杂的对象怎么办？考虑下面的对象示例：

```
var johnDoe = {
    firstName: "John",
    lastName: "Doe",
    age: 35
};
```

这个对象表示一个 35 岁的人 John Doe。我们希望把这个对象保存到本地存储中，以便将它作为 person 键的值，如下所示：

```
localStorage.person = johnDoe;
```

但这里有一个问题：person 对象不能合理地转换为字符串。

把值或对象赋予键时，其 toString()方法会自动调用，把它转换为字符串。对于基本类型(例如 Number 和 Boolean)，会得到该值的字符串表示。但默认情况下，对象的 toString()方法返回 "[object Object]"。因此在前面的例子中，"[object Object]" 字符串存储在 localStorage.person 中：

```
var savedPerson = localStorage.person;
alert(typeof savedPerson); // string
alert(savedPerson); "[object Object]"
```

这听起来是一个严重的限制(的确如此)，但可以把对象串行化到 JSON 中，把它们解析回实际的对象。因此，可以编写如下代码：

```
localStorage.person = JSON.stringify(johnDoe);

var savedPerson = JSON.parse(localStorage.person);
```

这段代码串行化 johnDoe 对象，用 person 键存储得到的 JSON。接着，在需要检索和使用该信息时，就使用 JSON.parse()反串行化 JSON，把得到的对象赋予 savedPerson 变量。现在可以在本地存储中保存任何需要的内容，且存储它们的空间也很大！

试一试　　　使用本地存储实现 What's New 页面

下面使用本地存储重写 Example 2。可以复制和粘贴 ch13_example2a.html 和 ch13_example2b.html 的内容，作为新文件的基础。

下面创建第一个页面：

```
<!DOCTYPE html>

<html lang="en">
<head>
    <title>Chapter 13: Example 3a</title>
</head>
<body>
    <h1>Welcome to Example 3a</h1>

    <div id="whatsNew"></div>

    <script>
        var lastUpdated = new Date("Tue, 28 Dec 2020");
        var lastVisit = localStorage.lastVisit;

        if (lastVisit) {
        lastVisit = new Date(lastVisit);
```

```
        if (lastVisit < lastUpdated) {
            document.getElementById("whatsNew").innerHTML =
                "<a href='ch13_example3b.html'>What's New?</a>";
        }
    }

    localStorage.lastVisit = new Date();
    </script>
</body>
</html>
```

把这个页面保存为 ch13_example3a.html。接着创建一个简单的页面，链接到 What's New 页面上，显示其细节。

```
<!DOCTYPE html>

<html lang="en">
<head>
    <title>Chapter 13: Example 3b</title>
</head>
<body>
    <h1>Welcome to Example 3b</h1>

    <h3>Here's what's new!</h3>
</body>
</html>
```

把这个页面保存为 ch13_example3b.html。

把 ch13_example3a.html 加载到浏览器中。这个页面的执行与 Example 2a 相同。第一次进入主页时，只有一个标题 Welcome to Example 3a。刷新页面，会在页面上显示 What's New 链接。单击该链接会进入 ch13_example3b.html。

与以前一样，这里关注 ch13_example3b.html 中包含的 JavaScript。

首先声明 lastUpdated 变量：

```
var lastUpdated = new Date("Tue, 28 Dec 2020");
```

接着，使用 lastVisit 键从本地存储中得到用户上次访问的日期：

```
var lastVisit = localStorage.lastVisit;
```

这行语句把两个值中的一个赋予 lastVisit 变量。如果这是用户第一次访问页面，localStorage.lastVisit 键就不存在，所以给 lastVisit 返回 null。此时，不会在文档中显示 What's New 链接。

lastVisit 的第二个可能值是用户上次访问页面的日期的字符串表示。此时，需要检查在上次更新前用户是否访问了站点，如果用户访问了站点，就把用户定向到 What's New 页面。

```
if (lastVisit) {
    lastVisit = new Date(lastVisit);

    if (lastVisit < lastUpdated) {
        document.getElementById("whatsNew").innerHTML =
            "<a href='ch13_example3b.html'>What's New?</a>";
    }
}
```

注意，在本地存储中保存的数据都是字符串，所以根据 lastVisit 的值创建一个新的 Date 对象，存储在 lastVisit 变量中。接着，如果 lastVisit 小于 lastUpdated，就在文档中显示 What's New 链接。

在最后一行代码中，重置 localState.lastVisit 键的值：

```
localStorage.lastVisit = new Date();
```

13.6.5 查看 Web 存储的内容

与 cookie 一样，也可以查看保存在 Web 存储中的数据。但这么做需要使用每个浏览器的开发工具中的功能。第 18 章介绍 Internet Explorer、Chrome 和 Firefox 中的开发工具，但在 Chrome 中查看 Web 存储的内容很简单。只需要按下 F12 就会打开开发工具，单击 Resources 选项卡。图 13-20 显示了 beginningjs.com 域的本地存储。

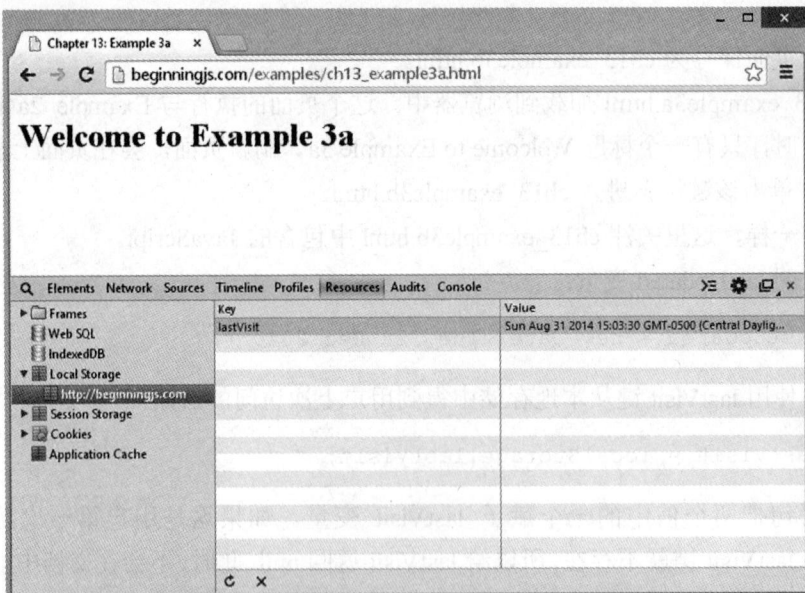

图 13-20

只能在给定的选项卡中查看当前加载的页面所在域的 Web 存储，不能在一个域中查看另一个域的 Web 存储。

13.7　小结

本章介绍了如何将信息保存在用户的计算机上，并利用这些信息实现网站的个性化。本章的主要内容如下：

- cookie 的关键是 document 对象的 cookie 属性。
- 要创建 cookie，只需要设置 document.cookie 属性。cookie 有 6 个可以设置的部分：名称、值、过期时间、可以使用的路径、可以使用的域以及是否仅通过安全连接来传送。
- 尽管设置新的 cookie 非常简单，但是获取它的值时，实际上得到的是为当前域和路径设置的所有 cookie。还需要使用 String 对象的方法，拆分 cookie 的名称/值对，才能获取指定的 cookie。
- cookie 有很多局限性。首先，用户可以将浏览器设置为禁用 cookie；其次，在 IE7+ 和 Firefox 上，每个域最多能保存 50 个 cookie，每个 cookie 名称/值对最多有 4096 个字符。
- Web 存储是一个新的键/值对数据存储，替代了 JavaScript 开发人员使用的 cookie。尽管 Web 存储最初通过 HTML5 引入，但现在它是一个独立的规范。
- 在 Web 存储中设置、获取和删除数据非常简单。可以使用 localStorage 的 getItem()、setItem()和 removeItem()方法，也可以在 localStorage 上指定和使用属性。
- Web 存储中的数据会转换为字符串。所以必须把数据转换回合适的数据类型，才能高效地使用它。这可以使用各种函数完成，例如 parseInt()、Date 的构造函数和 JSON.parse()。

13.8　习题

在附录 A 中可以找到本章习题的参考答案。

习题 1：

使用本地存储创建一个页面，来跟踪用户上个月访问该页面的次数。

习题 2：

使用本地存储，在用户每次访问页面时加载不同的广告。

第14章

Ajax

本章主要内容

- 用 XMLHttpRequest 对象发出 HTTP 请求
- 编写定制的 Ajax 模块
- 使用旧 Ajax 技术确保可用性

本章源代码下载(wrox.com)：

打开网页 http://www.wiley.com/go/BeginningJavaScript5E，单击 Download Code 选项卡即可下载本章源代码。也可以在 http://beginningjs.com 上查看所有的代码示例和相关的文件。

Internet 自问世以来，就在使用具有事务特征的通信模型：浏览器向服务器发送请求，服务器向客户端返回响应，浏览器重新加载页面。这是典型的 HTTP 通信，HTTP 协议设计为按照这种方式工作。但是这种模型对开发人员而言相当不便，因为它需要 Web 应用程序包含数个页面。这种不连续的页面加载方式导致用户的体验变得杂乱，缺乏连贯性。

21 世纪早期，人们开始寻求和开发新技术，来增强用户的体验，并使 Web 应用程序的操作更类似于传统应用程序。这些新技术的性能和可用性往往与传统的桌面应用程序类似。很快，开发人员开始细化这些过程，为用户提供更丰富的功能。

这个浪潮的核心是一种语言：JavaScript，以及使 HTTP 请求对用户而言是透明的能力。

14.1　Ajax 的含义

本质上，Ajax 允许客户端 JavaScript 向服务器请求和接收数据，而无须刷新 Web 页面。这种技术允许开发人员创建不中断的应用程序，用新数据重载页面的某些部分。

术语 Ajax 来源于 Jesse James Garrett 在 2005 年写的一篇文章"Ajax: A New Approach to Web Applications"(www.adaptivepath.com/publications/essays/archives/000385.php)。在这

篇文章中，Garrett 认为：Web 应用程序与桌面应用程序之间在交互性上的差距会变得越来越小，并用 Google Maps 和 Google Suggest 等应用程序作为佐证。这个术语最初表示 Asynchronous JavaScript + XML(XML 是浏览器和服务器彼此通信的格式)。目前，Ajax 表示使用 JavaScript 收发来自 Web 服务器的数据，且无须重载整个页面的模式。

尽管 Ajax 这一术语是在 2005 年创造出来的，但是其底层的方法已使用多年。早期的 Ajax 技术包括使用隐藏的框架/内嵌框架、在文档中动态添加<script/>元素、使用 JavaScript 给服务器发送 HTML 请求。近几年使用 JavaScript 发送请求的技术比较流行。这些新技术仅刷新页面的局部，不但减小了发送给浏览器的数据量，还使网页的操作方式更像传统的应用程序。

14.1.1 Ajax 的作用

Ajax 打开了通向高级 Web 应用程序的大门——在形式和功能上模拟桌面应用程序。大量的商业网站都喜欢使用 Ajax，这些网站的外观和操作方式更像桌面应用程序，而不是网站。最著名的支持 Ajax 的 Web 应用程序来自搜索引擎巨头 Google: Google Maps 和 Google Suggest。

1. Google Maps

为了和现存的商业地图站点竞争(并使用 Google Earth 的图像)，Google Maps (http://maps.google.com)使用 Ajax 将地图图像动态添加到网页中。输入一个位置后，不会重新加载主页面，只是把地图图像动态地加载到地图区域中。Google Maps 还允许用户将地图拖动到新位置，这时地图图像会再次动态添加到地图区域中，如图 14-1 所示。

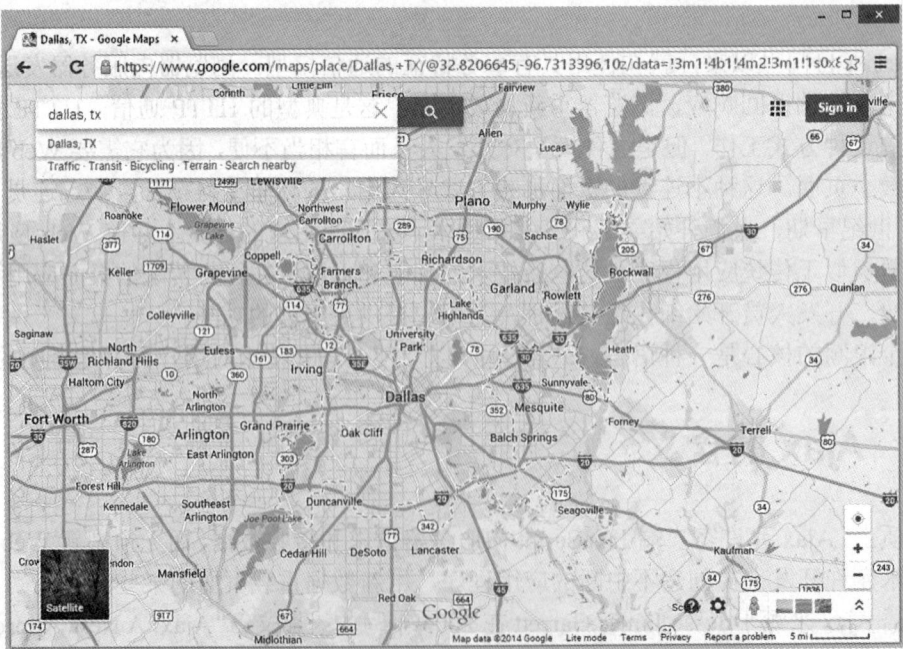

图　14-1

2. Google Suggest

Google Suggest 是另一个使用 Ajax 的 Google 创新成果。初看上去，它像是一个普通的 Google 搜索页面。但是用户开始输入数据时，一个下拉框会显示用户可能感兴趣的、与搜索关键字相关的建议。在建议关键字或者短语的下边是搜索该条目返回的结果数，如图 14-2 所示。

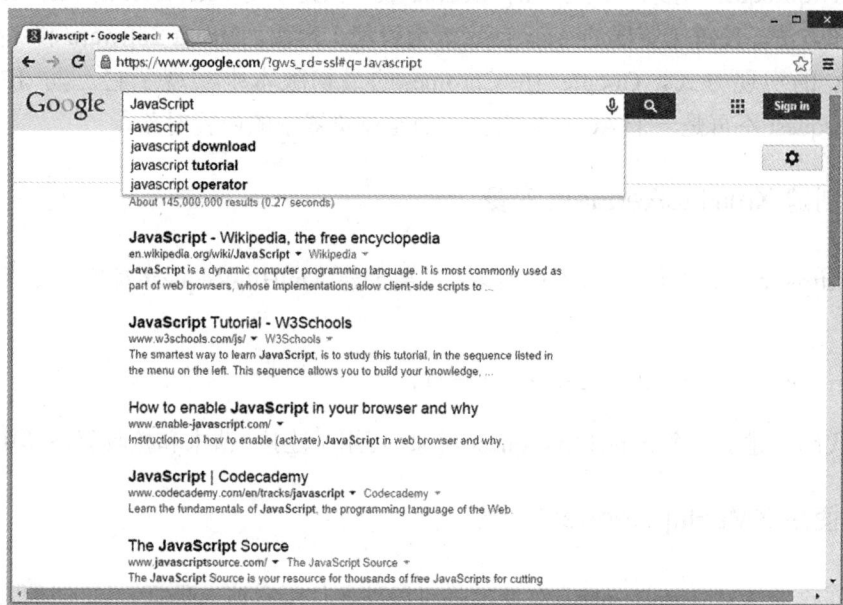

图　14-2

14.1.2　浏览器支持

在 Ajax 的早期，浏览器支持是混合型的。每个浏览器都以某种方式支持基本功能，但这种支持也因浏览器而异。目前，Ajax 只是 JavaScript 开发的另一个正常部分，毫无疑问，现在的现代浏览器都支持 Ajax。

14.2　使用 XMLHttpRequest 对象

如前所述，可以通过许多方法来创建支持 Ajax 的应用程序。但是，最流行的 Ajax 技术合并了所有主流浏览器都有的 JavaScript 对象 XMLHttpRequest。

> 注意：尽管 XMLHttpRequest 对象的名称中包含了 XML，但可以使用它获取其他类型的数据，如纯文本。

XMLHttpRequest 对象起源于一个 Microsoft 组件 XmlHttp，该组件所在的 MSXML 库最初随 IE 5 一起分发。XmlHttp 组件为开发人员提供了一种打开 HTTP 连接并检索 XML 数据的简单方法。Microsoft 在 MSXML 的每个新版本中都改进了这个组件，使之运行得更快更高效。

随着 Microsoft 的 XMLHttpRequest 对象越来越流行，Mozilla 决定在 Firefox 中加入自己的 XMLHttpRequest 对象。该对象的 Mozilla 版本保持了与 Microsoft 的 ActiveX 组件相同的属性和方法，使跨浏览器的 Ajax 应用成为可能。很快，Opera Software 和 Apple 沿袭了 Mozilla 的实现方式，Google 在 Chrome 的最初版本中实现了它。与 IE 一样，XMLHttpRequest 不再是一个 ActiveX 组件，而是浏览器中的内置对象。

14.2.1 创建 XmlHttpRequest 对象

XMLHttpRequest 对象在 window 对象中。要创建 XmlHttpRequest 对象，只需要调用其构造函数：

```
var request = new XMLHttpRequest();
```

这行代码创建了一个 XmlHttpRequest 对象，可用于连接、请求和接收服务器中的数据。

14.2.2 使用 XMLHttpRequest 对象

一旦创建了 XMLHttpRequest 对象，就可以准备使用它请求数据。这一过程的第一个步骤是调用 open()方法，以初始化该 XMLHttpRequest 对象。

```
request.open(requestType, url, async);
```

这个方法接收 3 个参数。第一个参数 requestType 是一个表示请求类型的字符串，其值可以是 GET 或者 POST。第二个参数是作为请求发送目标的 URL。第三个参数是 true 或 false，表示请求应以异步或同步模式发出。

以同步模式发出的请求会暂停所有 JavaScript 代码的执行，直到从服务器获得响应为止。这会增加应用程序的执行时间。在大多数情况下，应使用异步模式，允许浏览器继续执行应用程序的代码，同时 XMLHttpRequest 对象等待服务器的响应。异步模式是 XMLHttpRequest 的默认行为，所以通常可以忽略 open()的第三个参数。

> 注意：过去，最佳实践方式是把 true 作为第三个参数传递。

下一步是使用 send()方法发送请求。这个方法接收一个参数，它是一个字符串，包含随请求一起发送的请求体。GET 请求不包含任何信息，所以把 null 作为参数传送。

```
var request = new XMLHttpRequest();
request.open("GET", "http://localhost/myTextFile.txt", false);
```

```
request.send(null);
```

这段代码发出一个 GET 请求，以同步模式获取 myTextFile.txt 文件。调用 send()方法
会把该请求发送给服务器。

> 提示：send()方法必须接收一个参数，甚至可以是 null。

每个 XMLHttpRequest 对象都有 status 属性，该属性包含了与服务器的响应一起发送
的 HTTP 状态码。服务器返回状态码 200 表示请求成功，返回 404 表示找不到请求的文件。
请分析下面的示例：

```
var request = new XMLHttpRequest();
request.open("GET", "http://localhost/myTextFile.txt", false);
request.send(null);

var status = request.status;

if (status == 200) {
    alert("The text file was found!");
} else if (status == 404) {
    alert("The text file could not be found!");
} else {
    alert("The server returned a status code of " + status);
}
```

这段代码检查 status 属性，确定给用户显示什么消息。如果请求成功(状态码为 200)，
就用警告框告诉用户存在请求的文件。如果该文件不存在(状态码为 404)，用户就会看到一
个消息，指出服务器找不到该文件。最后，如果状态码不是 200 或 404，就用一个警告框
将该状态码告知用户。

有许多不同的 HTTP 状态码，因此不可能检查每个状态码。在大多数情况下，只需要
关心请求是否成功。因此，上面的代码可以精简为：

```
var request = new XMLHttpRequest();
request.open("GET", "http://localhost/myTextFile.txt", false);
request.send(null);

var status = request.status;

if (status == 200) {
    alert("The text file was found!");
} else {
    alert("The server returned a status code of " + status);
}
```

这段代码实现了同样的功能，但仅检查状态码 200，对于其他状态码，则给用户报告

一条通用的信息。

14.2.3 异步请求

前面的代码示例演示了同步请求的简洁性，而异步请求会给代码添加一些复杂性，因为必须处理 readystatechange 事件。在异步请求中，XMLHttpRequest 对象提供了 readyState 属性，该属性包含一个数值，每个值都代表请求生存期中的特定状态，如下所示：

- 0——已创建对象，但未调用 open()方法。
- 1——已调用 open()方法，但未发送请求。
- 2——请求已发送，标题和状态已接收到并可用。
- 3——接收到来自服务器的响应。
- 4——接收完请求数据。

每当 readyState 属性发生变化时，都会触发 readystatechange 事件，调用 onreadystatechange 事件处理程序。最后一个状态是最重要的，它表示已经完成请求。

> **注意**：即使请求成功，也可能得不到需要的信息。在请求的服务器端可能发生了错误(404、500 或其他错误)。因此，仍需要检查请求的状态码。

处理 readystatechange 事件的代码如下所示：

```
var request = new XMLHttpRequest();

function reqReadyStateChange() {
    if (request.readyState == 4) {
        var status = request.status;

        if (status == 200) {
            alert(request.responseText);
        } else {
            alert("The server returned a status code of " + status);
        }
    }
}

request.open("GET", "http://localhost/myTextFile.txt");
request.onreadystatechange = reqReadyStateChange;

request.send(null);
```

这段代码首先定义处理 readystatechange 事件的 redReadyStateChange()函数。该函数首先检查 readyState 属性是否为 4，以便确定请求是否完成。接下来检查请求状态，以确保服务器返回所请求的数据。一旦满足这两个条件，代码就显示 responseText 属性的值(实际请求

的数据使用纯文本格式)。注意 open()方法的调用：忽略了第三个参数。这使 XMLHttpRequest
对象异步请求数据。

使用异步通信的好处高于 readystatechange 事件添加的复杂性，因为在请求对象收
发数据的同时，浏览器可以继续加载页面，执行其他 JavaScript 代码。封装了 XMLHttpRequest
对象的用户自定义模块可以使异步请求更易于使用和管理。

> 注意：XMLHttpRequest 对象还有一个 responseXML 属性，用来将接收到
> 的数据加载到 XML DOM 对象中(而 responseText 返回纯文本)。

14.3　创建简单的 Ajax 模块

在程序设计中，代码重用的概念非常重要，它是使用函数来执行特定的、重复性的常
见任务的原因。第 5 章介绍了代码重用的面向对象结构——引用类型。这些结构包含带有
数据的属性和/或对这些数据执行操作的方法。

本节将编写自定义的 Ajax 模块 HttpRequest，使异步请求更易于使用和管理。在编写
这个模块之前，先讨论 HttpRequest 引用类型拥有的属性和方法。

14.3.1　规划 HttpRequest 模块

只需要跟踪一个信息：底层的 XMLHttpRequest 对象。因此，这个模块只有一个属性
request，它包含底层的 XMLHttpRequest 对象。

HttpRequest 对象有一个 send()方法，其作用是将请求发送给服务器。

下面就开始编写这个模块。

14.3.2　HttpRequest 构造函数

引用类型的构造函数定义其属性，并执行该类型正常工作所需要的所有逻辑。

```
function HttpRequest(url, callback) {
    this.request = new XMLHttpRequest();

    //more code here
}
```

构造函数接收两个参数。第一个参数 url 是 XMLHttpRequest 对象请求的 URL。第二
个参数 callback 是一个回调函数，当接收到服务器的响应时(即请求的 readyState 为 4, status
是 200)调用它。构造函数的第一行代码初始化 request 属性，并赋予它一个 XMLHttpRequest
对象。

request 属性创建好并可供使用后，就该准备发送该请求了。

```
function HttpRequest(url, callback) {
    this.request = new XMLHttpRequest();
    this.request.open("GET", url);

    function reqReadyStateChange() {
        //more code here
    }

    this.request.onreadystatechange = reqReadyStateChange;
}
```

上述新代码的第一行使用 XMLHttpRequest 对象的 open()方法初始化请求对象。该方法将请求类型设置为 GET，使用 url 参数指定要请求的 URL。因为忽略了 open()的第三个参数，所以把请求对象设置为使用异步方式。

接下来的代码行定义了 reqReadyStateChange()函数。在一个函数中定义另一个函数似乎有点怪异，但这是完全合法的。内部函数不能在容器函数(这里是构造函数)之外访问，但它可以访问其容器构造函数的变量和参数。顾名思义，reqReadyStateChange()函数处理请求对象的 readystatechange 事件，绑定该函数的方式是把它赋予 onreadystatechange 事件处理程序。

```
function HttpRequest(url, callback) {
    this.request = new XMLHttpRequest();
    this.request.open("GET", url);

    var tempRequest = this.request;

    function reqReadyStateChange() {
        if (tempRequest.readyState == 4) {
            if (tempRequest.status == 200) {
                callback(tempRequest.responseText);
            } else {
                alert("An error occurred trying to contact the server.");
            }
        }
    }

    this.request.onreadystatechange = reqReadyStateChange;
}
```

这些新代码看起来有点奇怪，但非常常见。第一行新代码创建 tempRequest 变量，这个变量是指向当前对象的 request 属性的指针，在 reqReadyStateChange()函数中使用。这个技术可解决作用域的问题。理想情况下，可以在 reqReadyStateChange()函数中使用 this.request。不过 this 关键字指向 reqReadyStateChange()函数，而不是 XMLHttpRequest 对象，所以代码不能正常工作。所以看到 tempRequest，就应把它看作 this.request。

在 reqReadyStateChange()函数中，包含如下代码行：

```
callback(tempRequest.responseText);
```

这行代码调用了构造函数的 callback 参数指定的回调函数，并将 responseText 属性传递给该回调函数。这样回调函数就可以使用从服务器中接收的信息。

14.3.3 创建 send()方法

这个引用类型只有一个方法，用于向服务器发送请求。向服务器发送请求需要调用 XMLHttpRequest 对象的 send()方法。这个 send()方法与此类似，但不接收参数。

```
HttpRequest.prototype.send = function () {
    this.request.send(null);
};
```

这个 send()版本的方法非常简单，只需要调用 XMLHttpRequest 对象的 send()方法，并给它传递 null。

14.3.4 完整的代码

讨论完代码后，打开文本编辑器，输入如下内容：

```
function HttpRequest(url, callback) {
    this.request = new XMLHttpRequest();
    this.request.open("GET", url);

    var tempRequest = this.request;

    function reqReadyStateChange() {
        if (tempRequest.readyState == 4) {
            if (tempRequest.status == 200) {
                callback(tempRequest.responseText);
            } else {
                alert("An error occurred trying to contact the server.");
            }
        }
    }

    this.request.onreadystatechange = reqReadyStateChange;
}

HttpRequest.prototype.send = function () {
    this.request.send(null);
};
```

将这个文件保存为 httprequest.js。本章后面将用到它。

这个模块的作用是使异步请求更易于使用，下面用一个只包含代码的简短示例来验证是否已达到该目标。

首先需要定义一个函数，用来处理请求所接收到的数据。该函数传递给 HttpRequest 构造函数。

```
function handleData(text) {
    alert(text);
}
```

这段代码定义了一个函数 handleData()，它仅接收一个参数 text。在执行时，该函数仅显示传入的数据。下面创建一个 HttpRequest 对象，并发送请求。

```
var request = new HttpRequest(
        "http://localhost/myTextFile.txt", handleData);

request.send();
```

上面的代码将文本文件位置和函数 handleData()的指针传递给构造函数，并使用 send()方法发送请求。在请求成功时调用函数 handleData()。

这个模块封装了与异步 XMLHttpRequest 请求相关的代码。不需要创建请求对象、处理 readystatechange 事件或者检查请求的状态，HttpRequest 模块会完成所有这些工作。

14.4 使用 Ajax 验证表单字段

用户可能多次遇到过这样的情况：在网站的论坛上注册为新用户或者申请基于 Web 的电子邮件时，需要填写整个表单并提交它。但在查看重载了新数据的页面时，发现自己申请的用户名已被其他人占用(还丢失了已输入的一些数据)。表单验证是很容易受挫的。幸好，Ajax 可以减轻这种令人不快的体验，并在提交表单之前把数据发送给服务器——允许服务器验证数据并告诉用户验证结果，而无须重载页面。

本节将创建一个使用 Ajax 技术验证表单字段的表单。该表单可以用各种方式建立，最简单的办法就是提供一个链接，给服务器应用程序发送一个 HTTP 请求，以便检查用户提供的信息是否可用。

要建立的表单类似于日常使用的普通表单，它包含以下字段：
- Username(需要校验)——用户在该字段中输入希望申请的用户名。
- Email(需要校验)——用户在该字段中输入电子邮箱。
- Password(无须校验)——用户在该字段中输入密码。
- Verify Password(无须校验)——用户在该字段中验证密码。

注意，本例仅显示 Password 和 Verify Password 字段。密码校验肯定由服务器应用程序来完成，但是使用 JavaScript 进行这个验证会更高效。这么做会增加本例的复杂性，而本例应尽可能简单，以帮助读者掌握 Ajax 的用法。

Username 和 Email 字段的旁边是一个超链接，用于调用一个 JavaScript 函数，使用本章前面创建的 HttpRequest 模块查询服务器。

　　如前所述，Ajax 是浏览器和服务器之间的通信。所以本例需要一个简单的服务器应用程序来验证表单字段。虽然 PHP 编程超出了本书的讨论范围，但我们将分析如何从 PHP 应用程序中请求数据，并论述该应用程序给 JavaScript 发回的响应。

14.4.1　请求信息

　　PHP 应用程序在查询字符串中查找两个参数：username 和 email。

　　要检查用户名是否可用，可使用 username 参数。执行该检查的 URL 如下所示：

```
http://localhost/formvalidator.php?username=[usernameToSearchFor]
```

　　搜索用户名时，只需要将[usernameToSearchFor]替换为实际的用户名。

　　查询电子邮箱的方法与此类似。查询电子邮箱的 URL 如下所示，用自己的名称替换 [emailToSearchFor]：

```
http://localhost/formvalidator.php?email=[emailToSearchFor]
```

14.4.2　接收到的数据

　　成功的请求会得到一个简单的 JSON 结构，它定义了两个成员：searchTerm 和 available，如下所示：

```
{
    "searchTerm": "jmcpeak",
    "available" : true
}
```

　　顾名思义，searchTerm 项包含在用户名和电子邮件搜索中使用的字符串。available 项是一个布尔值，如果它是 true，请求的用户名和/或电子邮件就可以使用；如果它是 false，用户名和/或电子邮件已被占用，因此无效。

14.4.3　准备工作

　　由于这是一个联机编码的 Ajax 示例，因此要运行该示例，计算机必须满足几项要求。

1. Web 服务器

　　首先，需要一个 Web 服务器。如果使用 Windows，就可以免费使用 Microsoft 的 Web 服务器软件，即 Internet Information Services(IIS)。要在 Windows 上安装 IIS，只需要在控制面板中打开 Programs and Features 小程序，单击左侧面板上的 Turn Windows features on or off 链接。图 14-3 展示了 Windows 8 系统中的 Windows Features 对话框。

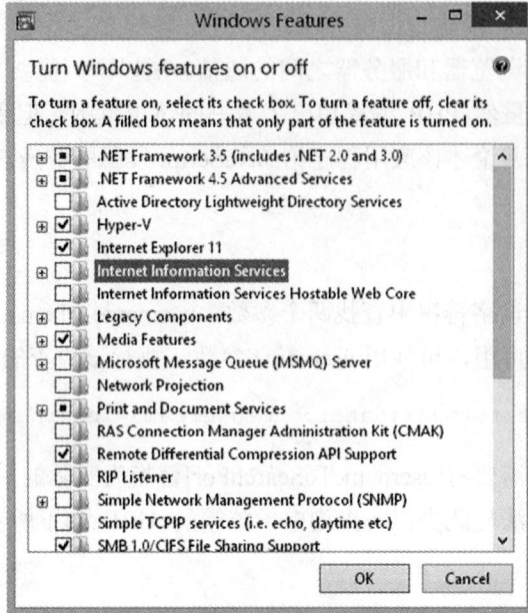

图　14-3

　　展开 Internet Information Services，选择要安装的特性。必须选择 World Wide Web Services，如图 14-4 所示。安装时可能需要使用操作系统的安装光盘，以完成安装。

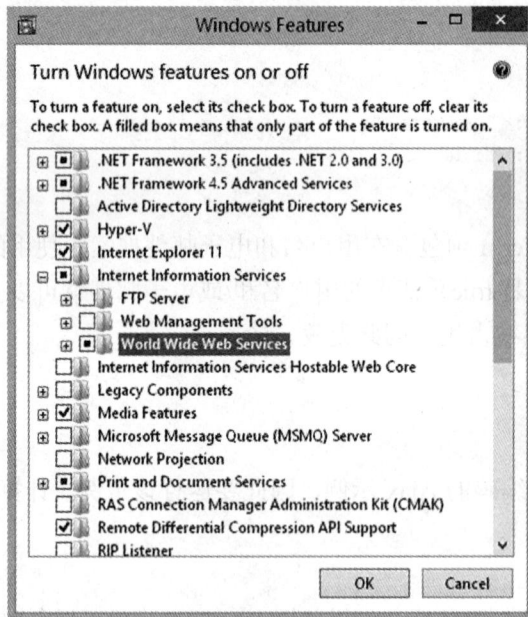

图　14-4

　　如果使用另一个操作系统，或者希望使用另一个 Web 服务器应用程序，那么可以安装 Apache HTTP Server(www.apache.org)。这是一个开源的 Web 服务器，可以运行在多种操作系统上，如 Linux、Unix 和 Windows 等。大多数网站都运行在 Apache 上，所以可以在计算机上安装它。它是非常稳定的。

　　如果选择使用 Apache，不必下载安装它；Apache 有不同的版本。应先下载 PHP，因为 PHP 的网站提供了应下载安装哪个 Apache 版本的准确信息。

2. PHP

　　PHP 是一种流行的开源服务器端脚本语言。如果想运行 PHP 脚本，必须在计算机上安装 PHP。从 www.php.net 上可以下载到各种形式的 PHP(如二进制、Windows 安装向导和源代码)。本例的 PHP 代码是用 PHP 5 编写的。

试一试　　XMLHttpRequest 智能表单

　　这个例子使用 Ajax 验证表单字段。打开文本编辑器，输入下列代码：

```html
<!DOCTYPE html>

<html lang="en">
<head>
    <title>Chapter 14: Example 1</title>
    <style>
      .fieldname {
          text-align: right;
      }

      .submit {
          text-align: right;
      }
    </style>
</head>
<body>
    <form>
      <table>
        <tr>
            <td class="fieldname">
                Username:
            </td>
            <td>
                <input type="text" id="username" />
            </td>
            <td>
                <a id="usernameAvailability" href="#">Check
                Availability</a>
            </td>
        </tr>
        <tr>
            <td class="fieldname">
                Email:
            </td>
            <td>
```

```
                            <input type="text" id="email" />
                </td>
                <td>
                    <a id="emailAvailability" href="#">Check Availability</a>
                </td>
            </tr>
            <tr>
                <td class="fieldname">
                    Password:
                </td>
                <td>
                    <input type="text" id="password" />
                </td>
                <td />
            </tr>
            <tr>
                <td class="fieldname">
                    Verify Password:
                </td>
                <td>
                    <input type="text" id="password2" />
                </td>
                <td />
            </tr>
            <tr>
                <td colspan="2" class="submit">
                    <input type="submit" value="Submit" />
                </td>
                <td />
            </tr>
        </table>
</form>
<script src="httprequest.js"></script>
<script>
    function checkUsername(e) {
        e.preventDefault();

        var userValue = document.getElementById("username").value;

        if (!userValue) {
            alert("Please enter a user name to check!");
            return;
        }

        var url = "ch14_formvalidator.php?username=" + userValue;

        var request = new HttpRequest(url, handleResponse);
        request.send();
    }
```

```
function checkEmail(e) {
    e.preventDefault();

    var emailValue = document.getElementById("email").value;

    if (!emailValue) {
        alert("Please enter an email address to check!");
        return;
    }

    var url = "ch14_formvalidator.php?email=" + emailValue;

    var request = new HttpRequest(url, handleResponse);
    request.send();
}

function handleResponse(responseText) {
    var response = JSON.parse(responseText);

    if (response.available) {
        alert(response.searchTerm + " is available!");
    } else {
        alert("We're sorry, but " + response.searchTerm +
            " is not available.");
    }
}

document.getElementById("usernameAvailability")
        .addEventListener("click", checkUsername);

document.getElementById("emailAvailability")
        .addEventListener("click", checkEmail);
    </script>
</body>

</html>
```

　　将这个文件保存在 Web 服务器的根目录中。如果使用 IIS 作为 Web 服务器，则将它保存为 c:\inetpub\wwwroot\ch14_example1.html。如果使用的是 Apache，则将它保存在 htdocs 文件夹中：path_to_htdocs\htdocs\ch14_example1.html。

　　还需要将 httprequest.js 文件(HttpRequest 模块)和 ch14_formvalidator.php 文件(从代码下载中获得)放在与 ch14_example1.html 文件相同的目录中。

　　现在，打开浏览器，导航到 http://localhost/ch14_formvalidator.php。如果 Web 服务器正常工作，就会显示文本"PHP is working correctly. Congratulations!"，如图 14-5 所示。

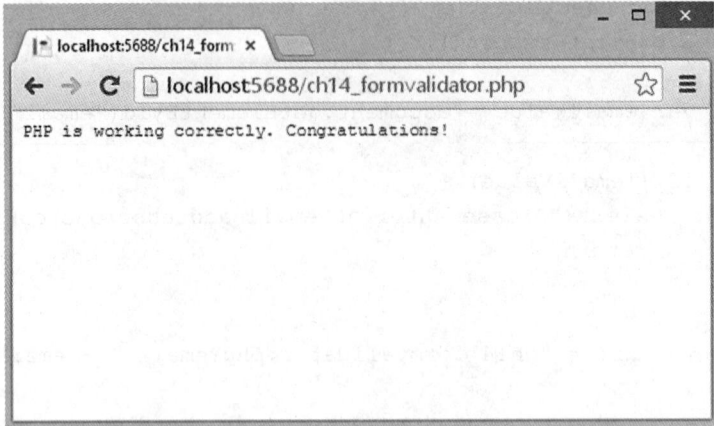

图　14-5

接下来，把浏览器导航到 http://localhost/ch14_example1.html，结果为如图 14-6 所示的页面。

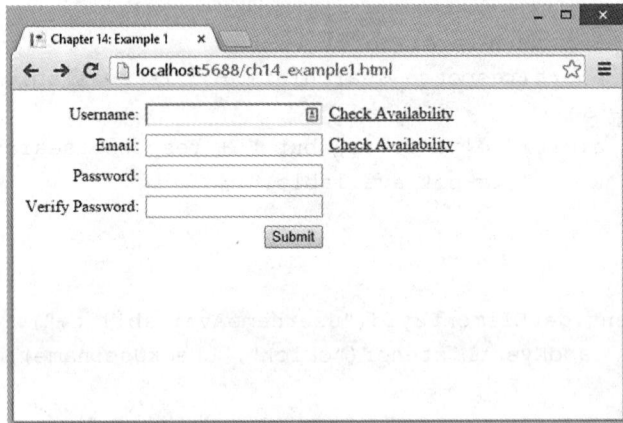

图 14-6

在 Username 字段中输入 jmcpeak，并单击旁边的 Check Availability 链接，弹出的警告框如图 14-7 所示。

接下来，在 Email 字段中输入 someone@xyz.com，并单击旁边的 Check Availability 链接。这将再次弹出一个警告框，提示该电子邮箱已被使用。

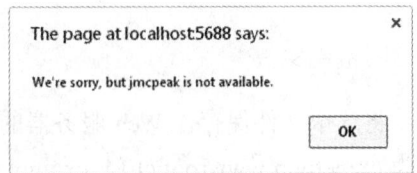

图 14-7

在这些字段中输入自己的用户名和电子邮箱地址，并单击相应的链接。警告框将可能提示，这些用户名和/或电子邮箱是有效的(注意：应用程序仅使用了用户名 jmcpeak 和 pwilton 以及电子邮箱 someone@xyz.com 和 someone@zyx.com)。

该 HTML 页面的正文是一个简单的表单，其中的字段包含在一个表格中。每个表单字段占用一个表格行。前两行包含我们最感兴趣的字段 Username 和 Email。

```
<form>
    <table>
        <tr>
            <td class="fieldname">
                Username:
            </td>
            <td>
                <input type="text" id="username" />
            </td>
            <td>
                <a id="usernameAvailability" href="#">Check Availability</a>
            </td>
        </tr>
        <tr>
            <td class="fieldname">
                Email:
            </td>
            <td>
                <input type="text" id="email" />
            </td>
            <td>
                <a id="emailAvailability" href="#">Check Availability</a>
            </td>
        </tr>
        <!-- HTML to be continued later -->
```

　　表格的第一列包含了字段的文本标识符。第二列包含了<input/>元素本身。这些标记都有 id 属性：username 用于 Username 字段，而 email 用于 Email 字段。这将便于找到<input/>元素，并将文本输入其中。

　　第三列包含了一个<a/>元素，该超链接仅用于发出 Ajax 请求。另外，它的 href 属性中有#符号，禁止浏览器导航到另一个页面(对于有效、可单击的超链接，<a/>元素必须有 href值)。这些链接都有 id 属性，以后将在 JavaScript 代码中使用它。

　　表格的其余三行包含了两个密码字段和一个 Submit 按钮(智能表单目前不使用这些字段)。

```
            <!-- HTML continued from earlier -->
            <tr>
                <td class="fieldname">
                    Password:
                </td>
                <td>
                    <input type="text" id="password" />
                </td>
                <td />
            </tr>
            <tr>
```

```
        <td class="fieldname">
           Verify Password:
        </td>
        <td>
           <input type="text" id="password2" />
        </td>
        <td />
     </tr>
     <tr>
        <td colspan="2" class="submit">
           <input type="submit" value="Submit" />
        </td>
        <td />
     </tr>
  </table>
</form>
```

该 HTML 页面中的 CSS 仅包含了两个 CSS 规则:

```
.fieldname {
   text-align: right;
}

.submit {
   text-align: right;
}
```

这些规则用于对齐字段,使表单看上去整齐有序。

如前所述,超链接是实现 Ajax 功能的关键,因为单击它们会调用 JavaScript 函数。第一个函数 checkUsername()获取用户在 Username 字段中输入的用户名,并给服务器发出一个 HTTP 请求。

执行这个函数是因为用户单击了一个链接。因此,希望禁止浏览器导航到其 href 属性指定的 URL。即使 URL 是#,仍希望调用 preventDefault():

```
function checkUsername(e) {
   e.preventDefault();

   var userValue = document.getElementById("username").value;
```

上面的代码使用 document.getElementById()方法找到<input id="FileName_username"/>元素,使用 value 属性以获取输入到文本框中的文本。接下来确定用户是否输入了文本。

```
   if (!userValue) {
      alert("Please enter a user name to check!");
      return;
   }
```

如果文本框为空,则函数提示用户输入用户名,并禁止函数继续处理。如果代码不进行检查,应用程序就可能向服务器发送不必要的请求。

接下来构造向 PHP 应用程序发送请求的 URL，并把它赋给 url 变量。然后将 URL 和回调函数 handleResponse()传递给构造函数，创建一个 HttpRequest 对象，并调用 send()发送请求：

```
    var url = "ch14_formvalidator.php?username=" + userValue;

    var request = new HttpRequest(url, handleResponse);
    request.send();
}
```

handleResponse()函数在后面介绍。现在看看 checkEmail()函数。

检查电子邮件地址是否有效采用几乎相同的过程。checkEmail()函数获取输入到 Email 字段中的文本，并将该信息发送给服务器应用程序。

```
function checkEmail(e) {
    e.preventDefault();

    var emailValue = document.getElementById("email").value;

    if (!emailValue) {
        alert("Please enter an email address to check!");
        return;
    }

    var url = "ch14_formvalidator.php?email=" + emailValue;

    var request = new HttpRequest(url, handleResponse);
    request.send();
}
```

函数 checkEmail()也使用 handleResponse()处理服务器的响应。当 HttpRequest 对象接收到服务器的完整响应时，执行函数 handleResponse()。该函数根据所请求的信息告知用户名或电子邮件地址是否有效。注意，服务器的响应是 JSON 格式的数据，所以首先需要把数据解析为 JavaScript 对象：

```
function handleResponse(responseText) {
    var response = JSON.parse(responseText);
```

服务器的响应解析为一个对象，存储在 response 变量中。接着使用这个对象的 available 属性给用户显示相应的消息：

```
    if (response.available) {
        alert(response.searchTerm + " is available!");
    } else {
        alert("We're sorry, but " + response.searchTerm + " is not available.");
    }
}
```

如果服务器的响应是 available，函数就告诉用户所申请的用户名或电子邮件地址有效；否则警告框就提示，用户名或电子邮件地址已被占用。

最后需要为两个链接建立事件侦听器：

```
document.getElementById("usernameAvailability")
        .addEventListener("click", checkUsername);

document.getElementById("emailAvailability")
        .addEventListener("click", checkEmail);
```

为此，只需要通过 id 值获得<a/>元素，侦听 click 事件。

14.5 注意事项

使用 JavaScript 在客户端和服务器之间通信极大地扩展了语言的功能。但是，这种强大功能是有代价的，其中最重要的两个问题是安全性和可用性。

14.5.1 安全性问题

安全性是目前 Internet 上的一个热门话题，Web 开发人员必须考虑 Ajax 上的安全限制。了解 Ajax 的安全性问题可以节省开发和调试时间。

1. 同源策略

早在 Netscape Navigator 2.0 时代，JavaScript 就不能访问不同来源的脚本或者文档。这是浏览器厂商采取的一个安全措施。否则，恶意代码的编写者就能在任何地方执行代码。同源策略提出，仅当两个页面的协议(HTTP)、端口号(默认为 80)和主机名相同时，它们才是同源的。

考虑以下两个页面：

- 页面 1 位于 http://www.site.com/folder/mypage1.htm。
- 页面 2 位于 http://www.site.com/folder10/mypage2.htm。

根据同源策略，这是两个同源页面。它们有相同的主机(www.site.com)、使用相同的协议(HTTP)并在相同的端口上访问(这两个页面都没有指定端口，因此都使用 80 端口)。由于这是两个同源页面，因此一个页面中的 JavaScript 可以访问另一个页面。

再考虑下面的两个页面：

- 页面 1 位于 http://www.site.com/folder/mypage1.htm。
- 页面 2 位于 https://www.site.com/folder/mypage2.htm。

这两个页面是不同源的。它们的主机相同，但协议和端口号不同。页面 1 使用 HTTP 协议(端口号 80)，而页面 2 使用 HTTPS 协议(端口号 443)。这一差异虽然小，但足以使这两个页面不同源。因此，其中一个页面的 JavaScript 无法访问另一个页面。

这与 Ajax 技术有什么关系？因为 JavaScript 在 Ajax 中占很大比例。例如，由于同源策略的限制，XMLHttpRequest 对象将无法访问任何不同来源的文件或文档。但是，访问不同来源的数据的需求是合法的，为此 W3C 发布了 Cross-Origin Resource Sharing(CORS) 规范。

2. CORS

CORS 规范定义了在发送不同源的请求时，浏览器和服务器如何通信。为了使 CORS 工作，浏览器必须发送一个自定义的 HTTP 标题，称为 Origin，其中包含发送请求的页面的协议、域名和端口。例如，如果页面 http://www.abc.com/xyz.html 上的 JavaScript 使用 XMLHttpRequest 给 http://beginningjs.com 发送请求，Origin 标题就如下所示：

```
Origin: http://www.abc.com
```

服务器响应 CORS 请求时，必须也发送一个自定义标题，称为 Access-Control-Allow-Origin，其中必须包含请求的 Origin 标题指定的同一个源。继续前面的示例。服务器的响应必须包含如下 Access-Control-Allow-Origin 标题，CORS 才能工作：

```
Access-Control-Allow-Origin: http://www.abc.com
```

如果没有这个标题，或者源不相同，浏览器就不处理请求。

另外，服务器可以包含值为*的 Access-Control-Allow-Origin 标题，表示接受所有源。这主要用于可公开使用的 Web 服务。

> 注意：这些自定义标题由浏览器自动处理，不需要设置自己的 Origin 标题，也不必手动检查 Access-Control-Allow-Origin。

14.5.2 可用性问题

Ajax 打破了传统 Web 应用程序和网页的模式。它允许开发人员创建以更传统的、非 Web 方式执行的应用程序。但是，Ajax 技术也存在一些缺点，因为 Internet 已经存在了很多年，某些用户已经习惯了传统的网页。

因此，开发人员需要确保用户能够以希望的方式使用网页，且没有挫折感。

1. 浏览器的 Back 按钮

XMLHttpRequest 的一个优点是易于使用。我们只需要创建对象、发送请求和等待服务器的响应。但是，这个对象有一个缺点：大多数浏览器都不能在其历史记录中保存使用该对象发出的请求。因此，XMLHttpRequest 实际上使浏览器的 Back 按钮失效。这是一些支持 Ajax 的应用程序或组件希望出现的副作用，但它可能给用户带来严重的可用性问题。

2. 使用内嵌框架创建支持 Back 和 Forward 按钮的表单

使用可靠的、旧式的 Ajax 技术可以避免使浏览器的导航按钮失效，即使用隐藏框架/内嵌框架进行客户端和服务器之间的通信。只有使用两个框架时，这种方法才能正常工作。其中一个框架是隐藏的，另一个框架是可见的。

> ✎ 注意：使用内嵌框架时，包含内嵌框架的文档是可见的框架。

隐藏框架技术包含 4 个步骤：

(1) 用户启动对隐藏框架的 JavaScript 调用。为此，用户可以单击可见框架中的链接，或者执行其他形式的交互操作。这个调用通常只是将隐藏框架重定向到另一个网页上。这个重定向会自动触发第二步。

(2) 向服务器发送请求，服务器会处理数据。

(3) 服务器将响应(一个网页)发送回隐藏框架。

(4) 浏览器在隐藏框架中加载网页，执行联系可见框架所需的 JavaScript 代码。

本节的例子将基于本章前面创建的表单验证程序，但使用隐藏框架来替代 XMLHttpRequest 对象，从而实现浏览器与服务器之间的通信。在编写代码之前，先讨论从服务器上接收到的数据。

3. 服务器响应

使用 XMLHttpRequest 对象从服务器获取数据时，服务器的响应使用 JSON 数据结构。但本例的响应不同，它必须包含两项内容：

- 数据，必须是 HTML 格式。
- 内嵌框架接收到 HTML 响应时联系父文档的机制。

下面的代码是响应 HTML 页面的示例：

```
<!DOCTYPE html>

<html lang="en">
<head>
    <title>Returned Data</title>
</head>
<body>
    <script>
        //more code here
    </script>
</body>
</html>
```

这个简单的 HTML 页面在文档正文中包含一个<script/>元素。这个脚本块中的 JavaScript 代码将由 PHP 应用程序生成，用于调用可见框架中的函数 handleResponse()，并传递期望的 JSON。

JSON 数据结构有一个新成员：value 字段。它包含在请求中发送的用户名或电子邮箱。因此，下面的 HTML 文档是 PHP 应用程序返回的有效响应。

```html
<!DOCTYPE html>

<html lang="en">
<head>
    <title>Returned Data</title>
</head>
<body>
    <script>
        top.handleResponse('{"available":false, "value":"jmcpeak"}');
    </script>
</body>
</html>
```

HTML 页面调用父窗口中的 handleResponse()函数，并给它传送 JSON 数据结构，表示用户名或电子邮件地址是可用的。采用这种格式的响应，大部分 JavaScript 代码可以保持不变。

试一试　内嵌框架智能表单

这个修订过的智能表单的代码与前面 XMLHttpRequest 例子使用的代码非常类似，但有几个变化。打开文本编辑器，输入下列代码：

```html
<!DOCTYPE html>
<html lang="en">
<head>
    <title>Chapter 14: Example 2</title>
    <style>
        .fieldname {
            text-align: right;
        }

        .submit {
            text-align: right;
        }

        #hiddenFrame {
            display: none;
        }
    </style>
</head>
<body>
    <form>
        <table>
            <tr>
                <td class="fieldname">
```

```
                        Username:
                    </td>
                    <td>
                        <input type="text" id="username" />
                    </td>
                    <td>
                        <a id="usernameAvailability" href="#">Check Availability</a>
                    </td>
                </tr>
                <tr>
                    <td class="fieldname">
                        Email:
                    </td>
                    <td>
                        <input type="text" id="email" />
                    </td>
                    <td>
                        <a id="emailAvailability" href="#">Check Availability</a>
                    </td>
                </tr>
                <tr>
                    <td class="fieldname">
                        Password:
                    </td>
                    <td>
                        <input type="text" id="password" />
                    </td>
                    <td></td>
                </tr>
                <tr>
                    <td class="fieldname">
                        Verify Password:
                    </td>
                    <td>
                        <input type="text" id="password2" />
                    </td>
                    <td></td>
                </tr>
                <tr>
                    <td colspan="2" class="submit">
                        <input type="submit" value="Submit" />
                    </td>
                    <td></td>
                </tr>
            </table>
        </form>
        <iframe src="about:blank" id="hiddenFrame" name="hiddenFrame"></iframe>
        <script>
            function checkUsername(e) {
                e.preventDefault();
```

```
            var userValue = document.getElementById("username").value;

            if (!userValue) {
                alert("Please enter a user name to check!");
                return;
            }

            var url = "ch14_iframevalidator.php?username=" + userValue;

            frames["hiddenFrame"].location = url;
        }

        function checkEmail(e) {
            e.preventDefault();

            var emailValue = document.getElementById("email").value;

            if (!emailValue) {
                alert("Please enter an email address to check!");
                return;
            }

            var url = "ch14_iframevalidator.php?email=" + emailValue;

            frames["hiddenFrame"].location = url;
        }

        function handleResponse(responseText) {
            var response = JSON.parse(responseText);

            if (response.available) {
                alert(response.searchTerm + " is available!");
            } else {
                alert("We're sorry, but " + response.searchTerm +
                    " is not available.");
            }
        }

        document.getElementById("usernameAvailability")
            .addEventListener("click", checkUsername);

        document.getElementById("emailAvailability")
            .addEventListener("click", checkEmail);
    </script>
</body>
</html>
```

将这个文件保存为 ch14_example2.html，放在 Web 服务器的根目录下。另外从代码下载中找到 ch14_iframevalidator.php 文件，并放在这个目录中。

打开 Web 浏览器，导航到 http://localhost/ch14_example2.html。结果与 Example 1 相同。

检查 3 个用户名和电子邮件地址。关闭了最后一个警告框后，单击浏览器的 Back 按钮几次。前面输入的信息将按倒序出现。文本框中的文本并没有改变，但是警告框将显示所输入的用户名和电子邮箱。也可以单击 Forward 按钮进行测试。

页面正文中的 HTML 没有变化，只是结束标记<form/>后添加了<iframe/>标记。

```
<iframe src="about:blank" id="hiddenFrame" name="hiddenFrame" />
```

该框架初始化为一个空白的 HTML 页面，其 name 和 id 属性都包含 hiddenFrame 的值。后面使用 name 属性的值，从 BOM 的 frames 集合中获取这个框架。接下来设置该框架的 CSS。

```
#hiddenFrame {
    display: none;
}
```

该规则仅包含一个样式声明，以便隐藏内嵌框架。

> 注意：通过 CSS 来隐藏内嵌框架，以便在需要调试服务器端应用程序时方便地显示它。

下面是 JavaScript 代码。

```
function checkUsername(e) {
    e.preventDefault();

    var userValue = document.getElementById("username").value;

    if (!userValue) {
        alert("Please enter a user name to check!");
        return;
    }

    var url = "ch14_iframevalidator.php?username=" + userValue;

    frames["hiddenFrame"].location = url;
}
```

checkUsername()函数只有一点小小的修改：url 变量的值改为新的 ch14_iframvalidator.php 文件。发出实际的请求时，使用 frames 集合访问<iframe/>元素，把其 location 属性设置为新的 URL。

checkEmail()函数的修改与此相同：

```
function checkEmail(e) {
    e.preventDefault();
```

```
    var emailValue = document.getElementById("email").value;

    if (!emailValue) {
        alert("Please enter an email address to check!");
        return;
    }

    var url = "ch14 _ iframevalidator.php?email=" + emailValue;

    frames["hiddenFrame"].location = url;
}
```

与前面一样，checkEmail()函数获取文本框的值，检查用户是否输入了数据。接着使用 ch14_iframvalidator.php 构造 URL，把它加载到<iframe/>中。

4. 处理延迟

Web 浏览器与传统的应用程序一样，其用户界面(UI)会提示浏览器在执行某个任务。用户单击一个链接时，会运行一个跳动的动画，光标可能显示为"正在忙"动画。

这正是 Ajax 技术特别是 XMLHttpRequest 没有解决的另一个问题。但这个问题非常容易解决：只需要添加 UI 元素，告诉用户某个任务正在运行，在该任务完成时删除 UI 元素。考虑下面的代码：

```
function requestComplete(responseText) {

    //do something with the data here

    document.getElementById("divLoading").style.display = "none";
}

var myRequest = new HttpRequest("http://localhost/myfile.txt",
                                requestComplete);

//show that we're loading
document.getElementById("divLoading").style.display = "block";

myRequest.send();
```

这段代码使用 HttpRequest 模块请求文本文件。在发送请求前，在文档中获取 id 为 divLoading 的 HTML 元素。这个<div/>元素告诉用户，数据正在加载。请求完成时，就隐藏<div/>元素，让用户了解到加载过程已经完成。

给用户提供这个信息可以让用户知道应用程序正根据他的请求执行某个操作。否则，用户单击某个对象后没有看到任何及时的反应，就可能会怀疑应用程序是否在正常工作。

5. 在 Ajax 失败时正常退出

在理想情况下，编写的代码每次都能正常运行。遗憾的是，支持 Ajax 的网页并不总是发挥了 Ajax 的长处，因为用户在浏览器上关闭了 JavaScript。

解决这个问题的唯一办法是：创建一个旧式的网页，使用旧式的表单、链接和其他 HTML 元素。然后，关闭这些 HTML 元素的默认行为，并使用 JavaScript 来添加相应的 Ajax 功能。考虑下面的超链接：

```
<a href="http://www.wrox.com" title="Wrox Publishing">Wrox Publishing</a>
```

这是一个非常普通的超链接。用户单击它时，就会进入 http://www.wrox.com。使用 JavaScript，通过 Event 对象的 preventDefault()方法，可以禁止这个操作。只要给<a/>元素注册 click 事件处理程序，调用 preventDefault()。Example 1 和 Example 2 都使用了这个技术。

作为一个经验法则，应先创建网页，再添加 Ajax。

14.6 小结

本章介绍了 Ajax 及其许多用途。

- 讨论了 XMLHttpRequest 对象。学习了如何给服务器发出同步和异步请求，如何使用 onreadystatechange 事件处理程序。
- 建立了自定义的 Ajax 模块，使异步 HTTP 请求更便于编码。
- 在智能表单中使用新的 Ajax 模块，检查用户名和电子邮箱是否已被使用。
- 讨论了 XMLHttpRequest 对象如何使浏览器的 Back 和 Forward 按钮失效，以及如何使用隐藏框架来重建智能表单，发出请求，从而解决这个问题。
- 论述了 Ajax 的一些弊端：安全性问题和一些出乎意料的问题。

14.7 习题

在附录 A 中可以找到本章习题的参考答案。

习题 1:

扩展 HttpRequest 模块，以便在已有异步请求的基础上增加同步请求。必须对代码进行一些调整，以便添加这个功能(提示：给模块创建 async 属性)。

习题 2:

如本章前面所述，智能表单可以改为不使用超链接。修改使用 HttpRequest 模块的表单，使之在用户提交表单时检查用户名和电子邮箱字段。侦听表单的 submit 事件，如果用户名和电子邮箱已被占用，就取消提交操作。

第15章

HTML5 媒体

本章源代码下载(wrox.com)：

打开网页 http://www.wiley.com/go/BeginningJavaScript5E，单击 Download Code 选项卡即可下载本章源代码。也可以在 http://beginningjs.com 上查看所有的代码示例和相关的文件。

最初，互联网是一个文本传输系统。第一个 HTML 规范把<img>标记描述为在文档中嵌入图像，而 HTTP 和 HTML 主要用于传输和显示文本(即超文本)。

20 世纪 90 年代后期，个人电脑进入家庭，普通人可以访问 Web。自然，人们希望从 Web 中获得更多。浏览器厂家为了满足这个需求，把其浏览器设计为使用第三方应用程序插件，这些插件用于完成浏览器通常不能完成的操作，例如播放视频和音频。

插件解决了一个问题，但它们并非没有缺点，最大的缺点是需要非常多的插件。有非常多的音乐和视频格式，某些插件仅播放某些格式。稳定性也是一个问题，因为工作不正常的插件可能使浏览器崩溃。

2005 年，一些有事业心的人创建了视频共享网站 YouTube。YouTube 的视频不依赖 QuickTime 或 Windows Media Player，而是可用作 Macromedia/Adobe Flash 文件。这是一个优点，因为 Flash 无所不在；对于每个主流浏览器和操作系统，Macromedia/Adobe 都有 Flash 插件。之后不久，网站开始使用 Flash 把视频和音频内容传递给用户，所有的事情都是对的。

许多人相信，浏览器应内置播放视频和音频的功能。所以开发 HTML5 规范的人引入了两个新标记(<video>和<audio>)，来表示这些功能。尽管多年后，浏览器最终内置了播放媒体的功能，但问题仍旧存在，开发人员必须作处理。这里首先简要介绍这些新标记，以及它们如何在浏览器中工作。

15.1 入门

在开始之前，要说明的是，本章使用的视频叫做 Big Buck Bunny，是一个知识共享许可的开放电影。其尺寸很大，所以在下载代码中找不到该视频，但可以在 http://www.bigbuckbunny.org 上下载各种格式的 Big Buck Bunny。

还要注意，视频和音频非常类似。实际上，这两个元素的主要区别是，<audio/>元素没有可视化元素的回放区域。这个讨论主要针对视频，但其概念也适用于音频。

在 HTML5 之前，在网页上嵌入视频是很烦琐的，因为它需要使用视频的至少 3 个元素，才能在所有的浏览器上工作。而使用 HTML5，只需要使用<video/>元素：

```
<video src="bbb.mp4"></video>
```

<video/>元素的 src 属性包含视频文件的位置。在这个例子中，浏览器尝试加载页面所在目录下的 bbb.mp4 文件。

当然，旧浏览器不支持<video/>元素，它们只是会忽略<video/>元素。但可以在<video/>元素中添加一些内容，如下所示：

```
<video src="bbb.mp4">
    <a href="bbb.mp4">Download this video.</a>
</video>
```

支持内置视频的浏览器不显示链接，但不支持内置视频的浏览器会显示，如图 15-1 所示。

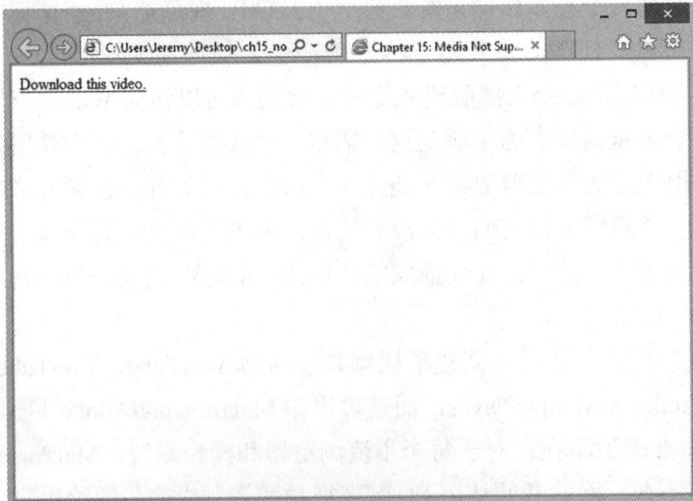

图　15-1

在大多数情况下，不在 HTML 中使用 src 属性，而是在<video/>中定义一个<source/>元素，如下所示：

```
<video>
    <source src="bbb.mp4" />
    <a href="bbb.mp4">Download this video.</a>
</video>
```

原因相当简单：不同的浏览器支持不同的格式。这是内置视频支持所面对的主要问题。例如，图 15-2 中的 IE11 显示了包含前述代码的页面。

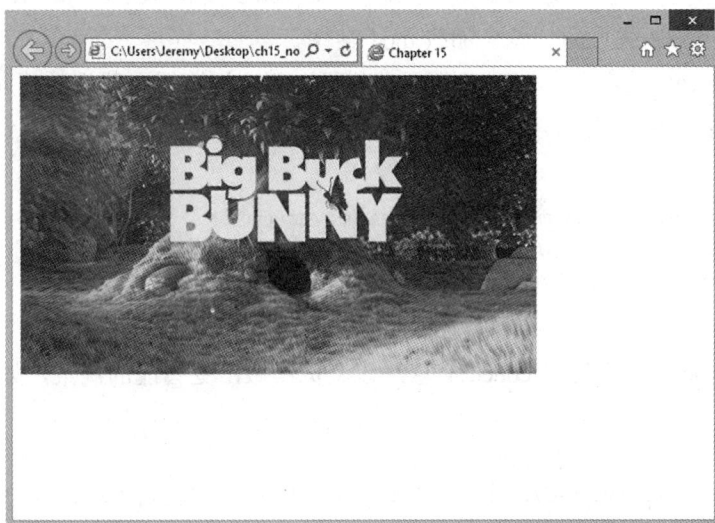

图　15-2

视频是 IE11 和 Chrome 支持的 H.264 格式。编写本书时，Firefox 部分支持该格式，查看相同的页面会得到如图 15-3 所示的结果。

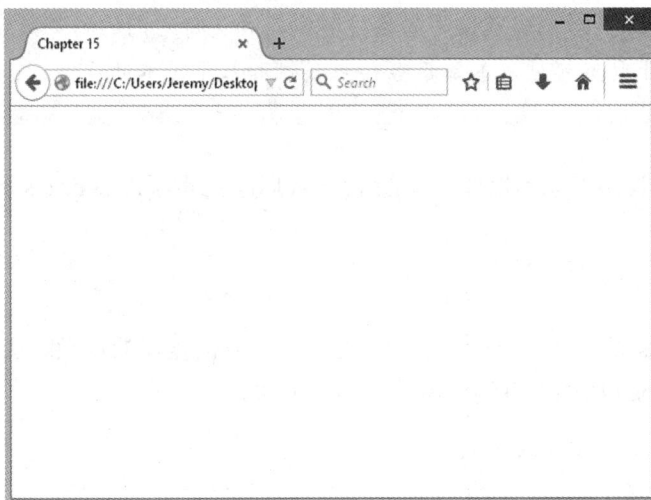

图　15-3

什么也没有。但可以提供该视频的其他格式，绕过这个问题。Firefox 完全支持 WebM，通过添加另一个<source/>元素，就可以使用其他支持 WebM 的浏览器。

```
<video>
    <source src="bbb.mp4" />
    <source src="bbb.webm" />
    <a href="bbb.mp4">Download this video.</a>
</video>
```

浏览器会按各个源在 HTML 中出现的顺序读取每个源。它们会下载视频的元数据，确定加载哪个视频，并加载它支持的第一个视频。Chrome 支持 H.264 和 WebM，所以如果 Chrome 用这段代码加载页面，就会加载.mp4 文件。

为每个<source/>元素提供 MIME 类型，就可以禁止浏览器下载视频的元数据。为此，应使用 type 属性，如下所示：

```
<video>
    <source src="bbb.mp4" type="video/mp4" />
    <source src="bbb.webm" type="video/webm" />
    <a href="bbb.mp4">Download this video.</a>
</video>
```

也可以在 type 属性中提供 codec 信息，让浏览器做出更智能的决策，如下所示：

```
<video>
    <source src="bbb.mp4"
            type='video/mp4; codecs="avc1.4D401E, mp4a.40.2"' />

    <source src="bbb.webm" type'video/webm; codecs="vp8.0, vorbis"' />
    <a href="bbb.mp4">Download this video.</a>
</video>
```

> **注意**：深入讨论当前使用的各种解码器和支持它们的浏览器超出了本书的范围。为了简单起见，本章忽略 type 属性和基于文本的反馈。

默认情况下，视频不显示控件，但通过给<video/>元素添加 controls 属性，很容易添加默认控件：

```
<video controls>
```

不必把 controls 设置为任意值；它的存在足以打开浏览器的视频默认控件。
也可以用 preload 属性告诉浏览器预先加载视频。

```
<video controls preload>
```

这会告诉浏览器立即开始加载视频。与 controls 属性一样，不必给 preload 设置值。

默认情况下，浏览器使用视频的第一帧作为视频的招贴画，即视频的初始可视化表示。可以使用 poster 属性给视频的招贴画显示一个自定义图像：

```
<video controls preload poster="bbb.jpg">
```

poster 属性仅用于<video/>元素，但可以给<video/>和<audio/>元素添加其他几个属性。从 JavaScript 的角度来看，最重要的是 id 属性。毕竟，它是在页面中查找特定媒体，以编写其脚本的方式。

15.2　给媒体编写脚本

在 DOM 中，<video/>和<audio/>元素是 HTMLMediaElement 对象，HTML5 规范定义了一个使用这些对象的 API。但自然而然，在使用媒体对象的任何方法、属性或事件之前，需要先获得该对象。使用查找元素的各个方法，可以在页面上检索已有的<video/>或<audio/>元素。为了简单起见，假定页面上有一个<video id="bbbVideo">标记。使用如下代码可以得到它：

```
var video = document.getElementById("bbbVideo");
```

也可以使用 document.createElement()动态创建一个，如下所示：

```
var video = document.createElement("video");
```

一旦有了 HTMLMediaElement 对象，就可以开始用其健壮的 API 编程了。

15.2.1　方法

媒体对象只有几个方法，它们主要用于控制媒体的回放，如表 15-1 所示。

表　15-1

方　法　名	说　　　明
canPlayType(mimeType)	确定浏览器可以播放所提供 MIME 类型和/或解码器的媒体的可能性
load()	开始从服务器上加载媒体
pause()	暂停媒体的回放
play()	开始或继续媒体的回放

这些是 HTML5 规范定义的方法，但注意除了这 4 个方法之外，各种浏览器也可以实现自己的方法。例如，Firefox 给 HTMLMediaElement 对象添加了许多方法。但本书不介绍它们。

pause()和 play()方法很简单，分别用于暂停和播放媒体。

```
video.play();
```

```
video.pause();
```

希望动态加载媒体时，使用其他两个方法。显然，load()方法告诉浏览器加载特定的媒体。但 canPlayType()方法有点复杂，因为它不返回 true 或 false，而返回不同的值，表示浏览器支持给定类型的可能性。canPlayType()返回的可能值如下。

- "probably"：表示可以播放的类型
- "maybe"：不播放媒体，就不能确定该类型是否能播放
- ""：媒体肯定不能播放

只有计划动态加载视频，才需要 canPlayType()和 load()方法。下面是代码示例：

```
if (video.canPlayType("video/webm") == "probably") {
    video.src = "bbb.webm";
} else {
    video.src = "bbb.mp4";
}

video.load();
video.play();
```

这段代码使用 canPlayType()方法确定浏览器是否支持 WebM 格式。如果支持，视频的 src 属性(详见 15.2.2 节)就设置为视频的 WebM 版本。如果不支持 WebM，浏览器的 src 就设置为 MP4 版本。接着，用 load()方法加载了视频后，play()方法就播放视频。

试一试   **控制媒体回放**

下面把这些新知识应用于一个简单的例子。编写一个网页，播放和暂停一个视频。注意这个例子假定有两个视频：bbb.mp4 和 bbb.webm。打开文本编辑器，输入如下代码：

```
<!DOCTYPE html>

<html lang="en">
<head>
    <title>Chapter 15: Example 1</title>
</head>
    <body>
        <div>
            <button id="playbackController">Play</button>
        </div>
        <video id="bbbVideo">
            <source src="bbb.mp4" />
            <source src="bbb.webm" />
        </video>

        <script>
            function playbackClick(e) {
```

```
        var target = e.target;
        var video = document.getElementById("bbbVideo");

        if (target.innerHTML == "Play") {
            video.play();
            target.innerHTML = "Pause";
        } else {
            video.pause();
            target.innerHTML = "Play";
        }
    }

    document.getElementById("playbackController")
            .addEventListener("click", playbackClick);
    </script>
  </body>
</html>
```

把这个文件保存为 ch15_example1.html，在浏览器中打开它。页面上会显示一个 Play 按钮，其下是一个视频，如图 15-4 所示。

单击按钮，文本就改为 Pause，开始播放视频。再次单击按钮，文本就改为 Play，暂停视频。

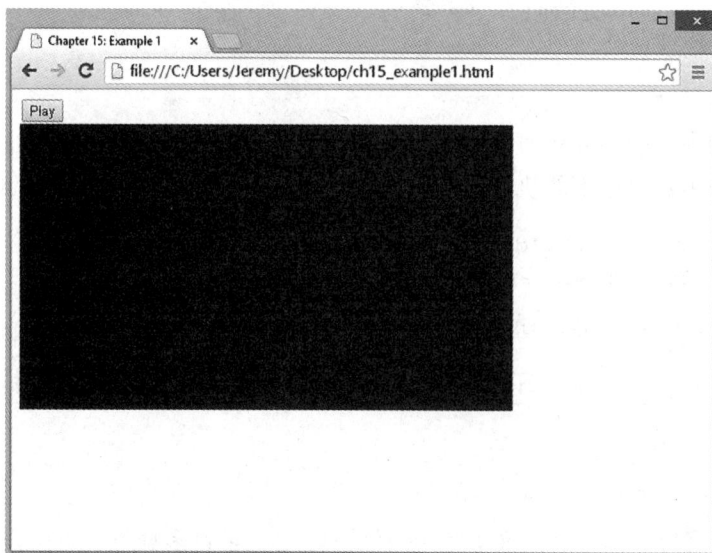

图 15-4

在页面体中，有一个 id 为 playbackController 的< button/>元素。其 ID 表示，该元素用于控制媒体的回放，媒体是用<video/>元素嵌入的视频：

```
<video id="bbbVideo">
    <source src="bbb.mp4" />
```

```
    <source src="bbb.webm" />
</video>
```

JavaScript 代码的主要部分是 playbackClick()函数，它是<button/>的 click 事件的处理程序。该函数的前两个语句创建了两个变量 target 和 video：

```
function playbackClick(e) {
    var target = e.target;
    var video = document.getElementById("bbbVideo");
```

target 变量是事件目标(按钮)，video 包含对<video/>元素对象的引用。

接着确定是需要播放还是暂停视频，为此应检查<button/>元素的文本：

```
    if (target.innerHTML == "Play") {
        video.play();
        target.innerHTML = "Pause";
    }
```

如果文本是 Play，就是要播放视频。为此，应使用 HTMLMediaElement 对象的 play()方法，并把按钮的文本改为 Pause。

如果这个 if 语句的结果是 false，就是要暂停视频：

```
    else {
        video.pause();
        target.innerHTML = "Play";
    }
}
```

在 else 语句中，使用媒体对象的 pause()方法，并把按钮的文本改为 Play。

当然，这个函数自己不能执行，所以要在<button/>对象上注册一个 click 事件侦听器：

```
document.getElementById("playbackController")
        .addEventListener("click", playbackClick);
```

这个例子可以工作，但不是控制媒体的理想方案。具体而言，不应依赖元素的文本来确定是应播放还是暂停。使用 HTML5 规范定义的一些属性可以更好地控制媒体。

15.2.2 属性

HTML5 规范为媒体对象定义了几个方法，还定义了许多属性。本节没有列出所有的属性，但附录 C 包含其完整列表。

HTMLMediaElement 的大多数属性都用于查询或修改媒体的状态，而像 controls 和 poster(后者用于视频)等其他属性用于装饰。

表 15-2 列出了几个属性及其说明。

表 15-2

属 性 名	说 明
autoplay	获取或设置 HTML 属性 autoplay，表示获得了足够的媒体后，是否自动开始回放
controls	反映 HTML 属性 controls
currentTime	获取当前的回放时间。设置这个属性会把媒体设置为新的时间
duration	获取媒体的长度(秒)；如果没有媒体可用，该属性就是 0；如果无法确定持续时间，就返回 NaN
ended	表示媒体元素是否结束回放
loop	反映 HTML 属性 loop。表示在回放到末尾时，是否应从头开始播放媒体元素
muted	获取或设置是否使音频静音
paused	表示媒体是否暂停
playbackRate	获取或设置回放速率。1.0 是正常速度
poster	获取或设置 HTML 属性 poster
preload	获取或设置 HTML 属性 preload
src	获取或设置 HTML 属性 src
volume	音频的音量。有效值是 0.0(静音)到 1.0(最大声)

与上一节的方法一样，这些属性由 HTML5 规范定义，但一些浏览器厂家也实现了自己的专用属性。与前述方法一样，大多数属性都很简单，其名称很好地解释了它们的用途。

例如，paused 属性说明是否暂停媒体，如下所示：

```
if (video.paused) {
    video.play();
} else {
    video.pause();
}
```

重要的是，要知道暂停任意媒体的默认状态。浏览器仅在要求时才播放媒体——显式使用 play()方法、通过内置控件或者使用 autoplay 属性/HTML 属性隐式播放媒体。

使用 muted 属性不仅可以说明音频是静音的，还可以使音频静音。例如：

```
if (video.muted) {
    video.muted = false;
} else {
    video.muted = true;
}
```

或以更简单的方式编写：

```
video.muted = !video.muted;
```

这行代码的结果与上面的例子相同，它把 video.muted 设置为其当前值的反值。

　　但是 src 属性有点不同。显然，它设置<video/>或<audio/>元素的媒体，但设置媒体对象的 src 时，必须使用 load()方法显式加载它。否则，调用 play()方法时，会播放浏览器当前加载的任何媒体。因此，下面的代码没有正确修改和播放媒体对象：

```
// incorrect
video.src = "new_media.mp4";
video.play();
```

　　这段代码设置了 src 属性，但没有用 load()方法加载新媒体。因此，视频再次播放时，仍会播放浏览器当前加载的媒体。为了修改这个错误，在调用 play()之前，必须调用 load()，如下所示：

```
video.src = "new_media.mp4";
video.load();
video.play();
```

试一试　　控制媒体回放 II

　　下面再看看 Example 1，利用 HTMLMediaElement 对象的一些属性改进它。打开文本编辑器，输入如下代码：

```
<!DOCTYPE html>

<html lang="en">
<head>
    <title>Chapter 15: Example 2</title>
</head>
    <body>
        <div>
            <button id="playbackController">Play</button>
            <button id="muteController">Mute</button>
        </div>
        <video id="bbbVideo">
            <source src="bbb.mp4" />
            <source src="bbb.webm" />
        </video>

        <script>
            function playbackClick(e) {
                var target = e.target;
                var video = document.getElementById("bbbVideo");

                if (video.paused) {
                    video.play();
                    target.innerHTML = "Pause";
                } else {
                    video.pause();
                    target.innerHTML = "Resume";
```

```
                }
            }

            function muteClick(e) {
                var target = e.target;
                var video = document.getElementById("bbbVideo");

                if (video.muted) {
                    video.muted = false;
                    target.innerHTML = "Mute";
                } else {
                    video.muted = true;
                    target.innerHTML = "Unmute";
                }

            }

            document.getElementById("playbackController")
                    .addEventListener("click", playbackClick);

            document.getElementById("muteController")
                    .addEventListener("click", muteClick);
        </script>
    </body>
</html>
```

把这个文件保存为 ch15_example2.html，在浏览器中打开它。现在应看到两个按钮：Play 和 Mute。在这些按钮的下面是视频，如图 15-5 所示。

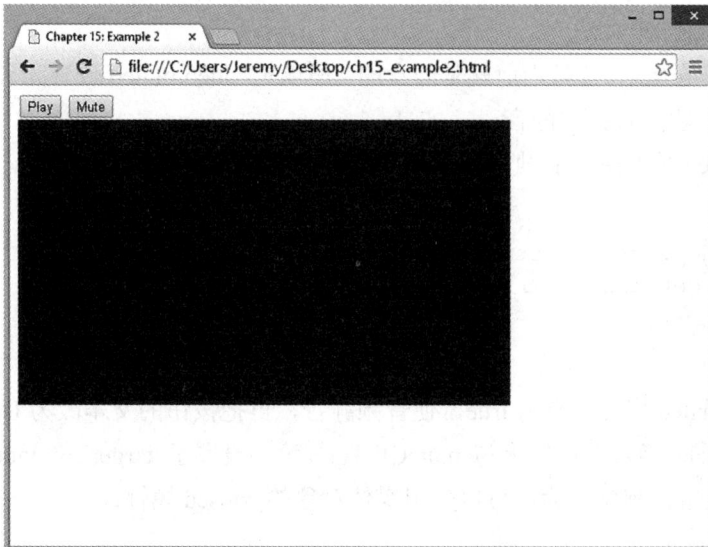

图　15-5

开始播放视频，单击 Mute 按钮。注意，音频现在是静音的，按钮的文本是 Unmute。

再次单击按钮，去掉音频的静音。

现在单击 Pause 按钮。注意视频暂停了，按钮的文本改为 Resume。再次单击按钮，继续播放视频。

这个例子与 Example 1 完全不同。开始时是 HTML，添加一个新<button/>元素：

```
<div>
    <button id="playbackController">Play</button>
    <button id="muteController">Mute</button>
</div>
```

它的 id 是 muteController，文本是 Mute。我们知道，它用于使音频静音和去除静音效果。在代码的底部注册 click 事件侦听器：

```
document.getElementById("muteController")
        .addEventListener("click", muteClick);
```

用于处理这个事件的函数是 muteClick()。它的前两行创建了 target 和 video 变量，前者包含对<button/>元素对象的引用，后者引用 HTMLMediaElement 对象：

```
function muteClick(e) {
    var target = e.target;
    var video = document.getElementById("bbbVideo");
```

这个函数切换媒体对象的 muted 属性，所以首先需要用 if 语句检查其当前值：

```
    if (video.muted) {
        video.muted = false;
        target.innerHTML = "Mute";
    }
```

如果 muted 是 true，音频当前就是静音的。所以把 video.muted 设置为 false，将按钮的文本改为 Mute，解除音频的静音。

但如果 muted 是 false，就执行 else 语句，使音频静音：

```
    else {
        video.muted = true;
        target.innerHTML = "Unmute";
    }
}
```

把音频的 muted 属性设置为 true，使音频静音，再把按钮的文本改为 Unmute。

playbackClick()函数在逻辑上与 muteClick()等价。设置了 target 和 video 后，就确定是需要播放还是暂停视频。为此可以使用媒体对象的 paused 属性：

```
function playbackClick(e) {
    var target = e.target;
    var video = document.getElementById("bbbVideo");
```

```
if (video.paused) {
   video.play();
   target.innerHTML = "Pause";
}
```

如果它是 true，就调用 play()方法开始或继续回放。如果 paused 是 false，则是希望暂停回放：

```
else {
   video.pause();
   target.innerHTML = "Resume";
 }
}
```

这段代码使用了 pause()方法，把按钮的文本改为 Resume。选择单词 Resume，可以提升用户的体验。人们希望从暂停状态继续播放。在 Example 1 中已经实现了类似的功能，但因为视频的状态由按钮的文本决定，所以不需要额外的代码即可工作。

现在，这个例子显著改进了 Example 1，但仍有一个问题：用户可以通过上下文菜单控制视频(如图 15-6 所示)。

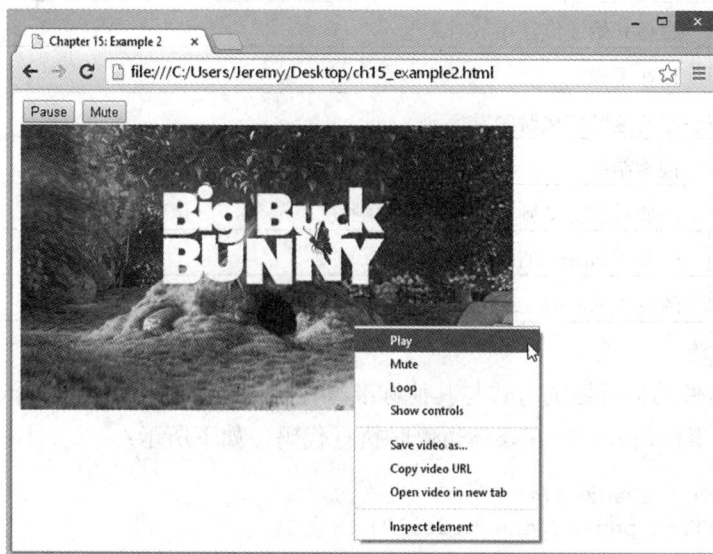

图　15-6

就其本身而言，这并不是个问题，毕竟最佳用户界面有冗余性。自定义 UI 不能准确地描绘媒体的实际状态时，它就会成为问题。如图 15-6 所示，上下文菜单显示 Play 时，自定义 Play/Pause 按钮却显示 Pause。理想状态下，上下文菜单和自定义 UI 应同步，这可以通过侦听某些事件来实现。

15.2.3 事件

事件是图形化应用程序的命根子，基于媒体的事件也不例外。制定 HTML5 规范的人非常彻底地完成了一个任务：定义 Web 开发人员编写媒体驱动的页面和应用程序所需的事件。

事件非常多，其完整列表参见附录 C。表 15-3 仅列出了其中的几个。

表 15-3

事 件 名	说 明
abort	中止回放时触发
canplay	有足够数据可用于回放媒体时发送
canplaythrough	指定整个媒体可以回放，无须干涉
durationchange	媒体的元数据已改变，表示媒体的时长有变化
ended	回放完成时触发
error	发生错误时发送
loadstart	开始下载
pause	回放暂停时触发
playing	媒体开始或继续播放时发送
progress	正在下载
ratechange	回放速度变化时触发
seeked	搜索结束
seeking	回放过程移动到一个新位置时触发
timeupdate	改变了 currentTime 属性
volumechange	改变了 volume 或 muted 属性

注册这些事件的侦听器的方式与其他标准事件相同：使用 addEventListener()。例如，通过侦听 pause 事件，就可以在媒体暂停时执行代码，如下所示：

```
function mediaPaused(e) {
    alert("You paused the video!");
}

video.addEventListener("pause", mediaPaused);
```

与其他类型的事件一样，可以使用同一个处理函数注册不同的事件侦听器：

```
function mediaPausedPlaying(e) {
    if (e.type == "pause") {
        alert("You paused the video!");
    } else {
        alert("You're playing the video!");
```

```
        }
    }

    video.addEventListener("pause", mediaPausedPlaying);
    video.addEventListener("playing", mediaPausedPlaying);
```

这适合于为两个事件执行相同或相似的代码。但在大多数情况下，更可能为不同的事件定义和使用不同的函数。

编写自定义的控制器 UI 时，侦听这些"状态变化"事件是很理想的。UI 应准确反映媒体的状态，"状态变化"事件仅在媒体的状态变化时触发。当然，这些事件非常适合于使自定义 UI 与浏览器的内置 UI 同步，如下一个示例所示。

试一试　　控制媒体回放 III

下面用表 15-3 中的一些事件重写 Example 2。下面的代码有很大的变化，可以把 Example 2 用作起点，也可以从头开始输入代码：

```
<!DOCTYPE html>

<html lang="en">
<head>
    <title>Chapter 15: Example 3</title>
</head>
<body>
    <div>
        <button id="playbackController">Play</button>
        <button id="muteController">Mute</button>
    </div>
    <video id="bbbVideo">
        <source src="bbb.mp4" />
        <source src="bbb.webm" />
    </video>

    <script>
    function pauseHandler(e) {
        playButton.innerHTML = "Resume";
    }

    function playingHandler(e) {
        playButton.innerHTML = "Pause";
    }

    function volumechangeHandler(e) {
        muteButton.innerHTML = video.muted ? "Unmute" : "Mute";
    }

    function playbackClick(e) {
        video.paused ? video.play() : video.pause();
    }
```

```
        function muteClick(e) {
            video.muted = !video.muted;
        }

        var video = document.getElementById("bbbVideo");
        var playButton = document.getElementById("playbackController");
        var muteButton = document.getElementById("muteController");

        video.addEventListener("pause", pauseHandler);
        video.addEventListener("playing", playingHandler);
        video.addEventListener("volumechange", volumechangeHandler);

        playButton.addEventListener("click", playbackClick);

        muteButton.addEventListener("click", muteClick);
    </script>
</body>
</html>
```

把这个文件保存为 ch15_example3.html，在浏览器中打开，结果与 Example 2 相同。每次播放、暂停、静音或去除视频的静音时，都确保打开媒体的上下文菜单。自定义 UI 和上下文菜单中的控制选项是同步的，如图 15-7 所示。

图　15-7

这个例子中的 HTML 与 Example 2 相同，所以下面直接跳到代码。在所有函数的外部，定义了 3 个变量，来引用<video/>和两个<button/>元素：

```
var video = document.getElementById("bbbVideo");
var playButton = document.getElementById("playbackController");
var muteButton = document.getElementById("muteController");
```

在各个函数中都要使用这些变量。但首先注册事件侦听器。

对于<video/>元素，注册 pause、playing 和 volumechange 事件侦听器：

```
video.addEventListener("pause", pauseHandler);
video.addEventListener("playing", playingHandler);
video.addEventListener("volumechange", volumechangeHandler);
```

每个事件侦听器使用统一的函数——pauseHandler()函数处理 pause 事件、playing-Handler()处理 playing 事件、volumechangeHandler()处理 volumechange 事件。playing 和 pause 事件代码非常类似，可以使用一个函数，但应尽可能使代码简单一些。简单的函数更方便。

两个<button/>元素也使用 playbackClick()和 muteClick()函数注册 click 事件：

```
playButton.addEventListener("click", playbackClick);

muteButton.addEventListener("click", muteClick);
```

这个例子中的 5 个函数都只有一个作用。这是一件好事，因为这使代码更便于管理和维护，如果出错，也便于查找和修改。第一个函数是 pauseHandler()，它处理媒体的 pause 事件：

```
function pauseHandler(e) {
    playButton.innerHTML = "Resume";
}
```

其工作很简单，触发 pause 事件时，把 Play/Pause 按钮的文本改为 Resume。这样，按钮的文本就在视频状态改变时改变。

下一个函数是 playingHandler()，与 pauseHandler()函数对应：

```
function playingHandler(e) {
    playButton.innerHTML = "Pause";
}
```

媒体播放时，这个函数把 Play/Pause 按钮的文本改为 Pause。

volumechangeHandler()函数略微复杂，因为两种事件会触发它：音量改变和媒体被静音。

```
function volumechangeHandler(e) {
    muteButton.innerHTML = video.muted ? "Unmute" : "Mute";
}
```

与其他媒体事件处理程序一样，volumechangeHandler()负责改变 UI 中按钮的文本。但为了确定要使用的文本值，必须检查 video.muted 的值。这里使用三元操作符，将代码减为一行。也可以使用 if...else 语句：

```
if (video.muted) {
    muteButton.innerHTML = "Unmute";
```

```
    } else {
        muteButton.innerHTML = "Mute";
    }
```

如果需要在 if...else 语句中执行更多的代码，这种方法比较理想，但在这里，三元操作符更好一些。

接着是 playbackClick()函数，它有显著的改变。因为 pause 和 playing 事件处理程序负责更新 UI，所以 playbackClick()函数只负责播放和暂停媒体：

```
function playbackClick(e) {
    video.paused ? video.play() : video.pause();
}
```

这里再次使用三元操作符确定要执行哪个方法。如果 video.paused 是 true，就调用 play()方法，否则调用 pause()方法。

muteClick()函数也简化了，因为它不再负责更新 UI，只负责使媒体静音和去除静音：

```
function muteClick(e) {
    video.muted = !video.muted;
}
```

把 muted 属性设置为相反的值。因此，如果 muted 是 true，就把它设置为 false，反之亦然。

内置媒体是 Web 开发人员多年来一直呼吁的功能，第一次实现(由 HTML5 指定)就非常健壮，功能非常全面。但我们仍旧要面对不同的浏览器及其支持的解码器。Web 开发社团有希望看到所有浏览器都支持的统一解码器集合。

自然，这里仅涉及内置媒体 API 及其功能的皮毛。与所有事物一样，应不断地实验。利用这种健壮、功能强大的 API，可以进行没有任何限制的试验。

15.3 小结

本章介绍了 HTML5 视频和音频 API。

- HTML5 带有两个新的媒体元素<video/>和<audio/>，还定义了一个<source/>元素来描述媒体源。
- 不同的浏览器支持不同的视频、音频格式和解码器，但提供不同的源就可以解决这个问题。浏览器足够智能，知道应加载哪个源。
- 视频和音频的编程是相同的，但视频有 poster 属性。这两种媒体都表示为 DOM 中的 HTMLMediaElement 对象。
- 学习了如何播放和暂停媒体。
- 学习了如何使媒体静音，使用 paused 属性查询回放的状态。

- 学习了如何为许多媒体驱动的事件注册事件侦听器，以简化自定义 UI 的代码。

15.4　习题

在附录 A 中可以找到本章习题的参考答案。

习题 1：

能控制回放是很棒的，但自定义 UI 还需要控制音量。给 Example 3 添加<input type="range" />元素，来控制音量。注意媒体元素支持的音量范围是 0.0～1.0。如果需要复习范围输入类型，可参阅第 11 章。可惜它不适用于 IE。

习题 2：

在习题 1 的答案中添加另一个范围表单控件，通过编程搜寻媒体。它还应在播放媒体时更新。使用 durationchange 事件设置滑块的最大值，使用 timeupdate 事件更新滑块的值。

第16章

jQuery

本章主要内容

- 使用 jQuery 可以简化常见任务
- 用 jQuery 创建、修改和删除元素比使用传统的 DOM 方法更简单
- jQuery 更便于通过 CSS 属性和 CSS 类修改样式
- 处理 HTTP 请求和响应比编写纯粹的 XMLHttpRequest 代码容易得多
- 延迟对象很有用，尤其是用于 Ajax 请求时

本章源代码下载(wrox.com)：

打开网页 http://www.wiley.com/go/BeginningJavaScript5E，单击 Download Code 选项卡即可下载本章源代码。也可以在 http://beginningjs.com 上查看所有的代码示例和相关的文件。

JavaScript 是 Web 开发的基础。即使目前的 JavaScript 开发相当简单，也是极具挑战性的，直到 2011 年初，Microsoft 发布了 IE 9。

2001 年，第一场浏览器大战接近尾声，Microsoft 通过发布 IE 6 锁定了胜利。几个月后，这个软件巨头发布了 Windows XP，这是 Microsoft 历史上支持时间最长的操作系统，IE 6 是其默认浏览器。

最初，Microsoft 占据了 85%的市场份额，但随着时间的推移，来自 Mozilla 的 Firefox 的压力促使 Microsoft 继续开发 IE。2006 年，Microsoft 发布了 IE 7。这个新版本修改了许多错误，还实现了新(常常是不标准)的功能。

这就使 JavaScript 开发人员开始感到非常纠结。客户端开发的问题是必须支持许多不同的 Web 浏览器开发人员。开发人员不仅要支持 IE 和 Firefox，还必须支持 IE 的 3 个主流版本(6、7 和 8)。虽然可以编写事件驱动的代码或 Ajax 应用程序，但线上开发人员有时会遇到不同的浏览器和版本之间的许多不兼容问题。

许多专业开发人员发现，跨浏览器的日常开发非常耗时、麻烦，于是开始开发框架或

库，以辅助跨浏览器的开发。一些框架作者公开发布了其框架，其中的几个框架受到了许多人的欢迎，与以前的浏览器大战一样，最终出现了胜利者。Prototype 和 MooTools 等框架非常流行，但 jQuery 成为事实标准。

与大多数其他框架一样，jQuery 最初是一个库，用于简化客户端/服务器通信。但目前，jQuery 简化了 JavaScript 开发的每个常见方面；DOM 操作、Ajax、动画和组件开发使用 jQuery 会容易许多。本章介绍 jQuery，学习如何使用它简化 JavaScript 开发。

但在开始之前，应注意：毫无疑问，jQuery 的确可以节省开发时间和简化开发过程，但要进行跨浏览器的开发，必须牢固掌握 JavaScript 语言，深刻理解各种不同的浏览器的本质。框架和库只是临时使用的工具，而你掌握的知识(和纯 JavaScript)是永久的。

16.1　获得 jQuery

安装 jQuery(或任何框架)与在计算机上安装应用程序大不相同，它没有安装程序，其安装也不会改变系统的任何部分。基本上，只需要在网页上引用 jQuery JavaScript 文件即可。

打开浏览器，进入 http://jquery.com/download/。在这个页面上，有几个与 jQuery 相关的不同文件的链接。首先会看到 jQuery 的两个版本：1.x 和 2.x。这两个版本几乎相同，只是 v1.x 支持 IE 6、7 和 8，而 v2.x 不支持。

其次，需要选择压缩版或未压缩版。

- 压缩版：这些版本被压缩(删除了代码文件中所有的注释和不必要的空白)，以使其尺寸尽可能小，当有人访问网页时，这种压缩版会使网页的下载比较快。但如果在文本编辑器中打开压缩版，压缩过程会使 JavaScript 代码难以看懂。但在生产环境下，进行压缩是一个合理的选择。

- 未压缩版：这些版本没有压缩，是正常的 JavaScript 代码文件，其中的注释和空白都没有改变。使用未压缩的 JavaScript 文件是非常不错的，因为它们比压缩文件更容易阅读，可以从中学到设计和开发这些框架的高手们的经验。但是，如果打算铺开使用框架的网页，则必须确保下载并使用压缩版，因为压缩版的文件尺寸较小，下载速度较快。

> 注意：Wrox 的下载代码中提供了 jQuery 2.1.1 的产品版本。

获得 jQuery 有两种方式。第一，右击(在 Mac 上是按住 Control 键并单击)链接，下载需要的版本，将其保存在一个易于访问的位置。

第二，可以使用 jQuery 的 Content Delivery Network(CDN)把 jQuery 添加到网页上。这可以避免下载 jQuery 副本，还能略微提高网页的性能。

无论用什么方式获得 jQuery，都要把它添加到页面上，其方式与其他外部文件一样，也是使用<script/>元素：

```
<script src="jquery-2.1.1.min.js"></script>
<script src="//code.jquery.com/jquery-2.1.1.min.js"></script>
```

唯一的区别是 src 属性的值。本例中的第一个<script/>元素使用 jQuery 2.1.1 的本地副本，而第二个使用 jQuery 的 CDN。本章的示例都使用 jQuery 的本地副本。

16.2　jQuery 的 API

jQuery 是 JavaScript，但它改变了与浏览器和文档的交互方式。无论是创建 HTML 元素，并将它们添加到页面上，还是向服务器发出 Ajax 调用，jQuery 都提供了简单的方式。

jQuery 的核心是 jQuery()函数，但在大多数情况下，并不使用 jQuery()编写代码，而使用其别名：美元函数$()。初看起来这似乎很奇怪，但是$()使用得越多就越自然。

$()函数可以完成所有操作，包括：
- 查找、选择元素
- 创建、追加和删除元素
- 用 jQuery 对象封装普通的 DOM 对象

16.2.1　选择元素

jQuery 更新了开发人员查找 DOM 中元素的方式：使用 CSS 选择器。实际上，第 9 章讨论的 querySelector()和 querySelectorAll()方法就是因为 jQuery 才存在的。要使用 jQuery 获得元素，可以使用$()，给它传递 CSS 选择器，如下所示：

```
var elements = $("a");
```

这行代码给 elements 变量赋予了一个特定的对象 jQuery，表示页面中所有<a/>元素的数组。

jQuery 简化了 DOM 操作，由于采用了这种设计思想，所以可以一次修改多个元素。例如，假定建立了一个网页，其中有超过 100 个链接。忽然某一天希望把这些链接的 target 属性设置为_blank，在一个新窗口中打开它们。这是一项很艰巨的任务，但使用 jQuery 却可以很容易完成。因为可以通过调用$("a")检索出文档中所有的<a/>元素，所以调用 attr()方法设置 target 属性。如下面的代码所示：

```
elements.attr("target", "_blank");
```

调用$("a")会得到一个 jQuery 对象，但这个对象也兼作数组。在这个 jQuery 对象上调用的任何方法都会对数组中的所有元素执行相同的操作。执行这行代码，会把页面上每个<a/>元素的 target 属性设置为_blank，甚至不需要使用循环！

由于 jQuery 对象是一个数组，所以可以使用 length 属性确定在 CSS 查询中选择了多

455

少个元素，如下所示：

```
var length = elements.length;
```

这个信息是有用的，但通常不需要知道 jQuery 对象的长度。数组的 length 属性最常用于循环，而 jQuery 主要用于一次处理多个元素。在 jQuery 对象上执行的方法有内置的循环，所以 length 属性很少使用。

jQuery 有内置的 CSS 选择器引擎，使用任何有效的 CSS 选择器可以检索出需要的元素——即使浏览器不支持它，也是如此。例如，IE 6 不支持 CSS 选择器 parent > child。如果需要支持这个浏览器，jQuery 仍可以用该选择器选择相应的元素。考虑下面的 HTML 示例：

```
<p>
    <div>Div 1</div>
    <div>Div 2</div>
    <span>Span 1</div>
</p>

<span>Span 2</span>
```

这段 HTML 代码定义了一个<p/>元素，它包含两个<div/>元素和一个<span/>元素。在<p/>元素的外部是另一个<span/>元素。假定需要段落中的<span/>元素，那么可以使用如下代码选择该元素：

```
var innerSpan = $("p > span");
```

这行代码使用了 CSS 选择器语法 parent > child，因为 JQuery 有自己的 CSS 选择器引擎，所以这行代码可用于所有浏览器。

jQuery 函数还允许在一个函数调用中使用多个选择器。用逗号分隔每个选择器即可，如下面的代码：

```
$("a, #myDiv, .myCssClass, p > span")
```

这行代码会检索出所有<a/>元素、id 为 myDiv 的元素、CSS 类为 myCssClass 的元素以及<p/>元素的所有<span/>子元素。如果希望把这些元素的文本颜色设置为红色，则可以使用如下代码：

```
$("a, #myDiv, .myCssClass, p > span").attr("style", "color:red;");
```

这并非是修改元素样式的最佳方法。实际上，jQuery 提供了许多修改元素样式的方法。

> 注意：要查看支持的选择器的完整列表，请参阅 http://docs.jquery.com/Selectors。

16.2.2 修改样式

通过修改单个 CSS 属性或修改元素的 CSS 类，就可以改变元素的样式。jQuery 很容易实现这两种方式。要修改单个 CSS 属性，jQuery 对象提供了 css()方法。这个方法有两种使用方式。

首先，可以给 css()方法传递两个参数：CSS 属性名和属性值。例如：

```
$("#myDiv").css("color", "red");
```

这行代码把 color 属性设置为红色，所以把文本的颜色改为红色。传送给 css()方法的属性名可以使用样式表格式或脚本格式。这表示，如果希望修改元素的背景色，可以给该方法传送 background-color 或 backgroundColor，如下所示：

```
var allParagraphs = $("p");

allParagraphs.css("background-color", "yellow"); // correct!
allParagraphs.css("backgroundColor", "blue"); // correct, too!
```

这段代码把页面上每个<p/>元素的背景色改为黄色，再改为蓝色。

> 注意：jQuery 的方法处理一个或多个元素。一个 jQuery 对象引用多少个元素并不重要，css()等方法会修改该对象中每个元素的样式。

但我们常常需要修改多个 CSS 属性。多次调用 css()方法，就可以实现这个目标，如下所示：

```
// don't do this
allParagraphs.css("color", "blue");
allParagraphs.css("background-color", "yellow");
```

更好的方法是给 css()传递一个对象，它包含了 CSS 属性及其值。下面的代码调用 css()一次就达到了上述目标：

```
allParagraphs.css({
    color: "blue",
    backgroundColor: "yellow"
});
```

这里传递给 css()的对象包含 color 和 backgroundColor 属性，jQuery 把元素的文本颜色改为蓝色，背景色改为黄色。

但一般情况下，如果想修改元素的样式，最好改变元素的 CSS 类，而不是单个样式属性。

1. 添加和删除 CSS 类

jQuery 对象为操作元素的 className 属性提供了多个方法。可以添加、删除甚至切换应用于元素的类。

> 注意：可以给一个元素赋予多个 CSS 类，各个类名用空格分开即可。

假定下面的 HTML 在一个网页上：

```
<div id="content" class="class-one class-two">
    My div with two CSS classes!
</div>
```

这个 HTML 段定义了带两个 CSS 类(class-one 和 class-two)的<div/>元素。需要给这个元素引用另外两个类(class-three 和 class-four)，而 jQuery 很容易使用 addClass()方法实现这个目标。例如：

```
var content = $("#content");

content.addClass("class-three");
content.addClass("class-four");
```

这段代码首先检索<div/>元素，再调用 addClass()方法添加所需的类。使用方法链技术可以简化该代码。大多数 jQuery 方法都返回 jQuery 对象，所以可以在调用一个方法后，立即调用另一个方法——这就把方法调用链接起来，如下所示：

```
content.addClass("class-three").addClass("class-four");
```

这段代码的作用与前面的代码相同，但输入量较少。

> 注意：大多数 jQuery 方法都返回 jQuery 对象，所以可以在调用一个方法后，立即调用另一个方法。

可以缩短这段代码，方法是在一次调用中把两个类名传送给方法 addClass()：

```
content.addClass("class-three class-four");
```

确保用空格分隔开类名。removeClass()方法从元素中删除某个类或某些类：

```
content.removeClass("class-one");
```

这行代码使用 removeClass()方法从元素中删除了 CSS 类 class-one。如果需要删除多个类，只需要用空格分隔开类名，如下所示：

```
content.removeClass("class-two class-four");
```

可以看出，给元素添加类的概念适用于删除类。但有一个重要的区别：传送给 removeClass()方法的参数是可选的。如果不给该方法传送任何参数，就会删除所有 CSS 类。

```
content.removeClass();
```

上面的代码就删除了 content 对象元素中的所有 CSS 类。

2. 切换类

addClass()和 removeClass()方法很有用，但有时需要切换类。换言之，如果指定的类存在，就删除它。如果该类不存在，就把该类添加到元素上。jQuery 的方法 toggleClass()就实现了这个功能：

```
content.toggleClass("class-one");
```

这段代码首先切换 class-one 类。如果它已应用于元素，jQuery 就删除它。否则，就把该类添加到元素的类列表上。

需要在元素中添加或删除指定的类时，toggleClass()方法很方便。例如，下面的代码是很普通的旧 JavaScript 和 DOM 代码，它根据事件类型添加或删除指定的 CSS 类：

```
var target = e.target;

if (e.type == "mouseover") {
    target.className = "class-one";
} else if (e.type == "mouseout") {
    eSrc.className = "";
}
```

使用 toggleClass()方法，可以把这段代码缩减为下面的 4 行代码：

```
var target = $(e.target);

if (e.type == "mouseover" || e.type == "mouseout") {
    target.toggleClass("class-one");
}
```

注意这段代码使用了$()函数，它给$()传递 DOM 对象 e.target。初看起来这很奇怪，但如前所述，$()用于许多操作，其中之一是用 jQuery 对象封装普通的 DOM 对象。

在技术术语中，得到的 jQuery 对象称为封装器对象。封装器对象一般用于改进另一个对象的功能。对于 jQuery，是用 jQuery 对象封装元素对象，允许使用 jQuery 的 API 操作元素。对于这段代码，是用 jQuery 对象封装元素对象，以使用 toggleClass()切换 class-one 类。

3. 检查类是否存在

最后一个 CSS 类方法是 hasClass()，它根据是否把指定的 CSS 类应用于元素，而返回 true 或 false。

```
var hasClassOne = content.hasClass("class-one");
```

这段代码使用 hasClass()确定 class-one 是否应用于 content。如果是，hasClassOne 就是 true，否则 hasClassOne 是 false。

16.2.3 创建、追加和删除元素

第 9 章介绍了如何创建元素以及如何把元素追加到页面上。下面的代码复习这些内容：

```
var a = document.createElement("a");

a.id = "myLink";
a.setAttribute("href", "http://jquery.com");
a.setAttribute("title", "jQuery's Website");

var text = document.createTextNode("Click to go to jQuery's website");

a.appendChild(text);
document.body.appendChild(a);
```

这段代码创建了一个<a/>元素，给它指定 id，并设置 href 和 title 属性。接着创建一个文本节点，并把它赋予 text 变量。最后把文本节点追加到<a/>元素中，再把<a/>元素追加到文档的<body/>元素中。用 DOM 方法创建元素需要许多代码。

1. 创建元素

jQuery 简化了使用 JavaScript 创建元素的方式。下面的代码演示了一种方式：

```
var a = $("<a/>").attr({
    id: "myLink",
    href: "http://jquery.com",
    title: "jQuery's Website"
}).text("Click here to go to jQuery's website");

$(document.body).append(a);
```

下面分析这段代码，以更清晰地理解其执行过程。首先代码调用$()，给它传递要创建的 HTML，这里是<a/>元素：

```
var a = $("<a/>")
```

接着链接 attr()方法，设置<a/>元素的属性：

```
.attr({
    id: "myLink",
    href: "http://jquery.com",
    title: "jQuery's Website"
})
```

attr()方法类似于 css()方法,都是通过传递属性名和属性值来设置各个属性,也可以传递一个包含属性及其值的对象来设置多个属性。

代码接着链接 text()方法,设置元素的文本:

```
.text("Click here to go to jQuery's website");
```

还可以给$()传递整个 HTML,创建相同的元素,如下所示:

```
var a = $('<a href="http://jquery.com" title="jQuery\'s Website">' +
          "Click here to go to jQuery's website</a>");
```

但这种方法并不好,因为不仅需要跟踪在哪里使用了什么类型的引号,还要转义引号。

2. 追加元素

append()方法类似于 DOM 的 appendChild()方法,因为它也给 DOM 对象追加子节点。append()方法接受 DOM 对象、jQuery 对象或包含 HTML 或文本内容的字符串作为参数。无论为 append()传送什么参数,它都会把参数的内容追加到 DOM 对象中。

前面的代码把 jQuery 创建的<a/>元素追加到文档体中,如下所示:

```
$(document.body).append(a);
```

$()函数用 jQuery 对象封装了内置的 document.body 对象,以利用 jQuery 的简单 API。

3. 删除元素

使用 jQuery 从 DOM 中删除元素比使用传统的 DOM 方法容易许多。使用传统的DOM 方法至少要在 DOM 树中找到两个元素:要删除的元素及其父元素。

与前面一样,jQuery 简化了这个过程。只需要找到要删除的元素,再调用 jQuery 的remove()方法即可,如下所示:

```
$(".class-one").remove();
```

这行代码找到带有 CSS 类 class-one 的所有元素,从文档中删除它们。

调用 empty()方法还可以删除某个元素的所有子节点。如果要删除<body/>元素的所有元素,可以使用下面的代码:

```
$(document.body).empty();
```

我们所做的大多数 DOM 修改都对应于用户执行的操作,例如用户把鼠标移动到某个元素上或者在页面的某个位置单击。所以,我们必须处理对应的事件。

16.2.4　处理事件

创建 jQuery 时,JavaScript 开发人员必须与 W3C 标准和旧 IE 事件模型作斗争。尽管许多开发人员编写和使用自己的事件实用工具,但大多数开发人员都寻求第三方工具,以简化跨浏览器代码的编写和维护。jQuery 就是这样的一个工具。尽管在所有的浏览器中，对标准的支持都有了很大的改进，但 jQuery 的事件 API，尤其是用于注册事件侦听器的方法，更容易使用。

所有的 jQuery 对象都有 on()方法，用于为所选元素的一个或多个事件注册事件侦听器。它最基本的用法非常简单，如下所示：

```
function elementClick(e) {
    alert("You clicked me!");
}

$(".class-one").on("click", elementClick);
```

这段代码在 CSS 类是 class-one 的所有元素上注册 click 事件侦听器。因此，elementClick() 函数在用户单击这些元素之一时执行。

也可以用同一个事件处理函数注册多个事件侦听器，方法是在第一个参数中传递多个事件名，每个事件名用空格隔开，如下所示：

```
function eventHandler(e) {
    if (e.type == "click") {
        alert("You clicked me!");
    } else {
        alert("You double-clicked me!");
    }
}

$(".class-two").on("click dblclick", eventHandler);
```

这段代码为 CSS 类是 class-two 的所有元素注册 click 和 dblclick 事件侦听器。eventHandler()中的代码确定哪个事件触发了函数的执行，并作合适的响应。

使用一个函数处理多个事件是有效的，jQuery 还允许用不同的函数定义多个事件侦听器。不是像前面的示例那样把两个参数传递给 on()，而是传递一个普通的 JavaScript 对象，其属性是事件名，属性值是处理事件的函数。例如：

```
function clickHandler(e) {
    alert("You clicked me!");
}

function dblclickHandler(e) {
    alert("You double-clicked me!");
}

$(".class-three").on({
    click: clickHandler,
    dblclick: dblclickHandler
});
```

这段代码为 CSS 类是 class-three 的每个元素注册 click 和 dblclick 事件侦听器，不同的函数处理 click 和 dblclick 事件。

使用 off()方法删除事件侦听器同样简单。只要提供与 on()相同的信息即可。下面的代码删除了前面示例注册的事件侦听器：

```
$(".class-one").off("click", elementClick);
$(".class-two").off("click dblclick", eventHandler);
$(".class-three").off({
    click: clickHandler,
    dblclick: dblclickHandler
});
```

也可以使用 off()方法，不传递任何参数，删除所选元素的所有事件侦听器：

```
$(".class-four").off();
```

jQuery Event 对象

如第 10 章所述，标准和旧 IE 事件模型之间存在一些重大的区别。jQuery 使跨浏览器的 JavaScript 代码更容易编写和维护。所以对于事件，jQuery 的创建者 John Resig 决定创建自己的 Event 对象，并使之基于标准的 DOM Event 对象。这表示，不必考虑支持多个事件模型，因为这已经实现了。只需要在事件处理程序中编写标准代码即可。

为了说明这一点，可以编写如下代码，它在所有浏览器中都能运行：

```
function clickHandler(e) {
    e.preventDefault();

    alert(e.target.tagName + " clicked was clicked.");
}

$(".class-two").on("click", clickHandler);
```

> 注意：要查看支持的事件的完整列表，请参阅 jQuery 网站 http://docs.jquery.com/Events。

16.2.5   用 jQuery 重写选项卡

前面学习了如何在 DOM 中检索元素、如何通过添加和删除类来改变元素的样式、如何在页面上添加和删除元素，以及如何通过 jQuery 使用事件。

下面运用这些新知识来重构第 10 章的工具栏。

试一试   用 jQuery 重构工具栏

打开文本编辑器，输入下面的代码：

```
<!DOCTYPE html>

<html lang="en">
<head>
    <title>Chapter 16: Example 1</title>
    <style>
        .tabStrip {
            background-color: #E4E2D5;
            padding: 3px;
            height: 22px;
        }

        .tabStrip div {
            float: left;
            font: 14px arial;
            cursor: pointer;
        }

        .tabStrip-tab {
            padding: 3px;
        }

        .tabStrip-tab-hover {
            border: 1px solid #316AC5;
            background-color: #C1D2EE;
            padding: 2px;
        }

        .tabStrip-tab-click {
            border: 1px solid #facc5a;
            background-color: #f9e391;
            padding: 2px;
        }
    </style>
</head>
<body>
    <div class="tabStrip">
        <div data-tab-number="1" class="tabStrip-tab">Tab 1</div>
        <div data-tab-number="2" class="tabStrip-tab">Tab 2</div>
        <div data-tab-number="3" class="tabStrip-tab">Tab 3</div>
    </div>
    <div id="descContainer"></div>

    <script src="jquery-2.1.1.min.js"></script>
    <script>
        function handleEvent(e) {
            var target = $(e.target);
            var type = e.type;

            if (type == "mouseover" || type == "mouseout") {
```

```
                target.toggleClass("tabStrip-tab-hover");
            } else if (type == "click") {
                target.addClass("tabStrip-tab-click");

                var num = target.attr("data-tab-number");
                showDescription(num);
            }
        }

        function showDescription(num) {
            var text = "Description for Tab " + num;

            $("#descContainer").text(text);
        }

        $(".tabStrip > div").on("mouseover mouseout click", handleEvent);
    </script>
</body>
</html>
```

将代码保存为 ch16_examp1.html，在浏览器中打开，注意它的行为与 ch10_examp17.html
相同。

比较这个例子和 ch10_example17.html，会发现在代码结构中有许多区别。下面从注册
事件侦听器的最后一行代码开始。选项卡需要响应选项卡中<div/>元素上的 mouseover、
mouseout 和 click 事件。jQuery 很容易在这些<div/>元素上为需要的事件注册事件侦听器：

```
$(".tabStrip > div").on("mouseover mouseout click", handleEvent);
```

这段代码使用 jQuery 的$()函数选择文档中的所有“选项卡元素”，使用 on()方法在这
些元素上注册 mouseover、mouseout 和 click 事件侦听器。

除了 jQuery 代码之外，这种方法不同于原来的版本。这里，事件侦听器在<div/>元
素上，而不是 document 元素上。这就简化了 handleEvent()函数。现在就看看 handleEvent()
函数。

handleEvent()的前两行完成了两个操作。第一行用一个 jQuery 对象封装事件目标，第
二行获得所发生事件的类型：

```
function handleEvent(e) {
    var target = $(e.target);
    var type = e.type;
```

在这段代码的原版本中，使用了事件类型和目标的 CSS 类来确定把哪个新 CSS 类赋
予元素的 className 属性。在这个新版本中，只需要知道事件类型。对于 mouseover 和
mouseout 事件，只需要切换 tabStrip-tab-hover 类：

```
if (type == "mouseover" || type == "mouseout") {
    target.toggleClass("tabStrip-tab-hover");
}
```

但对于 click 事件，新代码非常类似于原版本。首先，使用 jQuery 的 addClass()方法把 tabStrip-tab-click 类添加到元素中：

```
else if (type == "click") {
    target.addClass("tabStrip-tab-click");

    var num = target.attr("data-tab-number");
    showDescription(num);
}
```

接着获取 data-tab-number 属性的值。可以使用 jQuery 的 data()方法，传递没有 data- 的属性名(如 data("tab-number"))完成相同的操作。

有了选项卡的号码，就把它传递给 showDescription()。这个函数没有什么变化，只是使用 jQuery 的 API 完成其任务：

```
function showDescription(num) {
    var text = "Description for Tab " + num;

    $("#descContainer").text(text);
}
```

建立描述文本后，选择用作描述容器的元素，使用 jQuery 的 text()方法设置其文本。

从这个例子可以看出，jQuery 简化了 DOM 操作和事件处理。在这个例子中，使用较少的 JavaScript 获得了相同的结果。所以花些时间学习 jQuery 还是值得的。

这还不是全部：jQuery 可以对 Ajax 代码执行相同的操作。

16.2.6　把 jQuery 用于 Ajax

第 14 章学习了 Ajax 并了解了异步请求要求编写大量的额外代码。我们编写了一个简单的实用工具，帮助降低 Ajax 代码的复杂性，但 jQuery 可以大大简化 Ajax。

1. 理解 jQuery 函数

jQuery 函数$()是进入 jQuery 的大门，本章多次使用了它。但是，这个函数还有其他用途。

函数对象有一个 prototype 属性。与其他所有对象一样，使用 object.property 或 object.method()语法可以访问 Function 对象的属性和方法。jQuery 的函数$()有许多方法，其中一些用于处理 Ajax 请求。其中一个是 get()方法，用于发出 GET 请求。下面是一个例子：

```
$.get("textFile.txt");
```

这行代码向服务器发出一个 GET 请求，要检索 textFile.txt 文本文件，但这是没有用的，因为不能对服务器的响应执行任何操作。所以与第 14 章建立的 HttpRequest 模块一样，$.get()

方法允许指定一个回调函数，处理服务器的响应：

```
function handleResponse(data) {
    alert(data);
}

$.get("textFile.txt", handleResponse);
```

这段代码定义了 handleResponse()函数，并给它传递$.get()。jQuery 在请求成功时会调用它，给它传送请求的数据(由 data 参数表示)。

还记得第 14 章的示例吗？我们创建了一个表单，它使用 Ajax 检查用户名和电子邮件地址是否可用，然后把这些值作为 URL 中的参数发送给服务器。例如，需要测试用户名时，就使用 username 参数，如下所示：

```
phpformvalidator.php?username=jmcpeak
```

给$.get()方法传递包含键/值对的对象，可以完成相同的操作。例如：

```
var parms = {
    username = "jmcpeak"
};

function handleResponse(json) {
    var obj = JSON.parse(json);

    // do something with obj
}

$.get("phpformvalidator.php", parms, handleResponse);
```

这段代码创建了一个新对象 parms，它的 username 属性值是 jmcpeak。这个对象作为第二个参数传递给$.get()方法，并把 handleResponse()回调函数作为第三个参数传递。

可以传递任意多个参数，只需要把它们添加到参数对象中即可。

2. 自动解析 JSON 数据

第 14 章的表单验证器 PHP 文件返回 JSON 格式的请求数据，注意前面的示例代码需要 JSON 数据，用 JSON.parse()方法解析它。jQuery 可以去掉这一步，自动解析响应。因此只要使用$.getJSON()方法替代$.get()即可。例如：

```
var parms = {
    username = "jmcpeak"
};

function handleResponse(obj) {
    // obj is already an object
}
```

```
$.getJSON("phpformvalidator.php", parms, handleResponse);
```

这段代码几乎与前面的示例完全相同，但两个地方除外。首先，这段代码使用 $.getJSON()向 PHP 文件发出请求。这么做是希望响应中包含 JSON 格式的数据。jQuery 会自动把它解析为 JavaScript 对象。

第二个区别在 handleResponse() 函数中。因为响应是自动解析的，所以不必在 handleResponse()中调用 JSON.parse()。

3. jqXHR 对象

如上一节所述，jQuery 的 get()和 getJSON()方法并不返回请求的数据，它们依赖所提供的回调函数，并把请求的数据传递给它。但实际上这些方法返回有用的内容：一个特殊的 jqXHR 对象。

jqXHR 对象被称为延迟的对象；它表示还未完成的任务。异步的 Ajax 请求就是一个延迟的任务，因为它没有立即完成。在发出最初的请求后，需要等待服务器的响应。

jQuery 的 jqXHR 对象有许多方法，表示延迟任务的不同阶段，但为了便于讨论，这里只介绍 3 个，它们如表 16-1 所示。

表 16-1

方 法 名	说 明
done()	延迟任务成功完成时执行
fail()	任务失败时执行
always()	无法任务成功完成还是失败，总是执行

这些方法可以给所谓的回调队列(为特定的目的用作回调的函数集合)添加函数。例如，done()方法允许给 done 回调队列添加函数，延迟操作成功完成时，就执行 done 回调队列中的所有函数。

下面就可以改写前面的代码，如下所示：

```
var parms = {
    username = "jmcpeak"
};

function handleResponse(obj) {
    // obj is already an object
}

var xhr = $.getJSON("phpformvalidator.php", parms);

xhr.done(handleResponse);
```

注意，在这段代码中，handleResponse()函数没有传递给 getJSON()方法，而是传递给 jqXHR 对象的 done()方法，添加到 done 队列中。在大多数情况下，这段代码写为：

```
$.getJSON("phpformvalidator.php", parms).done(handleResponse);
```

也可以把这些方法调用链接起来，以便更方便地把多个函数添加到回调队列中：

```
$.getJSON("phpformvalidator.php", parms)
        .done(handleResponse)
        .done(displaySuccessMessage)
        .fail(displayErrorMessage);
```

在这个例子中，handleResponse()和 displaySuccessMessage()这两个函数添加到 done 队列中。Ajax 调用成功完成时，这两个函数就会执行。另外，这段代码把 displayErrorMessage() 函数添加到 fail 队列中，如果 Ajax 请求失败，就执行它。

使用这些回调队列方法要求编写略多一些的代码，但会使代码的意图非常清楚。另外，使用它们一般是最佳实践方式，所以在大多数基于 jQuery 的现代代码中都会使用它们：

试一试　　　**重访表单验证器**

应用所学知识，修改 ch14_example1.html 中的表单验证器。打开文本编辑器，输入如下代码：

```html
<!DOCTYPE html>

<html lang="en">
<head>
    <title>Chapter 16: Example 2</title>
    <style>
        .fieldname {
            text-align: right;
        }

        .submit {
            text-align: right;
        }
    </style>
</head>
<body>
    <form>
        <table>
            <tr>
                <td class="fieldname">
                    Username:
                </td>
                <td>
                    <input type="text" id="username" />
                </td>
                <td>
                    <a id="usernameAvailability" href="#">Check Availability</a>
                </td>
            </tr>
```

```
            <tr>
                <td class="fieldname">
                    Email:
                </td>
                <td>
                    <input type="text" id="email" />
                </td>
                <td>
                    <a id="emailAvailability" href="#">Check Availability</a>
                </td>
            </tr>
            <tr>
                <td class="fieldname">
                    Password:
                </td>
                <td>
                    <input type="text" id="password" />
                </td>
                <td />
            </tr>
            <tr>
                <td class="fieldname">
                    Verify Password:
                </td>
                <td>
                    <input type="text" id="password2" />
                </td>
                <td />
            </tr>
            <tr>
                <td colspan="2" class="submit">
                    <input type="submit" value="Submit" />
                </td>
                <td />
            </tr>
        </table>
    </form>
    <script src="jquery-2.1.1.min.js"></script>
    <script>
        function checkUsername(e) {
            e.preventDefault();

            var userValue = $("#username").val();

            if (!userValue) {
                alert("Please enter a user name to check!");
                return;
            }

            var parms = {
```

```
                username: userValue
            };

            $.getJSON("ch14_formvalidator.php", parms).done(handleResponse);
        }

        function checkEmail(e) {
            e.preventDefault();

            var emailValue = $("#email").val();

            if (!emailValue) {
                alert("Please enter an email address to check!");
                return;
            }

            var parms = {
                email: emailValue
            };

            $.getJSON("ch14_formvalidator.php", parms).done(handleResponse);
        }

        function handleResponse(response) {
            if (response.available) {
                alert(response.searchTerm + " is available!");
            } else {
                alert("We're sorry, but " + response.searchTerm +
                    " is not available.");
            }
        }

        $("#usernameAvailability").on("click", checkUsername);
        $("#emailAvailability").on("click", checkEmail);
    </script>
</body>

</html>
```

在 Web 服务器的根目录下将代码保存为 ch16_example2.html。与第 14 章的例子相同，该文件必须存储在 Web 服务器上才能正确工作。打开 Web 浏览器，导航到 http://yourserver/ch16_example2.html。在 Username 字段中输入 jmcpeak，单击旁边的 Check Availability 链接，会显示一个警告框，说明输入了用户名。

现在在 Email 字段中输入 someone@xyz.com，单击旁边的 Check Availability 链接，仍会显示一个警告框，说明电子邮箱已被占用。现在在这些字段中输入自己的用户名和电子邮箱，单击对应的链接，所显示的警告框指出用户名和/或电子邮箱可用(应用程序仅使用用户名 jmcpeak 和 pwilton，以及电子邮箱 someone@xyz.com 和 someone@zyx.com)。

这个例子中的 HTML 和 CSS 与 ch14_example1.html 相同。所以，这里从 JavaScript 中的最后两行代码开始分析，它们在 Check Availability 链接上建立了 click 事件侦听器。很容易重用最初的代码，但 jQuery 使事件的建立更容易：

```
$("#usernameAvailability").on("click", checkUsername);
$("#emailAvailability").on("click", checkEmail);
```

通过 ID 选择元素，使用 jQuery 的 on()方法在这些元素上注册 click 事件。检查 username值是 checkUsername()的工作，而 checkEmail()负责检查电子邮箱的值。

新的 checkUsername()函数有些类似原来的函数。首先调用 e.preventDefault()禁止执行事件的默认操作：

```
function checkUsername(e) {
    e.preventDefault();
```

接着，需要获得对应<input/>元素的值。我们没有学习如何使用 jQuery 获取表单控件的值，但它非常简单：

```
var userValue = $("#username").val();

if (!userValue) {
    alert("Please enter a user name to check!");
    return;
}
```

使用$()选择对应的<input/>元素并调用 val()方法。这会得到表单控件的值，并赋予userValue 变量。

验证了用户的输入后，就准备开始给服务器发出 GET 请求。首先，创建一个对象，包含要发送给服务器的信息：

```
var parms = {
    username: userValue
};
```

将这个对象命名为 parms，并用 username 属性填充它。如本章前面所述，jQuery 会给查询字符串添加这个属性及其值。

现在使用 jQuery 的 getJSON()方法发送请求：

```
$.getJSON("ch14_formvalidator.php", parms).done(handleResponse);
}
```

把 handleResponse()函数添加到 done 队列中，这样当请求成功完成时，警告框就会显示搜索结果。

新的 checkEmail()函数与 checkUsername()函数非常类似。当然，它们的两个主要区别是从表单中获得的数据和发送给服务器的数据：

```
function checkEmail(e) {
    e.preventDefault();

    var emailValue = $("#email").val();

    if (!emailValue) {
        alert("Please enter an email address to check!");
        return;
    }

    var parms = {
        email: emailValue
    };

    $.getJSON("ch14_formvalidator.php", parms).done(handleResponse);
}
```

最后一个函数 handleResponse()没有大的修改，因为 jQuery 的 getJSON()方法会把响应自动解析为 JavaScript 对象，新的 handleResponse()函数仅使用了传递进来的数据：

```
function handleResponse(response) {
    if (response.available) {
        alert(response.searchTerm + " is available!");
    } else {
        alert("We're sorry, but " + response.searchTerm + " is not available.");
    }
}
```

jQuery 是一个扩展框架，深入并充分地讨论该主题远远超出了本章的范围。jQuery 需要一整本书的篇幅。但是，jQuery 文档很不错，可以在 http://docs.jquery.com 上访问它。jQuery 的网站也列出了各种教程，所以不要忘了在 http://docs.jquery.com/Tutorials 上查看它们。

16.3　小结

本章介绍了最流行的 JavaScript 库 jQuery。

- 在哪里和用什么方式获得 jQuery，以及在页面中如何引用它。
- 学习了 jQuery 的$()函数，它是 jQuery 功能的核心。
- jQuery 常常使用 CSS 选择器在 DOM 中查找元素，我们学习了如何使用$()函数查找元素。
- 使用 css()方法可以修改元素的样式，也可以使用 addClass()、removeClass()和 toggleClass()方法修改 CSS 类。
- 处理旧浏览器版本时，可以采用跨浏览器的事件，而 jQuery 非常便于注册事件侦听器和处理事件数据(且大都与标准兼容)。

- jQuery 还通过其 get()和 getJSON()方法简化了 Ajax，getJSON()可以自动把响应解析为 JavaScript 对象。
- 学习了延迟对象，了解了 done、fail 和 always 队列，以及如何把它们链接起来，将多个处理程序赋予不同的队列。

16.4 习题

在附录 A 中可以找到本章习题的参考答案。

习题 1：

Example 1 基于第 10 章的 Example 17，我们修改了 Example 17，以响应第 10 章的一道习题。请修改本章的 Example 1，确保一次只激活一个选项卡。

习题 2：

Example 2 有一些重复的代码。修订代码，去除重复的部分。另外，添加一个函数，处理可能在请求过程中出现的错误。

第17章

其他 JavaScript 库

本章主要内容

- 使用 Modernizr 编写功能专用的代码
- 给不支持某些功能的浏览器加载外部资源
- 使用 Prototype 和 MooTools 执行常见任务，例如 DOM 操作和 Ajax 请求

本章源代码下载(wrox.com)：

打开网页 http://www.wiley.com/go/BeginningJavaScript5E，单击 Download Code 选项卡即可下载本章源代码。也可以在 http://beginningjs.com 上查看所有的代码示例和相关的文件。

jQuery 是目前最流行的 JavaScript 库，用于成百上千个网站。但它不是库 JavaScript 开发人员能使用的唯一库。实际上，有数千个 JavaScript 库和实用工具，它们一般可以分为两类：通用和专用。

通用框架的目标是创建一个统一的新 API 来执行一般任务，例如 DOM 操作和 Ajax 功能，以消除浏览器之间的差别(jQuery 是一个通用框架)。另一方面，专用框架注重的是专用功能，例如功能检测。所以用户需要确定自己想要什么样的框架，并据此选择一个框架。例如，如果仅需要开发动画，则可以选择 script.aculo.us 框架(http://script.aculo.us/)。

本章讨论通用框架和专用框架。在确定使用哪个框架之前，应先查看框架的浏览器支持、文档和参与的团体。本章介绍的框架都存在了数年，比较稳定、流行，且与所有主流的现代浏览器(甚至比较旧的 IE 版本)兼容。这些框架如下所示。

- Modernizr：这个库用于检测浏览器支持的 HTML5 和 CSS 功能(http://modernizr.com/)。
- Prototype：这个框架提供了一个执行 Web 任务的简单 API。尽管 Prototype 提供了操作 DOM 的方式，但它的主要目标是提供类定义和继承，以增强 JavaScript 语言(http://www.prototypejs.org)。

- MooTools：这个框架的目标是提供一个便于完成常见任务的简单 API，且尽可能紧凑。与 Prototype 一样，MooTools 也旨在增强 JavaScript 语言——而不仅仅是简化 DOM 和 Ajax 的操作。它还包含一个轻型效果组件，这个组件最初称为 moo.fx (http://www.mootools.net)。

这 3 个框架仅是可以在网页中使用的框架范例，本章没有介绍的其他通用框架包括如下。

- Yahoo! User Interface Framework(YUI)：这个框架从最基本的 JavaScript 工具，到完整的 DHTML 小组件，应有尽有。有一个团队专门负责开发 YUI(http://developer.yahoo.com/yui/)。
- Ext JS：这个框架最初是 YUI 的一个扩展，它提供了可定制的 UI 小组件，以创建内容丰富的 Internet 应用程序(http://www.extjs.com)。
- Dojo：这个工具集是围绕包系统来设计的，它的核心功能类似于其他框架(DOM 操作、事件规范化和 DHTML 小组件等)，但它还允许通过添加更多的包来添加更多的功能(http://www.dojotoolkit.org)。
- MochiKit：这个框架经过广泛的测试(根据 MochiKit 网站的数据，该框架通过了数百个测试)，还与其他 JavaScript 框架和库兼容(http://www.mochikit.com)。

17.1 Modernizr

从前面的章节可知，JavaScript 开发并不理想。实际上，其原因是存在多个浏览器(这是好事)，这些浏览器实现的功能有一些区别。尤其在开发新功能并引入浏览器时，就更是如此。例如，HTML5 和 CSS3 就引入了一些浏览器还没有实现的许多新功能。如果希望在页面或应用程序中使用这些新功能，就必须确保访问者当前使用的浏览器能正确地支持它们，否则页面就会崩溃。

第 8 章学习了如何通过功能检测过程编写面向特定功能的代码，尽管功能检测是一个经过时间经验的策略，但存在两个问题：

- 一些功能很难检测。
- 不同的浏览器可能支持实际上相同的功能，但实现方式不同。

Modernizr 为检测浏览器中的 HTML5 和 CSS3 功能提供了一个统一的 API，解决了这些问题。

> 注意：Modernizr 提供了许多基于 CSS 的功能，但本章仅介绍 Modernizr 的 JavaScript 功能。如果对其 CSS 功能感兴趣，可访问 http://modernizr.com/docs/，以获得更多信息。

17.1.1　获得 Modernizr

与其他 JavaScript 库和框架一样，Modernizr 只不过是一个包含在页面中的 JavaScript 文件。它有两个不同的版本：开发(未压缩)和产品(压缩)版本。在大多数情况下，应在页面或应用程序中使用产品版，因为其尺寸较小，但在需要调试自己的代码和 Modernizr 代码(调试参见第 18 章)时，开发版比较有用。

Modernizr 还允许在页面或应用程序中选择需要执行的测试，如图 17-1 所示。例如，如果仅在页面中使用 localStorage 或内置的拖放功能，那么可以建立 Modernizr 的一个自定义版本，其中只包含必要的代码，来测试浏览器是否支持这些功能。

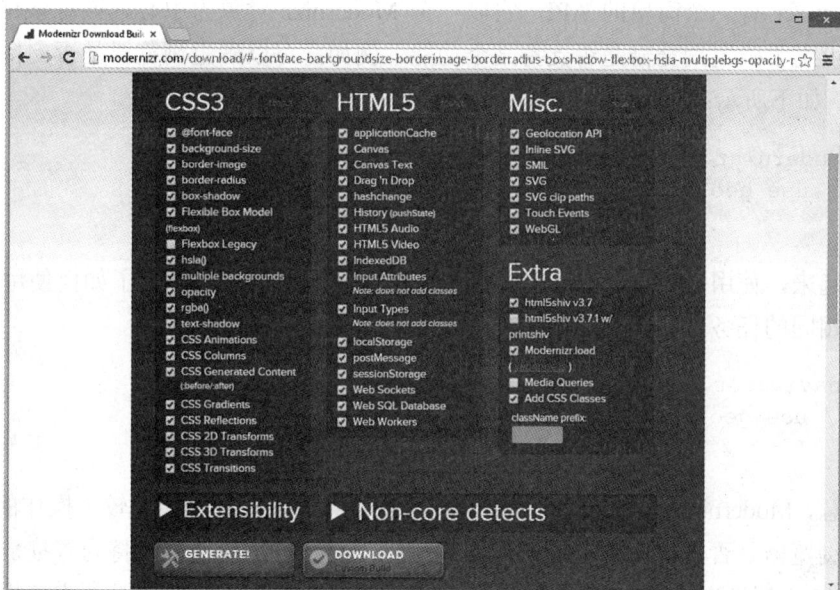

图　17-1

Modernizr 默认包含的一个功能是 HTML5 Shiv 实用工具。这个实用工具仅用于 IE 的旧版本，它允许为 IE 9 之前版本不支持的 HTML5 元素指定样式。如果不打算面向旧 IE，那么可以在自定义版本中忽略 HTML5 Shiv。

Modernizr 的下载体验随所下载的版本不同而不同。开发版默认包含大多数测试(仍可以自定义该版本)，下载页面还有一个易于使用的 Download 按钮，如图 17-1 所示。单击该按钮，就会把 Modernizr 下载到计算机上，并保存到需要的地方。

产品版的下载也很简单，它默认不包含大多数功能，用户必须选择页面或应用程序需要的功能。这实际上是 Modernizr 开发人员的一个妙招，因为用户需要一个自定义(因此也是优化)版本，以满足特定的需求。选择了需要的功能，单击 Generate 按钮后，Download 按钮就会显示出来。

> 注意：为了简单起见，本章的下载代码包含完整的产品版(v2.8.3)。也可以在 http://beginningjs.com/modernizr.js 上下载它。

Modernizr 的开发人员建议，为了获得最佳性能，应在<head/>中和样式表引用的后面引用 Modernizr 的<script/>元素。

17.1.2　Modernizr 的 API

Modernizer 有一个简单的 API，它以一个 Modernizr 对象为中心。该对象有一组属性和方法，可用于确定浏览器是否支持某个功能。例如，可以确定浏览器是否支持第 8 章的定位 API，如下所示：

```
if (Modernizr.geolocation) {
    // use geolocation
}
```

乍看起来，使用 Modernizr 似乎没有什么好处，因为第 8 章学习了如何使用 navigator 对象完成相同的任务，如下所示：

```
if (navigator.geolocation) {
    // use geolocation
}
```

但注意，Modernizr 是一个检测许多功能的库，甚至可以检测涉及较多操作的功能。例如，确定浏览器是否支持内置拖放操作的代码比较复杂。浏览器中支持内置拖放操作的元素有 draggable 属性，或者支持 dragstart 和 drop 事件。这表示，检查是否支持拖放操作所需的代码如下所示：

```
var el = document.createElement("span");

if (typeof el.draggable != "undefined" ||
    (typeof el.ondragstart != "undefined" &&
     typeof el.ondrop != "undefined")) {

    // use native drag and drop
}
```

这段代码创建了一个随机的<span/>元素，检查它是否有 draggable 属性，或者是否有 ondragstart 和 ondrop 属性。如果满足任一个条件，浏览器就支持拖放操作。

注意：上述测试用于 IE 8，因为 IE 8 支持内置的拖放操作，但不支持 draggable 属性。

但是，这段代码的编写和阅读都很烦琐。Modernizr 把它简化为：

```
if (Modernizr.draganddrop) {
    // use drag and drop
}
```

这段代码用 Modernizr 的 draganddrop 属性检查浏览器是否支持拖放操作，得到的结果与前面的测试相同。

Modernizr 检查许多 HTML5 (和 CSS3)功能。表 17-1 列出了其中的几个：

表　17-1

HTML5 功能	Modernizr 属性
HTML5 音频	audio
M4A 音频	audio.m4a
MP3 音频	audio.mp3
OGG 音频	audio.ogg
WAV 音频	audio.wav
HTML5 视频	video
H.264 视频	video.h264
OGG 视频	video.ogg
WebM 视频	video.webm
拖放	draganddrop
本地存储	localstorage
定位	geolocation

除了内置测试之外，还可以用自己的测试扩展 Modernizr。

17.1.3　自定义测试

使用 addTest()方法可以给 Modernizr 添加自己的测试。过程很简单：调用 Modernizr. addTest()，给它传递测试名，再传递执行测试的函数。例如，前面提到，尽管 IE 8 支持内置的拖放操作，但不支持 draggable 属性。可以扩展 Modernizr，以测试这个功能，如下所示：

```
Modernizr.addTest("draggable", function(){
```

```
    var span = document.createElement("span");
    return typeof span.draggable != "undefined"
});
```

这段代码添加了一个新测试"draggable"，其函数创建了一个随机的<span/>元素，检查它是否有 draggable 属性。在现代浏览器中，draggable 属性默认为 false，但在 IE 8 中未定义它。因此，使用如下测试：

```
if (!Modernizr.draggable) {
    // code for IE8
}
```

可以为不支持 draggable 属性的浏览器运行代码。

但有时不希望使用 if 语句为特定的浏览器运行代码，而是为未通过某个测试的浏览器加载一个外部 JavaScript 文件。Modernizr 就可以这么做。

17.1.4 加载资源

Modernizr 有一个可选方法 load()(可以在自定义版本中忽略它)，用于根据测试的结果加载外部的 JavaScript 和 CSS 文件。

load()方法的基本用法很简单：给它传递一个描述测试和待加载资源的对象即可。例如：

```
Modernizr.load({
    test: Modernizr.geolocation,
    nope: "geo-polyfill.js",
    yep: "geo.js"
});
```

这段代码调用 Modernizr.load()，传递了一个拥有 test、nope 和 yep 属性的对象(称为 yepnope 对象)。test 属性包含测试的结果。如果测试通过，Modernizr 就加载赋予 yep 属性的文件(本例是 geo.js)。但如果测试失败，就加载赋予 nope 属性的文件(geo-polyfill.js)。

> 注意：polyfill 是一个第三方 JavaScript 组件，它为旧浏览器实现了标准 API。

yep 和 nope 属性是可选的，所以如果需要，可以加载唯一的资源。例如，下面的代码仅为不支持 draggable 属性的浏览器加载 JavaScript 文件。

```
Modernizr.load({
    test: Modernizr.draggable,
    nope: "draggable-polyfill.js"
});
```

这类操作在这种情形下最理想。不需要为现代浏览器加载用于 draggable 属性的

polyfill，但需要为旧浏览器加载 polyfill，例如不支持 draggable 属性的 IE 8。

Modernizr 的 load()方法还允许运行多个测试。除了给它传递一个 yepnope 对象之外，还可以传递 yepnope 对象数组，例如：

```
Modernizr.load([{
    test: Modernizr.draggable,
    nope: "draggable-polyfill.js"
},
{
    test: document.addEventListener,
    nope: "event-polyfill.js"
}]);
```

这些代码把包含两个 yepnope 对象的数组传递给 load()方法。第一个对象是与上一个示例相同的自定义 draggable 测试。第二个对象检查浏览器是否支持 document.addEventListener()方法，如果不支持，Modernizr 就加载事件 polyfill。

Modernizr 以异步方式加载外部资源。这表示，浏览器继续加载页面的其余内容，同时 Modernizr 会下载并执行外部资源。如果页面依赖这些资源，这可能导致问题；必须确保这些资源在使用之前已完全加载。

给 yepnope 对象添加 complete 属性可以避免这类问题。这个属性应包含一个函数，所有资源都加载完时，无论发生什么，该函数都会执行。例如：

```
function init() {
    alert("Page initialization goes here!");
}

Modernizr.load([{
    test: Modernizr.draggable,
    nope: "draggable-polyfill.js"
},
{
    test: document.addEventListener,
    nope: "event-polyfill.js",
    complete: init
}]);
```

这段新代码在前面的示例中添加了两个变化。首先，它定义了一个函数 init()，该函数包含的代码一般初始化在页面上使用的 JavaScript(例如建立事件侦听器)。

第二个变化是给一个 yepnope 对象添加了 complete 属性。它设置为前面的函数 init()，资源已加载完就会执行该函数，对于不需要资源的浏览器，该函数会立即执行。

试一试　　**再访内置的拖放操作**

如本节前面所述，IE 8 支持内置的拖放操作，但不支持 draggable 属性。在这个例子中，再次访问 ch10_example21.html，使用 Modernizr 加载两个 polyfill：一个支持 draggable，另

481

一个支持标准 DOM 事件模型。

这些 polyfill 由 Jeremy 编写，在下载代码中提供。它们是 event-polyfill.js 和 draggable-polyfill.js，且都是开源的。加载这些 polyfill 会使本例正常工作，且对现有代码的修改最少。

打开文本编辑器，输入如下代码：

```html
<!DOCTYPE html>

<html lang="en">
<head>
    <title>Chapter 17: Example 1</title>
    <style>
        [data-drop-target] {
            height: 400px;
            width: 200px;
            margin: 2px;
            background-color: gainsboro;
            float: left;
        }

        .drag-enter {
            border: 2px dashed #000;
        }

        .box {
            width: 200px;
            height: 200px;
        }

        .navy {
            background-color: navy;
        }

        .red {
            background-color: red;
        }
    </style>
    <script src="modernizr.min.js"></script>
</head>
<body>
    <div data-drop-target="true">
        <div id="box1" draggable="true" class="box navy"></div>
        <div id="box2" draggable="true" class="box red"></div>
    </div>
    <div data-drop-target="true"></div>

    <script>

        function handleDragStart(e) {
            e.dataTransfer.setData("text", this.id);
```

```
    }

function handleDragEnterLeave(e) {
    if (e.type == "dragenter") {
        this.className = "drag-enter";
    } else {
        this.className = "";
    }
}

function handleOverDrop(e) {
    e.preventDefault();

    if (e.type != "drop") {
        return;
    }

    var draggedId = e.dataTransfer.getData("text");
    var draggedEl = document.getElementById(draggedId);

    if (draggedEl.parentNode == this) {
        this.className = "";
        return;
    }

    draggedEl.parentNode.removeChild(draggedEl);

    this.appendChild(draggedEl);
    this.className = "";
}

function init() {
    var draggable = document.querySelectorAll("[draggable]");
    var targets = document.querySelectorAll("[data-drop-target]");

    for (var i = 0; i < draggable.length; i++) {
        draggable[i].addEventListener("dragstart", handleDragStart);
    }

    for (i = 0; i < targets.length; i++) {
        targets[i].addEventListener("dragover", handleOverDrop);
        targets[i].addEventListener("drop", handleOverDrop);
        targets[i].addEventListener("dragenter", handleDragEnterLeave);
        targets[i].addEventListener("dragleave", handleDragEnterLeave);
    }
}

Modernizr.addTest('draggable', function () {
    var span = document.createElement("span");
```

```
            return typeof span.draggable != "undefined";
        });

        Modernizr.load([{
            test: Modernizr.draggable,
            nope: "draggable-polyfill.js"
        },
        {
            test: document.addEventListener,
            nope: "event-polyfill.js",
            complete: init
        }]);
    </script>

</body>
</html>
```

把这个文件保存为 ch17_example1.html，加载到浏览器中(也可以在 http://beginningjs. com/examples/ch17_example1.html 中查看它)。它的执行情况与 ch10_example21.html 相同，如果可以在 IE8 中看到它，就说明它也能用于 IE 8。

这段代码几乎与 ch10_example21.html 相同，所以下面仅讨论新的或修改的代码。

首先，添加对 Modernizr 的引用：

```
<script src="modernizr.min.js"></script>
```

Modernizr 的人建议，<script/>元素应放在文档的<head/>中。

下一个变化是添加了函数 init()。该函数本身是新的，但它执行的代码就是 ch10_ example21.html 中的初始化代码。

```
function init() {
    var draggable = document.querySelectorAll("[draggable]");
    var targets = document.querySelectorAll("[data-drop-target]");

    for (var i = 0; i < draggable.length; i++) {
        draggable[i].addEventListener("dragstart", handleDragStart);
    }

    for (i = 0; i < targets.length; i++) {
        targets[i].addEventListener("dragover", handleOverDrop);
        targets[i].addEventListener("drop", handleOverDrop);
        targets[i].addEventListener("dragenter", handleDragEnterLeave);
        targets[i].addEventListener("dragleave", handleDragEnterLeave);
    }
}
```

这段代码放在 init()函数中，所以 Modernizr 可以把它用作 complete 回调函数，因此在完全加载 event-polyfill.js 文件后建立事件侦听器。这很重要，因为如果事件 polyfill 未准备好，页面就不能在 IE 8 中工作。

最后两个添加的内容很熟悉，第一个是创建了自定义 Modernizr 测试 draggable：

```
Modernizr.addTest('draggable', function () {
    var span = document.createElement("span");

    return typeof span.draggable != "undefined";
});
```

第二个是调用 Modernizr 的 load()方法，在需要时加载必要的 polyfill。

```
Modernizr.load([{
    test: Modernizr.draggable,
    nope: "draggable-polyfill.js"
},
{
    test: document.addEventListener,
    nope: "event-polyfill.js",
    complete: init
}]);
```

应该承认，对于本例，创建自定义 draggable 测试有点大材小用。这个测试仅使用一次，所以不创建自定义 draggable 测试，把第一个 yepnope 对象写为如下代码，效率将略有提高：

```
{
    test: typeof document.createElement("span").draggable != "undefined",
    nope: "draggable-polyfill.js"
}
```

同时，这个效率略高的版本有点丑陋。像这样的情形，最终的选择权在用户手中，但许多人都在一个实用工具文件中创建自定义测试，因为它可能在其他项目中重用。

17.2　Prototype

　　jQuery 是目前最流行的框架，但框架的王冠却戴在 Prototype 的头上。与 jQuery 不同，Prototype 的重点是提供类和继承，增强用 JavaScript 编程的方法。它还提供了一个可靠的工具集，以使用 DOM 和增加 Ajax 支持。

17.2.1　获得 Prototype

　　把浏览器指向 Prototype 的下载页面 http://www.prototypejs.org/download。在这个页面上，可以下载最新的稳定版本或更旧的版本。本书的示例使用编写本书时的最新稳定版本 v1.7.2。

> 注意：在下载代码中提供了 Prototype 1.7.2 的稳定版本。

不存在 Prototype 的压缩版本。

17.2.2　测试 Prototype 安装

Prototype 库的最大一部分是其 DOM 扩展。与 jQuery 一样，Prototype 也提供了许多有益的工具函数，来简化 DOM 编程；它甚至有自己的$()函数(与 jQuery 不同，Prototype 没有给这个函数指定特殊的名称，只是简单地称为美元函数)：

```
var buttonObj = $("theButton");
```

Prototype 的$()函数仅接受元素的 id 属性值或 DOM 元素对象作为参数，来为 DOM 对象选择和添加额外的功能。Prototype 有一个函数允许使用 CSS 选择器来选择元素，稍后将讨论。

与 jQuery 一样，Prototype 也提供了自己的 API 来注册事件侦听器。它用 observe()方法扩展了 Event 对象，observe()方法类似于第 10 章中的 evt.addListener()方法。例如：

```
function buttonClick() {
    alert("Hello, Prototype World!");
}

Event.observe(buttonObj, "click", buttonClick);
```

Event.observe()方法接受 3 个参数：第一个是要在其中注册事件侦听器的 DOM 或 BOM 对象；第二个是事件名；第三个是事件触发时要调用的函数。Event.observe()方法可以用于给任何 DOM 或 BOM 对象注册事件侦听器。本章后面将介绍这个方法，以及在 Prototype 中侦听事件的其他方式。

与 jQuery 一样，可以在$()函数创建的封装对象上把方法调用链接起来，但 Prototype 的方法名称比 jQuery 烦琐。

```
function buttonClick () {
    $(document.body).writeAttribute("bgColor", "yellow")
              .insert("<h1>Hello, Prototype!</h1>");
}

Event.observe(buttonObj, "click", buttonClick);
```

buttonClick()函数把页面的背景改为黄色，并把内容添加到页面上，修改了<body/>元素。下面分析这个语句。

首先，把 document.body 传递给$()函数：

```
$(document.body)
```

这个语句用 Prototype 的扩展方法扩展了标准<body/>元素，其中一个扩展方法是 writeAttribute()。顾名思义，它在元素上写入或设置属性：

```
writeAttribute("bgColor", "yellow")
```

这个语句把<body/>的 bgColor 属性设置为黄色。writeAttribute()方法返回调用它的 DOM 对象，本例是扩展的 document.body 对象。这样就可以调用另一个扩展方法 insert()，设置其内容：

```
insert("<h1>Hello, Prototype!</h1>")
```

使用这段代码作为文件的基础，测试 Prototype 安装。打开文本编辑器，输入如下代码：

```
<!DOCTYPE html>

<html lang="en">
<head>
    <title>Chapter 17: Example 2</title>
</head>
<body>
    <button id="theButton">Click Me!</button>
    <script src="prototype.1.7.2.js"></script>
    <script>
        var buttonObj = $("theButton");

        function buttonClick() {
            $(document.body).writeAttribute("bgColor", "yellow")
                        .insert("<h1>Hello, Prototype!</h1>");
        }

        Event.observe(buttonObj, "click", buttonClick);
    </script>
</body>
</html>
```

把这段代码保存为 ch17_example2.html，在浏览器中打开它(http://beginningjs.com/examples/ch17_example2.html)。结果如图 17-2 所示。否则，确保 Prototype 的 JavaScript 文件与 HTML 文件在同一目录下。

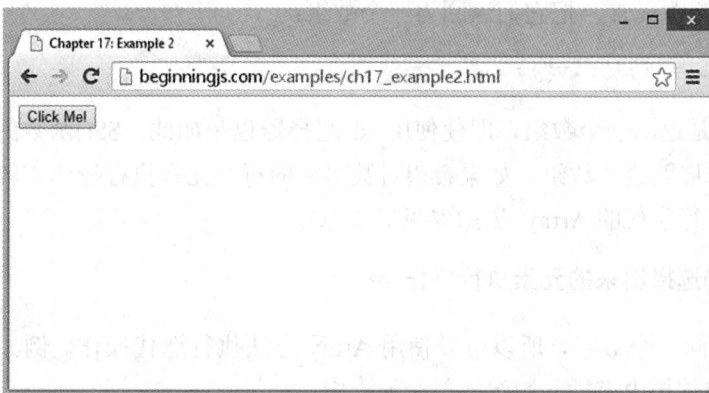

图　17-2

17.2.3 检索元素

Prototype 的美元函数$()与 jQuery 函数完全不同。如上一章所述,jQuery 的函数$()会创建一个 jQuery 对象,用它封装一个或多个 DOM 元素对象。而 Prototype 的$()函数返回实际的 DOM 对象(类似于 document.getElementById()),还用许多新属性和方法扩展了元素对象。

```
var el = $("myDiv");
```

这行代码检索出 id 为 myDiv 的元素,可以像使用其他元素对象那样使用这个对象。例如,下面的代码用 tagName 属性显示元素的标记名:

```
alert(el.tagName);
```

还可以给$()函数传送一个元素的对象,扩展这个元素。下面的代码把 document.body 对象传送给美元函数,以扩展它:

```
var body = $(document.body);
```

这样,就可以使用内联的 DOM 方法和属性,也可以使用 Prototype 提供的方法。

> 注意:如果找不到指定的元素,则 Prototype 的美元函数返回 null。这与 jQuery 的$()函数不同,因为 Prototype 返回的是一个扩展的 DOM 元素对象,即使它是一个扩展对象,它也是 DOM 元素对象。

1. 用 CSS 选择器选择元素

如前所述,Prototype 的$()函数不根据 CSS 选择器选择元素,而只接受元素的 id 值和元素对象。但 Prototype 另有一个函数$$(),它与 jQuery 的$()函数类似。

$$()函数可以定位和检索与给定 CSS 选择器匹配的元素。例如,下面的代码会检索出页面上的所有<div/>元素,把它们返回为一个数组:

```
var divEls = $$("div");
```

$$()函数总是返回一个数组,即使使用 id 选择器也是如此。$$()函数的一个缺点是它返回一个包含扩展元素的数组。如果希望对数组中的每个元素执行操作,就必须对它们执行循环,或者执行迭代的 Array 方法(参见第 5 章)。

2. 对用$$()选择出来的元素执行操作

$$()函数返回一个数组,所以可以使用 Array 方法执行迭代操作。例如,下面的代码使用 forEach()方法把内容插入数组的每个元素中:

```
function insertText(element) {
    element.insert("This text inserted using the forEach() method.");
}

$$("div").forEach(insertText);
```

通过$$()函数，可以使用几个 CSS 选择器来选择元素。传递的不是包含多个选择器的单个字符串，而是把每个选择器作为方法的一个参数传递，例如：

```
var elements = $$("#myDiv", "p > span, .class©\one");
```

这行代码根据两个选择器选择元素：#myDiv 和 p > span, .class-one，返回的数组包含匹配这些选择器的所有扩展元素对象。

> 注意：有关 Prototype 支持的 CSS 选择器，详见 http://www.prototypejs.org/doc/latest/dom/dollar-dollar/。

17.2.4　处理样式

Prototype 提供了几个方法，可用于改变元素的样式。最基本的是 setStyle()方法，可用来设置单个样式属性。要采用 setStyle()，必须创建一个对象，该对象包含要设置的 CSS 属性及其值。例如，下面的代码设置元素的前景色和背景色：

```
var styles = {
    color: "red",
    backgroundColor: "blue"
};

$("myDiv").setStyle(styles);
```

如前所述，采用这种方式改变元素的样式通常并不理想。较好的方法是操作应用于元素的 CSS 类，Prototype 提供的 4 个方法很容易完成这个操作。

第一个方法 addClassName()会给元素添加一个 CSS 类。下面的代码给元素添加 CSS 类 class-one：

```
$("myDiv").addClassName("class-one");
```

第二个方法 removeClassName()会从元素中删除指定的类。下面的代码从元素中删除 CSS 类 class-two：

```
$("myDiv").removeClassName("class-two");
```

接下来是 toggleClassName()方法，它切换指定的类。下面的代码切换 CSS 类 class-three。如果该类已应用于元素，就删除它。否则，就把这个类应用到元素上。

```
$("myDiv").toggleClassName("class-three");
```

最后一个方法 hasClassName()检查指定的类是否应用于元素：

```
$("myDiv").toggleClassName("class-three");
```

自然，如果该类已存在，toggleClassName()方法就返回 true，否则返回 false。

这些 CSS 方法与 jQuery 的 CSS 类操作方法非常类似，但 Prototype 中创建和插入元素的方法与 jQuery 大不相同。只是删除元素的操作十分类似于 jQuery。

17.2.5 创建、插入和删除元素

用 Prototype 操作 DOM 是很简单的，因为该框架扩展了 Element 对象，下面先创建元素。

1. 创建元素

Prototype 给 Element 对象添加了一个构造函数，它接受两个参数：元素的标记名以及包含属性及其值的对象。下面的代码演示了如何创建<a/>元素，并设置其 id 和 href 属性：

```
var attributes = {
    id = "myLink",
    href = "http://prototypejs.org"
};

var a = new Element("a", attributes);
```

这段代码的开头几行创建了一个对象 attributes，然后定义了 id 和 href 属性。接着使用 Element 对象的构造函数创建<a/>元素，把字符串"a"作为第一个参数传送，把 attributes 对象作为第二个参数传送。

2. 插入元素

Prototype 用添加内容的两个方法 update()和 insert()扩展了元素对象。insert()方法把新内容添加到元素的末尾。下面的代码把上一个代码示例中的 a 对象插入文档的主体：

```
$(document.body).insert(a);
```

update()用元素替换所有已有的内容。下面的代码用 a 对象更新文档的主体，即用<a/>元素替换已有的内容：

```
$(document.body).update(a);
```

注意这两个方法的区别，否则就会在网页中得到不希望的结果。

3. 删除元素

Prototype 很容易从 DOM 中删除元素，只需要在要删除的元素对象上调用 remove()

方法：

```
a.remove();
```

17.2.6　使用事件

用$()函数扩展 Element 对象时，可以使用 observe()方法。与内置的 addEventListener() 方法一样，它会在 DOM 元素上注册一个事件侦听器。这个方法接受两个参数：事件名和触发事件时调用的函数。例如，下面的代码注册 click 事件侦听器，执行 divClick()函数：

```
function divClick(event) {
    // do something
}

$("myDiv").observe("click", divClick);
```

如前所述，还可以使用 Event.observe()方法。下面使用 Event.observe()重新编写了上面的代码：

```
function divClick(event) {
    // do something
}

Event.observe("myDiv", "click", divClick);
```

这段代码与第一次使用的 Event.observe()略有区别，因为本例中的第一个参数是一个字符串。可以把元素的 id 或 DOM/BOM 对象作为 Event.observe()的第一个参数。这个方法特别适合于 window 等对象。不能调用$(window).observe()，因为浏览器会抛出一个错误，必须改用 Event.observe()。

Prototype 没有模拟 W3C DOM 事件模型，而是扩展旧 IE 和兼容标准的浏览器中的 event 对象，给用户提供一组工具方法来处理事件数据。

例如，element()方法返回事件目标(在旧 IE 中是 srcElement 属性，在 W3C DOM 浏览器中是 target 属性)。下面的代码使用 element()方法获取 click 事件的目标，并切换 CSS 类 class-one：

```
function divClick(e) {
    var target = e.element();
    target.toggleClassName("class-one");
}

$("myDiv").observe("click", divClick);
```

element()方法返回的元素已经用 Prototype 的方法扩展了，所以无须把它传递给$()就可以得到额外的功能。

17.2.7　用 Prototype 重写选项卡

现在我们知道如何用 Prototype 检索和操作元素、添加和删除元素以及注册事件侦听器了。下面改写 ch16_example2.html 中选项卡的 jQuery 版本。

打开文本编辑器，输入如下代码：

```
<!DOCTYPE html>

<html lang="en">
<head>
    <title>Chapter 17: Example 3</title>
    <style>
        .tabStrip {
            background-color: #E4E2D5;
            padding: 3px;
            height: 22px;
        }

        .tabStrip div {
            float: left;
            font: 14px arial;
            cursor: pointer;
        }

        .tabStrip-tab {
            padding: 3px;
        }

        .tabStrip-tab-hover {
            border: 1px solid #316AC5;
            background-color: #C1D2EE;
            padding: 2px;
        }

        .tabStrip-tab-click {
            border: 1px solid #facc5a;
            background-color: #f9e391;
            padding: 2px;
        }
    </style>

</head>
<body>
    <div class="tabStrip">
        <div data-tab-number="1" class="tabStrip-tab">Tab 1</div>
        <div data-tab-number="2" class="tabStrip-tab">Tab 2</div>
```

```
        <div data-tab-number="3" class="tabStrip-tab">Tab 3</div>
    </div>
    <div id="descContainer"></div>

    <script src="prototype.1.7.2.js"></script>
    <script>
        function handleEvent(e) {
            var target = e.element();
            var type = e.type;

            if (type == "mouseover" || type == "mouseout") {
                target.toggleClassName("tabStrip-tab-hover");
            } else if (type == "click") {
                target.addClassName("tabStrip-tab-click");

                var num = target.getAttribute("data-tab-number");
                showDescription(num);
            }
        }

        function showDescription(num) {
            var text = "Description for Tab " + num;

            $("descContainer").update(text);
        }

        $$(".tabStrip > div").forEach(function(element) {
            element.observe("mouseover", handleEvent);
            element.observe("mouseout", handleEvent);
            element.observe("click", handleEvent);
        });
    </script>
</body>
</html>
```

把这个文件保存为 ch17_example3.html，并加载到浏览器中(http://beginningjs.com/examples/ch17_example3.html)。注意它的结果与其他选项卡脚本相同。

由于 CSS 和标记与 jQuery 版本相同，因此我们只关注有变化的 JavaScript 函数。首先分析 handleEvent()函数。

```
function handleEvent(e) {
    var target = e.element();
```

这里使用 element()扩展方法获得事件目标，并赋予 target 变量。

接着确定所触发的事件类型。首先检查 mouseover 和 mouseout 事件：

```
if (type == "mouseover" || type == "mouseout") {
    target.toggleClassName("tabStrip-tab-hover");
```

如果触发了这两个事件中的一个,就要切换 CSS 类 tabStrip-tab-hover。对于 mouseover 事件,这个 CSS 类应用于目标元素;对于 mouseout,则删除该类。

下面确定是否触发了 click 事件:

```
    } else if (type == "click") {
        target.addClassName("tabStrip-tab-click");
```

如果触发了,就把 CSS 类 tabStrip-tab-click 添加到目标元素上,把其样式改为被单击的 选项卡样式。接着,需要从元素的 data-tab-number 属性中获取该选项卡的编号:

```
        var num = target.getAttribute("data-tab-number");
        showDescription(num);
    }
}
```

使用内置的 getAttribute()方法,检索该属性的值,并传递给 showDescription()。

showDescription()函数把选项卡的描述添加到页面中。

```
function showDescription(num) {
    var text = "Description for Tab " + num;

    $("descContainer").update(text);
}
```

这里选择表示描述容器的元素,用 update()方法替换其内容。

最后一段代码为选项卡元素建立事件侦听器。使用$$()函数,通过.tabStrip > div 选择 器检索它们:

```
$$(".tabStrip > div").forEach(function (element) {
    element.observe("mouseover", handleEvent);
    element.observe("mouseout", handleEvent);
    element.observe("click", handleEvent);
});
```

这里使用 Array 对象的 forEach()方法迭代$$()返回的数组。传递给 forEach()的函数负 责在每个元素上注册 mouseover、mouseout 和 click 事件侦听器。使用 observe()扩展方法注 册这些事件。

Prototype 的作用不限于 DOM 操作和语言增强方面,它还提供了易于学习和使用的 Ajax 功能。

17.2.8 使用 Ajax 支持

Prototype 中的 Ajax 支持不如 jQuery 直接。Prototype 的 Ajax 功能以其 Ajax 对象为核 心,它包含可以进行 Ajax 调用的各种方法。这个对象类似于 jQuery 对象,因为不需要创 建 Ajax 对象的实例,只需要使用该对象提供的方法即可。

Ajax 对象的核心是 Ajax.Request()构造函数。这个构造函数接受两个参数：第一个是发出请求的 URL，第二个是一个包含一组选项的对象，对象在发出请求时使用这些选项。options 对象可以包含各种选项属性，以改变 Ajax.Request()的行为。表 17-2 描述了其中的一些选项。

表 17-2

选 项	说 明
asynchronous	确定 XMLHttpRequest 对象是否以异步模式发出请求，默认为 true
method	用于请求的 HTTP 方法，默认是"post"，"get"是另一个有效值
onSuccess	成功完成请求时调用的回调函数
onFailure	请求完成，但得到一个错误状态码时调用的回调函数
parameters	包含随请求一起发送的参数的字符串，或者包含参数及其值的对象

> 注意：要查看选项的完整列表，请参阅 http://prototypejs.org/doc/latest/ajax/ 上的 Prototype 文档。

用 Prototype 发出请求的代码如下所示：

```
function requestSuccess(transport) {
    alert(transport.responseText);
}

function requestFailed(transport) {
    alert("An error occurred! HTTP status code is " + transport.status);
}

var options = {
    method: "get",
    onSuccess: requestSuccess,
    onFailure: requestFailed
};

new Ajax.Request("someTextFile.txt", options);
```

开头几行代码定义了 requestSuccess()和 requestFailed()函数。这些函数都接受一个参数 transport。这个特殊的对象包含服务器的响应(参见后面的内容)。

在函数定义后，创建一个 options 对象，其中包含 HTTP method 选项、onSuccess 选项和 onFailure 选项的属性。接着就发出针对 someTextFile.txt 文件的请求，并把 options 对象传给 Ajax.Request()构造函数(别忘了 new 关键字)。

如果需要随请求一起传送参数，在调用 new Ajax.Request()之前就必须多做一些准备工作。与 jQuery 一样，可以创建一个对象，其中包含属性名和值。例如，如果将参数 username

与请求一起发送，就可以编写如下代码：

```
var parms = {
    username: "jmcpeak"
};

options.parameters = parms;
```

创建了新的 Ajax.Request 对象后，就会将参数添加到 URL 上，之后把请求发送给服务器。

所有回调函数都传送一个包含 Ajax.Response 对象的参数，该对象封装了内置的 XMLHttpRequest 对象。它包含各种有效的属性，以处理服务器的响应。它模拟 XMLHttpRequest 的基本属性，例如 readyState、responseText、responseXML 和 status。还有几个方便的属性，如表 17-3 所示。

表　17-3

属 性 名	作　　用
request	用于发出请求的 Ajax.Request 对象
responseJSON	如果响应的 Content-Type 标题是 application/json，那么它就是一个解析过的 JSON 结构
statusText	服务器发送的 HTTP 状态文本
transport	用于发出请求的内置 XMLHttpRequest 对象

学习 Prototype 的 Ajax 功能后，就可以修改 Ajax 表单验证器了。

试一试　　**用 Prototype 重写表单验证器**

打开文本编辑器，输入如下代码：

```
<!DOCTYPE html>

<html lang="en">
<head>
    <title>Chapter 17: Example 4</title>
    <style>
        .fieldname {
            text-align: right;
        }

        .submit {
            text-align: right;
        }
    </style>
</head>
<body>
```

```
<form>
    <table>
        <tr>
            <td class="fieldname">
                Username:
            </td>
            <td>
                <input type="text" id="username" />
            </td>
            <td>
                <a id="usernameAvailability" href="#">Check Availability</a>
            </td>
        </tr>
        <tr>
            <td class="fieldname">
                Email:
            </td>
            <td>
                <input type="text" id="email" />
            </td>
            <td>
                <a id="emailAvailability" href="#">Check Availability</a>
            </td>
        </tr>
        <tr>
            <td class="fieldname">
                Password:
            </td>
            <td>
                <input type="text" id="password" />
            </td>
            <td />
        </tr>
        <tr>
            <td class="fieldname">
                Verify Password:
            </td>
            <td>
                <input type="text" id="password2" />
            </td>
            <td />
        </tr>
        <tr>
            <td colspan="2" class="submit">
                <input type="submit" value="Submit" />
            </td>
            <td />
        </tr>
    </table>
</form>
```

```
<script src="prototype.1.7.2.js"></script>
<script>
    function checkUsername(e) {
        e.preventDefault();

        var userValue = $("username").value;

        if (!userValue) {
            alert("Please enter a user name to check!");
            return;
        }

        var options = {
            method: "get",
            onSuccess: handleResponse,
            parameters: {
                username: userValue
            }
        };

        new Ajax.Request("ch14_formvalidator.php", options);
    }

    function checkEmail(e) {
        e.preventDefault();

        var emailValue = $("email").value;

        if (!emailValue) {
            alert("Please enter an email address to check!");
            return;
        }

        var options = {
            method: "get",
            onSuccess: handleResponse,
            parameters: {
                email: emailValue
            }
        };

        new Ajax.Request("ch14_formvalidator.php", options);
    }

    function handleResponse(transport) {
        var response = transport.responseJSON;

        if (response.available) {
            alert(response.searchTerm + " is available!");
        } else {
```

```
            alert("We're sorry, but " + response.searchTerm +
                " is not available.");
        }
    }

    $("usernameAvailability").observe("click", checkUsername);
    $("emailAvailability").observe("click", checkEmail);
    </script>
</body>

</html>
```

在 Web 服务器的根目录下把这个文件保存为 ch17_example4.html，因为这个文件只有放在 Web 服务器上才能正常工作。使浏览器指向 http://yourserver/ch17_example4.html，测试该表单。

这个页面的工作过程与前面的版本相同。下面分析这个版本中的 checkUsername()函数。该函数负责收集用户的输入，并发送给服务器。

要获得用户输入，可检索对应的<input/>元素，获得其值：

```
function checkUsername(e) {
    e.preventDefault();

    var userValue = $("username").value;
```

使用内置的 document.getElementById()方法检索<input/>元素，但 Prototype 的$()函数更容易输入。它返回一个扩展的 Element 对象，但这里使用标准的 value 属性检索元素的值。

接着，检查用户输入，确保有可工作的数据：

```
    if (!userValue) {
        alert("Please enter a user name to check!");
        return;
    }
```

如果函数通过了这个 if 语句的测试，就需要建立 options 对象，以传递给 Ajax.Request()构造函数：

```
    var options = {
        method: "get",
        onSuccess: handleResponse,
        parameters: {
            username: userValue
        }
    };
```

这个 options 对象有需要的 method 和 onSuccess 属性，还包含参数——把 username 设置为从表单获取的值。

现在准备发送请求。调用 Ajax.Request()构造函数，传递 URL 和 options 对象。

在这个函数的最后一步，调用 Ajax.Request()构造函数，前面加上 new 关键字，并传递 formvalidator.php 的 URL 和 options 对象：

```
new Ajax.Request("ch14_formvalidator.php", options);
}
```

checkEmail()函数与 checkUsername()几乎相同。首先从表单中检索电子邮件地址，并验证它：

```
function checkEmail(e) {
    e.preventDefault();

    var emailValue = $("email").value;

    if (!emailValue) {
        alert("Please enter an email address to check!");
        return;
    }
```

接着建立 options 对象：

```
var options = {
    method: "get",
    onSuccess: handleResponse,
    parameters: {
        email: emailValue
    }
};
```

再次提供必需的 method 和 onSuccess 属性，以及 parameters 对象。把 email 参数属性设置为表单中的电子邮件地址。

接着调用 Ajax.Request()构造函数，发出请求：

```
new Ajax.Request("ch14_formvalidator.php", options);
}
```

handleResponse()函数没有大的变化，其变化比较微妙：

```
function handleResponse(transport) {
    var response = transport.responseJSON;

    if (response.available) {
        alert(response.searchTerm + " is available!");
    } else {
        alert("We're sorry, but " + response.searchTerm + " is not available.");
    }
}
```

这个新版本使用 Prototype 的 responseJSON 属性获得解析过的 JSON。之所以可以使用这个属性，是因为 ch14_formvalidator.php 的 Content-Type 标题设置为 application/json。如

果它是其他值，例如 text/plain，则 responseJSON 就是 null，此时必须使用 responseText 和
JSON.parse()，如下所示：

```
var response = JSON.parse(transport.responseText);
```

示例中的最后两行代码在两个<a/>元素上注册 click 事件侦听器：

```
$("usernameAvailability").observe("click", checkUsername);
$("emailAvailability").observe("click", checkEmail);
```

使用 Prototype 的$()函数检索元素，再使用 observe()注册事件侦听器。

Prototype 是一个功能强大的框架，提供了一组丰富的工具，可改变编写 JavaScript 的
方式。与 jQuery 类似，像这样的一小节远不足以全面介绍该框架的内容。Prototype 及其提
供的工具的更多信息可参见 http://api.prototypejs.org/上的 API 文档和 http://www.prototypejs.
org/learn 上的教程。

17.3　MooTools

初看起来，MooTools 似乎与 Prototype 相同，的确如此。最初开发 MooTools 时就是为
了与 Prototype 一起使用，所以 MooTools 提供的一些工具与 Prototype 的几乎相同就没有什
么可惊讶的了。

但是，就 DOM 操作而言，MooTools 更多的是 jQuery 和 Prototype 之间的交集。与
Prototype 一样，MooTools 的目标是增强编写 JavaScript 的方法，提供工具来编写类并继承
这些类。MooTools 像 Prototype 一样也增加了一组丰富的扩展，以简化 DOM 操作。在
MooTools 中选择 DOM 对象与 Prototype 完全相同。但读者在后面的小节中会发现，扩展
方法名和使用它们的方式与 jQuery 相同。

17.3.1　获得 MooTools

下载 MooTools 有两种方式。可以下载其核心，也可以定制自己的版本。MooTools 的
核心包含执行常见 DOM 和 Ajax 操作所需的所有功能。但如果不需要核心的所有功能，可
以选择页面或应用程序需要的功能。

无论下载哪个版本，都可以在 http://mootools.net/core/builder 上下载 MooTools。另外，
可以选择下载压缩版和未压缩版的 JavaScript 文件。本书的下载代码包含压缩版的核心
1.5.1。

17.3.2　测试 MooTools 安装

如前所述，MooTools 和 Prototype 有许多类似之处，所以测试 MooTools 安装看起来与

测试 Prototype 类似。

MooTools 也有美元函数，其功能与 Prototype 的美元函数类似。

```
var buttonObj = $("theButton");
```

MooTool 的美元函数也接受一个包含元素 id 或 DOM 元素的字符串参数，并返回该
DOM 对象以及一组扩展的方法和属性。其中一个方法是 addEvent()。这个方法注册事件侦
听器。

addEvent()方法接受两个参数：事件名和函数。所以注册事件监听器的代码如下：

```
function buttonClick() {
    alert("You clicked the button!");
}

buttonObj.addEvent("click", buttonClick);
```

MooTools 的扩展方法提供了各种方法和属性来操作页面上的元素。大多数方法都可以
链接起来，因此可以用更少的代码执行多个操作，例如：

```
function buttonClick() {
    $(document.body).setProperty("bgColor", "yellow")
                    .appendHTML("<h1>Hello, MooTools!</h1>");
}

buttonObj.addEvent("click", buttonClick);
```

可以用 setProperty()方法设置元素的属性，如这段代码所示。这个方法返回元素对象，
所以可以立即调用 appendHTML()方法，把内容追加到元素上。

使用这段代码测试 MooTools 安装。打开文本编辑器，输入如下代码：

```
<!DOCTYPE html>

<html lang="en">
<head>
    <title>Chapter 17: Example 5</title>
</head>
<body>
    <button id="theButton">Click Me!</button>
    <script src="mootools-core-1.5.1-compressed.js"></script>
    <script>
        var buttonObj = $("theButton");

        function buttonClick() {
            $(document.body).setProperty("bgColor", "yellow")
                            .appendHTML("<h1>Hello, MooTools!</h1>");
        }

        buttonObj.addEvent("click", buttonClick);
    </script>
```

```
</body>
</html>
```

把这段代码保存为 ch17_example5.html，在浏览器中加载它。单击按钮，背景色就改为黄色，在页面中显示 "Hello, MooTools!"。否则，应确保 MooTools 的 JavaScript 文件位于 HTML 页面所在的目录下。

17.3.3　查找元素

前面提到，MooTools 的$()函数类似于 Prototype 的$()函数。其实它们完全相同。它们都查找 DOM 中的元素并扩展它，只是它们带有不同的方法，如后面的小节所述。例如下面的代码查找 id 为 myDiv 的元素，用 MooTools 的方法和属性扩展它，并返回扩展的元素。

```
var element = $("myDiv");
```

有了这个对象，就可以使用 MooTools 的扩展方法以及内置的 DOM 方法和属性：

```
var tagName = element.tagName; // standard DOM
element.appendHTML("New Content"); // extension
```

如果给定 id 的元素不存在，$()就返回 null。

也可以把 DOM 对象传递给$()函数来扩展它：

```
var body = $(document.body);
```

1. 用 CSS 选择器选择元素

MooTools 也提供了$$()函数，使用它可以通过 CSS 选择器检索元素，还可以传送多个 CSS 选择器，检索各种元素。与 Prototype 一样，要把每个选择器作为一个参数传递给$$()函数：

```
var classOne = $$(".class-one");
var multiple = $$("div", ".class-one", "p > div")
```

$$()函数返回所扩展 DOM 元素对象的数组。这是 MooTools 和 Prototype 的一个区别，因为这两个框架都扩展$$()返回的 Array 对象，但 MooTools 添加了扩展方法，以操作数组中的元素。

2. 对元素执行操作

MooTools 的$$()是 jQuery 的$()和 Prototype 的$$()之间的一个交集，因为它返回所扩展元素对象的数组，类似于 Prototype。但可以使用各种方法操作这些元素，无须手动迭代数组。例如，调用 setStyle()方法，就可以改变数组中所有元素的样式，如下所示：

```
$$("div", ".class-one").setStyle("color", "red");
```

这行代码选择多种类型的元素，把它们的文本颜色设置为红色。这与 Prototype 不同，

如下面的示例代码所示：

```
// Prototype
function changeColor(item) {
    var styles {
        color: "red"
    };

    item.setStyle(styles);
}

$$("div", ".class-one").forEach(changeColor);
```

注意，可以在 MooTools 中使用这个技术。实际上，对同一组元素执行多个操作时，就可以这么做。MooTools 的 setStyle()方法和 jQuery 的 css()方法都是迭代的，它们会迭代数组。把迭代方法链接起来，意味着执行多个循环，其效率很低。

17.3.4　修改样式

前面的 MooTools 代码示例使用了 setStyle()方法，它接受两个参数：第一个是 CSS 属性，第二个是其值。与 jQuery 一样，可以使用样式表中的 CSS 属性，或者脚本中的驼峰式大小写版本：

```
$("myDiv").setStyle("background-color", "red"); // valid
$("myDiv").setStyle("backgroundColor", "red"); // valid, too
```

这两行代码都把元素的背景色设置为红色，所以可以使用任一个属性名来设置各个样式属性。

MooTools 也有 setStyles()方法，用于修改多个 CSS 属性。要使用这个方法，应传送一个包含 CSS 属性和值的对象，如下所示：

```
$("myDiv").setStyles({
    backgroundColor: "red",
    color: "blue"
});
```

当然，这不是修改元素样式的理想方式。所以 MooTools 给 Element 对象增加了 addClass()、removeClass()、toggleClass()和 hasClass()方法。

根据名称就可以推断 addClass()和 removeClass()方法的作用。它们给元素添加或删除指定的类，如下面的代码所示：

```
var div = $("myDiv");

div.addClass("class-one");
div.removeClass("class-two");
```

toggleClass()方法用来切换一个类：

```
div.toggleClass("class-three");
```

这行代码切换了 CSS 类 class-three。如果元素已经有了该类，就从元素中删除它，否则就添加它。

hasClass()方法根据元素是否有 CSS 类，返回 true 或 false。

```
div.hasClass("class-four");
```

这行代码返回 false，因为 CSS 类 class-four 没有应用到元素上。

当然，改变元素样式仅是 MooTools 操作 DOM 的一部分，MooTools 还可以在 DOM 中创建、插入和删除元素。

17.3.5　创建、插入和删除元素

与 Prototype 一样，MooTools 允许使用 Element 构造函数创建元素：

```
var attributes = {
    id: "myLink",
    href: "mootools.net"
};

var a = new Element("a", attributes);
```

调用构造函数时，要传递标记名和包含所需属性的对象。前面的代码创建了一个新的<a/>元素，并填充其 id 和 href 属性。接着使用 appendText()或 appendHTML()方法设置其内容：

```
a.appendText("Go to MooTools' Website");
```

MooTools 还添加了一个扩展方法 set()，以设置专用属性的值。这些不是使用 object.propertyName 语法设置的 JavaScript 属性，而是虚拟属性。例如，html 属性设置元素的 HTML，这个属性用 set()方法设置，如下所示：

```
a.set("html", "Go to MooTool's Website");
```

这与使用内置的 innerHTML 属性相同，在大多数情况下，都应使用 innerHTML。
准备把元素添加到页面上时，使用 adopt()方法：

```
$(document.body).adopt(a);
```

这段代码使用 adopt()方法把新建的<a/>元素添加到页面的<body/>元素中。注意这不会替代已有的内容，只是把新内容添加到页面上。如果需要清空其子元素，就调用 empty()方法：

```
$(document.body).empty();
```

也可以使用 dispose()方法删除单个元素：

```
a.dispose();
```

17.3.6 使用事件

$()函数返回扩展的元素对象。一个扩展方法是 addEvent()，它注册事件侦听器：

```
function divClick(e) {
    alert("You clicked me!");
}

$("myDiv").addEvent("click", divClick);
```

addEvent()方法接受两个参数：事件名和事件触发时执行的函数。

使用 addEvents()方法可以一次注册多个事件处理程序。此时，不是传递一个事件名和函数，而是传递一个对象，其中包含的事件名作为属性，函数作为值。例如，下面的代码为元素上的 mouseover 和 mouseout 事件注册事件侦听器。

```
function eventHandler(e) {
    // do something with the event here
}

var handlers = {
    mouseover: eventHandler,
    mouseout:  eventHandler
};

$("myDiv").addEvents(handlers);
```

触发事件时，MooTools 会把它自己的 Event 对象(DOMEvent 类型)传送给事件处理函数。这个对象有一组混合的属性和方法，其中一些属性是专用的，但大都是标准兼容的属性。表 17-4 列出了 MooTools 的 Event 对象提供的一些属性。

表 17-4

属 性	说 明
page.x	鼠标相对于浏览器窗口的水平位置
page.y	鼠标相对于浏览器窗口的垂直位置
client.x	鼠标相对于客户区的水平位置
client.y	鼠标相对于客户区的垂直位置
target	扩展的事件目标
relatedTarget	相对于事件目标的扩展元素
type	调用事件处理程序的事件类型

例如，下面的代码给 id 为 myDiv 的元素注册了 click 事件侦听器：

```
function divClick(e) {
    var target = e.target.addClass("class-one");

    alert("You clicked at X:" + e.client.x + " Y:" + e.client.y);
}

$("myDiv").addEvent("click", divClick);
```

触发 click 事件时，MooTools 会将它自己的 Event 对象传送给 divClick()函数。该函数
的第一行调用 addClass()方法，把 CSS 类 class-one 添加到元素上。

addClass()方法返回扩展的元素对象，允许添加 CSS 类，用扩展的事件目标指定 target
变量。然后使用一个警告框，通过 client.x 和 client.y 属性显示鼠标指针的坐标。

17.3.7 用 MooTools 重写选项卡

前面介绍了 MooTools 的功能，下面重写选项卡。

试一试　　**用 MooTools 重写工具栏**

打开文本编辑器，输入如下代码：

```
<!DOCTYPE html>

<html lang="en">
<head>
    <title>Chapter 17: Example 6</title>
    <style>
        .tabStrip {
            background-color: #E4E2D5;
            padding: 3px;
            height: 22px;
        }

        .tabStrip div {
            float: left;
            font: 14px arial;
            cursor: pointer;
        }

        .tabStrip-tab {
```

```
            padding: 3px;
        }

        .tabStrip-tab-hover {
            border: 1px solid #316AC5;
            background-color: #C1D2EE;
            padding: 2px;
        }

        .tabStrip-tab-click {
            border: 1px solid #facc5a;
            background-color: #f9e391;
            padding: 2px;
        }
    </style>

</head>
<body>
    <div class="tabStrip">
        <div data-tab-number="1" class="tabStrip-tab">Tab 1</div>
        <div data-tab-number="2" class="tabStrip-tab">Tab 2</div>
        <div data-tab-number="3" class="tabStrip-tab">Tab 3</div>
    </div>
    <div id="descContainer"></div>

    <script src="mootools-core-1.5.1-compressed.js"></script>
    <script>
        function handleEvent(e) {
            var target = e.target;
            var type = e.type;

            if (type == "mouseover" || type == "mouseout") {
                target.toggleClass("tabStrip-tab-hover");
            } else if (type == "click") {
                target.addClass("tabStrip-tab-click");

                var num = target.getAttribute("data-tab-number");
                showDescription(num);
            }
        }

        function showDescription(num) {
            var text = "Description for Tab " + num;

            $("descContainer").set("html", text);
        }

        $$(".tabStrip > div").addEvents({
            mouseover: handleEvent,
            mouseout: handleEvent,
```

```
        click: handleEvent
    });
    </script>
</body>
</html>
```

把这个文件保存为 ch17_example6.html，在浏览器中打开它(http://beginningjs.com/
examples/ch17_example6.html 也可用)。注意这个页面与其他所有版本的工作过程是相同的。

下面直接跳到代码上，从 handleEvent()函数开始：

```
function handleEvent(e) {
    var target = e.target;
    var type = e.type;
```

if 语句之前的所有代码都与标准兼容。在 mouseover 和 mouseout 事件中使用 MooTools
的 toggleClass()方法时，就遇到 if 语句：

```
    if (type == "mouseover" || type == "mouseout") {
        target.toggleClass("tabStrip-tab-hover");
```

如果是这两个事件之一，就把 CSS 类 tabStrip-tab-hover 添加到元素目标中。但如果是
click 事件，就需要执行几个操作。首先，给元素添加 CSS 类 tabStrip-tab-click。接着获得
data-tab-number 属性的值，因为需要把它传递给 showDescription()函数：

```
    } else if (type == "click") {
        target.addClass("tabStrip-tab-click");

        var num = target.getAttribute("data-tab-number");
        showDescription(num);
    }
}
```

showDescription()函数改变得很少，实际上，只需要注意一个语句：

```
function showDescription(num) {
    var text = "Description for Tab " + num;

    $("descContainer").set("html", text);
}
```

需要修改描述容器元素的内容。现在可以用各种方式修改它。如前所述，内置的
innerHTML 属性很理想。但是，本例使用 MooTools 的 set()方法设置虚拟属性 html。

最后给 mouseover、mouseout 和 click 事件注册侦听器：

```
$$(".tabStrip > div").addEvents({
    mouseover: handleEvent,
    mouseout: handleEvent,
    click: handleEvent
});
```

这里使用 MooTools 的$$()方法在选项卡中选择<div/>元素。接着使用 addEvents()方法注册 3 个事件侦听器。还可以使用 Prototype 示例中的技术：

```
$$(".tabStrip > div").forEach(function(item) {
    item.addEvents({
        mouseover: handleEvent,
        mouseout: handleEvent,
        click: handleEvent
    });
});
```

但是本例不需要这么做。如果需要在每个元素上执行其他过程，这就是最佳方式。这样，元素就迭代一次，而不是多次。

17.3.8 MooTools 中的 Ajax 支持

MooTools 有 3 个发出 HTTP 请求的对象，每个对象都有特定的目的。
- Request：用于一般请求
- Request.HTML：专用于接收 HTML
- Request.JSON：专用于接收 JSON

这些对象都类似于 Prototype 的 Ajax.Request，因为使用 new 运算符调用其构造函数，传送包含各个选项的对象，就可以直接创建它们。

```
var request = new Request({
    method: "get",
    url: "someFile.txt",
    onSuccess: requestSuccess
});
```

这段代码创建了一个 Request 对象，它给 someFile.txt 发出一个 GET 请求，请求成功时调用 requestSuccess()函数。

可以给构造函数传递更多选项，表 17-5 列出了其中的一些选项。

<div align="center">表　17-5</div>

选　　项	说　　明
async	确定 XMLHttpRequest 对象是否以异步模式发出请求，默认为 true
data	与请求一起发送的一个对象，包含键/值对
method	用于请求的 HTTP 方法，默认是"post"
onSuccess	成功完成请求时调用的回调函数
onFailure	请求完成，但得到一个错误状态码时调用的回调函数
url	接收请求的 URL

> 🖊️　**注意:** 要查看选项和回调函数的完整列表, 请参阅 http://mootools.net/core/
> docs/Request/Request。

可惜, 创建 Request 对象不会自动发送请求, 必须显式使用 send()方法发送请求:

```
request.send();
```

但为了减少输入量, 可以把 send()方法链接到 Request 构造函数上, 如下所示:

```
var request = new Request({
    method: "get",
    url: "someFile.txt",
    onSuccess: requestSuccess
}).send();
```

也可以使用 send()诸多别名中的一个。这些名称镜像不同的 HTTP 方法, 用给定的方式发送请求。例如, get()方法发送 GET 请求、post()方法发送 POST 请求、put()方法发送 PUT 请求等。使用别名, 就不需要指定 method 选项了。例如:

```
var request = new Request({
    url: "someFile.txt",
    onSuccess: requestSuccess
});

request.get(); // sends the request as GET
request.post(); // sends as POST
```

可以用两种不同的方式发送数据和请求。第一, 可以把数据作为 Request 对象的一部分。如果需要通过一个 Request 对象随每个请求发送相同的数据, 就可以使用这种方式。因此, 在传递给构造函数的 options 对象中添加 data 属性。例如:

```
var request = new Request({
    url: "ch14_formvalidator.php",
    data: {
        username: userValue // assuming userValue is assigned a value
    },
    onSuccess: requestSuccess
});
```

第二种方式是解除数据与 Request 对象的关联, 以便重用同一个 Request 对象, 发送不同的数据。要使用这种方式, 把数据传递给 send()或者其他别名方法, 如下所示:

```
var request = new Request({
    url: "ch14_formvalidator.php",
    onSuccess: requestSuccess
}).get({
```

```
    data: {
        username: userValue
    }
});
```

onSuccess 回调函数随不同类型的请求而不同。对于普通的 Request 对象，onSuccess 回调函数用 responseText 和 responseXML 两个参数调用：

```
function requestSuccess(responseText, responseXML) {
    // do something with either supplied value
}
```

responseText 是服务器响应的纯文本表示。如果该响应是有效的 XML 文档，则 responseXML 参数是包含已解析 XML 的 DOM 树。

对于 Request.HTML 对象，onSuccess 回调函数有点复杂：

```
function requestHTMLSuccess(responseTree, responseElements,
                            responseHTML, responseJavaScript) {
    // do something with the data
}
```

4 个参数如下。

- responseTree：响应的节点列表
- responseElements：包含响应元素的数组
- responseHTML：响应的字符串内容
- responseJavaScript：响应的 JavaScript

Request.JSON 对象的 onSuccess 回调函数比 Request.HTML 对象的简单许多：

```
function requestJSONSuccess(responseJSON, responseText) {
    // do something with the provided data
}
```

responseJSON 参数是一个对象——解析的 JSON 结构，所以无须调用 JSON.parse()。responseText 参数是纯文本的 JSON 结构。笔者不知道为什么需要 responseText 和 Request.JSON，但把它们列在这里是便于用户使用它。

下面使用 MooTools 的 Ajax 工具修改上一章的表单验证器。

试一试 用 MooTools 重写表单验证器

打开文本编辑器，输入下面的代码：

```
<!DOCTYPE html>

<html lang="en">
<head>
    <title>Chapter 17: Example 7</title>
    <style>
        .fieldname {
```

```
                text-align: right;
            }

            .submit {
                text-align: right;
            }
        </style>
    </head>
    <body>
        <form>
            <table>
                <tr>
                    <td class="fieldname">
                        Username:
                    </td>
                    <td>
                        <input type="text" id="username" />
                    </td>
                    <td>
                        <a id="usernameAvailability" href="#">Check Availability</a>
                    </td>
                </tr>
                <tr>
                    <td class="fieldname">
                        Email:
                    </td>
                    <td>
                        <input type="text" id="email" />
                    </td>
                    <td>
                        <a id="emailAvailability" href="#">Check Availability</a>
                    </td>
                </tr>
                <tr>
                    <td class="fieldname">
                        Password:
                    </td>
                    <td>
                        <input type="text" id="password" />
                    </td>
                    <td />
                </tr>
                <tr>
                    <td class="fieldname">
                        Verify Password:
                    </td>
                    <td>
                        <input type="text" id="password2" />
                    </td>
                    <td />
```

```
            </tr>
            <tr>
                <td colspan="2" class="submit">
                    <input type="submit" value="Submit" />
                </td>
                <td />
            </tr>
        </table>
    </form>
<script src="mootools-core-1.5.1-compressed.js"></script>
<script>
    function checkUsername(e) {
        e.preventDefault();

        var userValue = $("username").value;

        if (!userValue) {
            alert("Please enter a user name to check!");
            return;
        }

        var options = {
            url: "ch14_formvalidator.php",
            data: {
                username: userValue
            },
            onSuccess: handleResponse
        };

        new Request.JSON(options).get();
    }

    function checkEmail(e) {
        e.preventDefault();

        var emailValue = $("email").value;

        if (!emailValue) {
            alert("Please enter an email address to check!");
            return;
        }

        var options = {
            url: "ch14_formvalidator.php",
            data: {
                email: emailValue
            },
            onSuccess: handleResponse
        };
```

```
          new Request.JSON(options).get();
      }

      function handleResponse(data, json) {
          if (data.available) {
              alert(data.searchTerm + " is available!");
          } else {
              alert("We're sorry, but " + data.searchTerm + " is not
              available.");
          }
      }

      $("usernameAvailability").addEvent("click", checkUsername);
      $("emailAvailability").addEvent("click", checkEmail);
  </script>
</body>

</html>
```

在 Web 服务器的根目录下把这个文件保存为 ch17_example7.html。打开浏览器,指向 http://yourserver/ch17_example7.html,测试该表单。它的工作过程与以前的所有版本都相同。

这个版本非常类似于 Prototype 版本的 Example 4。实际上 checkUsername()和 checkEmail()与 Example 4 相同,只有请求代码不同。所以下面仅看看这些代码,从 checkUsername()开始。

获得并验证用户输入的用户名后,就建立 options 对象:

```
var options = {
    url: "ch14_formvalidator.php",
    data: {
        username: userValue
    },
    onSuccess: handleResponse
};
```

设置 url、data 和 onSuccess 属性,把对象传递给 Request.JSON()构造函数:

```
new Request.JSON(options).get();
```

为了减少输入量,将 get()调用链接到 Request.JSON 构造函数上。

checkEmail()中的代码是类似的(目前,这个例子在做什么)。

首先建立 options 对象:

```
var options = {
    url: "ch14_formvalidator.php",
    data: {
        email: emailValue
    },
```

```
        onSuccess: handleResponse
};
```

接着发送请求：

```
new Request.JSON(options).get();
```

handleResponse()函数也有几个变化。由于 MooTools 内置了对 JSON 的支持，因此函数得到了简化：

```
function handleResponse(data, json) {
    if (data.available) {
        alert(data.searchTerm + " is available!");
    } else {
        alert("We're sorry, but " + data.searchTerm + " is not available.");
    }
}
```

传送给第一个参数 data 的数据已经解析为 JavaScript 对象。它只用于检查用户名或电子邮件地址是否可用，并给用户显示正确的信息。

最后绑定事件：

```
$("usernameAvailability").addEvent("click", checkUsername);
$("emailAvailability").addEvent("click", checkEmail);
```

查找文档中的<a/>元素，用 MooTools 的 addEvent()方法注册它们的事件侦听器。

MooTools 是一个流行的框架，因为它提供了类似于 jQuery 的工具，同时还保留了传统 DOM 编程的一些方面。MooTools 也有动画/效果组件，因此是一个全方位的框架。本节很难覆盖这个框架的所有方面，所以读者应访问 http://mootools.net/core/docs/上的 API 文档。

17.4　小结

本章带读者进入了 JavaScript 框架和库这个相当庞大的领域：
- 有两种库和框架：通用框架和专用框架。本章还列出了目前可用的一些流行框架。
- 本章指出了可从哪里获得使用 Modernizr、Prototype 和 MooTools 框架所需的文件。
- 学习了 Modernizr 如何帮助编写功能特定的代码，以及如何给不支持某些功能的浏览器加载外部资源，如 ployfill。
- 学习了 Prototype 框架的基础知识——如何检索、创建、操作元素，还学习了如何注册事件侦听器和如何发送 Ajax 请求。
- 学习了如何使用 MooTools 创建、选择和修改元素，如何关联事件侦听器，以及如何发送 Ajax 请求。

17.5 习题

在附录 A 中可以找到本章习题的参考答案。

习题 1：

使用 Prototype 完成第 14 章的习题 2，并在 Ajax 请求出错时添加错误报告。

习题 2：

使用 MooTools 完成第 14 章的习题 2，并在 Ajax 请求出错时添加错误报告。

第**18**章

常见错误、调试和错误处理

本章主要内容

- 查找每个人都会犯的常见错误
- 用 try...catch 语句处理运行时错误或异常
- 用各个浏览器的开发工具调试 JavaScript

本章源代码下载(wrox.com):

打开网页//www.wiley.com/go/BeginningJavaScript5E,单击 Download Code 选项卡即可下载本章源代码。也可以在 http://beginningjs.com 上查看所有的代码示例和相关的文件。

即使是 JavaScript 专家也会犯错,哪怕只是拼写错误。尤其是代码扩展到几百行或几千行之后,出错的几率就显著增加了。相应地,发现这些错误或缺陷的难度也增加了。本章将介绍有助于最小化这种情况下的问题的各种技术。

首先讨论 JavaScript 代码中最常见的 7 种错误。了解到这些错误后,就可以在编写代码时特别留意它们,减少此类错误的发生次数。

接下来讨论错误发生时该如何处理,以免用户看到编码错误。

最后讨论 Microsoft 的 Internet Explorer (IE11)、Firebug (用于 Firefox 的插件)、Chrome 的 Web Inspector 以及 Opera 的 Dragonfly 中的调试工具,学习如何使用这些工具单步调试代码,在代码运行时查看变量的内容,以找出难以发现的错误。还会简要介绍 Firefox 的调试工具。

18.1 一些常见错误

程序员经常犯的错误有 7 个,其中一些错误随着编程经验的积累是可以避免的,但其他错误仍会常犯。

18.1.1　未经定义的变量

对于变量在赋值前是否应先定义，JavaScript 的要求非常宽松。例如，下面的代码隐式地创建一个新的全局变量 abc，并赋值 23：

```
abc = 23;
```

但严格地讲，应该使用 var 关键字显式地定义该变量：

```
var abc = 23;
```

是否使用 var 关键字来声明变量对变量的作用域有影响，因此最好使用 var 关键字。如果使用了一个未定义的变量，则将产生一个错误。例如，如果并未事先显式或隐式地定义变量 abc，则下面的代码在 IE11 中将产生如图 18-1 所示的错误。

```
alert(abc);
```

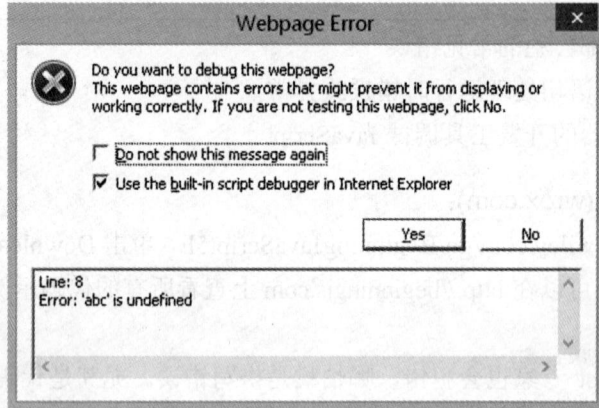

图　18-1

在其他浏览器中，需要在 JavaScript 控制台上查看错误信息，在键盘上按下 Ctrl+Shift+J 即可打开 JavaScript 控制台。也可以通过浏览器的菜单打开该控制台。

另外，函数定义也包含了其参数，如果未正确地声明参数，也将遇到同类错误。例如下面的代码：

```
function foo(parametrOne) {
    alert(parameterOne);
}
```

如果调用该函数，将产生如图 18-2 所示的错误消息。

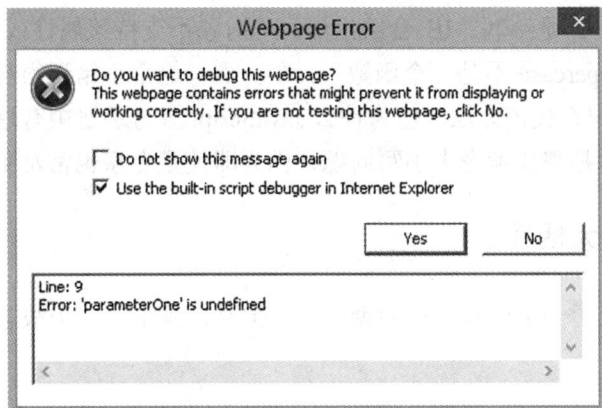

图　18-2

这个错误是函数定义中的一个简单的拼写错误。第一个参数的拼写错误：它应是 parameterOne，而不是 parametrOne，这类错误常常令人迷惑，尽管浏览器指出某行有错误，但该错误的源头在另一行。

18.1.2　区分大小写

大小写错误是最常见的错误之一，因为它有时可能难以发现。

例如，请找出下面代码中的三个大小写错误：

```
var myName = "Jeremy";

If (myName == "jeremy") {
    alert(myName.toUppercase());
}
```

第一个错误是将关键字 if 写成了 If。但是，JavaScript 不会报告大小写错误，浏览器将报告 "Object expected" 错误或 "If is not defined" 错误。尽管这些错误消息提示了发生了什么错误，但往往并不直接。在这个例子中，浏览器认为用户要调用一个 If 对象，或者要引用一个未定义的函数 If。

> 注意：不同的浏览器在显示错误时使用不同的陈述，但其含义是相同的，所以可以确定问题所在。

找到第一个错误后，接着查找第二个错误，它不是一个 JavaScript 语法错误，而是一个逻辑错误。在 JavaScript 中，Jeremy 不等于 jeremy，因此，myName=="jeremy"返回 false，即使我们并不关心该单词是 Jeremy 还是 jeremy，也是如此。这种错误根本不会产生任何错误消息，因为这是有效的 JavaScript，但是代码不会按照预期的方式执行。

第三个错误是 String 对象的 toUpperCase()方法存在拼写错误。上面的代码使用了

toUppercase()，其中 C 是小写。IE 会给出消息"对象不支持该属性或方法"，而 Firefox
报告"myName.toUppercase 不是一个函数"。乍一看，这个小错误很容易改正，并开始在
JavaScript 参考手册中查找该方法。但为什么 JavaScript 参考手册中有这个方法，而代码不
工作？再次重申，总是需要考虑大小写问题，因为即使是专家也常常犯这种错误。

18.1.3　不匹配的大括号

下面的代码定义了一个函数，然后调用它。但是，其中有一个故意制造的错误，它在
哪里？

```
function myFunction()
{
var x = 1;
var y = 2;
if (x <= y)
{
if (x == y)
{
alert("x equals y");
}
}
myFunction();
```

这体现了设置代码格式的重要性——在下面的代码中找出错误要容易许多：

```
function myFunction() {
    var x = 1;
    var y = 2;
    if (x <= y) {
        if (x == y) {
            alert("x equals y");
        }
    }

myFunction();
```

现在，很容易看出遗漏了函数的结束大括号。当代码包含了多个 if、for 或者 do while
语句时，非常容易少写或者多写结束大括号。而在格式化的代码中，发现这类问题会容易
得多。

18.1.4　不匹配的圆括号

同样，圆括号的数量不匹配也会出问题。看看下面的代码：

```
if (myVariable + 12) / myOtherVariable < myString.length)
```

找出其中的错误了吗？这个错误是条件的开头少了一个圆括号。我们希望先计算

myVariable + 12，再计算该值除以 myOtherVariable，因此，需要将 myVariable + 12 放在圆括号中：

```
(myVariable + 12) / myOtherVariable
```

但是，if 语句的条件也必须放在圆括号中。不但少了开始的圆括号，而且结束的圆括号也比开始的圆括号多一个。与大括号一样，每个开始圆括号都必须对应一个结束圆括号。下面的代码是正确的：

```
if ((myVariable + 12) / myOtherVariable < myString.length)
```

如果有多个开始或结束的圆括号，则非常容易遗漏圆括号或者多写了圆括号。

18.1.5　赋值(=)而不是相等(==)

相等运算符是一个很容易混淆的运算符。考虑下面的代码：

```
var myNumber = 99;

if (myNumber = 101) {
  alert("myNumber is 101");
} else {
  alert("myNumber is " + myNumber);
}
```

乍一看，可能会认为 if 语句的 else 子句中的 alert()方法会执行，并提示 myNumber 中的数值为 99，但是事实并非如此。这段代码有一个典型错误：将相等运算符(==)写成了赋值运算符(=)。因此，这段代码并没有比较 myNumber 和 101，而是将 myNumber 设置为 101。

找出这种错误的难处是，JavaScript 不会产生任何错误消息，这是有效的 JavaScript 语句。唯一的提示是代码不工作。在 if 语句中给变量赋值可能是错误的，但完全合法。

在较长的代码块中，这种错误很容易被忽略。所以，下次程序的逻辑出现混乱时，应检查一下这种错误。调试代码有助于找出这类错误。本章后面学习如何调试代码。

18.1.6　将方法和属性混为一谈

另一个常见的错误是在无参数的方法名后没有括号，或者在属性名后带上了多余的括号。

当调用方法时，必须总是在方法名后加上括号；否则 JavaScript 会认为这是一个指向方法或属性的指针。例如，检查下面的代码：

```
var nowDate = new Date();
alert(nowDate.getMonth);
```

第一行创建了一个 Date 对象，第二行使用其 getMonth 属性。但 Date 对象没有 getMonth 属性，它应是一个方法。现在这是有效的 JavaScript，因为可以传递函数指针(nowDate.getMonth 就是一个函数指针)，指向另一个函数。同样，浏览器执行这些代码也没有任何问题。在许多情况下，这就是希望的操作(与注册事件监听器一样)。这里是希望调用 getMonth()方法，因此正确的代码如下所示：

```
var nowDate = new Date();
alert(nowDate.getMonth());
```

> ✎ **注意**：也可能混淆如下问题：在技术上，JavaScript 没有方法。我们认为是方法的代码，其实是赋予对象属性的函数。但一般允许使用"方法"来描述这类属性。

同样。另一个常见的错误是在属性名后添加了括号，JavaScript 会认为用户试图调用该对象的一个方法：

```
var myString = "Hello, World!";
alert(myString.length());
```

第二行在 length 属性后添加一对括号，使 JavaScript 认为这是一个方法。执行代码会出错，因为 length 不能调用为方法。应该将上面的代码改成：

```
var myString = new String("Hello");
alert(myString.length);
```

18.1.7 在连接字符串时未使用加号(+)

字符串连接一般是一个简单的过程，但处理许多变量和值时可能出问题。例如，下面的代码有一个故意制造的连接错误。

```
var myName = "Jeremy";
var myString = "Hello";
var myOtherString = "World";

myString = myName + " said " + myString + " " myOtherString;

alert(myString);
```

在最后一行代码中，" "和 **myOtherString** 之间应该有一个 + 运算符。

在只有几行的代码中，很容易找出这个错误，但在较长的代码段中，很难发现这种错误。并且，这类问题的错误消息可能有误导作用。在浏览器中加载上面的代码，则 IE 将报告"Error: Expected';'"，而 Firefox "Missing ; before statement"，Chrome 报告 SyntaxError: Unexpected identifier。这种错误出现频率之高令人惊讶。

这些是程序员最易犯的错误。还有其他类型的错误，称为运行时错误，在浏览器中执行代码时发生，它们不一定是由输入错误、遗漏了大括号或遗漏了圆括号引起的。这类错误仍旧可以检查出来，如下一节所述。

18.2　错误处理

编写代码时，我们希望报告所有错误。但是我们最不希望的是当最后将代码部署到 Web 服务器上，供所有人访问时，用户会看到错误消息。当然，编写无 bug 的代码是一个良好的开端，但应该谨记以下几点：

- 有时超出控制范围的条件会导致错误。例如，代码依赖 Ajax 与 Web 服务器通信，而用户的网络连接出问题了。
- 墨菲定律指出，只要有可能出错，就一定会出错！

18.2.1　避免错误

处理错误的最佳办法就是从一开始就避免错误的产生。这听起来似乎是句空话，但要编写无错误的页面，有大量的工作要做。

- **在尽可能多的浏览器上全面检查页面**。在一些操作系统上，是说易行难。另一个可选的办法是确定要在哪些浏览器上支持网页，再验证代码在这些浏览器上是否工作正常。
- **验证数据**。如果用户输入的无效数据会导致程序失败，用户就有可能输入无效的数据。如果某个文本框为空将导致代码失败，就要确保在文本框中输入了数据。如果需要一个整数，就必须确保用户输入了整数。用户输入的日期是否有效？用户输入的 e-mail 地址 mind your own business 是否有效？它是无效的，所以必须检查它是否使用 something@something.something 这样的格式。

我们仔细地检查了网页，其中没有语法错误或者逻辑错误。再加入数据验证，保证用户输入的每个数据都使用了有效格式。即便如此，仍有可能出错，可能出现无法处理的问题。下面就是一个真实的例子。

一位专家创建了一个在线留言板，它依赖一个 Java 小程序在浏览器和服务器之间传送数据，而无须重载页面(在 Ajax 推出之前)。他检查了代码，确保它们都是正确的。留言板启动后，一直工作正常，但是有大约 5%的情况下，Java 小程序初始化后，因为用户位于某种防火墙(防火墙是一种禁止黑客侵入本地计算机网络的方式，许多防火墙因为 Java 的安全问题，阻塞了 Java 小程序)之后，会产生一个错误。由于无法确定用户是否处于这种防火墙之后，因此对于此种特殊情况，我们无能为力。

实际上，JavaScript 包含 try...catch 语句，它可以尝试运行代码，如果失败，catch 子句就捕获错误，并根据需要加以处理。例如，对于上面的留言板，该专家使用 try...catch 语句捕获 Java 小程序的故障，并将用户重定向到一个不需要使用 Java 小程序、仍然可以显示消息的简化页面。

18.2.2　try...catch 语句

try...catch 语句成对使用，不能仅使用 try 子句，或者仅使用 catch 子句。使用 try 子句，可以定义一个尝试运行的代码块，用 catch 子句来定义一个代码块，如果 try 子句定义的代码块在运行过程中产生异常，就执行 catch 子句定义的代码块。术语"异常(exception)"是这里的关键，它指的是不可预知的特殊情况。而"错误(error)"指的是编写不正确的代码。如果没有发生异常，就不执行 catch 子句中的代码。catch 子句还允许获取异常消息的内容，如果没有使用 catch 子句来捕获异常，则这些异常消息会显示给用户。

下面创建一个 try...catch 子句的简单例子。

```
<!DOCTYPE html>

<html lang="en">
<head>
    <title>Chapter 18: Example 1</title>
</head>
<body>
    <script>
        try {
            alert("This is code inside the try clause");
            alert("No Errors so catch code will not execute");
        } catch (exception) {
            alert("The error is " + exception.message);
        }
    </script>
</body>
</html>
```

将上面的代码保存为 ch18_example1a.html，在浏览器中打开它。

这段代码首先定义 try 子句，与其他代码块一样，try 块也放在大括号中。

try 块的后面是 catch 语句。它在一对圆括号中包含 exception。这个 exception 仅是一个变量名。它存储一个对象，其中包含执行 try 代码块时抛出的异常信息，这个对象称为异常对象。此处使用了 exception，实际上可以使用任何合法的变量名。例如，catch(ex)也不错。

exception 对象包含几个提供异常信息的属性。最常用的属性是 name 属性和 message 属性，name 属性包含错误的类型名，message 属性包含用户看到的错误消息。

回头分析代码。在 catch 块中，是发生异常时才执行的代码块。在这个例子中，try 代码块不抛出异常，所以不执行 catch 块中的代码。

故意插入一个错误，修改下述代码中的突显代码行：

```
try {
    alert("This is code inside the try clause");
    ablert("No Errors so catch code will not execute");
} catch (exception) {
```

```
    alert("The error is " + exception.message);
}
```

将上面的代码保存为 ch18_example1b.html，在浏览器中打开它。

浏览器很正常地开始执行这段代码。它会执行 try 块中的第一个 alert()方法调用，将消息显示给用户。但是，alert()方法调用会导致异常。浏览器停止执行 try 块，而开始执行 catch 块，显示消息" The error is ablert is not defined ."。

如果再次修改代码，使之包含另一个错误。与前面一样，修改下述代码中的突显代码行：

```
try {
    alert("This is code inside the try clause");
    alert('This code won't work');
} catch (exception) {
    alert("The error is " + exception.message);
}
```

将上面的代码保存为 ch18_example1c.html，在浏览器中打开它。这次不会显示警告框。因为这段代码有一个语法错误，函数和方法是有效的，但有一个字符无效。单词 won' t 中的单引号会结束传送给 alert()方法的字符串参数。

在执行代码之前，浏览器的 JavaScript 引擎会遍历所有代码，检查语法错误或违反 JavaScript 规则的代码。如果引擎找到了语法错误，浏览器就按通常方式处理它，try 子句不会运行，因此不处理语法错误。

1. 抛出错误

throw 语句可用于创建自定义的运行时异常。既然有错误的代码会生成异常，为什么还要创建一个语句来生成异常呢？

抛出错误非常有助于表示无效的用户输入等问题。与其使用许多 if...else 语句，不如检查用户输入的有效性，再使用 throw 在出错的地方停止代码的执行，并由 catch 代码块中的错误捕获代码接管。在 catch 子句中，可以判断错误是否源于用户的输入，如果是，则可以提示用户出了什么错，以及如何修改错误。如果是一个意外的错误，则也可以采用较正常的方式处理它，而不是报告一大堆 JavaScript 错误。

可以抛出任意错误，例如抛出简单的字符串或数字，也可以抛出对象。但在大多数情况下，会抛出对象。要使用 throw，可以输入 throw，并将对象放在其后。例如，如果验证一组表单字段，异常对象就可以包含消息和带无效数据的元素的 id。例如：

```
throw {
    message : "Please type a valid email address",
    elementId : "txtEmail"
};
```

抛出的对象至少包含 message 属性，大多数错误处理代码都会查找它。

这个例子修改 ch16_example2.html，使用 try...catch 和 throw 语句验证电子邮件和用户名字段。可以使用 ch16_example2.html 作为这个新文件的基础。为了方便，下面的代码突出显示了重要的修改：

```html
<!DOCTYPE html>

<html lang="en">
<head>
    <title>Chapter 18: Example 2</title>
    <style>
        .fieldname {
            text-align: right;
        }

        .submit {
            text-align: right;
        }
    </style>
</head>
<body>
    <form>
        <table>
            <tr>
                <td class="fieldname">
                    Username:
                </td>
                <td>
                    <input type="text" id="username" />
                </td>
                <td>
                    <a id="usernameAvailability" href="#">Check Availability</a>
                </td>
            </tr>
            <tr>
                <td class="fieldname">
                    Email:
                </td>
                <td>
                    <input type="text" id="email" />
                </td>
                <td>
                    <a id="emailAvailability" href="#">Check Availability</a>
                </td>
            </tr>
            <tr>
                <td class="fieldname">
                    Password:
```

```
            </td>
            <td>
                <input type="text" id="password" />
            </td>
            <td />
        </tr>
        <tr>
            <td class="fieldname">
                Verify Password:
            </td>
            <td>
                <input type="text" id="password2" />
            </td>
            <td />
        </tr>
        <tr>
            <td colspan="2" class="submit">
                <input type="submit" value="Submit" />
            </td>
            <td />
        </tr>
    </table>
</form>
<script src="jquery-2.1.1.min.js"></script>
<script>
    function checkUsername(e) {
        e.preventDefault();

        var userValue = $("#username").val();

        try {
            if (!userValue) {
                throw {
                    message: "Please enter a user name to check!"
                };
            }

            var parms = {
                username: userValue
            };

            $.getJSON("ch14 _ formvalidator.php",
parms).done(handleResponse);
        } catch (ex) {
            alert(ex.message);
        }
    }

    function checkEmail(e) {
        e.preventDefault();
```

```
        var emailValue = $("#email").val();

        try {
            if (!emailValue) {
                throw {
                    message: "Please enter an email address to check!"
                };
            }

            var parms = {
                email: emailValue
            };

            $.getJSON("ch14 _ formvalidator.php", parms).done
            (handleResponse);
        } catch (ex) {
            alert(ex.message);
        }
    }

    function handleResponse(response) {
        if (response.available) {
            alert(response.searchTerm + " is available!");
        } else {
            alert("We're sorry, but " + response.searchTerm +
                " is not available.");
        }
    }

    $("#usernameAvailability").on("click", checkUsername);
    $("#emailAvailability").on("click", checkEmail);
</script>
</body>

</html>
```

这个示例依赖 Ajax 工作，所以确保把这个页面保存为 Web 服务器根目录下的 ch18 _ example2.html。如果还未建立 Web 服务器，可参阅第 14 章。

我们已经知道了这个例子的工作方式。所以下面仅关注突显的代码。

首先看看 checkUsername()函数。它重写为使用 try...catch 和 throw 语句，来验证用户名<input/>元素，这个函数大都位于 try 块中：

```
try {
    if (!userValue) {
        throw {
            message: "Please enter a user name to check!"
        };
    }
```

```
var parms = {
    username: userValue
};

$.getJSON("ch14 _ formvalidator.php", parms).done(handleResponse);
}
```

在发出 Ajax 请求之前，先确保用户给用户名字段提供了值。如果 userValue 是空，就抛出一个新对象，用其 message 属性说明出现异常的原因。这会使 JavaScript 引擎停止执行这个 try 块中的代码，开始执行 catch 块：

```
catch (ex) {
    alert(ex.message);
}
```

这里仅修改了异常的 message 属性，给用户显示“Please enter a user name to check!”消息。

显然，checkEmail()函数的修改与 checkUsername()几乎相同：

```
try {
    if (!emailValue) {
        throw {
            message: "Please enter an email address to check!"
        };
    }

    var parms = {
        email: emailValue
    };

    $.getJSON("ch14 _ formvalidator.php", parms).done(handleResponse);
} catch (ex) {
    alert(ex.message);
}
```

该函数的大多数代码都位于 try 块中。如果电子邮件字段的验证失败，就抛出一个对象，其中包含异常消息，并在警告框中显示该消息——结果是执行 catch 块中的代码。

2. 嵌套的 try...catch 语句

前面仅使用了一个 try...catch 语句，也可以把一个 try...catch 语句包含在另一个 try 语句中，甚至可以在这个内层的 try...catch 语句的 try 语句中包含另一个 try...catch 语句，嵌套的层数取决于代码的意义。

那么，为什么要使用嵌套的 try...catch 语句？因为可以处理内层 try...catch 语句中的某些错误。如果处理一个较严重的错误，内层的 catch 子句可以将错误抛出，把它传送给外层的 catch 子句。

下面是一个例子。

```
try {
    try {
        ablurt("This code has an error");
    } catch(exception) {
        var name = exception.name;

        if (name == "TypeError" || name == "ReferenceError") {
            alert("Inner try...catch can deal with this error");
        } else {
            throw exception;
        }
    }
} catch(exception) {
    alert("The inner try...catch could not handle the exception.");
}
```

上面的代码有两对 try...catch 语句，一个嵌套在另一个中。

内层的 try 子句中包含一行有错误的代码。内层 try...catch 语句的 catch 子句检查该错误的 name 属性值。如果该异常名是 TypeError 或 ReferenceError，则内层的 try...catch 语句通过警告框来处理该异常(请参见附录 B，来了解错误类型及其描述)。浏览器抛出的错误类型取决于浏览器本身。在上面的示例中，IE 把错误报告为 TypeError，其他浏览器报告为 ReferenceError。

如果内层catch子句捕获的错误是其他任何错误类型,则该错误会传送给外层try...catch语句的 catch 语句。

3. finally 子句

try...catch 语句可以包含一个 finally 子句，无论是否抛出异常，都会执行它定义的代码块。finally 子句不能独立使用，而必须放在 try 块的后面，如下面的代码所示：

```
try {
    ablurt("An exception will occur");
} catch(exception) {
    alert("Exception occurred");
} finally {
    alert("This line always executes");
}
```

finally 子句适于放置一些清理代码，无论前面是否发生异常，都需要执行这些清理代码。

前面介绍了开发人员常犯的一些错误，还讨论了如何处理代码中的错误。但代码中仍有错误，所以下面介绍一种使用调试器修复错误的简便方法。

18.3　调试

传统上，JavaScript 被认为是一种难以编写和调试的语言，因为它缺乏合适的开发工具。现在情况有了改观，因为通过浏览器提供了一些工具。调试工具可用于 Internet Explorer、Firefox、Chrome 和 Opera。有了这些工具，就可以利用断点暂停脚本的执行，然后逐行执行代码，看看代码究竟执行了什么操作。

还可以随时查看变量中存储了什么数据，执行了什么语句。而如果没有调试器，就只能在代码中使用 alert()方法，在不同的地方显示变量状态。

调试过程对于所有浏览器(甚至所有语言)而言都是相同的，一些调试工具提供的功能可能比其他调试器多，但大多数情况下，下面的概念可用于所有调试器：

- 断点告诉调试器应在某点中断或暂停代码的执行。可在 JavaScript 代码的任意地方设置断点，调试器会在遇到断点时暂停代码的执行。
- 观察窗口可以指定代码在断点处暂停时要查看的变量。
- 调用堆栈记录了到断点处已执行的函数和方法。
- 控制台可以在页面上下文和断点的作用域内执行 JavaScript 命令。另外，它还给页面上找到的所有 JavaScript 错误分类。
- 单步执行是调试过程中最常见的过程，它可以一次执行一行代码。单步执行代码可以通过 3 种方式进行：
  - Step Into 执行下一行代码。如果这行代码是一个函数调用，调试器就执行函数，并在函数的第一行处暂停。
  - Step Over 与 Step Into 一样，也是执行下一行代码，如果这行代码是一个函数调用，Step Over 就执行整个函数，在函数外部的第一行代码处暂停。
  - 在被调用的函数内部执行时，Step Out 会返回调用函数。Step Out 会恢复代码的执行，直到函数返回为止，接着在函数的返回点处中断。

在深入分析各种浏览器之前，先创建一个可供调试的页面。

```
<!DOCTYPE html>

<html lang="en">
<head>
    <title>Chapter 18: Example 3</title>
</head>
<body>
    <script>
        function writeTimesTable(timesTable) {
            var writeString;
            for (var counter = 1; counter < 12; counter++) {
                writeString = counter + " * " + timesTable + " = ";
                writeString = writeString + (timesTable * counter);
                writeString = writeString + "<br />";
```

```
            document.write(writeString);
        }
    }

    writeTimesTable(2);
    </script>
</body>

</html>
```

保存为 ch18_example3.html。需要在每个浏览器中打开这个文件，进行调试。

下一节介绍用于 Chrome 的 JavaScript 调试器的特性和功能。由于调试器的调试功能比较通用，因此介绍 Internet Explorer、Firefox 和 Safari 的各节仅讨论每个浏览器的调试器的 UI，并指出它们之间的区别。

18.3.1　在 Chrome (和 Opera)中调试

Chrome 和 Opera 使用相同的显示和 JavaScript 引擎，它们还使用相同的开发工具。为了简单起见，本节只介绍 Chrome，Opera 与 Chrome 相同。

可以用两种方式访问 Chrome 的开发工具。可以在窗口右上角单击"汉堡包菜单"，选择 More Tools | Developers tools，也可以按下 F12 键打开它。

> 注意：F12 键可以打开几乎每个浏览器的开发工具。

默认情况下，开发工具在 Chrome 中打开为一个面板，如图 18-3 所示。

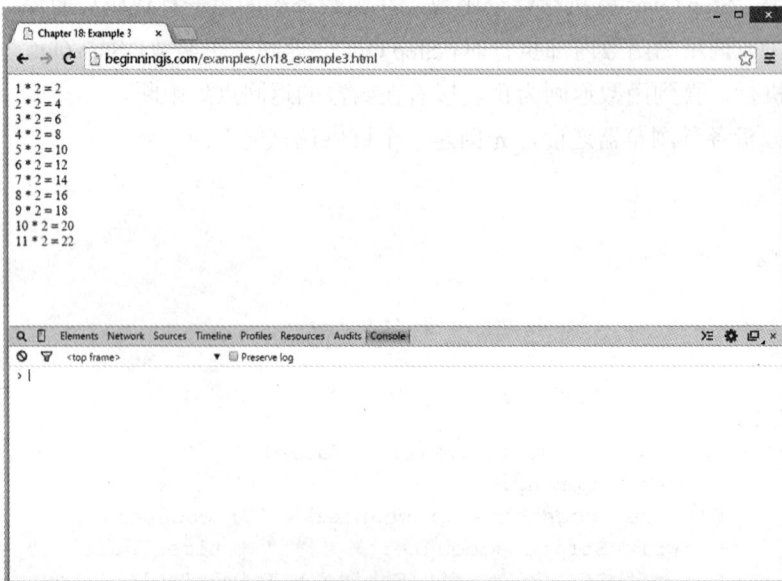

图　18-3

单击"关闭"按钮旁边的图标，可以把它显示为独立的窗口。

在 Chrome 中打开计算机或 Web 上的 ch18_example3.html，再打开 Chrome 的开发工具。

JavaScript 调试器包含在 Sources 选项卡中，它由 3 个面板组成，如图 18-4 所示。左面板包含可选的源列表。现在只能看到本章可用的一个源，因为浏览器只加载了一个文件。但如果加载带有几个外部 JavaScript 文件的页面，这些文件就会显示在左面板中。

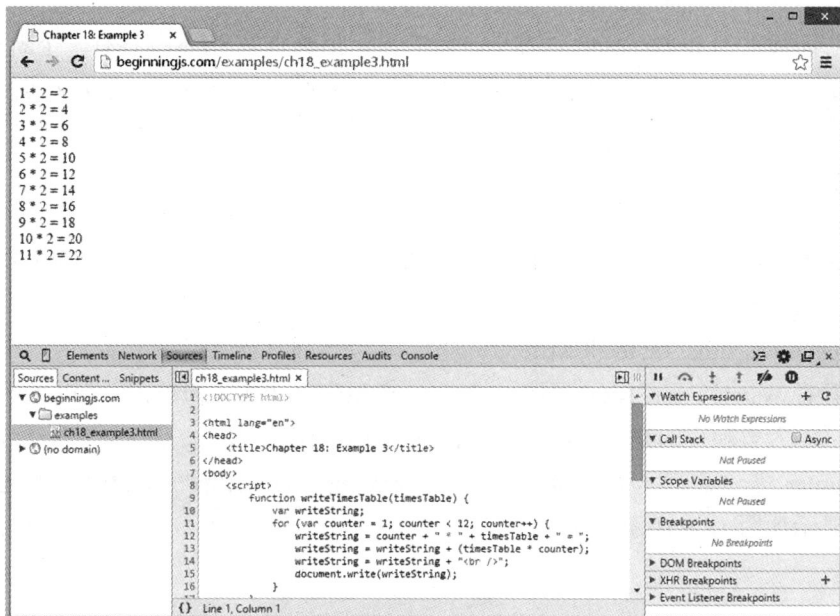

图　18-4

中面板包含所选文件的源代码，在这里可以设置断点，单步调试代码。显示在这个面板中的代码是只读的；如果希望修改代码，就必须在文本编辑器中编辑文件，再重新加载页面。

右面板包含几个不同的子面板。本章关注断点、作用域变量、观察表达式和调用堆栈：

- 断点：列出为当前页面中的代码创建的所有断点。
- 作用域变量：列出在断点的作用域内所有的变量及其值。
- 观察表达式：列出指定的观察表达式，它们一般是要在断点处观察的变量和/或表达式。
- 调用堆栈：显示调用堆栈。

设置断点

如前所述，断点告诉调试器在代码的指定位置暂停执行。如果需要在执行代码时检查代码，这就是很方便的。

创建断点非常简单：只需要用左键单击行号，Chrome 就会用一个蓝色的标记图标突显行号。这就在 Chrome 中标记了一个断点。

在代码中还可以使用 debugger 关键字直接硬编码断点(后面将使用这种方法)。

在第 13 行上创建一个断点:

```
writeString = writeString + (timesTable * counter);
```

重载页面,注意 Chrome 在刚才创建的断点处停止执行代码。Chrome 用蓝色突出显示当前代码行。这行代码尚未执行。

查看右面板上的 Breakpoints 选项卡,就会显示出断点列表(本例只有一个断点)。列表中的项包括一个用于启用/禁用断点的复选框、源文件的文件名和行号,以及断点的源文本。

现在介绍 Scope 变量。

1. Scope 变量和观察窗口

Scope Variables 面板会显示当前行中的变量及其在作用域中的值。图 18-5 显示了这个断点处的 Scope Variables 面板中的内容。

注意 counter、timesTable 和 writeString 变量是可见的(this 也可见)。

现在看看 Watch Expressions 面板。当前没有观察表达式,但单击添加图标(加号),就可以添加,输入要观察的变量名或表达式,并按下回车键。

为 counter == 1 创建一个观察表达式,该表达式的后面跟着一个冒号和表达式的值。此时,应显示如图 18-6 所示的结果。

```
counter == 1: true
```

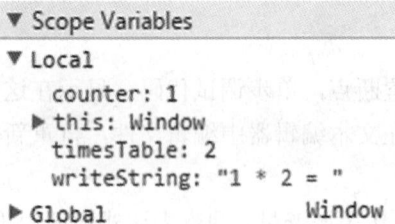

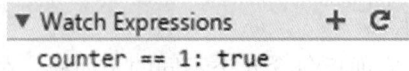

图 18-5   图 18-6

如果该观察表达式在作用域内,就会显示该表达式的值。如果变量超出作用域范围,就显示 "not available"。

当需要确定代码执行了什么操作时,这些信息是有帮助的,但如果不能控制代码的执行,这些信息的作用就很小。设置一个断点,多次重载页面,以便执行到下一行代码的做法其实并不实用,所以我们使用 "单步调试" 进程。

2. 单步调试代码

代码的单步执行由开发工具右上角的 4 个按钮控制,如图 18-7 所示。

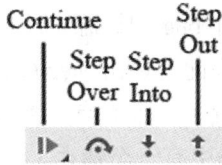

图　18-7

- Continue(快捷键是 F8)：其功能是继续执行代码，直到下一个断点或到达程序的末尾。
- Step Over(快捷键是 F10)：Step Over 执行当前代码行，并移动到下一个语句上。但如果当前语句是一个函数，Step Over 就执行函数，跳到函数调用后面的一行上。
- Step Into(快捷键是 F11)：执行当前代码行，并移动到下一个语句上，如果当前行是一个函数，就跳到该函数的第一行上。
- Step Out(快捷键是 Shift-F11)：返回调用函数。

下面执行一些单步调试，按照下面的步骤进行：

(1) 单击 Step Into 图标或按下 F11 键，逐行执行代码。调试器会执行当前突出显示的代码行，并移动到下一行代码上。

(2) 查看 Scope Variables 面板中 writeString 的值，它是 "1 * 2 = 2"。可以看出，显示在 Watch 选项卡中的值是实时更新的。

(3) Chrome 开发工具的一个功能是在单步调试代码时，可以根据需要更新页面。再单击两次 Step Into 按钮，就可以看到这个功能。图 18-8 显示了单步调试代码时更新的页面。

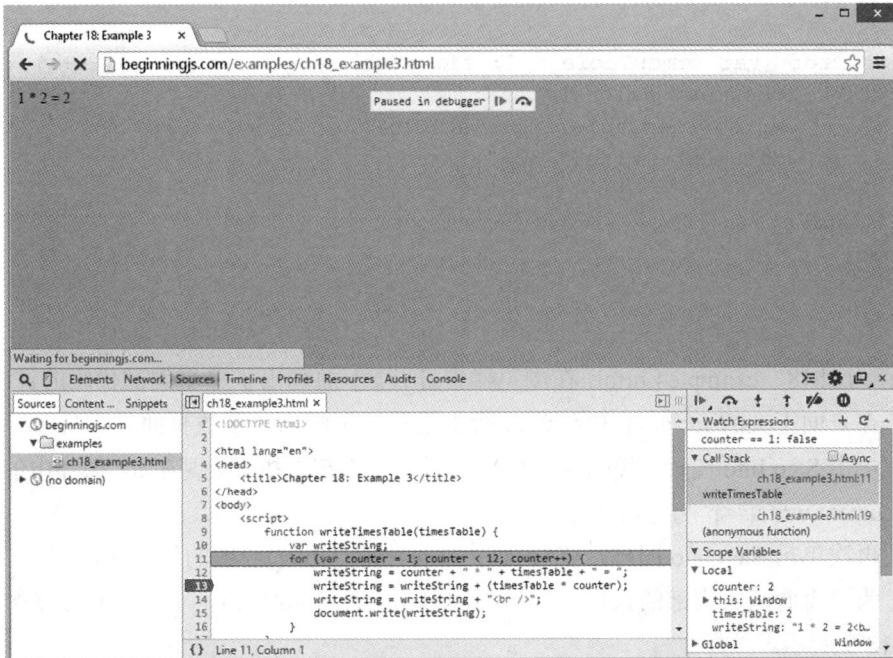

图　18-8

　　我们发现，单步调试的函数并非 bug 的根源，所以希望执行该函数剩余的代码行，从调用该函数的地方继续单步调试。为此，单击 Step Out 图标，跳出该函数。但是，如果在循环中执行代码，而在该循环中设置了一个断点，那么在执行完循环后才能跳出函数。

　　有时，在调用了许多函数的代码中有一个错误。如果事先知道某些函数是没有错误的，就可以一次执行完这些函数，而不是单步调试。在这些地方使用 Step Over 可以一次执行完函数中的代码，而不需要单步执行。

　　修改 ch18_example3.html 中乘法表的代码，如下所示，以便使用它执行 3 种单步调试操作：

```
<!DOCTYPE html>

<html lang="en">
<head>
    <title>Chapter 18: Example 4</title>
</head>
<body>
    <script>
        function writeTimesTable(timesTable) {
            var writeString;
            for (var counter = 1; counter < 12; counter++) {
                writeString = counter + " * " + timesTable + " = ";
                writeString = writeString + (timesTable * counter);
                writeString = writeString + "<br />";
                document.write(writeString);
            }
        }

        for (var timesTable = 1; timesTable <= 12; timesTable++) {
            document.write("<p>");
            writeTimesTable(timesTable);
            document.write("</p>");
        }
    </script>
</body>

</html>
```

　　保存为 ch18_example4.html，在浏览器中打开。下面列出了单步调试代码的详细步骤：

　　(1) 在页面正文的 for 循环中的第 19 行上设置一个断点，重载页面。

　　(2) 单击 Step Into 图标，代码就会移动到下一个语句上执行。现在 for 循环中的第一个语句 document.write("<p>")等待执行。

　　(3) 再次单击 Step Into 图标，就会执行 writeTimesTable()函数的第一次调用。

　　(4) 为了查看函数内部的执行情况，再次单击 Step Into 按钮，单步执行该函数。屏幕应如图 18-9 所示。

　　(5) 单击几次 Step Into 图标，查看函数的执行流。实际上，单步执行代码比较麻烦。

所以假定该函数没有错误，我们希望一次运行完该函数的剩余代码。

(6) 使用 Step Out 运行函数的剩余代码。返回最初的 for 循环，调试器在第 22 行上暂停，如图 18-10 所示。

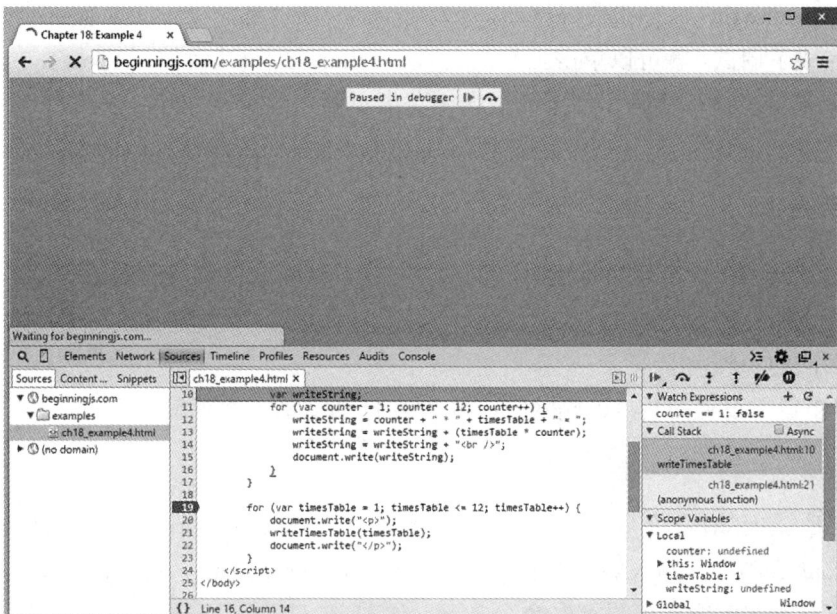

图　18-9

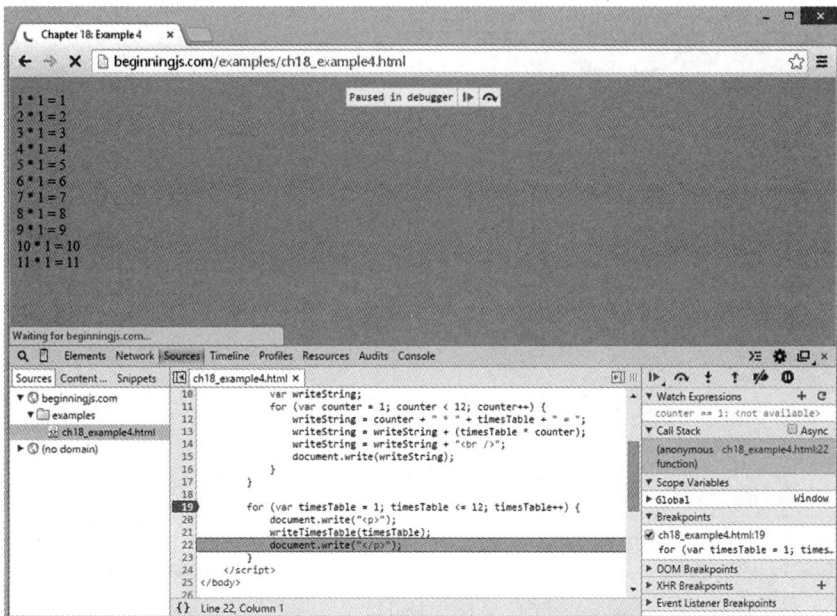

图　18-10

(7) 单击 Step Into 图标，执行 document.write()(它不可见，因为它是一个结束标记)。

(8) 再单击四次 Step Into 图标，继续执行 for 循环的条件判断和变量递增部分，在调用

writeTimesTable()函数的代码行处停止。

(9) 前面已经看到了这个过程，所以我们希望跳过它，进入下一行。此时需要使用 Step Over。单击 Step Over 图标(或者按下 F10 键)，执行函数，而不单步执行其中的语句。之后会回到 document.write("</p>")代码行。

如果完成了调试，就可以单击工具栏上的 Continue 图标(或者按下 F8 键)，执行剩余的代码，而无须单步执行代码。结果应是在浏览器页面上显示从 1*1=1 到 11*12=132 的乘法表。

3. 控制台

单步调试代码，检查其执行流时，真正有效的是计算条件以及随时改变代码的能力。这些工作可以用控制台完成。

执行下面的步骤：

(1) 单击以前设置的断点，删除它，再在第 15 行设置一个新断点。

```
document.write(writeString);
```

(2) 看看 writeString 变量当前包含的值是什么。重载页面，当调试器在断点处停止时，单击 Console 选项卡，输入要检查的变量名，本例是 writeString，按下回车键。这会在命令窗口中把该变量包含的值显示在命令之下，如图 18-11 所示。

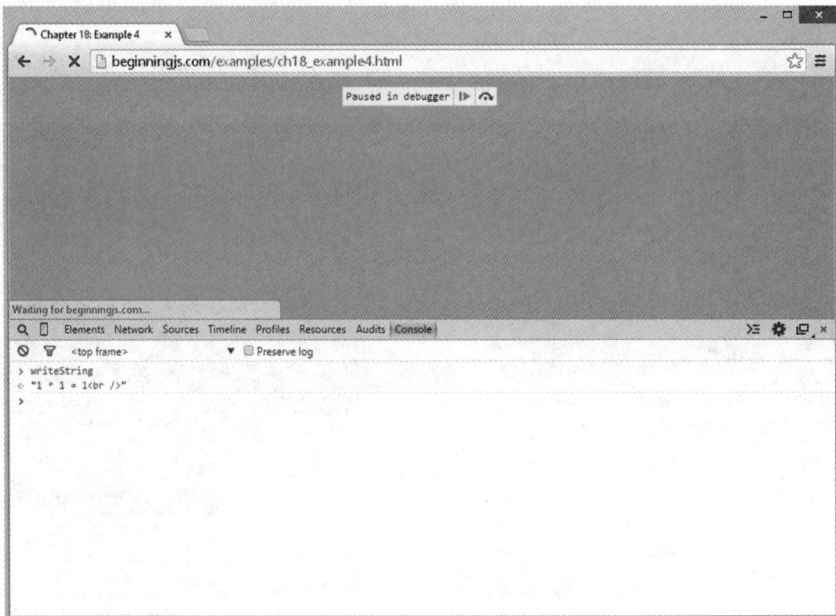

图 18-11

(3) 如果要修改变量，可在命令窗口中编写一行 JavaScript 代码，并按下回车键。尝试输入下面的代码：

```
writeString = "Changed on the Fly<br />";
```

(4) 单击 Sources 选项卡，删除断点，然后单击 Continue 图标。其结果是在本来应显示乘法表中 1*1 的地方，变成了刚才插入的文本。

> 注意：这种修改不会改变实际的 HTML 源文件。

控制台还可以计算条件语句。在第 20 行设置断点，重载页面。在断点处停止执行代码，用 Step Into 单步执行到 for 循环的条件语句。

进入控制台，输入下面的代码，并按下回车键：

```
timesTable <= 12
```

因为这是第一次运行循环，如图 18-12 所示，所以 timesTable 等于 1，于是条件 timesTable <= 12 是 true。

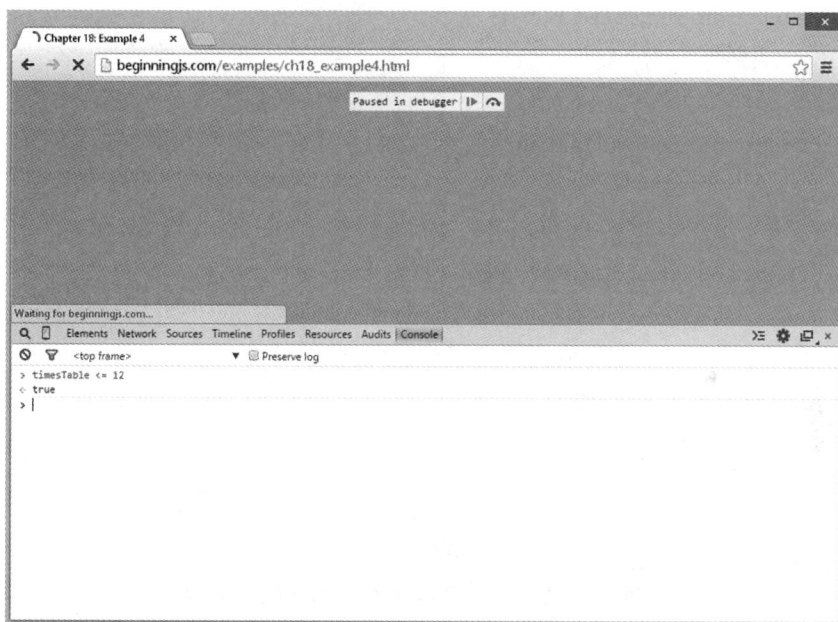

图　18-12

还可以使用控制台访问 BOM 和 DOM 的属性。例如，如果在控制台中输入 location.href，按下回车键，就会得到网页的 URL。

> 注意：可以在控制台上执行任意 JavaScript 代码，它会在页面和/或断点的作用域内执行。这使控制台成为非常强大的工具。

4. 调用堆栈窗口

单步执行代码时，调用堆栈窗口会记录被调用的函数的运行列表，直到代码中当前执行的地方为止。

下面创建一个示例网页，来演示调用堆栈。打开文本编辑器，输入如下代码：

```
<!DOCTYPE html>

<html lang="en">
<head>
    <title>Chapter 18: Example 5</title>
</head>
<body>
    <input type="button" value="Button" name="button1" id="button1" />

    <script>
        function firstCall() {
            secondCall();
        }

        function secondCall() {
            thirdCall();
        }

        function thirdCall() {
            //
        }

        function buttonClick() {
            debugger;
            firstCall();
        }

        document.getElementById("button1")
              .addEventListener("click", buttonClick);
    </script>
</body>

</html>
```

把这个文件保存为 ch18_example5.html，在 Chrome 中打开。结果是一个仅包含一个按钮的空白网页。开发工具是打开的，所以单击按钮，查看 Call Stack 面板，调试器现在应如图 18-13 所示。

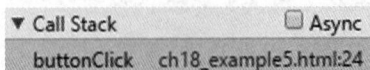

图　18-13

Chrome 会把每个函数调用都添加到调用堆栈的顶部。它会显示函数名、函数所在的文件，以及函数中当前执行语句的行号。可以看出，第一个函数调用是 buttonClick()，它在 ch18_example5.html 中，执行到第 24 行。

单击 Step Into 两次，会进入 firstCall()函数内部。查看 Call Stack 面板，调试器现在应如图 18-14 所示。

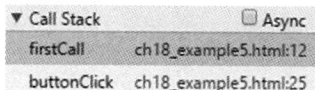

图　18-14

单击 Call Stack 面板中的每一项，查看 JavaScript 引擎当前执行到每个函数的哪一行。如果单击 buttonClick 项，开发工具会突显第 25 行，说明 buttonClick()当前执行到这一行。

再次单击 Step Into，进入函数 secondCall()，这会把 secondCall()函数调用添加到调用堆栈中。下一次单击 Step Into 会进入函数 thirdCall()，这个函数名也会添加到调用堆栈的顶部。

再次单击 Step Into，会退出 thirdCall()函数，该函数名会从调用堆栈的顶部删除。再次单击 Step Into，会退出 secondCall()函数，该函数名也从调用堆栈的顶部删除了。每单击一次 Step Into，就会从一个函数退出，并从调用堆栈中删除相应的函数名，直到执行完全部代码，再次返回浏览器为止。

这个演示页面非常简单，但对于复杂页面，调用堆栈非常有助于跟踪当前位置、曾到达的位置以及到达指定位置的路径。

如前所述，用于其他浏览器的其他大多数开发工具在功能上都类似于 Chrome 的开发工具，但下面介绍 IE 11 有点区别。

18.3.2　在 Internet Explorer 中调试

在 IE 8 之前，开发人员必须为任意类型的脚本调试下载和安装 Microsoft 脚本调试器。而 Microsoft 在 IE 8 中内置了一个调试器，以后的每个版本都包含一套用于调试的工具。

调试器可通过两种方式访问，最简单的方式是按下 F12 键。也可以单击 gear 菜单，选择 F12 Developer Tools 选项。

F12 Developer Tools 默认打开为浏览器窗口中的一个面板，如图 18-15 所示，但与 Chrome 的工具一样，使用 Close 按钮旁边的图标也可以打开它。

如图 18-15 所示，IE 工具的布局不同于 Chrome。左边是一列图标，我们关心的是第二、第三个图标：控制台(图 18-16)和调试器(图 18-17)。

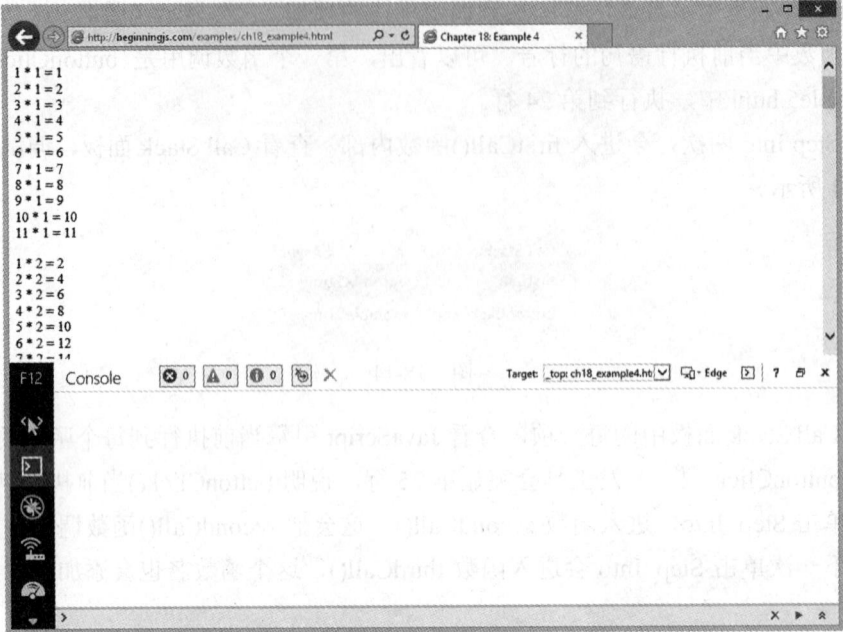

图　18-15

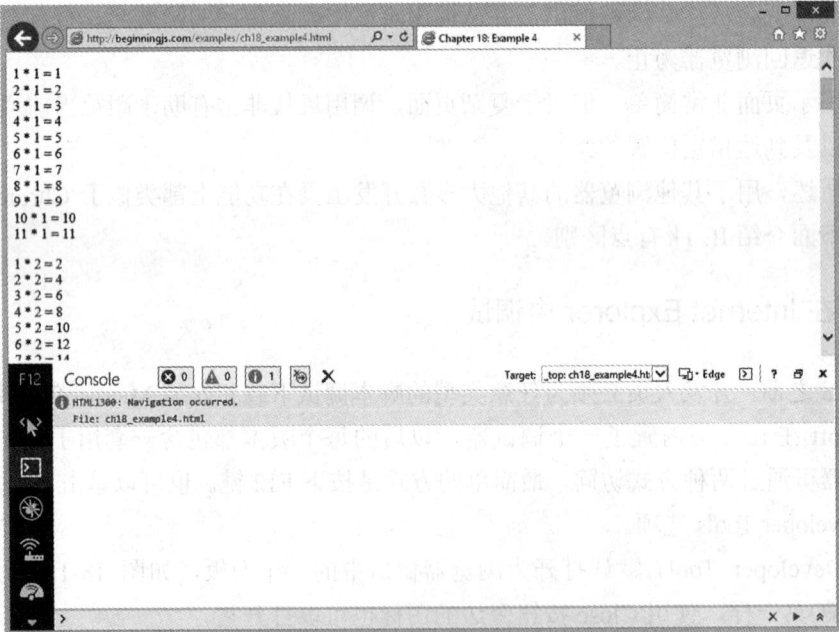

图　18-16

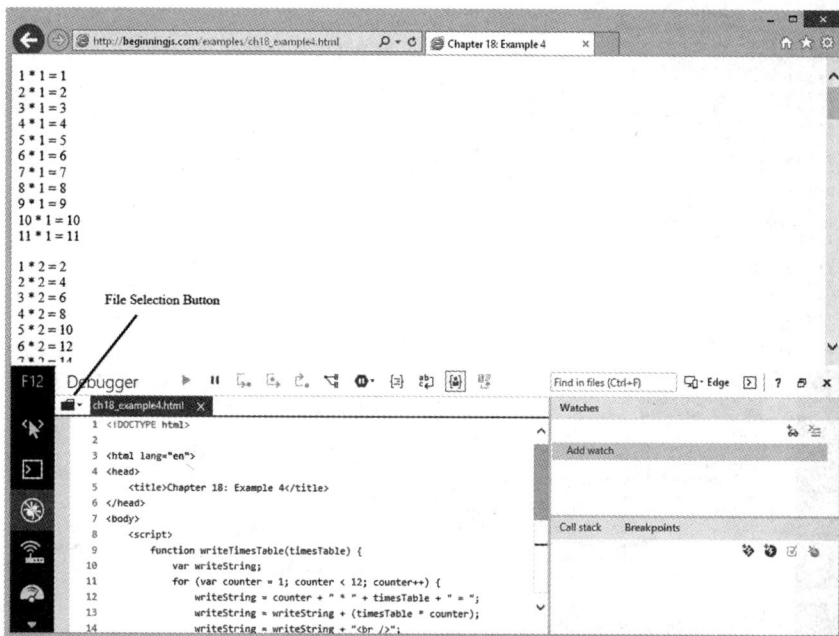

图　18-17

从图 18-17 可以看出，调试器由两个面板组成。左面板显示文件的源代码。它使用选项卡界面显示多个文件的源代码。如果多个文件包含 JavaScript，就可以使用文件选择按钮在新选项卡中打开它们。

右面板包含两个子面板：

- Watches：列出要在断点处观察的变量/表达式及其值。这也会显示在作用域内的变量。
- Breakpoints/Call Stack：列出为当前页面中的代码创建的所有断点。单击 Call Stack 会显示调用堆栈。

现在加载 ch18 _ example4.html，就会在网页中显示乘法表。

1. 设置断点

在 F12 Developer Tools 中创建断点与在 Chrome 中一样简捷明了，但不是单击行号，而是单击行号左边的灰色区域。

在第 12 行设置断点，断点用页边一个红色的圆圈来表示。注意在 Breakpoints 子面板上，断点列表多了一项(如图 18-18 所示)。每一项都包含一个用于启用/禁用断点的复选框、源文件的文件名以及断点所在的行号(还显示了该行的列)。

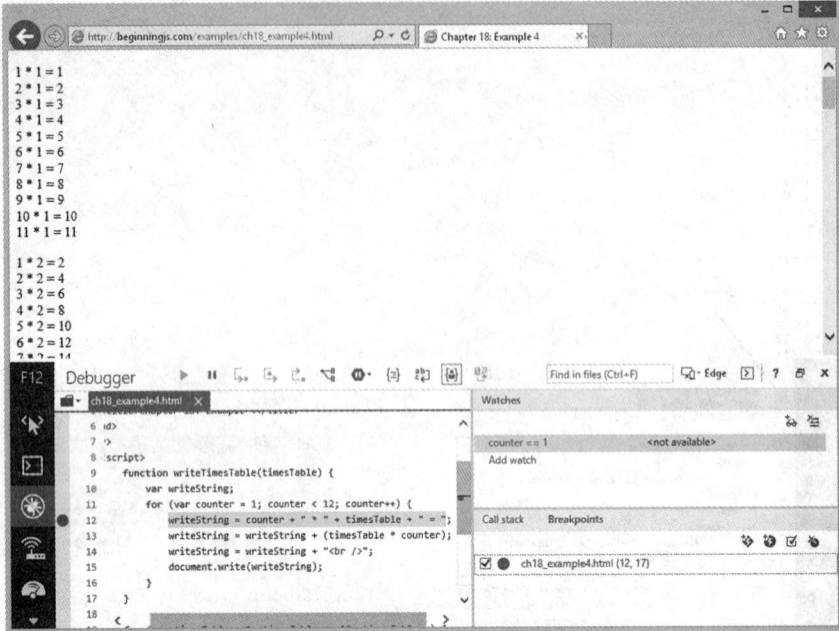

图　18-18

2. 添加要观察的变量

Watch 面板列出了要观察的变量和表达式，并显示在作用域内的变量。添加一个要观察的变量与 Chrome 非常类似，只需要单击新观察变量图标，输入要观察的变量和表达式即可。如图 18-19 所示，调试器在第 12 行暂停时显示表达式 counter == 1 的观察结果。

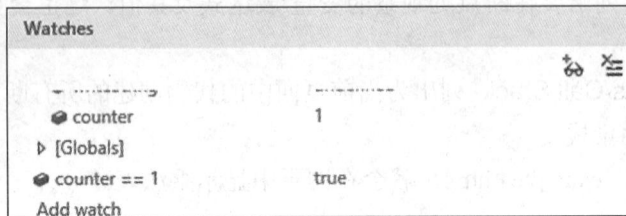

图　18-19

3. 单步调试代码

在调试窗口的顶部，有一组控制代码执行的按钮，如图 18-20 所示。

图　18-20

Continue 选项(快捷键是 F5 或 F8)允许继续执行代码，直到遇到下一个断点为止，或者执行完所有的代码。第二个选项 Break 可以暂停调试器。如果进入了死循环，就可以使用这个选项。接着是 Step Into (F11)、Step Over (F10)和 Step Out (Shift+11)按钮。

F12 Developer Tools 的调试器用黄色突出显示当前行，并在其页边添加一个黄色箭头。与 Chrome 不同的是，IE11 的调试器单步执行代码并不更新网页。会执行 JavaScript，但只有执行完所有代码后才能看到执行结果。

4. 控制台

控制台会记录 JavaScript 错误，并允许在调试器暂停的代码行上下文中执行代码。图 18-21 显示了 Changed on the Fly 示例。

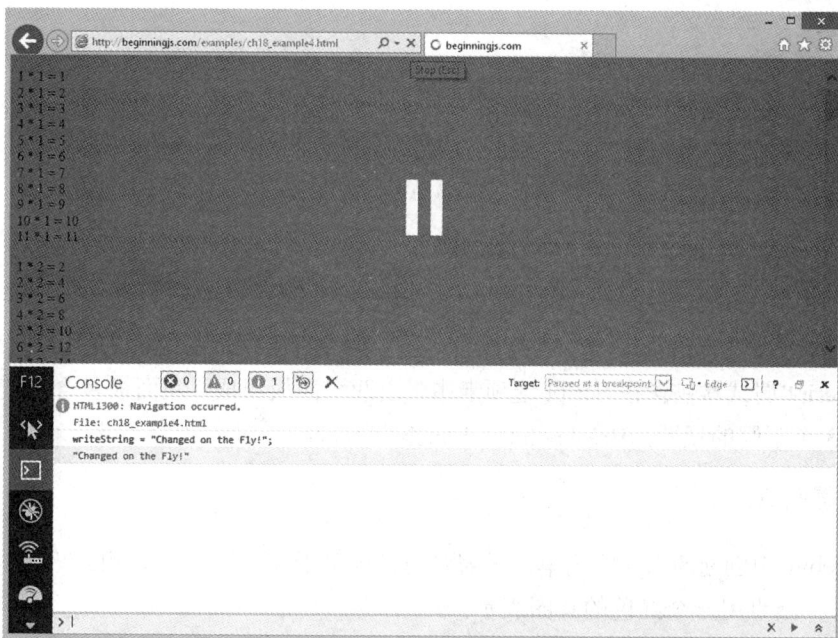

图   18-21

18.3.3 在 Firefox 中用 Firebug 调试

Firefox 的故事比较有趣，因为其工具集对浏览器而言相当新。多年来，Firefox 都没有内置的开发工具。开发人员只能使用一个 Firefox 扩展 Firebug，它是基于浏览器的第一套开发工具。每个浏览器目前使用的工具实际上都基于 Firebug。

尽管 Firefox 有自己的内置工具集，但仍缺乏 Firebug(和其他浏览器工具)的许多功能。所以本节需要下载安装 Firebug 扩展。

要安装 Firebug，应打开 Firefox，进入 http://www.getfirebug.com，单击网页上的 Install 按钮，然后按照提示操作。在大多数情况下，不用重启 Firefox。

要访问 Firebug，可以单击工具栏中的 Firebug 图标，如图 18-22 所示。也可以单击 Firebug 图标旁边的下拉箭头，显示其他设置。许多面板都默认为禁用，所以需要单击 Enable All Panels 选项。

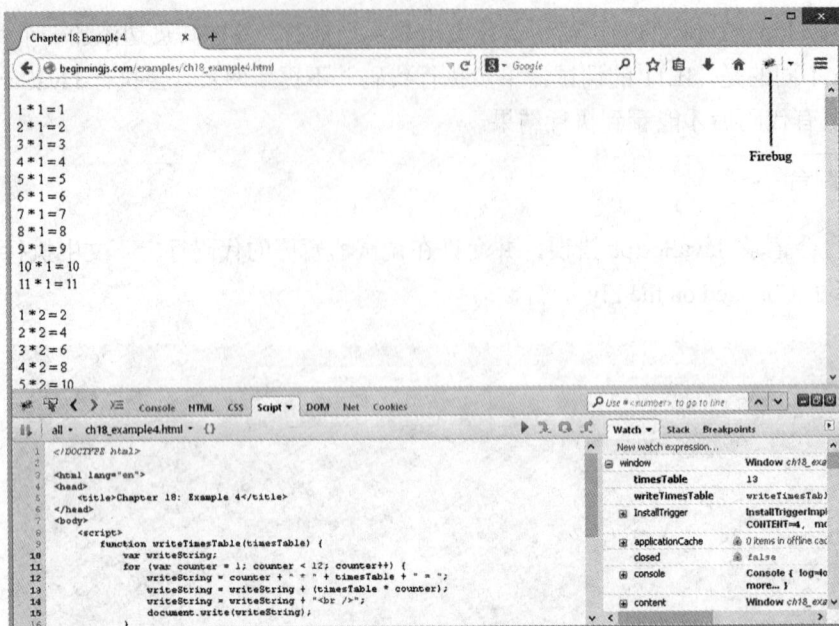

图　18-22

JavaScript 调试器包含在 Script 选项卡中，由两个面板组成。左面板包含源代码，右面板可显示 3 个不同的视图：Breakpoints、Watch 和 Stack。

1. 设置断点

在 Firebug 中创建断点非常简单：只需要用左键单击源代码行号左侧的灰色区域(页边，gutter)即可。断点用一个红色的圆圈表示。

右面板中的 Breakpoints 选项卡显示了已创建的断点列表，其中包含所有需要的信息：文件名、断点处的代码和行号。图 18-23 显示了第 12 行上的断点。

现在单击 Watch 选项卡。

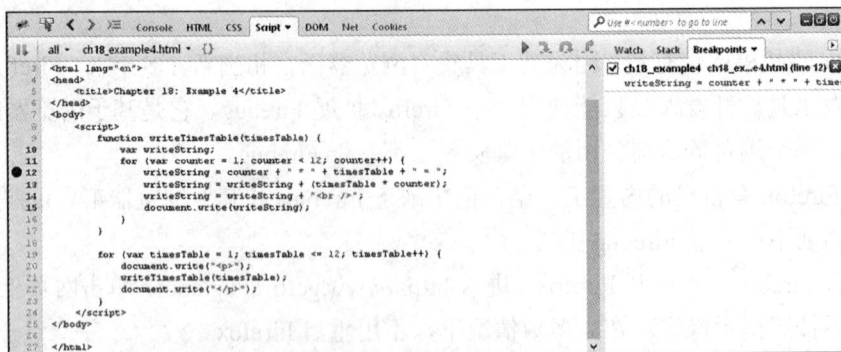

图　18-23

2. 观察窗口

Watch 选项卡会显示当前行中的变量及其在作用域中的值。要添加一个加以观察的变量，可以单击 "New watch expression..."，输入要观察的变量或表达式，并按下回车键。自己添加的要观察的变量有灰色的背景，把鼠标移动到该变量上，会显示一个红色的 Delete 按钮，如图 18-24 所示。

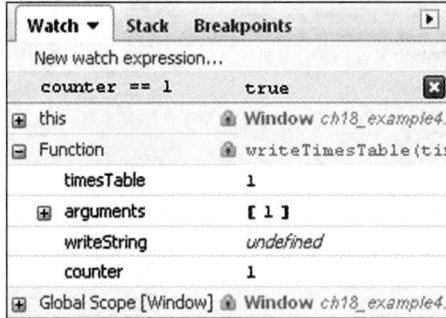

图　18-24

3. 单步调试代码

调试器窗口的顶部是单步执行代码的图标，如图 18-25 所示。

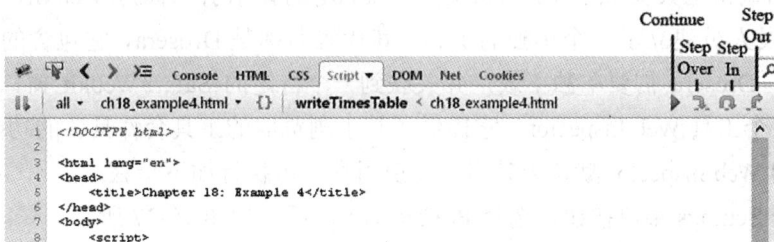

图　18-25

第一个是 Continue 按钮(快捷键是 F8)，其后是 Step Into(快捷键是 F11)，接着是 Step Over(快捷键是 F10)和 Step Out(快捷键是 Shift+F11)。

单步执行代码时，用黄色突出显示当前语句。Firebug 也在其页边添加一个黄色箭头，表示当前行。与 Chrome 相同，单步执行代码会更新网页。

4. 控制台

Firebug 在 Console 选项卡上提供了控制台窗口，如图 18-26 所示。其工作方式类似于 Chrome 和 IE。可以在作用域或页面的上下文中观察变量或表达式，也可以使用它执行 JavaScript。

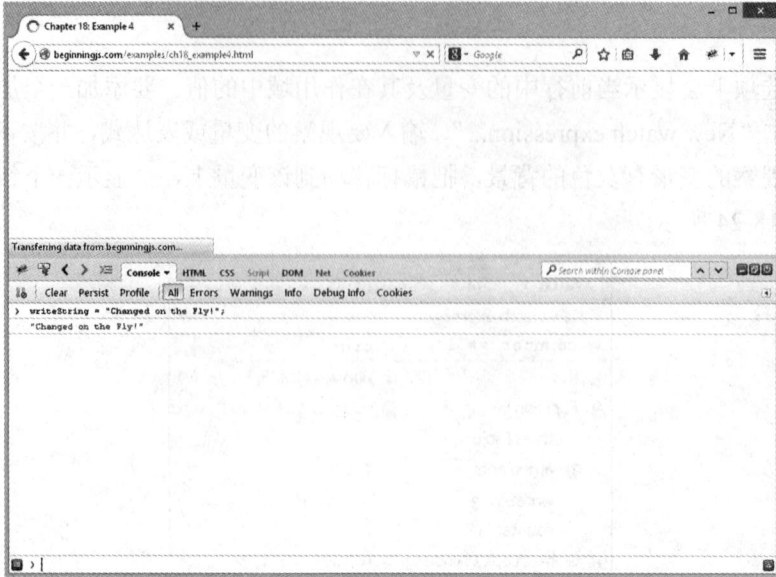

图 18-26

18.3.4 在 Safari 中调试

Safari 的调试工具类似于 IE 调试工具。Safari 的显示引擎称为 Webkit，编写和维护 Webkit 的开发人员建立了一个单独的工具，其代码名称是 Drosera，它包含的工具类似于其他浏览器。Drosera 需要单独下载，并关联到一个特定的 Safari/Webkit 窗口上。目前，Safari 包含一个工具 Web Inspector，它提供了基于浏览器的工具套件具备的功能。

Safari 的 Web Inspector 默认为禁用。要启用它，可执行如下步骤：

(1) 单击 Settings 菜单按钮，选择 Preferences 选项，如图 18-27 所示。

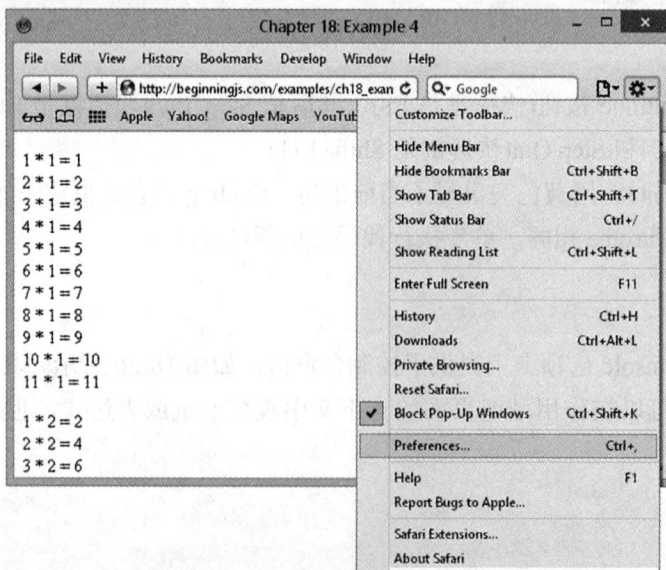

图 18-27

(2) 在 Preferences 窗口中，单击 Advanced 选项卡，选择 Show Develop Menu in Menu Bar 选项，如图 18-28 所示。关闭 Preferences 窗口。

图　18-28

(3) 单击 Settings 菜单按钮，选择 Show Menu Bar 选项，这会在窗口顶部显示传统的菜单。

(4) 要打开调试器，可以选择菜单栏中的 Develop | Start Debugging JavaScript。

首先，看看该窗口，认识一下各个部分。图 18-29 显示了第一次打开 ch18 _ example4.html 文件时的 JavaScript 调试器。

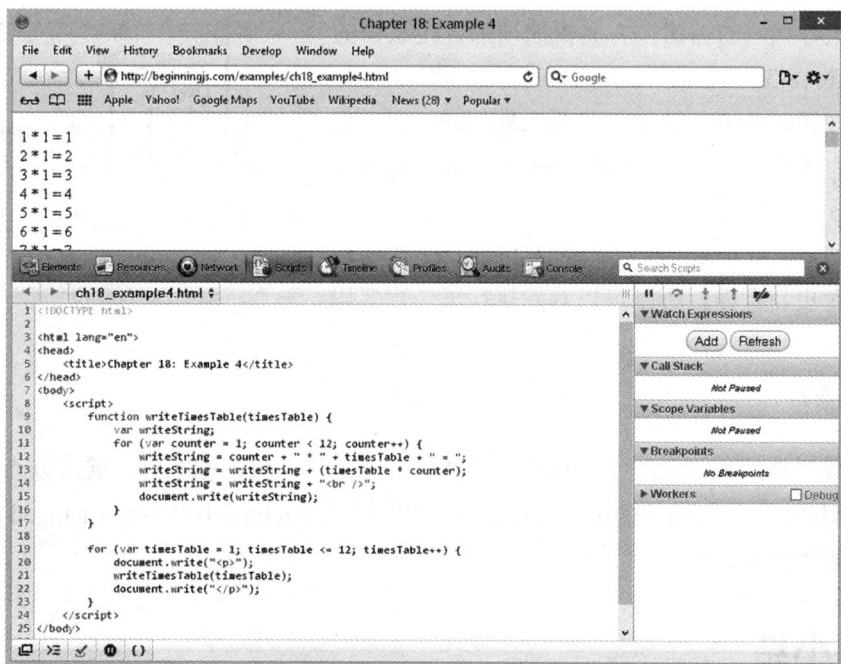

图　18-29

Safari 的 Web Inspector 看起来非常类似 Chrome 的调试器，因为 Chrome 就是使用 WebKit 的修订版创建的。Scripts 选项卡类似于 Chrome 的 Sources 选项卡，可以同时看到代码、观察表达式、调用堆栈、作用域变量和断点。

1. 设置断点

在 Web Inspector 中创建断点的过程与 Chrome 相同：在希望调试器中断的代码行上单击页边，Web Inspector 中的断点用一个与 Chrome 相同的蓝色标记表示。在第 12 行创建一个断点。断点的子面板列出了已创建的断点，显示了需要的信息。

2. 添加观察窗口

在早期版本中，Web Inspector 不允许添加要观察的变量，但在 Safari 5 中，可以创建观察窗口，观察变量和表达式。只需要单击 Add 按钮，就创建观察窗口。图 18-30 显示，调试器在第 12 行暂停时表达式 counter == 1 的观察结果。

要删除观察窗口，单击表达式旁边红色的 X 即可。

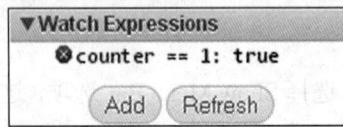

图　18-30

3. 单步调试代码

单步执行代码的按钮在右面板的顶部、搜索框的下面，如图 18-31 所示。

这些按钮的功能与其他浏览器工具相同，但它们的顺序略有区别。第一个按钮是 Continue，其后是 Step Over、Step In 和 Step Out。

与 Chrome 和 Firebug 一样，Web Inspector 在单步调试代码时更新页面，所以可以看到执行每一行代码的结果。

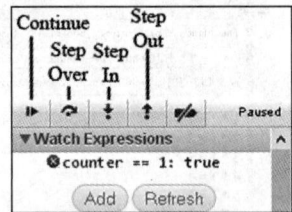

图　18-31

4. 控制台

控制台的作用与前面的工具相同，只要输入变量，并按下回车键，就可以查看该变量的值。也可以在当前代码行的上下文中执行代码。试试 Firebug 小节中的 Changed on the Fly 示例，看看其执行效果。

18.4　小结

本章讨论了代码中一个并不令人激动的话题：bug。在理想的世界中，我们可以使代码完美无瑕，永远正确，但在现实世界中，任何代码都难免出错。

- 本章首先介绍了一些较常见的错误，不仅 JavaScript 的初学者容易犯这些错误，即使是拥有丰富经验的专家也难免出错。

- 某些错误不一定是代码中的 bug，而是会导致代码运行失败的异常。try...catch 语句是用于处理异常的最佳途径，可以使用 throw 语句结合 catch 语句来处理诸如用户输入错误所导致的异常。最后，如果无论异常发生与否都需要执行一段代码时，可以使用 finally 子句。

- 本章介绍了用于 Chrome(和扩展 Opera)、IE、Firefox 的 Firebug，以及 Safari 的调试工具。使用这些工具可以从代码一开始运行就分析代码，一步步地查看代码的执行流，检查变量和条件。尽管这些调试器的界面不尽相同，但它们的原理是相同的。

18.5　习题

习题的参考答案在附录 A 中可以找到。

习题 1：

本章示例 ch18_example4.html 页面中包含一个故意设置的 bug。对于每一个乘法表，它仅仅计算从 1～11 的乘法。

使用脚本调试器找出原因，并修正该 bug。

习题 2：

下面的代码包含了多个常见错误，请找出这些错误。

```
<!DOCTYPE html>

<html lang="en">
<head>
    <title>Chapter 18: Question 2</title>
</head>
<body>
    <form name="form1" action="">
        <input type="text" id="text1" name="text1" />
        <br />
        CheckBox 1<input type="checkbox" id="checkbox2" name="checkbox2" />
        <br />
        CheckBox 1<input type="checkbox" id="checkbox1" name="checkbox1" />
        <br />
        <input type="text" id="text2" name="text2" />
        <p>
            <input type="submit" value="Submit" id="submit1" name="submit1" />
        </p>
    </form>

    <script>
    function checkForm(e) {
```

```
            var elementCount = 0;
            var theForm = document.form1;

            while(elementCount =<= theForm.length) {
                if (theForm.elements[elementcount].type == "text") {
                    if (theForm.elements[elementCount].value() = "")
                        alert("Please complete all form elements");
                    theForm.elements[elementCount].focus;
                    e.preventDefault();
                    break;
                }
            }
        }

        document.form1.addEventListener("submit", checkForm);
    </script>
</body>

</html>
```

A

附录

参 考 答 案

本附录 A 提供了本书各章习题的参考答案。

第 2 章

习题 1

编写一个 JavaScript 程序，将摄氏温度转换为华氏温度，并将结果保存在一个描述性语句中，输出到页面上。将摄氏温度转换为华氏温度的 JavaScript 等式如下所示：

```
degFahren = 9 / 5 * degCent + 32
```

参考答案

```html
<!DOCTYPE html>

<html lang="en">
<head>
    <title>Chapter 2: Question 1</title>
</head>
<body>
    <script>
        var degCent = prompt("Enter the degrees in centigrade", 0);
        var degFahren = 9 / 5 * degCent + 32;

        document.write(degCent + " degrees centigrade is " + degFahren +
            " degrees Fahrenheit");
    </script>
</body>
</html>
```

保存为 ch2 _ question1.html。

习题 2

下面的代码使用 prompt()函数，从用户的输入中获得两个数值，并将这两个值相加后
输出到页面中：

```
<!DOCTYPE html>

<html lang="en">
<head>
    <title>Chapter 2, Question 2</title>
</head>
<body>

<script>
    var firstNumber = prompt("Enter the first number","");
    var secondNumber = prompt("Enter the second number","");
    var theTotal = firstNumber + secondNumber;

    document.write(firstNumber + " added to " + secondNumber +
        " equals " + theTotal);
</script>
</body>
</html>
```

但是，如果执行上面的代码，会发现代码不能正常工作。为什么？请修改代码，使之
能正常工作。

参考答案

prompt()函数获得的数据实际上是一个字符串，因此 firstNumber 和 secondNumber
包含的文本是数值字符。使用+符号将两个变量相加时，JavaScript 将认为，由于它们是字符
串数据，因此要把两个字符串连接在一起，而不是对它们求和。

为了显式地向 JavaScript 说明，要将两个数值相加在一起，需要使用 parseFloat()函数将
数据转换为数值。

```
var firstNumber = parseFloat(prompt("Enter the first number",""));
var secondNumber = parseFloat(prompt("Enter the second number",""));
var theTotal = firstNumber + secondNumber;

document.write(firstNumber + " added to " + secondNumber + " equals " +
    theTotal);
```

保存为 ch2 _ question2.html。

现在 prompt()函数返回的数据转换为浮点数，再存储在 firstNumber 和 secondNumber 变
量中。最后把它们的和存储在 theTotal 中。JavaScript 作出了正确的推断，因为两个变量都
是数值，代码会把两个数值加在一起，而不是连接它们。

一般的规则是，如果表达式仅包含数值数据，则+运算符表示"求和"。如果表达式

包含字符串数据，则+表示连接。

第 3 章

习题 1

下面是某个初学者编写的一段代码，这段代码不能正常运行。请指出代码中的错误并改正。

```
var userAge = prompt("Please enter your age");

if (userAge = 0) {;
    alert("So you're a baby!");
} else if ( userAge < 0 | userAge > 200)
    alert("I think you may be lying about your age");
else {
    alert("That's a good age");
}
```

参考答案

这段初学者的代码有一些错误。下面的代码包含两个错误：

```
if (userAge = 0) {;
```

首先，在 if 的条件中，只有一个等号，而不是两个，这表示给 userAge 赋予 0，而不是比较 userAge 和 0。第二个错误是句末的分号，if、for 和 while 等语句不需要分号。一般规则是，如果语句包含一个放在大括号中的代码块，就不需要分号。因此，正确的代码应该是：

```
if (userAge == 0) {
```

另一个错误在如下代码中：

```
else if ( userAge < 0 | userAge > 200)
    alert("I think you may be lying about your age");
else {
```

该初学者的条件是检查 userAge 是否小于 0，或者是否大于 200。正确的布尔或运算符为||，但是代码中只有一个|。

习题 2

使用 document.write()，输出 12 的乘法表，输出应如下所示：

```
12 * 1 = 12
12 * 2 = 24
12 * 3 = 36
...
```

```
12 * 11 = 132
12 * 12 = 144
```

参考答案

```html
<!DOCTYPE html>

<html lang="en">
<head>
    <title>Chapter 3: Question 2</title>
</head>
<body>
    <script>
       var timesTable = 12;

       for (var timesBy = 1; timesBy < 13; timesBy++) {
          document.write(timesTable + " * " +
                         timesBy + " = " +
                         timesBy * timesTable + "<br />");
       }
    </script>
</body>
</html>
```

保存为 ch3 _ question2.html。

上面的代码使用 for 循环计算从 1*12 到 12*12，并使用 document.write()方法将结果输出到页面上。这里要注意运算符的优先级；连接运算符(+)的优先级比乘法运算符(*)低，因此先计算 timesBy * timesTable，再进行字符串的连接。否则，就需要将运算放在圆括号中，以提高其运算优先顺序。

第 4 章

习题 1

修改第 3 章习题 2 的代码，让该函数的参数是乘法表以及起始值和终止值。例如，计算 4 的乘法表，就是从 4*4 开始，一直计算到 4*9。

参考答案

```html
<!DOCTYPE html>

<html lang="en">
<head>
    <title>Chapter 4: Question 1</title>
</head>
<body>
    <script>
        function writeTimesTable(timesTable, timesByStart, timesByEnd) {
            for (; timesByStart <= timesByEnd; timesByStart++) {
```

```
        document.write(timesTable + " * " + timesByStart + " = " +
            timesByStart * timesTable + "<br />");
        }
    }

    writeTimesTable(4, 4, 9);
    </script>
</body>
</html>
```

保存为 ch4_question1.html。

上面的代码声明了函数 writeTimesTable()，该函数接收 3 个参数。第一是要在其中写入结果的乘法表，第二是乘法表的起始值，第三是乘法表的上限结束值。

这里还修改了 for 循环。首先无须初始化任何变量，因此初始化部分为空，但是仍然需要放置一个分号，但分号之前不包含代码。只要参数 timesByStart 小于等于参数 timesBy-End，就继续执行 for 循环。可以看出，与变量一样，可以修改函数的参数。本例在每次循环时给 timesByStart 加 1。

显示乘法表的代码与前面相同。要执行函数的代码，需要实际调用该函数，如下所示：

```
writeTimesTable(4, 4, 9);
```

该行代码将输出 4 的乘法表，即从 4*4 开始，到 4*9 结束。

习题 2

修改习题 1 的代码，要求用户输入一个数值，然后显示这个数的乘法表。继续要求用户输入，并显示乘法表，直到用户输入–1。另外要进行检查，确保用户输入有效的值，如果用户输入无效，则提示用户重新输入。

参考答案

```
<!DOCTYPE html>

<html lang="en">
<head>
    <title>Chapter 4: Question 2</title>
</head>
<body>
    <script>
    function writeTimesTable(timesTable, timesByStart, timesByEnd) {
        for (; timesByStart <= timesByEnd; timesByStart++) {
            document.write(timesTable + " * " + timesByStart + " = " +
                timesByStart * timesTable + "<br />");
        }
    }

    var timesTable;
```

```
        while ((timesTable = prompt("Enter the times table", -1)) != -1) {
            while (isNaN(timesTable) == true) {
                timesTable = prompt(timesTable + " is not a " +
                                "valid number, please retry", -1);
            }

            if (timesTable == -1) {
                break;
            }

            document.write("<br />The " + timesTable +
                            " times table<br />");
            writeTimesTable(timesTable, 1, 12);
        }
    </script>
</body>
</html>
```

保存为 **ch4 _ question2.html**。

本例的函数没有任何改变，因此只需要讨论新代码。对习题 1 所做的第一个改变是声明了一个变量 timesTable，并在第一个 while 语句的条件中初始化它。这看起来似乎有点奇怪，但确实奏效。先执行 while 循环条件的圆括号中的代码：

```
(timesTable = prompt("Enter the times table",-1))
```

因为其运算优先级通过圆括号提高了。该代码返回一个值，该返回值与–1 进行比较。如果返回值不等于–1，则 while 条件为 true，执行循环体。否则，跳过循环体，页面上不会有任何输出。

嵌套在第一个 while 循环中的第二个 while 循环用 isNaN()函数来检查用户是否输入了有效的数字。如果输入无效，则要求用户重新输入，直到用户输入有效的数字为止。

如果用户开始时输入了无效值，则在第二个 while 循环中检查用户是否输入了–1。因此，在该 while 语句后，使用 if 语句来检查 timesTable 是否等于–1。如果是，则结束 while 循环，否则就调用 writeTimesTable()函数。

第 5 章

习题 1

使用 Date 类型，计算距今 12 个月后的日期，并输出到网页上。

参考答案

```
<!DOCTYPE html>

<html lang="en">
<head>
```

```
    <title>Chapter 5: Question 1</title>
</head>
<body>
    <script>
        var months = ["Jan", "Feb", "Mar", "Apr", "May", "Jun",
                    "Jul", "Aug", "Sep", "Oct", "Nov", "Dec"];

        var nowDate = new Date();

        nowDate.setMonth(nowDate.getMonth() + 12);
        document.write("Date 12 months ahead is " + nowDate.getDate());
        document.write(" " + months[nowDate.getMonth()]);
        document.write(" " + nowDate.getFullYear());
    </script>
</body>
</html>
```

保存为 ch5 _ question1.html。

getMonth()方法返回一个 0～11 的数字，用于表示一年中的 12 个月份，而不表示各个月份的名称。因此创建 months 数组来保存每个月份的名称。使用 getMonth()方法可以获得相应月份名称的数组下标。

变量 nowDate 初始化为一个新的 Date 对象。由于没有指定初始值，因此新的 Date 对象包含当前的日期。

要给当前日期加上 12 个月，只需要使用 setMonth()。使用 getMonth()方法获取正确的月份值，再加上 12 即可。

最后，将结果输出在页面上。

习题 2

让用户输入一个名字列表，并将名字保存在数组中。继续获取下一个名字，直到用户输入为空为止。然后按升序排列名字顺序，并输出到页面上，每个名字各占一行。

参考答案

```
<!DOCTYPE html>

<html lang="en">
<head>
    <title>Chapter 5: Question 2</title>
</head>
<body>
    <script>
        var inputName = "";
        var namesArray = [];

        while ((inputName = prompt("Enter a name", "")) != "") {
            namesArray[namesArray.length] = inputName;
```

```
        }

        namesArray.sort();

        var namesList = namesArray.join("<br/>");
        document.write(namesList);
    </script>
</body>
</html>
```

保存为 ch5_question2.html。

上面的代码首先声明了两个变量。其中，inputName 保存用户输入的名字，而 namesArray 是一个 Array 对象，用于保存输入的所有名字。

只要用户的输入不为空，代码就使用 while 循环来获取用户输入的另一个名字。注意，while 条件中的圆括号是非常重要的。圆括号中的如下代码将率先执行，以获取用户输入的名字，并保存在变量 inputName 中。

```
(inputName = prompt("Enter a name",""))
```

接着比较圆括号中代码的返回值(用户输入的内容)与空字符串(表示为"")。如果它们相等，即用户输入了值，就再次执行循环。

为了对数组进行排序，使用了 Array 对象的 sort()方法：

```
namesArray.sort();
```

最后为了创建一个包含数组中的所有名字、并且每个名字单独占一行的字符串，使用了 HTML
元素，代码如下：

```
var namesList = namesArray.join("<br/>")
document.write(namesList);
```

代码 namesArray.join("<br/>")以
作为分隔符，创建了一个包含所有数组元素的字符串。最后，使用 document.write()方法将该字符串输出到页面中。

习题 3

ch5_example8.html 中通过字面量符号使用函数来创建对象。修改该示例，使之使用 Person 数据类型。

参考答案

```
<!DOCTYPE html>

<html lang="en">
<head>
    <title>Chapter 5, Question 3</title>
</head>
<body>
```

```
<script>
    function Person(firstName, lastName) {
        this.firstName = firstName;
        this.lastName = lastName;
    }

    Person.prototype.getFullName = function () {
        return this.firstName + " " + this.lastName;
    };

    Person.prototype.greet = function (person) {
        alert("Hello, " + person.getFullName() +
            ". I'm " + this.getFullName());
    };

    var johnDoe = new Person("John", "Doe");
    var janeDoe = new Person("Jane", "Doe");

    johnDoe.greet(janeDoe);
</script>
</body>
</html>
```

保存为 ch5_question3.html。

这里用第 5 章末尾定义的 Person 引用类型替代 createPerson()函数。

要创建自己的 Person 对象，可在调用 Person 构造函数时使用 new 运算符，并传递要表示的人的姓名。

第6章

习题1

下面的代码解决了什么问题？

```
var myString = "This sentence has has a fault and and we need to fix it."
var myRegExp = /(\b\w+\b) \1/g;
myString = myString.replace(myRegExp,"$1");
```

现在假定修改代码，以创建如下的 RegExp 对象：

```
var myRegExp = new RegExp("(\b\w+\b) \1");
```

为什么这行代码不起作用？该如何修正存在的问题？

参考答案

语句包含 has has 和 and and，显然是错误的。很多字处理软件都有自动纠正此类常见错误的功能。这里使用正则表达式来模拟这个功能。

错误的 myString 是:

"This sentence has has a fault and and we need to fix it."

正确的字符串是:

"This sentence has a fault and we need to fix it."

下面讨论代码的工作原理,首先是正则表达式:

/(\b\w+\b) \1/g;

使用圆括号定义了一个分组,即(\b\w+\b)是分组 1。该分组匹配的模式是一个单词分界,后跟一个或多个数字字母字符(即 a-z、A-Z 和 0-9 以及_字符),最后是一个单词分界。该分组的后面是一个空格和\1。\1 表示"精确匹配在模式分组 1 中匹配的字符"。例如,如果分组 1 匹配 has,则\1 也匹配 has。重要的是,由于\1 精确匹配分组 1 匹配的字符,因此,如果分组 1 匹配是 and,则\1 匹配 and,而不是匹配前面的 has。

replace()方法再次使用了这个分组。但这次使用$符号来指定分组,所以$1 匹配分组 1。这将把两个匹配的 has 和 and 替换为一个 has 和 and。

对于习题的第二部分,如何修改下面的代码,使之正常工作?

var myRegExp = new RegExp("(\b\w+\b) \1");

很简单,上面的代码把一个字符串传送给 RegExp 对象的构造函数,在表示正则表达式语法字符时,需要使用双斜线替换单斜线,如下所示:

var myRegExp = new RegExp("(\\b\\w+\\b) \\1","g");

注意,还传递了 g 字符作为第二个参数,进行全局匹配。

习题 2

请编写一个正则表达式,以查找下述语句中的所有单词 a,并替换为单词 the:

"a dog walked in off a street and ordered a finest beer"

替换之后的语句应为:

"the dog walked in off the street and ordered the finest beer"

参考答案

```
<!DOCTYPE html>

<html lang="en">
<head>
    <title>Chapter 6: Question 2</title>
</head>
<body>
    <script>
```

```
        var myString = "a dog walked in off a street and " +
                    "ordered a finest beer";
        var myRegExp = /\ba\b/gi;

        myString = myString.replace(myRegExp, "the");
        alert(myString);
    </script>
</body>
</html>
```

保存为 ch6_question2.html。

使用正则表达式，得到的常常不仅仅是需要的字符，还有不希望匹配的字符。这里希望匹配字母 a，为什么正则表达式不能是下面的语句？

```
var myRegExp = /a/gi;
```

这个正则表达式也能运行，但是它将替换掉单词 walked 中的 a，这并不是我们希望的。我们希望替换的字母 a 是一个独立的单词，而不是包含在其他单词中的字母 a。一个字母何时会变成一个单词？位于两个单词分界之间的字母就是一个单词。单词分界可以用正则表达式的特殊字符\b 来表示。因此，正则表达式应是：

```
var myRegExp = /\ba\b/gi;
```

结尾的 **gi** 表示进行不区分大小写的全局搜索。

创建正则表达式后，就可以将其用于 replace()方法的第一个参数：

```
myString = myString.replace(myRegExp,"the");
```

习题 3

假如有一个带有留言板的网站，请编写一个正则表达式，以删除禁用的词汇(可以自己设置禁用的词汇)。

参考答案

```
<!DOCTYPE html>

<html lang="en">
<head>
    <title>Chapter 6: Question 3</title>
</head>
<body>
    <script>
        var myRegExp = /(sugar )?candy|choc(olate|oholic)?/gi;
        var myString = "Mmm, I love chocolate, I'm a chocoholic. " +
            "I love candy too, sweet, sugar candy";

        myString = myString.replace(myRegExp,"salad");
        alert(myString);
```

```
        </script>
</body>
</html>
```

保存为 ch6_question3.html。

本例假定为营养保健站点的留言板编写脚本。在这个留言板中,与糖果相关的文本是禁止出现的,这样的文本要用更健康的选项替换,如色拉。

禁止出现的单词如下所示:

- chocolate
- choc
- chocoholic
- sugar candy
- candy

下面将讨论删除指定单词的正则表达式:

(1) 首先是两个基本的单词,要匹配 choc 或者 candy,可以使用:

```
candy|choc
```

(2) 添加对 sugar candy 的匹配。由于 sugar 是可选的,所以将它放在圆括号中,并在其后添加?,这表示该组匹配 0 次或 1 次。

```
(sugar )?candy|choc
```

(3) 需要添加可选的 olate 或者 oholic 作为结尾。把它们添加为一个分组,放在 choc 的后面,并使该组可选。使用字符|可以匹配组中的任一个结尾子串。

```
(sugar )?candy|choc(olate|oholic)?/gi
```

(4) 正则表达式声明为:

```
var myRegExp = /(sugar )?candy|choc(olate|oholic)?/gi
```

末尾的 gi 表示,该正则表达式将按不区分大小写的全局方式查找和替换单词。

因此,这个正则表达式:

```
/(sugar )?candy|choc(olate|oholic)?/gi
```

表示:

要么匹配 candy 或者 sugarcandy,要么匹配 choc、chocolate 或者 chocoholic。

最后,下面的代码:

```
    myString = myString.replace(myRegExp,"salad");
```

将禁止出现的单词替换为 salad,把 myString 设置为干净的新版本:

```
"Mmm, I love salad, I'm a salad. I love salad too, sweet, salad."
```

第 7 章

习题 1

创建一个页面，以获取用户的生日信息。然后根据用户的生日，计算出她生日那天是星期几。

参考答案

```
<!DOCTYPE html>

<html lang="en">
<head>
    <title>Chapter 7: Question 1</title>
</head>
<body>
    <script>
        var days = ["Sunday", "Monday", "Tuesday", "Wednesday",
                    "Thursday", "Friday", "Saturday"];

        var year = prompt("Enter the four digit year you were born.");
        var month = prompt("Enter your birth month (1 - 12).");
        var date = prompt("Enter the day you were born.");

        var birthDate = new Date(year, month - 1, date);

        alert(days[birthDate.getDay()]);
    </script>
</body>
</html>
```

保存为 ch7_question1.html。

上面的参考答案是非常简单的。只需要根据用户输入的日期，创建一个新的 Date 对象，然后使用 Date 对象的 getDay()方法，得到他生日那天是星期几。该方法返回一个数字，所以代码定义了一个匹配该数字的 days 数组，并将 getDay()的值作为 days 数组的下标。

习题 2

创建一个类似于本章中"试一试：一个记数时钟"中的 Example 5 的页面，使该页面仅显示时、分钟和秒。

参考答案

```
<!DOCTYPE html>

<html lang="en">
<head>
    <title>Chapter 7, Question 2</title>
```

```
    </head>
    <body>
        <div id="output"></div>
        <script>
            function updateTime() {
                var date = new Date();

                var value = date.getHours() + ":" +
                            date.getMinutes() + ":" +
                            date.getSeconds();

                document.getElementById("output").innerHTML = value;
            }

            setInterval(updateTime, 1000);
        </script>
    </body>
</html>
```

保存为 ch7_question2.html。

只显示小时、分钟和秒是很简单的，只需要编写略多一点代码。

修改 updateTime()函数，先创建一个 Date 对象，获得时间信息。

```
var date = new Date();
```

接着建立 hh:mm:ss 格式的字符串：

```
var value = date.getHours() + ":" +
            date.getMinutes() + ":" +
            date.getSeconds();
```

最后，把字符串输出到页面上：

```
document.getElementById("output").innerHTML = value;
```

第 8 章

习题 1

创建两个页面：legacy.html 和 modern.html。每个页面都包含一个标题，以说明当前加载的是哪个页面。例如：

```
<h2>Welcome to the Legacy page. You need to upgrade!</h2>
```

使用特性检测和 location 对象，将不支持地理位置信息的浏览器定向到 legacy.html 页面，将支持地理位置信息的浏览器定向到 modern.html 页面。

参考答案

modern.html 页面如下所示：

```html
<!DOCTYPE html>

<html lang="en">
<head>
    <title>Chapter 2: Question 1</title>
</head>
<body>
    <h2>Welcome to the Modern page!</h2>
    <script>
        if (!navigator.geolocation) {
            location.replace("legacy.html");
        }
    </script>
</body>
</html>
```

legacy.html 页面非常类似：

```html
<!DOCTYPE html>

<html lang="en">
<head>
    <title>Chapter 2: Question 1</title>
</head>
<body>
    <h2>Welcome to the Legacy page. You need to upgrade!</h2>
    <script>
        if (navigator.geolocation) {
            location.replace("modern.html");
        }
    </script>
</body>
</html>
```

这两个页面都很简单。首先讨论 legacy.html 页面，该页面检查 navigator.geolocation 是否为 true：

```javascript
if (navigator.geolocation) {
    location.replace("modern.html");
}
```

如果是，就把用户重定向到 modern.html 页面。注意，这里用 replace()替代了 href，因为不希望用户单击浏览器的 Back 按钮。但这个方法不太容易确定当前加载的是哪个新页面。

modern.html 页面与之相同，但 if 语句检查的是 navigator.geolocation 是否为 false：

```
if (!navigator.geolocation) {
    location.replace("legacy.html");
}
```

如果是，就把用户重定向到 legacy.html。

习题 2

修改"试一试：图片选择"中的 Example 3，使它随机显示这 4 幅图片之一。提示：
请参考第 5 章的相关内容和 Math.random()方法。

参考答案

```
<!DOCTYPE html>

<html lang="en">
<head>
    <title>Chapter 8, Question 2</title>
</head>
<body>
    <img src="" width="200" height="150" alt="My Image" />
    <script>
        function getRandomNumber(min, max) {
            return Math.floor(Math.random() * max) + min;
        }

        var myImages = [
            "usa.gif",
            "canada.gif",
            "jamaica.gif",
            "mexico.gif"
        ];

        var random = getRandomNumber(0, myImages.length);

        document.images[0].src = myImages[random];
    </script>
</body>
</html>
```

保存为 ch8_question2.html。

该答案的关键是获得 0 到 myImages 数组长度之间的一个随机数，编写一个函数，生
成随机数，对此将大有帮助。所以，编写函数 getRandomNumber()：

```
function getRandomNumber(min, max) {
    return Math.floor(Math.random() * max) + min;
}
```

它生成一个 min 和 max 之间的随机数。该算法来自于第 5 章。

现在可以使用 getRandomNumber()生成一个数字，把 0 传递为 min，数组长度传递为 max。

```
var random = getRandomNumber(0, myImages.length);
```

接着使用随机数获得图片：

```
document.images[0].src = myImages[random];
```

第 9 章

习题 1

下面的 HTML 代码创建了一个表格。请使用 JavaScript 和核心 DOM 对象重建该表格，并生成 HTML。在所有可用的浏览器中测试代码，确保代码正常工作。提示：为所编写的每行代码添加注释，以说明当前元素在树结构中的位置。再为页面中的每个元素创建一个变量(例如，为 9 个 TD 单元格创建 9 个变量，而不是只创建一个变量)。

```
<table>
    <tr>
        <td>Car</td>
        <td>Top Speed</td>
        <td>Price</td>
    </tr>
    <tr>
        <td>Chevrolet</td>
        <td>120mph</td>
        <td>$10,000</td>
    </tr>
    <tr>
        <td>Pontiac</td>
        <td>140mph</td>
        <td>$20,000</td>
    </tr>
</table>
```

参考答案

这似乎是一个很难处理的例子，但其实并不难，只是综合了两个方面，一个是建立树型结构，另一个是导航该树型结构。首先导航到<body/>元素，创建一个<table/>元素。再导航到新建的<table/>元素上，创建一个新的<tr/>元素，依此类推。这是一个很长的重复过程，所以最好给代码添加注释，以确定当前的位置。

```
<!DOCTYPE html>

<html lang="en">
<head>
    <title>Chapter 9: Question 1</title>
```

```
</head>
<body>
<script>
var tableElem = document.createElement("table");
var trElem1 = document.createElement("tr");
var trElem2 = document.createElement("tr");
var trElem3 = document.createElement("tr");
var tdElem1 = document.createElement("td");
var tdElem2 = document.createElement("td");
var tdElem3 = document.createElement("td");
var tdElem4 = document.createElement("td");
var tdElem5 = document.createElement("td");
var tdElem6 = document.createElement("td");
var tdElem7 = document.createElement("td");
var tdElem8 = document.createElement("td");
var tdElem9 = document.createElement("td");
var textNodeA1 = document.createTextNode("Car");
var textNodeA2 = document.createTextNode("Top Speed");
var textNodeA3 = document.createTextNode("Price");
var textNodeB1 = document.createTextNode("Chevrolet");
var textNodeB2 = document.createTextNode("120mph");
var textNodeB3 = document.createTextNode("$10,000");
var textNodeC1 = document.createTextNode("Pontiac");
var textNodeC2 = document.createTextNode("140mph");
var textNodeC3 = document.createTextNode("$14,000");

var docNavigate = document.body;  //Starts with body element

docNavigate.appendChild(tableElem);        //Adds the table element
docNavigate = docNavigate.lastChild;       //Moves to the table element
docNavigate.appendChild(trElem1);          //Adds the TR element
docNavigate = docNavigate.firstChild;      //Moves the TR element
docNavigate.appendChild(tdElem1);          //Adds the first TD element in the
                                           // heading
docNavigate.appendChild(tdElem2);          //Adds the second TD element in the
                                           // heading
docNavigate.appendChild(tdElem3);          //Adds the third TD element in the
                                           // heading
docNavigate = docNavigate.firstChild;      //Moves to the first TD element
docNavigate.appendChild(textNodeA1);       //Adds the second text node
docNavigate = docNavigate.nextSibling;     //Moves to the next TD element
docNavigate.appendChild(textNodeA2);       //Adds the second text node
docNavigate = docNavigate.nextSibling;     //Moves to the next TD element
docNavigate.appendChild(textNodeA3);       //Adds the third text node
docNavigate = docNavigate.parentNode;      //Moves back to the TR element
docNavigate = docNavigate.parentNode;      //Moves back to the table element

docNavigate.appendChild(trElem2);          //Adds the second TR element
docNavigate = docNavigate.lastChild;       //Moves to the second TR element
docNavigate.appendChild(tdElem4);          //Adds the TD element
```

```
docNavigate.appendChild(tdElem5);        //Adds the TD element
docNavigate.appendChild(tdElem6);        //Adds the TD element
docNavigate = docNavigate.firstChild;    //Moves to the first TD element
docNavigate.appendChild(textNodeB1);     //Adds the first text node
docNavigate = docNavigate.nextSibling;   //Moves to the next TD element
docNavigate.appendChild(textNodeB2);     //Adds the second text node
docNavigate = docNavigate.nextSibling;   //Moves to the next TD element
docNavigate.appendChild(textNodeB3);     //Adds the third text node
docNavigate = docNavigate.parentNode;    //Moves back to the TR element
docNavigate = docNavigate.parentNode;    //Moves back to the table element

docNavigate.appendChild(trElem3);        //Adds the TR element
docNavigate = docNavigate.lastChild;     //Moves to the TR element
docNavigate.appendChild(tdElem7);        //Adds the TD element
docNavigate.appendChild(tdElem8);        //Adds the TD element
docNavigate.appendChild(tdElem9);        //Adds the TD element
docNavigate = docNavigate.firstChild;    //Moves to the TD element
docNavigate.appendChild(textNodeC1);     //Adds the first text node
docNavigate = docNavigate.nextSibling;   //Moves to the next TD element
docNavigate.appendChild(textNodeC2);     //Adds the second text node
docNavigate = docNavigate.nextSibling;   //Moves to the next TD element
docNavigate.appendChild(textNodeC3);     //Adds the third text node
</script>

</body>
</html>
```

保存为 ch9_question1.html。

习题 2

修改示例 6，用一个全局变量 direction 控制每个方向的移动量，删除 switchDirection 变量，修改代码，使用新变量 direction 确定动画何时改变方向。

参考答案

```
<!DOCTYPE html>

<html lang="en">
<head>
    <title>Chapter 9, Question 2</title>
    <style>
        #divAdvert {
            position: absolute;
            font: 12px Arial;
            top: 4px;
            left: 0px;
        }
    </style>
</head>
```

```
<body>
    <div id="divAdvert">
        Here is an advertisement.
    </div>

    <script>
        var direction = 2;

        function doAnimation() {
            var divAdvert = document.getElementById("divAdvert");
            var currentLeft = divAdvert.offsetLeft;

            if (currentLeft > 400 || currentLeft < 0) {
                direction = -direction;
            }

            var newLocation = currentLeft + direction;

            divAdvert.style.left = newLocation + "px";
        }

        setInterval(doAnimation, 10);
    </script>
</body>
</html>
```

保存为 ch9_question2.html。

这些修改初看起来很复杂，但其实简化了 doAnimation()函数，因为一个变量就负责:

- 移动的像素值
- 元素移动的方向

首先，删除 switchDirection 变量，创建一个新变量 direction，初始化为 2:

```
var direction = 2;
```

接着在doAnimation()函数中,当<div/>元素到达一个边界(0或400像素)时改变direction 的值:

```
if (currentLeft > 400 || currentLeft < 0) {
    direction = -direction;
}
```

新变量 direction 的值很简单;只要使 direction 变成负数即可。所以如果 direction 是正，就把它变成负数。如果 direction 是负，就把它变成正数。(负数乘以负数得到正数)。

接着计算新的左位置，修改元素的样式:

```
var newLocation = currentLeft + direction;

divAdvert.style.left = newLocation + "px";
```

第 10 章

习题 1

给事件实用对象添加一个方法 isOldIE()，它返回一个布尔值，表示浏览器是否是旧 IE。

参考答案

```
var evt = {
    addListener: function(obj, type, fn) {
        if (typeof obj.addEventListener != "undefined") {
            obj.addEventListener(type, fn);
        } else {
            obj.attachEvent("on" + type, fn);
        }
    },
    removeListener: function(obj, type, fn) {
        if (typeof obj.removeEventListener != "undefined") {
            obj.removeEventListener(type, fn);
        } else {
            obj.detachEvent("on" + type, fn);
        }
    },
    getTarget: function(e) {
        if (e.target) {
            return e.target;
        }

        return e.srcElement;
    },
    preventDefault : function(e) {
        if (e.preventDefault) {
            e.preventDefault();
        } else {
            e.returnValue = false;
        }
    },
    isOldIE: function() {
        return typeof document.addEventListener == "undefined";
    }
};
```

保存为 ch10_question1.html。

有几种方式可确定浏览器是否是 IE 的旧版本。这里选择检查 document.addEventListener() 是否未定义。IE9+支持该方法，而 IE8 及以前版本不支持。

习题 2

示例 15 展示了标准兼容浏览器和旧 IE 之间的某些不一致的行为。事件处理程序的执行顺序与旧 IE 相反。修改这个例子，使用新的 isOldIE()方法，以便为旧 IE 和标准兼容浏览器编写专用的代码(提示：addListener()方法要调用 4 次)。

参考答案

```html
<!DOCTYPE html>

<html lang="en">
<head>
    <title>Chapter 10: Question 2</title>
</head>
<body>
    <img id="img0" src="usa.gif" />
    <div id="status"></div>

    <script src="ch10_question1.js"></script>
    <script>
        var myImages = [
            "usa.gif",
            "canada.gif",
            "jamaica.gif",
            "mexico.gif"
        ];

        function changeImg(e) {
            var el = evt.getTarget(e);
            var newImgNumber = Math.round(Math.random() * 3);

            while (el.src.indexOf(myImages[newImgNumber]) != -1) {
                newImgNumber = Math.round(Math.random() * 3);
            }

            el.src = myImages[newImgNumber];
        }

        function updateStatus(e) {
            var el = evt.getTarget(e);
            var status = document.getElementById("status");

            status.innerHTML = "The image changed to " + el.src;

            if (el.src.indexOf("mexico") > -1) {
                evt.removeListener(el, "click", changeImg);
                evt.removeListener(el, "click", updateStatus);
            }
        }

        var imgObj = document.getElementById("img0");

        if (evt.isOldIE()) {
```

```
            evt.addListener(imgObj, "click", updateStatus);
            evt.addListener(imgObj, "click", changeImg);
        } else {
            evt.addListener(imgObj, "click", changeImg);
            evt.addListener(imgObj, "click", updateStatus);
        }
    </script>
</body>
</html>
```

保存为 ch10_question2.html。

大部分代码都与示例 15 相同。唯一的区别是注册事件监听器的方式。使用新的 isOldIE() 方法，可以用正确顺序注册 click 事件监听器(适用于旧 IE)。对于兼容标准的浏览器，事件监听器的注册顺序与示例 15 相同。

习题 3

示例 17 编写了跨浏览器的选项卡脚本，但注意，它的行为很古怪。基本理念是成立的，但单击另一个选项卡时，以前的选项卡仍是活动的。修改脚本，让选项卡一次只有一个是活动的。

参考答案

示例 17 不完整，因为脚本没有跟踪活动的选项卡。在脚本中添加状态标识的最简单方式是添加一个全局变量，来跟踪上次单击的选项卡。这个答案使用了这种方法。下面突显了修改过的代码：

```
<!DOCTYPE html>

<html lang="en">
<head>
    <title>Chapter 10: Question 3</title>
    <style>
        .tabStrip {
            background-color: #E4E2D5;
            padding: 3px;
            height: 22px;
        }

        .tabStrip div {
            float: left;
            font: 14px arial;
            cursor: pointer;
        }

        .tabStrip-tab {
            padding: 3px;
        }
```

```css
        .tabStrip-tab-hover {
            border: 1px solid #316AC5;
            background-color: #C1D2EE;
            padding: 2px;
        }


        .tabStrip-tab-click {
            border: 1px solid #facc5a;
            background-color: #f9e391;
            padding: 2px;
        }
    </style>
</head>
<body>
    <div class="tabStrip">
        <div data-tab-number="1" class="tabStrip-tab">Tab 1</div>
        <div data-tab-number="2" class="tabStrip-tab">Tab 2</div>
        <div data-tab-number="3" class="tabStrip-tab">Tab 3</div>
    </div>
    <div id="descContainer"></div>

    <script src="ch10_question1.js"></script>
    <script>
        var activeTab = null;

        function handleEvent(e) {
            var target = evt.getTarget(e);

            switch (e.type) {
            case "mouseover":
                if (target.className == "tabStrip-tab") {
                    target.className = "tabStrip-tab-hover";
                }
                break;
            case "mouseout":
                if (target.className == "tabStrip-tab-hover") {
                    target.className = "tabStrip-tab";
                }
                break;
            case "click":
                if (target.className == "tabStrip-tab-hover") {

                    if (activeTab) {
                        activeTab.className = "tabStrip-tab";
                    }

                    var num = target.getAttribute("data-tab-number");

                    target.className = "tabStrip-tab-click";
```

```
            showDescription(num);
            activeTab = target;
          }
          break;
      }
  }

  function showDescription(num) {
      var descContainer = document.getElementById("descContainer");

      var text = "Description for Tab " + num;

      descContainer.innerHTML = text;
  }

  evt.addListener(document, "mouseover", handleEvent);
  evt.addListener(document, "mouseout", handleEvent);
  evt.addListener(document, "click", handleEvent);
</script>
</body>
</html>
```

保存为 ch10_question3.html。

本答案首先建立一个新全局变量 activeTab，其作用是给上次单击的选项卡元素包含一个引用，再把它初始化为 null。

单击一个选项卡元素时，首先需要取消当前活动选项卡的活动状态：

```
if (activeTab) {
    activeTab.className = "tabStrip-tab";
}
```

为此，首先检查是否有活动的选项卡，如果有，就把其 className 属性设置为最初的 tabStrip‑tab。激活了新的选项卡后，就把它赋予变量 activeTab：

```
activeTab = target;
```

很简单，但很有效。

第 11 章

习题 1

使用第 2 章中温度转换例子的代码，创建一个用户界面，并将其连接到已有的代码上，以便用户输入一个华氏温度值，并转换为摄氏温度。

参考答案

```
<!DOCTYPE html>
```

```
<html lang="en">
<head>
    <title>Chapter 11: Question 1</title>
</head>
<body>
    <form action="" name="form1">
        <p>
            <input type="text" name="txtCalcBox" value="0.0" />
        </p>
        <input type="button" value="Convert to centigrade"
            id="btnToCent" name="btnToCent" />
    </form>
    <script>
    function convertToCentigrade(degFahren) {
        var degCent = 5 / 9 * (degFahren - 32);

        return degCent;
    }

    function btnToCentClick() {
        var calcBox = document.form1.txtCalcBox;

        if (isNaN(calcBox.value) == true || calcBox.value == "") {
            calcBox.value = "Error Invalid Value";
        } else {
            calcBox.value = convertToCentigrade(calcBox.value);
        }
    }

    document.getElementById("btnToCent")
            .addEventListener("click", btnToCentClick);
    </script>
</body>
</html>
```

保存为 ch11_question1.html。

界面部分只是一个表单，其中包含一个文本框和一个按钮。用户可以在文本框中输入华氏温度值，并单击按钮，将输入的值转换为摄氏温度。按钮的 click 事件监听器在事件触发时调用 btnToCentClick()函数。

btnToCentClick()的第一行声明了一个变量，以引用表示文本框的对象：

```
var calcBox = document.form1.txtCalcBox;
```

为什么这么做？因为代码中用到 document.form1.txtCalcBox 的地方，都可以使用简短的 calcBox 来代替，减少了输入量，提高了代码的可读性。

所以：

```
alert(document.form1.txtCalcBox.value);
```

可简化为：

```
alert(calcBox.value);
```

函数的其余代码进行必要的检查，如果用户的输入是数字(不是 NotANumber)，且文本框包含值，则调用第 2 章的温度转换函数，将华氏温度转换为摄氏温度，结果用于设置文本框的值。

习题 2

创建一个用户界面，以允许用户根据自己的爱好挑选计算机系统，其原则类似于在 Internet 上销售计算机的电子商务网站。例如，允许用户选择处理器的类型、速度、内存和硬盘容量，并添加 DVD-ROM、声卡等附件。用户改变其选择时，系统的价格应自动更新，并通过使用警告框或更新文本框的内容，来通知用户所指定的系统的价格。

参考答案

```html
<!DOCTYPE html>

<html lang="en">
<head>
    <title>Chapter 11: Question 2</title>
</head>
<body>
    <form action="" name="form1">
        <p>
            Choose the components you want included on your computer
        </p>
        <p>
            <label for="cboProcessor">Processor</label>
            <select name="cboProcessor" id="cboProcessor">
                <option value="100">Dual-core 2GHz</option>
                <option value="101">Quad-core 2.4GHz</option>
                <option value="102">Eight-core 3GHz</option>
            </select>
        </p>
        <p>
            <label for="cboSsd">Solid-state Drive</label>
            <select name="cboSsd" id="cboSsd">
                <option value="200">250GB</option>
                <option value="201">512GB</option>
                <option value="202">1TB</option>
            </select>
        </p>
        <p>
            <label for="chkDVD">DVD-ROM</label>
            <input type="checkbox" id="chkDVD" name="chkDVD" value="300" />
        </p>
        <p>
```

581

```
            <label for="chkBluRay">Blu-ray</label>
            <input type="checkbox" id="chkBluRay" name="chkBluRay"
                value="301" />
    </p>
    <fieldset>
        <legend>Case</legend>
        <p>
            <label for="desktop">Desktop</label>
            <input type="radio" id="desktop"
                name="radCase" checked value="400" />
        </p>
        <p>
            <label for="minitower">Mini-tower</label>
            <input type="radio" id="minitower"
                name="radCase" value="401" />
        </p>
        <p>
            <label for="fulltower">Full-tower</label>
            <input type="radio" id="fulltower"
                name="radCase" value="402" />
        </p>
    </fieldset>

    <p>
        <input type="button" value="Update"
            id="btnUpdate" name="btnUpdate" />
    </p>
    <p>
        <label for="txtOrder">Order Summary:</label>
    </p>
    <p>
        <textarea rows="20" cols="35" id="txtOrder"
            name="txtOrder"></textarea>
    </p>
</form>
<script>
    var productDb = [];
    productDb[100] = 150;
    productDb[101] = 350;
    productDb[102] = 700;

    productDb[200] = 100;
    productDb[201] = 200;
    productDb[202] = 500;

    productDb[300] = 50;
    productDb[301] = 75;

    productDb[400] = 75;
    productDb[401] = 50;
```

```
productDb[402] = 100;

function getDropDownInfo(element) {
    var selected = element[element.selectedIndex];

    return {
        text: selected.text,
        price: productDb[selected.value]
    };
}

function getCheckboxInfo(element) {
    return {
        checked: element.checked,
        price: productDb[element.value]
    };
}

function getRadioInfo(elements) {
    for (var i = 0; i < elements.length; i++) {
        if (!elements[i].checked) {
            continue;
        }

        var selected = elements[i];

        var label = document.querySelector(
                    "[for=" + selected.id + "]");

        return {
            text: label.innerHTML,
            price: productDb[selected.value]
        };
    }
}

function btnUpdateClick() {
    var total = 0;
    var orderDetails = "";
    var theForm = document.form1;

    var selectedProcessor = getDropDownInfo(theForm.cboProcessor);
    total = selectedProcessor.price;
    orderDetails = "Processor : " + selectedProcessor.text;
    orderDetails = orderDetails + " $" +
                selectedProcessor.price + "\n";

    var selectedSsd = getDropDownInfo(theForm.cboSsd);
    total = total + selectedSsd.price;
    orderDetails = orderDetails + "Solid-state Drive : " +
```

```
                        selectedSsd.text;
            orderDetails = orderDetails + " $" + selectedSsd.price + "\n";

            var dvdInfo = getCheckboxInfo(theForm.chkDVD);
            if (dvdInfo.checked) {
                total = total + dvdInfo.price;

                orderDetails = orderDetails + "DVD-ROM : $" +
                    dvdInfo.price + "\n";
            }

            var bluRayInfo = getCheckboxInfo(theForm.chkBluRay);
            if (bluRayInfo.checked) {
                total = total + bluRayInfo.price;

                orderDetails = orderDetails + "Blu-ray : $" +
                    bluRayInfo.price + "\n";
            }

            var caseInfo = getRadioInfo(theForm.radCase);
            total = total + caseInfo.price;
            orderDetails = orderDetails + caseInfo.text + " : $" +
                    caseInfo.price;

            orderDetails = orderDetails + "\n\nTotal Order Cost is " +
                        "$" + total;

            theForm.txtOrder.value = orderDetails;
        }

        document.getElementById("btnUpdate")
            .addEventListener("click", btnUpdateClick);

        </script>




    </script>
</body>
</html>
```

保存为 ch11_question2.html。

上面的代码给出了处理这个问题的一种方法，也许读者已经想到了更好的方法。

本例把用户选择的结果在 textarea 框中显示为文本，每一项及其价格占一行，最后显示总价。

每个表单元素都把 value 属性设置为库存 ID 号。例如，立式机箱(full tower)的库存 ID 为 402。该配件的实际价格保存在数组 productDb 中。为什么不直接将价格保存在每个表单元素的 value 属性中？因为使用 ID 更灵活。目前数组只包含每个配件的价格信息，但可以把它改为包含更多数据，例如价格、描述、库存数量等。另外，如果将表单提交给服务器，则所传送的值是库存 ID，可用于查询库存数据库。如果 value 属性设置为价格，并提交表单，就无法确定客户预订了什么，只知道其价格。

本答案包含更新按钮，单击该按钮时，会更新 textarea 框中的订单信息。也可以为每个表单元素添加事件处理程序，以便在发生改变时进行更新。

下面分析显示订单汇总信息的 btnUpdateClick()函数。该函数包含了大量代码，显得比较复杂。但实际上它非常简单。大部分代码都很相似，仅仅做了少量的修改。它还使用几个辅助函数，从所选的表单元素中获得各种信息。

为了减少输入并提高代码的可读性，本答案声明了变量 theForm，以包含 Form 对象，在声明变量后，确定用户选择了哪种处理器，使用 getDropDownInfo()函数获得其价格和文本。

```
function getDropDownInfo(element) {
    var selected = element[element.selectedIndex];

    return {
        text: selected.text,
        price: productDb[selected.value]
    };
}
```

selectedIndex 属性表示用户在选择控件中选中了哪个 Option 对象，返回的新对象包含所选 Option 的文本，并从产品数据库中获取其价格。

要获得处理器信息，给 getDropDownInfo()传递 theForm.cboProcessor，把得到的对象赋予 selectedProcessor。接着计算总价，更新订单信息：

```
var selectedProcessor = getDropDownInfo(theForm.cboProcessor);
total = selectedProcessor.price;
orderDetails = "Processor : " + selectedProcessor.text;
orderDetails = orderDetails + " $" + selectedProcessor.price + "\n";
```

确定选中的硬盘大小时，使用了相同的办法。接下来看看其他可选配件的复选框，首先分析 DVD-ROM 复选框：

```
var dvdInfo = getCheckboxInfo(theForm.chkDVD);
if (dvdInfo.checked) {
    total = total + dvdInfo.price;

    orderDetails = orderDetails + "DVD-ROM : $" +
        dvdInfo.price + "\n";
}
```

同样，使用辅助函数 getCheckboxInfo()，检索给定复选框的信息：

```
function getCheckboxInfo(element) {
    return {
        checked: element.checked,
        price: productDb[element.value]
    };
}
```

该函数返回一个新对象，指出了组件的价格，以及复选框是否选中。

如果该复选框被选中，则将一个 DVD-ROM 添加到订单信息中，并更新总价格。Blu-ray 复选框也采用同样的处理办法。

最后分析机箱类型，用户只能选择一种机箱，所以使用了单选按钮组。但是单选按钮没有像复选框那样的 selectedIndex 属性。因此，必须依次遍历每个单选按钮，以便检查选中了哪个单选按钮。辅助函数 getRadioInfo()完成了这个任务：

```
function getRadioInfo(elements) {
    for (var i = 0; i < elements.length; i++) {
        if (!elements[i].checked) {
            continue;
        }

        var selected = elements[i];

        var label = document.querySelector("[for=" + selected.id + "]");

        return {
            text: label.innerHTML,
            price: productDb[selected.value]
        };
    }
}
```

上面的代码遍历单选按钮组，检查每个单选按钮的 checked 属性，如果该属性是 false，循环就用 continue 运算符迭代。但如果选中了某个单选按钮，就需要获得该单选按钮的文本，并从 productDb 数组中获得该组件的价格。

所以在 btnUpdateClick()函数中，可以使用这个辅助函数获得需要的所有信息，把选中的机箱添加到总价和描述中：

```
var caseInfo = getRadioInfo(theForm.radCase);
total = total + caseInfo.price;
orderDetails = orderDetails + caseInfo.text + " : $" +
        caseInfo.price;
```

最后，把 textarea 设置为用户选中的计算机系统信息。

```
orderDetails = orderDetails + "\n\nTotal Order Cost is " + total;
theForm.txtOrder.value = orderDetails;
```

第 12 章

习题 1

示例 1 中修改单个消息的代码不太好。修改这些代码，从三个可能的消息中随机选择
并显示一个消息。

参考答案

```html
<!DOCTYPE html>

<html lang="en">
<head>
    <title>Chapter 12: Question 1</title>
    <style>
        [data-drop-target] {
            height: 400px;
            width: 200px;
            margin: 2px;
            background-color: gainsboro;
            float: left;
        }

        .drag-enter {
            border: 2px dashed #000;
        }

        .box {
            width: 200px;
            height: 200px;
        }

        .navy {
            background-color: navy;
        }

        .red {
            background-color: red;
        }
    </style>
</head>
<body>
    <div data-drop-target="true">
        <div id="box1" draggable="true" class="box navy"></div>
        <div id="box2" draggable="true" class="box red"></div>
    </div>
    <div data-drop-target="true"></div>

    <script>
        function getRandomMessage() {
```

```
        var messages = [
            "You moved an element!",
            "Moved and element, you have! Mmmmmmm?",
            "Element overboard!"
        ];

        return messages[Math.floor((Math.random() * 3) + 0)];
}

function handleDragStart(e) {
    var data = {
        elementId: this.id,
        message: getRandomMessage()
    };

    e.dataTransfer.setData("text", JSON.stringify(data));
}

function handleDragEnterLeave(e) {
    if (e.type == "dragenter") {
        this.className = "drag-enter";
    } else {
        this.className = "";
    }
}

function handleOverDrop(e) {
    e.preventDefault();

    if (e.type != "drop") {
        return;
    }

    var json = e.dataTransfer.getData("text");
    var data = JSON.parse(json);

    var draggedEl = document.getElementById(data.elementId);

    if (draggedEl.parentNode == this) {
        this.className = "";
        return;
    }

    draggedEl.parentNode.removeChild(draggedEl);

    this.appendChild(draggedEl);
    this.className = "";

    alert(data.message);
}
```

```
        var draggable = document.querySelectorAll("[draggable]");
        var targets = document.querySelectorAll("[data-drop-target]");

        for (var i = 0; i < draggable.length; i++) {
            draggable[i].addEventListener("dragstart", handleDragStart);
        }

        for (i = 0; i < targets.length; i++) {
            targets[i].addEventListener("dragover", handleOverDrop);
            targets[i].addEventListener("drop", handleOverDrop);
            targets[i].addEventListener("dragenter",
handleDragEnterLeave);
            targets[i].addEventListener("dragleave",
handleDragEnterLeave);
        }
    </script>
</body>
</html>
```

保存为 ch12_question1.html。

这个答案很简单，它引入了一个新函数 getRandomMessage()，返回三个消息之一：

```
function getRandomMessage() {
    var messages = [
        "You moved an element!",
        "Moved and element, you have! Mmmmmmm?",
        "Element overboard!"
    ];

    return messages[Math.floor((Math.random() * 3) + 0)];
}
```

在 handleDragStart()中把 message 属性赋予数据对象时使用这个函数：

```
var data = {
    elementId: this.id,
    message: getRandomMessage()
};
```

可惜，这个答案没有给示例添加太多的风采，但有总胜于无。

第 13 章

习题 1

使用本地存储，创建一个页面，来跟踪用户上个月访问该页面的次数。

参考答案

```html
<!DOCTYPE html>

<html lang="en">
<head>
    <title>Chapter 13: Question 1</title>
</head>
<body>
    <script>
        var pageViewCount = localStorage.getItem("pageViewCount");
        var pageFirstVisited = localStorage.getItem("pageFirstVisited");
        var now = new Date();

        if (pageViewCount == null) {
            pageViewCount = 0;
            pageFirstVisited = now.toUTCString();
        }

        var oneMonth = new Date(pageFirstVisited);
        oneMonth.setMonth(oneMonth.getMonth() + 1);

        if (now > oneMonth) {
            pageViewCount = 0;
            pageFirstVisited = now.toUTCString();
        }

        pageViewCount = parseInt(pageViewCount, 10) + 1;

        localStorage.setItem("pageViewCount", pageViewCount);
        localStorage.setItem("pageFirstVisited", pageFirstVisited);

        var output = "You've visited this page " + pageViewCount +
            " times since " + pageFirstVisited;

        document.write(output);
    </script>
</body>
</html>
```

保存为 ch13_question1.html。

前两行从 localStorage 中获取了两个值，并保存在变量中。第一个值保存了访问次数，第二个值保存第一次访问页面的日期。也可以创建一个变量，来包含当前日期：

```javascript
var pageViewCount = localStorage.getItem("pageViewCount");
var pageFirstVisited = localStorage.getItem("pageFirstVisited");
var now = new Date();
```

如果 localStorage 中不存在名为 pageViewCount 的键，则同名的变量就是 null，此时，需要将 pageViewCount 设置为 0，pageFirstVisited 初始化为当前日期。localStorage 仅包含字符串数据，所以使用 Date 对象的 toUTCString() 方法把日期转换为字符串：

```
if (pageViewCount == null) {
    pageViewCount = 0;
    pageFirstVisited = now.toUTCString();
}
```

只能跟踪用户在一个月内的访问次数。所以需要一个变量来保存第一次访问页面的日期加上一个月的 Date 对象：

```
var oneMonth = new Date(pageFirstVisited);
oneMonth.setMonth(oneMonth.getMonth() + 1);
```

如果当前的日期和时间晚于 oneMonth，就重置 pageViewCount 和 pageFirstVisited 变量：

```
if (now > oneMonth) {
    pageViewCount = 0;
    pageFirstVisited = now.toUTCString();
}
```

接着递增 pageViewCount，把它和 pageFirstVisited 存储在 localStorage 中。

```
pageViewCount = parseInt(pageViewCount, 10) + 1;

localStorage.setItem("pageViewCount", pageViewCount);
localStorage.setItem("pageFirstVisited", pageFirstVisited);
```

最后把信息写入页面：

```
var output = "You've visited this page " + pageViewCount +
    " times since " + pageFirstVisited;

document.write(output);
```

习题 2

使用 cookies，在用户每次访问页面时加载不同的广告。

参考答案

```
<!DOCTYPE html>

<html lang="en">
<head>
    <title>Chapter 13: Question 2</title>
</head>
<body>
    <script>
        var ads = [
            "Buy Product A! You won't be sorry!",
```

```
            "You need Product B! Buy buy buy!",
            "Don't buy Product A or B! Product C is the only option for you!"
        ];

        function getRandomNumber(min, max) {
            return Math.floor((Math.random() * max) + min);
        }

        var lastAdNumber = localStorage.getItem("lastAdNumber");
        var nextNumber = getRandomNumber(0, ads.length);

        if (lastAdNumber == null) {
            lastAdNumber = nextNumber;
        } else {
            lastAdNumber = parseInt(lastAdNumber, 10);
            while (lastAdNumber == nextNumber) {
                nextNumber = getRandomNumber(0, ads.length);
            }
        }

        localStorage.setItem("lastAdNumber", nextNumber);

        document.write(ads[nextNumber]);
    </script>
</body>
</html>
```

保存为 ch13_question2.html。

上面的参考答案基于前面章节的类似习题。例如第 10 章的一道习题显示随机选取的图片。本题在每次用户访问页面时显示一幅不同的图片，在相同的浏览器中，相同的图片不会显示两次。

在键为 lastAdNumber 的 localStorage 中保存前一幅显示的图片编号。使用辅助函数 getRandomNumber()检索该值，生成下一个编号：

```
var lastAdNumber = localStorage.getItem("lastAdNumber");
var nextNumber = getRandomNumber(0, ads.length);
```

如果 lastAdNumber 是 null，就需要使用 nextNumber 的值。

```
if (lastAdNumber == null) {
    lastAdNumber = nextNumber;
}
```

如果 lastAdNumber 不是 null，就需要生成一个不是 lastAdNumber 的随机数。所以首先使用 parseInt()函数把 lastAdNumber 转换为数字：

```
else {
    lastAdNumber = parseInt(lastAdNumber, 10);
    while (lastAdNumber == nextNumber) {
```

```
        nextNumber = getRandomNumber(0, ads.length);
    }
}
```

接着使用 while 循环生成一个唯一的随机数。lastAdNumber 等于 nextNumber 时执行循环，直到下一个数字不是 lastAdNumber 为止。

有了唯一的数字后，把它存储在 localStorage 中，在页面上显示广告：

```
localStorage.setItem("lastAdNumber", nextNumber);

document.write(ads[nextNumber]);
```

第 14 章

习题 1

扩展 HttpRequest 模块，以便在已有异步请求的基础上增加同步请求。必须对代码进行一些调整，以便添加这个功能(提示：给模块创建 async 属性)。

参考答案

```
function HttpRequest(url, callback) {
    this.url = url;
    this.callBack = callback;
    this.async = true;
    this.request = new XMLHttpRequest();
};

HttpRequest.prototype.send = function() {
    this.request.open("GET", this.url, this.async);

    if (this.async) {
        var tempRequest = this.request;
        var callback = this.callBack;

        function requestReadystatechange() {
            if (tempRequest.readyState == 4) {
                if (tempRequest.status == 200) {
                    callback(tempRequest.responseText);
                } else {
                    alert("An error occurred while attempting to " +
                        "contact the server.");
                }
            }
        }

        this.request.onreadystatechange = requestReadystatechange;
    }
```

```
    this.request.send(null);

    if (!this.async) {
        this.callBack(this.request.responseText);
    }
};
```

可以采用多种办法给 HttpRequest 模块添加同步通信。本例采用的方式修改代码,添加一个新属性 async。async 属性包含 true 或者 false。如果 async 属性为 true,则底层的 XML-HttpRequest 对象使用异步通信方式获取文件。如果 async 属性为 false,该模块就使用同步通信方式。

模块的第一个变化是构造函数本身。原构造函数初始化一个 XMLHttpRequest 对象,来发送数据。但是新构造函数仅初始化了所有属性。

```
function HttpRequest(url, callback) {
    this.url = url;
    this.callBack = callback;
    this.async = true;
    this.request = new XMLHttpRequest();
};
```

其中有三个新属性。第一个属性 url 表示 XMLHttpRequest 对象尝试从服务器请求的 URL。callBack 属性包含对回调函数的引用。async 属性决定 XMLHttpRequest 对象采用的通信类型。在构造函数中,将 async 设置为 true,表示该属性的默认值为 true,因此可以采用异步模式发送请求,无须在外部设置这个属性。

新的构造函数和属性是真正需要的,因为它们允许为多个请求重用相同的 HttpRequest 对象。如果要向另一个 URL 发出请求,只需要给 url 属性设置新值。回调函数也是如此。

createXmlHttpRequest()方法保持不变。这是一个辅助方法,与发送请求无关。

模块的主要改变在于 send()方法。模块利用这个方法决定是采用同步通信还是异步通信方式。在发送请求时,这两种通信方式几乎完全不同:异步通信使用 onreadystatechange 事件处理程序,而同步通信在请求完成时,才允许访问 XMLHttpRequest 对象的属性。因此,需要使用代码分支:

```
HttpRequest.prototype.send = function() {
    this.request.open("GET", this.url, this.async);

    if (this.async) {
        //more code here
    }
    this.request.send(null);

    if (!this.async) {
        //more code here
    }
}
```

这个方法的第一行代码使用 XMLHttpRequest 对象的 open()方法，并将 async 属性作为该方法的最后一个参数，该参数决定 XMLHttpRequest 对象是否采用异步通信。接下来，if 语句检查 this.async 属性是否为 true，如果是，就在这个 if 块中放置异步代码。随后调用 XMLHttpRequest 对象的 send()方法，向服务器发送请求。最后一个 if 语句检查 this.async 是否为 false，如果是，就把同步代码放在要执行的代码块中。

```
HttpRequest.prototype.send = function() {
    this.request.open("GET", this.url, this.async);

    if (this.async) {
        var tempRequest = this.request;
        var callback = this.callBack;

        function requestReadystatechange() {
            if (tempRequest.readyState == 4) {
                if (tempRequest.status == 200) {
                    callback(tempRequest.responseText);
                } else {
                    alert("An error occurred while attempting to " +
                        "contact the server.");
                }
            }
        }

        this.request.onreadystatechange = requestReadystatechange;
    }

    this.request.send(null);

    if (!this.async) {
        this.callBack(this.request.responseText);
    }
};
```

上面的新代码完成了 send()方法的定义。第一个 if 块给新变量 callback 赋予 this.callBack 的值，其原因与使用 tempRequest 变量一样——解决作用域问题——因为 this 指向 requestReadystatechange()函数，而不是 HttpRequest 对象。除此之外，其他异步代码保持不变。请求成功时，requestReadystatechange()函数处理 readystatechange 事件，并调用回调函数。

第二个 if 块非常简单。仅当采用同步通信时，才执行这个代码块。该代码块只是调用回调函数，并传递 XMLHttpRequest 对象的 responseText 属性。

重构的模块使用起来非常简单。下面的代码异步请求一个假定的文本文件 test.txt：

```
function requestCallback(responseText) {
    alert(responseText);
}
```

```
var http = new HttpRequest("test.txt", requestCallback);

http.send();
```

对于异步请求来说，没有什么实质性变化，代码与本章中的示例完全相同。如果要使用同步通信，只需要将 async 设置为 false，例如下面的代码：

```
function requestCallback(responseText) {
    alert(responseText);
}

var http = new HttpRequest("test.txt", requestCallback);

http.async = false;

http.send();
```

现在，这个 Ajax 模块可以用同步和异步通信方式请求信息了。

习题 2

如本章前面所述，智能表单可以改为不使用超链接。修改使用 HttpRequest 模块的表单，使之在用户提交表单时检查用户名和 e-mail 字段。如果用户名和 e-mail 已被占用，就使用表单的 onsubmit 事件处理程序，取消提交操作。

参考答案

首先声明，理想情况下，ch14_formvalidator.php 提供的服务应允许在一次请求中检查用户名和电子邮件地址。这会大大简化这个答案。但是，有时需要发出多个请求，有时，每个请求依赖上一个请求的结果。这个问题和答案就模拟这种情形。

另外，执行多个(链接的)异步操作是相当复杂的——这称为"回调地狱"条件。这个答案将感受一次。

```
<!DOCTYPE html>

<html lang="en">
<head>
    <title>Chapter 14: Question 2</title>
    <style>
        .fieldname {
            text-align: right;
        }

        .submit {
            text-align: right;
        }
    </style>
```

```
    </head>
    <body>
        <form name="theForm">
            <table>
                <tr>
                    <td class="fieldname">
                        Username:
                    </td>
                    <td>
                        <input type="text" id="username" />
                    </td>
                    <td>


                    </td>
                </tr>
                <tr>
                    <td class="fieldname">
                        Email:
                    </td>
                    <td>
                        <input type="text" id="email" />
                    </td>
                    <td>


                    </td>
                </tr>
                <tr>
                    <td class="fieldname">
                        Password:
                    </td>
                    <td>
                        <input type="text" id="password" />
                    </td>
                    <td />
                </tr>
                <tr>
                    <td class="fieldname">
                        Verify Password:
                    </td>
                    <td>
                        <input type="text" id="password2" />
                    </td>
                    <td />
                </tr>
                <tr>
                    <td colspan="2" class="submit">
                        <input id="btnSubmit" type="submit" value="Submit" />
                    </td>
                    <td />
                </tr>
```

```
        </table>
    </form>
    <script src="ch14_question1.js"></script>
    <script>
        function btnSubmitClick(e) {
            e.preventDefault();

            checkUsername();
        }

        function checkUsername() {
            var userValue = document.getElementById("username").value;

            if (!userValue) {
                alert("Please enter a user name to check!");
                return;
            }

            var url = "ch14_formvalidator.php?username=" + userValue;

            var request = new HttpRequest(url, handleUsernameResponse);
            request.send();
        }

        function checkEmail() {
            var emailValue = document.getElementById("email").value;

            if (!emailValue) {
                alert("Please enter an email address to check!");
                return;
            }

            var url = "ch14_formvalidator.php?email=" + emailValue;

            var request = new HttpRequest(url, handleEmailResponse);
            request.send();
        }

        function handleUsernameResponse(responseText) {
            var response = JSON.parse(responseText);

            if (!response.available) {
                alert("The username " + response.searchTerm +
                    " is unavailable. Try another.");
                return;
            }

            checkEmail();
        }
```

```
    function handleEmailResponse(responseText) {
        var response = JSON.parse(responseText);

        if (!response.available) {
            alert("The email address " + response.searchTerm +
                " is unavailable. Try another.");
            return;
        }

        document.theForm.submit();
    }

    document.getElementById("btnSubmit")
        .addEventListener("click", btnSubmitClick);
</script>
</body>

</html>
```

保存为 ch14_question2.html。

在 HTML 中，注意检查用户名和电子邮件地址的链接没有了。不再需要这些链接，因为这些值在用户单击 Submit 按钮时检查。JavaScript 代码的最后一个语句注册了事件监听器:

```
document.getElementById("btnSubmit")
        .addEventListener("click", btnSubmitClick);
```

处理按钮单击事件的函数是 btnSubmitClick()，这个简单的函数执行整个过程:

```
function btnSubmitClick(e) {
    e.preventDefault();

    checkUsername();
}
```

其第一个语句禁止提交表单，这很重要，因为异步过程的本质，btnSubmitClick()不能负责提交表单。因此，如果用户名和电子邮件地址验证为有效，就需要另一个函数提交表单。

第二个语句调用 checkUsername()，它几乎没有变化:

```
function checkUsername() {
    var userValue = document.getElementById("username").value;

    if (!userValue) {
        alert("Please enter a user name to check!");
        return;
    }

    var url = "ch14_formvalidator.php?username=" + userValue;
```

```
    var request = new HttpRequest(url, handleUsernameResponse);
    request.send();
}
```

实际上，该函数的唯一变化是传递给 HttpRequest 构造函数的回调函数。这是一个新的回调函数 handleUsernameResponse()，有点类似于最初的函数 handleResponse()：

```
function handleUsernameResponse(responseText) {
    var response = JSON.parse(responseText);

    if (!response.available) {
        alert("The username " + response.searchTerm +
            " is unavailable. Try another.");
        return;
    }

    checkEmail();
}
```

这个函数提取响应，解析为 JavaScript 对象。如果用户名没有提供，就给用户显示错误消息并返回。用户名不可用时什么都不做，但如果用户名可用，就调用 checkEmail()：

```
function checkEmail() {
    var emailValue = document.getElementById("email").value;

    if (!emailValue) {
        alert("Please enter an email address to check!");
        return;
    }

    var url = "ch14_formvalidator.php?email=" + emailValue;

    var request = new HttpRequest(url, handleEmailResponse);
    request.send();
}
```

这个函数也基本没有变化。唯一的区别是传递给 HttpRequest 构造函数的回调函数 handleEmailResponse()。它解析请求，是该过程中的最后一步：

```
function handleEmailResponse(responseText) {
    var response = JSON.parse(responseText);

    if (!response.available) {
        alert("The email address " + response.searchTerm +
            " is unavailable. Try another.");
        return;
    }

    document.theForm.submit();
}
```

　　如果电子邮件地址不可用，这个函数就给用户显示错误消息并返回。但如果电子邮件
地址可用，就提交表单。

第 15 章

习题 1

　　能控制回放是很棒的,但自定义 UI 还需要控制音量。给示例 3 添加<input type="range"
/>元素，来控制音量。注意媒体元素支持的音量范围是 0.0 到 1.0。如果需要复习范围输入
类型,可参阅第 11 章。可惜它不适用于 IE。

参考答案

```
<!DOCTYPE html>

<html lang="en">
<head>
    <title>Chapter 15: Question 1</title>
</head>
<body>
    <div>
        <button id="playbackController">Play</button>
        <button id="muteController">Mute</button>
        <input type="range" id="volumeController"
            min="0" max="1" step=".1" value="1"/>
    </div>
    <video id="bbbVideo">
        <source src="bbb.mp4" />
        <source src="bbb.webm" />
    </video>

    <script>
    function pauseHandler(e) {
        playButton.innerHTML = "Resume";
    }

    function playingHandler(e) {
        playButton.innerHTML = "Pause";
    }

    function volumechangeHandler(e) {
        muteButton.innerHTML = video.muted ? "Unmute" : "Mute";
    }

    function playbackClick(e) {
        video.paused ? video.play() : video.pause();
    }
```

```
        function muteClick(e) {
            video.muted = !video.muted;
        }

        function volumeInput(e) {
            video.volume = volumeSlider.value;
        }

        var video = document.getElementById("bbbVideo");
        var playButton = document.getElementById("playbackController");
        var muteButton = document.getElementById("muteController");
        var volumeSlider = document.getElementById("volumeController");

        video.addEventListener("pause", pauseHandler);
        video.addEventListener("playing", playingHandler);
        video.addEventListener("volumechange", volumechangeHandler);

        playButton.addEventListener("click", playbackClick);
        muteButton.addEventListener("click", muteClick);
        volumeSlider.addEventListener("input", volumeInput);
    </script>
</body>
</html>
```

保存为 ch15_question1.html。

这个答案建立在示例 3 的基础上。添加的内容已突出显示，以便于查看。

音量用<input/>元素控制：

```
<input type="range" id="volumeController"
       min="0" max="1" step=".1" value="1"/>
```

它是一个范围控件，设置为最小值 0、最大值 1，步长 0.1。初始值设置为 1，表示最大音量。

在 JavaScript 代码中，检索这个元素，存储在 volumeSlider 变量中：

```
var volumeSlider = document.getElementById("volumeController");
```

注册 input 事件监听器：

```
volumeSlider.addEventListener("input", volumeInput);
```

volumeInput()函数处理这个事件，它负责把媒体的音量设置为滑块的对应值：

```
function volumeInput(e) {
    video.volume = volumeSlider.value;
}
```

习题 2

在题 1 的答案中添加另一个范围表单控件，编程控制媒体。它还应在播放媒体时更新。

使用 durationchange 事件设置滑块的最大值，使用 timeupdate 事件更新滑块的值。

参考答案

```html
<!DOCTYPE html>

<html lang="en">
<head>
    <title>Chapter 15: Question 2</title>
</head>
<body>
    <div>
        <button id="playbackController">Play</button>
        <button id="muteController">Mute</button>
        <input type="range" id="volumeController"
            min="0" max="1" step=".1" value="1"/>
    </div>
    <video id="bbbVideo">
        <source src="bbb.mp4" />
        <source src="bbb.webm" />
    </video>
    <div>
        <input type="range" id="seekController"
            min="0" step="1" value="0" />
    </div>
    <script>
        function pauseHandler(e) {
            playButton.innerHTML = "Resume";
        }

        function playingHandler(e) {
            playButton.innerHTML = "Pause";
        }

        function volumechangeHandler(e) {
            muteButton.innerHTML = video.muted ? "Unmute" : "Mute";
        }

        function durationchangeHandler(e) {
            seekSlider.max = video.duration;
        }

        function timeupdateHandler(e) {
            seekSlider.value = video.currentTime;
        }

        function playbackClick(e) {
            video.paused ? video.play() : video.pause();
        }
```

```
            function muteClick(e) {
                video.muted = !video.muted;
            }

            function volumeInput(e) {
                video.volume = volumeSlider.value;
            }

            function seekInput(e) {
                video.currentTime = seekSlider.value;
            }

            var video = document.getElementById("bbbVideo");
            var playButton = document.getElementById("playbackController");
            var muteButton = document.getElementById("muteController");
            var volumeSlider = document.getElementById("volumeController");
            var seekSlider = document.getElementById("seekController");

            video.addEventListener("pause", pauseHandler);
            video.addEventListener("playing", playingHandler);
            video.addEventListener("volumechange", volumechangeHandler);
            video.addEventListener("durationchange", durationchangeHandler);
            video.addEventListener("timeupdate", timeupdateHandler);


            playButton.addEventListener("click", playbackClick);
            muteButton.addEventListener("click", muteClick);
            volumeSlider.addEventListener("input", volumeInput);
            seekSlider.addEventListener("input", seekInput);

        </script>
    </body>
</html>
```

保存为 ch15_question2.html。

变化的内容再次突出显示。在页面上添加了另一个范围控件:

```
<div>
    <input type="range" id="seekController"
        min="0" step="1" value="0" />
</div>
```

该控件称为 seekController,它设置为最小值 0,步长 1,初始值 0。最大值没有设置,因为还不知道视频的时长。但可以在媒体的 durationchange 事件触发时设置最大值。给这个事件注册监听器,该事件在触发时调用 durationchangeHandler()函数。

```
function durationchangeHandler(e) {
    seekSlider.max = video.duration;
}
```

它只是把滑块的 max 属性设置为媒体的时长。

还使用 timeupdateHandler()函数给媒体的 timeupdate 事件注册监听器。媒体的当前时间改变时，使用它更新滑块的值：

```
function timeupdateHandler(e) {
    seekSlider.value = video.currentTime;
}
```

还要用滑块控制媒体的定位操作，所以监听范围控件的 input 事件：

```
function seekInput(e) {
    video.currentTime = seekSlider.value;
}
```

把媒体的 currentTime 属性设置为滑块的值。

第 16 章

习题 1

示例 1 基于第 10 章的示例 17，我们修改了示例 17，以响应第 10 章的一道习题。请修改本章的示例 1，确保一次只激活一个选项卡。

参考答案

```
<!DOCTYPE html>

<html lang="en">
<head>
    <title>Chapter 16: Question 1</title>
    <style>
        .tabStrip {
            background-color: #E4E2D5;
            padding: 3px;
            height: 22px;
        }

        .tabStrip div {
            float: left;
            font: 14px arial;
            cursor: pointer;
        }

        .tabStrip-tab {
            padding: 3px;
        }

        .tabStrip-tab-hover {
            border: 1px solid #316AC5;
```

```
        background-color: #C1D2EE;
        padding: 2px;
    }

    .tabStrip-tab-click {
        border: 1px solid #facc5a;
        background-color: #f9e391;
        padding: 2px;
    }
    </style>
</head>
<body>
    <div class="tabStrip">
        <div data-tab-number="1" class="tabStrip-tab">Tab 1</div>
        <div data-tab-number="2" class="tabStrip-tab">Tab 2</div>
        <div data-tab-number="3" class="tabStrip-tab">Tab 3</div>
    </div>
    <div id="descContainer"></div>

    <script src="jquery-2.1.1.min.js"></script>
    <script>
    var activeTab = null;

    function handleEvent(e) {
        var target = $(e.target);
        var type = e.type;

        if (type == "mouseover" || type == "mouseout") {
            target.toggleClass("tabStrip-tab-hover");
        } else if (type == "click") {

            if (activeTab) {
                activeTab.removeClass("tabStrip-tab-click");
            }

            target.addClass("tabStrip-tab-click");

            var num = target.attr("data-tab-number");
            showDescription(num);

            activeTab = target;
        }
    }

    function showDescription(num) {
        var text = "Description for Tab " + num;

        $("#descContainer").text(text);
    }
```

```
        $(".tabStrip > div").on("mouseover mouseout click", handleEvent);
    </script>
```

```
</body>
</html>
```

保存为 ch16_question1.html。

这个答案的整个逻辑都与第 10 章第 3 题的答案相同。定义一个变量来跟踪活动的选项卡：

```
var activeTab = null;
```

然后，用户单击一个选项卡时，就从活动选项卡(假定有)中删除 CSS 类 tabStrip-tab-click：

```
if (activeTab) {
    activeTab.removeClass("tabStrip-tab-click");
}
```

再把当前选项卡选择为活动选项卡：

```
activeTab = target;
```

习题 2

示例 2 有一些重复的代码。修订代码，去除重复的部分。另外，添加一个函数，处理可能在请求过程中出现的错误。

参考答案

```
<!DOCTYPE html>

<html lang="en">
<head>
    <title>Chapter 16: Question 2</title>
    <style>
        .fieldname {
            text-align: right;
        }

        .submit {
            text-align: right;
        }
    </style>
</head>
<body>
    <form>
        <table>
            <tr>
                <td class="fieldname">
```

```
                Username:
            </td>
            <td>
                <input type="text" id="username" />
            </td>
            <td>
                <a id="usernameAvailability" href="#">Check Availability</a>
            </td>
        </tr>
        <tr>
            <td class="fieldname">
                Email:
            </td>
            <td>
                <input type="text" id="email" />
            </td>
            <td>
                <a id="emailAvailability" href="#">Check Availability</a>
            </td>
        </tr>
        <tr>
            <td class="fieldname">
                Password:
            </td>
            <td>
                <input type="text" id="password" />
            </td>
            <td />
        </tr>
        <tr>
            <td class="fieldname">
                Verify Password:
            </td>
            <td>
                <input type="text" id="password2" />
            </td>
            <td />
        </tr>
        <tr>
            <td colspan="2" class="submit">
                <input type="submit" value="Submit" />
            </td>
            <td />
        </tr>
    </table>
</form>
<script src="jquery-2.1.1.min.js"></script>
<script>
    function checkUsername(e) {
        e.preventDefault();
```

```
        var userValue = $("#username").val();

        if (!userValue) {
            alert("Please enter a user name to check!");
            return;
        }

        makeRequest({
            username: userValue
        });
    }

function checkEmail(e) {
    e.preventDefault();

        var emailValue = $("#email").val();

        if (!emailValue) {
            alert("Please enter an email address to check!");
            return;
        }

        makeRequest({
            email: emailValue
        });
    }

function makeRequest(parameters) {
    $.getJSON("ch14_formvalidator.php", parameters)
        .done(handleResponse)
        .fail(handleError);
    }

function handleError() {
    alert("A network error occurred. Please try again " +
        "in a few moments.");
    }

function handleResponse(response) {
    if (response.available) {
        alert(response.searchTerm + " is available!");
    } else {
        alert("We're sorry, but " + response.searchTerm +
            " is not available.");
    }
    }

$("#usernameAvailability").on("click", checkUsername);
$("#emailAvailability").on("click", checkEmail);
```

```
        </script>
    </body>

    </html>
```

保存为 ch16_question2.html。

重复代码的主要根源是发出实际请求的代码：

```
$.getJSON("ch14_formvalidator.php", parms).done(handleResponse);
```

尽管只有一行代码，仍可以把它移动到一个独立的函数中，以便于维护。另外，添加一个函数处理 Ajax 错误时，只能访问一个函数，而不是两个。

首先编写一个函数，在 Ajax 请求失败时，给用户显示一个消息。该函数称为 handleError()：

```
function handleError() {
    alert("A network error occurred. Please try again " +
        "in a few moments.");
}
```

现在可以编写执行 Ajax 请求的函数，并链接 fail()调用和 done()：

```
function makeRequest(parameters) {
    $.getJSON("ch14_formvalidator.php", parameters)
        .done(handleResponse)
        .fail(handleError);
}
```

现在可以在 checkUsername()函数中使用这个 makeRequest()函数：

```
function checkUsername(e) {
    e.preventDefault();

    var userValue = $("#username").val();

    if (!userValue) {
        alert("Please enter a user name to check!");
        return;
    }

    makeRequest({
        username: userValue
    });
}
```

checkEmail()函数如下：

```
function checkEmail(e) {
    e.preventDefault();
```

```
        var emailValue = $("#email").val();

        if (!emailValue) {
            alert("Please enter an email address to check!");
            return;
        }

        makeRequest({
            email: emailValue
        });
    }
```

也可以从两个函数中删除 parms 变量，如本答案所示。把对象字面量直接传递给 makeRequest()，会使代码更简洁。

第 17 章

习题 1

使用 Prototype 完成第 14 章的第 2 题，并在 Ajax 请求出错时添加错误报告。

参考答案

```html
<!DOCTYPE html>

<html lang="en">
<head>
    <title>Chapter 17: Question 1</title>
    <style>
        .fieldname {
            text-align: right;
        }

        .submit {
            text-align: right;
        }
    </style>
</head>
<body>
    <form name="theForm">
        <table>
            <tr>
                <td class="fieldname">
                    Username:
                </td>
                <td>
                    <input type="text" id="username" />
                </td>
                <td></td>
```

```
        </tr>
        <tr>
            <td class="fieldname">
                Email:
            </td>
            <td>
                <input type="text" id="email" />
            </td>
            <td></td>
        </tr>
        <tr>
            <td class="fieldname">
                Password:
            </td>
            <td>
                <input type="text" id="password" />
            </td>
            <td />
        </tr>
        <tr>
            <td class="fieldname">
                Verify Password:
            </td>
            <td>
                <input type="text" id="password2" />
            </td>
            <td />
        </tr>
        <tr>
            <td colspan="2" class="submit">
                <input id="btnSubmit" type="submit" value="Submit" />
            </td>
            <td />
        </tr>
    </table>
</form>
<script src="prototype.1.7.2.js"></script>
<script>
    function btnSubmitClick(e) {
        e.preventDefault();

        checkUsername();
    }

    function checkUsername() {
        var userValue = $("username").value;

        if (!userValue) {
            alert("Please enter a user name to check!");
            return;
```

```
        }

    var options = {
        method: "get",
        onSuccess: handleUsernameResponse,
        onFailure: handleError,
        parameters: {
            username: userValue
        }
    };

    new Ajax.Request("ch14_formvalidator.php", options);
}

function checkEmail() {
    var emailValue = $("email").value;

    if (!emailValue) {
        alert("Please enter an email address to check!");
        return;
    }

    var options = {
        method: "get",
        onSuccess: handleEmailResponse,
        onFailure: handleError,
        parameters: {
            email: emailValue
        }
    };

    new Ajax.Request("ch14_formvalidator.php", options);
}

function handleUsernameResponse(transport) {
    var response = transport.responseJSON;

    if (!response.available) {
        alert("The username " + response.searchTerm +
                " is unavailable. Try another.");
        return;
    }

    checkEmail();
}

function handleEmailResponse(transport) {
    var response = transport.responseJSON;

    if (!response.available) {
```

```
            alert("The email address " + response.searchTerm +
                " is unavailable. Try another.");
            return;
        }

        document.theForm.submit();
    }

    function handleError() {
        alert("A network error occurred. Please try again " +
            "in a few moments.");
    }

    $("btnSubmit").observe("click", btnSubmitClick);
</script>
</body>

</html>
```

保存为 ch17_question1.html。

这个答案基于第 14 章的习题 2 答案，但代码改为使用 Prototype 的 API。还有一个新函数 handleError()，用于处理错误：

```
function handleError() {
    alert("A network error occurred. Please try " +
        "again in a few moments.");
}
```

这个函数是 handleError()，它仅给用户显示消息。在发出 Ajax 请求时，把这个函数赋予 onFailure 选项。

因为使用 Prototype 的 Ajax API，所以发出请求需要许多代码：

```
var options = {
    method: "get",
    onSuccess: handleEmailResponse,
    onFailure: handleError,
    parameters: {
        email: emailValue
    }
};

new Ajax.Request("ch14_formvalidator.php", options);
```

这段代码摘自 checkUsername()。先创建 options 对象，其中包含 method、onSuccess、onFailure 和 parameters 属性，再发出请求。

请求成功时，执行 handleUsernameResponse()和 handleEmailResponse()函数。它们不再把 JSON 数据手工解析到 JavaScript 对象中，而是使用 responseJSON 属性：

```
var response = transport.responseJSON;
```

最后，使用 observe()方法注册按钮的 click 事件监听器：

```
$("btnSubmit").observe("click", btnSubmitClick);
```

习题 2

使用 MooTools 完成第 14 章的第 2 题，并在 Ajax 请求出错时添加错误报告。

参考答案

```
<!DOCTYPE html>

<html lang="en">
<head>
    <title>Chapter 17: Question 2</title>
    <style>
        .fieldname {
            text-align: right;
        }

        .submit {
            text-align: right;
        }
    </style>
</head>
<body>
    <form name="theForm">
        <table>
            <tr>
                <td class="fieldname">
                    Username:
                </td>
                <td>
                    <input type="text" id="username" />
                </td>
                <td></td>
            </tr>
            <tr>
                <td class="fieldname">
                    Email:
                </td>
                <td>
                    <input type="text" id="email" />
                </td>
                <td></td>
            </tr>
            <tr>
                <td class="fieldname">
                    Password:
                </td>
                <td>
```

```
                        <input type="text" id="password" />
                </td>
                <td />
        </tr>
        <tr>
                <td class="fieldname">
                        Verify Password:
                </td>
                <td>
                        <input type="text" id="password2" />
                </td>
                <td />
        </tr>
        <tr>
                <td colspan="2" class="submit">
                        <input id="btnSubmit" type="submit" value="Submit" />
                </td>
                <td />
        </tr>
    </table>
</form>
<script src="mootools-core-1.5.1-compressed.js"></script>
<script>
    function btnSubmitClick(e) {
        e.preventDefault();

        checkUsername();
    }

    function checkUsername() {
        var userValue = $("username").value;

        if (!userValue) {
            alert("Please enter a user name to check!");
            return;
        }

        var options = {
            url: "ch14_formvalidator.php",
            data: {
                username: userValue
            },
            onSuccess: handleUsernameResponse,
            onFailure: handleError
        };

        new Request.JSON(options).get();


    }
```

```
        function checkEmail() {
            var emailValue = $("email").value;

            if (!emailValue) {
                alert("Please enter an email address to check!");
                return;
            }

            var options = {
                url: "ch14_formvalidator.php",
                data: {
                    email: emailValue
                },
                onSuccess: handleEmailResponse,
                onFailure: handleError
            };

            new Request.JSON(options).get();

        }

        function handleUsernameResponse(response) {
            if (!response.available) {
                alert("The username " + response.searchTerm +
                        " is unavailable. Try another.");
                return;
            }

            checkEmail();
        }

        function handleEmailResponse(response) {
            if (!response.available) {
                alert("The email address " + response.searchTerm +
                        " is unavailable. Try another.");
                return;
            }

            document.theForm.submit();
        }

        function handleError() {
            alert("A network error occurred. Please try again " +
                "in a few moments.");
        }

        $("btnSubmit").addEvent("click", btnSubmitClick);
    </script>
</body>

</html>
```

第 18 章

习题 1

本章示例 ch18_example4.html 页面中包含一个故意设置的 bug。对于每一个乘法表，它仅仅计算从 1 到 11 的乘法。

使用脚本调试器找出原因，并修正该错误。

参考答案

代码的逻辑有问题，但语法正确。逻辑错误更难查找和处理，因为与语法错误不同，浏览器不会提示某行有错误，只是不像期望的那样工作。下面代码的错误是：

```
for (var counter = 1; counter < 12; counter++)
```

代码应从 1 循环到 12(包括 12)。而 counter<12 语句至多循环到 11，当计数器等于 12 时，该语句就是 false，所以漏掉了第 12 次循环。要更正这个问题，可将代码修改为：

```
for (var counter = 1; counter <= 12; counter++)
```

习题 2

下面的代码包含了多个常见错误，请找出这些错误。

```
<!DOCTYPE html>

<html lang="en">
<head>
    <title>Chapter 18: Question 2</title>
</head>
<body>
    <form name="form1" action="">
        <input type="text" id="text1" name="text1" />
        <br />
        CheckBox 1<input type="checkbox" id="checkbox2" name="checkbox2" />
        <br />
        CheckBox 1<input type="checkbox" id="checkbox1" name="checkbox1" />
        <br />
        <input type="text" id="text2" name="text2" />
        <p>
            <input type="submit" value="Submit" id="submit1"
                name="submit1" />
        </p>
    </form>

    <script>
        function checkForm(e) {
            var elementCount = 0;
            var theForm = document.form1;
```

```
        while(elementCount =<= theForm.length) {
            if (theForm.elements[elementcount].type == "text") {
                if (theForm.elements[elementCount].value() = "")
                    alert("Please complete all form elements");
                theForm.elements[elementCount].focus;
                e.preventDefault();
                break;
            }
        }
    }

    document.form1.addEventListener("submit", checkForm);
    </script>
</body>

</html>
```

参考答案

正确的代码如下所示：

```
<!DOCTYPE html>

<html lang="en">
<head>
    <title>Chapter 18: Question 2</title>
</head>
<body>
    <form name="form1" action="">
        <input type="text" id="text1" name="text1" />
        <br />
        CheckBox 1<input type="checkbox" id="checkbox2" name="checkbox2" />
        <br />
        CheckBox 1<input type="checkbox" id="checkbox1" name="checkbox1" />
        <br />
        <input type="text" id="text2" name="text2" />
        <p>
            <input type="submit" value="Submit" id="submit1"
                name="submit1" />
        </p>
    </form>

    <script>
    function checkForm(e) {
        var elementCount = 0;
        var theForm = document.form1;

        while(elementCount < theForm.length) {
            if (theForm.elements[elementCount].type == "text") {
                if (theForm.elements[elementCount].value == "") {
```

```
                    alert("Please complete all form elements");
                    theForm.elements[elementCount].focus();
                    e.preventDefault();
                    break;
                }
            }

            elementCount++;
        }
    }

    document.form1.addEventListener("submit", checkForm);
    </script>
</body>

</html>
```

下面逐一分析每个错误。第一个错误是逻辑错误：

```
while(elementCount =< theForm.length)
```

数组从 0 开始，第一个 element 对象的数组下标为 0，第二个 element 对象的下标为 1，依此类推。最后一个 element 对象的下标为 4。但是，theForm.length 返回 5，因为表单包含 5 个元素。因此，elementCount 小于等于 5 时，while 循环会继续执行。但最后一个元素的索引为 4，while 语句将多执行一次。正确的代码是：

```
while(elementCount < theForm.length)
```

或者：

```
while(elementCount <= theForm.length - 1)
```

这两种代码都有效，第一种形式更简洁。

第二个错误在下面的代码中：

```
if (theForm.elements[elementcount].type == "text")
```

粗略一看，这行代码似乎没有错误，由于 JavaScript 严格区分大小写，因此上面的代码有误：变量名是 elementCount，不是 elementcount，正确的代码如下所示：

```
if (theForm.elements[elementCount].type == "text")
```

下面的语句也有错误：

```
if (theForm.elements[elementCount].value() = "")
```

该语句有两个错误，首先，value 是一个属性，而不是方法，因此其后不需要圆括号。其次，将两个等号写成了一个等号。一个等号代表"使它等于"，两个等号表示"检查它等于"。因此，正确的代码如下所示：

```
if (theForm.elements[elementCount].value == "")
```

下一个错误在于未将 if 的代码块放在大括号中。虽然代码的语法是正确的，JavaScript 不会抛出任何错误，但是其逻辑有错误，因而无法获得预期的结果。添加大括号后，if 语句如下所示：

```
if (theForm.elements[elementCount].value == "") {
    alert("Please complete all form elements")
    theForm.elements[elementCount].focus;
    formValid = false;
    break;
}
```

倒数第二个错误在下面的代码中：

```
theForm.elements[elementCount].focus;
```

这次是在方法名之后没有圆括号。如果要执行方法，即使该方法没有任何参数，方法名之后也必须有空的圆括号。因此，正确代码为：

```
theForm.elements[elementCount].focus();
```

马上就完成了，还有一个错误。这次不是现有代码有错误，而是缺少了必要的语句：

```
elementCount++;
```

必须在 while 循环中添加这个语句，否则 elementCount 将永远等于 0，while 循环条件永远为 true，循环会永远执行下去：一个典型的死循环。

附录 **B**

JavaScript 核心参考

本附录列出了所有 JavaScript 核心语言函数、对象及其属性和方法的语法。如果版本之间有变化，会特别说明。

B.1　浏览器参考

表 B-1 列出了当前使用的 JavaScript 版本和 JavaScript 使用的浏览器。注意 Internet Explorer 的早期版本实现了 Jscript，即 JavaScript 的 Microsoft 版本。但 Jscript 的功能与 JavaScript 大致相同。

表　B-1

JavaScript 版　本	Mozilla Firefox	Internet Explorer	Chrome	Safari	Opera
1.0		3.0			
1.1					
1.2					
1.3		4.0			
1.4					
1.5	1.0	5.5,6,7,8	1-10	3-5	6,7,8,9
1.6	1.5				
1.7	2.0		28		
1.8	3.0				11.5
1.8.1	3.5				
1.8.2	3.6				
1.8.5	4	9	32	6	11.6

B.2 保留字

JavaScript 使用各种保留字和符号。这些保留字不能用作变量名，也不能在变量名中使用符号。表 B-2 列出了保留字和符号。

表　B-2

abstract	boolean	break
byte	case	catch
char	class	const
continue	debugger	default
delete	do	double
else	enum	export
extends	false	final
finally	float	for
function	goto	if
implements	import	in
instanceof	int	interface
long	native	new
null	package	private
protected	public	return
short	static	super
switch	synchronized	this
throw	throws	transient
true	try	typeof
var	void	volatile
while	with	let
-	!	~
%	/	*
>	<	=
&	^	|
+	?	

其他应避免使用的标识符

最好不要把下面的标识符用作变量名。

1. JavaScript 1.0

abs acos anchor asin atan atan2 big blink bold ceil charAt comment cos Date
E escape eval exp fixed floor fontcolor fontsize getDate getDay getHours

getMinutes getMonth getSeconds getTime getTimezoneOffset getYear indexOf isNaN
italics lastIndexOf link log LOG10E LOG2E LN10 LN2 Math max min Object parse
parseFloat parseInt PI pow random round, setDate setHours setMinutes setMonth
setSeconds setTime setYear sin slice small sqrt SQRT1_2 SQRT2 strike String sub
substr substring sup tan toGMTString toLocaleString toLowerCase toUpperCase
unescape UTC

2. JavaScript 1.1

caller className constructor java JavaArray JavaClass JavaObject
JavaPackage join length MAX_VALUE MIN_VALUE NaN NEGATIVE_INFINITY netscape
Number POSITIVE_INFINITY prototype reverse sort split sun toString valueOf

3. JavaScript 1.2

arity callee charCodeAt compile concat exec fromCharCode global ignoreCase
index input label lastIndex lastMatch lastParen leftContext match multiline
Number Packages pop push RegExp replace rightContext search shift slice splice
source String test unshift unwatch watch

4. JavaScript 1.3

apply call getFullYear getMilliseconds getUTCDate getUTCDay getUTCFullYear
getUTCHours getUTCMilliseconds getUTCMinutes getUTCMonth getUTCSeconds
Infinity isFinite NaN setFullYear setMilliseconds setUTCDate setUTCFullYear
setUTCHours setUTCMilliseconds setUTCMinutes setUTCMonth setUTCSeconds
toSource toUTCString undefined

B.3 JavaScript 运算符

下面几节列出了可以在 JavaScript 中使用的各种运算符。

B.3.1 赋值运算符

赋值运算符可以把值赋予变量。表 B-3 列出了可以使用的各种赋值运算符。

表 B-3

名 称	引 入 版 本	含 义
赋值	JavaScript 1.0	把变量 v1 的值设置为变量 v2 的值，var v1 = v2;
相加或连接的简写形式，等同于 v1 = v1 + v2	JavaScript 1.0	v1 += v2
相减的简写形式，等同于 v1 = v1 - v2	JavaScript 1.0	v1 -= v2
相乘的简写形式，等同于 v1 = v1 * v2	JavaScript 1.0	v1 *= v2
相除的简写形式，等同于 v1 = v1 / v2	JavaScript 1.0	v1 /= v2
取余的简写形式，等同于 v1 = v1 % v2	JavaScript 1.0	v1 %= v2
左移位的简写形式，等同于 v1 = v1 << v2	JavaScript 1.0	v1 <<= v2

(续表)

名　　称	引入版本	含　　义
右移位的简写形式，等同于 v1 = v1 >> v2	JavaScript 1.0	v1 >>= v2
补零右移位的简写形式，等同于 v1 = v1 >>> v2	JavaScript 1.0	v1 >>>= v2
AND 的简写形式，等同于 v1 = v1 & v2	JavaScript 1.0	v1 &= v2
XOR 的简写形式，等同于 v1 = v1 ^ v2	JavaScript 1.0	v1 ^= v2
OR 的简写形式，等同于 v1 = v1 | v2	JavaScript 1.0	v1 |= v2

B.3.2　比较运算符

比较运算符可以比较两个变量或值。比较语句返回布尔值。如表 B-4 所示。

表　B-4

名　　称	引入版本	含　　义
等于	JavaScript 1.0	v1 == v2，如果两个操作数严格相等，或者转换为相同的类型后相等，就返回 true
不等于	JavaScript 1.0	v1 != v2，如果两个操作数不严格相等，或者转换为相同的类型后不相等，就返回 true
大于	JavaScript 1.0	v1 > v2，如果左边的操作数(LHS)大于右边的操作数(RHS)，就返回 true
大于等于	JavaScript 1.0	v1 >= v2，如果左边的操作数大于等于右边的操作数，就返回 true
小于	JavaScript 1.0	v1 < v2，如果左边的操作数小于右边的操作数，就返回 true
小于等于	JavaScript 1.0	v1 <= v2，如果左边的操作数小于等于右边的操作数，就返回 true
严格等于	JavaScript 1.3	v1 === v2，如果两个操作数相等，且类型相同，就返回 true
不严格等于	JavaScript 1.3	v1 !== v2，如果两个操作数不严格相等，就返回 true

B.3.3　算术运算符

算术运算符可以对变量或值进行算术运算。如表 B-5 所示。

表　B-5

名　　称	引入版本	含　　义
加	JavaScript 1.0	v1 + v2，v1 和 v2 之和(如果其中一个操作数是字符串，就连接 v1 和 v2)
减	JavaScript 1.0	v1 - v2，v1 和 v2 之差
乘	JavaScript 1.0	v1 * v2，v1 和 v2 的乘积
除	JavaScript 1.0	v1 / v2，v1 和 v2 相除的商
取模	JavaScript 1.0	v1 % v2，v1 和 v2 整除，取余数
前缀递增	JavaScript 1.0	++v1 * v2 等价于(v1 + 1) * v2，注意在计算后，v1 变成了 v1+1
后缀递增	JavaScript 1.0	v1++ * v2 等价于 v1 * v2，之后 v1 递增 1
前缀递减	JavaScript 1.0	--v1 * v2 等价于(v1 - 1) * v2，注意在计算后，v1 变成了 v1-1
后缀递减	JavaScript 1.0	v1-- * v2 等价于 v1 * v2，之后 v1 递减 1

B.3.4 按位运算符

按位运算符是把 v1 和 v2 的值转换为 32 位二进制数，再比较这两个二进制数的各个位。结果返回为正常的十进制数。如表 B-6 所示。

表 B-6

名 称	引 入 版 本	含 义
按位与	JavaScript 1.0	v1 & v2 按位与操作数对齐两个操作数的位，对同一个位置上的两个位执行 AND 操作。如果两个位都是 1，这个位置上的结果位就返回 1。如果其中一个位是 0，这个位置上的结果位就返回 0
按位或	JavaScript 1.0	v1 | v2 按位或操作数对齐两个操作数的位，对同一个位置上的两个位执行 OR 操作。如果两个位中有一个位是 1，这个位置上的结果位就返回 1。如果两个位都是 0，这个位置上的结果位就返回 0
按位异或	JavaScript 1.0	v1 ^ v2 按位异或对齐两个操作数的位，对同一个位置上的两个位执行 XOR 操作。只有两个位都是 1，这个位置上的结果位才返回 1，否则，这个位置上的结果位就返回 0
按位非	JavaScript 1.0	v1～v2 反转操作数中的所有位

B.3.5 按位移运算符

按位移运算符是把 v1 的值转换为 32 位二进制数，再把二进制数中的位向左或右移动指定的位数，如表 B-7 所示。

表 B-7

名 称	引 入 版 本	含 义
左移	JavaScript 1.0	v1 << v2 把 v1 向左移动 v2 个位置，用 0 填充空隙
传播符号的右移	JavaScript 1.4	v1 >> v2 把 v1 向右移动 v2 个位置，忽略溢出的位
0 填充的右移	JavaScript 1.0	v1 >>> v2 把 v1 向右移动 v2 个位置，忽略溢出的位，在数的左边添加 v2 个 0

B.3.6 逻辑运算符

逻辑运算符返回布尔值 true 或 false。但如果 v1 或 v2 不是布尔值，其中一个值也不容易转换为布尔值，例如 0、1、null、空字符串或 undefined，就不返回 true 或 false。如表 B-8 所示。

表 B-8

名　称	引入版本	含　义
逻辑与	JavaScript 1.0	v1 && v2 如果 v1 和 v2 都是 true，就返回 true，否则返回 false。如果 v1 是 false，就不计算 v2
逻辑或	JavaScript 1.0	v1 || v2 如果 v1 和 v2 都是 false，就返回 false；否则返回 true。如果 v1 是 true，就不计算 v2
逻辑非	JavaScript 1.0	!v1 如果 v1 是 true，就返回 false，否则返回 true

B.3.7 对象运算符

JavaScript 提供了操作对象的许多运算符，如表 B-9 所示。

表 B-9

名　称	引入版本	含　义
delete	JavaScript 1.2	delete obj 删除一个对象、对象的一个属性或者数组中指定下标的元素，也可以删除未用 var 关键字声明的变量
in	JavaScript 1.4	for (prop in somObj) 如果 someObj 有指定的属性，就返回 true
instanceof	JavaScript 1.4	someObj instanceof ObjType 如果 someObj 的类型是 ObjType，就返回 true，否则返回 false
new	JavaScript 1.0	new ObjType() 创建 ObjType 类型的对象的一个新实例
this	JavaScript 1.0	this.property 引用当前对象

B.3.8 其他运算符

表 B-10 列出了其他运算符。

表　B-10

名　　　称	引 入 版 本	含　　　义
条件运算符	JavaScript 1.0	(evalquery) ? v1 : v2 如果 evalquery 是 true，运算符就返回 v1，否则返回 v2
逗号运算符	JavaScript 1.0	var v3 = (v1 + 2, v2 * 2) 计算两个操作数，并把它们当作一个表达式。返回第二个操作数的值。在这个例子中，v3 保存着 v2 * 2 的结果
typeof	JavaScript 1.1	typeof v1 返回一个字符串，它包含 v1 的类型，但不计算 v1
void	JavaScript 1.1	void(eva1) 计算 eval1，但不返回值

B.3.9　运算符的优先级

是计算 1 + 2 * 3 = 1 + (2 * 3) = 7，还是计算 (1 + 2) * 3 = 9？

运算符的优先级确定了运算符的计算顺序。例如，乘法运算符的优先级比加法运算符高，因此上面问题的正确答案是：

```
1 + (2 * 3)
```

表 B-11 按优先级从高到低的顺序列出了 JavaScript 中的运算符。第三列解释了把 1+2+3+4 读作 ((1+2)+3)+4 (从左到右) 还是 1+(2+(3+(4))) (从右到左)。

表　B-11

运算符类型	运　算　符	类似元素的计算顺序
成员	.或[]	从左到右
创建实例	new	从右到左
函数调用	()	从左到右
递增	++	N/a
递减	--	N/a
逻辑非	!	从右到左
按位非	~	从右到左
一元+	+	从右到左
一元-	-	从右到左
类型	typeof	从右到左
Void	void	从右到左
删除	delete	从右到左
乘	*	从左到右
除	/	从左到右
取模	%	从左到右

(续表)

运算符类型	运 算 符	类似元素的计算顺序
加	+	从左到右
减	-	从左到右
按位移	<<,>>,>>>	从左到右
关系	<,<=,>,>=	从左到右
包含	in	从左到右
实例	instanceof	从左到右
相等	==,=!,===,!==	从左到右
按位与	&	从左到右
按位异或	^	从左到右
按位或			从左到右
逻辑与	&&	从左到右
逻辑或	||	从左到右
条件	?:	从右到左
赋值	=, +=, -=, *=, /=, %=, <<=, >>=, >>>=, &=, ^=, |=	从右到左
逗号	,	从左到右

B.4 JavaScript 语句

下面的表描述了 JavaScript 的核心语句。

B.4.1 块

JavaScript 块以左花括号({)开头，以右花括号(})结束。块语句使包含在其中的多个语句一起执行，例如函数体或条件，如表 B-12 所示。

表 B-12

语　　句	引 入 版 本	说　　明
{}	JavaScript 1.5	用于组合用花括号界定的语句

B.4.2 条件

表 B-13 列出了 JavaScript 的条件语句和引入它们的版本。

表　B-13

语　句	引 入 版 本	说　　　明
if	JavaScript 1.2	如果指定的条件为 true，就执行代码块
else	JavaScript 1.2	if 语句的第二部分。如果 if 语句的结果为 false，就执行代码块
switch	JavaScript 1.2	根据作为参数传送过来的表达式值，执行不同的语句块

B.4.3　声明

表 B-14 的关键字在 JavaScript 代码中声明了变量或函数。

表　B-14

语　句	引 入 版 本	说　　　明
var	JavaScript 1.0	用于声明变量。在声明时还可以根据需要给变量初始化一个值
function	JavaScript 1.0	声明带指定参数的函数，参数可以是字符串、数字或对象。函数要返回值，必须使用 return 语句

B.4.4　循环

循环在指定的条件为 true 时执行代码块。如表 B-15 所示。

表　B-15

语　句	引 入 版 本	说　　　明
do…while	JavaScript 1.2	执行指定的语句，直到 while 后面的测试条件为 false 为止。语句至少执行一次，因为测试条件在最后计算
for	JavaScript 1.0	根据 for 后面括号中用分号分隔开的 3 个可选表达式，创建一个受控的循环。3 个表达式中的第一个是初始化表达式，第二个是测试条件，第三个是递增表达式
for…in	JavaScript 1.0	使用变量迭代对象的所有属性。对于每个属性，执行循环内部的指定语句
while	JavaScript 1.0	如果测试条件是 true，就执行语句块。循环每次重复都测试条件，如果条件为 false，就停止循环
break	JavaScript 1.0	在 while 或 for 循环中用于停止循环，把程序控制传送给循环后面的语句。也可以与 label 一起使用，跳到循环外部的特定程序位置上
label	JavaScript 1.2	可将这个标识符与 break 或 continue 语句一起使用，指定停止循环的执行后，程序从哪里继续执行

B.4.5　执行控制语句

可以用许多方式控制代码的执行。除了条件和循环语句之外，表 B-16 也可以控制程序的执行。

表 B-16

语 句	引 入 版 本	说 明
continue	JavaScript 1.0	用于停止 while 或 for 循环的当前迭代中语句块的执行，继续执行循环的下一次迭代
return	JavaScript 1.0	用于指定函数的返回值
with	JavaScript 1.0	为代码块指定默认对象

B.4.6　异常处理语句

错误是编程的一个与生俱来的部分，JavaScript 提供了捕获错误和处理它们的方式。如表 B-17 所示。

表 B-17

语 句	引 入 版 本	说 明
throw	JavaScript 1.4	抛出用户定义的一个定制异常
try…catch …finally	JavaScript 1.4	执行 try 块中的语句，如果出现了异常，就在 catch 块中处理。finally 块可以指定在 try 和 catch 语句后执行的语句

B.4.7　其他语句

表 B-18 列出了其他 JavaScript 语句和引入它们的版本。

表 B-18

语 句	引 入 版 本	说 明
// single line comment	JavaScript 1.0	脚本引擎忽略的单行注释，可以用于解释代码
/* multi-line comment */	JavaScript 1.0	脚本引擎忽略的多行注释，可以用于解释代码

B.5　顶级属性和函数

表 B-19 和表 B-20 介绍核心属性和函数，它们与低层对象无关，但在 ECMAScript 和 Jscript 使用的术语中，它们称为全局对象的属性和方法。

表 B-19　顶级属性

属 性	引 入 版 本	说 明
Infinity	JavaScript 1.3	返回无限大
NaN	JavaScript 1.3	返回不是数字的值
undefined	JavaScript 1.3	表示没有给变量赋值

表 B-20　顶级函数

函　　数	引 入 版 本	说　　　明
decodeURI()	JavaScript 1.5	用来给用 encodeURI()编码的 URI 解码
decodeURIcomponent()	JavaScript 1.5	给用 encodeURIComponent()编码的 URI 解码
encodeURI()	JavaScript 1.5	用于构造完整 URI 的新版本,替代某些字符的每个实例。它基于字符的 UTF-8 编码
encodeURIComponent()	JavaScript 1.5	用转义序列替代某些字符的每个实例,来构造完整 URI 的新版本。通过字符的 UTF 编码来表示
escape()	JavaScript 1.0	编码 ISO Latin-1 字符集中的字符串,以添加到 URL 中或达到其他目的
eval()	JavaScript 1.0	返回 JavaScript 代码的结果,JavaScript 代码传送为一个字符串参数
isFinite()	JavaScript 1.3	表示参数是否是一个有限的数字
isNaN()	JavaScript 1.1	表示参数是否不是数字
Number()	JavaScript 1.2	把对象转换为数字
parseFloat()	JavaScript 1.0	解析一个字符串,返回为浮点数
parseInt()	JavaScript 1.0	解析一个字符串,返回为整数。可选的第二个参数指定要转换的数字的进制
String()	JavaScript 1.2	把对象转换为字符串
unescape()	JavaScript 1.0	给指定的十六进制编码值返回 ASCII 字符串

顶级属性在 JavaScript 1.3 中引入,但在以前的版本中,存在 Infinity 和 NaN,它们是 Number 对象的属性。

B.6　JavaScript 核心对象

本节描述可以在 JavaScript 核心语言中使用的对象,以及对象的方法和属性。

B.6.1　Array

Array 对象表示一组变量,它在 JavaScript 1.1 中引入。可以用 Array 构造函数创建 Array 对象:

```
var objArray = new Array(10)           // an array of 11 elements
var objArray = new Array("1", "2", "4") // an array of 3 elements
```

也可以用数组字面量语法创建数组:

```
var objArray = [];
```

字面量语法是创建数组的首选方法。Array 对象的属性和方法如表 B-21 和表 B-22 所示。

注意：

参数用方括号[]括起来，表示该参数是可选的。

表 B-21　属性

属　　　性	引　入　版　本	说　　　明
constructor	JavaScript 1.1	用于引用对象的构造函数
length	JavaScript 1.1	返回数组中的元素个数
prototype	JavaScript 1.1	返回对象的原型，对象的原型可用于扩展对象的接口

表 B-22　方法

方　　　法	引　入　版　本	说　　　明
concat(value1 [, value2, …])	JavaScript 1.2	连接两个数组，返回构造出的新数组
every(testFn(element, index, array))	JavaScript 1.6	迭代数组，在每个元素上执行 testFn()。如果所有迭代都返回 true，该方法就返回 true；否则返回 false
filter(testFn(element, index, array))	JavaScript 1.6	迭代数组，在每个元素上执行 testFn()。返回一个新数组，该数组由传送给 testFn()的元素组成
foreach(fn(element, index, array))	JavaScript 1.6	迭代数组，在每个元素上执行 fn()
indexOf(element [, startIndex])	JavaScript 1.6	如果找到指定的元素，就返回该元素的下标，如果没有找到该元素，就返回-1。如果指定了 startIndex，就从 startIndex 开始查找
join([separator])	JavaScript 1.1	把数组中的所有元素连接起来，成为一个字符串，如果指定了分隔符，就用该分隔符分隔字符串中的各个元素
lastIndexOf(element [, startIndex])	JavaScript 1.6	在最后一个元素开始向后查找数组，如果找到指定的元素，就返回该元素的下标；如果找不到该元素，就返回-1。如果指定了 startIndex，就从 startIndex 开始查找
map(fn(element, index, array))	JavaScript 1.6	迭代数组，在每个元素上执行 fn()。根据 fn()的结果返回一个新数组
pop()	JavaScript 1.2	取出数组末尾的最后一个元素，并返回该元素
push(value1 [, value2, …])	JavaScript 1.2	把一个或多个元素放在数组的末尾，并返回数组的新长度
reverse()	JavaScript 1.1	逆序排列数组的元素，使第一个元素变成最后一个元素，最后一个元素变成第一个元素
shift()	JavaScript 1.2	从数组的开头删除第一个元素，并返回该元素
slice(startIndex [, endIndex])	JavaScript 1.2	返回数组的一个部分，该部分从 startIndex 下标开始，到 endIndex 下标之前的元素结束

(续表)

方　　法	引入版本	说　　明
some(testFn(element, index, array))	JavaScript 1.6	迭代数组，在每个元素上执行 testFn()。如果 test-Fn()的结果至少有一个是 true，就返回 true
sort([sortFn(a,b)])	JavaScript 1.1	给数组的元素排序，如果提供了 sortFn()，就执行 sortFn()，以进行排序
splice(startIndex [, length, value1, …)	JavaScript 1.2	从 startIndex 开始删除 length 个元素。用所提供的值替代被删除的元素，返回被删除的元素
toString()	JavaScript 1.1	把 Array 对象转换为字符串
unshift(value1 [, value2, …])	JavaScript 1.2	把元素添加到数组开头，返回数组的新长度
valueOf()	JavaScript 1.1	返回数组的原始值

表 B-22 中带方括号([])的参数表示可选参数。

B.6.2　Boolean

Boolean 对象用作布尔值的封装器，它在 JavaScript 1.1 中引入，用 Boolean 构造函数创建，该构造函数的参数是对象的初始值(如果参数不是布尔值，就转换为布尔值)。

False-y 值是 null、undefined、" "和 0，其他值都是 truth-y。Boolean 对象的属性和方法如表 B-23 和表 B-24 所示。

表 B-23　属性

属　　性	引 入 版 本	说　　明
constructor	JavaScript 1.1	指定创建对象原型的函数
prototype	JavaScript 1.1	返回对象的原型，对象的原型可用于扩展对象的接口

表 B-24　方法

方　　法	引 入 版 本	说　　明
toString()	JavaScript 1.1	把 Boolean 对象转换为字符串
valueOf()	JavaScript 1.1	返回 Boolean 对象的原始值

B.6.3　Date

Date 对象用于表示给定的日期时间，它在 JavaScript 1.0 中引入。Date 对象的属性和方法如表 B-25 和表 B-26 所示。

表 B-25　属性

属　　性	引 入 版 本	说　　明
constructor	JavaScript 1.1	表示对象的构造函数
prototype	JavaScript 1.1	返回对象的原型，对象的原型可用于扩展对象的接口

表 B-26 方法

方　　法	引　入　版　本	说　　明
getDate()	JavaScript 1.0	从 Date 对象中获取某月的日期
getDay()	JavaScript 1.0	从 Date 对象中获取星期几
getFullYear()	JavaScript 1.3	从 Date 对象中获取完整的年份
getHours()	JavaScript 1.0	从 Date 对象中获取某天的小时数
getMilliseconds()	JavaScript 1.3	从 Date 对象中获取微秒数
getMinutes()	JavaScript 1.0	从 Date 对象中获取分钟数
getMonth()	JavaScript 1.0	从 Date 对象中获取月份
getSeconds()	JavaScript 1.0	从 Date 对象中获取秒数
getTime()	JavaScript 1.0	从 Date 对象中获取从 1970 年 1 月 1 日 00:00:00 开始到现在的微秒数
getTimezoneOffset()	JavaScript 1.0	获取本地时区和国际协调时间(UTC)之间的分钟差
getUTCDate()	JavaScript 1.3	从 Date 对象中获取调整到国际协调时间的某月的日期
getUTCDay()	JavaScript 1.3	从 Date 对象中获取调整到国际协调时间的星期几
getUTCFullYear()	JavaScript 1.3	从 Date 对象中获取调整到国际协调时间的完整年份
getUTCHours()	JavaScript 1.3	从 Date 对象中获取调整到国际协调时间的某天的小时数
getUTCMilliseconds()	JavaScript 1.3	从 Date 对象中获取调整到国际协调时间的微秒数
getUTCMinutes()	JavaScript 1.3	从 Date 对象中获取调整到国际协调时间的分钟数
getUTCMonth()	JavaScript 1.3	从 Date 对象中获取调整到国际协调时间的月份
getUTCSeconds()	JavaScript 1.3	从 Date 对象中获取调整到国际协调时间的秒数
getYear()	JavaScript 1.0	从 Date 对象中获取年份
parse(dateString)	JavaScript 1.0	从 Date 对象中获取从本地时间的 1970 年 1 月 1 日 00:00:00 开始到现在的微秒数
setDate(dayOfMonth)	JavaScript 1.0	给 Date 对象设置某月的日期
setFullYear(year [, month, day])	JavaScript 1.3	给 Date 对象设置完整年份
setHours(hours [, minutes, seconds, milliseconds])	JavaScript 1.0	给 Date 对象设置某天的小时数
setMilliseconds(milliseconds)	JavaScript 1.3	给 Date 对象设置微秒数
setMinutes(minutes [, seconds, milliseconds])	JavaScript 1.0	给 Date 对象设置分钟数
setMonth(month [, day])	JavaScript 1.0	给 Date 对象设置月份
setSeconds(seconds [, milliseconds])	JavaScript 1.0	给 Date 对象设置秒数

(续表)

方　　法	引　入　版　本	说　　　明
setTime(milliseconds)	JavaScript 1.0	根据从 1970 年 1 月 1 日 00:00:00 开始到现在的微秒数给 Date 对象设置时间
setUTCDate(dayOfMonth)	JavaScript 1.3	根据国际协调时间给 Date 对象设置某月的日期
setUTCFullYear(year [, month,day])	JavaScript 1.3	根据国际协调时间给 Date 对象设置完整年份
setUTCHours(hours [, minutes, seconds, milliseconds])	JavaScript 1.3	根据国际协调时间给 Date 对象设置某天的小时数
setUTCMilliseconds(milliseconds)	JavaScript 1.3	根据国际协调时间给 Date 对象设置微秒数
setUTCMinutes(mintes [, seconds, milliseconds])	JavaScript 1.3	根据国际协调时间给 Date 对象设置分钟数
setUTCMonth(month [, day])	JavaScript 1.3	根据国际协调时间给 Date 对象设置月份
setUTCSeconds()	JavaScript 1.3	根据国际协调时间给 Date 对象设置秒数
setYear(year)	JavaScript 1.0	给 Date 对象设置年份，已被 setFullYear()取代
toGMTString()	JavaScript 1.0	根据格林威治时间，把 Date 对象转换为字符串，已被 toUTCString 取代
toLocaleString()	JavaScript 1.0	根据本地时区，把 Date 对象转换为字符串
toString()	JavaScript 1.1	把 Date 对象转换为字符串
toUTCString()	JavaScript 1.3	根据国际协调时间，把 Date 对象转换为字符串
UTC(year, month [, day, hours, minutes, seconds, milliseconds])	JavaScript 1.0	从 Date 对象中获取从国际协调时间的 1970 年 1 月 1 日 00:00:00 开始到现在的微秒数
valueOf()	JavaScript 1.1	返回 Date 对象的原始值

B.6.4 Function

Function 对象在 JavaScript 1.1 中引入，用 Function 构造函数创建。

可以用许多方式定义函数，使用下面的标准函数语句就可以创建函数：

```
function functionName() {
    // code here
}
```

也可以创建一个匿名函数，再把它赋予一个变量。下面的代码演示了这种方法：

```
var functionName = function() {
    // code here
};
```

尾部的分号并非输入错误，因为这个语句是一个赋值操作，所有的赋值操作都应以分号结尾。

函数是对象，因此有构造函数。也可以使用 Function 对象的构造函数创建函数，如下

面的代码所示:

```
var functionName = new Function("arg1", "arg2", "return arg1 + arg2");
```

构造函数的第一个参数是函数的参数名——可以添加任意多个参数。传送给构造函数的最后一个参数是函数体。前面的代码创建了一个函数,它接受两个参数,返回它们的和。

使用 Function 构造函数的实例非常少。最好使用标准函数语句定义函数,或者创建匿名函数,再赋予一个变量。Function 对象的属性和方法如表 B-27 和表 B-28 所示。

表 B-27 属性

属 性	引 入 版 本	说 明
arguments	JavaScript 1.1	包含传送给函数的参数的数组
arguments.length	JavaScript 1.1	返回传送给函数的参数个数
constructor	JavaScript 1.1	表示对象的构造函数
length	JavaScript 1.1	返回函数需要的参数个数,它不同于 arguments.length, arguments.length 返回实际传送给函数的参数个数
prototype	JavaScript 1.1	返回对象的原型,对象的原型可用于扩展对象的接口

表 B-28 方法

方 法	引 入 版 本	说 明
apply(thisObj, arguments)	JavaScript 1.3	调用函数或方法,就好像该函数或方法属于 thisObj,并给该函数或方法传送 arguments。arguments 必须是数组
call(thisObj,arg1, …)	JavaScript 1.3	与 apply()相同,但参数是逐个传送的,而不是作为一个数组传送的
toString()	JavaScript 1.1	把 Function 对象转换为字符串
valueOf()	JavaScript 1.1	返回 Function 对象的原始值

B.6.5 JSON

JSON 对象包含的方法可以把 JavaScript 对象记号法(JSON)解析为对象、把 JavaScript 对象串行化为 JSON。JSON 对象在 JavaScript1.8.5 中引入,是一个顶级对象,没有构造函数也可以访问它。JSON 对象包含的方法如图 B-29 所示。

表 B-29 方法

方 法	引 入 版 本	说 明
parse(json)	JavaScript 1.8.5	把 JSON 转换为 JavaScript 对象或值
stringify(obj)	avaScript 1.8.5	把 JavaScript 对象或值转换为 JSON

B.6.6　Math

Math 对象提供了用于数学计算的方法和属性，在 JavaScript 1.0 中引入。Math 是一个顶级对象，没有构造函数也可以访问它。Math 对象的属性和方法如表 B-30 和 B-31 所示。

表　B-30

属　　性	引　入　版　本	说　　明
E	JavaScript 1.0	返回欧拉常数(自然对数的底，约为 2.718)
LN10	JavaScript 1.0	返回 10 的自然对数(约为 2.302)
LN2	JavaScript 1.0	返回 2 的自然对数(约为 0.693)
LOG10E	JavaScript 1.0	返回以 10 为底的 E 的对数(约为 0.434)
LOG2E	JavaScript 1.0	返回以 2 为底的 E 的对数(约为 1.442)
PI	JavaScript 1.0	返回 pi，即圆周率(圆的周长与其直径之比，约为 3.142)
SQRT1_2	JavaScript 1.0	返回 1/2 的平方根(约为 0.707)
SQRT2	JavaScript 1.0	返回 2 的平方根(约为 1.414)

表　B-31

方　　法	引　入　版　本	说　　明
abs(x)	JavaScript 1.0	返回一个数的绝对值(正值)
acos(x)	JavaScript 1.0	返回一个数的反余弦(以弧度为单位)
asin(x)	JavaScript 1.0	返回一个数的反正弦(以弧度为单位)
atan(x)	JavaScript 1.0	返回一个数的反正切(以弧度为单位)
atan2(y, x)	JavaScript 1.0	返回 x 轴与作为参数传送进来的 y 和 x 坐标表示的位置之间的角度(以弧度为单位)
ceil(x)	JavaScript 1.0	把一个数向上圆整到最近的整数值
cos(x)	JavaScript 1.0	返回一个数的余弦值
exp(x)	JavaScript 1.0	返回以 E 为底、以传送进来的参数为指数计算出来的幂
floor(x)	JavaScript 1.0	把一个数向下圆整到最近的整数值
log(x)	JavaScript 1.0	返回一个数的自然对数(以 E 为底)
max(a, b)	JavaScript 1.0	返回传送进来的两个参数中的较大者
min(a, b)	JavaScript 1.0	返回传送进来的两个参数中的较小者
pow(x, y)	JavaScript 1.0	返回以第一个参数为底、以第二个参数为指数计算出来的幂
random()	JavaScript 1.1	返回 0 到 1 之间的一个伪随机数
round(x)	JavaScript 1.0	把一个数向上或向下圆整到最近的整数值
sin(x)	JavaScript 1.0	返回一个数的正弦值
sqrt(x)	JavaScript 1.0	返回一个数的平方根
tan(x)	JavaScript 1.0	返回一个数的正切值

B.6.7　Number

Number 对象是基本数值的封装器，它在 JavaScript 1.1 中引入，使用 Number 构造函数创建，其中初始数字值作为参数传送进来。如表 B-32 和表 B-33 所示。

表 B-32　属性

属　　性	引 入 版 本	说　　明
constructor	JavaScript 1.1	表示对象的构造函数
MAX_VALUE	JavaScript 1.1	返回 JavaScript 中可以表示的最大值(约为 1.79E+308)
MIN_VALUE	JavaScript 1.1	返回 JavaScript 中可以表示的最小值(5E-324)
NaN	JavaScript 1.1	返回不是数字的值
NEGATIVE_INFINITY	JavaScript 1.1	返回表示负无穷大的值
POSITIVE_INFINITY	JavaScript 1.1	返回表示正无穷大的值
prototype	JavaScript 1.1	返回对象的原型,对象的原型可用于扩展对象的接口

表 B-33　方法

方　　法	引 入 版 本	说　　明
toExponential(fractionDigits)	JavaScript 1.5	返回一个包含数字的指数表示法的字符串。参数应在 0 到 20 之间，以确定小数点后的位数
toFixed([digits])	JavaScript 1.5	数字的格式，该数字向上圆整，在小数点后添加 0，以达到期望的小数位数
toPrecision([precision])	JavaScript 1.5	返回一个字符串，表示指定精度的 Number 对象
toString()	JavaScript 1.1	把 Number 对象转换为字符串
valueOf()	JavaScript 1.1	返回 Number 对象的原始值

B.6.8　Object

Object 是 JavaScript 对象的基本类型，所有其他对象都派生自 Object(即所有其他对象都继承了 Object 对象的方法和属性)。它在 JavaScript 1.0 中引入，可以用 Object 构造函数创建，如下所示：

```
var obj = new Object();
```

还可以使用对象字面量表示法创建对象，如下所示：

```
var obj = {};
```

对象字面量表示法是创建对象的首选方法。如表 B-34 和表 B-35 所示。

表 B-34

属　　性	引 入 版 本	说　　明
constructor	JavaScript 1.1	表示对象的构造函数
prototype	JavaScript 1.1	返回对象的原型,对象的原型可用于扩展对象的接口

表 B-35

方　　法	引 入 版 本	说　　明
hasOwnProperty(propertyName)	JavaScript 1.5	检查指定的属性是否是继承的。如果不是继承的,就返回 true,否则返回 false
isPrototypeOf(obj)	JavaScript 1.5	确定指定的对象是否是另一个对象的原型
propertyIsEnumerable(propertyName)	JavaScript 1.5	确定指定的属性是否可以在 for in 循环中访问
toString()	JavaScript 1.0	把 Object 对象转换为字符串
valueOf()	JavaScript 1.1	返回 Object 对象的原始值

B.6.9 RegExp

RegExp 对象用于在字符串值中查找模式。可以用两种方法创建该对象:使用 RegExp 构造函数或文本字面量。RegExp 对象在 JavaScript 1.2 中引入。

表 B-36 的一些属性有长名称和短名称,短名称是从 Perl 编程语言中派生而来的。表 B-37 是 RegExp 对象的方法。表 B-38 列出了正则表达式中使用的特殊字符。

表 B-36

属　　性	引 入 版 本	说　　明
constructor	JavaScript 1.2	表示对象的构造函数
global	JavaScript 1.2	表示是查找字符串中所有的匹配,还是只查找第一个匹配。对应于 g 标记
ignoreCase	JavaScript 1.2	表示匹配是否不区分大小写。对应于 i 标记
input	JavaScript 1.2	正则表达式要匹配的字符串
lastIndex	JavaScript 1.2	指定下一个匹配从字符串的哪个位置开始
multiline	JavaScript 1.2	表示是否在多行上搜索字符串。对应于 m 标记
prototype	JavaScript 1.2	返回对象的原型,对象的原型可用于扩展对象的接口
source	JavaScript 1.2	正则表达式的模式文本

表 B-37

方 法	引入版本	说 明
exec(stringToSearch)	JavaScript 1.2	在所传送的字符串参数中搜索匹配
test(stringToMatch)	JavaScript 1.2	在所传送的字符串参数中测试匹配
toString()	JavaScript 1.2	把 RegExp 对象转换为字符串
valueOf()	JavaScript 1.2	返回 RegExp 对象的原始值

表 B-38

字 符	示 例	作 用
\	/n/ 匹配 n; / \n/ 匹配换行符 /^/ 匹配行首 / \^/ 匹配 ^	对于默认处理为正常字符的字符,反斜杠表示下一个字符用特殊的值解释; 对于一般处理为特殊字符的字符,反斜杠表示下一个字符解释为正常字符
^	/^A/匹配 "A man called Adam" 中的第一个A,不匹配第二个A	匹配行首或 input 的开头
$	/r$/匹配horror中的最后一个r	匹配行末或 input 的结尾
*	/ro*/匹配right中的r,匹配wrong中的ro,匹配room中的roo	0 次或多次匹配前面的字符
+	/l+/匹配life中的l,匹配still中的ll,匹配stilllife中的lll	0 次或多次匹配前面的字符,例如,/a+/匹配 candy 中的 a,匹配 caaaaaaandy 中的所有 a
?	/Smythe?/匹配Smyth和Smythe	0 次或一次匹配前面的字符
.	/.b/匹配blob中的第二个b,不匹配第一个b	匹配除换行符之外的所有字符
(x)	/(Smythe?)/匹配 "John Smyth and Rob Smythe" 中的Smyth和Smythe,也可以把子字符串提取为RegExp.$1和RegExp.$2	匹配x,并存储该匹配。匹配的子字符串可以从匹配结果数组的元素中提取,或者从 RegExp 对象的$1,$2 ... $9 或 lastParen 属性中提取
x|y	/Smith|Smythe/匹配Smith和Smythe	匹配 x 或 y(x 和 y 是字符块)
{n}	/l{2}/匹配still中的ll,也匹配stilllife中的前两个l	精确匹配前面字符的 n 个实例(n 是正整数)
{n,}	/l{2,}/ 匹配still中的ll,也匹配stilllife中的lll	匹配前面字符的 n 个或更多实例(n 是正整数)
{n,m}	/l{1,2}/匹配life中的l,匹配still中的ll,也匹配stilllife中的前两个l	匹配前面字符的 n 个到 m 个实例(n 和 m 是正整数)
[xyz]	[ab]匹配a和b,[a-c]匹配a、b和c	匹配方括号中的任一个字符。使用连字符可以匹配字母表中的某个字符范围
[^xyz]	[^aeiouy]匹配easy中的s,[^a-y]匹配lazy中的z	匹配不包含在方括号中的字符。使用连字符可以指定字母表中的某个字符范围

(续表)

字　符	示　　例	作　　用
[\b]		匹配一个退格符
\b	/t\b/匹配 about time 中的第一个 t	匹配一个字边界(例如一个空格或行尾)
\B	/t\Bi/匹配 it is time 中的 ti	匹配没有字边界的位置上的字符
\cX	/ \cA/匹配 Ctrl+A	匹配一个控制符
\d	/IE\d/匹配 IE4, IE5 等	匹配一个数字字符，它等同于[0-9]
\D	/ \D/匹配 3.142 中的小数点	匹配任意非数字字符，它等同于[^0-9]
\f		匹配换页符
\n		匹配换行符
\r		匹配回车符
\s	/ \s/匹配 not now 中的空格	匹配任意空白字符，包括空格、制表符和换行符等。它等同于[\f\n\r\t\v]
\S	/ \S/匹配"a"中的 a	匹配不是空白字符的任何字符，它等同于[^ \f\n\r\t\v]
\t		匹配制表符
\v		匹配竖杠字符
\w	/ \w/匹配"O?!"中的 O，匹配"$1"中的 1	匹配任意字母数字字符或下划线，它等同于[A-Za-z0-9_]
\W	/ \W/匹配$10million 中的$，匹配 j_smith@wrox 中的@	匹配任意非字母数字字符(下划线除外)，它等同于[^A-Za-z0-9_]
()\n	/(Joh?n) 和 \1/ 匹配 "John and John's friend" 中的 John and John，但不匹配 John and Jon	在与括号中内容的第 n 个匹配中提取最后一个子字符串，并存储该子字符串(n 是正整数)
\octal \xhex	/\x25/匹配%	匹配与指定的八进制或十六进制转义值对应的字符

B.6.10　String

String 对象用于包含一串字符。它在 JavaScript 1.0 中引入，它必须与字符串字面量区分开，但 String 对象的方法和属性也可以由字符串字面量访问，因为在调用它们时，会创建临时对象。

表 4-41 中的 HTML 方法不在 ECMAScript 标准中，但它们是 JavaScript 1.0 语言及其以后版本的一部分，它们可用于动态生成 HTML。String 对象的属性和方法如表 B-39～表 B-41 所示。

表　B-39

属　　性	引 入 版 本	说　　明
constructor	JavaScript 1.1	用于引用对象的构造函数
length	JavaScript 1.0	返回字符串中的字符个数
prototype	JavaScript 1.1	返回对象的原型，对象的原型可用于扩展对象的接口

表　B-40

方　　法	引 入 版 本	说　　明
charAt(index)	JavaScript 1.0	返回字符串中指定位置的字符
charCodeAt(index)	JavaScript 1.2	返回字符串中指定位置的字符的 Unicode 值
concat(value1,value2, ...)	JavaScript 1.2	连接作为参数提供的字符串，返回构造出来的新字符串
fromCharCode(value1, value2, ...)	JavaScript 1.2	返回一个字符串，该字符串由用户提供的 Unicode 值表示的字符连接而成
indexOf(substr [, startIndex])	JavaScript 1.0	返回 String 对象中第一个与所提供的子字符串匹配的子字符串位置，如果没有找到子字符串，就返回-1。如果提供了 startIndex，就从 startIndex 开始查找
lastIndexOf(substr [, startIndex])	JavaScript 1.0	返回 String 对象中最后一个与所提供的子字符串匹配的子字符串位置，如果没有找到子字符串，就返回-1。如果提供了 startIndex，就从 startIndex 开始查找
match(regexp)	JavaScript 1.2	在字符串中查找与所提供的模式匹配的子字符串。返回一个数组，如果没有找到匹配，就返回 null
replace(regexp, newValue)	JavaScript 1.2	用新值替代匹配正则表达式的子字符串
search(regexp)	JavaScript 1.2	在正则表达式和字符串之间搜索匹配，返回该匹配的索引，如果没有找到匹配，就返回-1
slice(startIndex [, endIndex])	JavaScript 1.0	返回 String 对象的一个子字符串
split(delimiter)	JavaScript 1.1	把字符串分隔为子字符串，从而把 String 对象分割为一组字符串
substr(startIndex [, length])	JavaScript 1.0	从给定的开始位置返回一个字符的子字符串，其中包含指定数量的字符
substring(startIndex [, endIndex])	JavaScript 1.0	返回字符串中两个位置之间的子字符串，endIndex 处的字符不包含在子字符串中
toLowerCase()	JavaScript 1.0	返回转换为小写的字符串
toUpperCase()	JavaScript 1.0	返回转换为大写的字符串

表　B-41

方　　法	引 入 版 本	描　　述
anchor(name)	JavaScript 1.0	返回用<a>...</a>标记界定的字符串,并把所传送的参数赋予 name 属性
big()	JavaScript 1.0	把字符串放在<big>...</big>标记中
blink()	JavaScript 1.0	把字符串放在<blink>...</blink>标记中
bold()	JavaScript 1.0	把字符串放在...标记中
fixed()	JavaScript 1.0	把字符串放在<tt>...</tt>标记中

(续表)

方　　法	引 入 版 本	描　　述
fontcolor(color)	JavaScript 1.0	把字符串放在<font>…</font>标记中，并把参数值赋予 color 属性
fontsize(size)	JavaScript 1.0	把字符串放在<font>…</font>标记中，并把参数值赋予 size 属性
italics()	JavaScript 1.0	把字符串放在<i>…</i>标记中
link(url)	JavaScript 1.0	把字符串放在<a>…</a>标记中，并把参数值赋予 href 属性
small()	JavaScript 1.0	把字符串放在<small>…</small>标记中
strike()	JavaScript 1.0	把字符串放在<strike>…</strike>标记中
sub()	JavaScript 1.0	把字符串放在_…标记中
sup()	JavaScript 1.0	把字符串放在[…]标记中，并把字符串显示为上标

附录 **C**

W3C DOM 参考

由于 JavaScript 主要用于浏览器编程，以及给网页添加行为，所以有必要介绍 W3C DOM 参考信息。

下面列出 W3C DOM 可用的对象。

C.1 DOM 核心对象

本节描述并列出了 DOM 标准定义的对象，从最低级的 DOM 对象开始。所有对象都按字母表顺序介绍。

C.1.1 低级 DOM 对象

DOM 规范描述了 Node、NodeList 和 NamedNodeMap 对象，它们是 DOM 中最低级的对象，也是高级对象的主要构建块。

1. Node

Node 对象在 DOM Level 1 上定义，是整个 DOM 的主要数据类型。DOM 中的所有对象都继承自 Node。Node 对象有 12 种不同类型，每种类型都有一个关联的整数值。表 C-1～表 C-3 列出了 Node 对象的类型值、属性和方法。

表 C-1

类 型 名	整 数 值	引入的层级	关联的数据类型
ELEMENT_NODE	1	Level 1	Element
ATTRIBUTE_NODE	2	Level 1	Attr
TEXT_NODE	3	Level 1	Text

(续表)

类　型　名	整　数　值	引入的层级	关联的数据类型
CDATA_SECTION_NODE	4	Level 1	CDATASection
ENTITY_REFERENCE_NODE	5	Level 1	EntityReference
ENTITY_NODE	6	Level 1	Entity
PROCESSING_INSTRUCTION_NODE	7	Level 1	ProcessingInstruction
COMMENT_NODE	8	Level 1	Comment
DOCUMENT_NODE	9	Level 1	Document
DOCUMENT_TYPE_NODE	10	Level 1	DocumentType
DOCUMENT_FRAGMENT_NODE	11	Level 1	DocumentFragment
NOTATION_NODE	12	Level 1	Notation

表　C-2

属　性　名	说　　明	引入的层级
attributes	NamedNodeMap，如果它是一个 Element，就包含这个节点的属性，否则就是 null	Level 1
childNodes	包含这个节点的所有子节点的 NodeList	Level 1
firstChild	获取这个节点的第一个子节点。如果没有子节点，就返回 null	Level 1
lastChild	获取这个节点的最后一个子节点。如果没有子节点，就返回 null	Level 1
localName	返回节点的限定名中的本地部分(使用名称空间时，就是节点限定名的冒号后面的部分)。主要在 XML DOM 中使用	Level 2
namespaceURI	节点的名称空间 URI，如果未指定，就是 null	Level 2
nextSibling	获取紧跟在这个节点后面的节点，如果其后不存在节点，就返回 null	Level 1
nodeName	获取这个节点的名称	Level 1
nodeType	表示这个节点的类型的整数。参见表 C-1	Level 1
nodeValue	根据类型获取这个节点的值	Level 1
ownerDocument	获取包含这个节点的 Document 对象。如果这个节点是 Document，就返回 null	Level 1
parentNode	获取这个节点的父节点。对于当前不在 DOM 树中的节点，返回 null	Level 1
prefix	返回这个节点的名称空间前缀，如果未指定，就返回 null	Level 2
previousSibling	获取正好位于这个节点之前的节点，如果其前不存在节点，就返回 null	Level 1

表　C-3

方　法　名	说　　明	引入的层级
appendChild(newChild)	把 newChild 添加到子节点列表的末尾	Level 1
cloneNode(deep)	返回节点的副本。返回的节点没有父节点。如果 deep 是 true，这个方法就复制节点包含的所有子节点	Level 1

(续表)

方 法 名	说　明	引入的层级
hasAttributes()	根据节点是否有属性(节点是否是一个元素)，返回一个布尔值	Level 2
hasChildNodes()	根据节点是否有子节点，返回一个布尔值	Level 1
insertBefore(newChild, refChild)	在 refChild 引用的已有子节点前面插入 newChild。如果 refChild 是 null，newChild 就添加到子节点列表的末尾	Level 1
removeChild(oldChild)	删除指定的子节点，并返回该节点	Level 1
replaceChild(newChild, oldChild)	用 newChild 替换 oldChild，并返回 oldChild	Level 1

2. NodeList

NodeList 对象是一个有序的节点集合，NodeList 中包含的项可通过从 0 开始的索引来访问。

NodeList 是节点的实时快照。在 DOM 中对节点的任何修改都会立即反映到 NodeList 的每个引用上。NodeList 对象的属性和方法如表 C-4 和表 C-5 所示。

表　C-4

属　性　名	说　明	引入的层级
length	列表中的节点数	Level 1

表　C-5

方　法　名	说　明	引入的层级
item(index)	返回指定索引的项，如果该索引大于或等于列表长度，就返回 null	Level 1

3. NamedNodeMap

NamedNodeMap 对象表示可以按名称访问的节点集合。这个对象没有继承 NodeList。元素的属性列表就是 NamedNodeMap 的一个例子。NamedNodeMap 对象的属性和方法如表 C-6 和表 C-7 所示。

表　C-6

属　性　名	说　明	引入的层级
length	映射中的节点数	Level 1

表　C-7

方　法　名	说　明	引入的层级
getNamedItem(name)	获取指定名称的节点	Level 1
removeNamedItem(name)	删除指定名称的项	Level 1
setNamedItem(node)	把 nodeName 属性用作键，给列表添加一个节点	Level 1

649

C.1.2 高级 DOM 对象

这些对象继承了 Node,是 HTML DOM 指定的更高级 DOM 对象的基础。这些对象镜像了不同的节点类型。

下面的对象按字母顺序列出。本节忽略了 CDATASection、Comment、DocumentType、Entity、EntityReference、Notation 和 ProcessingInstruction 对象。

1. Attr

Attr 对象表示 Element 对象的属性。尽管 Attr 对象继承了 Node,但并不认为它们是所描述的元素的子元素,因此不是 DOM 树的一部分。对于 Attr 对象,parentNode、previous-Sibling 和 nextSibling 的 Node 属性返回 null。Attr 对象的属性如表 C-8 所示。

表 C-8

属 性 名	说 明	引入的层级
ownerElement	返回属性所关联的 Element 对象	Level 2
name	返回属性的名称	Level 1
value	返回属性的值	Level 1

2. Document

Document 对象表示整个 HTML 或 XML 文档。它是文档树的根。Document 是文档中所有节点的容器,每个 Node 对象的 ownerDocument 属性都指向 Document。Document 对象的属性和方法如表 C-9 和表 C-10 所示。

表 C-9

属 性 名	说 明	引入的层级
docType	与这个文档关联的 DocType 对象。对于没有文档类型声明的 HTML 和 XML 文档,返回 null	Level 1
documentElement	返回文档的根元素。对于 HTML 文档,documentElement 是 `<html/>`元素	Level 1
implementation	与 Document 关联的 DOMImplementation 对象	Level 1

表 C-10

方 法 名	说 明	引入的层级
createAttribute(name)	返回带有指定名称的新 Attr 对象	Level 1
createAttributeNS(namespaceURI, qualifiedName)	返回带有指定限定名称和名称空间 URI 的属性,不用于 HTML DOM	Level 2
createComment(data)	返回带有指定数据的新 Comment 对象	Level 1
createCDATASection(data)	返回其值是指定数据的新 CDATASection 对象	Level 1
createDocumentFragment()	返回一个空的 DocumentFragment 对象	Level 1

（续表）

方 法 名	说　　明	引入的层级
createElement(tagName)	返回带有指定标记名的新 Element 对象	Level 1
createElementNS(namespaceURI, qualifiedName)	返回带有指定的限定名称和名称空间 URI 的元素，不用于 HTML DOM	Level 2
createTextNode(text)	返回包含指定文本的新 Text 对象	Level 1
getElementById(elementId)	返回带有指定 ID 值的 Element。如果该元素不存在，就返回 null	Level 2
getElementsByTagName(tagName)	返回带有指定标记名称的所有 Element 对象的一个 NodeList，Element 对象的顺序就是它们在 DOM 树中的显示顺序	Level 1
getElementsByTagNameNS (namespaceURI,localName)	返回带有指定的本地名称和名称空间 URI 的所有元素的一个 NodeList，元素的顺序就是它们在 DOM 树中的显示顺序	Level 2
importNode(importedNode, deep)	从另一个文档中导入节点。不从其文档中删除或改变源节点，而是创建源节点的一个副本。如果 deep 是 true，则导入源节点的所有子节点，如果 deep 是 false，就只导入源节点	Level 2

3. DocumentFragment

DocumentFragment 是一个轻型 Document 对象，其主要作用是提高效率。对 DOM 树进行许多修改是一个很昂贵的过程，例如逐个追加多个节点。可以把 Node 对象追加到 DocumentFragment 对象上，以方便而高效地在 DOM 树中插入包含在 DocumentFragment 中的所有节点。

下面的代码演示了 DocumentFragment 的用法：

```
var documentFragment = document.createDocumentFragment();

for (var i = 0; i < 1000; i++) {
    var element = document.createElement("div");
    var text = document.createTextNode("Here is test for div #" + i);
    element.setAttribute("id", i);
    documentFragment.appendChild(element);
}

document.body.appendChild(documentFragment);
```

没有 DocumentFragment 对象，这段代码要更新 DOM 树 1000 次，这会降低性能。而有了 DocumentFragment 对象，DOM 树就只更新一次。

DocumentFragment 对象继承了 Node 对象，所以也拥有 Node 的属性和方法，它没有其他属性或方法。

4. Element

元素(而不是文本)是 DOM 中最常见的对象。Element 对象的属性和方法如表 C-11 和表 C-12 所示。

表 C-11

属 性 名	说　明	引入的层级
tagName	返回元素的名称，等同于这个节点类型的 Node.nodeName	Level 1

表 C-12

方 法 名	说　明	引入的层级
getAttribute(name)	根据指定的名称获取属性的值	Level 1
getAttributeNS(namespaceURI, localName)	根据本地名称和名称空间 URI 返回 Attr 对象，不用于 HTML DOM	Level 2
getAttributeNode(name)	返回与指定名称关联的 Attr 对象。如果该名称没有关联的属性，就返回 null	Level 1
getElementsByTagName (tagName)	返回带有指定 tagName 的所有子元素的 NodeList，其中子元素的顺序就是它们在 DOM 中的顺序	Level 1
getElementsByTagNameNS (namespaceURI, localName)	返回带有指定的本地名称和名称空间 URI 的所有子元素的 NodeList，不用于 HTML DOM	Level 2
hasAttribute(name)	根据元素是否有指定名称的属性，返回一个布尔值	Level 2
hasAttributeNS(namespaceURI, localName)	根据元素是否有指定本地名称和名称空间 URI 的属性，返回一个布尔值，不用于 HTML DOM	Level 2
querySelector(selector)	检索第一个匹配指定选择器的子元素	Level 3
querySelectorAll(selector)	检索匹配指定选择器的所有子元素	Level 3
removeAttribute(name)	删除带有指定名称的属性	Level 1
removeAttributeNS (namespaceURI, localName)	删除本地名称和名称空间 URI 指定的属性，不用于 HTML DOM	Level 2
removeAttributeNode(oldAttr)	删除指定的属性，并返回该属性	Level 1
setAttribute(name, value)	创建并添加一个新属性，或修改已有属性的值。这个值是一个简单字符串	Level 1
setAttributeNS(namespaceURI, qualifiedName, value)	创建并添加一个带有指定名称空间 URI、限定名称和值的新属性	Level 2
setAttributeNode(newAttr)	给元素添加指定属性。如果该属性存在，就用同名的新属性替换已有的属性	Level 1
setAttributeNodeNS(newAttr)	给元素添加指定的属性	Level 2

5. Text

Text 对象表示 Element 或 Attr 对象的文本内容。其方法如表 C-13 所示。

表　C-13

方　法　名	说　　明	引入的层级
splitText(indexOffset)	在指定的编辑位置把 Text 节点分解为两个节点。新节点在 DOM 树中是同级节点	Level 1

C.2　HTML DOM 对象

为了与 DOM 充分交互，W3C 扩展了 DOM Level 1 和 DOM Level 2 规范，来描述专用于 HTML 文档的对象、属性和方法。

前端开发人员接触到的大多数对象都包含在本节中。

C.2.1　杂项对象：HTMLCollection 对象

HTMLCollection 对象是一个节点列表，类似于 NodeList。它没有继承 NodeList，但 HTMLCollection 是活跃的，像 NodeList 一样。在修改文档时，会自动更新 HTMLCollection。HTMLCollection 对象的属性和方法如表 C-14 和表 C-15 所示。

表　C-14

属　性　名	说　　明	引入的层级
length	返回集合中的元素个数	Level 1

表　C-15

方　法　名	说　　明	引入的层级
item(index)	返回带有指定索引的元素。如果索引大于集合长度，就返回 null	Level 1
namedItem(name)	使用名称返回元素。它先搜索有匹配 id 属性值的元素，如果没有找到，就搜索带有匹配 name 属性值的元素	Level 1

C.2.2　HTML Document 对象：HTML 文档

HTMLDocument 对象是 HTML 文档的根，包含文档的所有内容。其属性和方法如表 C-16 和表 C-17 所示。

表　C-16

属 性 名	说　　明	引入的层级
anchors	返回文档中把值赋予其 name 属性的所有<a/>元素的一个 HTMLCollection	Level 1
applets	返回文档中包含 applets 的所有<applet/>元素和<object/>元素的一个 HTMLCollection	Level 1
body	返回包含文档内容的元素。根据文档的不同，返回<body/>元素或最外层的<frameset/>元素	Level 1
cookie	返回与文档相关的 cookie，如果没有这个 cookie，就返回一个空字符串	Level 1
domain	返回处理文档的服务器的域名，如果无法识别域名，就返回 null	Level 1
forms	返回文档中所有<form/>元素的一个 HTMLCollection	Level 1
images	返回包含文档中所有<img/>元素的一个 HTMLCollection 对象	Level 1
links	返回包含文档中所有<area/>和<a/>元素(有 href 值)的一个 HTMLCollection	Level 1
referrer	返回链接到页面上的 URL。如果用户直接导航到该页面上，就返回一个空字符串	Level 1
title	文档的<head/>元素中由<title/>元素指定的文档标题	Level 1
URL	文档的完整 URL	Level 1

表　C-17

方 法 名	说　　明	引入的层级
close()	关闭文档	Level 1
getElementById(elementId)	返回带有给定 elementId 的元素，如果找不到该元素，就返回 null。该方法在 DOM Level 2 中被删除，并被添加到 Document 对象上	Level 1
getElementsByName(name)	返回带有指定 name 属性值的元素的一个 HTMLCollection	Level 1
open()	打开文档，用于写入	Level 1
write()	把一个文本字符串写入文档	Level 1
writeln()	把一个文本字符串写入文档，后跟一个换行符	Level 1

C.2.3　HTML 元素对象

HTML 元素属性显示为各个 HTML 元素对象的属性。在 HTML 4.0 规范中，它们的数据类型由属性类型来确定。

除 HTMLElement 之外，所有 HTML 元素对象都按照字母顺序来介绍。后面的内容并不是 HTML 元素对象类型的完整列表，而只列出了如下元素对象类型：

- HTMLAnchorElement
- HTMLBodyElement
- HTMLButtonElement

- HTMLDivElement
- HTMLFormElement
- HTMLFrameElement
- HTMLFrameSetElement
- HTMLIFrameElement
- HTMLImageElement
- HTMLInputElement
- HTMLOptionElement
- HTMLParagraphElement
- HTMLSelectElement
- HTMLTableCellElement
- HTMLTableElement
- HTMLTableRowElement
- HTMLTableSectionElement
- HTMLTextAreaElement

1. HTMLElement

HTMLElement 是所有 HTML 元素的基本对象，这与 Node 是所有 DOM 节点的基本对象一样。因此，所有 HTML 元素都具有如表 C-18 所示的属性。

表　C-18

属　性　名	说　　明	引入的层级
className	获取或设置元素的 class 属性值	Level 1
id	获取或设置元素的 id 属性值	Level 1

2. HTMLAnchorElement

表示 HTML <a/>元素。该对象的属性和方法如表 C-19 和表 C-20 所示。

表　C-19

属　性　名	说　　明	引入的层级
accessKey	获取或设置 accessKey 属性值	Level 1
href	获取或设置 href 属性值	Level 1
name	获取或设置 name 属性值	Level 1
target	获取或设置 target 属性值	Level 1

表　C-20

方 法 名	说　　明	引入的层级
blur()	从元素中删除键盘焦点	Level 1
focus()	给元素获取键盘焦点	Level 1

3. HTMLBodyElement

表示<body/>元素。该对象的属性如表 C-21 所示。

表　C-21

属 性 名	说　　明	引入的层级
aLink	获取或设置 alink 属性值，已废弃	Level 1
background	获取或设置 background 属性值，已废弃	Level 1
bgColor	获取或设置 bgColor 属性值，已废弃	Level 1
link	获取或设置 link 属性值，已废弃	Level 1
text	获取或设置 text 属性值，已废弃	Level 1
vLink	获取或设置 vLink 属性值，已废弃	Level 1

4. HTMLButtonElement

表示<button/>元素。表 C-22 列出其属性。

表　C-22

属 性 名	说　　明	引入的层级
accessKey	获取或设置 accessKey 属性值	Level 1
disabled	获取或设置 disabled 属性值	Level 1
form	获取包含按钮的 HTMLFormElement 对象，如果按钮不在表单中，就返回 null	Level 1
name	获取或设置 name 属性值	Level 1
type	获取 type 属性值	Level 1
value	获取或设置 value 属性值	Level 1

5. HTMLDivElement

表示<div/>元素。表 C-23 列出其属性。

表　C-23

属 性 名	说　　明	引入的层级
align	获取或设置 align 属性值，已废弃	Level 1

6. HTMLFormElement

表示<form/>元素。其属性和方法如表 C-24 和表 C-25 所示。

表   C-24

属 性 名	说 明	引入的层级
action	获取或设置 action 属性值	Level 1
elements	返回一个包含表单中所有表单控件元素的 HTMLCollection 对象	Level 1
enctype	获取或设置 enctype 属性值	Level 1
length	返回表单中的表单控件个数	Level 1
method	获取或设置 method 属性值	Level 1
name	获取或设置 name 属性值	Level 1
target	获取或设置 target 属性值	Level 1

表   C-25

方 法 名	说 明	引入的层级
reset()	把表单包含的所有表单控件元素重置为其默认值	Level 1
submit()	提交表单，不触发 submit 事件	Level 1

7. HTMLFrameElement

表示<frame/>元素。其属性如表 C-26 所示。

表   C-26

属 性 名	说 明	引入的层级
contentDocument	获取框架的 Document 对象。如果 Document 对象不可用，就返回 null	Level 2
frameBorder	获取或设置 frameBorder 属性值	Level 1
marginHeight	获取或设置 marginHeight 属性值	Level 1
marginWidth	获取或设置 marginWidth 属性值	Level 1
name	获取或设置 name 属性值	Level 1
noResize	获取或设置 noResize 属性值	Level 1
scrolling	获取或设置 scrolling 属性值	Level 1
src	获取或设置 src 属性值	Level 1

8. HTMLFrameSetElement

表示<frameset/>元素。其属性如表 C-27 所示。

表 C-27

属 性 名	说 明	引入的层级
cols	获取或设置 cols 属性值	Level 1
rows	获取或设置 rows 属性值	Level 1

9. HTMLIFrameElement

表示<iframe/>元素。其属性如表 C-28 所示。

表 C-28

属 性 名	说 明	引入的层级
align	获取或设置 align 属性值，已废弃	Level 1
contentDocument	获取框架的 Document 对象。如果 Document 对象不存在，就返回 null	Level 2
frameBorder	获取或设置 frameBorder 属性值	Level 1
height	获取或设置 height 属性值	Level 1
marginHeight	获取或设置 marginHeight 属性值	Level 1
marginWidth	获取或设置 marginWidth 属性值	Level 1
name	获取或设置 name 属性值	Level 1
noResize	获取或设置 noResize 属性值	Level 1
scrolling	获取或设置 scrolling 属性值	Level 1
src	获取或设置 src 属性值	Level 1
width	获取或设置 width 属性值	Level 1

10. HTMLImageElement

表示<img/>元素。其属性如表 C-29 所示。

表 C-29

属 性 名	说 明	引入的层级
align	获取或设置 align 属性值，已废弃	Level 1
alt	获取或设置 alt 属性值	Level 1
border	获取或设置 border 属性值，已废弃	Level 1
height	获取或设置 height 属性值	Level 1
name	获取或设置 name 属性值	Level 1
src	获取或设置 src 属性值	Level 1
width	获取或设置 width 属性值	Level 1

11. HTMLInputElement

表示\<input/\>元素。其属性和方法如表 C-30 和表 C-31 所示。

表　C-30

属　性　名	说　　明	引入的层级
accessKey	获取或设置 accessKey 属性值	Level 1
align	获取或设置 align 属性值，已废弃	Level 1
alt	获取或设置 alt 属性值	Level 1
checked	type 是 checkbox 或 radio 时使用。根据是否选中了复选框或单选按钮，返回一个布尔值	Level 1
defaultChecked	type 是 checkbox 或 radio 时使用。获取或设置选中的属性。选中其他复选框或单选按钮时，该值不会变化	Level 1
disabled	获取或设置 disabled 属性值	Level 1
form	获取包含\<input/\>元素的 HTMLFormElement 对象。如果元素不在表单中，就返回 null	Level 1
maxLength	获取或设置 maxLength 属性值	Level 1
name	获取或设置 name 属性值	Level 1
readOnly	仅在 type 是 text 或 password 时使用。获取或设置 readonly 属性值	Level 1
size	获取或设置 size 属性值	Level 1
src	如果 type 是 image，就获取或设置 src 属性值	Level 1
type	获取或设置 type 属性值	Level 1
value	获取或设置 value 属性值	Level 1

表　C-31

方　法　名	说　　明	引入的层级
blur()	从元素中删除键盘焦点	Level 1
click()	给类型为 button、checkbox、radio、reset 和 submit 的\<input/\>元素模拟鼠标点击	Level 1
focus()	给元素获取键盘焦点	Level 1
select()	选择类型为 text、password 和 file 的\<input/\>元素的内容	Level 1

12. HTMLOptionElement

表示\<option/\>元素。其属性如表 C-32 所示。

表　C-32

属　性　名	说　　明	引入的层级
defaultSelected	获取或设置 selected 属性。选择\<select/\>元素中的其他\<option/\>元素时，这个属性值不变化	Level 1

(续表)

属 性 名	说 明	引入的层级
disabled	获取或设置 disabled 属性值	Level 1
form	获取包含<option/>元素的 HTMLFormElement 对象。如果元素不在表单中，就返回 null	Level 1
index	获取<option/>元素在包含它的<select/>元素中的索引位置，从 0 开始	Level 1
label	获取或设置 label 属性值	Level 1
selected	根据当前是否选中<option/>元素，返回一个布尔值	Level 1
text	获取<option/>元素包含的文本	Level 1
value	获取或设置 value 属性值	Level 1

13. HTMLOptionCollection

HTMLOptionCollection 对象在 DOM Level 2 中引入，它包含一列<option/>元素。其属性和方法如表 C-33 和表 C-34 所示。

表 C-33

属 性 名	说 明	引入的层级
length	获取列表中的<option/>元素个数	Level 2

表 C-34

方 法 名	说 明	引入的层级
item(index)	获取指定索引处的<option/>元素	Level 2
namedItem(name)	根据指定的名称获取<option/>元素，它先尝试查找带有指定 id 的<option/>元素。如果没有找到，就查找带有指定 name 属性的<option/>元素	Level 2

14. HTMLParagraphElement

表示<p/>元素。其属性如表 C-35 所示。

表 C-35

属 性 名	说 明	引入的层级
align	获取或设置 align 属性值，已废弃	Level 1

15. HTMLSelectElement

表示<select/>元素。其属性和方法如表 C-36 和表 C-37 所示。

表　C-36

属　性　名	说　　明	引入的层级
disabled	获取或设置 disabled 属性值	Level 1
form	获取包含<select/>元素的 HTMLFormElement 对象。如果元素不在表单中，就返回 null	Level 1
length	返回<option/>元素的个数	Level 1
multiple	获取或设置 multiple 属性值	Level 1
name	获取或设置 name 属性值	Level 1
options	返回一个包含<option/>元素列表的 HTMLOptionsCollection 对象	Level 1
selectedIndex	返回当前选中的<option/>元素的索引。如果没有选中任何元素，就返回-1，如果选中了多个元素，就返回第一个选中的<option/>元素	Level 1
size	获取或设置 size 属性值	Level 1
type	获取 type 属性值	Level 1
value	获取或设置当前表单控件的值	Level 1

表　C-37

方　法　名	说　　明	引入的层级
add(element[, before])	给<select/>元素添加一个<option/>元素。如果 before 是 null，element 就添加到列表的末尾	Level 1
blur()	从元素中删除键盘焦点	Level 1
focus()	给元素获取键盘焦点	Level 1
remove(index)	删除给定索引处的<option/>元素，如果 index 超出了范围，就什么也不做	Level 1

16. HTMLTableCellElement

表示<td/>元素。其属性如表 C-38 所示。

表　C-38

属　性　名	说　　明	引入的层级
align	获取或设置 align 属性值，已废弃	Level 1
bgColor	获取或设置 bgColor 属性值，已废弃	Level 1
cellIndex	按照 DOM 树中的顺序，行中某单元格的索引	Level 1
colSpan	获取或设置 colSpan 属性值	Level 1
height	获取或设置 height 属性值，已废弃	Level 1
noWrap	获取或设置 noWrap 属性值，已废弃	Level 1
rowSpan	获取或设置 rowSpan 属性值	Level 1
vAlign	获取或设置 vAlign 属性值	Level 1
width	获取或设置 width 属性值，已废弃	Level 1

17. HTMLTableElement

表示\<table/\>元素。其属性和方法如表 C-39 和表 C-40 所示。

表　C-39

属　性　名	说　　明	引入的层级
align	获取或设置 align 属性值，已废弃	Level 1
bgColor	获取或设置 bgColor 属性值，已废弃	Level 1
border	获取或设置 border 属性值	Level 1
cellPadding	获取或设置 cellPadding 属性值	Level 1
cellSpacing	获取或设置 cellSpacing 属性值	Level 1
rows	返回包含表中所有行的 HTMLCollection	Level 1
tBodies	返回包含表中已定义\<tbody/\>元素对象的 HTMLCollection	Level 1
tFoot	返回表的\<tfoot/\>元素对象(HTMLTableSectionElement)，如果它不存在，就返回 null	Level 1
tHead	返回表的\<thead/\>元素对象(HTMLTableSectionElement)，如果它不存在，就返回 null	Level 1
width	获取或设置 width 属性值	Level 1

表　C-40

方　法　名	说　　明	引入的层级
createTFoot()	如果\<tfoot/\>元素不存在，就创建并返回它。如果\<tfoot/\>元素存在，就返回已有的\<tfoot/\>元素	Level 1
createTHead()	如果\<thead/\>元素不存在，就创建并返回它。如果\<thead/\>元素存在，就返回已有的\<thead/\>元素	Level 1
deleteRow(index)	删除指定索引的行	Level 1
deleteTFoot()	删除表的页脚(如果有)	Level 1
deleteTHead()	删除表的页眉(如果有)	Level 1
insertRow(index)	在指定索引处插入一个新行，并返回该行。如果 index 是-1 或等于行数，新行就追加到行列表末尾处	Level 1

18. HTMLTableRowElement

表示\<tr/\>元素。其属性和方法如表 C-41 和表 C-42 所示。

表　C-41

属　性　名	说　　明	引入的层级
align	获取或设置 align 属性值，已废弃	Level 1
bgColor	获取或设置 bgColor 属性值，已废弃	Level 1

(续表)

属 性 名	说 明	引入的层级
cells	返回一个包含行中单元格的 HTMLCollection	Level 1
rowIndex	表中某行的索引	Level 1
sectionRowIndex	行相对于它所属的部分(\<thead/\>、\<tfoot/\>或\<tbody/\>)的索引	Level 1
vAlign	获取或设置 vAlign 属性值	Level 1

表 C-42

方 法 名	说 明	引入的层级
deleteCell(index)	删除指定索引处的单元格	Level 1
insertCell(index)	插入并返回一个空的\<td/\>元素。如果 index 是-1 或等于行中的单元格数,新单元格就追加到列表末尾	Level 1

19. HTMLTableSectionElement

表示\<thead/\>、\<tbody/\>和\<tfoot/\>元素。其属性和方法如表 C-43 和表 C-44 所示。

表 C-43

属 性 名	说 明	引入的层级
align	获取或设置 align 属性值,已废弃	Level 1
rows	返回一个包含部分中的行的 HTMLCollection	Level 1
vAlign	获取或设置 vAlign 属性值	Level 1

表 C-44

方 法 名	说 明	引入的层级
deleteRow(index)	删除相对于部分的指定索引处的行	Level 1
insertRow(index)	在相对于部分的指定索引处插入一个新行,并返回该行。如果 index 是-1 或等于行数,新行就追加到行列表的末尾	Level 1

20. HTMLTextAreaElement

表示\<textarea/\>元素。其方法和属性如表 C-45 和表 C-46 所示。

表 C-45

属 性 名	说 明	引入的层级
accessKey	获取或设置 accessKey 属性值	Level 1
cols	获取或设置 cols 属性值	Level 1
defaultValue	获取或设置元素的内容。内容变化时,这个值不变	Level 1
disabled	获取或设置 disabled 属性值	Level 1

(续表)

属 性 名	说 明	引入的层级
form	获取包含<textarea/>元素的 HTMLFormElement 对象。如果元素不在表单中，就返回 null	Level 1
name	获取或设置 name 属性值	Level 1
readOnly	仅在 type 是 text 或 password 时使用。获取或设置 readonly 属性值	Level 1
rows	获取或设置 rows 属性值	Level 1
type	获取或设置 type 属性值，总是设置为 textarea	Level 1
value	获取或设置元素的当前值	Level 1

表 C-46

方 法 名	说 明	引入的层级
blur()	从元素中删除键盘焦点	Level 1
focus()	给元素获取键盘焦点	Level 1
select()	选择元素的内容	Level 1

HTML Media 对象

HTMLMediaElement 对象是<video/>和<audio/>元素的基本类型。

HTMLMediaElement 的属性和方法如表 C-47 和表 C-48 所示。

表 C-47

属 性 名	说 明	引入的标准
autoplay	获取或设置 HTML 属性 autoplay，表示获得了足够的媒体后，是否自动开始回放	HTML5
buffered	获取浏览器缓存的媒体源的范围	HTML5
controller	获取或设置与元素相关的媒体控制器，如果未链接任何媒体控制器，就返回 null	HTML5
controls	获取或设置 HTML 属性 controls，确定浏览器的默认控件是否显示	HTML5
currentSrc	设置媒体的绝对 URL	
currentTime	当前的回放时间(秒)。设置这个属性，会把媒体设置为指定的时间	HTML5
defaultMuted	获取或设置 muted 属性。开始回放后，它不会影响音频，开始回放后使用 muted 属性	HTML5
defaultPlaybackRate	回放速度，1.0 是正常速度	HTML5
duration	获取媒体的长度(秒)	HTML5

(续表)

属　性　名	说　明	引入的标准
ended	表示媒体元素是否结束播放	HTML5
error	最近的错误，如果没有出错，就返回 null	HTML5
loop	获取或设置 loop 属性。表示在播放到末尾时，是否应从头开始播放媒体元素	HTML5
mediaGroup	获取或设置 mediagroup 属性	HTML5
muted	使音频静音，或取消静音	HTML5
networkState	在网络上获取媒体的当前状态	HTML5
paused	表示媒体元素是否暂停	HTML5
playbackRate	获取或设置当前播放速率	HTML5
played	获取媒体源已播放的范围	HTML5
preload	获取或设置 preload 属性	HTML5
readyState	获取媒体的准备状态	HTML5
seekable	获取用户可以指定的时间范围	HTML5
seeking	表示媒体是否正在指定到一个新位置	HTML5
src	获取或设置 src 属性	HTML5
volume	获取或设置音频的音量。有效值是 0.0 (静音)到 1.0 (最大声)	HTML5

表　C-48

方　法　名	说　明	引入的层级
canPlayType()	确定浏览器可以播放所提供的媒体类型的可能性	HTML5
load()	开始从服务器上加载媒体内容	HTML5
pause()	暂停媒体的回放	HTML5
play()	开始或继续媒体的回放	HTML5

HTMLAudioElement

<audio/>元素没有与 HTMLMediaElement 不同的属性或方法。

HTMLVideoElement

<video/>元素有几个独特的属性如表 C-49 所示。

表　C-49

属　性　名	说　明	引入的层级
height	获取或设置 height 属性，确定显示区域的尺寸	HTML5
poster	获取或设置 poster 属性，指定没有可用的视频数据时显示的图像	HTML5
videoHeight	获取资源的固有高度，单位是 CSS 像素	HTML5

(续表)

属 性 名	说　　明	引入的层级
videoWidth	获取资源的固有宽度，单位是 CSS 像素	HTML5
width	获取或设置 width 属性，确定显示区域的尺寸	HTML5

C.3　DOM 事件模型和对象

　　DOM 事件模型在 DOM Level 2 中引入，它描述了一个事件系统，在该事件系统中，每个事件都有一个事件目标。事件到达其事件目标时，就会触发在事件目标上为该事件注册的所有事件处理程序。下面的对象由 DOM 事件模型描述。

C.3.1　EventTarget

　　EventTarget 对象由 DOM 中的所有 HTMLElement 对象继承。这个对象提供了在事件目标上注册和删除事件处理程序的方式。其方法如表 C-50 所示。

表　C-50

方 法 名	说　　明
addEventListener(type, listener, useCapture)	在元素上注册一个事件处理程序。type 是要监听的事件类型，listener 是触发事件时调用的 JavaScript 函数，useCapture 确定是捕获事件，还是使事件冒泡
removeEventListener(type, listener, useCapture)	从元素上删除监听程序

C.3.2　Event

　　触发事件时，会把 Event 对象传送给指定的事件处理程序。这个对象包含有关事件的上下文信息。其方法和属性如表 C-51 和表 C-52 所示。

表　C-51

属 性 名	说　　明	引入的层级
bubbles	指定事件是否是一个冒泡事件	Level 2
cancelable	指定事件可否禁止执行其默认动作	Level 2
currentTarget	指定当前处理其监听程序的 EventTarget	Level 2
target	指定最初触发事件的 EventTarget 对象	Level 2
timeStamp	指定触发事件的时间(以毫秒为单位)	Level 2
type	事件名(不带 on 前缀的事件名)	Level 2

表 C-52

方 法 名	说 明	引入的层级
preventDefault()	只有事件是可取消时，才能取消事件，禁止执行其默认动作	Level 2
stopPropagation()	阻止进一步传播事件	Level 2

C.3.3 MouseEvent

MouseEvent 对象提供了与鼠标事件相关的特定信息。MouseEvent 对象不仅包含下面的属性，还包含 Event 对象的属性和方法。有效的鼠标事件如表 C-53 所示。MouseEvent 的属性如表 C-54 所示。

表 C-53

事 件 名	说 明
click	在一个元素上点击鼠标时发生。click 定义为在同一个屏幕位置上的 mousedown 和 mouseup
mousedown	在一个元素上按下鼠标按钮时发生
mouseup	在一个元素上释放鼠标按钮时发生
mouseover	鼠标指针在元素上移动时发生
mouseout	鼠标指针离开元素时发生

表 C-54

属 性 名	说 明	引入的层级
altKey	返回一个布尔值，指定事件触发过程中是否按下了 Alt 键	Level 2
button	指定按下了哪个鼠标按钮。数字 0 表示左键，1 表示中键，2 表示右键。左手配置的鼠标，其数字与上述相反(2 表示左键，1 表示中键，0 表示右键)	Level 2
clientX	相对于客户区的水平坐标	Level 2
clientY	相对于客户区的垂直坐标	Level 2
ctrlKey	返回一个布尔值，指定事件触发过程中是否按下了 Ctrl 键	Level 2
relatedTarget	表示次级 EventTarget。这个属性当前与 mouseover 事件一起使用，表示鼠标指针退出的 EventTarget，这个属性与 mouseout 事件一起使用，表示指针进入哪个 EventTarget	Level 2
screenX	相对于屏幕的水平坐标	Level 2
screenY	相对于屏幕的垂直坐标	Level 2
shiftKey	返回一个布尔值，指定事件触发过程中是否按下了 Shift 键	Level 2

C.4 其他事件

表 C-55～表 C-60 分别描述了客户端 JavaScript 上可用的事件。

表 C-55 鼠标事件

事 件 名	说　　明
click	用户点击 HTML 控件时发生
dblclick	用户双击 HTML 控件时发生
mousedown	用户按下鼠标按钮时发生
mousemove	用户移动鼠标指针时发生
mouseout	用户将鼠标指针移到 HTML 控件的外部时发生
mouseover	用户将鼠标指针移到 HTML 控件上时发生
mouseup	用户释放鼠标按钮时发生

表 C-56 键盘事件

事 件 名	说　　明
keydown	用户按下键盘上的一个键时发生
keypress	用户按下键盘上的一个键时发生。这个事件一直被触发，直到用户释放该键为止
keyup	用户释放被按下的键时发生

表 C-57 HTML 控件事件

事 件 名	说　　明
blur	HTML 控件失去焦点时发生
change	HTML 控件失去焦点，且其值改变时发生
focus	在 HTML 控件上设置焦点时发生
reset	用户重置表单时发生
select	用户选择 HTML 控件中的文本时发生
submit	用户提交表单时发生

表 C-58 窗口事件

事 件 名	说　　明
load	加载完窗口时发生
resize	用户重置窗口大小时发生
unload	用户退出文档时执行 JavaScript 代码

表 C-59　媒体事件

事件名	说明
abort	中止播放时触发
canplay	有足够数据可播放媒体时触发
canplaythrough	整个媒体可以播放，无需中断时触发
durationchange	媒体的元数据改变时触发
emptied	媒体变为空时触发
ended	回放完成时发送
error	发生错误时发送
loadeddata	媒体的第一帧已加载
loadedmetadata	媒体的元数据加载时触发
loadstart	开始下载时触发
pause	回放暂停时触发
play	暂停后开始回放
playing	媒体开始播放时触发
progress	表示媒体正在下载
ratechange	回放速度变化时触发
seeked	搜定位束
seeking	回放过程移动到一个新位置
stalled	浏览器尝试加载媒体，但没有接收数据时触发
suspend	推迟媒体的加载时触发
timeupdate	改变了 currentTime 属性
volumechange	改变了音频的音量(包括设置了音量和设置了静音)时触发
waiting	暂停回放，以下载更多数据时触发

表 C-60　其他事件

事　件　名	说　　明
abort	用户中止图像的加载时发生
error	加载页面出错时发生

附录

D

Latin-1 字符集

本附录介绍 Latin-1 字符集，以及十进制和十六进制格式的字符码。如第 2 章所述，转义序列\xNN(其中 NN 是 Latin-1 字符集中的一个十六进制字符码)可用于表示不能直接在 JavaScript 中输入的字符。

十进制字符码	十六进制字符码	符　　号
32	20	空格
33	21	!
34	22	"
35	23	#
36	24	$
37	25	%
38	26	&
39	27	'
40	28	(
41	29	)
42	2A	*
43	2B	+
44	2C	,
45	2D	-
46	2E	.
47	2F	/
48	30	0
49	31	1
50	32	2

(续表)

十进制字符码	十六进制字符码	符　号
51	33	3
52	34	4
53	35	5
54	36	6
55	37	7
56	38	8
57	39	9
58	3A	:
59	3B	;
60	3C	<
61	3D	=
62	3E	>
63	3F	?
64	40	@
65	41	A
66	42	B
67	43	C
68	44	D
69	45	E
70	46	F
71	47	G
72	48	H
73	49	I
74	4A	J
75	4B	K
76	4C	L
77	4D	M
78	4E	N
79	4F	O
80	50	P
81	51	Q
82	52	R
83	53	S

(续表)

十进制字符码	十六进制字符码	符　　号
84	54	T
85	55	U
86	56	V
87	57	W
88	58	X
89	59	Y
90	5A	Z
91	5B	[
92	5C	\
93	5D	]
94	5E	^
95	5F	_
96	60	`
97	61	a
98	62	b
99	63	c
100	64	d
101	65	e
102	66	f
103	67	g
104	68	h
105	69	i
106	6A	j
107	6B	k
108	6C	l
109	6D	m
110	6E	n
111	6F	o
112	70	p
113	71	q
114	72	r
115	73	s
116	74	t

十进制字符码	十六进制字符码	符　　号
117	75	u
118	76	v
119	77	w
120	78	x
121	79	y
122	7A	z
123	7B	{
124	7C	|
125	7D	}
126	7E	~
160	A0	非中断空格
161	A1	¡
162	A2	¢
163	A3	£
164	A4	¤
165	A5	¥
166	A6	¦
167	A7	§
168	A8	¨
169	A9	©
170	AA	^{a}
171	AB	«
172	AC	¬
173	AD	软连字符
174	AE	®
175	AF	¯
176	B0	°
177	B1	±
178	B2	^{2}
179	B3	^{3}
180	B4	´
181	B5	µ
182	B6	¶

(续表)

十进制字符码	十六进制字符码	符　　　号
183	B7	·
184	B8	¸
185	B9	¹
186	BA	º
187	BB	»
188	BC	~QF
189	BD	~HF
190	BE	~TQF
191	BF	¿
192	C0	À
193	C1	Á
194	C2	Â
195	C3	Ã
196	C4	Ä
197	C5	Å
198	C6	Æ
199	C7	Ç
200	C8	È
201	C9	É
202	CA	Ê
203	CB	Ë
204	CC	Ì
205	CD	Í
206	CE	Î
207	CF	Ï
208	D0	Ð
209	D1	Ñ
210	D2	Ò
211	D3	Ó
212	D4	Ô
213	D5	Õ
214	D6	Ö
215	D7	∞

(续表)

十进制字符码	十六进制字符码	符　　号
216	D8	Ø
217	D9	Ù
218	DA	Ú
219	DB	Û
220	DC	Ü
221	DD	Ý
222	DE	Þ
223	DF	ß
224	E0	à
225	E1	á
226	E2	â
227	E3	ã
228	E4	ä
229	E5	å
230	E6	æ
231	E7	ç
232	E8	è
233	E9	é
234	EA	ê
235	EB	ë
236	EC	ì
237	ED	í
238	EE	î
239	EF	ï
240	F0	ð
241	F1	ñ
242	F2	ò
243	F3	ó
244	F4	ô
245	F5	õ
246	F6	ö
247	F7	÷
248	F8	ø

(续表)

十进制字符码	十六进制字符码	符　　号
249	F9	ù
250	FA	ú
251	FB	û
252	FC	ü
253	FD	ý
254	FE	þ
255	FF	ÿ